中 国 国 家 标 准 汇 编

567

GB 29297～29321

（2012 年制定）

中国标准出版社　编

中国标准出版社

北　京

图书在版编目(CIP)数据

中国国家标准汇编:2012年制定.567:
GB 29297～29321/中国标准出版社编.—北京:
中国标准出版社,2013.9
ISBN 978-7-5066-7297-10

Ⅰ.①中…　Ⅱ.①中…　Ⅲ.①国家标准-
汇编-中国-2012　Ⅳ.①T-652.1

中国版本图书馆CIP数据核字(2013)第183737号

中国标准出版社出版发行
北京市朝阳区和平里西街甲2号(100013)
北京市西城区三里河北街16号(100045)

网址 www.spc.net.cn
总编室:(010)64275323　发行中心:(010)51780235
读者服务部:(010)68523946

中国标准出版社秦皇岛印刷厂印刷
各地新华书店经销

*

开本 880×1230 1/16　印张 33.5　字数 1 030 千字
2013年10月第一版　2013年10月第一次印刷

*

定价 220.00 元

出 版 说 明

1.《中国国家标准汇编》是一部大型综合性国家标准全集。自1983年起，按国家标准顺序号以精装本、平装本两种装帧形式陆续分册汇编出版。它在一定程度上反映了我国建国以来标准化事业发展的基本情况和主要成就，是各级标准化管理机构，工矿企事业单位，农林牧副渔系统，科研、设计、教学等部门必不可少的工具书。

2.《中国国家标准汇编》收入我国每年正式发布的全部国家标准，分为“制定”卷和“修订”卷两种编辑版本。

“制定”卷收入上一年度我国发布的、新制定的国家标准，顺延前年度标准编号分成若干分册，封面和书脊上注明“20××年制定”字样及分册号，分册号一直连续。各分册中的标准是按照标准编号顺序连续排列的，如有标准顺序号缺号的，除特殊情况注明外，暂为空号。

“修订”卷收入上一年度我国发布的、被修订的国家标准，视篇幅分设若干分册，但与“制定”卷分册号无关联，仅在封面和书脊上注明“20××年修订-1,-2,-3,……”字样。“修订”卷各分册中的标准，仍按标准编号顺序排列(但不连续)；如有遗漏的，均在当年最后一分册中补齐。需提请读者注意的是，个别非顺延前年度标准编号的新制定的国家标准没有收入在“制定”卷中，而是收入在“修订”卷中。

读者配套购买《中国国家标准汇编》“制定”卷和“修订”卷则可收齐由我社出版的上一年度我国制定和修订的全部国家标准。

3.由于读者需求的变化，自1996年起，《中国国家标准汇编》仅出版精装本。

4.2012年我国制修订国家标准共2 101项。本分册为“2012年制定”卷第567分册，收入国家标准GB 29297～29321的最新版本。

中国标准出版社

2013年8月

出版说明

目　　录

ICS 37.060.10
N 43

中华人民共和国国家标准

GB/T 29297—2012

数字投影机球幕投影鱼眼镜头技术条件

Technical specifications of dome screen projection fisheye lens for digital projector

2012-12-31 发布　　　　2013-06-01 实施

中华人民共和国国家质量监督检验检疫总局
中国国家标准化管理委员会　发布

前　言

本标准按照 GB/T 1.1—2009 给出的规则起草。

本标准由中国机械工业联合会提出。

本标准由秦皇岛视听机械研究所归口。

本标准负责起草单位:秦皇岛视听机械研究所。

本标准参加起草单位:广州美视晶莹银幕有限公司、成都菲斯特科技有限公司。

本标准主要起草人:阎继华、陈琛、于国辉。

数字投影机球幕投影鱼眼镜头 技术条件

1 范围

本标准规定了数字投影机球幕投影鱼眼镜头(以下简称物镜)的基本参数及尺寸、分类、技术要求、试验方法、检验规则、标志、包装、运输、贮存。

本标准适用于安装在数字投影机(包括单靶面和三靶面结构的基于LCD、DLP以及LCOS为核心技术的投影机)上,用于等距离在球幕上投影数字电影或数字图像的专用物镜。

本标准不适用于非等距离投影用物镜。

2 规范性引用文件

下列文件对于本文件的应用是必不可少的。凡是注日期的引用文件,仅注日期的版本适用于本文件。凡是不注日期的引用文件,其最新版本(包括所有的修改单)适用于本文件。

GB/T 13384 机电产品包装通用技术条件

GB/T 25480 仪器仪表运输、贮存基本环境条件及试验方法

JB/T 9409 电影放映物镜性能测定方法

SJ/T 11346 电子投影机测量方法

3 分类

按照投影机的固有分辨率,将适用于投影机的物镜分为四类,如表1所示

表 1

类别	芯片分辨率
1	4 K分辨率(4 096×2 160)像素
2	2 K分辨率(2 048×1 080)像素
3	1.3 K分辨率(1 280×720)像素
4	0.8 K分辨率(1 024×768)像素

4 基本参数及尺寸

4.1 相对孔径

相对孔径范围为1:1.0～1:3.0。

4.2 焦距

焦距范围为3 mm～20 mm。

4.3 像方视场角

像方视场角范围为120°～180°。

4.4 与放映(投影)机配合部分的尺寸

4.4.1 物镜筒装卡部分尺寸 D 精度配合采用基孔制 H8/h6,其尺寸 D 以及长度 B 如图 1 所示,制造商可根据放映(投影)机的形式确定。

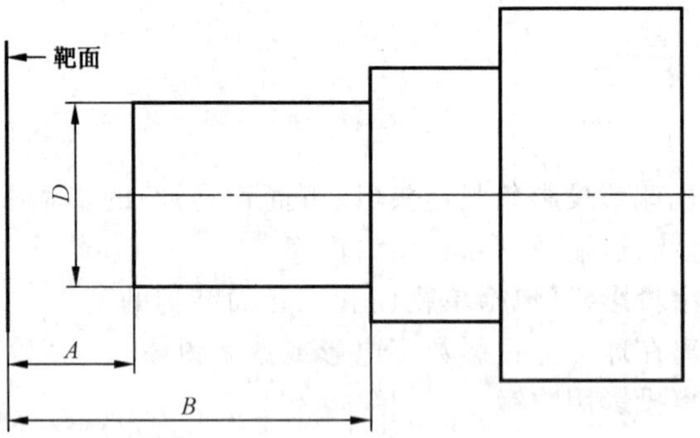

图 1

4.4.2 适用于单靶 DLP、LCD、LCOS 以及三靶 LCD、LCOS 的投影机物镜的机械后工作距 A 应不小于芯片短边尺寸的 2.5 倍;适用于三靶 DLP 投影机物镜的机械后工作距 A 应不小于芯片短边尺寸的 5.4 倍。制造商应根据具体机型确定机械后工作距的数值。

5 技术要求

5.1 焦距误差

物镜焦距的实测值与标称值之差异不得大于标称值的 5%。

5.2 相对孔径误差

物镜的相对孔径误差用相应的 F 数误差表示。

实测 F 数与标称 F 数之差异不得大于标称 F 数的 5%。

5.3 像方视场角误差

物镜像方视场角的实测角度与标称角度之差异不得大于标称角度的 3%。

5.4 鉴别率

鉴别率根据类别如表 2 所示。

表 2

类别	鉴别率	
	中心	边缘
1	不低于 4 096 像素/W	不低于 2 460 像素/W
2	不低于 2 048 像素/W	不低于 1 230 像素/W
3	不低于 1 280 像素/W	不低于 900 像素/W
4	不低于 1 024 像素/W	不低于 768 像素/W
注:W 为芯片的长边尺寸,单位为毫米(mm)。		

5.5 色差

放映画面时，应看不到有明显的色边。

5.6 透过率

物镜透过率应不低于75%。

5.7 杂光系数

杂光系数根据类别如表3所示。

5.8 彩色还原性能

物镜应具有良好的彩色还原逼真度，其色差应在表4规定的范围内。

表3

类别	杂光系数
1	不大于2.0%
2	不大于2.5%
3	不大于3.0%
4	不大于3.5%

表4

类别	白光	红光	绿光	蓝光
1	$\pm 0.01x$、$\pm 0.01y$	$\pm 0.01x$、$\pm 0.01y$	$\pm 0.01x$、$\pm 0.01y$	$\pm 0.01x$、$\pm 0.01y$
2	$\pm 0.01x$、$\pm 0.01y$	$\pm 0.01x$、$\pm 0.01y$	$\pm 0.01x$、$\pm 0.01y$	$\pm 0.01x$、$\pm 0.01y$
3	$\pm 0.03x$、$\pm 0.03y$	$\pm 0.06x$、$\pm 0.04y$	$\pm 0.09x$、$\pm 0.12y$	$\pm 0.02x$、$\pm 0.02y$
4	$\pm 0.05x$、$\pm 0.05y$	$\pm 0.06x$、$\pm 0.04y$	$\pm 0.09x$、$\pm 0.12y$	$\pm 0.02x$、$\pm 0.02y$

5.9 像面照度均匀度

应不低于60%。

5.10 畸变

物镜在球幕上所成像的剩余相对畸变应不大于3%。

5.11 外观

5.11.1 物镜光学零件表面不允许有纤维、水迹、油斑、霉点、灰尘及划痕；膜层应牢固均匀，有效孔径内不应有脱膜；膜层应耐磨，能经受蘸有无水乙醇和乙醚混合液的脱脂布擦拭，无擦痕；胶合层应牢固，无脱胶、无气泡。

5.11.2 物镜筒涂饰及镀层应牢固、均匀、不褪色，不应有脱皮、锈蚀及划伤；镜筒内壁及内部零件不应有灰尘、纤维等脏物。

5.11.3 物镜筒表面字迹应端正、清晰。

6 试验方法

6.1 与放映(投影)机配合部分的尺寸

采用分度值为 0.01 mm 的量具测量。

6.2 焦距误差

按 JB/T 9409 的相关规定检测。

6.3 相对孔径误差

按 JB/T 9409 的相关规定检测。

6.4 像方视场角误差

6.4.1 投影机与球幕的位置如图 2 所示,其镜头前端面中心点与球幕的中心点重合。

6.4.2 将画面清晰度检验板装在投影装置的片门位置,使检验标板的放大倍率不小于 50 倍。

6.4.3 将画面清晰度检验板在以 R 为半径的球面上均匀清晰成像,用钢卷尺在与光轴同一水平面内测量标准画面的中心线两端点 a 和 b 的连线长度 W,然后测量镜头出射中心与连线的垂直距离 L,用式(1)进行计算。

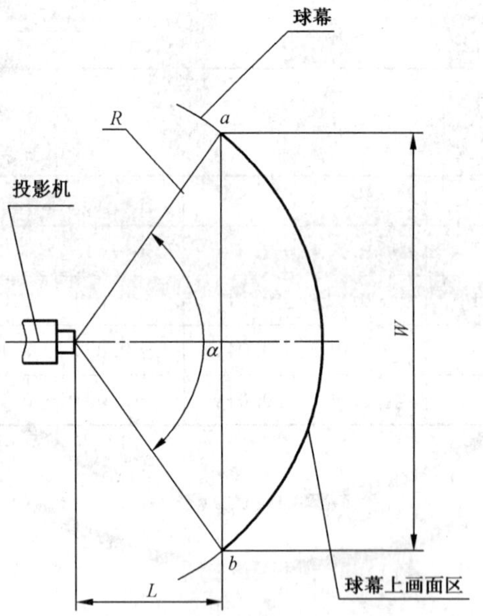

图 2

$$\tan\frac{\alpha}{2}=\frac{w}{2L} \qquad (1)$$

式中:

α ——测量所得的像方视场角,单位为度(°);

W——标准画面的中心线两端连线长度,单位为毫米(mm);

L ——镜头出射中心与连线的垂直距离,单位为毫米(mm)。

6.4.4 用三角函数求出 α 的数值,像方视场角误差用式(2)进行计算。

$$像方视场角误差=\frac{\alpha-\alpha_{标}}{\alpha_{标}}\times100\% \quad\cdots\cdots(2)$$

6.5 鉴别率

6.5.1 可采用下列方法中的任何一种进行检测。方法一为投影机测量法,方法二为投影专用装置测量法,优先采用投影机测量法。

6.5.2 采用投影机测量法时,应将物镜装在所适用规格的投影机上,将画面投影到球幕上,其球幕半径应不小于 2 m,并在球幕的中心放映,按 SJ/T 11346 中有关清晰度测量的规定进行检测。

6.5.3 采用投影专用装置测量法时,应使用符合芯片尺寸的画面清晰度检验板,并应在光路中加入平板玻璃模拟投影机的棱镜系统。投影距离应保证图像在银幕上的放大倍率不小于 50 倍,并按 JB/T 9409的有关规定检测。将中心视场和 0.85 视场的最低鉴别率(线对数/mm)作为物镜的中心和边缘的鉴别率,线对数/mm 的两倍即为每毫米像素数。

注:平板玻璃的厚度和材料要和光学引擎的结构相匹配。

6.6 色差

用适用规格的投影机将画面投映到球幕上,其球幕半径应不小于 2 m,并应在球幕的中心放映,人站在距球幕 1.5 倍半径处观察,应看不到有明显色边。

6.7 透过率

按 JB/T 9409 的相关规定检测。

6.8 杂光系数

将被测物镜安装在符合规定的标准投影专用装置上,片门处装上适合的物镜杂光系数检验板(参见附录 A),将杂光系数检验板放映到白色漫反射银幕上,其放映距离根据焦距长度而定,使黑斑像的直径不小于照度计接受圆直径的 2.5 倍。并按照 JB/T 9409 的有关规定检测。

6.9 彩色还原性能

6.9.1 使用分光式色度计进行测量。色度计接受角应不大于 2°,其测量值要由 CIE x、y 坐标组成,x、y 的精度都要具有±0.002 的准确度。

6.9.2 将具有 $x=0.314\,0$、$y=0.351\,0$ 的标称色度值的白光作为标准投影装置的出射光源,使用被检物镜将鉴别率标板清晰成像在白色漫反射银幕上,银幕的色度值 x、y 的偏移量应小于 0.002。然后移走鉴别率标板,用色度计在距银幕中心 1.5m 与光轴成 5°角的位置,读取画面中心点的色度坐标。

6.9.3 将具有 $x=0.680\,0$、$y=0.320\,0$ 的标称色度值的红光作为标准投影装置的出射光源,其他条件同 6.9.2,读取画面中心点的色度坐标。

6.9.4 将具有 $x=0.265\,0$、$y=0.690\,0$ 的标称色度值的绿光作为标准投影装置的出射光源,其他条件同 6.9.2,读取画面中心点的色度坐标。

6.9.5 将具有 $x=0.150\,0$、$y=0.060\,0$ 的标称色度值的蓝光作为标准投影装置的出射光源,其他条件同 6.9.2,读取画面中心点的色度坐标。

6.10 像面照度均匀度

按 JB/T 9409 的相关规定检测。

6.11 畸变

6.11.1 将标准画面畸变检验板(参见附录 A.4)投影到球幕上,其球幕半径应不小于 2 m,并在球幕的球心放映，其投影光轴垂直于球幕的中心。

6.11.2 用钢直尺测量其像面在水平中心线上10°角的弦长，以垂直中心位置10°角(0°±5°)弦长作为标准尺寸，计算与标准尺寸的差值，并记录在表5所示的表格中。

表 5

角度	0°±5°	0.3α±5°	0.5α±5°	0.7α±5°	0.85α±5°
弦长/mm					
差值/mm					
畸变/%					
注：测量时可以按照5°角取整。					

6.11.3 按式(3)计算每10°角的畸变，取最大值作为物镜的畸变。

$$畸变=\frac{差值}{标准尺寸}\times 100\% \quad \cdots\cdots (3)$$

6.12 外观

膜层耐磨性，用蘸有无水乙醇和乙醚混合液的脱脂纱布擦拭，观察有无擦痕；其他要求用目视检验方法检验。

7 检验规则

7.1 出厂检验

对已定型生产的物镜，应进行出厂检验，检测项目为本标准的5.4、5.5、5.7、5.11(膜层耐磨性除外)。出厂合格的物镜应附有检验合格证。

7.2 型式检验

下列情况之一时，应进行型式检验：

a) 新产品的定型鉴定；

b) 企业定期周期性自我检查；

c) 国家质量监督机构提出进行质量监督抽查检验；

d) 产品上等级时。

8 标志、包装、运输、贮存

8.1 标志

每只物镜在直径A区域之外的外表面上至少标有以下内容：

a) 型号；

b) 焦距；

c) 相对孔径；

d) 像方视场角；

e) 编号。

8.2 包装

8.2.1 每只物镜应加盖前、后盖后包装，并采取防震措施，保证物镜在盒内无任何方向的窜动。

8.2.2 物镜盒内应放置适量的防霉剂，防霉剂应放在吸湿性良好的小布袋内，不得与物镜直接接触。

8.2.3 成批物镜出厂时，应在装有防霉、防潮、防震的运输外包装箱。

8.2.4 包装箱的标志及随机文件应符合 GB/T 13384 的有关规定。

8.3 运输、贮存

8.3.1 物镜运输、贮存的基本环境条件如表 6 所示。

表 6

序号	基本环境条件			分级额定值	
	项　目		单位	运输	贮存
1	高　温		℃	40	
2	低　温		℃	−25	+5
3	相对湿度(25℃时)		%	95	75
4	冲击	峰值加速度	m/s^2	100	—
		脉冲持续时间	ms	16	—
5	自由跌落	自由跌落高度	mm	250	—

8.3.2 物镜运输贮存的试验方法应符合 GB/T 25480 的有关规定。

附　录　A
（资料性附录）
画面尺寸和检验板

A.1　画面尺寸

由于球幕投影有特殊的要求，所以物镜的视场范围应小于或等于其芯片的可放映（投影）最大画面尺寸。可放映最大画面尺寸为芯片有效尺寸的内接圆。

A.2　杂光系数检验板

杂光系数检验板是用于检测物镜杂光系数的标板，其黑斑的直径大小和画面的大小有关，黑斑直径应为可放映最大画面直径的 9%±1%，其光学密度应不小于 4.0。

A.3　画面清晰度检验板

A.3.1　画面清晰度检验板的图案排列如图 A.1 所示。

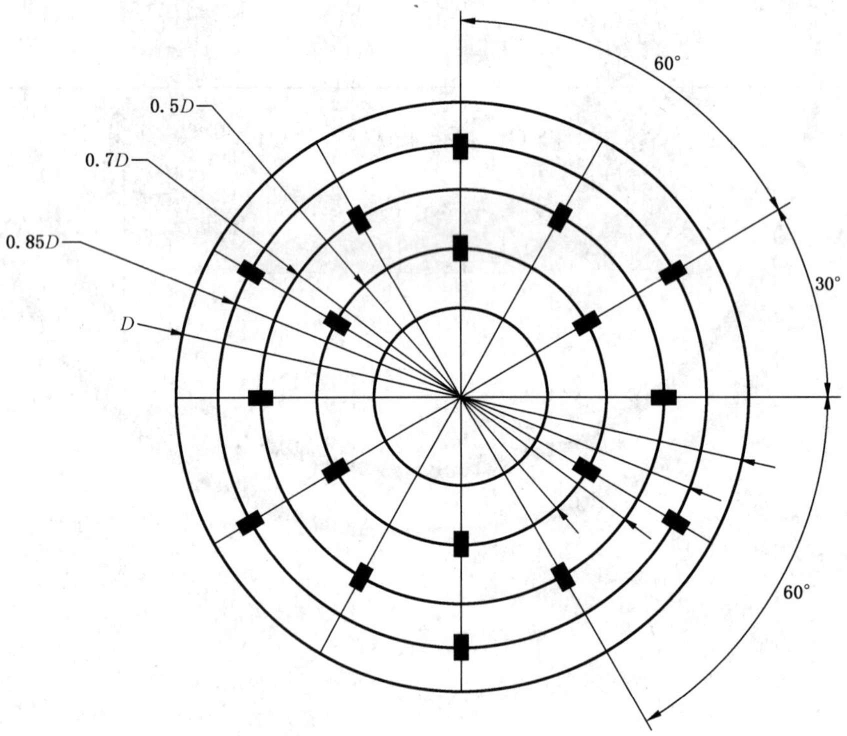

注：D 为画面尺寸。

图 A.1

A.3.2　检验板的材料和图案构成应符合 JB/T 9407—2010 的规定。

A.4 画面畸变检验板

A.4.1 画面畸变检验板图案如图 A.2 所示。

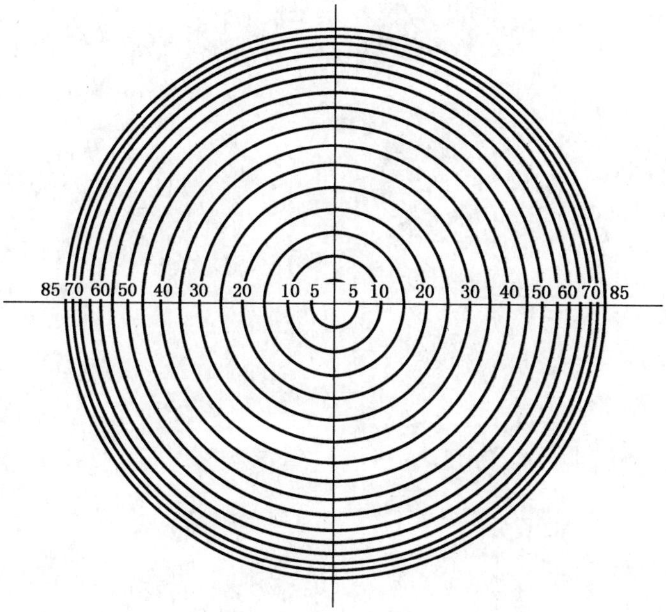

图 A.2

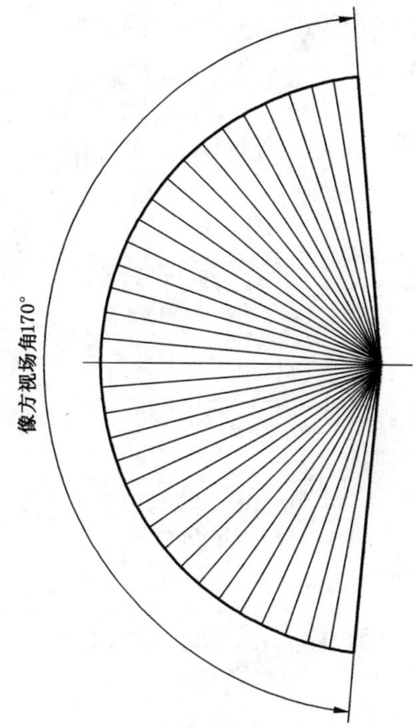

图 A.3

A.4.2 按物镜的标称像方视场角确定图 A.3 的像方视场角(以 170°为例),按成像芯片的短边长度确定左图圆弧的直径。从中心每 5°角一划分,按分划点在直径上的投影距离中心的长度作为半径,画圆形成图 A.2 的画面畸变检验板图案。

参 考 文 献

[1] JB/T 9407—2010 电影放映物镜鉴别率检验标板

ICS 37.040.10
N 46

中华人民共和国国家标准

GB/T 29298—2012

数字(码)照相机通用规范

Digital still camera general specification

2012-12-31 发布　　2013-06-01 实施

中华人民共和国国家质量监督检验检疫总局
中国国家标准化管理委员会　发布

前　言

本标准依据 GB/T 1.1—2009 给出的规则起草。

本标准由中国机械工业联合会提出。

本标准由全国照相机械标准化技术委员会(SAC/TC 107)归口。

本标准起草单位:杭州照相机械研究所、中国电子技术标准化研究所。

本标准主要起草人:王林、金丹、虞仲晓、冯晓升、钱元凯、王立建、杨建军、殷强、高健、马强。

数字(码)照相机通用规范

1 范围

本标准规定了数字(码)照相机(以下简称照相机)的术语、技术要求、试验方法、标志、使用说明书、包装、运输和贮存。

本标准适用于一般数字照相机,带数字照相功能的手机、座式和专用照相机及其他具有数字照相功能的设备也可参照使用。

2 规范性引用文件

下列文件对于本文件的应用是必不可少的。凡是注日期的引用文件,仅注日期的版本适用于本文件。凡是不注日期的引用文件,其最新版本(包括所有的修改单)适用于本文件。

GB/T 1988 信息技术 信息交换用七位编码字符集

GB 2312 信息交换用汉字编码字符集 基本集

GB/T 2421.1—2008 电工电子产品环境试验 概述和指南

GB/T 2423.1—2008 电工电子产品环境试验 第2部分:试验方法 试验A:低温

GB/T 2423.2—2008 电工电子产品环境试验 第2部分:试验方法 试验B:高温

GB/T 2423.3—2006 电工电子产品环境试验 第2部分:试验方法 试验Cab:恒定湿热试验

GB/T 2423.5—1995 电工电子产品环境试验 第二部分:试验方法 试验Ea和导则:冲击

GB 4943.1—2011 信息技术设备 安全 第1部分:通用要求

GB 5296.1 消费品使用说明 总则

GB 9254—2008 信息技术设备的无线电骚扰限值和测量方法

GB/T 10047.1—2005 照相机 第1部分:民用小型照相机

GB/T 17618—1998 信息技术设备抗扰度限制和测量方法

GB 17625.1—2012 电磁兼容 限值 谐波电流发射限值(设备每相输入电流≤16 A)

GB/T 17626.2—2006 电磁兼容 试验和测量技术 静电放电抗扰度试验

GB 18030 信息技术 中文编码字符集

GB/T 20733—2006 数码照相机 术语

JB/T 7474.1 照相机内藏闪光灯技术条件

JB/T 8250.4 照相机自由跌落试验方法

JB/T 8250.6 照相机振动试验方法

JB/T 8250.7 照相机机械包装、运输、贮存条件及试验方法

SJ/T 11363—2006 电子信息产品中有毒有害物质的限量要求

SJ/T 11364—2006 电子信息产品污染控制标识要求

SJ/T 11365—2006 电子信息产品中有毒有害物质的检测方法

ISO 12233 摄影术-数字照相机-分辨率的测量

ISO 15739 摄影术-电子静像成像-噪声(点)的测试

3 术语和定义

GB/T 20733—2006 界定的以及下列术语和定义适用于本文件。

3.1

数字(码)照相机 digital still camera;DSC

使来自被摄对象的光线,通过镜头并经曝光控制,成像在影像传感器上,通过影像传感器,将景物静态影像转换为电信号,并通过一系列的数字信号处理过程,将景物静态影像以数字的形式存储在存储媒体中(如存储卡或磁盘)的设备。数字照相机通常也称数码照相机。

3.2

影像传感器 image sensor

可将光学影像信息转换成电信号并将其输出的电子器件。例如:电荷耦合器(CCD)、互补型金属氧化物半导体器件(CMOS)等。

3.3

存储媒体 memory media

能够存储照相机所摄影像数据的部件,按照结构可分为内置式和移动式两类,按媒体可分为固态(如存储卡)和磁记录(如微型硬盘)两类。

3.4

像素 pixel

影像传感器上能单独感光的物理单元。

3.5

有效像素数 effective pixels

影像传感器上能从镜头接收到光信号,并能被照相机最终输出的静止图像数据所反映的最大像素数。

3.6

影像面积 area of image

照相机输出的影像数据所对应的影像传感器的表面面积。

3.7

视觉分辨率 visual resolution

显示器或者照片上再现的测试图中黑白相间的线条刚刚能被人眼所分辨的空间频率。由于伪信号的影响,能够再现的空间频率要低于测试图中相应区域的空间频率。

3.8

图像横纵比率 image aspect ratio

影像的宽度与高度之比。

3.9

线数每像高 line widths per picture height;LW/PH

分辨率测试图上能被人眼分辨的空间频率所对应的线条宽度与测试图有效区域高度的比值。

注:它等于测试图的有效高度除以能被人眼分辨的空间频率所对应的黑色标定线的宽度,亦即等于在测试目标的高度范围内或在照相机视场的垂直方向内所能包含的该黑色标定线的线数。

示例:若测试图的有效高度为 200 mm,1 000 LW/PH 的黑线宽度等于 200/1 000 mm。

3.10

白平衡 white balance

通过调整电子影像彩色通道增益或通过影像处理,使得具有相对光谱能量分布的影像辐射与被摄对象的光源被补偿为视觉上无彩色时被摄对象的辐射相一致。

3.11

灰阶 gray scale

照相机对不同反射率(或透过率)的中性光谱(灰色光)的分辨能力。

3.12

非线性校正　gamma correction

γ校正

为调整影像的色调影调再现而改变相关输出信号水平的信号处理运算。

3.13

等效焦距　equivalent focal length

照相机影像画幅对角线的长度等效成 35 mm 照相机画幅对角线的长度(43.27 mm)时,其镜头的名义焦距所对应的 35 mm 照相机镜头的焦距。

即:等效焦距=(43.27 mm/影像区域对角线的长度)×镜头的名义焦距。等效焦距用毫米表示。

3.14

畸变　distortion

由于横向放大率随像高或视场的大小而变化,从而引起的一种失去物像相似的像差。畸变不影响像的清晰度。

3.15

噪声(点)　nosie

影像传感器对通过镜头在其平面上所成光学影像的响应中不应有的变异。

3.16

防抖　vibration reduction

照相机的一种功能,可在一定程度上减少在摄影过程中由于抖动所造成的影像清晰度的下降。

3.17

抖动补偿　vibration compensation

成像系统自动感应外界施加的震动,并自动调整自身的拍摄状态,通过补偿从而减少由于震动造成的影像清晰度的下降。

3.18

彩色还原　colour revent

将描述景物色空间坐标的图像数据映射为与输出相关的描述照片色空间坐标的图像数据。

注:彩色还原通常由一个或多个针对输入和输出观察条件的差别所进行的补偿来构成,因此要将描绘景物颜色的尺度和色域映射在照片的动态范围和色域上,并使用偏好调整。简单来说即成像设备真实重现被摄物体颜色的能力。

4　技术要求

4.1　外观和结构要求

4.1.1　光学部件

镜头零部件应清洁,无裂痕、发暗、霉斑、脱胶、开胶、脱膜等瑕疵,也不可有气泡、条纹、沙眼、斑点、污迹、尘埃、灰雾状瑕疵及其他明显瑕疵。镜头表面的镀膜应牢固均匀,无明显的擦伤现象,光路通过的部位应进行消杂光处理,镀(涂)层不允许产生导致画面密度差或灰雾的内反射。

取景器内的光学零件上也不应有上述的各种瑕疵。

4.1.2　外表面

产品外表面不应有明显的缺陷,如凹痕、划伤、毛刺、裂缝、磨损、变形、灌注物溢出和污渍等。表面涂覆层应均匀、平整、光滑、牢固、色泽均匀鲜明,不应有起泡、龟裂、脱落、磨损、划伤和不平整等影响美观的缺陷。金属零部件不应有腐蚀及其他机械损伤。外露零部件不应有裂纹、毛刺和显著的伤痕、塌陷等缺陷。紧固部位应连接可靠，不应有松动现象。产品的接口(电源接口，USB 接口，音、视频接口等)和产品附带部件(如线缆等)的接口应端正、规整、无破损和变形。

4.1.3 标识

产品上的标识应齐全、准确、完整、清晰、色泽鲜明，位置正确、不歪斜，无破损。粘贴和印刷应牢固。说明性文字应采用规范简化汉字(标识性文字和符号除外)。

注：标识性文字指在国际上通用的起标识作用的文字，如“POWER”、“ON/OFF”、“mode”等。

4.1.4 按键

按键应手感舒适，不应过紧、过松，连续使用按键不应出现卡键现象。

4.1.5 接缝

产品各接缝应均匀、牢固，最大缝隙(非设计间隙)不超过 1 mm。

4.1.6 电池仓

电池安装部位极性标志应清晰、直观。如使用专用电池，应保证专用电池安全、方便、正确地装入电池仓。电池装入后，应保证与触点可靠接通，电池仓盖的结合处不应刮手，无论是否装有电池，电池仓盖不应自行打开。电池的装夹应可靠，不得因振动而引起接触不良。

4.2 功能要求

产品的功能应与随产品提供的说明书以及相关资料中的描述相一致。

4.3 软件界面

4.3.1 文字

若产品包含软件，其用户界面(包括产品内置软件及微型计算机端软件)文字应采用规范简化汉字(标识性文字和符号除外)。可以同时提供与汉语相对照的其他语种的软件界面，当提供多种语言界面时，出厂的设置应默认为汉字，输出的汉字字符不应小于 11×12 点阵，产品中采用的汉字字型应符合有关国家标准和行业标准的要求。

产品的编码字符集应符合国家标准 GB/T 1988、GB 2312 或 GB 18030(强制部分)的规定。

4.3.2 界面用语

产品的菜单和其他提示信息所使用的术语应与附录 A 相符合，所使用的语言应规范。

4.3.3 状态显示

产品具有的状态显示，应显示常用的拍摄状态信息，如剩余拍摄张数、闪光灯、记录像素数、电源使用情况等。

4.3.4 语音提示

如果产品具有语音提示功能，则应默认为汉语普通话语音提示，可以同时提供其他语种的语音提示。

4.4 接口互换性

4.4.1 数据输入输出接口

产品的数据输入输出接口应符合相应的国家标准或行业标准。如果采用 USB 接口，接口的机械尺寸宜采用国家现行相关标准。

4.4.2 影像声音输出接口

如果产品具有视频输出功能,其出厂默认设置应为 PAL 制。

4.5 影像质量

4.5.1 视觉分辨率

影像传感器面积小于或等于 200 mm^2 的照相机,中心视场视觉分辨率不小于:0.55R_t,边缘视场视觉分辨率不小于:0.45R_t,其中变焦大于 8 倍的照相机,边缘视场视觉分辨率不小于:0.40R_t。有效像素大于 1 500 万的以 1 500 万计算。

影像传感器面积大于 200 mm^2 的照相机,中心视场视觉分辨率不小于:0.6R_t,边缘视场视觉分辨率不小于:0.5R_t。

R_t 由式(1)确定。

$$R_t = (\text{有效像素数} / \text{影像横纵比率})^{1/2} \quad \cdots\cdots(1)$$

式中:

R_t——视觉分辨率的理论值,单位用线数每像高(LW/PH)表示。

注 1:对于可换镜头的照相机机身,若随机不搭载镜头的,推荐使用原厂等效焦距 50 mm 的标准镜头进行测试。

注 2:在测量视觉分辨率时,中心视场对应于 0.25 y'视场内,边缘视场对应于 0.7 y'视场。y'为有效像场半径,等于画幅对角线长度的二分之一。

4.5.2 彩色还原

照相机应能对色彩准确还原,使标板上全部色彩得到重现,各色在 CIE LAB 色空间的色差(ΔE_{ab})不得超过 35。

4.5.3 白平衡

当照相机具有白平衡功能时,在白平衡涵盖的各种色温照明下,所摄得的影像均应获得适宜的白平衡,对反射率为 18%的中性灰,其 RGB 值均应满足 $0.8 \leqslant R/G \leqslant 1.2$,$0.8 \leqslant B/G \leqslant 1.2$。

4.5.4 灰阶

应能分辨灰度标尺的各级灰阶。

灰度标尺至少 10 个灰阶,最黑一阶的密度(O_D)不低于 1.7,最亮到最暗的比率≥20。

4.5.5 成像均匀度

由式(2)确定的均匀度不得低于 70%,其中,当等效焦距不大于 28 mm 时,均匀度不得低于 50%。对于可换镜头的照相机机身,成像均匀度不做要求。

$$K = (L_{min}/L_{max}) \times 100\% \quad \cdots\cdots(2)$$

式中:

K ——成像均匀度;

L_{min}——对均匀面光源所摄得的影像中的明度最小值;

L_{max}——对均匀面光源所摄得的影像中的明度最大值。

4.5.6 曝光量误差

在曝光控制范围内,曝光量误差不得超出±1EV 的范围。

如制造企业对曝光控制有特殊的设置(如在某种亮度条件下的有意过曝光或欠曝光),应在产品说明书中说明。在这种情况下,在该亮度条件下的曝光量误差应在企业对曝光控制特殊设置点的±1EV范围内。

4.5.7 影像缺陷

影像的缺陷像素数不得超过2个,其中影像中央四分之一面积的范围内不允许出现缺陷像素。

4.5.8 畸变

在画幅对角线方向0.5y'和0.8y'处的相对畸变q不得超过±5%。对于可换镜头的照相机机身,若随机不搭载镜头,则畸变不做要求。

注:y'为有效像场半径,等于画幅对角线长度的二分之一。

4.5.9 噪声(点)

影像的噪声(点)应该在可接受的范围内,由式(3)确定的噪声(点)(σ_{total}),影像传感器面积小于或等于200 mm² 的照相机,σ_{total}不大于3,影像传感器面积大于200 mm²,小于或等于800 mm² 的照相机,σ_{total}不大于2.5,影像传感器面积大于800 mm² 的照相机,σ_{total}不大于2。

$$\sigma_{total}=\sqrt{\frac{1}{n}\sum_{i=1}^{n}\sigma_i^2} \qquad \cdots\cdots(3)$$

式中:

n ——从白到黑的灰度级数;

σ_{total}——合成噪声(点);

σ_i ——每级灰度的标准方差。

注:只限定基础感光度范围。扩展的感光度范围不做要求。

4.5.10 防抖

4.5.10.1 电子防抖

如采用提高快门速度的方法来达到防抖目的,照相机设置在防抖状态或自动进入防抖状态时,快门速度应快于$1/f_{(等效)}$(s)。同时应将曝光量补偿到正确曝光量的误差范围之内。如照相机处于防抖状态而曝光量不能补偿到正确曝光量的误差范围之内,则照相机应给出提示。

4.5.10.2 抖动补偿防抖

如采用抖动补偿的方法来达到防抖目的,抖动补偿应有效,在机身震动状态下(5 Hz、±0.1°),快门速度慢于$1/f_{(等效)}$(s)1挡时,打开抖动补偿功能,测得的视觉分辨率与未震动状态下测得的视觉分辨率的差量应低于产品说明书中给出的数值,若产品说明书中未给出数值,则应低于35%。

4.6 取景器

4.6.1 取景视场率

取景视场不得超出实际所拍摄的画幅,取景视场各边长与实际所拍摄的画幅相应边长的百分比:

a) 旁轴光学取景器的取景视场率应大于70%,单镜头反光照相机应大于90%;

b) 通过液晶显示屏取景时,取景视场率应大于85%,其中心偏移不得超过4%。

4.6.2 光学取景器

4.6.2.1 无视度调节机构的光学取景器的视度应在0 m^{-1}~-2 m^{-1}范围内。

4.6.2.2 光学取景器内应成像清晰、明亮，无明显的内反射、倒像等缺陷。

4.7 显示屏

4.7.1 尺寸

随产品提供的文件中应给出显示屏的尺寸，实际尺寸应不小于公布值的 95%。

4.7.2 亮度

显示屏中心亮度不得低于 100 cd/m^2。

4.7.3 功能

图像显示屏所显示的参数、符号、文字或图像应清晰、完整、稳定；操作菜单及参数应清晰可辨。

4.7.4 缺陷

全屏之内亮点或暗点缺陷点不应相邻，并满足图 1、表 1 的要求。

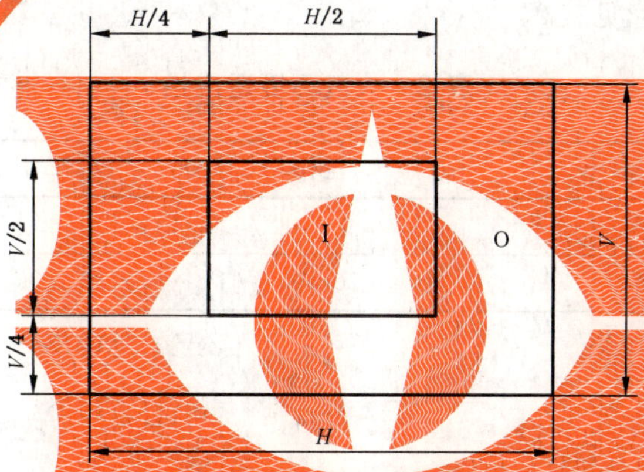

图 1　图像显示屏分区

表 1　图像显示屏缺陷点限值

单位为个

区域	I 区	O 区	全屏
缺陷点	缺陷点限值 ≤		
暗	3	6	9
亮	1	2	3
全部	3	6	9

4.8 内藏闪光灯

产品使用说明书应说明内藏闪光灯的闪光输出。

闪光输出以“闪光指数”说明时，闪光灯应符合 JB/T 7474.1 相应规定。

闪光输出以“摄影距离(范围)”说明时，摄影距离(范围)内应能够拍摄出曝光正确的图像。

4.9 电池持久力

随产品提供的文件中应给出电池的持久拍摄能力，并明确具体使用条件。

4.10 数据存储性能

产品的存储分为：内部存储和外部存储，产品规范和说明书应规定数据存储性能，并明确具体使用条件。

4.11 节能

产品应设计关闭、睡眠状态，应具备控制能耗的功能，如自动电源关闭功能等，其内容应在产品规范和说明书中规定。

4.12 环保

产品中有毒有害物质的含量应符合 SJ/T 11363—2006 的限量要求或 SJ/T 11364—2006 的标识要求。

4.13 环境适应性

4.13.1 大气环境适应性

产品的大气环境适应性，见表 2。

表 2 大气环境适应性

大气条件	工作	贮存运输
温度/℃	0～40	－20～60
相对湿度/%	20～90	20～93

4.13.2 机械环境适应性

4.13.2.1 振动适应性

产品的振动适应性见表 3。

表 3 振动适应性

试验项目	试验内容	参数
扫频耐久试验	频率范围 Hz	10～55～10
	驱动振幅 mm	1.0
	持续时间 min	25
	扫描要求 1 个循环 min	5
	循环次数	5
注：表中驱动振幅为峰值。		

4.13.2.2 冲击适应性

产品的冲击适应性见表 4。

表 4 冲击适应性

峰值加速度/(m/s^2)	脉冲持续时间/ms	冲击波形
150	11	半正弦波形

4.13.2.3 碰撞适应性

产品的碰撞适应性见表 5。

表 5 碰撞适应性

峰值加速度/(m/s^2)	波形持续时间/ms	碰撞次数	冲击波形
100	16	1 000±10	半正弦波形

4.13.2.4 最小运输包装件跌落适应性

最小包装件的自由跌落高度为 800 mm。

4.14 耐久性

照相机主要部件的耐久性应符合表 6 的规定。

表 6 主要部件的耐久性

单位为次

项目	电源开关	闪光灯	快 门	可动部件	模式选择开关	液晶显示开关	存储卡连接器	电池仓盖
指标	2 500		10 000	3 000		2 000	1 000	

4.15 安全性

照相机的安全要求应符合 GB 4943.1—2011 的规定。

4.16 电磁兼容性

4.16.1 无线电骚扰

4.16.1.1 电源端子传导骚扰电压

电源端子传导骚扰电压的极限值按表 7 规定。

表 7 电源端子传导骚扰电压的限值

频率范围 MHz	极限值/dB μV	
	准峰值限值 B级	平均值 B级
0.15～0.50	66～56	56～46
0.50～5	56	46
5～30	60	50

注：在 0.15 MHz～0.50 MHz 频率范围内，限值随频率的对数呈线性减少。

4.16.1.2 辐射骚扰

辐射骚扰场强的限值按表8规定。

表8 辐射骚扰场强的限值

测试距离 m	频率范围 MHz	准峰值极限值 dB(μV/m)
10	30～230	30
	230～1 000	37
3	30～230	40
	230～1 000	47

4.16.2 谐波电流

照相机产生的谐波电流骚扰应不大于GB 17625.1—2012规定的谐波电流发射限值。

4.16.3 抗扰度

电磁抗扰度限值应符合GB/T 17618—1998的规定，其中辐射抗扰度试验的场强值为3 V/m。

注：若产品不设置电源接口时，只进行辐射骚扰场强的限值以及4.16.3中GB/T 17618规定的静电放电试验，同时增加辐射抗扰度试验。

5 试验方法

5.1 试验环境条件

除另有规定外，本标准中的所有试验均应在以下条件下进行。

温度：15 ℃～35 ℃；

相对湿度：25%～75%；

大气压：86 kPa～106 kPa。

5.2 外观和结构要求

感官检查。

5.3 功能要求

依照产品说明书的描述，进行产品功能检查。

5.4 软件界面

感官检查。

5.5 接口互换性

依照产品说明书，对各个接口进行功能和规格检查。

5.6 影像质量

5.6.1 视觉分辨率

将照相机设置为最佳状态，按ISO 12233的规定进行试验。

5.6.2 彩色还原

5.6.2.1 试验装置

试验装置采用:

a) 马克贝斯(Gretag Macbeth)彩色标版;

b) 反射率为18%的中性灰板;

c) 配置图像处理软件的计算机。

注:马克贝斯彩色标版是由公司提供的测试标板的商品名,给出这一信息是为了方便本标准的使用者,并不表示对该产品的认可。如果其他产品能有相同的效果,则可使用这些等效的产品。

5.6.2.2 试验条件

试验条件应符合下列要求:

a) 全黑且无反光的试验环境,其照度应小于1 lx;

b) D_{65}光源均匀照射彩色标版。

5.6.2.3 试验程序

试验按下列步骤进行:

a) 使被检照相机处于最有利于彩色还原的设置并关闭闪光灯;

b) 被检照相机瞄准置于中性灰板上的彩色标版,使彩色标版处于其取景器视场的中央,并尽可能地充满视场(彩色标版应占取景器视场面积的70%以上),进行正确拍摄;

c) 将所拍摄的影像输入计算机,根据图像文件使用的色彩记录格式,用图像处理软件测定彩色标版每块色块的*RGB*值,并将其转换到CIE LAB色空间。

5.6.2.4 试验结果的计算

按式(4)计算每块色块的CIE LAB色差。

$$\Delta E_{ab}=[(L_m-L_n)^2+(a_m-a_n)^2+(b_m-b_n)^2]^{1/2} \quad \cdots\cdots(4)$$

式中:

ΔE_{ab} ——彩色标版上每块色块的CIE LAB色差;

L_m、a_m、b_m ——CIE LAB色空间的明度指数(L)和色品指数(a、b)的测得值;

L_n、a_n、b_n ——CIE LAB色空间的明度指数(L)和色品指数(a、b)的标准值。

5.6.3 白平衡

5.6.3.1 试验装置

试验装置采用:

a) 反射率为18%的中性灰板;

b) 配置图像处理软件的计算机。

5.6.3.2 试验条件

试验条件应符合下列要求:

a) 全黑且无反光的试验环境,其照度应小于1 lx;

b) 照明采用与白平衡所针对色温相近的光源均匀照射中性灰板;

c) 测试自动白平衡时,照明分别采用与6 500 K、4 870 K、4 000 K和2 854 K色温相近的光源均匀照射中性灰板。

5.6.3.3 试验程序

试验按下列步骤进行：

a） 使被检测照相机处于所测量白平衡的设置并关闭闪光灯。

b） 根据白平衡的设置选择相对应的照明光源均匀照射中性灰板。测试自动白平衡时，分别采用与 6 500 K、4 870 K、4 000 K 和 2 854 K 色温相近的照明光源均匀照射中性灰板。

c） 被检照相机瞄准中性灰板，并尽可能地充满视场，进行正确拍摄。

d） 将所拍摄的影像输入计算机，根据图像文件使用的色彩记录格式，用图像处理软件测定中性灰板的 RGB 值，并分别计算各种光源照明下灰色的 R/G 和 B/G。

5.6.4 灰阶

5.6.4.1 试验装置

试验装置采用：

a） 透射式灰度标尺图（符合 4.5.4 的要求）；

b） 光源箱，面光源的四角与中心的亮度均匀性不得低于 95%；

c） 配置图像处理软件的计算机。

5.6.4.2 试验条件

全黑且无反光的试验环境，其照度应小于 1 lx。

5.6.4.3 试验程序

试验按下列步骤进行：

a） 将透射式灰度标尺图置于光源箱的面光源上；

b） 被检照相机设置为最低感光度、最大像素和最高图像质量，关闭闪光灯；

c） 被检照相机镜头光轴与灰度标尺图垂直，且使灰度标尺图充满取景器视场，进行正确拍摄；

d） 将所拍摄的影像输入计算机，使用图像处理软件按实际像素图像模式进行目视观察，应能分辨灰度标尺的各级灰阶。必要时，用图像处理软件读取相邻灰阶中心 64 像素×64 像素区域的 RGB 值，并按与光源色温关联的公式计算其亮度，相邻两级亮度的差应大于相邻两级灰阶亮度的标准方差 σ。

5.6.5 成像均匀度

5.6.5.1 试验装置

试验装置采用：

a） 光源箱，面光源的四角与中心的亮度均匀性不得低于 95%；

b） 配置图像处理软件的计算机。

5.6.5.2 试验程序

试验按下列步骤进行：

a） 被检照相机设置为短焦和最大相对孔径并设定白平衡；

b） 被检照相机镜头光轴与面光源垂直，且使面光源充满取景器视场（不允许出现黑边），进行正确拍摄；

c) 将所拍摄的影像输入计算机，在整幅影像的两条对角线方向各均匀地选取 11 个测试区域（区域为矩形，对角线长为整个画幅对角线长的 1/11），将图像文件的色彩模式转为 *RGB* 模式，用图像处理软件测定对角线上各测试区域的 *L* 值（测量区域面积，以画幅长边的 1/11 乘以画幅短边的 1/11 的面积，用 *RGB* 的亮度直方图工具读出此面积内的 *L* 通道的 *L* 平均值），并计算其 *L* 值的最小值与最大值之比。

5.6.6 曝光量误差

5.6.6.1 试验装置

试验装置采用：

a) 光源箱，其精度不低于±0.05 EV；

b) 配置图像处理软件的计算机。

5.6.6.2 试验程序

试验按下列步骤进行：

a) 使被检照相机处于最有利于体现曝光量控制精度的设置，关闭闪光灯；

b) 被检照相机镜头光轴与面光源垂直，且使面光源覆盖照相镜头和测光系统的视场；

c) 分别按各挡感光度，变焦距镜头还分别在短焦端和长焦端，在 LV1～LV17（或被检照相机在说明书中声明的曝光范围）的亮度条件下拍摄面光源（亮度变化后，至少应相隔 3 s 后方可进行试验）；

d) 将所拍摄的影像输入计算机，根据图像文件使用的记录格式，用图像处理软件测定影像中央四分之一面积内的明度指数。

5.6.6.3 试验结果的计算

按式(5)～式(7)计算各挡光源亮度和各种状态下的曝光量误差。

$$\Delta EV = 3.322\ \lg(H_m / H_n) \qquad (5)$$

$$H_m = 255(L_m/255)^{1/\gamma} \qquad (6)$$

$$H_n = 255(127(\text{或企业给出的数值})/255)^{1/\gamma} \qquad (7)$$

式中：

ΔEV ——各挡光源亮度和各种状态下的曝光量误差；

H_m 和 H_n——各挡光源亮度和各种状态下曝光量的测得值和标准值；

L_m ——各挡光源亮度和各种状态下所拍摄影像的明度指数测得值；

γ ——非线性校正指数。

5.6.7 影像缺陷

5.6.7.1 试验装置

按 5.6.6.1 的规定。

5.6.7.2 试验程序

试验按下列步骤进行：

a) 被检照相机设置为最低感光度、最高有效像素和最佳图像质量模式，关闭闪光灯；

b) 被检照相机镜头光轴与面光源垂直，且使面光源覆盖照相镜头和测光系统的视场；

c) 再将被检照相机的曝光补偿分别设置为＋2 EV 和－2 EV 时拍摄面光源；

d) 将所拍摄的两幅影像输入计算机，用图像处理软件测定以异常点为中心，(3×3)像素范围内的明度指数平均值 $L_{av,1}$ 和(9×9)像素范围内的明度指数平均值 $L_{av,2}$，当 $|L_{av,1}-L_{av,2}|>15$ 时，判定该异常点为缺陷像素。

若被检照相机无曝光补偿功能，则应采取其他方式拍摄亮度均匀的高亮度影像和低亮度影像，以确保低亮度缺陷像素和高亮度缺陷像素均能被识别，并避免影像噪声(点)造成的误判断。

5.6.8 畸变

5.6.8.1 试验装置

试验装置采用：

a) 畸变测试标板见图 2；

b) 配置图像处理软件的计算机。

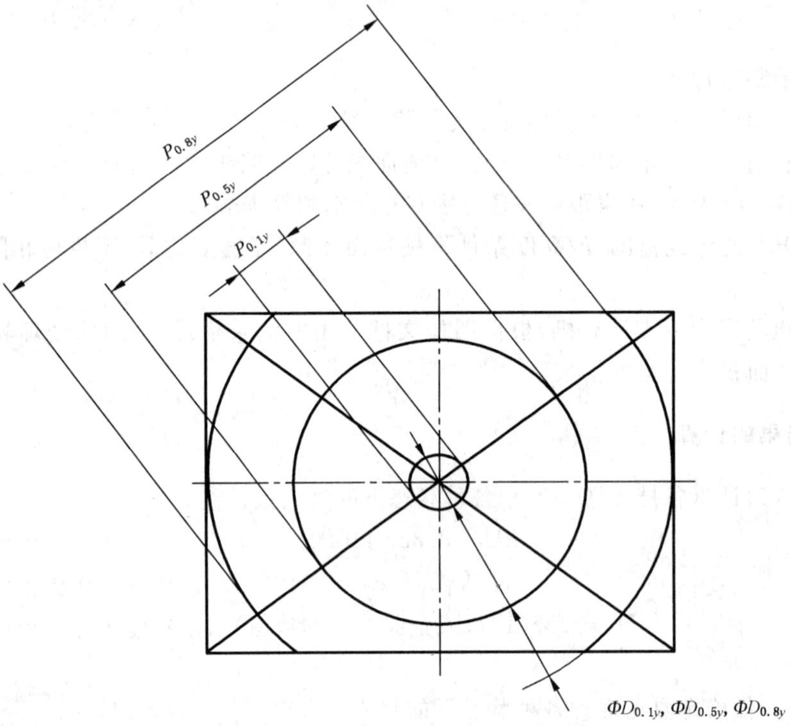

图 2 畸变测试标板

5.6.8.2 试验条件

被检照相机镜头光轴与畸变测试标板垂直，并使畸变测试标板充满影像画幅(标板与镜头物方主点的距离为镜头等效焦距的 30 倍)。

5.6.8.3 试验程序

试验按下列步骤进行：

a) 用被检照相机(变焦距照相镜头分别用长焦端和短焦端)对畸变测试标板进行正确拍摄；

b) 将所拍摄的畸变测试标板图像输入计算机，用图像处理软件判读在画幅对角线上 $0.1y'$、$0.5y'$ 和 $0.8y'$ 处的像素数(以线宽的外侧度量)。

5.6.8.4 试验结果的计算

按式(8)和式(9)计算画幅对角线方向0.5y'和0.8y'处的相对畸变$q_{0.5y'}$和$q_{0.8y'}$。

$$q_{0.5y'}=[1-(P_{0.5y',m}/P_{0.5y',n})]\times 100\%=[1-(P_{0.5y',m}/5P_{0.1y',m})]\times 100\% \quad\cdots\cdots(8)$$

$$q_{0.8y'}=[1-(P_{0.8y',m}/P_{0.8y',n})]\times 100\%=[1-(P_{0.8y',m}/8P_{0.1y',m})]\times 100\% \quad\cdots\cdots(9)$$

式中：

$q_{0.5y'}$、$q_{0.8y'}$ ——画幅对角线方向0.5y'和0.8y'处的相对畸变；

$P_{0.5y',m}$、$P_{0.8y',m}$——画幅对角线上0.5y'和0.8y'处的实测像素数；

$P_{0.5y',n}$、$P_{0.8y',n}$ ——画幅对角线上0.5y'和0.8y'处的基准像素数；

$P_{0.1y',m}$ ——画幅对角线上0.1y'处的实测像素数。

5.6.9 噪声(点)

5.6.9.1 试验装置

试验装置采用：

a) 等效ISO 15739中的噪声(点)测试卡；

b) 色温为5 000 K±1 000 K，面光源的四角与中心的亮度均匀性不低于95%的光源箱；

c) 配置图像处理软件的计算机。

5.6.9.2 试验条件

温度为15 ℃～25 ℃，全黑且无反光的试验环境，其照度应小于1 lx。

5.6.9.3 试验程序

试验按下列步骤进行：

a) 将噪声(点)测试卡置于光源箱的面光源上；

b) 被检照相机设置为最大像素和最高图像质量，设定感光度到最低基础感光度，关闭闪光灯；

c) 被检照相机镜头光轴与灰度标尺图垂直，且使灰度标尺图充满取景器视场，注意消除标板网纹的影响，进行正确拍摄；

d) 将所拍摄的影像输入计算机，使用图像处理软件读取各阶灰度块中心64像素×64像素区域的RGB值的标准方差，并按与光源色温关联的公式计算其亮度标准方差σ_i，按式(3)计算σ_{total}。

例如：图像处理软件使用Photoshop时，应是以下顺序：

① 用photoshop打开摄影图像；

② 在长方形选择工具中选择灰阶图像中的相应灰度领域(64像素×64像素)；

③ 在选择的状态下实行“图像”模式中的“直方图”处理；

④ 显示处理结果的画面标识中按R,G,B的顺序选择“通道”的色彩平面，将显示的“标准偏差”分别记录；

⑤ 所记录的各颜色的标准偏差为σ_r、σ_g、σ_b；

⑥ 求出该灰度时的标准偏差σ_i；

⑦ 下一个灰度时，重复②～⑥；

⑧ 求出所有灰度的标准偏差；

最后根据式(3)求出噪声(点)σ_{total}。

5.6.10 防抖

5.6.10.1 电子防抖

参照5.6.6.1和5.6.6.2的要求，调低光源亮度使照相机自动进入或设置到防抖状态，拍摄面光源。用相应软件读取照片的拍摄参数,考核电子防抖功能。

5.6.10.2 抖动补偿防抖

5.6.10.2.1 试验装置

试验装置采用:

a) ISO 12233 中规定的视觉分辨率测试卡;

b) 振动装置;

c) 配置图像处理软件的计算机。

5.6.10.2.2 试验条件

被检照相机镜头光轴与分辨率测试卡垂直,调整灯光的角度和亮度,使照相机快门速度低于 $1/f_{(等效焦距)}$ 1 挡速度。

5.6.10.2.3 试验程序

试验按下列步骤进行:

a) 将照相机水平放置,固定在振动测试装置上;

b) 被检照相机设置为最大像素和最高图像质量,关闭闪光灯;

c) 照相机镜头光轴与分辨率测试卡垂直,且使分辨率测试卡充满取景器视场;

d) 然后将振动装置的振动频率设定为 5 Hz,加±0.1°的振动,打开防抖功能,使用自拍或遥控模式,分别进行 20 次拍摄,将所拍摄的影像输入计算机;

e) 观察加振并开防抖功能时的视觉分辨率的数值,取 20 次的平均值,与不加振动并关闭防震功能时的分辨率值计算差量。

注:单反照相机应选择支持防抖功能的标准镜头进行测试。

5.7 取景器

5.7.1 取景视场率

按 GB/T 10047.1—2005 中 5.4 的规定检查取景视场率,并计算中心偏移。

5.7.2 光学取景器

按 GB/T 10047.1—2005 中 5.2.1 检查光学取景器的视度。目视检查光学取景器的成像质量。

5.8 显示屏

5.8.1 尺寸

使用游标卡尺测量。

5.8.2 亮度

5.8.2.1 试验装置

成像式亮度计。

5.8.2.2 试验条件

全黑且无反光的试验环境,其照度应小于 1 lx。

5.8.2.3 试验程序

试验按下列步骤进行：

a) 显示屏亮度如果可调，设置在最高亮度模式；

b) 照相机设置在预览模式，显示白色照片，数字照片的亮度为 255；

c) 使用亮度计测量显示屏中心(画幅短边尺寸 3/10 范围以内)的亮度。

5.8.3 功能

目视检查。

5.8.4 缺陷

5.8.4.1 试验条件

全黑且无反光的试验环境，其照度应小于 1 lx。

5.8.4.2 试验程序

照相机设置在预览模式，在显示屏上显示白色和黑色照片，数字照片的亮度分别为 255 和 0，目视检查暗点和亮点缺陷。

5.9 内藏闪光灯

产品使用说明书中以“闪光指数”说明时，按 JB/T 7474.1 中的规定进行检查。

产品使用说明书中以“摄影距离(范围)”说明时，在照度小于 1 lx，全黑且无反光的试验环境下。在摄影距离(范围)内最近和最远处进行拍摄。曝光量误差不得超出±1 EV 的范围。

5.10 电池持久力

按产品说明书规定的使用方式进行检查，若产品说明书没有规定，则按照以下方式进行检查：用说明书规定的电池进行拍摄，每 30 s 拍摄一张照片，50%闪光(与不闪光间隔进行)，有光学变焦功能的，应每次拍摄前从最长焦端到最广角端(或者从最广角端到最长焦端)变焦一次，彩色 LCD 预览屏始终开启，使用默认的存储媒体，拍摄到照相机自动关闭，记录拍摄张数。

5.11 数据存储性能

按产品说明书规定的方式进行检查。

5.12 节能

感官检查。

5.13 环保

按 SJ/T 11365—2006 的规定进行测试。

5.14 环境试验

5.14.1 一般要求

环境试验的标准大气条件、气候试验顺序应符合 GB/T 2421.1—2008 的有关规定。

以下各项试验中，规定的初始检测和最后检测，统一进行外观和结构检查，并按产品标准中规定的各项技术性能逐项进行检查,应符合产品标准的要求。

5.14.2 温度下限试验

5.14.2.1 工作温度下限试验

按 GB/T 2423.1—2008“试验 Ad”进行,受试样品裸机先进行初始检测,在受试样品不工作的条件下,将箱内温度逐渐降到表 5 中工作温度下限值,待温度稳定后,存放 2 h,受试样品工作应正常。试验完后,待箱内温度回到室温,取出样品,在正常大气条件下恢复 2 h。

5.14.2.2 贮存运输温度下限试验

按 GB/T 2423.1—2008“试验 Ab”进行,将样品带最小外包装放入低温箱,使箱内温度降到表 2 规定的贮存运输温度下限,在受试样品不工作的条件下存放 24 h,取出样品回到室温,再恢复 2 h,进行最后检验。为防止试验中受试样品结霜和凝露,允许将受试样品用聚乙稀薄膜密封后进行试验,必要时还可以在密封套内装吸潮剂。

5.14.3 温度上限试验

5.14.3.1 工作温度上限试验

按 GB/T 2423.2—2008“试验 Bd”进行,受试样品裸机先进行初试检测。在受试样品不工作的条件下,将箱内温度逐渐升到表 5 中工作温度上限值,待温度稳定后,存放 2 h,受试样品工作应正常,试验完后,待箱内温度回到室温,取出样品,在正常大气条件下恢复 2 h。

5.14.3.2 贮存运输温度上限试验

按 GB/T 2423.2—2008“试验 Bb”进行,将样品带最小外包装放入高温箱,使箱内温度升到表 2 规定的贮存运输温度上限,在受试样品不工作的条件下存放 24 h,取出样品回到室温,恢复 2 h 后进行最后检测。

5.14.4 恒定湿热试验

5.14.4.1 工作条件下的恒定湿热试验

按 GB/T 2423.3—2006 进行,受试样品裸机须进行初始检测,试验严酷程度取表 2 规定的工作温度、相对湿度上限值。待温度稳定后,存放 2 h,工作应正常。试验完后,待箱内温度回到室温,取出样品,在正常大气条件下恢复 2 h。

5.14.4.2 贮存运输条件下的恒定湿热试验

按 GB/T 2423.3—2006 进行,严酷程度取表 2 规定的贮存运输条件下温度、相对湿度上限值,受试样品裸机进行初始检测后带最小外包装放入试验箱,在不工作条件下且在试验环境下存放 24 h,恢复 2 h 后进行最后检测。

5.14.5 振动试验

按 JB/T 8250.6 执行。

5.14.6 冲击试验

按 GB/T 2423.5—1995“试验 Ea”进行,受试样品须进行初始检测。安装时要注意重力影响,按表 4 规定值,受试样品在不工作条件下,分别对三个互相垂直轴线方向进行冲击,冲击次数各为三次,试验后,进行最后检测。

5.14.7 碰撞试验

将受试样品以最小包装单位固定在碰撞台上,受试样品须进行初始检测。按表5规定值,受试样品在不工作条件下,分别对三个互相垂直轴线方向进行试验。试验后,进行最后检测。

5.14.8 自由跌落试验

对照相机最小包装由跌落实验按JB/T 8250.4相应规定。

5.15 耐久性

闪光的耐久性按JB/T 7474.1的有关要求执行,其他项目耐久性按手动、目视进行试验。

5.16 安全性能

闪光灯的安全性能按JB/T 7474.1中的规定进行,整机安全性能按GB 4943.1—2011中的有关规定进行。

5.17 电磁兼容性

5.17.1 无线电骚扰限值的测量

按GB 9254—2008规定的方法进行,试验过程中照相机工作正常。

5.17.2 谐波电流试验

按GB 17625.1—2012规定的判定和测试方法进行,试验过程中照相机工作应正常。

5.17.3 抗扰度试验

抗扰度测量方法按GB/T 17618—1998规定的试验设备和方法进行,实验过程中照相机工作应正常。其中静电放电抗扰度按照GB/T 17626.2—2006进行试验。判定标准见表9。

表9 静电放电抗扰度水平

单位为千伏

静电放电电压		静电放电抗扰度水平
接触放电	空气放电	
4	8	功能或性能暂时降低或丧失,但能自行恢复

6 标志

6.1 产品标志

每台照相机应标志:生产企业或者销售商的名称或其注册商标、产品型号、出厂编号。

6.2 包装标志

6.2.1 产品包装和产品使用说明书应标明产品名称、产品型号、特征参数、生产企业或销售商名称和详细地址。

6.2.2 产品销售包装盒和/或产品使用说明书应标明所执行标准的编号。

6.2.3 运输包装标志按 JB/T 8250.7 的规定。

7 使用说明书

产品使用说明书的编制应符合 GB 5296.1 的规定，并应明示其等效焦距、能耗、存储性能等性能参数。

8 包装、运输、贮存

包装、运输、贮存按 JB/T 8250.7 的规定。

附 录 A
（规范性附录）
基本中英文术语对照

白平衡　white balance
曝光　exposure
曝光补偿　exposure compensation
对焦　focus
分辨率　resolution
感光度　sensitivity
光圈　aperture
光圈优先　aperture priority
光学变焦　optical zoom
灰阶　gray scale
焦距　focal length
景深　depth of field
镜头　lens
快门　shutter
快门优先　shutter priority
手动对焦　manual focus
数字变焦　digital zoom
数字(码)照相机　digital still camera
微距　macro
像素　pixel
影像传感器　image sensor
有效像素　effective pixel

ICS 31.260
L 51

中华人民共和国国家标准

GB/T 29299—2012

半导体激光测距仪通用技术条件

General specification of semiconductor laser rangefinder

2012-12-31 发布　　　　2013-06-01 实施

中华人民共和国国家质量监督检验检疫总局
中国国家标准化管理委员会　发布

前　言

本标准按照 GB/T 1.1—2009 给出的规则起草。

请注意本文件的某些内容可能涉及专利。本文件的发布机构不承担识别这些专利的责任。

本标准由中国机械工业联合会提出。

本标准由全国光辐射安全和激光设备标准化技术委员会(SAC/TC 284)归口。

本标准负责起草单位:湖北华中光电科技有限公司。

本标准参加起草单位:孝感华中精密仪器有限公司、湖北富华精密光电有限公司。

本标准主要起草人:刘博、朱晓旭、程刚、张红坤、周泽武。

半导体激光测距仪通用技术条件

1 范围

本标准规定了半导体激光测距仪的要求、试验方法、检验规则、包装、运输和标志等内容。

本标准适用于半导体激光测距类仪器。

2 规范性引用文件

下列文件对于本文件的应用是必不可少的。凡是注日期的引用文件，仅注日期的版本适用于本文件。凡是不注日期的引用文件，其最新版本(包括所有的修改单)适用于本文件。

GB/T 2828.1 计数抽样检验程序 第1部分：按接收质量限(AQL)检索的逐批检验抽样计划

GB/T 2829 周期检验计数抽样程序及表(适用于对过程稳定性的检验)

GB/T 4857.5 包装 运输包装件 跌落试验方法

GB/T 4857.10 包装 运输包装件基本试验 第10部分：正弦变频振动试验方法

GB/T 5080.1 可靠性试验 第1部分：试验条件和统计检验原理

GB 7247.1 激光产品的安全 第1部分：设备分类、要求和用户指南

GB/T 10320 激光设备和设施的电气安全

GB/T 12085.2 光学和光学仪器 环境试验方法 第2部分：低温、高温、湿热

GB/T 12085.7 光学和光学仪器 环境试验方法 第7部分：滴水、淋雨

GB/T 12085.11 光学和光学仪器 环境试验方法 第11部分：长霉

GB/T 13384 机电产品包装通用技术条件

GB/T 13739 激光光束宽度、发散角的测试方法以及横模的鉴别方法

GB/T 15313 激光术语

3 术语和定义

GB 7247.1和GB/T 15313界定的以及下列术语和定义适用于本文件。

3.1

激光测距仪 laser rangefinder

用激光作光源对目标测距的光电仪器。

3.2

半导体激光测距仪 semiconductor laser rangefinder

用半导体激光作光源的激光测距仪器。

3.3

最大测程 maximum range

在规定大气条件下，对规定目标达到规定的测距准测率时，半导体激光测距仪所能探测到的最远距离。

3.4

最小测程 minimum range

在规定大气条件下，对规定目标达到规定的测距准测率时，半导体激光测距仪所能探测到的最近距离

3.5

测距精度 ranging accuracy

半导体激光测距仪测量的目标距离与标定的目标距离的误差。

3.6

测距重复频率 ranging repetition frequency

半导体激光测距仪每秒钟完成的测距次数。

3.7

准测率 measuring accuracy

激光测距仪达到规定测距精度的测距概率。

4 要求

4.1 技术要求

4.1.1 安全性

半导体激光测距仪的电气安全性应符合 GB/T 10320，激光安全性应符合 GB 7247.1 的规定。

4.1.2 重量、外观

半导体激光测距仪的重量、外观应符合下列要求：

a) 重量、外形尺寸符合产品设计要求；

b) 外观涂、镀层应牢固，不应有褪色、剥落和锈斑。相同涂、镀层颜色应均匀一致；

c) 外观不应有划伤、裂口、缩瘪、尖利豁口、脱漆、扭曲等缺陷。

4.1.3 电源适应性要求

采用交流电源供电时，应满足 220×(1±10%)V，频率 50 Hz；采用电池供电时，应给出在额定电压波动范围内的标准容量可以正常测距的次数或连续测距的工作时间。

4.1.4 反接保护

电源的极性在半导体激光测距仪上应有明显标志。半导体激光测距仪应具有反接保护功能，出现电源极性反接状态时，不应损坏。

4.1.5 功能显示

半导体激光测距仪显示内容应清晰明亮，且有如下显示功能：

a) 准备显示；

b) 距离显示；

c) 超测程显示；

d) 电源低电压显示。

4.1.6 内部清洁度

半导体激光测距仪内部清洁度应符合下列要求：

a） 光学系统不应有灰尘和沉积物；

b） 内腔严禁异物；

c） 多余物应清除干净。

4.2 性能要求

4.2.1 最大测程

最大测程推荐按以下系列选用：

50 m、100 m、150 m、200 m、300 m、500 m、800 m、1 000 m、1 500 m、2 000 m、3 000m、5 000 m、8 000 m、10 000 m、15 000 m、20 000 m、25 000 m、30 000 m、30 000 m 以上。

4.2.2 最小测程

最小测程推荐按以下系列选用：

0.2 m、0.3 m、0.5 m、1 m、2 m、3 m、5 m、10 m、20 m、30 m、50 m、100 m、150 m、200 m、300 m、500 m、800 m、1 000 m、1 000 m 以上。

4.2.3 测距精度

测距精度推荐按以下系列选用：

0.001 m、0.002 m、0.003 m、0.005 m、0.01 m、0.02 m、0.03 m、0.05 m、0.1 m、0.2 m、0.3 m、0.5 m、1 m、2 m、3 m、5 m、10 m、10 m 以上。

4.2.4 测距重复频率

测距重复频率推荐按以下系列选用：

1 Hz 以下、1 Hz～5 Hz、5 Hz～10 Hz、10 Hz～20 Hz、20 Hz 以上。

4.2.5 准测率

半导体激光测距仪的准测率应不小于 95%。

4.2.6 激光束散角

半导体激光测距仪的激光束散角范围：

0.01 mard～1 mard、1 mard～5 mard、5 mard 以上。

4.3 环境适应性要求

4.3.1 低温

低温工作和低温贮存的严酷度等级，按 GB/T 12085.2 中规定的等级选择。

半导体激光测距仪在低温环境试验过程中，其性能应符合 4.1.5 要求。

半导体激光测距仪在低温环境试验后，恢复到 GB/T 12085.2 规定的大气条件，其基本性能应符合 4.2.5 要求，且不应出现下列缺陷：

a） 胶合件脱胶、光学件破裂；

b） 内部光学件表面结霜；

c） 活动机构失灵、卡死或折断；

d） 密封材料及表面处理层崩裂或起泡；

e） 达到温度平衡后内部出现水汽或水痕；

f） 非金属的永久变形。

4.3.2 高温

高温工作和高温贮存的严酷度等级，按 GB/T 12085.2 中规定的等级选择。

半导体激光测距仪在高温环境试验过程中，其性能应符合 4.1.5 要求。

半导体激光测距仪在高温环境试验后，恢复到 GB/T 12085.2 规定的大气条件，其基本性能应符合 4.2.5 要求，且不应出现下列缺陷：

a） 润滑脂溢出，漆层脱落或起泡；

b） 胶合件脱胶；

c） 内部光学件表面有水汽或脂质流痕；

d） 显示功能失灵或部分失灵；

e） 电器元件或照明失效；

f） 非金属的永久变形。

4.3.3 淋雨

半导体激光测距仪的淋雨严酷度等级应符合 GB/T 12085.7 的规定。

半导体激光测距仪经淋雨试验后，其性能应符合 4.2.5 要求，且不应出现下列缺陷：

a） 内部进水或有水渍；

b） 内部光学零件表面有水汽或水迹；

c） 不符合绝缘要求；

d） 金属件发生锈蚀。

4.3.4 长霉

半导体激光测距仪的长霉试验等级应符合 GB/T 12085.11 的规定。

半导体激光测距仪经长霉试验后，应符合 GB/T 12085.11 的规定。

4.3.5 振动

半导体激光测距仪的振动严酷度等级应符合 GB/T 4857.10 的规定。

半导体激光测距仪应具备在预期的运输和使用环境中承受机械振动的能力。产品经振动试验后其性能应符合 4.2.5 要求。

4.3.6 跌落

半导体激光测距仪的跌落严酷度等级应符合 GB/T 4857.5 的规定。

半导体激光测距仪经跌落试验后，其性能应符合 4.2.5 要求，且不应出现下列情况：

a） 包装箱严重损坏；

b） 产品损坏，产品外观严重损坏。

4.4 可靠性要求

半导体激光测距仪的重复频率不小于 5 Hz 的平均故障间隔应不小于 200 h；小于 5 Hz 的平均故障测距次数不低于 50 000 次。

5 试验方法

5.1 技术要求试验

5.1.1 安全性

半导体激光测距仪的电气安全性试验设备、试验方法和试验条件应符合 GB/T 10320 的规定；半导体激光测距仪的激光安全性试验设备、试验方法和试验条件应符合 GB 7247.1 的规定。

5.1.2 重量、外观

用量具检验产品重量、外形尺寸，用目测法检验外观。其结果应符合 4.1.2 规定。

5.1.3 电源适应性要求

用拉偏法测试，在电压上限值和下限值工作时，其性能应符合 4.2.5 要求。

5.1.4 反接保护

目测法检查半导体激光测距仪是否标示电源极性。将极性反接，打开电源开关，并保持反接 60 s，然后关闭电源开关，再正接电源，其性能应满足 4.2.5 要求。

5.1.5 功能显示

目测法检测半导体激光测距仪在工作过程中的显示功能，其要求应符合 4.1.5 要求。

5.1.6 内部清洁

目测法检测内部清洁度，其要求应符合 4.1.6 要求。

5.2 性能要求试验

5.2.1 最大测程

按规定大气条件，在已标定的距离上设置规定目标。重频激光测距仪以规定的重复频率测距，重复频率小于 10 Hz 的测距 20 s，并且测距次数不小于 50 次，重复频率不小于 10 Hz 的测距 10 s；单次测距产品连续测距不小于 50 次。显示数值应符合 4.2.1 和 4.2.5 要求。

5.2.2 最小测程

按规定大气条件，在已标定的距离上设置规定目标。重频激光测距仪以规定的重复频率测距，重复频率小于 10 Hz 的测距 20 s，并且测距次数不小于 50 次，重复频率不小于 10 Hz 的测距 10 s；单次测距产品连续测距不小于 50 次。显示数值应符合 4.2.1 和 4.2.5 要求。

5.2.3 测距精度

半导体激光测距仪的测距精度有以下两种推荐的计算方法：

a) 绝对误差

在规定大气环境条件下，在半导体激光测距仪的测程范围内的任一距离上对规定目标进行测距，其显示应符合公式(1)。

$$|d-d_i| \leqslant \Delta \qquad \cdots\cdots\cdots\cdots (1)$$

式中：

d ——标定距离；

d_i——第 i 次显示距离；

Δ ——规定的允许测量误差。

且测距数据应满足 4.2.1 和 4.2.5 要求。

b） 均方差误差

在半导体激光测距仪的测程范围内进行测距，取得的数据应符合公式(2)。

$$\Delta n=\sqrt{\frac{\sum_{i=1}^{n}(d_i-d)^2}{n}}\leqslant \Delta \qquad \cdots\cdots(2)$$

式中：

Δn ——n 次测距数据的均方差；

d_i ——第 i 次显示距离；

d ——标定距离；

Δ ——规定的允许测量误差。

且测距数据应满足 4.2.1 和 4.2.5 要求。

5.2.4 测距重复频率

重频半导体激光测距仪以规定的重复频率测距，并用频率计测量重复频率。小于 5 Hz 的测距 20 s，并且测距次数不小于 50 次，重复频率不小于 5 Hz 的测距 10 s。测量结果应符合 4.2.4、4.2.5 要求。

5.2.5 准测率

按 5.2.3 规定的条件和方法进行测距后计算，其准测率应符合公式(3)。

$$P_c=\frac{n_i}{n}\geqslant 95\% \qquad \cdots\cdots(3)$$

式中：

P_c ——被检测距产品在本次检验中的准测率；

n_i ——检测中符合准确度要求的测距次数；

n ——半导体激光测距仪为检测中测距总次数，重频半导体激光测距仪为检测中测距显示值的总次数。

5.2.6 激光束散角

半导体激光测距仪的激光束散角试验设备、试验方法和试验条件应符合 GB/T 13740 的规定。

5.3 环境适应性要求试验

5.3.1 低温

半导体激光测距仪的低温试验设备、试验方法和试验条件应符合 GB/T 12085.2 的规定。

5.3.2 高温

半导体激光测距仪的高温试验设备、试验方法和试验条件应符合 GB/T 12085.2 的规定。

5.3.3 淋雨

半导体激光测距仪的淋雨试验设备、试验方法和试验条件应符合 GB/T 12085.7 的规定。

5.3.4 长霉

半导体激光测距仪的长霉试验设备、试验方法和试验条件应符合 GB/T 12085.11 的规定。

5.3.5 振动

半导体激光测距仪的振动试验设备、试验方法和试验条件应符合 GB/T 4857.7 的规定。

5.3.6 跌落

半导体激光测距仪的跌落试验设备、试验方法和试验条件应符合 GB/T 4857.5 的规定。

5.4 可靠性要求试验

半导体激光测距仪的可靠性试验方法、试验数据和报告的处理应符合 GB/T 5080.1 的规定。

6 检验规则

6.1 一般规则

半导体激光测距仪的检验分为鉴定检验、型式检验和出厂检验，半导体激光测距仪通过鉴定检验合格后，才能批量生产。检验项目分组见 6.5 表 1。

6.2 鉴定检验

产品在设计定型时或出现下列重大变化时需要做鉴定检验：

a) 正式生产后其结构设计、工艺或材料改变而引起产品的主要性能改变时；

b) 产品停止生产 2 年以上，需要恢复生产时。

鉴定检验项目按 6.5 表 1 中 a 组、b 组、c 组、d 组项目进行检验。

6.3 型式检验

型式检验每 2 年不得少于 1 次，凡属下列情况下之一者，应按本标准规定的项目进行型式检验。

a) 对批量生产的产品进行定期检查时；

b) 产品停止生产 1 年以上时；

c) 出厂检验结果与上次型式检验结果有较大差异时；

d) 国家质量监督检验检疫机构提出进行型式检验要求时。

型式检验项目按 6.5 表 1 中 a 组、b 组、c 组项目进行检验。

6.4 出厂检验

凡出厂产品应经企业质量检验部门按出厂检验项目进行检验。合格后，签发产品合格证方可出厂。出厂产品检验项目按 6.5 表 1 中 a 组、b 组进行。

6.5 检验项目

表 1

序号	检验项目	技术要求	试验方法	分组
1	安全性	4.1.1	5.1.1	b
2	重量、外观	4.1.2	5.1.2	a
3	电源适应性要求	4.1.3	5.1.3	b
4	反接保护	4.1.4	5.1.4	b
5	功能显示	4.1.5	5.1.5	a
6	内部清洁	4.1.6	5.1.6	a
7	最大测程	4.2.1	5.2.1	a
8	最小测程	4.2.2	5.2.2	a
9	测距精度	4.2.3	5.2.3	a
10	测距重复频率	4.2.4	5.2.4	b
11	准测率	4.2.5	5.2.5	a
12	激光束散角	4.2.6	5.2.6	c
13	低温	4.3.1	5.3.1	c
14	高温	4.3.2	5.3.2	c
15	淋雨	4.3.3	5.3.3	c
16	长霉	4.3.4	5.3.4	d
17	振动	4.3.5	5.3.5	c
18	跌落	4.3.6	5.3.6	c
19	可靠性	4.4	5.4	d

6.6 抽样方案及合格或不合格判断

产品抽样方案与分组方法以及产品的合格与不合格判断应符合 GB/T 2828.1 或 GB/T 2829 的规定。

7 包装、运输、标志

7.1 包装

半导体激光测距仪包装应符合 GB/T 13384 要求。且包装箱内应附有下列随行文件：

a) 产品装箱单；

b) 产品合格证；

c) 产品使用说明书。

7.2 运输

半导体激光测距仪在运输过程中应符合下列要求：

a） 搬运、堆放应按运输箱运输标志进行，避免碰撞与敲击，堆放平稳整齐；

b） 装车堆箱高度不大于 2 m，汽车运输时，包装箱应在车内均布，避免偏置一侧；

c） 不应与易爆、易燃、易腐蚀物同车、同机或同舱混装运输；

d） 运输应充分保证防雨、防晒、防撞击的保护措施。

7.3 标志

半导体激光测距仪标志和运输标志应符合下列要求：

a） 标志应包含生产年份、编号、制造者、重量、外形尺寸；

b） 外观应有激光警告标记和安全等级说明标记，标记样式应符合 GB 7247.1 的规定；

c） 包装标志应符合 GB/T 13384 的规定。

ICS 37.100.20
G 81

中华人民共和国国家标准

GB/T 29300—2012

干式物理法(粉碎法)彩色墨粉

Dry physical (pulverized) color toner

2012-12-31 发布 2013-06-01 实施

中华人民共和国国家质量监督检验检疫总局
中国国家标准化管理委员会 发布

前　言

本标准按照 GB/T 1.1—2009 给出的规则起草。

本标准由中国机械工业联合会提出。

本标准由全国复印机械标准化技术委员会(SAC/TC 147)归口。

本标准起草单位:无锡佳腾磁性粉有限公司、天津复印技术研究所、珠海天威飞马打印耗材有限公司、天津市中环天佳电子有限公司、湖北鼎龙化学股份有限公司、武汉宝特龙信息科技有限公司、夏普办公设备(常熟)有限公司、佳能(中国)有限公司、上海富士施乐有限公司、柯尼卡美能达(中国)投资有限公司、东芝泰格信息系统(深圳)有限公司、广州市科密化学有限公司。

本标准主要起草人:周学良、刘慧玲、张希平、姜真、朱双全、祝积顺、王强、鲁俊和、仇相如、陈挺、陈颂昌、明盛平。

干式物理法(粉碎法)彩色墨粉

1 范围

本标准规定了静电成像干式物理法(粉碎法)彩色墨粉(以下简称产品)的分类、技术要求、试验方法、检验规则及标志、包装、运输、贮存。

本标准适用于数字式静电成像方式的彩色复印机及具有复印功能的彩色多功能一体机用干式物理法(粉碎法)彩色墨粉。

2 规范性引用文件

下列文件对于本文件的应用是必不可少的。凡是注日期的引用文件,仅注日期的版本适用于本文件。凡是不注日期的引用文件,其最新版本(包括所有的修改单)适用于本文件。

GB/T 2828.1—2003 计数抽样检验程序 第1部分:按接收质量限(AQL)检索的逐批检验抽样计划(ISO 2859-1:1999,IDT)

GB/T 2829—2002 周期检验计数抽样程序及表(适用于对过程稳定性的检验)

GB/T 21199—2007 激光打印机干式单组份显影剂

GB/T 28625 彩色复印机测试版

GB/T 28626 彩色复印机图像质量评价方法

JB/T 8262.1 静电复印干式色调剂结块温度 试验方法

JB/T 8262.2 静电复印干式色调剂荷质比 试验方法

JB/T 8262.3 静电复印干式色调剂含水量 试验方法

JB/T 8262.4 静电复印干式色调剂粒度分布 试验方法

JB/T 8392 静电复印干式色调剂熔融指数测量方法

JB/T 9444.2 复印机械基本环境试验方法 试验A:低温试验

JB/T 9444.4 复印机械基本环境试验方法 试验C:恒定湿热试验

SJ/T 11363 电子信息产品中有毒有害物质的限量要求

SJ/T 11365 电子信息产品中有毒有害物质的检测方法

ISO/IEC 19798 彩色打印机及包含打印组件的多功能设备的墨粉卡盒组件打印量的测量方法(Method for the determination of toner cartridge yield for colour printers and multi-function devices that contain printer components)

3 术语和定义

下列术语和定义适用于本文件。

3.1

物理法(粉碎法)墨粉 physical (pulverized) toner

把粘结树脂、着色剂及其他添加剂进行熔融混炼,压片冷却后,再进行粗粉碎,微粉碎,分级得到的墨粉。

3.2

彩色墨粉 colour toner

彩色色调剂

制作彩色图像使用的墨粉，使原色再现的四色（黄（Y）、品红（M）、青（C）、黑（K））墨粉即为彩色墨粉。

3.3

软化点 melt point

在规定条件下，等速升温加热定量的墨粉，使之熔融从喷嘴流出，当墨粉流出量为二分之一时的温度为软化点，单位为℃。

4 产品分类

彩色墨粉按其在使用中带电的极性不同分为正电性彩色墨粉和负电性彩色墨粉两类。按照墨粉的颜色不同又分为品红(M)色墨粉、青(C)色墨粉、黄(Y)色墨粉和黑(K)色墨粉四种。

5 要求

5.1 工作环境条件

温度：10 ℃～32 ℃

相对湿度：20%～80%

5.2 耐运输、贮存环境性能

产品在包装条件下应能承受以下环境条件的作用，所有性能应符合本标准要求。

低温试验：温度：－25 ℃±3 ℃，试验时间：8 h。

恒定湿热试验：温度：40 ℃±2 ℃，相对湿度：(93^{+2}_{-3})%，试验时间：48 h。

5.3 外观

产品的外观均应无凝结块、无异物。

5.4 粗粒

每 100 g 产品中粒径大于 75 μm 的粒子个数不大于 10 个，且不应有大于 100 μm 的粒子。

5.5 粒度分布

产品的体积中径 D_{50} 标准值由生产企业在企业标准中规定，允许偏差±1 μm。粒子个数百分率累计分布中小于 3.17 μm 的粒子含量≤20%；粒子体积百分率累计分布中大于 20 μm 的粒子含量≤1%。

5.6 熔融指数或软化点

熔融指数：标称值和允许偏差由生产企业在企业标准中规定。

软化点：标称值由生产企业在企业标准中规定，允许偏差±6 ℃。

注： 企业可根据需要，两个项目选择其中一个进行规定。

5.7 凝集度或松装密度

凝集度：≤60.0%。

松装密度:标称值由生产企业在企业标准中规定,允许偏差≤10%。

注: 企业可根据需要,两个项目选择其中一个进行规定。

5.8 荷质比(模拟带电量)

产品的标称值由生产企业在企业标准中规定,允许偏差≤30%。

5.9 结块性

产品在 45 ℃条件下放置 24 h 后,无结块现象。

5.10 含水量

产品的含水量应小于 1.0%。

5.11 有害物质

5.11.1 污染物排放

产品在工作中排放的污染物应满足如下要求:

——总挥发性有机化合物 TVOC≤23 mg/h;

——苯乙烯≤2.3 mg/h;

——粉尘≤4.0 mg/h。

5.11.2 重金属

产品中汞、镉、铅、六价铬等重金属的含量应符合 SJ/T 11363 规定的要求。

5.12 印品质量

印品的图像密度、底灰、层次、定影牢固度、密度不均匀性、平均色差、分辨力等应符合表 1 的要求。

表 1 印品图像质量要求

序号	项目名称	技 术 要 求
1	色密度	青(C)≥1.0、品红(M)≥1.0、黄(Y)≥0.9、黑(K)≥1.2
2	底灰	≤0.02(反射密度计方法)或 ≤2.5(白度仪方法)
3	密度不均匀性	青(C)≤25%、品红(M)≤25%、黄(Y)≤25%、黑(K) ≤ 20%
4	层次/级	青(C)≥7、品红(M)≥7、黄(Y)≥6、黑(K)≥7
5	分辨力/(线对/mm)	黑(K)≥4.0
6	定影牢固度	≥90%
7	平均色差 ΔE	≤12.0

5.13 耐久性

产品在规定的试验条件下,完成的印品张数不少于 2 000 页或使用的鼓粉盒标称页数的 75%,其印品质量应符合表 1 的规定。

5.14 环境适应性

产品在如下环境条件下使用,其印品质量应符合表 1 的规定。

低温低湿:温度 10 ℃,相对湿度 20%。

高温高湿:温度 27 ℃,相对湿度 80%,或温度 32 ℃,相对湿度 60%。

5.15 混合性试验

产品在规定的试验条件下,进行混合试验,其印品质量应符合表 1 规定。原厂同机器型号产品不进行此项试验。

5.16 耗粉量或打印量

标称值由生产企业在企业标准中规定,耗粉量应小于等于标称值,打印量应大于等于标称量。

注:企业可根据需要,两个项目选择其中一个进行规定。

6 试验方法

6.1 试验条件

除对试验环境条件另有规定外,试验应在环境温度 18 ℃~28 ℃、相对湿度 40%~60%的室内进行。

6.2 耐运输、贮存环境试验

在 5.2 的试验条件下,按 JB/T 9444.2 和 JB/T 9444.4 规定的方法进行试验。

6.3 外观

目视检查。

6.4 粗粒

将 100 g 产品倒入网孔为 100 μm(140 目)的标准筛中振动通过,目视检查是否有大于 100 μm 的颗粒,将网孔为 75 μm(200 目)标准筛放置在吸尘器吸口上,开动吸尘器后,再将 100 g 产品对准吸口缓缓倒入筛中,一直吸到筛上无产品,再用手指轻轻压粗颗粒,尽可能吸净。将筛上的残留物用宽 15 mm 的透明胶带粘起贴在洁净的白纸上,目视或用放大镜观察,记录下筛出的粗颗粒数。

6.5 粒度分布

按 JB/T 8262.4 规定的方法测定。

6.6 熔融指数或软化点

6.6.1 熔融指数

按 JB/T 8392 规定的方法测定。

6.6.2 软化点

按附录 A 规定的方法测定。

6.7 凝集度

按 GB/T 21199—2007 中 5.5 规定的方法测定。

6.8 松装密度

按附录B规定的方法测定。

6.9 荷质比(模拟带电量)

按JB/T 8262.2规定的方法测定。

6.10 结块性

按JB/T 8262.1规定的方法测定。

6.11 含水量

按JB/T 8262.3规定的方法测定。

6.12 有害物质

6.12.1 污染物排放

TVOC、苯乙烯按附录C规定的方法进行测试。粉尘按附录D规定的方法进行测试。

6.12.2 重金属

按SJ/T 11365规定的方法测定。

6.13 印品质量

6.13.1 抽样

6.13.1.1 依据产品标注适用的机器型号选择试验样机,样机质量应满足相关产品质量标准要求。试验结束时,光导体和易损件都应在规定寿命内。

6.13.1.2 抽样时用GB/T 28625规定的综合版,其他时间采用运行试验版(消耗量电子版)打印样张。

6.13.1.3 产品装入整机后进行运行试验,按表2规定的抽样方法进行抽样和判定。

表2 复印品抽样检查表

<table>
<tr><th>序号</th><th>试验项目</th><th>抽样时机</th><th>测试版</th><th>抽样次数</th><th>判别水平</th><th>样本抽取张</th><th>样本批张</th><th>不合格质量水平(RQL)</th><th>判定
Ac Re</th><th>检验项目</th></tr>
<tr><td rowspan="2">1</td><td rowspan="2">印品质量试验</td><td>复印10张运行试验版后</td><td>综合版</td><td>1</td><td>Ⅰ</td><td>连续10</td><td>—</td><td>10</td><td>0 1</td><td>定影牢固度</td></tr>
<tr><td>定影牢固度取样后第一次抽样(复印运行试验版300张后)第二次抽样</td><td>综合版</td><td>2</td><td>Ⅰ</td><td>连续12
连续12</td><td>2次抽取的样品再随机编为2组(批)</td><td>10</td><td>0 2
1 2</td><td>色密度
底灰
层次
分辨力
密度不均匀性
平均色差</td></tr>
</table>

表 2（续）

序号	试验项目	抽样时机	测试版	抽样次数	判别水平	样本抽取张	样本批张	不合格质量水平（RQL）	判定 Ac Re	检验项目
2	低温低湿试验 高温高湿试验	复印 10 张运行试验版后	综合版	1	Ⅰ	连续 10	—	10	0 1	定影牢固度
		定影牢固度取样后第一次抽样（复印运行试验版 300 张后）第二次抽样	综合版	2	Ⅰ	连续 12 连续 12	2 次抽取的样品再随机编为2 组（批）	10	0 2 1 2	色密度 底灰 分辨力
3	耐久性试验	印品质量抽样后，继续复印运行试验版，在 400 张、800 张、1 200 张、1 600 张、2 000 张或使用的鼓粉盒标称印量的15%、30%、45%、60%、75%时，分别抽取 5 张综合版样张	综合版	5	Ⅰ	连续 5 连续 5 连续 5 连续 5 连续 5	5 次抽取的样品再随机编为5 组（批）	10	# 2 # 2 0 2 0 2 2 3	色密度 底灰 层次 分辨力 密度不均匀性 平均色差
4	混合试验	复印 10 张运行试验版后	综合版	1	Ⅰ	连续 10	—	10	0 1	定影牢固度
		连续复印运行试验版，在 400 张、800 张、1 200 张、1 600 张、2 000 张或使用的鼓粉盒标称印量的15%、30%、45%、60%、75%时，分别抽取 5 张综合版样张	综合版	5	Ⅰ	连续 5 连续 5 连续 5 连续 5 连续 5	5 次抽取的样品再随机编为5 组（批）	10	# 2 # 2 0 2 0 2 2 3	色密度 底灰 层次 分辨力 密度不均匀性 平均色差

6.13.2 印品检验

印品质量按照 GB/T 28626 规定的方法进行检验。

6.14 耐久性试验

按 6.13.1 的规定抽样检验合格后继续复印运行试验版，在 400 张、800 张、1 200 张、1 600 张、

2 000 张或标称印量的 15%、30%、45%、60%、75%时,分别复印 5 张综合版样张。按照表 2 规定编组检验色密度、底灰、层次、分辨力、密度不均匀性、平均色差等项目并判定。

6.15 环境适应性试验

6.15.1 低温低湿试验

产品在温度 10 ℃、相对湿度 20%的环境条件下保持 4 h 后开始试验。按表 2 规定的抽样方法进行抽样和判定。恢复时间不少于 12 h。

6.15.2 高温高湿试验

产品在温度 27 ℃、相对湿度 80%或温度 32 ℃、相对湿度 60%的环境条件下保持 4 h 后开始试验。按表 2 规定的抽样方法进行抽样和判定。恢复时间不少于 12 h。

6.15.3 环境适应性试验的异常处理

试验过程有异常时,若检查出是由试验机器的故障所致,排除故障后应再继续试验,并剔除抽取的异常复印品。

6.16 混合试验

6.16.1 在规定的试验条件下,将原机彩色墨粉与被测彩色墨粉按一定比例(具体比例由企业自定)进行混合(总质量为鼓粉盒标称的墨粉质量)后作为待测彩色墨粉。

6.16.2 准备未使用的原机制造商的彩色鼓粉盒各颜色一支,将原机彩色墨粉从各颜色的鼓粉盒中全部取出。把待测彩色墨粉按各自颜色再回装至原鼓粉盒,开始复印,按照表 2 的方法抽样和判定。

6.17 耗粉量

按附录 E 规定的方法测定。

6.18 打印量

按 ISO/IEC 19798 规定的方法进行测定。

7 检验规则

7.1 检验分类

产品检验分为出厂检验和型式检验两类。

7.2 出厂检验

7.2.1 出厂检验项目

依据表 3 所示项目,由企业标准规定。

7.2.2 出厂检验的抽样及判定规则

按 GB/T 2828.1—2003 的规定,采用的接收质量限 AQL 应不大于 4.0,复印品的抽样检查按表 2 执行,产品的组批、检验水平、抽样方案及判定规则等由企业标准规定。

7.3 型式检验

7.3.1 检验条件

产品在下列情况之一时，应进行型式检验：

a) 新产品投产前的定型鉴定；

b) 老产品转厂生产；

c) 产品的工艺、材料、设备有重大改变，可能影响产品质量时；

d) 停产一年以上再生产时。

7.3.2 型式检验项目

型式检验项目和不合格类别划分按表3规定，其中环境适应性试验、耐久性试验和有害物质试验只在7.3.1a)、b)、c)时进行。

产品定型试验时，适用于不同品牌、不同系列的产品，应分别做印品质量检验。

表3 检验项目表

<table>
<tr><th colspan="4">检验项目</th><th colspan="3">不合格分类</th><th colspan="2">检验分类</th></tr>
<tr><th>类别</th><th>序号</th><th colspan="2">项目名称</th><th>A类</th><th>B类</th><th>C类</th><th>出厂检验</th><th>型式检验</th></tr>
<tr><td rowspan="3">包装与贮存</td><td>1</td><td colspan="2">低温贮存</td><td></td><td></td><td>△</td><td></td><td>√</td></tr>
<tr><td>2</td><td colspan="2">湿热贮存</td><td></td><td></td><td>△</td><td></td><td>√</td></tr>
<tr><td>3</td><td colspan="2">包装及标志</td><td></td><td></td><td>△</td><td>√</td><td>√</td></tr>
<tr><td rowspan="8">理化性能</td><td>4</td><td colspan="2">外观</td><td></td><td></td><td>△</td><td>√</td><td>√</td></tr>
<tr><td>5</td><td colspan="2">粗粒</td><td></td><td></td><td>△</td><td></td><td>√</td></tr>
<tr><td>6</td><td colspan="2">粒度分布</td><td></td><td></td><td>△</td><td></td><td>√</td></tr>
<tr><td>7</td><td colspan="2">熔融指数或软化点</td><td></td><td></td><td>△</td><td>√</td><td>√</td></tr>
<tr><td>8</td><td colspan="2">凝集度或松装密度</td><td></td><td></td><td>△</td><td></td><td>√</td></tr>
<tr><td>9</td><td colspan="2">荷质比</td><td></td><td></td><td>△</td><td>√</td><td>√</td></tr>
<tr><td>10</td><td colspan="2">结块性</td><td></td><td></td><td>△</td><td></td><td>√</td></tr>
<tr><td>11</td><td colspan="2">含水量</td><td></td><td></td><td>△</td><td></td><td>√</td></tr>
<tr><td rowspan="7">印品品质</td><td rowspan="7">12</td><td colspan="2">色密度</td><td>△</td><td></td><td></td><td>√</td><td>√</td></tr>
<tr><td colspan="2">底灰</td><td></td><td>△</td><td></td><td>√</td><td>√</td></tr>
<tr><td colspan="2">层次</td><td></td><td>△</td><td></td><td>√</td><td>√</td></tr>
<tr><td colspan="2">定影牢固度</td><td></td><td>△</td><td></td><td>√</td><td>√</td></tr>
<tr><td colspan="2">密度不均匀性</td><td></td><td>△</td><td></td><td>√</td><td>√</td></tr>
<tr><td colspan="2">平均色差</td><td></td><td>△</td><td></td><td>√</td><td>√</td></tr>
<tr><td colspan="2">分辨力</td><td></td><td>△</td><td></td><td>√</td><td>√</td></tr>
<tr><td rowspan="4">环境适应性</td><td rowspan="4">13</td><td rowspan="4">低温低湿环境试验</td><td>色密度</td><td></td><td>△</td><td></td><td></td><td>√</td></tr>
<tr><td>底灰</td><td></td><td>△</td><td></td><td></td><td>√</td></tr>
<tr><td>定影牢固度</td><td></td><td>△</td><td></td><td></td><td>√</td></tr>
<tr><td>分辨力</td><td></td><td>△</td><td></td><td></td><td>√</td></tr>
</table>

表 3（续）

检验项目				不合格分类			检验分类	
类别	序号	项目名称		A类	B类	C类	出厂检验	型式检验
环境适应性	14	高温高湿环境试验	色密度		△			√
			底灰		△			√
			定影牢固度		△			√
			分辨力		△			√
有害物质检测	15	污染物排放	TVOC	△				√
			苯乙烯	△				√
			粉尘	△				√
	16	重金属		△				√
耐久性试验	17	色密度		△				√
		底灰			△			√
		层次			△			√
		密度不均匀性			△			√
		平均色差			△			√
		分辨力			△			√
混合试验	18	色密度		△				√
		底灰			△			√
		层次			△			√
		定影牢固度			△			√
		密度不均匀性			△			√
		平均色差			△			√
		分辨力			△			√
注：△— 表示所属不合格类别。 √—表示试验项目。								

7.3.3 型式检验抽样及判定规则

7.3.3.1 从出厂检验合格的产品中随机抽取两个样本。每个样本的数量应满足所有检验项目测试的需要。

7.3.3.2 按 GB/T 2829—2002 的规定，采用一次抽样的方案，使用判别水平Ⅰ，不合格质量水平与判定数组见表 4。

表4 型式检验判别

缺陷类型	不合格质量水平 RQL	样本数	判定数组	
			合格判定数	不合格判定数
A类	40	2	0	1
B类	80	2	1	2
C类	120	2	2	3

8 标志、包装、运输和贮存

8.1 标志、包装

8.1.1 产品应采用避光、防潮包装。单位包装剂量和包装形式应符合适用方便的原则。外包装箱上应标明防潮、防热等标志。

8.1.2 每份包装应有产品合格证明。

8.1.3 包装上应用中文标示：

a) 产品名称、型号、批号；

b) 制造商名称或标志、地址；

c) 采用的产品标准；

d) 产品适用的机型；

e) 制造日期或有效日期；

f) 净含量。

注：进口商品按国家有关规定执行。

8.2 运输和贮存

8.2.1 带包装的产品不得与酸、碱、卤素及有机溶剂等化学药品一起运输和贮存。

8.2.2 带包装的产品应存放于无太阳光直射、通风良好的场所，贮存环境温度为10 ℃～40 ℃，相对湿度低于75%。

8.2.3 在符合上述贮存环境并且在未开封的条件下，自8.1.3标注的制造日期起，保质期为12个月或以上。

附 录 A
（规范性附录）
软化点试验方法

A.1 方法原理

墨粉软化点的测试方法选用流量测定法，该方法的原理是在规定条件下，等速升温加热一定量的墨粉试样，使试样熔融并在柱塞的压力下从喷嘴流出，根据流变仪绘制的时间-柱塞行程曲线，选定柱塞下降高度为二分之一（即试样流出量为二分之一）时，测试仪指示的温度，为该试样的软化点。

A.2 仪器设备

流变仪：其结构如图 A.1 所示。主要由加热体（包括中央套筒、柱塞、喷嘴等）、负载机构、自动测试控制装置及记录装置组成。

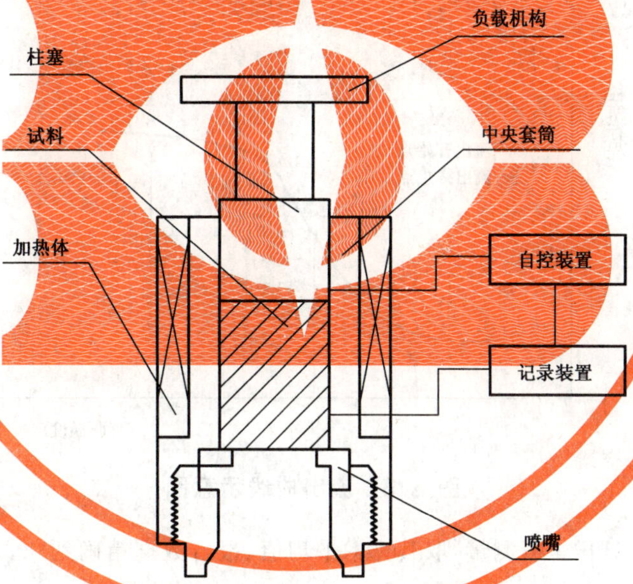

图 A.1 流变仪结构示意图

成型机：压力为 9.8 MPa～19.6 MPa。
天平：感量 0.01 g。

A.3 试验准备

试样的准备

称取墨粉试样 1 g，在成型机上压成圆柱状（圆柱直径为 10.8 mm，长度为 9 mm～15 mm）。

主要测试条件的设定

将以下测试条件输入流变仪：

a) 升温速度　　6 ℃/min；

b） 初始温度 60 ℃；

c） 到达温度 160 ℃；

d） 流出起始点 0 mm；

e） 流出终止点 15 mm；

f） 负载压力 1.96 MPa；

g） 喷嘴直径 1.00 mm±0.01 mm；

h） 喷嘴长度 1.00 mm；

i） 柱塞头面积 1.0 cm^2。

输入后并对其内容进行核对。

A.4 测试步骤

首先进行预热，当达到预热温度后，将柱状试样放到加热体中央套筒内，插入柱塞，预热温度略有下降，再次预热，到达预热温度后，按动起动按钮，流变仪设定的条件自动按程序进行检测。

在接近软化点温度时，温度每变化 1 ℃，在记录上做出检查记录。

试样全部流出后，流出曲线不再变化时，按动停止按钮，测定结果。

从记录仪绘制的流出曲线图求出软化点。流出曲线如图 A.2 所示。

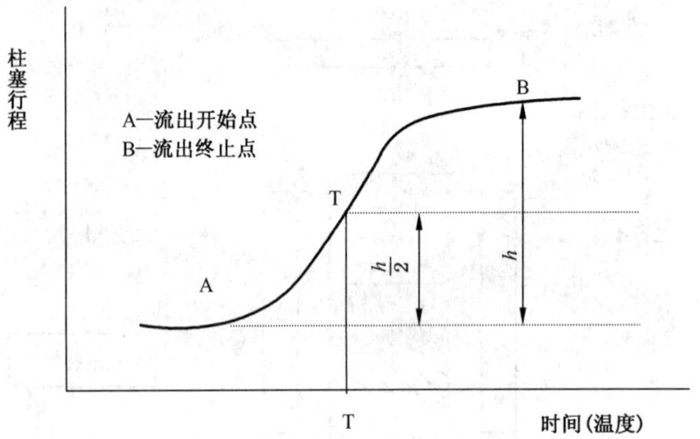

图 A.2 流出曲线示意图

对同一样品，取两份试样重复测量，取其算术平均值，报告数据精确到 0.1 ℃。两次测量值之差不得大于 1.0 ℃。

附 录 B
（规范性附录）
松装密度试验方法

B.1 原理

墨粉从漏斗孔按一定高度自由落下并充满一个已知容积的量筒。在松装状态下，以单位体积墨粉的质量表示墨粉的松装密度。

B.2 试验装置

B.2.1 松装密度测试仪

松装密度测试仪主要由孔径为 0.25 mm 的筛网、漏斗、25 mL 的量筒、底座、支架等组成。图 B.1 为仪器的示意图，图 B.2 为漏斗和量筒的结构图。仪器安装时要求漏斗放到漏斗支架上，在漏斗上方放置筛网，将量筒正对漏斗口放于底座上（定位块定位），保证量筒和漏斗同心，漏斗的底部距量筒顶部为 20 mm，试验时应保证松装密度测试仪水平装置（水准泡校准）。

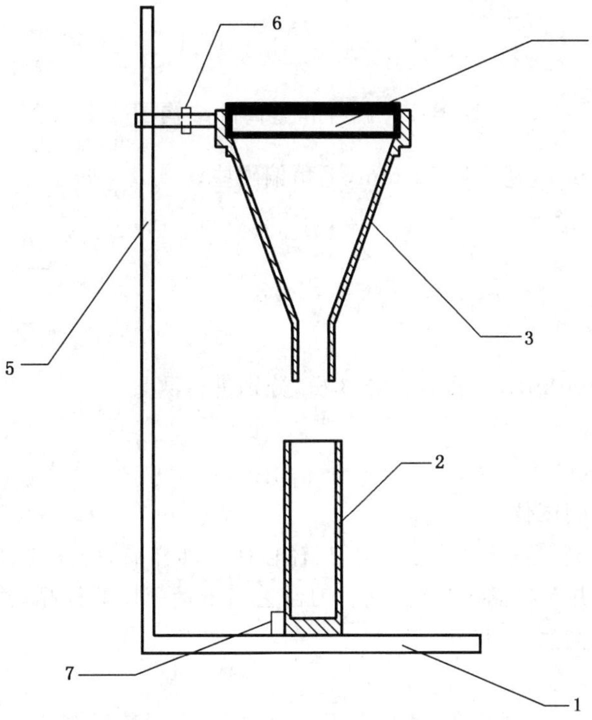

说明：

1——底座；

2——量筒；

3——漏斗；

4——筛网；

5——支架；

6——水准泡；

7——定位块。

图 B.1 松装密度测试仪示意图

单位为毫米

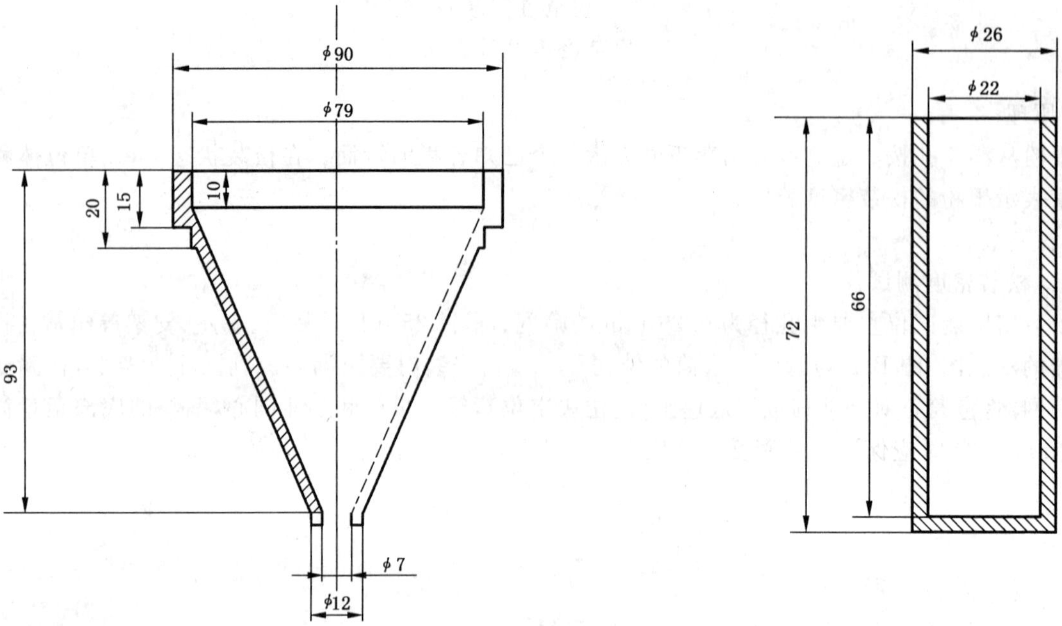

图 B.2 漏斗和量筒的结构图

B.2.2 毛刷:穗长大约 20 mm,宽度约 15 mm,毛稍偏硬些。

B.2.3 竹刀:一边为直边。

B.2.4 天平:感量 0.01 g。

B.2.5 取样匙:不锈钢材质。

B.3 取样

墨粉抽样总量不小于 100 mL,并将其分成 3 份,分别进行测量。

B.4 试验步骤

B.4.1 称量空量筒的质量。

B.4.2 水平放置松装密度测试仪。

B.4.3 用取样匙将样品放到筛网上,用毛刷均匀、轻轻地刷动样品,使其通过筛网落入量筒内,直到样品在量筒里堆满呈山锥状,并有样品溢出时,用竹刀刮去高于量筒口的样品,并将量筒外部清洁干净。

B.4.4 称量装满样品后量筒的质量。

B.4.5 清洁漏斗、筛网和量筒。

B.4.6 试验中应控制样品落下的速度,从样品开始落入量筒到装满量筒的时间应在 3 min～4 min 之间。

B.4.7 重复步骤 B.4.3～B.4.5,分别测量另两份样品。

B.5 试验结果的确定:

B.5.1 松装密度由下列公式计算:

$$\rho_0 = (m_1 - m_0)/25$$

式中:

ρ_0 ——松装密度,单位为克每毫升(g/mL);

m_0——空量筒的质量,单位为克(g);

m_1——装满样品后量筒的质量，单位为克(g)。

B.5.2 取三份墨粉样品测量结果的算术平均值为测量结果值，精确到 0.01 g/mL。各次测量值与平均值之差不能大于 0.01 g/mL，否则重新进行测试。

附 录 C
（规范性附录）
TVOC、苯和苯乙烯的检验方法

C.1 试验条件

C.1.1 测试室

测试室应符合下列条件：

a) 温度：23 ℃±2 ℃

b) 相对湿度：50%±5%

c) 空气交换速率：

测试室体积≤5 m^3：(1≤n≤5)±5%；

测试室体积>5 m^3：(1≤n≤2)±5%；

d) 测试室空白值：

当空气交换速率 n=1 h^{-1}时的空白值应满足以下要求：

单独物质<2 μg/m^{-3}

TVOC <20 μg/m^{-3}

e) 测试室流速：0.1 m/s～0.3 m/s；

f) 测试室体积：0.01<V_{EUT}/V_K<0.25

V_{EUT}：测试标的的体积(EUT：测试设备)

V_K：测试室的体积

C.1.2 仪器设备

仪器设备如下：

a) 气相色谱仪(GC)或气质联用仪(GCMS)；

b) 热解吸分析仪；

c) 大气采样器；

d) 色度计；

e) 功率计。

C.1.3 测试版

使用 ISO/IEC 28360:2007 的彩色样张。

C.1.4 试验用纸张

使用 A4 幅面 60 g/m^2～80 g/m^2 普通复印纸。

C.1.5 产品设置

C.1.5.1 速度选用产品出厂的默认值。

C.1.5.2 产品的工作状态应设置为打印状态，没有打印功能的产品设置为复印状态。

C.1.6 产品及消耗材料的放置

产品及其使用的消耗材料应在测试前 1 d 放入测试室内。

C.2 试验步骤

C.2.1 准备阶段采样

按下列步骤进行：

产品处于关闭状态，将采样管同大气采样器连接，采样器设置流量为 0.1 L/min～0.2 L/min；

测试室空气交换速率设置为 $n=1\ h^{-1}$；

接通产品电源开关，在 1 h 的准备阶段结束前 20 min 进行 TVOC 的采样，采样时间为 20 min。

采样结束后，立即将采样管两端密封。

采样前后应用流量计校准大气采样器的流量并记录，流量误差小于 5%。

C.2.2 打印和打印后阶段的采样

按下列步骤进行：

a) 更换采样管并同大气采样器连接，采样器设置流量不变；

b) 空气交换速率设定为 $n=1\ h^{-1}\sim5\ h^{-1}$（体积≤5 m^3）或 $n=1\ h^{-1}\sim2\ h^{-1}$（体积>5 m^3）；

c) 使用规定的测试版作原稿进行打印，应保证连续工作 10 min 以上；对于不能连续工作 10 min 以上的产品，应选用最大的连续工作时间进行打印。

继续采样至一次空气交换完成后结束。采样结束后，立即将采样管两端密封；

抽取彩色印品，用色度计测试其颜色值 L、a、b，并记录。

在测试过程中，应使用功率计对产品的运行状态进行监控。

C.3 样品分析

用热解析仪和气相色谱仪(GC)联用或气质联用仪(GCMS)对样品进行分析。

C.4 结果计算

C.4.1 准备阶段 VOC 排放率的计算

VOC 准备阶段的排放率（背景值）可根据操作前采集 20 min 样品浓度进行计算，使用公式(C.1)和(C.2)：

$$\mathrm{SER_B}=C_B\times n_B\times V \qquad \cdots\cdots\text{(C.1)}$$

式中：

$\mathrm{SER_B}$ ——准备阶段 VOC 排放率，单位为微克每小时($\mu g/h$)；

C_B ——准备阶段 VOC 浓度，单位为微克每立方米($\mu g/m^3$)；

n_B ——准备阶段采样的空气交换率，单位为每小时(h^{-1})；

V ——测试室的体积，单位为立方米(m^3)。

$$C_B=\frac{m_{\mathrm{VOC-B}}}{V_p} \qquad \cdots\cdots\text{(C.2)}$$

式中：

C_B ——准备阶段 VOC 浓度，单位为微克每立方米($\mu g/m^3$)；

$m_{\mathrm{VOC-B}}$ ——准备阶段 VOC 采样质量，单位为微克(μg)；

V_p ——准备阶段 VOC 采样体积，单位为立方米(m^3)。

C.4.2 打印和打印后阶段的 VOC 排放率的计算

打印和打印后阶段的 VOC 排放率按公式(C.3)计算：

$$SER_{DN}=\frac{\frac{m_{VOC_{DN}}}{V_p}\times n_{DN}{}^2\times V\times t_G-SER_B\times n_{DN}\times t_G}{n_{DN}\times t_D-e^{-n_{DN}\times(t_G-t_D)}+e^{-n_{DN}\times t_G}} \qquad \cdots\cdots\cdots\cdots(C.3)$$

式中：

SER_{DN}——打印和打印后阶段的 VOC 排放率，单位为微克每小时(μg/h)；

$m_{VOC_{DN}}$——打印和打印后阶段的 VOC 分析后的质量，单位为微克(μg)；

V_p ——打印和打印后阶段的采样体积，单位为立方米(m^3)；

n_{DN} ——打印和打印后阶段的空气交换率，单位为每小时(h^{-1})；

V ——测试室的体积，单位为立方米(m^3)；

t_G ——打印和打印后阶段全部的取样时间，单位为小时(h)；

SER_B ——准备阶段 VOC 排放率，单位为微克每小时(μg/h)；

t_D ——打印阶段的工作时间，单位为小时(h)。

C.4.3 未识别 VOC 排放率的计算

用甲苯的响应系数计算未识别的 VOC 的浓度值，准备阶段的排放率按公式(C.1)和(C.2)计算，打印和打印后阶段的排放率按公式(C.3)计算。

C.4.4 TVOC 排放率的计算

C.4.4.1 TVOC 排放率包括保留时间介于正己烷到正十六烷之间的全部物质(包括已知和未知)的总和($SER_{DN}+SER_B$)。

C.4.4.2 排放率小于下列数值的物质除外：

体积≤5 m^3 的测试室：SER_B 0.005 mg/h，SER_{DN} 0.05 mg/h。

体积>5 m^3 的测试室：SER_B 0.02 mg/h，SER_{DN} 0.2 mg/h。

C.4.5 苯乙烯的排放率的计算

采用 VOC 测量中苯乙烯的浓度值，准备阶段的排放率按公式(C.1)和(C.2)计算，打印和打印后阶段的排放率按公式(C.3)计算。

附 录 D
（规范性附录）
粉尘的检验方法

D.1 试验条件

D.1.1 测试室条件

测试室应符合下列条件：

a) 温度：23 ℃±2 ℃；

b) 相对湿度：50%±5%；

c) 空气交换速率：

测试室体积≤5 m^3：(1≤n≤5)±5%；

测试室体积>5 m^3：(1≤n≤2)±5%；

d) 测试室空白值：当空气交换速率 $n=1\ h^{-1}$时，粉尘的空白值应<10 $\mu g/m^3$；

e) 测试室流速：0.1 m/s～0.3 m/s；

f) 测试室体积：0.01<V_{EUT}/V_K<0.25

V_{EUT}：测试标的的体积(EUT：测试设备)；

V_K：测试室的体积。

D.1.2 仪器设备

仪器设备如下：

a) 恒流量粉尘采样器(玻璃纤维过滤器)；

b) 精密电子分析天平。

D.1.3 测试版

使用 ISO/IEC 28360：2007 的彩色样张。

D.1.4 试验用纸张

应选用 A4 幅面 60 g/m^2～80 g/m^2 普通复印纸。

D.1.5 产品设置

D.1.5.1 速度选用产品出厂的默认值。

D.1.5.2 产品的工作状态应设置为打印状态，没有打印功能的产品设置为复印状态。

D.1.6 采样条件

D.1.6.1 采样点：测试室中心位置。

D.1.6.2 取样体积速率：≤80%测试室的空气交换速率。

D.1.7 产品及消耗材料的放置

产品及其使用的消耗材料应在测试前 1 d 放入测试室内。

D.2 试验步骤

D.2.1 过滤器的称量

使用电子天平称量并记录两个过滤器的质量，其中一个过滤器作为参照过滤器保存。

D.2.2 采样时机

粉尘的采样从打印阶段开始，直至完成四次空气交换后结束。

D.2.3 检验方法

按下列步骤进行：

a) 接通粉尘采样器，进行参数设定；

b) 空气交换速率设定为 $n=1\ h^{-1}\sim5\ h^{-1}$（体积≤5 m^3）或 $n=1\ h^{-1}\sim2\ h^{-1}$（体积＞5 m^3）；

c) 设定产品打印参数，使用规定的测试版作原稿进行打印工作 10 min 以上。

对于不能连续工作 10 min 的产品，应选用最大的连续工作时间进行打印工作。

D.2.4 样品称量

D.2.4.1 样品称量

使用电子天平分别称量参照过滤器的质量和采样后过滤器的质量。

D.2.4.2 样品湿度修正

采样的过滤器（湿度修正）中的绝对粉尘质量按公式（D.1）确定

$$m_{St}=(m_{MF-gross}-m_{MF-tare})+(m_{RF-1}-m_{RF-2}) \quad \cdots\cdots\cdots(D.1)$$

式中：

m_{St} ——称取的粉尘质量（湿度修正后的），单位为微克（μg）；

$m_{MF-gross}$——粉尘采样之后指定条件下的测量的过滤器的质量，单位为微克（μg）；

$m_{MF-tare}$ ——粉尘采样之前指定条件下的测量的过滤器的质量，单位为微克（μg）；

m_{RF-1} ——粉尘采样之前指定条件下与参与测量的过滤器同时称量的参照过滤器的质量，单位为微克（μg）；

m_{RF-2} ——粉尘采样之后指定条件下与参与测量的过滤器同时称量的参照过滤器的质量，单位为微克（μg）。

D.3 粉尘浓度和排放率的计算

粉尘浓度和排放率分别按公式（D.3）和（D.2）计算：

$$SER_{ust}=\frac{m_{St}\times n\times V\times t_G}{V_p\times t_D} \quad \cdots\cdots\cdots(D.2)$$

式中：

SER_{ust}——粉尘排放率，单位为微克每小时（μg/h）；

m_{St} ——称取的粉尘质量（湿度修正后的），单位为微克（μg）；

n ——空气交换速率，单位为每小时（h^{-1}）；

V ——测试室的体积，单位为立方米（m^3）；

t_G ——取样的全部时间，单位为小时（h）；

V_p ——通过玻璃纤维滤纸的体积，单位为立方米(m^3)；
t_D ——全部的打印或复印时间，单位为小时(h)。

$$C_{St}=\frac{m_{St}}{V_p} \qquad \cdots\cdots(D.3)$$

式中：
C_{St}——测试室的粉尘浓度，单位为微克每立方米($\mu g/m^3$)；
m_{St}——称取的粉尘质量(湿度修正后的)，单位为微克(μg)；
V_p——通过玻璃纤维滤纸的体积，单位为立方米(m^3)。

附 录 E
（规范性附录）
耗粉量试验方法

E.1 原理

青(C)、品红(M)、黄(Y)、黑(K)四色墨粉成像的彩色复印(包括多功能)设备在正常工作条件下，对标准原稿进行一定数量的打印，用质量称量法，测量并计算每张打印样张消耗彩色墨粉的质量。

E.2 试验仪器和试样

E.2.1 精密天平：感量不小于0.01 g。

E.2.2 实验样机：具有打印功能的彩色复印(包括多功能)设备，样机应满足相关产品质量要求并适用于被测彩色墨粉。

E.2.3 测试版：两个耗粉量测试文件，文件1适用于安装PS驱动的样机，文件2适用于安装非PS驱动的样机。两个耗粉量文件均为PDF格式，青(C)、品红(M)、黄(Y)、黑(K)四色的面积覆盖率每色约为5%，文件可从网站 http://www.tc147.com.cn 下载。图E.1为测试版图样。

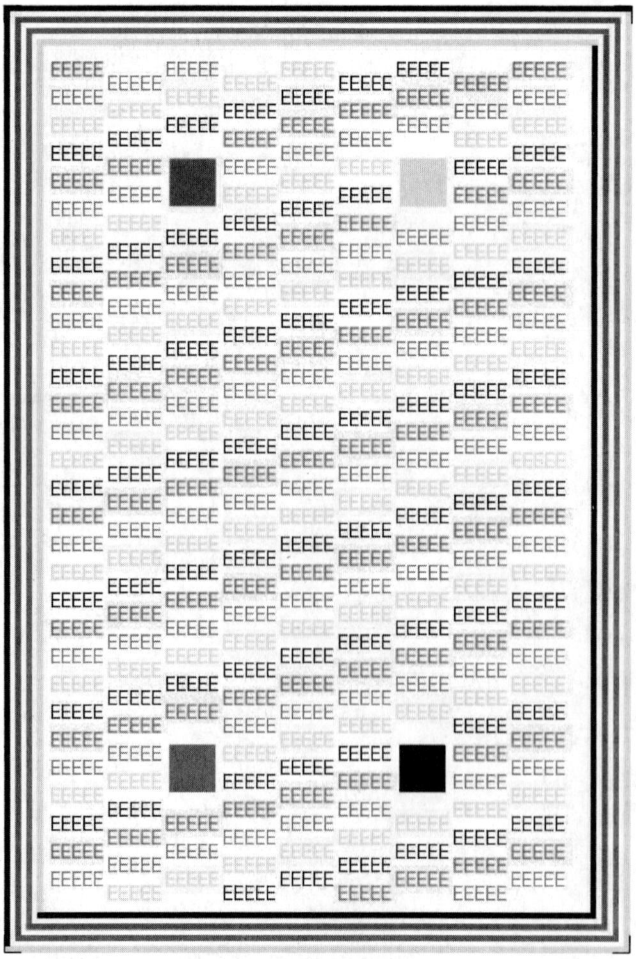

图 E.1 测试版图样

E.2.4 复印用纸：70 g/m² ～80 g/m² 的 A4 幅面复印纸。

E.3 试验环境条件

温度：23 ℃±2 ℃；

相对湿度：40%～60%。

E.4 试验步骤

E.4.1 样机设置

样机设置如下：

a) 如果样机提供 PS 驱动程序，安装 PS 打印驱动，否则安装其他的打印驱动；

b) 与图像和打印质量有关的所有设置为样机的出厂状态以及驱动安装的缺省状态；

c) 不应选择省墨状态，应关闭自动打印媒介检测功能(包括打印机、打印驱动)；

d) 应关闭所有页面尺寸的修改设置(包括打印机、打印驱动、Adobe Reader)；

e) 安装 PS 驱动的打印机，如果打印机具有能设置为 CMYK 色处理模式，关闭色校正的功能，应执行该设置；

f) 使用 Adobe Reader 应用软件打印耗粉量测试文件。安装 PS 打印驱动时，使用耗粉量测试文件 1，其他使用耗粉量测试文件 2。

注：推荐使用最新版本的 Adobe Reader 软件。

E.4.2 试验前准备

将足够的彩色墨粉装入样机中，打印适量的测试版样张，使机器达到稳定的测试状态。

注：新装的墨粉开始打印时，上粉量不是很稳定，需先打印适量的测试版使机器稳定，建议打印不少于 200 张。

E.4.3 试验过程

开始前，从样机中取出青(C)、品红(M)、黄(Y)、黑(K)4 个鼓粉盒或墨粉盒进行称量，其质量为 MC1、MM1、MY1、MK1，然后将鼓粉盒或墨粉盒装入样机中，连续打印 N 张后停机，然后取出鼓粉盒或墨粉盒称量，其质量为 MC2、MM2、MY2、MK2。

测试样机为鼓粉分离结构时，测试张数 N 为 1 000 张。测试样机为鼓粉一体结构时，测试张数 N 为 300 张。

E.5 试验结果计算

试验结果可按每张测试版消耗的墨粉量(单位为克每张)或按单位墨粉(如 100 g)可打印的张数(单位为张每 100 g)计算。

每张测试版消耗的墨粉量按公式(E.1)～(E.4)进行计算，结果保留小数点后两位，单位为克每张。

$$S_c = \frac{MC1 - MC2}{N} \quad \cdots\cdots(E.1)$$

$$S_m = \frac{MM1 - MM2}{N} \quad \cdots\cdots(E.2)$$

$$S_y = \frac{MY1 - MY2}{N} \quad \cdots\cdots(E.3)$$

$$S_k=\frac{MK1-MK2}{N} \quad \cdots\cdots(E.4)$$

式中：S_c、S_m、S_y、S_k 分别为青(C)色、品红(M)色、黄(Y)色、黑(K)色墨粉的耗粉量每 100 g 墨粉可打印的测试版张数按公式(E.5)～(E.8)进行计算，结果保留整数，单位为张。

$$N_c=\frac{100\times N}{MC1-MC2} \quad \cdots\cdots(E.5)$$

$$N_m=\frac{100\times N}{MM1-MM2} \quad \cdots\cdots(E.6)$$

$$N_y=\frac{100\times N}{MY1-MY2} \quad \cdots\cdots(E.7)$$

$$N_k=\frac{100\times N}{MK1-MK2} \quad \cdots\cdots(E.8)$$

式中：N_c、N_m、N_y、N_k 分别为 100 g 青(C)色、品红(M)色、黄(Y)色、黑(K)色墨粉可打印的测试版张数。

E.6 耗粉量的报告值

耗粉量可采用每张测试版消耗的墨粉量(单位为克每张)或每 100 g 墨粉可打印的张数(单位为页每百克)标称，标称耗粉量时应注明测试版、机器型号及鼓粉盒型号。测试报告中应同时注明使用的测试版、驱动程序、应用软件、机器型号、鼓粉盒型号等信息。

ICS 37.100.20
N 47

中华人民共和国国家标准

GB/T 29301—2012

静电复印(包括多功能)设备用鼓粉盒

Toner cartridges for electrostatic copying (including multifunction) devices

2012-12-31 发布　　2013-06-01 实施

中华人民共和国国家质量监督检验检疫总局
中国国家标准化管理委员会　发布

前　言

本标准按照GB/T 1.1—2009给出的规则起草。

本标准由中国机械工业联合会提出。

本标准由全国复印机械标准化技术委员会(SAC/TC 147)归口。

本标准起草单位:北京莱盛高新技术有限公司、富美科技有限公司、珠海天威飞马打印耗材有限公司、国家办公设备及耗材质量监督检验中心、佳能(中国)有限公司、柯尼卡美能达(中国)投资有限公司、上海富士施乐有限公司、理光图像技术(上海)有限公司深圳分公司、夏普办公设备(常熟)有限公司、东芝泰格信息系统(深圳)有限公司、三星电子(山东)数码打印机有限公司、兄弟(中国)商业有限公司。

本标准主要起草人:崔凤来、王跃文、张希平、马燕、鲁俊和、陈挺、仇相如、刘生应、王强、陈颂昌、李妍、麦洪琦。

静电复印(包括多功能)设备用鼓粉盒

1 范围

本标准规定了鼓粉盒的技术要求、测试方法、检验规则、标识、包装、运输、贮存等内容。

本标准适用于黑白和彩色数字式复印机及以复印为基本功能的多功能一体机(包括激光型及 LED 型)使用的新品和再生品鼓粉盒(以下简称产品)。

2 规范性引用文件

下列文件对于本文件的应用是必不可少的。凡是注日期的引用文件,仅注日期的版本适用于本文件。凡是不注日期的引用文件,其最新版本(包括所有的修改单)适用于本文件。

GB/T 191 包装储运图示标志

GB/T 2423.1—2008 电工电子产品环境试验 第2部分:试验方法 试验A:低温

GB/T 2423.2—2008 电工电子产品环境试验 第2部分:试验方法 试验B:高温

GB/T 2423.3—2006 电工电子产品环境试验 第2部分:试验方法 试验Cab:恒定湿热试验

GB/T 2828.1—2003 计数抽样检验程序 第1部分:按接收质量限(AQL)检索的逐批检验抽样计划

GB/T 2829—2002 周期检验计数抽样程序及表(适用于对过程稳定性的检验)

GB/T 4591 静电图像测试版

GB/T 4857.2—2005 包装 运输包装件基本试验 第2部分:温湿度调节处理

GB/T 4857.5—1992 包装 运输包装件 跌落试验方法

GB/T 10073 静电复印品图像质量评价方法

GB/T 13963—2008 复印机术语

GB/T 16483 化学品安全技术说明书 内容和项目顺序

GB/T 28625 彩色复印机测试版

GB/T 28626 彩色复印机图像质量评价方法

JB/T 6872 静电复印机用显影剂(色调剂)消耗量版 A4

JB/T 8273 静电复印全黑测试版

SJ/T 11363 电子信息产品中有毒有害物质的限量要求

SJ/T 11364 电子信息产品污染控制标识要求

SJ/T 11365 电子信息产品中有毒有害物质的检测方法

ISO/IEC 19752 信息技术 单色静电打印机和包含打印组件的多功能设备用鼓粉盒打印量的测量方法(Information technology—Method for the determination of toner cartridge yield for monochromatic electrophotographic printers and multi-function devices that contain printer components)

ISO/IEC 19798 彩色打印机及包含打印组件的多功能设备用鼓粉盒打印量的测量方法(Method for the determination of toner cartridge yield for colour printers and multi-function devices that contain printer components)

ISO/IEC 24712 测量办公设备消耗量的彩色测试版(Colour test pages for measurement of office equipment consumable yield)

3 术语和定义

GB/T 13963—2008 界定的以及下列术语和定义适用于本文件。

3.1

鼓粉盒 toner cartridge

利用电子成像方式的打印机、复印机、传真机及多功能一体机等产品上所使用的、用户可直接替换的、至少包含一个显影用墨粉容器的组合部件。

3.2

新品鼓粉盒 new toner cartridge

用新品零件,或者新品零件以及制造厂家保证与新品零件同等质量的零件新制造的鼓粉盒。

3.3

再生鼓粉盒 remanufactured toner cartridge

使用后的鼓粉盒,经清洗、修理或更换部件、再组装、填充等使其恢复原有功能并能够用于打印/复印的产品。

3.4

揭膜力 pull force

拉开产品上封条或密封装置所需要的力。

3.5

色差 color difference

两种颜色的色调、饱和度和亮度的综合差异,用 CIELAB 三维空间里两种颜色的差值 ΔE^*_{ab} 表示,即 $\Delta E^*_{ab}=[(\Delta L^*)^2+(\Delta a^*)^2+(\Delta b^*)^2]^{1/2}$

式中,ΔL^* 是 CIELAB 明度差,Δa^*、Δb^* 是 CIELAB 色品指数差。

4 要求

4.1 外观

产品的外观不应有影响安装和使用的破损、裂缝或墨粉泄漏现象,产品表面应清洁、无墨粉。

4.2 揭膜力

产品的揭膜力应小于或等于 70 N。

4.3 运转性能

产品装机运行过程应顺畅。在整个使用寿命过程中,其机械功能不应引起运行中断。

4.4 印品质量

产品的印品质量应符合表 1 要求。

表 1 印品质量要求

序号	项目名称		技术要求	
			黑白	彩色
1	图像密度		黑(K)≥1.2	青(C)≥1.0、品红(M)≥1.0 黄(Y)≥0.9、黑(K)≥1.2
2	底灰		≤0.02(反射密度计)或 ≤2.5(白度仪)	
3	平均色差 ΔE		—	≤12.0
4	色点	<Φ0.3 mm	不计	
		Φ0.3 mm～Φ0.6 mm	≤15 个	
		>Φ0.6 mm	不允许	
5	白点	<Φ0.3 mm	不计	
		Φ0.3 mm～Φ0.8 mm	≤15 个	
		>Φ0.8 mm	不允许	
6	定影牢固度		≥90%	
7	文字清晰度		—	清晰可辨
8	分辨力/(线对/mm)		≥3.6	黑(K)≥4.0
9	层次/级		≥7	青(C)≥7、品红(M)≥7 黄(Y)≥6、黑(K)≥7

注 1：测量图像密度时，仪器状态取 ISO A。

注 2：对于单独的墨粉盒，色点、白点不作要求。

4.5 打印量/复印量

产品的打印量/复印量应在产品技术规范中规定。

4.6 环境适应性

4.6.1 大气环境适应性

产品在表 2 所示大气工作环境条件下，印品应符合表 1 的要求。

表 2 大气环境适应性

大气条件	工作	贮存运输
温度/℃	10～32	−25～40
相对湿度/%RH	20～80	30～93(40 ℃)
大气压力/kPa	86～106	

注：工作温湿度适应性应符合附录 A 的要求。

4.6.2 机械环境适应性

4.6.2.1 运输包装振动适应性

带包装的产品在表3所示的条件下振动后，应符合4.1、4.2、4.3、4.4所规定的要求。

表3 运输包装件振动适应性

项　目	正	倒	侧
频率范围/Hz	5～35	5～35	5～35
位移幅值/mm	2	2	2
试验时间/min	10	10	10

4.6.2.2 运输包装跌落适应性

产品在表4所示的条件下做运输包装跌落后，应符合4.1、4.2、4.3、4.4所规定的要求。

表4 运输包装件跌落适应性

包装件质量/kg	跌落高度/mm
＜10	800
10～20	600
20～30	500

4.6.3 保质期

保质期由企业产品标准自定。

4.7 安全

4.7.1 无损害健康的危险

产品应提供符合GB/T 16483的物料安全数据表。适用时，有毒有害物质应符合SJ/T 11363的规定。

4.7.2 芯片

产品不应使用以妨碍拆卸和再使用为目的的IC芯片。

4.7.3 污染物排放

产品在工作中排放的污染物应满足如下要求：

——总挥发性有机化合物TVOC ≤23 mg/h；

——苯乙烯 ≤2.3 mg/h；

——粉尘 ≤4.0 mg/h。

注：本条款不适用于大幅面和复印速度大于70页/min的静电复印设备用鼓粉盒。

5 测试方法

5.1 测试设备

产品适用的机型，机器的操作需按原生产厂的缺省设置。机器质量应满足相关产品质量标准要求。

5.2 测试环境

温度：10 ℃～32 ℃

相对湿度：20%～80%

大气压力：86 kPa～106 kPa

5.3 测试样张

印品质量测试采用 GB/T 4591、JB/T 8273、GB/T 28625 规定的测试版；用 5 张普通白色复印纸重叠代替全白测试版；打印量测试采用 ISO/IEC 19752、ISO/IEC 24712 规定的测试版；复印量测试采用 JB/T 6872 规定的测试版。

5.4 测试纸

使用 70 g/m² ～80 g/m² A4 幅面普通白色复印纸作为测试纸。

注：测试纸可由产品生产厂家推荐。

5.5 样品及测试设备的准备

样品及所属测试设备、密封的原包装测试纸应在 5.2 的测试环境下至少放置 12 h。测试纸只能在该测试环境下打开。

5.6 外观

用目测法检验。

5.7 揭膜力

选用适当量程及精度的测力表。将产品固定，并将封条固定在测力表的表头上，调节产品的高度，使封条与测力表的表头水平，沿水平方向匀速拉动测力计，测力表上最大示值即为揭膜力。

5.8 运转性能

将产品安装在相应的机器上复印或打印。

5.9 印品质量

5.9.1 取样方法

将被测样品按产品说明书要求装入测试样机，复印/打印消耗量版，当复印/打印张数达到鼓粉盒标称印量的 20%，50%，80%时，分别进行复印品的取样，取样方法如下：

黑白鼓粉盒：以 GB/T 4591 静电图像测试版为原稿，抽取 6 张复印品样张(3 张用于定影牢固度检测，3 张用于其他印品测试)，以全白版和 JB/T 8273 静电复印全黑测试版为原稿，抽取全白复印品和全黑复印品各 3 张，全黑版可不用连续复印，对所抽取的复印品样张进行测试，复印品质量应符合表 1 要求。

彩色鼓粉盒：以GB/T 28625的综合版为原稿，抽取6张复印品(3张用于定影牢固度检测，3张用于其他印品测试)，分别以全白版和GB/T 28625的青(C)、品红(M)、黄(Y)、黑(K)全色版为原稿，抽取全白复印品和全色复印品各3张。全色版可不用连续复印，对所抽取的复印品样张进行测试，复印品质量应符合表1要求。

黑白鼓粉盒复印消耗量版时，使用JB/T 6872规定的测试版，彩色鼓粉盒打印消耗量版时，使用ISO/IEC 24712规定的测试版

注：如果被测样品为单独的墨粉盒，当显影器处于整机系统内部用户不可自行进行更换时，试验前需取出样机中的墨粉盒，装入一个被测墨粉盒(该墨粉盒主要用于将原显影器中的墨粉消耗干净)，当被测墨粉盒寿命终结时，开始试验。试验结束时，除墨粉盒以外的耗材都应在规定寿命内。

5.9.2 图像密度

黑色测试样张按GB/T 10073规定的方法执行。

彩色测试样张按GB/T 28626规定的方法执行。

5.9.3 底灰

用白度仪测试时，在测试样张下放置至少5张白色测试纸，用白度测试仪测试全白版样张的左上、右上、中间、左下、右下5个区域的白度值，取其中最小值，记作读数 B_1，再测量纸基上相同位置的白度值，取其平均值，记作读数 B_2，B_2 与 B_1 的差值即为底灰。

用密度计测试时，在测试样张下放置至少5张白色测试纸，用密度仪测试全白版样张上左上、右上、中间、左下、右下5个区域的反射密度值，取其中最大值，记作读数 D_1，再测量纸基上相同位置的密度值，取其平均值，记作读数 D_2，D_1 与 D_2 的差值即为底灰。

5.9.4 平均色差

按GB/T 28626规定的方法执行。

5.9.5 色点

用刻度放大镜或读数显微镜测量全白版样本上最大外径大于或等于0.3 mm的色点(黑点)的个数。

5.9.6 白点

用刻度放大镜或读数显微镜测量全色版或全黑版样本上最大外径大于或等于0.3 mm的白点的个数。

5.9.7 定影牢固度

黑色测试样张按GB/T 10073规定的方法执行。

彩色测试样张按GB/T 28626规定的方法执行。

5.9.8 文字清晰度

按GB/T 28626规定的方法执行。

5.9.9 分辨力

黑色测试样张按GB/T 10073规定的方法执行。

彩色测试样张按GB/T 28626规定的方法执行。

5.9.10 层次

按照 GB/T 28626 规定的方法执行。

5.10 打印量/复印量

5.10.1 打印量按下列要求执行：

a) 新品鼓粉盒打印量的测试方法、测试样张和测试报告按 ISO/IEC 19752 或 ISO/IEC 19798 执行。

b) 再生鼓粉盒可按 a)执行；或采用 1 台机器，3 个/套鼓粉盒进行测试，测试方法、测试样张、按 ISO/IEC 19752 或 ISO/IEC 19798 执行，打印量取三次测试结果的平均值。

c) 企业在标示打印量时，需同时注明打印量测试方法和计算方法。

d) 当需要仲裁时，黑色鼓粉盒按 ISO/IEC 19752、彩色鼓粉盒按 ISO/IEC 19798 执行。

5.10.2 复印量按附录 B 执行。

5.10.3 黑白鼓粉盒选择复印量测试，彩色鼓粉盒选择打印量测试。

5.11 环境适应性

5.11.1 贮存运输温度下限

按 GB/T 2423.1—2008“试验 Ab”规定的方法进行。将试验箱(室)的温度调控到符合严酷程度的 4.6.1 表 2 规定的贮存运输温度下限值。受试样品在不工作条件下存放不少于 16 h，恢复至测试环境条件后保持时间不少于 12 h，并进行最后检测。

为防止试验中受试样品的结霜和凝露，允许将受试样品用聚乙烯薄膜密封后进行实验。必要时还可以在密封套内装吸湿剂。

5.11.2 贮存运输温度上限

按 GB/T 2423.2—2008“试验 Bb”规定的方法进行。将试验箱(室)的温度调控到符合严酷程度的 4.6.1 表 2 规定的贮存运输温度上限值。受试样品在不工作条件下存放 16 h，恢复至测试环境条件后保持时间不少于 12 h，并进行最后检测。

5.11.3 工作条件下的低温低湿

按 GB/T 2423.3—2006 规定的方法进行。受试样品须进行初始检测。将试验箱(室)的温度、湿度调控到严酷程度的 4.6.1 表 2 和表注规定的工作温度、相对湿度的下限值。预置时间不少于 12 h，使样品及机器达到温度稳定，运行消耗量测试(运行消耗量版 1 h 或至打印张数的 1/2 处)，进行中间检测；恢复至测试环境条件后保持时间不少于 12 h，并进行最后检测。

5.11.4 工作条件下的高温高湿

按 GB/T 2423.3—2006 规定的方法进行。受试样品须进行初始检测。将试验箱(室)的温度、湿度调控到严酷程度的 4.6.1 表 2 和表注规定的工作温度、相对湿度的上限值(27 ℃/80%RH 或者 32 ℃/60%RH)。预置时间不少于 12 h，使样品及机器达到温度稳定，运行消耗量测试(运行消耗量版 1 h 或至打印张数的 1/2 处)，进行中间检测；恢复至测试环境条件后保持时间不少于 12 h，并进行最后检测。

5.11.5 运输包装件振动

按 4.6.2 表 3 的方式进行振动。受试样品须进行初始检测。将样品以正、侧、倒方式放在机械振动台上，每振动 10 min，调整一次样品的放置方式，循环 3 次。并进行最后检测。

5.11.6 运输包装件跌落

对受试样品进行初始检测，将处于准备运输状态的运输包装件，按 GB/T 4857.2—2005 中 3.1.1 表 1 的条件 6 规定进行预处理 4 h。将运输包装件按 GB/T 4857.5—1992 中 5.6.2a）的要求和本标准表 4 的规定值进行跌落，任选四面，每面跌落一次。试验后按产品标准的规定检查包装件的损坏情况，并对受试样品进行最后检测。

5.12 安全

5.12.1 无损害健康的危险

必须准备一份产品中使用的墨粉的物料安全数据表。有毒有害物质的测试方法按 SJ/T 11365 进行。

5.12.2 芯片

检查产品上是否装有以妨碍拆卸和再使用为目的的 IC 芯片。

5.12.3 污染物排放

TVOC、苯乙烯按附录 C 规定的方法进行测试。粉尘按附录 D 规定的方法进行测试。

6 检验规则

6.1 检验分类

产品检验分为出厂检验和型式检验两类。

6.2 出厂检验

6.2.1 出厂检验项目

检测项目参照表 5 由企业自行规定。

6.2.2 出厂检验的抽样及判定规则

按 GB/T 2828.1—2003 的规定，采用的接收质量限 AQL 应不大于 4.0，产品的组批、检查水平、抽样方案及判定规则等由企业标准规定。

6.3 型式检验

6.3.1 检验条件

产品在下列情况之一时，应进行型式检验：

a) 新产品投产前的定型鉴定；

b) 老产品转厂生产；

c) 产品的工艺、材料、设备有重大改变，可能影响产品质量时；

d) 停产一年以上再生产时；

e) 用户在订货合同中提出检验要求时。

6.3.2 型式检验项目

型式检验项目和不合格类别划分按表 5 规定，其中环境适应性试验、安全试验只在 6.3.1 a）、

c)时进行。

表 5　检验项目表

<table>
<tr><th rowspan="2">序号</th><th rowspan="2" colspan="2">检测项目</th><th rowspan="2">检测内容</th><th colspan="2">不合格类别</th><th colspan="2">检验分类</th></tr>
<tr><th>B类</th><th>C类</th><th>出厂检验</th><th>型式检验</th></tr>
<tr><td>1</td><td colspan="2">外观</td><td>外观</td><td>—</td><td>Δ</td><td>Δ</td><td>Δ</td></tr>
<tr><td>2</td><td colspan="2">揭膜力</td><td>揭膜力</td><td>Δ</td><td>—</td><td>—</td><td>Δ</td></tr>
<tr><td>3</td><td colspan="2">运转性能</td><td>运转性能</td><td>Δ</td><td>—</td><td>Δ</td><td>Δ</td></tr>
<tr><td>4</td><td colspan="2">印品质量</td><td>印品质量</td><td>Δ</td><td>—</td><td>Δ</td><td>Δ</td></tr>
<tr><td>5</td><td colspan="2">打印量/复印量</td><td>打印量/复印量</td><td>Δ</td><td>—</td><td>—</td><td>Δ</td></tr>
<tr><td rowspan="6">6</td><td rowspan="6">环境适应性试验</td><td>贮存运输温度下限</td><td rowspan="4">印品质量</td><td>Δ</td><td>—</td><td>—</td><td>Δ</td></tr>
<tr><td>贮存运输温度上限</td><td>Δ</td><td>—</td><td>—</td><td>Δ</td></tr>
<tr><td>工作温度低温低湿</td><td>Δ</td><td>—</td><td>—</td><td>Δ</td></tr>
<tr><td>工作温度高温高湿</td><td>Δ</td><td>—</td><td>—</td><td>Δ</td></tr>
<tr><td>运输包装振动</td><td rowspan="2">外观、揭膜力、运转性能、印品质量</td><td>Δ</td><td>—</td><td>—</td><td>Δ</td></tr>
<tr><td>运输包装跌落</td><td>Δ</td><td>—</td><td>—</td><td>Δ</td></tr>
<tr><td rowspan="3">7</td><td rowspan="3">安全</td><td>无损害健康危险</td><td>有毒有害物质含量</td><td>Δ</td><td>—</td><td>—</td><td>Δ</td></tr>
<tr><td>芯片</td><td>妨碍拆卸和再使用</td><td>Δ</td><td>—</td><td>—</td><td>Δ</td></tr>
<tr><td>污染物排放</td><td>TVOC、苯乙烯、粉尘</td><td>Δ</td><td>—</td><td>—</td><td>Δ</td></tr>
<tr><td colspan="8">注 1：印品质量包含图像密度、底灰、平均色差、色点、白点、定影牢固度、文字清晰度、分辨力、层次；
注 2：“Δ”表示应进行的检验项目。</td></tr>
</table>

6.3.3　型式检验抽样及判定规则

6.3.3.1　从出厂检验合格的产品中随机抽取两个样本。每个样本的数量应满足所有检验项目测试的需要。

6.3.3.2　按 GB/T 2829—2002 的规定，采用一次抽样的方案，使用判别水平Ⅰ，不合格质量水平与判定数组见表 6。

表 6　型式试验判别

<table>
<tr><th rowspan="2">缺陷类型</th><th rowspan="2">不合格质量水平
RQL</th><th rowspan="2">样本数</th><th colspan="2">判定数组</th></tr>
<tr><th>合格判定数</th><th>不合格判定数</th></tr>
<tr><td>B类</td><td>40</td><td>2</td><td>0</td><td>1</td></tr>
<tr><td>C类</td><td>80</td><td>2</td><td>1</td><td>2</td></tr>
</table>

7 标识、包装、运输及贮存

7.1 标识标注

7.1.1 本标准所称产品标识是指用于识别产品及其质量、数量、特征、特性和使用方法所做的各种标识的统称。产品标识可以用文字、符号、数字、图案以及其他说明物等表示。

7.1.2 产品和其销售包装及其附属品上的标识标注应符合国家的标识标注法规、商标法及其他相关法规的要求。

7.1.3 产品污染控制标识符合 SJ/T 11364 的要求。

7.1.4 在再生品标签上和外包装上应清楚注明“再生”字样，同时注明产品型号和适用机型。

7.1.5 在产品说明书或相关资料上标示鼓粉盒复印量时应同时注明所使用的测试版、样机型号及被测鼓粉盒型号。

7.2 包装

产品包装箱应符合防潮、防尘、防震、避光的要求，包装箱内应有检验合格证及有关的随机文件。产品包装箱外应印刷或贴有相关的运输标志，运输标志应符合 GB/T 191 的规定，并不应因运输条件和自然条件而褪色、脱落。

7.3 运输

包装后的产品应能以任何交通工具进行运输。在长途运输时，不得装在敞开的船舱和车厢中，中途转运时不得存放在露天仓库中，在运输过程中不允许和易燃、易爆、易腐蚀的物品混装，并且产品不允许经风、雨、雪或液体物质的淋袭及机械损伤。

7.4 贮存

贮存时，产品应放在原包装箱内。存放产品的仓库环境温度为 −25 ℃～40 ℃，相对湿度为 30%～93%。仓库内不允许有各种有害气体、易燃、易爆产品及有腐蚀性的化学物品，并且应无强烈的机械振动、冲击和强磁场作用。包装箱应垫离地面，距离热源、冷源、窗口或空气入口至少 50 cm。

附 录 A
（规范性附录）
鼓粉盒工作温湿度范围示意图

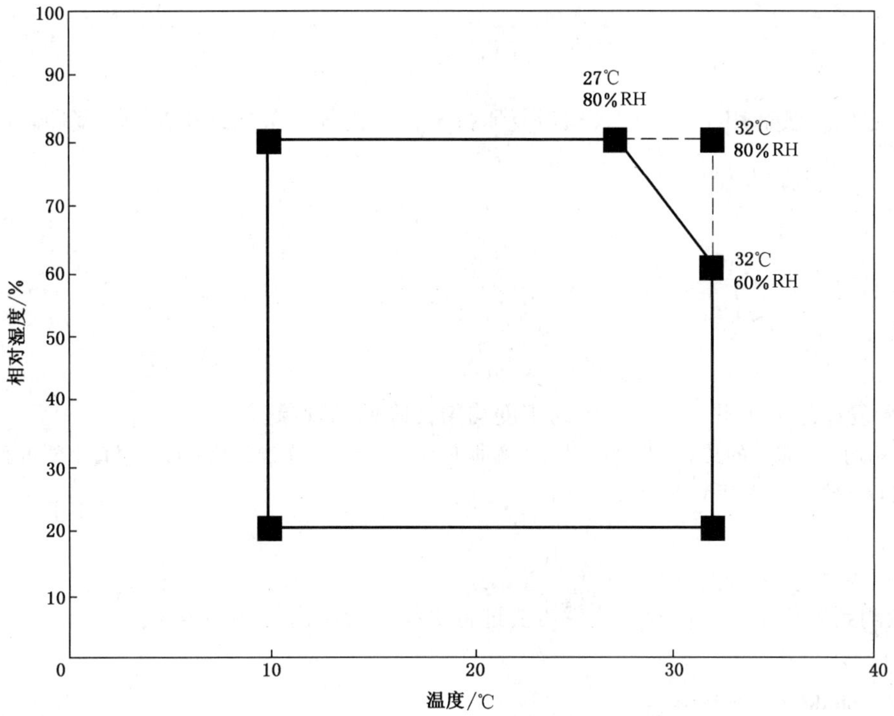

温度　10 ℃～32 ℃

相对湿度　20%～80%

但是印品质量测试时的温湿度条件：27 ℃/80% RH、32 ℃/60% RH、32 ℃/80% RH 所包围的范围除外。

附　录　B
（规范性附录）
鼓粉盒复印量试验方法

B.1　范围

本附录规定的方法适用于以复印模式对复印机及传真机等设备用鼓粉盒进行复印量的测试。

B.2　术语和定义

下列术语和定义适用于本文件。

B.2.1

变浅　fade

对照原稿，复印品上出现的能察觉到的密度均匀性降低的现象。

注：变浅是指测试样张中的文本上出现的引人注意的不小于 3 mm 的变浅间隙。可对照每个鼓粉盒的第 100 页复印品进行比较，确定是否变浅。

B.2.2

墨粉将尽　toner low

当机器检测到墨粉量很少以致很快就需要进行更换时所给出的提示信号。

B.2.3

摇晃过程　shake procedure

按照鼓粉盒产品在用户指南中给出的摇晃步骤及方法，在墨粉将尽时摇晃鼓粉盒使其继续使用的过程。

B.2.4

墨粉用尽　toner out

复印机中的墨粉已耗尽时机器给出的提示信号。对于本试验而言，墨粉用尽仅适用于由于没有墨粉复印机停止复印，并且只有在补充墨粉后才能继续复印的情况。

B.2.5

寿命终结　end of life

当机器显示“墨粉用尽”，或复印品连续三次出现变浅现象，视该鼓粉盒为寿命终结。

B.3　鼓粉盒寿命终结的判断方法

本试验中鼓粉盒寿命终结的判断方法如下：

a)　如果样机不具备“墨粉用尽”提示功能：

当印品变浅时，对鼓粉盒执行摇晃过程，然后继续复印，当印品再次变浅时，对鼓粉盒执行第二次摇晃过程，然后再继续复印，当印品第三次变浅时，就判断鼓粉盒寿命终结。如果用户指南上没有给出摇晃过程，那么不需进行摇晃，鼓粉盒的寿命终结为首次印品变浅出现时。

b)　如果样机具备“墨粉用尽”提示功能：

试验中，当出现“墨粉用尽”提示时，可判定该鼓粉盒寿命终结。

如果用户指南上没有给出摇晃过程，当印品变浅出现在“墨粉用尽”提示之前，那么变浅出现时即为鼓粉盒寿命终结。

如果用户指南上给出了摇晃过程，当印品变浅出现在“墨粉用尽”提示之前，可以对该鼓粉盒执行两次摇晃过程。当出现第三次印品变浅，而仍未出现“墨粉用尽"提示，则以第三次印品变浅判定鼓粉盒寿命终结。

B.4 试验环境

温度：平均值为 23.0 ℃±2 ℃，至少每 15 min 一次取 1 h 的温度移动平均值，移动平均值应在 20 ℃～26 ℃范围内。

相对湿度：平均值为 50%±10%，至少每 15 min 一次取 1 h 的湿度移动平均值，移动平均值应在 35 ℃～65 ℃范围内。

B.5 试验条件

试验用测试版：JB/T 6872 规定的消耗量版。

试验样机：适用于被测鼓粉盒，且满足复印机产品标准要求。

试验用纸：70 g/m² ～80 g/m² 的 A4 幅面白色复印纸。

试验前准备：试验样机、试验用纸和被测鼓粉盒都应在试验环境中放置 8 h 以上。

样机设置：样机设置在出厂默认状态。

B.6 试验步骤

B.6.1 按照安装说明书的要求把被测鼓粉盒装入试验样机，将样机设置在出厂默认状态。复印消耗量版，取出第 100 页复印品，测试复印品实心圆上的图像密度值，当图像密度大于或等于 1.2 时继续试验，并且保留该印品，将其作为试验中印品变浅的判断依据。

B.6.2 连续复印消耗量版，记录复印页数，当鼓粉盒寿命终结时结束试验。

B.6.3 试验结束前复印的全部印品的张数为鼓粉盒复印量。其中变浅的印品应不计入。

注：如果被测样品为单独的墨粉盒，当显影器处于整机系统内部用户不可自行进行更换时，试验前需取出样机中的墨粉盒，装入一个被测墨粉盒(该墨粉盒主要用于将原显影器中的墨粉消耗干净)，当被测墨粉盒寿命终结时，开始试验。试验结束时，除墨粉盒以外的耗材都应在规定寿命内。

B.7 试验报告

B.7.1 以 3 只鼓粉盒复印量的平均值为报告给出值。

B.7.2 试验报告中应同时注明使用的测试版、样机型号、鼓粉盒型号、测试中执行了摇晃过程的情况等信息。

附 录 C
（规范性附录）
TVOC、苯和苯乙烯的检验方法

C.1 试验条件

C.1.1 测试室

测试室应符合下列条件：

a) 温度：23 ℃±2 ℃

b) 相对湿度：50%±5%

c) 空气交换速率：

测试室体积≤5 m^3：(1≤n≤5)±5%；

测试室体积>5 m^3：(1≤n≤2)±5%；

d) 测试室空白值：

当空气交换速率 n=1 h^{-1}时的空白值应满足以下要求：

单独物质<2 μg/m^{-3}

TVOC<20 μg/m^{-3}

e) 测试室流速：0.1～0.3 m/s；

f) 测试室体积：0.01<V_{EUT}/V_K<0.25；

V_{EUT}：测试标的的体积(EUT：测试设备)；

V_K：测试室的体积。

C.1.2 仪器设备

仪器设备如下：

a) 气相色谱仪(GC)或气质联用仪(GCMS)；

b) 热解吸分析仪；

c) 大气采样器；

d) 色度计；

e) 功率计。

C.1.3 测试版

使用 ISO/IEC 28360：2007 的彩色样张。

C.1.4 试验用纸张

使用 A4 幅面 60 g/m^2～80 g/m^2 普通复印纸。

C.1.5 产品设置

C.1.5.1 速度选用产品出厂的默认值。

C.1.5.2 产品的工作状态应设置为打印状态，没有打印功能的产品设置为复印状态。

C.1.6　产品及消耗材料的放置

产品及其使用的消耗材料应在测试前 1 d 放入测试室内。

C.2　试验步骤

C.2.1　准备阶段采样

按下列步骤进行：

产品处于关闭状态，将采样管同大气采样器连接，采样器设置流量为 0.1 L/min～0.2 L/min；

测试室空气交换速率设置为 $n=1\text{h}^{-1}$；

接通产品电源开关，在 1 h 的准备阶段结束前 20 min 进行 TVOC 的采样，采样时间为 20 min。

采样结束后，立即将采样管两端密封。

采样前后应用流量计校准大气采样器的流量并记录，流量误差小于 5%。

C.2.2　打印和打印后阶段的采样

按下列步骤进行：

a)　更换采样管并同大气采样器连接，采样器设置流量不变；

b)　空气交换速率设定为 $n=1\ \text{h}^{-1}\sim5\ \text{h}^{-1}$(体积≤5 m^3)或 $n=1\ \text{h}^{-1}\sim2\ \text{h}^{-1}$(体积>5 m^3)；

c)　使用规定的测试版作原稿进行打印，应保证连续工作 10 min 以上；对于不能连续工作 10 min 以上的产品，应选用最大的连续工作时间进行打印。

继续采样至一次空气交换完成后结束。采样结束后，立即将采样管两端密封；

抽取彩色印品，用色度计测试其颜色值 L、a、b，并记录。

在测试过程中，应使用功率计对产品的运行状态进行监控。

C.3　样品分析

用热解析仪和气相色谱仪(GC)联用或气质联用仪(GCMS)对样品进行分析。

C.4　结果计算

C.4.1　准备阶段 VOC 排放率的计算

VOC 准备阶段的排放率(背景值)可根据操作前采集 20 min 样品浓度进行计算，使用式(C.1)和式(C.2)：

$$\text{SER}_\text{B}=C_\text{B}\times n_\text{B}\times V \qquad \cdots\cdots(\text{C.1})$$

式中：

SER_B——准备阶段 VOC 排放率，μg/h；

C_B　——准备阶段 VOC 浓度，$\mu\text{g/m}^3$；

n_B　——准备阶段采样的空气交换率，h^{-1}；

V　——测试室的体积，m^3。

$$C_\text{B}=\frac{m_\text{VOC-B}}{V_\text{p}} \qquad \cdots\cdots(\text{C.2})$$

式中：

C_B ——准备阶段 VOC 浓度，μg/m³；

$m_{VOC\text{-}B}$ ——准备阶段 VOC 采样质量，μg；

V_P ——准备阶段 VOC 采样体积，m³。

C.4.2 打印和打印后阶段的 VOC 排放率的计算

打印和打印后阶段的 VOC 排放率按式(C.3)计算：

$$SER_{DN}=\frac{\frac{m_{VOC_{DN}}}{V_p}\times n_{DN}{}^2\times V\times t_G-SER_B\times n_{DN}\times t_G}{n_{DN}\times t_D-e^{-n_{DN}\times(t_G-t_D)}+e^{-n_{DN}\times t_G}} \quad \cdots\cdots\cdots\cdots(C.3)$$

式中：

SER_{DN}——打印和打印后阶段的 VOC 排放率，μg/h；

$m_{VOC_{DN}}$——打印和打印后阶段的 VOC 分析后的质量，μg；

V_P ——打印和打印后阶段的采样体积，m³；

n_{DN} ——打印和打印后阶段的空气交换率，h^{-1}；

V ——测试室的体积，m³；

t_G ——打印和打印后阶段全部的取样时间，h；

SER_B ——准备阶段 VOC 排放率，μg/h；

t_D ——打印阶段的工作时间，h。

C.4.3 未识别 VOC 排放率的计算

用甲苯的响应系数计算未识别的 VOC 的浓度值，准备阶段的排放率按式(C.1)和式(C.2)计算，打印和打印后阶段的排放率按式(C.3)计算。

C.4.4 TVOC 排放率的计算

C.4.4.1 TVOC 排放率包括保留时间介于正己烷到正十六烷之间的全部物质(包括已知和未知)的总和($SCR_{DN}+SER_B$)。

C.4.4.2 排放率小于下列数值的物质除外：

体积≤5 m³ 的测试室：SER_B 0.005 mg/h，SER_{DN}0.05 mg/h。

体积>5 m³ 的测试室：SER_B 0.02 mg/h，SER_{DN}0.2 mg/h。

C.4.5 苯乙烯的排放率的计算

采用 VOC 测量中苯乙烯的浓度值，准备阶段的排放率按式(C.1)和式(C.2)计算，打印和打印后阶段的排放率按式(C.3)计算。

附 录 D
（规范性附录）
粉尘的检验方法

D.1 试验条件

D.1.1 测试室条件

测试室应符合下列条件：

a) 温度：23 ℃±2 ℃；

b) 相对湿度：50%±5%；

c) 空气交换速率：

测试室体积≤5 m^3：(1≤n≤5)±5%；

测试室体积>5 m^3：(1≤n≤2)±5%；

d) 测试室空白值：当空气交换速率 $n=1\ h^{-1}$ 时，粉尘的空白值应<10 $\mu g/m^3$；

e) 测试室流速：0.1 m/s～0.3 m/s；

f) 测试室体积：$0.01<V_{EUT}/V_K<0.25$；

V_{EUT}：测试标的的体积(EUT：测试设备)；

V_K：测试室的体积。

D.1.2 仪器设备

仪器设备如下：

a) 恒流量粉尘采样器(玻璃纤维过滤器)

b) 精密电子分析天平

D.1.3 测试版

使用 ISO/IEC 28360：2007 的彩色样张。

D.1.4 试验用纸张

应选用 A4 幅面 60 g/m^2～80 g/m^2 普通复印纸。

D.1.5 产品设置

D.1.5.1 速度选用产品出厂的默认值。

D.1.5.2 产品的工作状态应设置为打印状态，没有打印功能的产品设置为复印状态。

D.1.6 采样条件

D.1.6.1 采样点：测试室中心位置。

D.1.6.2 取样体积速率：≤80%测试室的空气交换速率。

D.1.7 产品及消耗材料的放置

产品及其使用的消耗材料应在测试前 1 d 放入测试室内。

D.2 试验步骤

D.2.1 过滤器的称量

使用电子天平称量并记录两个过滤器的质量，其中一个过滤器作为参照过滤器保存。

D.2.2 采样时机

粉尘的采样从打印阶段开始，直至完成四次空气交换后结束。

D.2.3 检验方法

按下列步骤进行：

a) 接通粉尘采样器，进行参数设定；

b) 空气交换速率设定为 $n=1\ \mathrm{h}^{-1}\sim5\ \mathrm{h}^{-1}$（体积≤5 m^3）或 $n=1\ \mathrm{h}^{-1}\sim2\ \mathrm{h}^{-1}$（体积>5 m^3）；

c) 设定产品打印参数，使用规定的测试版作原稿进行打印工作 10 min 以上。

对于不能连续工作 10 min 的产品，应选用最大的连续工作时间进行打印工作。

D.2.4 样品称量

D.2.4.1 样品称量

使用电子天平分别称量参照过滤器的质量和采样后过滤器的质量。

D.2.4.2 样品湿度修正

采样的过滤器（湿度修正）中的绝对粉尘质量按式（D.1）确定

$$m_{\mathrm{st}}=(m_{\mathrm{MF\text{-}gross}}-m_{\mathrm{MF\text{-}tare}})+(m_{\mathrm{RF\text{-}1}}-m_{\mathrm{RF\text{-}2}}) \qquad \cdots\cdots(\mathrm{D.1})$$

式中：

m_{st} ——称取的粉尘质量（湿度修正后的），μg；

$m_{\mathrm{MF\text{-}gross}}$ ——粉尘采样之后指定条件下测量的过滤器的质量，μg；

$m_{\mathrm{MF\text{-}tare}}$ ——粉尘采样之前指定条件下测量的过滤器的质量，μg；

$m_{\mathrm{RF\text{-}1}}$ ——粉尘采样之前指定条件下与参与测量的过滤器同时称量的参照过滤器的质量，μg；

$m_{\mathrm{RF\text{-}2}}$ ——粉尘取样之后指定条件下与参与测量的过滤器同时称量的参照过滤器的质量，μg。

D.3 粉尘排放率和浓度的计算

粉尘排放率和浓度分别按式（D.2）和式（D.3）计算：

$$\mathrm{SER}_{\mathrm{ust}}=\frac{m_{\mathrm{st}}\times n\times V\times t_{\mathrm{G}}}{V_{\mathrm{P}}\times t_{\mathrm{D}}} \qquad \cdots\cdots(\mathrm{D.2})$$

式中：

$\mathrm{SER}_{\mathrm{ust}}$——粉尘排放率，μg/h；

m_{st} ——称取的粉尘质量（湿度修正后的），μg；

n ——空气交换速率，h^{-1}；

V ——测试室的体积，m^3；

t_{G} ——取样的全部时间，h；

V_{P} ——通过玻璃纤维滤纸的体积，m^3；

t_D ——全部的打印或复印时间,h。

$$C_{st}=\frac{m_{st}}{V_p} \qquad \cdots\cdots(D.3)$$

式中:

C_{st}——测试室的粉尘浓度,$\mu g/m^3$;

m_{st}——称取的粉尘质量(湿度修正后的),μg;

V_P——通过玻璃纤维滤纸的体积,m^3。

ICS 19.100
N 78

中华人民共和国国家标准

GB/T 29302—2012

无损检测仪器 相控阵超声检测系统的性能与检验

Non-destructive testing instruments—Characterization and verification of phased array ultrasonic examination systems

2012-12-31 发布 2013-06-01 实施

中华人民共和国国家质量监督检验检疫总局
中国国家标准化管理委员会 发布

前　　言

本标准按照GB/T 1.1—2009 给出的规则起草。

本标准采用重新起草法修改采用美国标准 ASTM E 2491-06《相控阵超声检测仪和系统性能特点评价》。

本标准与 ASTM E 2491-06 相比做了下列技术性修改：

——表 G.1“线性校正报告表”中对应“幅度控制线性”中的第 1 列第 7 行的数据原为 40，与 G4.7 的测试描述“调节信号至 100%幅度”不一致，本标准按 G4.7 的测试描述修改为 100。

本标准还做了下列编辑性修改：

——标准名称修改为“无损检测仪器　相控阵超声检测系统的性能与检验”；

——删除了 ASTM E 2491-06 前言，并重新编写了前言；

——用“本标准”一词代替了“本指南”；

——修改了第 2 章“规范性引用文件”中的引导语；

——第 2 章“ 规范性引用文件”中增加了 GB/T 12604.1—2005《无损检测　术语　超声检测》，删除了 ASTM E 1316《无损检测术语》；

——删除第七章关键词 特征、焦点、相控阵、相控阵探头、声束轮廓、超声。

——将规范性附录的编号由 A1 至 A7 修改为 A 至 G。

本标准由中国机械工业联合会提出。

本标准由全国试验机标准化技术委员(SAC/TC 122)归口。

本标准主要起草单位：汕头市超声仪器研究所有限公司、南通友联数码技术开发有限公司、深圳华测检测技术股份有限公司、武汉中科创新技术股份有限公司、辽宁仪表研究所、广东汕头超声电子股份有限公司超声仪器分公司、广东省中山市特种设备检验所、常州超声电子有限公司、爱德森(厦门)电子有限公司、太原重型机械集团有限公司。

本标准主要起草人：陈智发、郭振祥、朱平、王子成、徐波、陈伟、富阳、潘振新、林俊明、常静川、吴锦湖、陈和坤。

无损检测仪器　相控阵超声检测系统的性能与检验

1　范围

1.1　本标准规定了相控阵超声检测仪和系统性能特点的评价方法。

1.2　评价这些性能的目的在于比较相控阵超声检测仪和系统，或者通过定期的性能评价，检测特定相控阵超声检测仪或系统性能长期的变化，评价这些变化，可能发现相控阵超声检测仪和系统的潜在故障，并且这些变化一旦超过某些界限，就需要纠正维修。本标准根据在超声检测中所起相关作用的大小着重提出了需要测量的项目。而其他电子特性方面的性能与非相控阵装置相似，可按照 ASTM E 1065《超声探头特性评定指南》或 ASTM E 1324《超声检测仪器部分电子特性测量指南》中的描述测量。

1.3　本标准可用于评价采用脉冲波列和 A 型扫描显示(射频或视频)的超声检测系统。

1.4　本标准可用于评价完整的检测系统，包括探头、相控阵超声检测仪、联接器、扫查装置、连接的报警器和辅助设备，主要是评价使用该系统在不改变或置换的情况下重复试验的性能。本标准不适于替代相控阵超声检测仪或系统为检查某一特定材料而进行的校准或标准化程序。

1.5　本标准没有设定测试系统性能的要求。如需这样的验收标准，需由使用方指定。文中如有涉及验收标准，仅做举例用途，并始终受到客户和终端用户控制文件所要求的严格限制。

1.6　需评估的具体参数、测试的条件和频率以及要求报告的数据，都由用户决定。

1.7　除需评估的相控阵超声检测仪或系统外，所需器材还包括测试试块和位置编码器。

1.8　本标准也包括与程序适用性和结果解释相关的注意事项。

1.9　只有经过客户同意，才可以使用替代程序，例如本文件所描述的例子。

1.10　本标准的主旨并不是要解决所有与使用相关的安全问题。本标准使用者的责任是建立合适的安全和健康的操作规范，在使用之前确定适用性的限制条件。

2　规范性引用文件

下列文件对于本文件的应用是必不可少的。凡是注日期的引用文件，仅注日期的版本适用于本文件。凡是不注日期的引用文件，其最新版本(包括所有的修改单)适用于本文件。

GB/T 12604.1　无损检测　术语　超声检测(GB/T 12604.1—2005，ISO 5577:2000，IDT)

ASTM E 317　不采用电子测量仪器评定超声脉冲回波式检测仪器及系统工作特性的实施方法

ASTM E 494　测量材料中超声速度的实施方法

ASTM E 1065　超声探头特性评定指南

ASTM E 1324　超声检测仪器部分电子特性测量指南

3　术语和定义

GB/T 12604.1 界定的以及下列术语和定义适用于本文件。

3.1

角度校正增益(ACG)　angle corrected gain

也称为 ACG，用于在 S 扫描校准期间，补偿从固定深度横孔接收的信号幅度变化。补偿一般以电子方式在多个不同深度进行。请注意ACG有技术限制,也就是说,当超过一定角度范围时不可能补偿。

3.2

环阵探头　annular array probes

将换能器配置为一组同心圆环的相控阵探头。允许声束沿着轴线聚焦到不同深度。通常圆环的表面面积是相同的,这意味着每个圆环具有不同的宽度。

3.3

阵列(相控)　array(phased)

阵元的图形排列方式。一般包括线形、环形、二维矩阵和极坐标等形式。

3.4

电子扫描　electronic scan

也称为E扫描。相同的聚焦法则采用一组活性阵元多路传输的方法;电子栅格扫描沿着相控阵探头的长度方向以相同角度进行。这与传统超声探头的栅格扫描等同,也称电子扫描。

3.5

聚焦法则　focal law

影响相控阵探头脉冲反射或一发一收方式声场灵敏度的整套硬件和软件参数。在聚焦法则中,有发射延时法则,接收延时法则,叠加加权(归结)法则和阵元激发法则。

3.6

线阵探头　linear array probes

采用并列和与轴线平行的一组阵元制成的探头。可以使声束移动、聚焦,并且沿着单一方位角的平面偏转。

3.7

矩阵探头　matrix array probes

由不同阵元组成两维主平面的探头。例如,可组成方格或扇形的形式。这些探头允许超声声束在多于一个平面偏转。

3.8

扇形扫描　sectorial scan

也称S扫描或方位角扫描(S-scan)。扇形扫描可指声束移动或数据显示方式。作为数据显示方式时,它指的是经延迟和折射角校准后的特定一组阵元的所有A扫描的二维视图。作为声束移动方式时,它指的是同一组阵元在一定的角度范围内声束移动扫描所采用的聚焦法则。

3.9

S扫描　S-scan

即扇形扫描。

4　概述

4.1　相控阵超声检测仪和系统与传统的超声系统的单元组件相似,都是基于单通道或多路脉冲回波的单元组件。这些包括发射器、接收器、探头和连接电缆。它们最显著的区别是,相控阵系统通过激发相控阵探头各个阵元产生微弱声波并经相位干涉后形成超声发射脉冲。

4.2　每个相控阵探头由一系列单独引线阵元组成,这些阵元通过采用可编程时间延迟法则单独激活。改变使用的阵元数和至每个阵元脉冲之间的延迟时间,可以控制声束。根据不同的探头设计,可用电子方式改变角度(入射或偏斜)、焦距、声束尺寸或综合改变这三个参数。在接收模式下,由阵元接收声能,信号的合成过程采用与发射时相同类型的时间延迟法则。

4.3 有效的声束偏转角度取决于若干个参数，包括：阵元数量、阵元间距、阵元尺寸、阵元阵列形状、阵元共振频率、声束指向的材料、在相邻发射器和接收器开启之间的最小延迟及发射器电压的特性。

4.4 相控阵系统的发射器和接收器的参数一般由计算机控制，接收到的信号通常通过计算机数据采集系统在计算机屏幕上显示，可以由计算机存储到数据文件中。

4.5 尽管大多数系统的阵元使用压电材料，但已经设计制造出电磁声探头并在相控阵超声检测仪中使用。

4.6 大多数相控阵系统使用编码器用于自动和半自动扫查。

4.7 本标准中提及的作为靶体的横孔直径应小于被评价的脉冲波长，且应有足够的长度，以避免端部效应而产生干扰信号。孔直径在1.5 mm～2.5 mm且长度在20 mm～25 mm之间最合适。

5 意义和用途

5.1 本标准旨在评价相控阵探头和相控阵超声检测仪的组合性能。它不是要定义性能和验收标准，而是为这些标准提供数据。

5.2 本标准推荐的测试方法旨在提供性能相关的测试，在指定的测试条件下。使用简单的靶体和被测相控阵检测系统，可以重复进行这些测量。其主要用于标称工作频率范围为1 MHz至20 MHz的相控阵检测仪，但也适用于使用更高频率部件的相控阵超声检测仪。

5.3 本标准并不适用于校准或维护。这些可以从制造者的说明书中获得。

5.4 在使用设备的方式上，执行具体的评价可能需要更详细的操作说明。

5.5 获取的测量数据可供本标准的使用者用来说明仪器的性能，或为质量保证提供性能准则，可为相控阵系统的工作性能提供维护评价。

5.6 本标准所描述的评价并不适用于所有的系统。用户可以自行决定全部或部分使用本标准。

6 试验方法

6.1 规范性附录A～附录G描述相控阵系统一些参数评定的试验方法。

6.2 评定性能包括：测定声束轮廓、声束偏转范围、阵元有效性、聚焦能力、软件计算功能（控制和显示接收信号）、楔块衰减的补偿和接收器增益线性。

附 录 A
（规范性附录）
相控阵声束轮廓的测试

A.1 概述

本附录描述测试相控阵探头声束轮廓的方法。使用这些方法可以满足液浸式或接触式探头的测试应用要求。但请注意，如果没有采取有效措施来保证稳定的耦合条件，接触式探头的评价变化范围可能会超出预定限度。

A.2 测试装置

A.2.1 对于声束固定（即不采用电子或扇形扫描）的单聚焦法则且在液浸装置中使用的相控阵探头，可以使用 ASTM E 1065 中描述的球体作为测试靶体或用水听器。当采用多个聚焦法则的动态模式产生扇形或电子扫描的相控阵探头时，可以不使用或少量使用机械运动来进行声束轮廓评价。如果使用机械移动测试时，应有定位编码器，使得信号时间和幅度与位移相关。需验证编码器的精确度在测量允许的误差内。电子扫描和扇形扫描声束轮廓评估的方法适用于接触式探头。但是，当评价要求采用水浸法时，使用的测试靶体应替换为适当的棒体或球体。

A.2.2 线阵探头有一个活性平面和一个非活性平面或惰性平面。在活性平面上评价声束时，应使用具有足够数量阵元的探头，以连续电子扫描方式使声束通过测试靶体。对于使用大部分有效阵元产生声束的相控阵探头，用于电子光栅扫描的剩余阵元数量可能太少，而使声束无法扫查整个靶体。在这种情况下，应进行编码定位的机械扫查，沿着活性平面分别对每个聚集法则进行评价。

A.2.3 应在无缺陷材料的不同深度加工一系列横孔，针对不同深度的横孔，编制不同的聚焦法则。通过使用相控阵系统的线性扫描功能，声束可以扫查不同深度的检测靶体。电子扫描如图 A.1 所示。

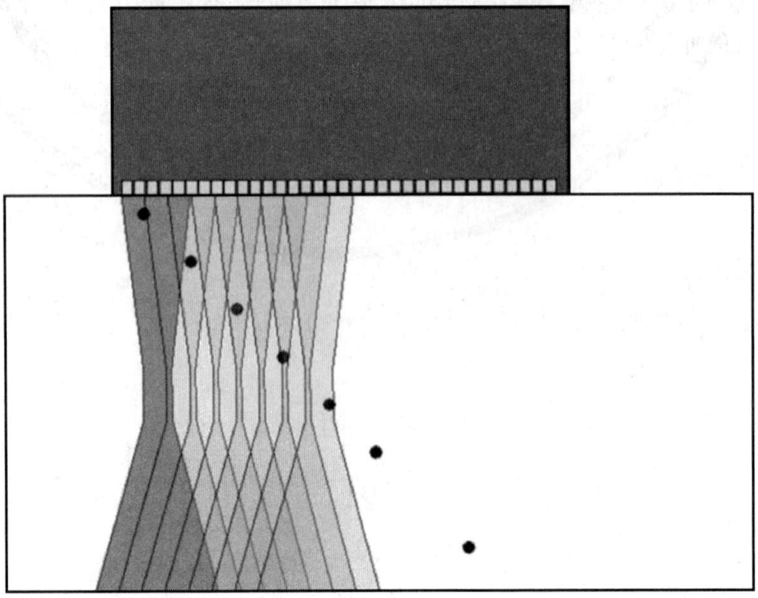

图 A.1 横孔的电子扫描

A.2.4 对需要检测的扫查范围内所有回波进行数据采集。显示采用不同色彩或灰阶代表幅度。在测试材料的传输时间或等效距离用一个坐标轴显示,另一个坐标轴显示位移。这就是典型的B型扫描如图A.2所示。

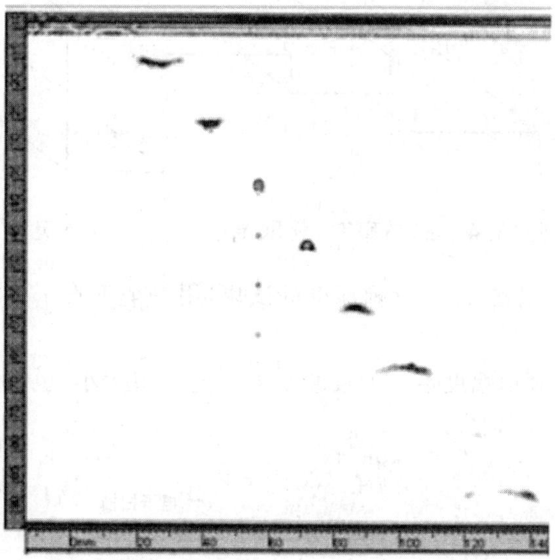

图A.2 图A.1中电子扫描显示的B型图(垂直坐标轴表示深度,水平坐标轴表示电子扫描距离)

A.2.5 使用装在楔块上的相控阵探头作电子扫描的数据显示,也同样可使用时间与位移的直角坐标表示,或如图A.3所示进行角度校正。

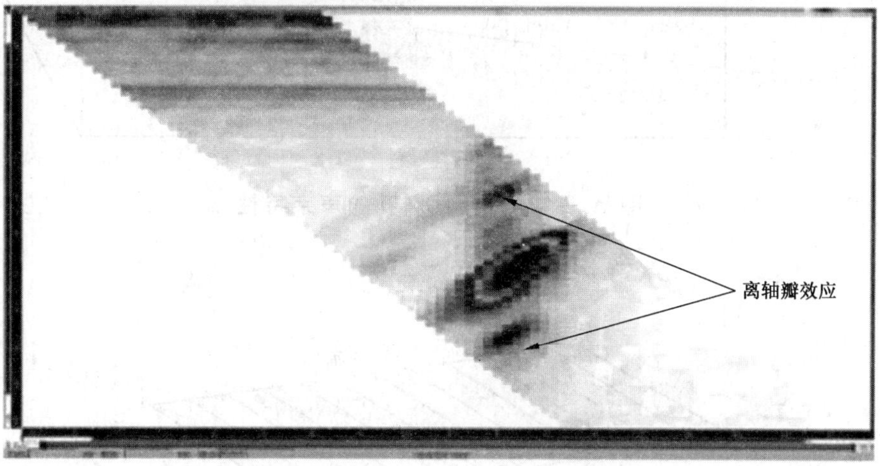

图A.3 来自横孔(显示中可见离轴瓣效应)的相控阵声束(横波模式)角度校正B型图

A.2.6 沿着位移轴的分辨力是电子扫描步进的一个函数。如果扫描使用编码的机械装置,分辨力取决于采用的编码器步进。

A.2.7 沿着声束轴向的分辨力是两个靶径之间间隔的一个函数。对于高度聚焦的声束来说,从声程到靶径之间有微小的差异(例如,1 mm或2 mm)。

A.2.8 也可以做惰性平面的声束轮廓。线阵探头的惰性平面垂直于活性平面,指的是不能应用相位效应引起声束偏转的平面。惰性平面的声束轮廓需要进行机械扫描获得。

A.2.9 综合使用活性平面的电子扫描和惰性平面的编码机械扫查进行信号波形的采集,获得的数据可经过投影校正后得到惰性平面的声束尺寸。图A.4展示了在惰性平面进行声束评价的一种方法。这种技术使用了阶梯试块上一系列不同深度盲孔的端角反射。

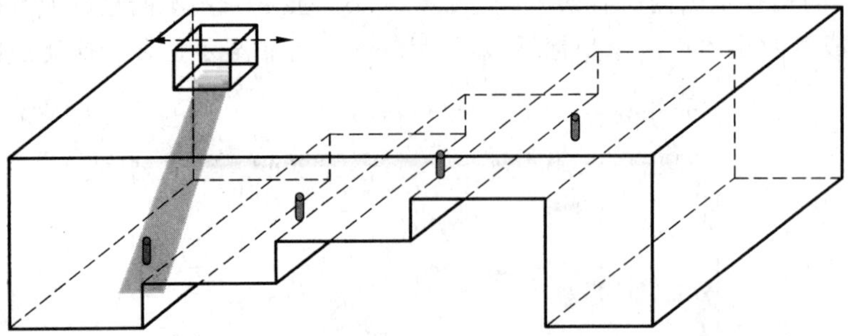

图 A.4　扫描盲孔，获取惰性平面的声束尺寸

A.2.10　图 A.5 所示可以代替图 A.4 阶梯深度的试块，用一个垂直于要求折射角度的通孔提供连续传输距离的靶体。

A.2.11　可以用色标或灰度显示幅度落差的投影 C 扫定量声束大小，也可以用计算机画出位移幅度曲线。图 A.6 所示为投影的 C 扫描图。

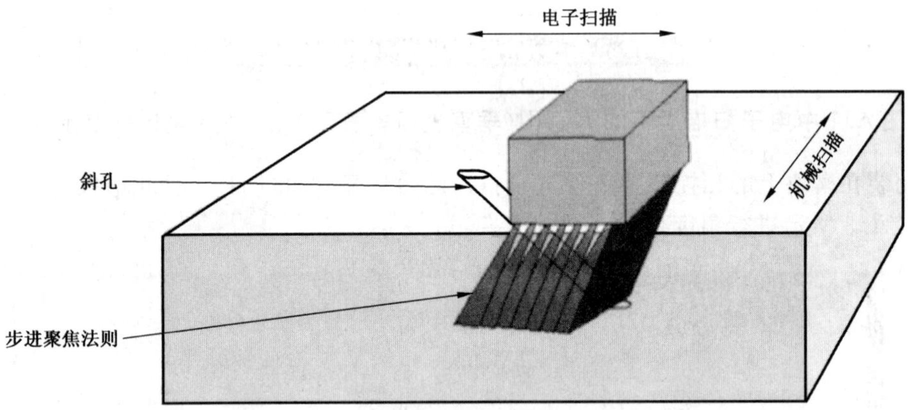

图 A.5　惰性平面斜孔的声束特性

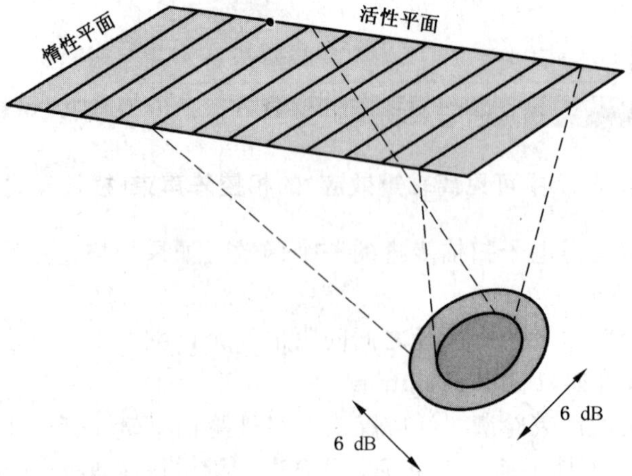

图 A.6　图 A.4 中所示角效应的投影 C 扫图

附 录 B
（规范性附录）
相控阵声束偏转范围的测试

B.1 概述

B.1.1 本附录描述测试相控阵探头声束偏转能力的实际范围，只适用于活性平面。使用这些方法可以测试液浸式或接触式探头。但是请注意，如果没有采取有效措施来保证稳定的耦合条件，接触式探头的评价变化范围可能会超出规定的公差。

B.1.2 设定相控阵探头角度扫描的工作范围的建议极限与探头阵列中每一个阵元的波束扩散角相关。当在脉冲回波模式使用时，可考虑单个阵元用 6 dB 回波包络法确定声束控制范围。因此才可以根据标称频率和厂家提供的阵元尺寸信息计算理论极限。然而，有几个参数会影响理论计算。这些主要与探头的标称频率相关。一些会影响实际频率的参数包括：脉冲长度、阻尼、延迟线的使用或折射楔块和在生产工艺中厚度搭接及匹配层的差别。

B.1.3 本测试方法的目的是，基于不同角度偏移的信噪比来评价声束的偏转能力。声束偏转能力也受声束设计需求的影响。采用聚焦的应用可能达不到与不采用聚焦的应用一样的偏转极限。

B.1.4 偏转能力应指定声程、孔径和材料。

B.2 测试设置

根据测试条件设置探头的聚焦法则。这包括液浸式或接触式、折射楔块或延迟线、无聚焦或规定焦距以及检测材料。

B.2.1 在要使用的应用材料的一定距离，或者应用中要使用到的距离，制作一系列横孔。横孔布局应如图 B.1 所示。图 B.1 中所示的横孔以 5°间隔，离探头中心位置 25 mm 和 50 mm。

B.2.2 不同应用可以使用相似的评价方法。当一组聚焦法则设置为规定一个平面而不是某一声程距离处的分辨力时，可以使用相关平面来评价波束的偏转极限。评价用试块的相关平面应采用横孔。试块如图 B.2 所示，在离标称入射点指定距离的垂直面和水平面做一系列横孔。横孔也可根据需要，安排在其他要测试的平面上。

B.2.3 评价时，将探头置于试块上，使入射声束线中心对准试块标记的中心线。若不使用延迟线或折射楔块的探头，即采用排在一个平面的所有阵元，应将阵元阵列的中心点对准中心线。对于只使用全部可用阵元中的一部分阵元的聚焦法则，阵元孔径的中心点应对准中心线。如果使用延迟线、折射楔块或液浸方法时，应作补偿入射点沿试块入射面“明显”移动的修正。如果如图 B.2 使用探头直接接触法在标定试块测试时，则中心线不对称，将不能同时获取正向和负向扫描角度。使用这种试块时，为得到两个方向的扫描范围，先在一个方向评估探头，再转 180°评估另一个相反方向。

B.2.4 在 A 扫描采样期间，角度步进会影响可达到的扫查范围。在 S 扫描采样期间，建议可变角评价的最大角度步进为 1°。角度步进受系统的脉冲和阵元间距特性之间的时间延迟能力限制。图 B.1 和图 B.2 中所示大多数的靶体相隔 5°。但是，间隔也可以根据要求的分辨力变大或变小。

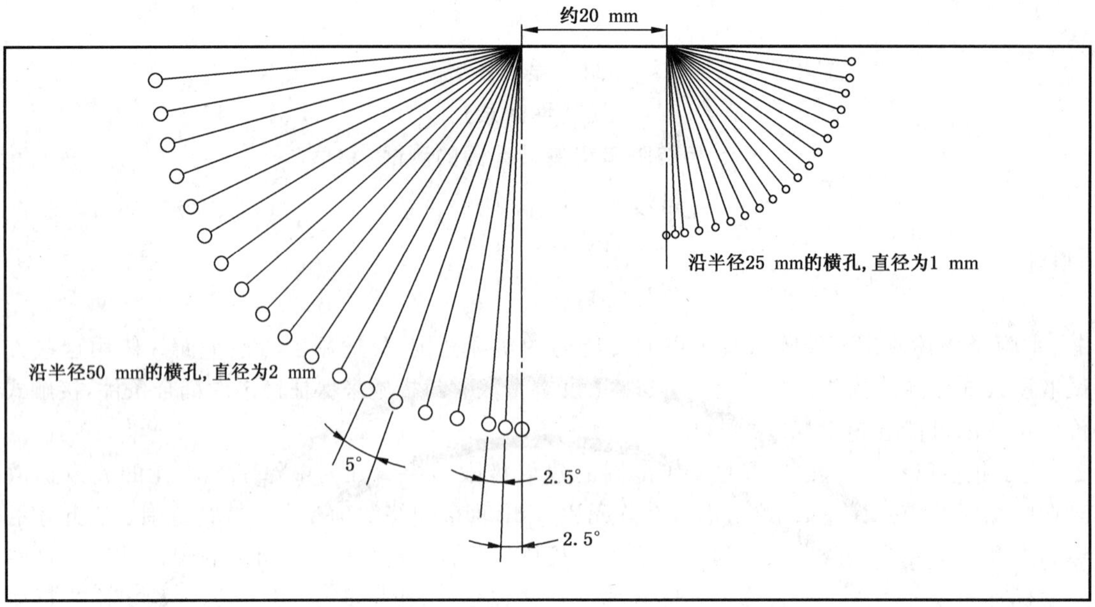

注：试块尺寸 150 mm×75 mm×25 mm（通常）

图 B.1 波束偏转评价试块——恒定声程

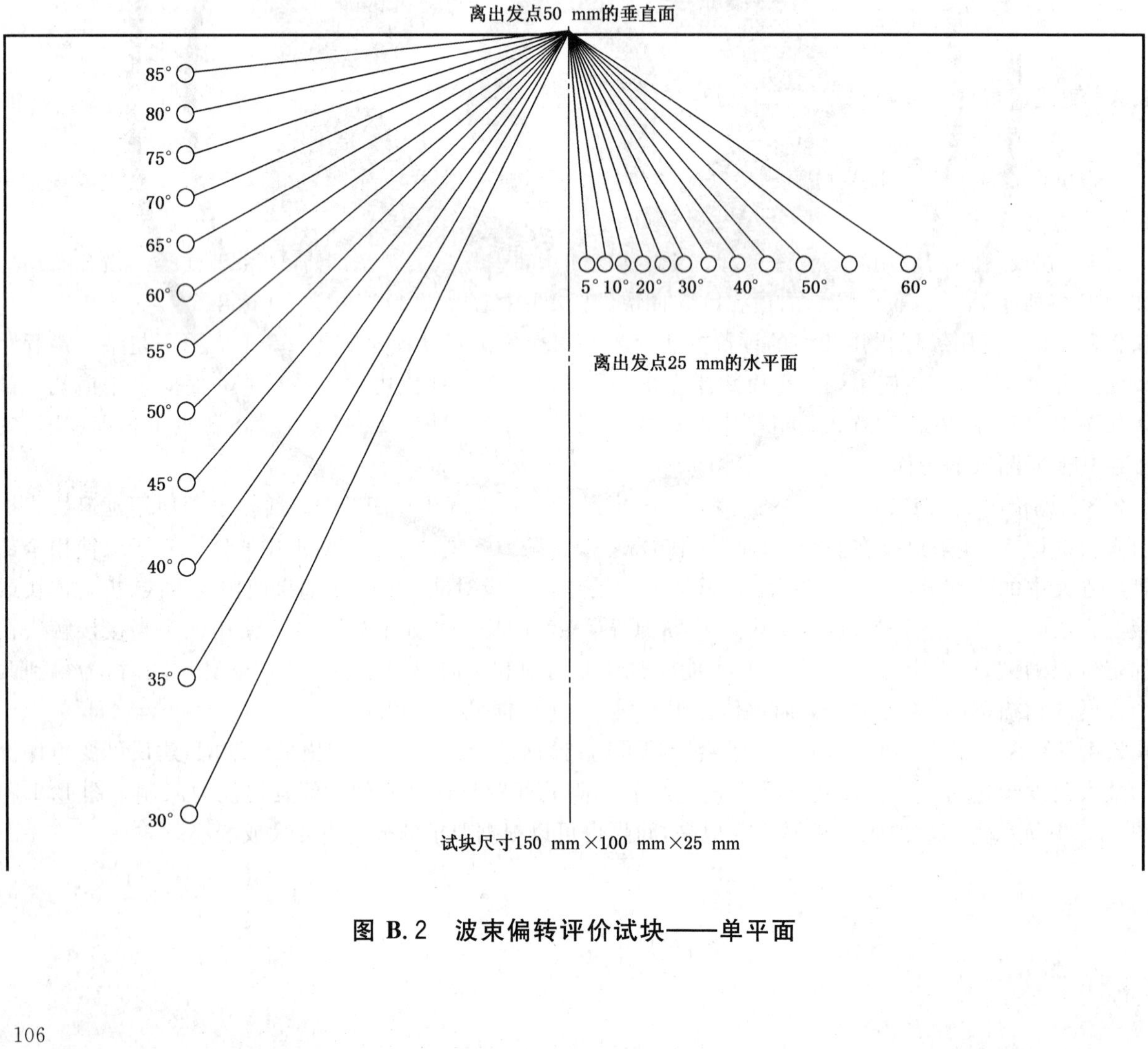

图 B.2 波束偏转评价试块——单平面

B.2.5 利用两个相邻横孔之间的最大和最小信号幅度之间的 dB 差来进行偏转范围的评价。例如，如果设置一个探头在试块上＋45°扫描，如图 B.1 所示，达到 6 dB 分离的较高的那对横孔为探头设置的最大偏转能力。

B.2.6 可接受的偏转范围以达到相邻孔间预定分离的最大和最小角度表示。根据不同的应用，可以将分离值设为 6 dB 或 20 dB(或其他数值)。

B.2.7 偏转能力可以作为一个先决条件。例如，要求一个相控阵系统至少达到 2 mm 直径横孔的 5°分辨力、标称中心角正负 20°的偏转能力。反之，可以限制一个系统的 S 扫不超过评价能达到的规定信号分离的角度；例如，间隔 5°，2 mm 直径 SDHs 之间差 20 dB。

B.3 另一种评价的方法就是使用指定深度或声程距离的单个横孔。显示使用最大和最小角度的 A 型扫描，可以通过观察峰值响应的信噪比来评估偏转范围。偏转极限要达到预定的信噪比。请注意，使用此方法以避免达到栅瓣信号的峰值。采用此方法也需确认横孔位于所计算的折射角度位置。

附 录 C
（规范性附录）
相控阵阵元有效性的测试

C.1 概述

进行该评价来测定相控阵探头的所有阵元的有效性和声能量的一致性。因为在一般时序操作中，要由分离的脉冲发射和接收器访问各个阵元，应使用一种方法，使其差别仅归属于探头本身而确保相控阵超声检测仪的电子性能在不同阵元间是相同的。为确保不同阵元的性能差别仅是由探头结构引起的，选择一个发射接收通道去访问每个阵元。

C.2 测试设置

C.2.1 连接要测试的相控阵探头到相控阵超声检测仪，取下任何探头延迟线或折射楔块。

C.2.2 用一层均匀的耦合层将探头耦合到 25 mm 厚的一个 IIW（国际焊接协会）试块。这可以通过一种接触间隙的技术来完成，也就是探头和试块的接触面在水中（确保均匀耦合）。另外一种液浸方法也可使用，即固定的水声程，并且监视水钢界面而不是钢壁厚度的信号。

C.2.3 设置由一个阵元组成的电子扫描，沿着阵列中所有阵元一次一个阵元步进。（需确保每个聚焦法则都使用第一个发射接收器，或如果通道可选的话，则每个阵元应使用相同的通道。）设置发射器参数，优化探头阵列标称频率的响应，对探头中每个阵元来说，就是要调节试块底面的一个脉冲回波或水程回波达到 80%显示幅度。

C.2.4 观察阵列中每个阵元的 A 型扫描显示，并记录每个阵元达到 80%信号幅度要求的接收器增益。可以将记录结果填写在类似表 C.1 的表格中。

C.2.5 注意并记录任何没有底波或水声程信号的阵元（失效阵元）。可以将结果填写在类似表 C.1 的表格中。

C.2.6 如果有一个预先准备的程序包可以检测阵元的有效性，也可以替代使用。

C.2.7 使用收集到的数据进行探头一致性和功能性评价。比较以前用相同仪器设置（包括增益）评价保存的文件，得到 80%响应的接收器增益宜在任意前次评价结果的±2 dB 范围内，每两个阵元之间比较的差别也应在±2 dB 之内。

C.2.8 一个探头中失效阵元的总数和相邻失效阵元的数量应由合同双方商定并书面注明。这个数字可能由于基准和工作变化而不同。有些相控阵探头可能有数百个阵元，有些新型相控阵探头，由于阵元的电气连接点达到小于毫米数量级，生产难度高致使存在失效阵元。

C.2.9 允许的失效阵元数量应基于其他方面的性能，例如使用的聚焦法则的聚焦范围和声束偏转范围。对相控阵探头的失效阵元数量没有具体的规定。一般来说，如果一个探头超过 25%的阵元是失效的，那么灵敏度和声束偏转能力会降低。相同地，允许相邻失效阵元的数量应由实际应用所要求的声束偏转和电子栅格分辨力决定。

C.2.10 耦合的稳定性对对比评价很重要。如果使用接触式，评价的阵元产生信号超过±2 dB 范围，应检查耦合，并再次进行测试。如果仍超过可接受范围，该探头不能再使用，需进行校准后才能继续使用。测试如果使用水和钢的固定水距法，会减少耦合变化。

C.2.11 在探头卸下之前，如果可能的话，应用另一电缆替换原测试使用的电缆，验证失效阵元是否由于电缆损坏引起。

C.2.12 可以制作独立检测多路连接器的电缆连通性适配器。将这些适配器直接连接到相控阵超声检测仪,验证所有的输出通道是否有效,或者可以连接到电缆的探头端,确认互联电缆中单个同轴连接器的连通性。图 C.1 的例子为识别相控阵超声检测仪或电缆中的连通性测试显示图。

表 C.1 探头阵元有效性表(调节接收器增益使波幅为全屏高度的 80%)

阵元	1	2	3	4	5	6	7	8	9	10	11	12	13	14	15	16
增益																
有效 失效																

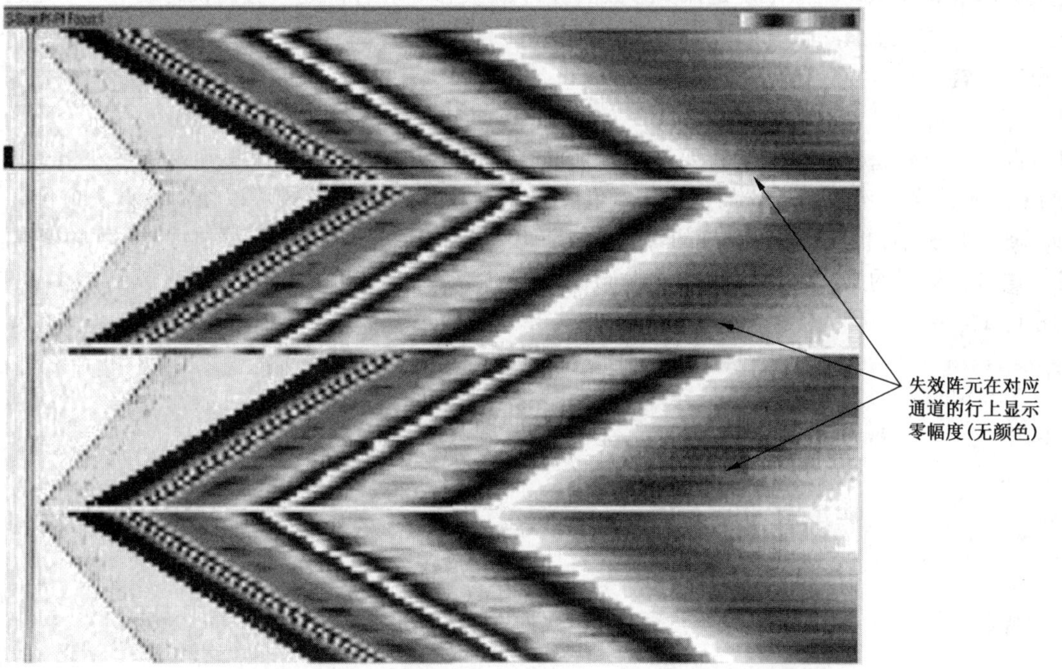

图 C.1 相控阵超声检测仪或电缆的连通性测试显示图

附 录 D
（规范性附录）
相控阵聚焦能力评价

D.1 概述

超声波束的聚焦法则基于众所周知的原理。然而，不像单晶探头，相控阵系统可以在发射和接收模式下，在一定声程范围内设置聚焦。可以通过测定波束响应尺寸来评价聚焦运算的效果。这与附录 A 中描述的波束轮廓相似。聚焦限度是探头参数固有的，并受限于相控阵超声检测仪的最小时间延迟能力。

D.2 测试设置

D.2.1 设置相控阵超声检测仪为将要进行评估的聚焦法则，并将相控阵探头耦合到带斜横孔的试块，如图 A.1 所示。带或不带延迟线的纵波模式和使用折射楔块的横波模式可以使用该方法评价。

D.2.2 通过该方法评价单一折射角度的聚焦。如果使用几个角度的话，需分别评估每个角度的聚焦能力。

D.2.3 在需要检测的平面用电子扫描或编码机械扫描，采集全部波形并显示深度校正的 B 型投影图像，如图 D.1。

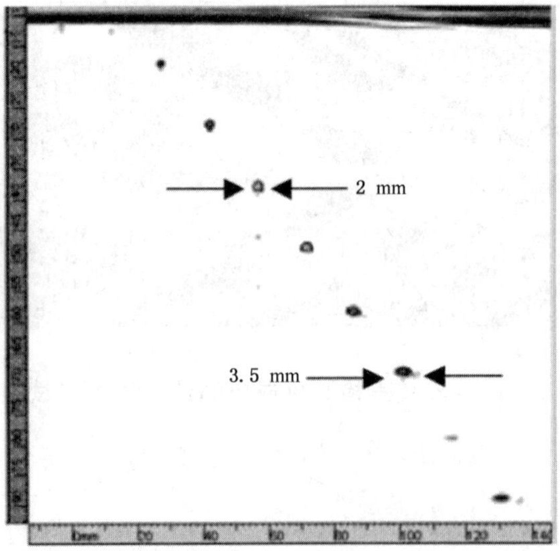

图 D.1 动态深度聚焦运算法则的 B 型投影图

D.2.4 通过由最大波幅调低分贝(dB)值来度量投影图像直径的大小，并与横孔的实际机械直径对比的方法，来评价聚焦法则的效果。

D.2.5 聚焦法则的工作范围可根据横孔直径的最大允许尺寸来协商确定。例如，如果使用直径 2 mm 的横孔，并且使用 −6 dB 法从 B 扫图像计算直径，工作范围可通过 B 扫图像能维持 −6 dB 尺寸小于两倍实际直径时的深度或声程来确定。

D.2.6 应规定孔直径和焦点大小的实际限度。聚焦声束的实际焦点不能小于所用波长的 1.5 倍。对于一个 5 MHz 的钢中纵波，大约为 1.7 mm。焦点大小也是声程的一个函数，孔埋深越大，聚焦越弱。

D.2.7 为了使孔直径评价准确，采样间距应小于评价的靶体。建议每个孔至少有四次采样。例如，一个直径 2 mm 的横孔靶体，机械编码扫描的采样间隔应为 0.5 mm，或者对于一个电子扫描，每个聚焦法则之间的步进不应超过 0.5 mm(这受限于探头阵元间距)。

附 录 E
（规范性附录）
相控阵参数和数据显示的计算机控制评价

E.1 概述

相控阵声束控制基于费马定理，即声波沿着最短时间路径传输。用该原理追踪相控阵探头阵元所发射波阵面的声程轨迹，计算在电子计时使声束指向规定位置时要求的延时。使用费马定理，通过输入声传播的材料声速，计算折射角和焦点位置。如果材料声速准确，那么计算的声束位置也准确。因此计算精度也是几个变量的函数，包括：使用的材料声速、探头元件尺寸（阵元尺寸、主频率、扩散度、在延迟线或楔块的声程）和影响相位干涉模式的脉冲计时精度。如果在合适的公式精确输入所有变量，声束就可以正确定位。在一个计算机控制系统中，操作员唯一可用的依据是数据显示。系统有坐标显示，可以将从一个靶体接收到的信号响应定位为 2 维或 3 维坐标。比较规定目标的实际已知位置和显示的理论定位是评价显示的计算机算法和变量组合有效性的唯一有效方法。

E.2 测试装置

E.2.1 使用接触式相控阵线阵探头，标称频率 5 MHz，至少 16 阵元，阵元间距不大于 1 mm。将软件设置为两个独立的 S 扫描，一个偏角为±30°，焦距为钢中 25 mm（即在钢中 25 mm 的声程聚焦），另一个为偏角±30°，焦距为钢中 50 mm（即在钢中 50 mm 的声程聚焦）。对于这两套聚焦法则方案，角度步进间距为 0.5°，并且聚焦法则应使用 16 个相邻阵元。

E.2.2 确保数据采集的等效数字化频率最少为 80 MHz。

E.2.3 准备一块钢试块，具有根据 ASIM E 494 测定声速的一系列横孔。该声速值将用于聚焦法则中。

E.2.4 如图 B.1 将探头置于试块并做好声耦合，确保阵元阵列中心对准孔的中心线。

E.2.5 扫描并保存 25 mm 焦距的 S 扫描。

E.2.6 扫描并保存 50 mm 焦距的 S 扫描。

E.2.7 使用计算机显示光标进行评价，并且以表格形式记录各横孔的深度、中心线的偏移量和角度。对于分布在 50 mm 半径上的横孔，配置 50 mm 聚焦的聚焦法则；对于分布在 25 mm 半径上的横孔，配置 25 mm 聚焦的聚焦法则。

E.2.8 将使用软件评价获得的数据与试块上孔的实际位置进行对比。计算机显示的横孔声程指示位置误差应在±0.5 mm 之内。孔深和偏移位置的误差应在±0.5 mm 之内，孔的所有扫查角度误差应在±1.0°之内。

附 录 F
（规范性附录）
相控阵楔块衰减和延迟补偿评价

F.1 概述

F.1.1 在使用电子或扇形扫描时，各个发射和接收器的电子差异和探头阵元间的差异会导致各个聚焦法则之间的微小增益差异。产生的效率也随着角度和偏离楔块自然角度的大小变化。当使用延迟线或折射楔块时，楔块中的声程变化会导致一些聚焦法则需要提高或降低放大器增益。为使电子或扇形扫描的聚焦法则"归一化"，需要一种补偿增益变化的方法。

F.1.2 当相控阵探头使用延迟线或折射楔块时，依据费马定理计算声束偏转和投影显示。这就需要操作者辨别探头阵元在空间的位置。确保已知的楔块和钢界面的声程正确。应确认操作者使用的坐标可以提供正确的深度计算，这确保了显示软件对被测体正确定位。

F.1.3 可以一次对一个聚焦法则进行衰减变化和延时补偿，或配置软件进行动态补偿。

F.2 楔块衰减补偿评价

F.2.1 本方法适用于评价一维线阵探头电子扫描或电子栅格扫描的楔块衰减补偿。

F.2.2 设置相控阵系统的聚焦法则，使可用于电子栅格扫描。

F.2.3 相控阵探头耦合至带有已知深度横孔的试块上。一般用 IIW 试块上直径 1.5mm 的横孔。

F.2.4 按第一个聚焦法则设置选择 A 扫显示，并前后移动探头，定位到横孔最大反射幅度的位置。

F.2.5 将横孔反射信号幅度调至 80%全屏高度，并保存该聚焦法则参数文件。

F.2.6 重复横孔最大反射信号定位的步骤，每个聚焦法则均将反射信号幅度调至 80%全屏高度，在每个聚焦法则操作完成之后保存设置文件。

F.2.7 另外，该步骤也可以计算机化，通过计算机计算灵敏度调节的动态评价。动态评价情况下，操作者只需在横孔上前后移动探头，确保所有聚焦法则都能使声束扫过横孔靶体。随后，相控阵系统就可计算楔块衰减校正，确保每个聚焦法则检测到的横孔的波幅调整到相同的幅度。

F.2.8 楔块衰减评价要求有恒定的钢声程，确保只评价楔块变化的影响。对于使用一维线阵探头的扇形扫描，单独一个横孔会导致每个角度的钢声程变化，不适合此项任务。建议使用具有类似于 IIW 试块的 100 mm 半径弧面的靶体。对于扇形扫描，F.2.2～F.2.6 步骤需用合适的弧面代替横孔。S 扫配置采用弧面也校准了角度变化对发射的影响。扇形扫描设置采用弧面也校准了角度变化造成的固有回波传输影响。

注：如果不能实现适当的补偿，例如，如果角度范围太大，导致信号幅度不能得到有效的补偿，那么应缩小角度范围，直至可以补偿为止。

F.2.9 不同楔块和扫描方式设置的探头移动如图 F.1 所示。

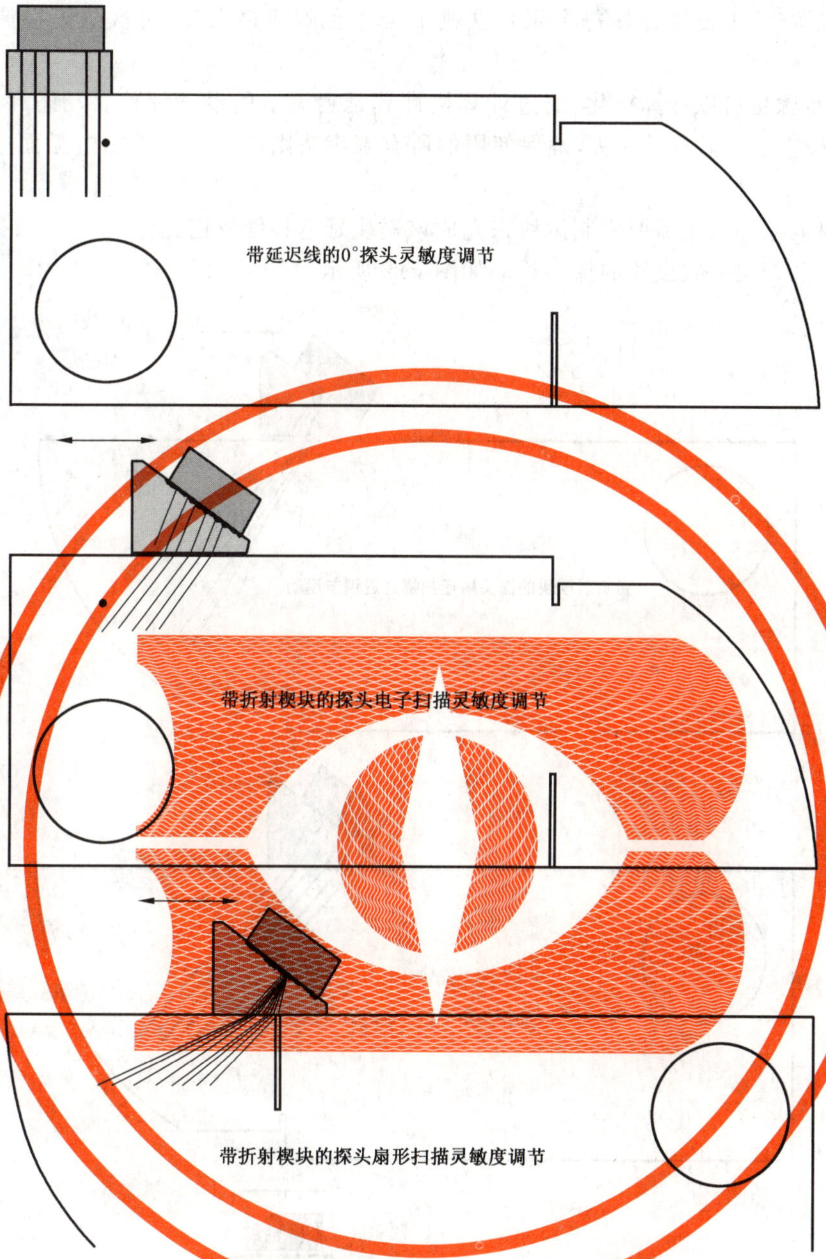

图 F.1 移动扫查横孔的最大幅响信号,用于补偿楔块衰减评价

F.3 楔块延迟补偿评价

F.3.1 当电子扫描或扇形扫描中使用角度折射楔块,或者在扇形扫描中使用固定厚度的延迟线时,楔块材料中声程随着聚焦法则不同而变化。需要对该延迟时间差异进行补偿,以确保标示的被测体在投影扫描显示中正确定位,也就是说,正确标出检测工件中的深度和角度。

F.3.2 设置相控阵系统的聚焦法则,使可用于扇形扫描或电子栅格扫描。

F.3.3 相控阵探头耦合至带有已知曲率半径的试块上。一般用曲面半径 50 mm 或 100 mm 的 IIW 试块。

F.3.4 按第一个聚焦法则设置选择 A 扫显示,并前后移动探头,确定选中弧面反射最大信号的位置。

F.3.5 调节延迟设置从而使金属中声程指示能够正确表示弧面半径，并保存该聚焦法则参数。

F.3.6 在扫描设置中，重复操作使每个聚焦法则弧面半径响应最大化，每次延迟被调节后保存参数设置。

F.3.7 另外，该步骤也可以计算机化，通过计算机计算延迟调节的动态评价。动态评价情况下，操作者只需在弧面半径中心前后移动探头，确保使用的所有聚焦法则的声束中心扫过弧面中心得到最大信号幅度。

F.3.8 小角度纵波聚焦法则需要定制试块来完成该楔块延迟补偿校正。

F.3.9 不同楔块和扫描方式设置的探头移动如图 F.2 所示。

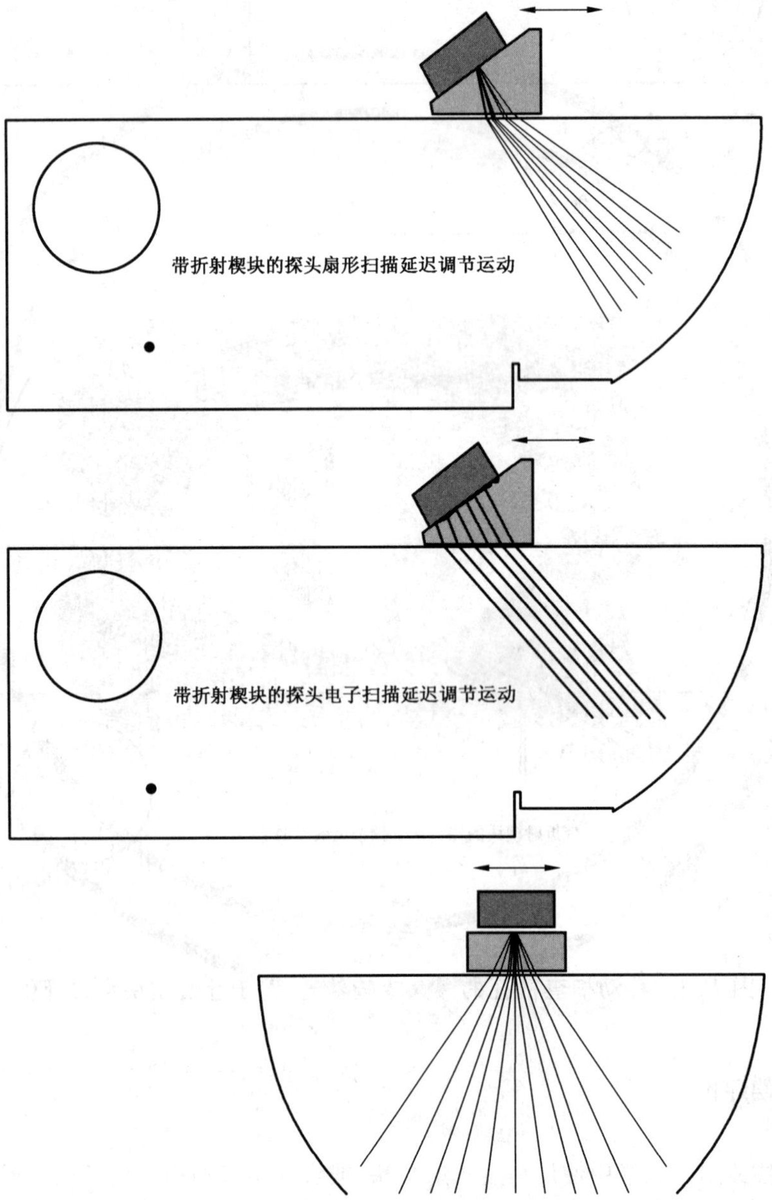

图 F.2 使用曲面进行延迟扫描调节

附 录 G
（规范性附录）
相控阵超声检测仪线性评价

G.1 概述

相控阵超声检测仪各个发射器和接收器单元的操作基本与单通道超声检测仪一致。所以可以符合ASTM E 317 中规定的线性要求。但是，由于所有相控阵超声检测仪的数字控制属性及使用多个发射器和接收器的实际情况，要求评价相控阵超声检测仪的线性方法不同于传统的单通道超声检测仪。

G.2 测试设置

G.2.1 设置相控阵超声检测仪为A型显示。

G.2.2 根据线性校验采用的脉冲波串，调节合适的A扫显示范围，选择与ASTM E 317 中描述相似的检测线性用试块来产生信号以评价相控阵超声检测仪的线性。试块如图G.1所示，上面安放一个单阵元探头。

G.2.3 选择频率和带通滤波器参数，使用于线性校验的探头（单阵元）获得最佳脉冲回波。

G.2.4 设置接收器的增益，显示需要测试的非饱和信号，评价显示高度和幅度控制的线性。

G.3 显示高度的线性

G.3.1 将相控阵超声检测仪连接到一个探头（横波或纵波），并将探头耦合到一块可以产生如图G.2中两个信号的试块上。调节探头至两个信号幅度分别为全屏幅度的80%和40%。如果相控阵超声检测仪提供在脉冲回波模式连接单晶探头的能力，那么图G.1中所示专用线性试块的两个有可调声阻抗插件的平底孔能够产生这样的信号。

G.3.2 提高接收器增益使较大幅度的信号达到全屏幅度的100%。记录这个增益设置下的较低幅度信号的全屏幅度百分比高度。

注：对于8位数字采样系统，这个数值应为99%，因为如果是100%的话，会出现饱和。

G.3.3 将较大幅度信号的高度以10%的步进降低至全屏幅度的10%，记录每步对应的第二个幅度信号的高度。

G.3.4 调节增益将较大信号恢复到80%幅度，确保较小信号不会因为耦合变化而偏离原先40%的幅度。如果第二个信号大于41%或小于39%全屏高度时，重复检测。

G.3.5 两个反射体信号的幅度比应保持2∶1的关系，在10%至100%（如果100%饱和，则取99%）的全屏幅度（FSH）范围内保持±3%以内的波动为可接受误差。

G.3.6 在相控阵超声检测仪线性表中记录结果。

G.4 幅度控制线性

G.4.1 一台16/64相控阵超声检测仪有16个发射器和接收器，可用于访问64个阵元。选择每个发射器-接收器单元，测定相控阵超声检测仪放大能力的线性。

G.4.2 选择一个平面(垂直入射)线阵探头，阵元数量至少等于相控阵超声检测仪的发射单元数。

G.4.3 使用该探头，调节相控阵超声检测仪作电子栅格扫描。每个聚焦法则由一个阵元组成，扫描从阵元1开始，至相对应相控阵超声检测仪发射器数量相等的阵元数结束。

G.4.4 将探头耦合至一个合适的试块上，获取每个聚焦法则的脉冲回波信号。来自25 mm厚IIW试块或从图G.1中20 mm厚的专用线性试块的底面回波可以作为测试信号。另外，也可使用液浸法测试。

G.4.5 选择相控阵超声检测仪中发射器-接收器的通道1。使用A型扫描显示，监视从选中靶体发出的回波信号。调节增益，将信号调至40%的全屏幅度。如图G.3所示。

G.4.6 以步进1 dB、2 dB、4 dB和6 dB提高接收器的增益。在每个步进增加后再取消所增加的增益值，确保信号返回40%的显示高度。以显示高度的百分比记录实际信号高度。

G.4.7 调节信号至100% 幅度，减少6 dB增益并以显示幅度的百分比记录信号的实际幅度。

G.4.8 信号幅度宜落在±3%理论显示高度的范围内。如表G.1中要求的允许高度范围。

G.4.9 对所有其他的发射器-接收器通道重复G.4.5～G.4.7的步骤。

G.4.10 对于有10或12比特(bit)幅值采样并能设置在闸门内读取大于屏幕可视幅度的相控阵超声检测仪，可以使用更大范围的检测点。对于这类检测仪，也可使用闸门输出而不用A型显示来评价仪器的幅度线性。

注：图G.4是幅度大于100%显示的例子，闸门A%表示信号幅度200%，而闸门B%表示型号幅度176%的例子。

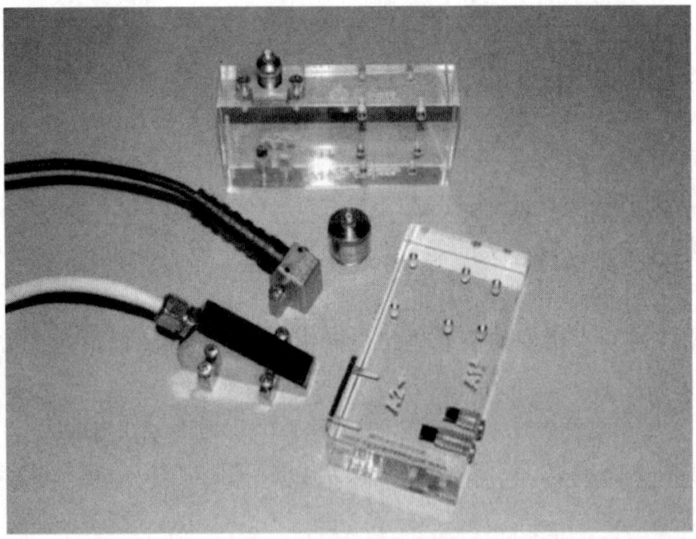

图G.1 相控阵超声检测仪和探头评价的专用线性试块

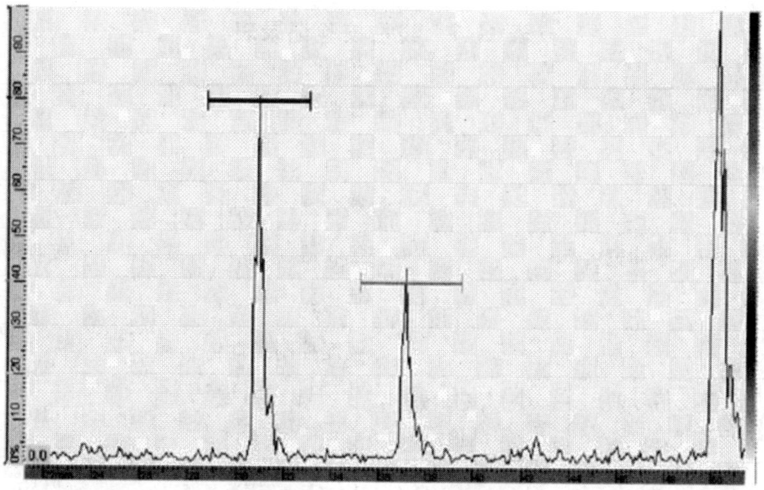

图 G.2　显示高度线性

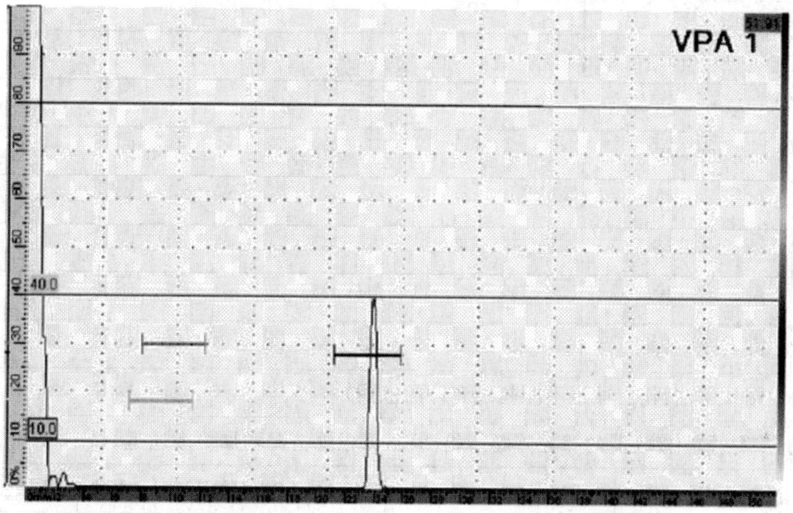

图 G.3　相控阵超声检测仪通道 1 底波 A 型扫描的显示图

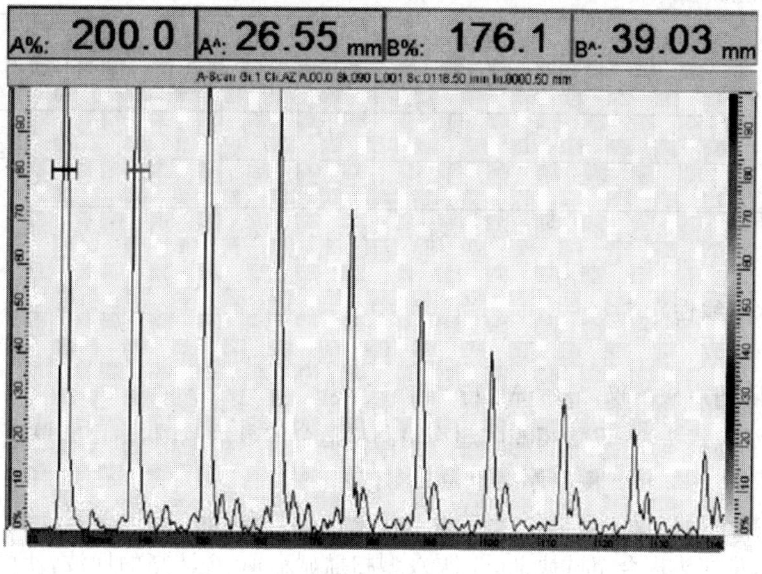

图 G.4　A 型扫描的水平线性

表 G.1 线性校验记录表

位置:		日期:	
操作者:		签名:	
相控阵超声检测仪:		耦合剂:	
发射器电压/V:	脉冲宽度/ns	接收器(频带)	接收器(平滑度)
数字化频率/MHz:		平均:	
显示高度线性:		幅度控制线性:	

大幅度信号/%	小幅度信号的允许范围/%	小幅度信号的实测值/%	显示高度/%	dB	允许范围/%
100	47～53		40	+1	42～47
90	42～48		40	+2	48～52
80	40	40	40	+4	60～66
70	32～38		40	+6	77～83
60	27～33		100	−6	47～53
50	22～28				
40	17～23				
30	12～18				
20	7～13				
10	2～8				

幅度控制线性各通道结果:(注:任何通道不能超过允许的范围)

通道(如果是 32 或 64 发射器-接收器的相控阵超声检测仪,可根据情况增加更多通道)

1	2	3	4	5	6	7	8	9	10	11	12	13	14	15	16

时基线性(用于 25mmIIW 试块)

回波数	1	2	3	4	5	6	7	8	9	10
厚度/mm	25	50	75	100	125	150	175	200	225	250
测量间隔/mm										
允许偏差±0.5mm(是/否)										

G.5 时基线性(水平线性)

G.5.1 设置相控阵超声检测仪,显示 A 型扫描模式。

G.5.2 选择任何纵波探头,并设置相控阵超声检测仪适合的显示范围,由已知厚度的试块获取至少 10 次回波。如在 IIW 试块 25 mm 侧壁厚度上做此测试。

G.5.3 将相控阵超声检测仪的模拟-数字转换等效采样率调到不小于 80 MHz。

G.5.4 如图 G.4,将探头耦合至试块上,并且 A 型扫描显示 10 个清晰的回波,使用显示软件获取相邻回波信号的间隔。

G.5.5 使用 ASTM E 494 中描述的方法测定试块的声速，输入到显示软件，调节显示并读出声程（厚度）。

G.5.6 使用参考和测量光标测定各次回波的间距并记录首 10 个回波的间距。

G.5.7 可接受的线性容许误差是基于模拟-数字转换率转换成等效距离来决定。例如，在 100 MHz 时，时基的每个采样为 10 ns。对于声速为 5 900 m/s 的钢来说，脉冲回波模式下沿着时基（10 ns）的每个采样代表 30 μm。大多数模数转换系统可达到±3 个时基采样以内的误差。再考虑声速的测定误差（约 1%）。一般来说，钢板每次回波的时基线性误差不应超过±0.5 mm。

G.5.8 用于线性测试的记录表样板如表 G.1 所示。

ICS 29.120.50
K 31

中华人民共和国国家标准

GB 29303—2012

用于Ⅰ类和电池供电车辆的可开闭保护接地移动式剩余电流装置(SPE-PRCD)

Switched protective earth portable residual current devices for class Ⅰ and battery powered vehicle applications

(IEC 62335:2008,MOD)

2012-12-31 发布 2013-12-01 实施

中华人民共和国国家质量监督检验检疫总局
中国国家标准化管理委员会 发布

前　言

本标准中第8、9章为强制性，其余为推荐性。

本标准按照GB/T 1.1—2009给出的规则起草。

本标准修改采用IEC 62335:2008《用于Ⅰ类和电池供电车辆的可开闭保护接地移动式剩余电流装置》(英文版)。

本标准与IEC 62335:2008的主要差异如下：

插头插座部分的技术要求和尺寸参数符合GB 2099.1—2008《家用和类似用途插头插座　第1部分：通用要求》和GB 1002—2008《家用和类似用途单相插头插座　型式，基本参数和尺寸》的要求。

本标准由中国电器工业协会提出。

本标准由全国低压电器标准化技术委员会(SAC/TC 189)归口。

本标准负责起草单位：上海电器科学研究院。

本标准参加起草单位：上海电科电器科技有限公司、中山市开普电器有限公司、北京ABB低压电器有限公司、苏州益而益电器制造有限公司、余姚市嘉荣电子电器有限公司、环宇集团有限公司、施耐德电气(中国)投资有限公司、上海西门子线路保护系统有限公司、通领科技集团有限公司、上海电器设备检测所、中国质量认证中心、苏州电器科学研究院股份有限公司、贵州长征开关制造有限公司等。

本标准主要起草人：刘金琰、周积刚。

本标准参与起草人：邹建华、江伟、岳国兰、钱加灿、李丽芳、朱金花、熊泰、叶祥发、易颖、张勇、王金根、贺贵兵。

用于Ⅰ类和电池供电车辆的可开闭保护接地移动式剩余电流装置(SPE-PRCD)

1 范围

本标准规定了 SPE-PRCD 的分类、特性、标志和产品资料、使用和安装的标准工作条件、结构和操作的要求试验。

本标准适用于与具有Ⅰ类绝缘和电池充电装置的电动车辆一起使用的移动式装置(以下称为“SPE-PRCD”),该移动式装置具有一个可开闭保护接地(SPE)。

SPE-PRCD 由一个插头、一个剩余电流装置(RCD)和一个移动式插座组成。

本标准适用于能同时执行检测剩余电流,把该剩余电流值与剩余动作电流值相比较以及当剩余电流超过该值时,断开被保护电路等功能的移动式装置。

除了 RCD 的功能外,SPE-PRCD 还能检测引起 PE 带电危险的电源误接线和/或电源故障(如电源 PE 线断线或 N 线断线)。这些 SPE-PRCD 仅预期使用在 TN 和 TT 系统。

如果用于 IT 系统或其他未接地系统(如隔离绕组发电机或隔离变压器),则 SPE-PRCD 不能运行。由于 PE 线实际上为断开的电源导线,所以 SPE-PRCD 在 IT 系统中不能工作和闭合触头。

注 1:对于由于电源系统,SPE-PRCD 不能运行的场合,可以使用符合 GB 20044 的 PRCD。

不要求 SPE-PRCD 具有过电流保护功能。

SPE-PRCD 预期用在单相或两相电路中,额定电流/额定电压不超过交流 16 A/250 V;或额定电流/额定电压不超过交流 32 A/130 V(对地)。

SPE-PRCD 的额定剩余动作电流不超过 30 mA,用来对其下端电路的直接接触电击危险提供附加保护。除了固定装置提供的保护以外,该保护是对固定装置提供保护的补充。SPE-PRCD 不能检测人与相线和中性线之间的直接接触,且不能替代电气装置的安全要求。

插头和插座应符合有关的标准。如果需要时,对有关的插头和插座系统,允许使用内置熔断器。

SPE-PRCD 不能用来作为固定电气装置的一部分使用,或固定地连接在设备上。它们应通过插头连接,其输出端应为移动式插座。

如果 SPE-PRCD 的型式使用不正确(如用 LLSE 替代 LNSE),SPE-PRCD 应继续提供保护功能。

包含电池的 SPE-PRCD 没有包括在本标准的范围内。

在更严酷环境条件下使用的 SPE-PRCD 可能需要补充技术要求。

注 2:SPE-PRCD 的要求与 GB 16916.1 和 GB 20044 的一般要求一致。SPE-PRCD 主要由非专业人员操作并且设计成不需要维修。

注 3:SPE-PRCD 的 RCD 部分不用来提供隔离功能,其隔离功能可由插头提供。

2 规范性引用文件

下列文件对于本文件的应用是必不可少的。凡是注日期的引用文件,仅注日期的版本适用于本文件。凡是不注日期的引用文件,其最新版本(包括所有的修改单)适用于本文件。

GB 1002 家用和类似用途单相插头插座 型式、基本参数和尺寸

GB 2099.1—2008 家用和类似用途插头插座 第1部分:通用要求(IEC 60884-1:2006,E3.1,MOD)

GB/T 2423.4 电工电子产品环境试验 第2部分:试验方法 试验 Db:交变湿热(12 h+12 h 循

环)(GB/T 2423.4—2008,IEC 60068-2-30:2005,IDT)

GB/T 2424.2 电工电子产品环境试验 湿热试验导则(GB/T 2424.2—2005,IEC 60068-3-4:2001,IDT)

GB/T 4207 固体绝缘材料在潮湿条件下相比电痕化指数和耐电痕化指数的测定方法(GB/T 4207—2003,IEC 60112:1979,IDT)

GB 4208 外壳防护等级 (IP 代码)(GB 4208—2008,IEC 60529:2001,IDT)

GB 4343(所有部分) 家用电器、电动工具和类似器具的电磁兼容要求[IEC/CISPR 14(所有部分)]

GB/T 5013(所有部分) 额定电压 450/750 V 及以下橡皮绝缘电缆(IEC 60245)

GB/T 5023(所有部分) 额定电压 450/750 V 及以下聚氯乙烯绝缘电缆[IEC 60227(所有部分)]

GB/T 5169.10—2006 电工电子产品着火危险试验 第 10 部分:灼热丝/热丝基本试验方法 灼热丝装置和通用试验方法(IEC 60695-2-10:2000,IDT)

GB/T 5169.11—2006 电工电子产品着火危险试验 第 11 部分:灼热丝/热丝基本试验方法 成品的灼热丝可燃性试验方法(IEC 60695-2-11:2000,IDT)

GB/T 5465.2—2008 电气设备用图形符号 第 2 部分:图形符号(IEC 60417 DB:2007,IDT)

GB 8898 音频、视频及类似电子设备 安全要求(GB 8898—2011,IEC 60065:2005,MOD)

GB 10963(所有部分) 电气附件 家用及类似场所用过电流保护断路器[IEC 60898(所有部分)]

GB 13539.1 低压熔断器 第 1 部分:基本要求(GB 13539.1—2008,IEC 60269-1:2006,IDT)

GB/T 14472 电子设备用固定电容器 第 14 部分:分规范 抑制电源电磁干扰用固定电容器(GB/T 14472—1998,idt IEC 60384-14:1993)

GB 16895(所有部分) 低压电气装置 [IEC 60364(所有部分)]

GB 16916.1—2003 家用和类似用途的不带过电流保护的剩余电流动作断路器(RCCB) 第 1 部分:一般规则(IEC 61008-1:1996,MOD)

GB/T 16935.3 低压系统内设备的绝缘配合 第 3 部分:利用涂层、罐封和模压进行防污保护(GB/T 16935.3—2005,IEC 60664-3:2003,IDT)

GB 18499—2008 家用和类似用途的剩余电流动作保护器(RCD) 电磁兼容性(IEC 61543:1995,IDT)

GB 20044—2005 电气附件 家用和类似用途的不带过电流保护的移动式剩余电流装置(PRCD)(IEC 61540:1997,MOD)

IEC 61249-2(所有部分) 印刷线路板和其他内连接结构的材料(Materials for printed boards and other interconnecting structures)

3 术语和定义

下列术语和定义适用于本文件。

注 1:除非另有规定,本标准中所用术语"电压"和"电流"均为有效值。

注 2:整个标准中,词语"接地"均表示"保护接地"。

注 3:术语"电器附件"用来作为包括插头和插座的通用术语。而术语"移动式电器附件"则包括插头和移动式插座。电器附件的使用见 GB 2099.1—2008 的图 1a)。

3.1 关于插头和插座的定义

3.1.1

插头 plug

具有设计用于与插座的插套插合的插销、并装有用于与软缆电气连接和机械定位部件的电器附件。

3.1.2

插座　socket-outlet

具有设计用于与插头的插销插合的插套、并且装有用于连接软缆的端子的电器附件。

3.1.3

移动式插座　portable socket-outlet

打算连接到软缆上或与软缆构成整体的、而且在与电源连接时易于从一地移动到另一地的插座。

3.1.4

多位插座　multiple socket-outlet

两个或多个插座的组合体。

3.1.5

可拆线插头　rewirable plug

结构上能更换软缆的电器附件。

3.1.6

不可拆线插头或不可拆线移动式插座　non-rewirable plug or non-rewirable portable socket-outlet

由电器附件制造厂进行连接和组装后，在结构上与软缆形成一个整体的电器附件(参见GB 2099.1—2008的14.1)。

3.1.7

模压电器附件　moulded-on accessory

用模具将预先组装好的零部件和软缆端头与绝缘材料压制在一起制成的不可拆线电器附件。

3.1.8

电线加长组件　cord extension set

一根带有一个不可拆线插头和一个不可拆线移动式插座的软缆组成的组件。

3.1.9

端子　terminal

用于进行电源导线连接的、可重复使用的、有绝缘或无绝缘的连接器件。

3.1.10

端头　termination

用于进行电源导线连接的、不可重复使用的、有绝缘或无绝缘的连接器件。

3.1.11

端子的夹紧件　clamping unit of a terminal

由导线的机械夹紧和电气连接所必需的部件组成的器件。

3.1.12

螺纹型端子　screw-type terminal

用于连接一根导线并且随后可拆卸这个导线，或用于两根或几根能拆卸的导线的相互连接的端子，其连接直接地或间接地用各种螺钉或螺母来完成。

3.1.13

柱式端子　pillar terminal

导线被插入一个孔内或型腔内，靠螺钉的端部来压紧导线的螺纹型端子。

注：其紧固压力可直接地由螺钉端部来施加或通过一个由螺钉端部施加压力的过渡元件来施加。

3.1.14

螺钉端子　screw terminal

导线紧固在螺钉头下面的螺纹型端子。

注：其紧固压力可直接由螺钉头来施加或通过一个过渡零件，例如垫圈、夹板或一个防松装置来施加。

3.1.15

螺栓端子　stud terminal

导线紧固在螺母下的螺纹型端子。

注：其紧固压力可直接由一个适当形状的螺母来施加或通过一个过渡零件，例如垫圈、夹板或一个防松装置来施加。

3.1.16

鞍形端子　saddle terminal

导线通过两个或几个螺钉或螺母紧固在鞍形板下的螺纹型端子。

3.1.17

罩式端子　mantle terminal

导线通过螺母紧固在螺栓槽底部的螺纹型端子。

注：通过螺母下面的适当形状的垫圈或中心销（如螺母是帽式螺母）或通过能将螺母的压力传递到槽内导线上的等效部件将导线紧固在螺栓底部。

3.1.18

无螺纹端子　screwless terminal

用于连接一根导线并且随后可拆根这根导线，或用于两根或几根能拆卸的导线的相互连接的端子。其连接直接地或间接地通过弹簧、楔形块、偏心轮或锥形轮等来完成，除了剥去绝缘外，无须对导线进行特殊加工。

3.1.19

保护门　shutter

装在插座里、用于在插头拔出时能自动地、至少将插座的插套遮蔽起来的活动部件。

3.1.20

转换器　adapter

结构上把插头的插销和插座的插套组成一体的电器附件。

3.1.21

过渡转换器　intermediate adapter

可用来把一个或几个插头经过一个控制器，例如调光器、定时开关、光电开关及剩余电流电器等与插座进行连接的转换器，这些装置通过软缆连接到转换器上。

3.1.22

Ⅰ类设备　class Ⅰ equipment

这类设备采用基本绝缘作为基本防护措施，采用保护联结作为故障防护措施。

3.1.23

Ⅱ类设备　class Ⅱ equipment

该设备采用：

——基本绝缘作为基本防护措施，和

——附加绝缘作为故障防护措施；或

——能提供基本防护和故障防护功能的加强绝缘。

3.2　关于剩余电流装置的定义

3.2.1　关于从带电部件流入大地电流的定义

3.2.1.1

接地故障电流　earth fault current

由于绝缘故障而流入大地的电流。

3.2.1.2

对地泄漏电流　earth leakage current

无绝缘故障，从设备的带电部件流入大地的电流。

3.2.1.3

脉动直流电流　pulsating direct current

在每一个额定工频周期内，用角度表示至少为150°的一段时间间隔内电流值为0或不超过直流0.006 A的脉动波形电流。

3.2.1.4

电流滞后角　current delay angle

α

通过相位控制，使电流导通的起始时刻滞后用角度表示的时间。

3.2.1.5

危险状态　hazardous situation

当大于$I_{\Delta n}$的接地故障电流流过RCD的时间大于5.3.11中表2规定的时间时发生的电击危险状态。

3.2.1.6

电源故障　supply failure

电源故障包括：

——保护接地断开；

——中性线断开；

——相线断开。

注：见3.2.3.18危险的带电PE。

3.2.2　关于剩余电流装置(RCD)激励的定义

3.2.2.1

激励量　energizing quantity

应单独地或与其他类似的量一起施加到RCD上，使其能在规定条件下完成其功能的电气激励量。

3.2.2.2

激励输入量　energizing input-quantity

在规定条件下施加时，使RCD动作的激励量。

注：例如，这些条件可以包括某些辅助元件的激励。

3.2.2.3

剩余电流　residual current

($\boldsymbol{I_\Delta}$)

流过RCD主回路电流瞬时值的矢量和(用有效值表示)。

3.2.2.4

剩余动作电流　residual operating current

使RCD在规定条件下动作的剩余电流值。

3.2.2.5

剩余不动作电流　residual non-operating current

在该电流及低于该电流时，RCD在规定条件下不动作的剩余电流值。

3.2.3 关于剩余电流装置动作和功能的定义

3.2.3.1

剩余电流装置 residual current device；RCD

具有剩余电流检测，将剩余电流值与剩余动作电流值相比较以及当剩余电流超过该值时断开被保护电路等功能的开关电器。

3.2.3.2

剩余电流动作断路器 residual current operated circuit-breaker

在正常运行条件下能接通、承载和分断电流，以及在规定条件下当剩余电流达到规定值时能使触头断开的机械开关电器。

3.2.3.3

t_u

线路电源电压的断开时间，小于该值时动作功能与电源电压有关的 SPE-PRCD 在没有剩余电流时不能自动断开(见 9.17.1.2)。

3.2.3.4

开关电器 switching device

用于接通或分断一个或几个电气回路电流的装置。

3.2.3.5

机械开关电器 mechanical switching device

用可分离的触头来闭合或断开一个或几个电气回路的开关电器。

3.2.3.6

SPE-PRCD 的自由脱扣 trip-free SPE-PRCD

在闭合操作开始后，若进行自动断开操作，即使闭合命令仍维持着，其动触头能返回并保持在断开位置上的 SPE-PRCD。

注：为保证正常分断可能被接通的电流，触头可能需要瞬时地到达闭合位置。

3.2.3.7

SPE-PRCD 的分断时间 break time of a SPE-PRCD

从突然达到剩余动作电流瞬间起至所有极电弧熄灭瞬间为止所经过的时间。

3.2.3.8

闭合位置 closed position

保证 SPE-PRCD 主电路预定的连续性的位置。

3.2.3.9

断开位置 open position

保证 SPE-PRCD 主电路的断开触头之间有预定的电气间隙的位置。

3.2.3.10

极 pole

仅与主电路的一个独立的导电路径相连的 SPE-PRCD 的部件，具有用来连接和断开主电路本身的触头。它不包括那些用来将各极固定在一起并使各极一起动作的部件。

3.2.3.11

(SPE-PRCD 的)主电路 main circuit (of a SPE-PRCD)

包括在电流路径里的 SPE-PRCD 的所有导电部分。

3.2.3.12

(SPE-PRCD 的)控制电路　control circuit (of a SPE-PRCD)

用于 SPE-PRCD 的闭合操作或断开操作或用于两者的电路(主电路的电流路径除外)。

注：本定义包括用于试验装置的电路。

3.2.3.13

(SPE-PRCD 的)辅助电路　auxiliary circuit(of a SPE-PRCD)

除了 SPE-PRCD 的主电路和控制电路以外的电路里所包括的 SPE-PRCD 的所有导电部件。

3.2.3.14

试验装置　test device

装在 SPE-PRCD 里的模拟 SPE-PRCD 在规定条件下动作的剩余电流条件的装置。

3.2.3.15

A 型 SPE-PRCD　SPE-PRCD type A

对突然施加的或缓慢上升的剩余正弦交流电流和剩余脉动直流电流能确保脱扣的 SPE-PRCD。

3.2.3.16

LNSE 型 SPE-PRCD　SPE-PRCD type LNSE

用于相-中性线供电(L,N,PE)的 TN 或 TT 系统中带可开闭 PE 的移动式剩余电流装置。

注：参见附录 E 的举例。

3.2.3.17

LLSE 型 SPE-PRCD　SPE-PRCD type LLSE

用于相-相供电(L1,L2,PE)的 TN 或 TT 系统中带可开闭 PE 的移动式剩余电流装置。

注：参见附录 E 的举例。

3.2.3.18

危险的带电 PE　hazardous live PE

PE 线连接至电源相导线的误接线或故障状况。

注：见 3.2.1.6 电源故障。

3.2.3.19

功能接地连接　functional earth connection;FE

SPE-PRCD 和地之间的电气连接,以确保在电源中性线断线的情况下持续工作。

3.2.4　与激励量值和范围有关的定义

3.2.4.1

激励量的额定值　rated value of an energizing quantity

制造厂规定的特性所涉及的激励量值。

3.2.4.2

主电路不动作的过电流　non-operating overcurrents in the main circuit

没有任何对框架或对地故障以及没有对地泄漏电流时,能够流过一个两极 SPE-PRCD 而不使其动作的单相过电流负载的最大值。

注：主电路出现过电流的情况下,没有剩余电流时,检测装置也可能由于其本身的不对称而发生动作。

3.2.4.3

剩余短路耐受电流　residual short-circuit withstand current

在规定的条件下能够确保 SPE-PRCD 动作的剩余电流最大值,大于该值时,该装置可能遭受不可逆转的变化。

3.2.4.4

预期电流 prospective current

如果 SPE-PRCD 和过电流保护装置(如果有的话)的每个主电流回路用一个阻抗可忽略不计的导体代替时,在电路中流过的电流。

注:预期电流同样可以看作一个实际电流,例如:预期分断电流,预期峰值电流,预期剩余电流等。

3.2.4.5

接通能力 making capacity

SPE-PRCD 在规定的使用和工作条件下以及在规定的电压下能够接通的预期电流的交流分量值。

3.2.4.6

分断能力 breaking capacity

SPE-PRCD 在规定的使用和工作条件下以及在规定的电压下能够分断的预期电流的交流分量值。

3.2.4.7

剩余接通和分断能力 residual making and breaking capacity

在规定的使用和工作条件下,SPE-PRCD 能够接通,承载其断开时间以及能够分断的剩余预期电流的交流分量值。

3.2.4.8

限制短路电流 conditional short-circuit current

被一合适的串联的短路保护装置(以下简称 SCPD)保护的 SPE-PRCD 在规定的使用和工作条件下能够承受的预期电流的交流分量值。

3.2.4.9

限制剩余短路电流 conditional residual short-circuit current

被一合适的串联的 SCPD 保护的 SPE-PRCD 在规定的使用和工作条件下能够承受的预期剩余电流的交流分量值。

3.2.4.10 关于动作功能与电源电压有关的 SPE-PRCD 的电源电压极限值(U_x 和 U_y)的定义

3.2.4.10.1

U_x

电源电压下降时,动作功能与电源电压有关的 SPE-PRCD 仍能在规定条件下动作的电源电压最小值(见 9.17.1.1)。

3.2.4.10.2

U_y

低于该电压时,动作功能与电源电压有关的 SPE-PRCD 在没有任何剩余电流情况下自动断开的电源电压的最小值(见 9.17.1.1)。

3.2.4.11

I^2t(焦耳积分) I^2t(Joule integral)

电流的平方在给定的时间间隔(t_0,t_1)内的积分。

$$I^2t=\int_{t_0}^{t_1} i^2\,\mathrm{d}t$$

3.2.4.12

恢复电压 recovery voltage

分断电流后,在 SPE-PRCD 的电源端子之间出现的电压。

注:此电压可以认为由两个连续的时间间隔组成,第一个时间间隔出现瞬态电压,接着的第二个时间间隔只出现工频恢复电压。

3.2.4.12.1

瞬态恢复电压　transient recovery voltage

在具有显著瞬态特征的时间内的恢复电压。

注：根据电路和SPE-PRCD的特性，瞬态电压可以是振荡的，或非振荡的，或两者兼有。

3.2.4.12.2

工频恢复电压　power-frequency recovery voltage

在瞬态电压现象消失后的恢复电压。

3.2.5　与影响量值和范围有关的定义

3.2.5.1

影响量　influencing quantity

可能改变SPE-PRCD规定的工作状况的任何量。

3.2.5.2

影响量的基准值　reference value of an influencing quantity

与制造厂规定的特性有关的影响量值。

注：试验时，影响量的基准值可以有公差。

3.2.5.3

影响量的基准条件　reference conditions of influencing quantities

所有的影响量均为基准值。

3.2.5.4

影响量的范围　range of an influencing quantity

当其他影响量有其基准值时，可使SPE-PRCD在规定的条件下工作的一个影响量值的范围。

3.2.5.5

影响量的极限范围　extreme range of an influencing quantity

在这个影响量值范围内，SPE-PRCD仅受到自发的可逆性的变化，但不必符合任何技术要求。

3.2.5.6

周围空气温度　ambient air temperature

在规定条件下确定的SPE-PRCD周围的空气的温度。

3.2.6　操作条件

3.2.6.1

操作　operation

动触头从断开位置到闭合位置的转换或相反的转换。

注：如果应加以区分，则电气含义上的操作(即接通和分断)称为开闭操作，而机械含义上的操作(即闭合和断开)称为机械操作。

3.2.6.2

闭合操作　closing operation

SPE-PRCD从断开位置转换到闭合位置的操作。

3.2.6.3

断开操作　opening operation

SPE-PRCD从闭合位置转换到断开位置的操作。

3.2.6.4

操作循环 operating cycle

从一个位置转换到另一个位置再返回至起始位置的连续操作。

3.2.6.5

操作顺序 sequence of operations

具有规定时间间隔的规定的连续操作。

3.3 关于试验的定义

3.3.1

型式试验 type test

对按某一设计制造的一个或几个电器所进行的试验,以表明该设计符合某一规范。

3.3.2

常规试验 routine test

对每个正在制造的和/或制造完毕的电器进行的试验,以确定其是否符合某些标准。

4 分类

4.1 按供电方式分类

4.1.1 由相线和中性线供电的 LNSE 型 SPE-PRCD(见 3.2.3.16)。

4.1.2 由相线和相线供电的 LLSE 型 SPE-PRCD(见 3.2.3.17)。

4.2 按动作方式分类

4.2.1 SPE-PRCD 在电源电压故障的情况下自动断开,并当电源电压恢复时自动重闭合。

4.2.2 SPE-PRCD 在电源电压故障的情况下自动断开,并当电源电压恢复时不能自动重闭合。

不允许在电源电压故障的情况下不能自动断开的 SPE-PRCD 存在。

4.3 按结构分类

4.3.1 电源侧和负载侧均采用软缆的在线式。

4.3.2 插入式:插头部分的要求由相关标准规定。

4.4 根据周围空气温度分类

4.4.1 在−5 ℃~+40 ℃之间使用的 SPE-PRCD。

4.4.2 在−25 ℃~+40 ℃之间使用的 SPE-PRCD。

4.5 按连接电缆的方式

4.5.1 可拆线 SPE-PRCD。

4.5.2 不可拆线 SPE-PRCD。

5 SPE-PRCD 的特性

5.1 概述

SPE-PRCD 具有三极可开闭触头:

——单相电路(LNSE):相线、中性线和 PE;
——两相电路(LLSE):相线 1、相线 2 和 PE。

除了 PRCD 所要求的剩余电流动作以外,在规定的电源故障和危险 PE 状况时,要求本标准规定的 SPE-PRCD 按下述动作:

a) 阻止触头闭合,仅有瞬间闭合,或在这些情况下带电的任何导线流过额定剩余电流时断开;
b) 如果电源条件正常时 SPE-PRCD 已闭合,那么当电源变为异常时,SPE-PRCD 应自动断开,或在这些情况下带电的任何导线流过额定剩余电流时断开;
c) 如果外部电源电流仅流过 PE,允许 SPE-PRCD 脱扣。

5.2 额定量和其他特性

5.2.1 额定电压(U_n)

5.2.1.1 额定工作电压(U_e)(以下称为"额定电压")

制造厂规定的与 SPE-PRCD 性能有关的电压值。

注:同一台 SPE-PRCD 可规定几个额定电压。

5.2.1.2 额定绝缘电压(U_i)

制造厂规定的与 SPE-PRCD 的介电试验电压和爬电距离有关的电压值。

除非另有规定,额定绝缘电压是 SPE-PRCD 的最大额定电压值。任何情况下,最大额定电压不应超过额定绝缘电压。

5.2.2 额定电流(I_n)

制造厂规定的 SPE-PRCD 在不间断工作制下能够承载的电流。

5.2.3 额定剩余动作电流($I_{\Delta n}$)

制造厂规定的在该电流值时,SPE-PRCD 应在规定的条件下动作的剩余动作电流(见 3.2.2.4)值。

5.2.4 额定剩余不动作电流($I_{\Delta no}$)

制造厂规定的在该电流值时,SPE-PRCD 在规定的条件下不动作的剩余不动作电流(见 3.2.2.5)值。

5.2.5 额定频率

设计 SPE-PRCD 时所采用的供电电源频率,该频率与其他特性值有关。

注:同一台 SPE-PRCD 可规定几个额定频率。

5.2.6 额定接通分断能力(I_m)

制造厂规定的 SPE-PRCD 在规定条件下能接通、承载和分断的预期电流(见 3.2.4.4)交流分量的有效值。

规定条件见 9.11.2.2。

5.2.7 额定剩余接通分断能力($I_{\Delta m}$)

制造厂规定的 SPE-PRCD 在规定条件下能接通、承载和分断的预期剩余电流交流分量的有效值(见 3.2.4.7)。

规定条件见 9.11.2.3。

5.2.8 剩余电流含有直流分量时的动作特性

SPE-PRCD 的动作特性应这样，无论对突然施加或缓慢上升的剩余正弦交流电流和剩余脉动直流电流均能确保脱扣。

5.2.9 包括电气间隙和爬电距离的绝缘配合

电气间隙和爬电距离按 8.1.3 的规定。

5.3 标准值和优先值

5.3.1 额定电压(U_n)的优先值

额定电压的优先值为 230 V 和 120 V。

注：除 230 V 以外，220 V、240 V 暂定也是一个优先值。

5.3.2 额定电流(I_n)的标准值

额定电流的标准值见表 1 的规定。

表 1 额定电流的标准值及相应的额定电压优先值

型式	额定电压 V	额定电流 A
2P＋接地	230	6、10、13、16
2P＋接地	120	10、13、20、32[a]
[a] 目前，15 A 和 30 A 也是标准值。		

在 SPE-PRCD 中，插座的额定电流不应大于插头的额定电流，插座的额定电压不应低于插头的额定电压。

5.3.3 额定剩余动作电流($I_{\Delta n}$)的标准值

额定剩余动作电流的标准值为：0.006 A—0.01 A—0.03 A。

5.3.4 额定剩余不动作电流($I_{\Delta no}$)的标准值

当通过 SPE-PRCD 之外的路径返回时，额定交流剩余不动作电流的标准值为 $0.5I_{\Delta n}$。

当通过 SPE-PRCD 的 PE 线返回时，此值可以降至 $0.25I_{\Delta n}$。

试验见 9.9.2.1。

注：对剩余脉动直流电流，剩余不动作电流与电流滞后角 α 有关(见表 18)。

5.3.5 通过 SPE-PRCD 的不动作过电流的标准最小值

通过 SPE-PRCD 的不动作过电流的标准最小值为 $4I_n$。

5.3.6 额定频率的优先值

额定频率的优先值为 50 Hz。

如果采用其他值，额定频率应标志在 SPE-PRCD 上，并在该频率下进行试验。

5.3.7 额定接通分断能力(I_m)的最小值

额定接通分断能力 I_m的最小值为 10I_n 或 250 A,两者取较大值。

5.3.8 额定剩余接通分断能力($I_{\Delta m}$)的最小值

额定剩余接通分断能力 $I_{\Delta m}$的最小值为 10I_n 或 250 A,两者取较大值。

5.3.9 额定限制短路电流(I_{nc})的标准值

额定限制短路电流的标准值为 1 500 A。

5.3.10 额定限制剩余短路电流($I_{\Delta c}$)的标准值

额定限制剩余短路电流的标准值为 1 500 A。

5.3.11 分断时间的标准值

分断时间的标准值见表 2。

表 2 交流剩余电流分断时间的标准值

剩余电流(I_Δ)等于下列值时的最大分断时间标准值 s			
$I_{\Delta n}$	$2I_{\Delta n}$	$5I_{\Delta n}$	5、10、20、50、100、250 A
0.3	0.15	0.04	0.04
注 1:试验电流的最大值不能超过 I_m。 注 2:剩余电流含有直流分量时的动作特性见 9.21。			

5.4 与短路保护电器(SCPD)的协调配合

5.4.1 概述

SPE-PRCD 应按 GB 16895 的安装规程采用符合有关标准的断路器或熔断器进行短路保护。SPE-PRCD 和 SCPD 之间的配合应在 9.11.2.1 的一般条件下采用 9.11.2.4 规定的试验进行验证,以验证对直至额定限制短路电流 I_{nc}和额定限制剩余短路电流 $I_{\Delta c}$的电流具有足够的保护。

5.4.2 额定限制短路电流(I_{nc})

制造厂规定的由一个 SCPD 保护的 SPE-PRCD 在规定的条件下能够承受的预期电流有效值,而不遭受任何妨碍其功能的变化。规定条件见 9.11.2.4a)。

5.4.3 额定限制剩余短路电流($I_{\Delta c}$)

制造厂规定的由一个 SCPD 保护的 SPE-PRCD 在规定条件下能够承受的预期剩余电流值,而不遭受任何妨碍其功能的变化。规定条件见 9.11.2.4c)。

6 标志和其他产品资料

6.1 每个 SPE-PRCD 应用耐久的方式标志下列数据:

a) 制造厂名称或商标。

b) 型号、目录号或系列号。

c) 额定电压和电源种类。

d) 额定频率(如果 SPE-PRCD 设计的频率不是 50 Hz 时)(见 5.3.6)。

e) 额定电流。

f) 额定剩余动作电流。

g) 防护等级(仅在高于 IP4X 时)。

h) 试验装置的操作件,用字母“T”表示。

i) 符号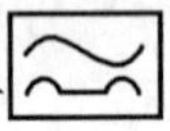。

j) “使用前试验”。

k) 按 4.4.2 分类的 SPE-PRCD 应标志符号

,标志应在 RCD 部分。

l) 符合本标准的 SPE-PRCD 应标注 LNSE 型 SPE-PRCD 或 LLSE 型 SPE-PRCD。

m) 声明 SPE-PRCD 不预期使用 IT 系统或其他不接地系统诸如隔离绕组发电机或隔离变压器,如使用于这些系统 SPE-PRCD 不会动作。

注:允许该信息位于附在线缆的耐久标签上。

n) 声明如果 SPE-PRCD 不闭合应检查 SPE-PRCD 和电气装置并咨询专家。

o) 标明 PE 触头可开闭的图示。

额定电压和额定电流标志可以仅用数字表示。这些数字应排成一行,用一根斜线隔开或不隔开;或将额定电流数字放在额定电压数字的上方并用一根水平线隔开。

电源种类的标志应紧靠额定电流和额定电压的标志放置。

电流、电压和电源种类标志示例:

16 A 230 V~,或$\frac{16}{230}$~,或 16 A 230 V a.c.,或 16/230 a.c.等。

使用符号时,应按如下所示:

——安培:A;

——伏特:V;

——交流:~;

——中性线:N;

——保护接地。

模压结构形成的线条不能认为是标志的一部分。

对交流符号和保护接地符号的详细情况见 GB/T 5465.2。

标志应位于 SPE-PRCD 的本体上或固定在 SPE-PRCD 上的铭牌上,并应位于 SPE-PRCD 按正常使用组装后清晰易见的地方。

h)和 j)项的标志应在 SPE-PRCD 正常使用时可见。

如果 SPE-PRCD 由几个装有 RCD 部件的部分组成,有关的 c)、d)和 e)项的标志应重复标志在每个部分上。

对不是用按钮操作的 SPE-PRCD,断开位置应由符号“O”表示,而闭合位置用“|”(一根短直线)表示。

允许对该指示增加国家符号,暂时允许用国家符号作为唯一的位置指示。这些指示在 SPE-PRCD 正常使用时应清晰可见。

对用两个按钮操作的 SPE-PRCD,只用来进行断开操作的按钮应用红色和/或标志符号“O”。这时，分开的试验按钮不应采用红色，但应标志字母“T”。

如试验按钮是唯一的断开操作器件，仍标志字母“T”，这时可使用红色。

SPE-PRCD 的任何其他按钮不应是红色。如果用一个按钮来闭合触头，并能明显地区分，则按钮保持在按下位置就足以指示闭合位置。

专门用于连接中性线回路的端子应标志字母“N”。

如果应区别电源端子和负载端子，应清晰地标志(例如，在相应的端子旁标志“电源”和“负载”或用指示电功率流向的箭头)。

用于保护导体的端子应标志符号⏚(GB/T 5465.2—2008)。

此外，对采用无螺纹端子的可拆线的 SPE-PRCD 应有合适的标志，标明在导线插入无螺纹端子前应剥去绝缘的长度。该标志可位于 SPE-PRCD 上，位于包装件上和/或在随同 SPE-PRCD 提供的说明书中给出。

标志应不易擦掉，清晰易读并且不应位于螺钉、垫圈或其他可拆卸的部件上。

通过检查和 9.3 的试验来检验是否符合要求。

6.2　产品说明书应提供下列资料：

a)　指导用户每次使用前应试验 SPE-PRCD 的说明，并作为正常工作程序的操作步骤；

b)　如果 SPE-PRCD 不能按说明的要求正确动作，则应停止使用的说明；

c)　任何合适软电缆安全接线的详细说明，包括参考 GB/T 5023 和 GB/T 5013、电缆芯线的数量和颜色、导线的最小和最大截面积以及长度等(如果必要时)；

d)　有关 SPE-PRCD 所属的插头和插座系统的说明；

e)　不能在表 3 规定的使用条件以外的场所贮存或使用，以及避免诸如跌落和浸水等滥用情况的警告说明；

f)　不小心用电可能造成危险，SPE-PRCD 不能替代基本的电气安全保护措施以及明确指出拔下 SPE-PRCD 达到电气隔离的说明；

g)　告诉用户如果 SPE-PRCD 连接有关的用电器具后反复脱扣或按说明书试验时不能脱扣，则应向制造厂，负责的销售商或有经验的电工咨询的说明；

h)　告诉用户 SPE-PRCD 应直接连接到固定插座上的说明；

i)　如果 SPE-PRCD 不能闭合，应检查 SPE-PRCD 和电气装置并咨询专家的说明。

PE 线可开闭的产品信息应通过图示清晰地标在产品上或在说明书中。

通过直观检查来检验是否符合要求。

7　安装和运行的标准条件

7.1　标准条件

符合本标准的 SPE-PRCD 应能在表 3 所示的标准条件下工作。

表 3　使用的标准工作条件

影响量	使用的标准范围	基准值	试验允许误差[e]
周围温度[a,f]	−5 ℃～+40 ℃[b] −25 ℃～+40 ℃[f]	20 ℃	±5 ℃
海拔	不超过 2 000 m		

表 3（续）

影响量	使用的标准范围	基准值	试验允许误差[e]
相对湿度（40 ℃时最大值）	50%[c]		
外磁场	任何方向不超过地磁场的 5 倍	地磁场	[d]
频率	基准值±5%	额定值	±2%
正弦波畸变	不超过 5%	0	5%

[a] 日平均最高温度值为+35 ℃。

[b] 经常出现较恶劣气候条件的地方，由制造厂和用户之间协商，允许超出这个范围。

[c] 在较低温度下允许有较高的相对湿度(例如 20 ℃时为 90%)。

[d] SPE-PRCD 不宜在强磁场附近使用，这种情况下可能需要补充技术要求。

[e] 除非在相应的试验中另有规定，所给的允许误差适用。

[f] 对−5 ℃～+40 ℃的使用范围，在贮存和运输过程中允许−20 ℃～+60 ℃的极端范围，并应在设计 SPE-PRCD 时予以考虑。对−25 ℃～+40 ℃的使用范围，这种极端范围正在考虑中。

7.2 安装条件

SPE-PRCD 应按制造厂说明书使用。

8 结构和操作要求

8.1 机械设计

SPE-PRCD 的设计和结构应使其在正常使用时性能可靠，即使在本标准规定的误接线情况下，使其对使用者或周围环境产生危害的风险减到最小。

SPE-PRCD 应具有专用于开闭保护接地回路的端子，其标志应符合 6.1。

RCD 部分应在一个单元中，与其连接的软电缆的位置不应影响 RCD 正确动作，并且在按正常使用组装后，其最低的防护等级应符合 8.2.1.2 的要求。

SPE-PRCD 的插头与其 RCD 壳体之间电缆的最大允许长度为 2 m。

带有软电缆的 SPE-PRCD，应用黄/绿双色导线作为 PE 导线。

不应有变换 SPE-PRCD 的动作特性的设施。

SPE-PRCD 的插头在机械和电气方面应与它们预期使用的插座系统一致。

本标准中涉及插头或插座的场合，可采用 GB 2099.1、GB 1002 等相关的国家标准。

通过检查和有关条款的试验来检验是否符合要求。

8.1.1 插头部分

8.1.1.1 插头尺寸

通过 GB 2099.1—2008 的第 9 章来检验是否符合要求。

8.1.1.2 接地措施

8.1.1.2.1 接地触头的结构应这样，当插入插头时，在插头的载流触头带电前先完成接地连接。

当插头拔出时，载流插销应在接地连接断开前先分开。

通过检查生产图纸，考虑误差的影响以及对照图纸检查样品来检验是否符合要求。

注：符合相关标准能确保符合本条款的要求。

8.1.1.2.2 可拆线的 SPE-PRCD 接地端子应符合 8.1.5 的相应要求

接地端子的尺码应与相应的电源导线的端子的尺码相同。

通过检查和 9.5、9.8 和 9.11.2 的试验来检验是否符合要求。

注：考虑接地电路各部分之间连接的可靠性时，应考虑腐蚀可能产生的影响。

8.1.1.3 接地触头的操作

接地触头应提供足够的接触压力，并在正常使用时不应劣化。

通过 9.8.2 温升试验、9.11.2.3 剩余短路试验和 9.11.2.4c)限制短路试验来检验是否符合要求。

8.1.1.4 拔出插头所需的力

GB 2099.1—2008 中第 22 章适用。

8.1.1.5 结构

8.1.1.5.1 SPE-PRCD 的不可拆线的部件应符合下列要求：

——若不使 SPE-PRCD 永久性地不能使用，便不能把软电缆从该部件上拆下；

——用手或螺丝刀等一般用途的工具，无法把该部件打开。

注：不能用原来的零件或材料重新装配成 SPE-PRCD，则认为是永久地不能使用。

8.1.1.5.2 插头的插销应有足够的机械强度。

通过 9.12 的试验来检验是否符合要求。

8.1.1.5.3 插头的插销应该是：

——锁定，防止旋转；

——不拆散插头便不能将其拆下；

——插头按正常使用接线和装配好后，插销应可靠地固定在插头本体上。

应不可能转换插头的接地插销、中性线插销或插套置换至任何不正确的位置上。

通过检查、手动试验和 9.12 的试验来检验是否符合要求。

8.1.1.5.4 插销应耐腐蚀和耐磨损。

通过试验来检验是否符合要求(正在考虑中)。

8.1.1.5.5 可拆线电器附件的外壳应能把端子和软电缆的端部完全包封住。

其结构应使导线能得到正确的连接，当电器附件按正常使用要求接线和装配好之后，不会有下述的危险：

——导线相互挤压；

——电缆芯线的导线连接到带电端子后，芯线与易触及金属部件接触；

——电缆芯线的导线连接到接地端子后，芯线与带电部件接触。

通过检查和手动试验来检验是否符合要求。

8.1.1.5.6 符合 4.5.1 的 SPE-PRCD 应设计成端子螺钉或螺母不会松脱，也不会偏离正常位置而使带电部件和接地端子之间或带电部件和与接地端子连接的金属部件之间形成电气连接。

通过检查和手动试验来检验是否符合要求。

8.1.1.5.7　符合4.5.1的SPE-PRCD应设计有充裕的空间，使接地导线有一定余度，万一应力缓冲机构失效时，保证接地导线的接头只有在载流导线接头受力之后才受力；而且在应力过度的情况下，接地导线应在载流导线断裂之后断裂。

通过9.27的试验来检验是否符合要求。

8.1.1.5.8　符合4.5.1的SPE-PRCD的端子的位置和防护应使它们不会产生危险状态。

通过9.6.2的试验来检验是否符合要求。

8.1.1.5.9　符合4.5.1的可拆线SPE-PRCD应符合下列要求：

——如何有效地解除应力和防止导线扭绞应是明确的；

——软电缆固定装置或至少其一个部件应与插头或移动式插座组成一体或永久地固定在插头或移动式插座的一个部件上；

——不得采用电缆打结或用绳子捆绑导线端部等临时措施固定电缆；

——软电缆固定装置应能适合于可能要连接的不同类型的软电缆，其有效性应与本体各部件的装配无关；

——软电缆固定装置应由绝缘材料制成，或具有固定在金属件上的绝缘衬垫；

——软电缆固定装置的金属件包括夹紧螺钉等应与接地回路绝缘。

通过检查来检验是否符合要求。

8.1.1.5.10　保持带电部件在正常位置的绝缘部件应可靠地固定在一起，而且不借助工具应不能将电器附件拆散。

通过检查和手动试验来检验是否符合要求。

8.1.1.5.11　如果SPE-PRCD的盖装有插销插入孔用的衬套，则应不可能从外面把它们拆除，在拆开盖子之后，亦不可能使它们意外地从内侧脱落。

通过检查来检验是否符合要求。

8.1.1.5.12　预期要进入到电器附件内部的螺钉应是不能自行脱落的。

用紧密配合的硬纸板垫圈或类似零件，即可视为足以确保固定不能自行脱落的螺钉。

通过检查来检验是否符合要求。

8.1.1.5.13　按正常使用接线和装配好以后，插头的插合面除了插销外应无任何突出物。

接地触头不能视为插合面的突出物。

连接表4规定截面积的导线后通过检查来检验是否符合要求。

8.1.1.5.14　防护等级高于IPX4的SPE-PRCD应装有密封电缆入口的压盖或类似部件。

防护等级高于IPX4的SPE-PRCD在按正常使用接上软电缆以后，应是完全密封的。

通过检查和GB 2099.1—2008中16.2的试验来检验是否符合要求。

注：在没有插头插合时，用不会自行脱落的盖可达到完全密封。

8.1.1.5.15　挂到墙上或其他安装表面的悬挂电器应这样设计，使其不会与带电部件接触，而且在试验过程中的任何故障也不会暴露带电部件。

注：正在考虑合适的试验。

8.1.1.5.16　如果插头与插入式电器设备构成整体，则该设备不应引起插销过热，或对固定插座施加过度的应力。

对额定电流和额定电压为16 A/250 V及以下的插头，通过9.8和9.28的试验来检验是否符合要求。

注：对于额定值较高的插头，试验正在考虑中。

8.1.1.5.17 插头的形状和制造材料，应使其便于用手从相应的插座中拔出。

此外，插头的握持面应使插头便于拔出而无须拉动软电缆。

注 1：正在考虑合适的试验。

注 2：移动式多位插座的补充要求正在考虑中。

8.1.1.6 **软电缆及其连接**

8.1.1.6.1 任何可拆线的 SPE-PRCD 部分应有软电缆固定装置，使导线在连接到端子或端头后，不受包括扭绞在内的应力，并使导线的护套避免磨损。

如果有软电缆的铠装套，则应夹紧在软电缆固定装置里。

通过检查和 9.29 的试验来检验是否符合要求。

8.1.1.6.2 SPE-PRCD 的不可拆线部分应接有符合 GB/T 5023 或 GB/T 5013 的软电缆。与插头部分额定值有关的导线的最小截面积如表 4 的相关栏目所示。

表 4 适用于 SPE-PRCD 不可拆线插头的软电缆的最小截面积

插头部分的额定值	不可拆线电器附件的最小截面积
6 A 130/250 V	0.75 mm^2
10 A 130/250 V	1 mm^2
13 A 16 A 130/250 V	1.5 mm^2
20 A 130 V	2.5 mm^2
32 A 130 V	6 mm^2

连接到接地触头的导线应用黄/绿双色线来识别。

通过检查、测量和校核电缆是否符合 GB/T 5023 和 GB/T 5013(适用时)来检验是否符合要求。

8.1.1.6.3 不可拆线部分的设计应使得软电缆在进入电器附件处不会受到过度弯曲。

为缓和过度弯曲的护套应由绝缘材料制成，并应采用可靠方法固定。

注：螺旋形金属弹簧，无论是裸金属还是覆盖有绝缘材料的，均不宜用作软电缆护套。

通过检查和 9.30 的试验来检验是否符合要求。

8.1.1.6.4 模压的 SPE-PRCD 部件应具有保护措施，防止导线松脱的线丝与电器附件的所有可触及外表面之间的距离小于最小隔离距离要求，插头的插合面除外。

通过 9.6.3 的检查来检验是否符合要求。

8.1.2 **机构**

SPE-PRCD 预期用于单相电路或三相电路中的两相，且配有三对可开闭触头，一对专门用来开闭保护接地回路。

SPE-PRCD 的动触头机械上应这样连接，使其无论在手动操作或自动断开时，基本上同时闭合和同时断开。

SPE-PRCD 应有自由脱扣机构。

SPE-PRCD 应具有自动断开后可手动复回的机构。

SPE-PRCD 应具有试验装置(见 8.11)，当 SPE-PRCD 如正常使用那样插合时，其手动操作件应是易于触及的。

当 SPE-PRCD 如正常使用那样插合并通电时，应能切断 SPE-PRCD。不能认为能把插头从电源拔下即满足这个技术要求。可以用试验装置来断开电源。

对 SPE-PRCD，当电源电压在 $0.7U_e$ 和 $1.1U_e$ 之间时，均应可以进行手动操作。试验装置可以用作断开操作，当电源电压低于 $0.7U_e$ 时该要求不适用。

SPE-PRCD 的结构应使动触头只能置于闭合位置(见 3.2.3.8)或断开位置(见 3.2.3.9)，即使当操作件释放在某一中间位置时也是如此。

SPE-PRCD 应有表示闭合位置和断开位置的指示装置，当 SPE-PRCD 按正常使用安装后，应易于从其前面加以识别。

如果用操作件来指示触头的位置，在释放时，操作件应自动地置于或保持在与动触头位置相对应的位置。这时操作件应有两个明显区分的对应于动触头的静止位置。但是对于自动断开，操作件可以有第三个明显的位置。在这情况下应用手动方式使 SPE-PRCD 复位后，才能重新闭合触头。

如果一个按钮用来闭合触头并能明显地区分，则其按下位置足以指示闭合位置。

如果用单个按钮来闭合和断开触头，并且能这样区分，则按钮保持在按下位置足以指示闭合位置。另一方面，如果按钮不能保持在按下位置，则应另外提供一个指示触头位置的装置。

只要操作件有两个明显区分的静止位置，指示装置可以是操作件，或采用一个专门的指示装置或两者的组合。

对于按 4.2.1 分类的 SPE-PRCD，不能用操作件作为指示触头闭合和断开的方式。

如果用指示灯指示闭合和断开位置，当 SPE-PRCD 处于闭合位置时，指示灯应点亮，并采用明亮的颜色。指示灯不应是唯一的指示闭合位置的装置。

机构的动作应不受外壳或盖子位置的影响，并与任何可拆卸的部件无关。

制造厂密封的盖子可认为是不可拆卸的部件。

如果用盖子作为按钮的导向，应不能从 SPE-PRCD 的外面取下按钮。

操作件应可靠地固定在其转轴上，不用工具应不能拆下。

允许把操作件固定在盖上。

PE 线可以穿过检测互感器，只要 SPE-PRCD 符合相应的动作试验。

应通过检查验证 PE 路径没有任何串联元器件，如二极管。

当外部电流仅流过 PE 线时 SPE-PRCD 断开，可认为风险低得多。它可允许识别电源故障和危险的带电 PE 线情况(见 3.2.1.6 和 3.2.3.18)。

通过检查、手动操作试验来验证是否符合上述要求，对自由脱扣机构，用 9.15 的试验来验证。

8.1.3 电气间隙和爬电距离(见附录 C)

SPE-PRCD 按正常使用安装时，其电气间隙和爬电路距离应不小于表 5 和表 6 所示的值。对插头和插座部分，应符合 GB 2099.1 的要求。

表 5　最小的电气间隙和爬电距离(额定电压 250 V)

<table>
<tr><td rowspan="4">部　位</td><td rowspan="2">最小电气间隙
mm</td><td colspan="3">最小爬电距离[c]
mm</td></tr>
<tr><td>绝缘材料组别Ⅲa[d]
(175 V≤CTI<400 V)[b]</td><td>绝缘材料组别Ⅱ
(400 V≤CTI<600 V)[b]</td><td>绝缘材料组别Ⅰ
(CTI≥600 V)[b]</td></tr>
<tr><td>额定电压
V[e]</td><td colspan="3">工作电压
V</td></tr>
<tr><td>250</td><td>250</td><td>250</td><td>250</td></tr>
<tr><td>1. 当主触头处于断开位置时，分开的带电部件之间[a]</td><td rowspan="2">3</td><td rowspan="2">3</td><td rowspan="2">3</td><td rowspan="2">3</td></tr>
<tr><td>2. 不同极的带电部件之间</td></tr>
<tr><td rowspan="2"></td><td rowspan="2"></td><td colspan="3">额定电压
V</td></tr>
<tr><td colspan="3">250</td></tr>
<tr><td>3. 带电部件与
——操作件可接触表面之间；
——SPE-PRCD 接线时可能拆卸的固定盖子的螺钉或其他器件之间；
——易触及金属部件之间[f]</td><td>3</td><td colspan="3">3</td></tr>
<tr><td colspan="5">注 1：中性线部件(如果有的话)，可认为是带电部件。
注 2：SPE-PRCD 的互感器一次绕组之间以及二次回路的电气间隙和爬电距离不考虑。</td></tr>
<tr><td colspan="5">[a] 对于辅助触头和控制触头，电气间隙和爬电距离的值在相关标准中规定。
[b] 见 GB/T 4207。
[c] 对应于表中所列工作电压的中间电压值，允许用插值法确定爬电距离。爬电距离的确定见附录 C。
[d] 对材料组别Ⅲb(CTI<175 V)，材料组别Ⅲa 的值乘以 1.6 适用。
[e] 额定电压等于最大的对地工作电压。
[f] 包括在按正常使用安装后，覆盖在易触及绝缘材料表面的金属箔。采用 9.6 的直的无关节试验指(见图 9)把金属箔推至各个角落和凹槽等部位。</td></tr>
</table>

表 6　最小的电气间隙和爬电距离(额定电压 150 V)

<table>
<tr><td rowspan="4">部　位</td><td rowspan="2">最小电气间隙
mm</td><td colspan="3">最小爬电距离[c]
mm</td></tr>
<tr><td>绝缘材料组别Ⅲa[d]
(175 V≤CTI＜400 V)[b]</td><td>绝缘材料组别Ⅱ
(400 V≤CTI＜600 V)[b]</td><td>绝缘材料组别Ⅰ
(CTI≥600 V)[b]</td></tr>
<tr><td>额定电压
V[e]</td><td colspan="3">工作电压
V</td></tr>
<tr><td>150</td><td>150</td><td>150</td><td>150</td></tr>
<tr><td>1. 当主触头处于断开位置时，分开的带电部件之间[a]</td><td>1.5</td><td>2.5</td><td>2.5</td><td>2.5</td></tr>
<tr><td>2. 不同极的带电部件之间</td><td>1.5</td><td>2.5</td><td>2.5</td><td>2.5</td></tr>
<tr><td rowspan="2"></td><td rowspan="2"></td><td colspan="3">额定电压
V</td></tr>
<tr><td colspan="3">150</td></tr>
<tr><td>3. 带电部件与
——操作件可接触表面之间；
——SPE-PRCD 时可能拆卸的固定盖子的螺钉或其他器件之间；
——其他易触及的金属部件之间[f]</td><td>1.5</td><td colspan="3">2.5</td></tr>
<tr><td colspan="5">注 1：中性线部件(如果有的话)，可认为是带电部件。
注 2：SPE-PRCD 的互感器一次绕组之间以及二次回路的电气间隙和爬电距离不考虑。</td></tr>
<tr><td colspan="5">[a] 对于辅助触头和控制触头，电气间隙和爬电距离的值在相关标准中规定。
[b] 见 GB/T 4207。
[c] 对应于表中所列工作电压的中间电压值，允许用插值法确定爬电距离。爬电距离的确定见附录 C。
[d] 对材料组别Ⅲb(CTI＜175 V)，材料组别Ⅲa 的值乘以 1.6 适用。
[e] 额定电压等于最大的对地工作电压。
[f] 包括按正常使用安装后，覆盖在易触及绝缘材料表面的金属箔。采用 9.6 的直的无关节试验指(见图 9)把金属箔推至各个角落和凹槽等部位。</td></tr>
</table>

符合 GB/T 16935.3 的 2 型涂层的印刷电路板不需要本验证。

注：正在考虑对表 5 和表 6 的值进行修改。

对于电子电路，用 9.32 的试验来替代验证电气间隙和爬电距离。

8.1.4 螺钉、载流部件及其连接

8.1.4.1 SPE-PRCD的机械连接和电气连接应能承受正常使用所产生的机械应力。

SPE-PRCD接线时使用的螺钉不应采用螺纹切削型自攻螺钉。

通过检查来检验是否符合要求。

注1：SPE-PRCD接线时使用的螺钉(或螺母)包括固定盖子或盖板的螺钉，但不包括螺纹导线管的连接装置和固定SPE-PRCD基座的螺钉。

注2：螺纹切削型螺钉正在考虑中。

注3：可认为螺纹连接由9.8、9.11、9.12、9.13和9.23的试验来检验。

通过检查和9.4的试验来检验是否符合要求。

8.1.4.2 对与绝缘材料螺纹啮合的，并且是在安装时装配SPE-PRCD所使用的螺钉，应确保螺钉正确导入螺钉孔或螺母。

注：如果能防止螺钉倾斜导入，例如用一个内螺纹中的凹槽固定的零件或使用一个去掉前端导入螺纹的螺钉等即可达到正确导入的要求。

通过检查和手动试验来检验是否符合要求。

8.1.4.3 电气连接的设计应使得接触压力不是通过绝缘材料(但陶瓷、天然云母或者性能不比这些材料逊色的绝缘材料除外)来传递，除非在金属部件中有足够的弹性措施来补偿绝缘材料任何可能的变形和收缩。

通过检查来检验是否符合要求。

注：材料的适用性是就材料尺寸稳定性来考虑的。

8.1.4.4 载流部件，包括端子(也包括接地端子)的载流部件应由金属制成，在设备所能遇到的条件下，该金属具有预期使用所需的足够的机械强度、导电率和耐腐蚀性能。

通过检查来检验，必要时，可通过化学分析来检验是否符合要求。

在允许的温度范围内和正常的化学污染条件下，合适的金属有：

——铜；

——板材冷冲压弯曲制成的部件至少为含铜58%的合金，或其他部件至少为含铜50%的合金；

——含铬至少为13%，而含碳不大于0.09%的不锈钢；

——其他能满足预期使用要求的金属或适当的涂覆金属。

注：确定耐腐蚀性的新技术要求和合适的试验正在考虑中。该技术要求允许使用其他适当涂覆的材料。

本条要求不适用于触头、磁路、加热元件、双金属、分流器、电子装置的部件以及端子的螺钉、螺母、垫圈、夹紧板等类似部件和试验回路的部件等。

8.1.5 可拆线SPE-PRCD连接外部导线的端子

8.1.5.1 连接外部导线的端子应使连接导体能持久地保持必须的接触压力。

本标准只考虑连接外部铜导线的螺纹型端子。

注：对16 A及以下的无螺纹端子的技术要求正在考虑中。

在预期的使用条件下，应能方便地触及端子。

通过检查和9.5的试验来检验是否符合要求。

8.1.5.2 SPE-PRCD的端子应能连接表7所示标称截面积的铜导体。

注：端子的设计示例见GB 16916.1—2003的附录IC。

通过检查、测量和9.5.3的试验来检验是否符合要求。

表7 螺纹型端子可连接的铜导线截面积

额定电流 A	可夹紧的标称截面积范围 mm^2 软绞合导线	试验拉力 N
6、10、13、16	0.75～1.5	40
20	1.5～4	60
32	2.5～6	80
注：AWG 导体截面积见 GB 16916.1—2003 的附录 ID。		

8.1.5.3 端子中夹紧导线的部件不得用于固定其他部件，即使它们只用于端子定位或防止端子转动也不行。

通过检查和 9.5 的试验来检验是否符合要求。

8.1.5.4 端子应能连接未经特殊加工的导线。

通过检查来检验是否符合要求。

注：术语“特殊加工”包括导线线丝的锡焊，使用电缆接头及弯成环形等，但不包括在导线插入端子前将导线整形或将软导线捻紧以增强端部强度等措施。

8.1.5.5 端子应有足够的机械强度。

用于夹紧导线的螺钉和螺母应具有公制 ISO 螺纹或者螺距和机械强度相当的螺纹。

通过检查和 9.4 及 9.5.1 的试验来检验是否符合要求。

注：暂时，认为 SI、BA 和 UN 螺纹在螺距和机械强度方面与公制 ISO 螺纹相当。

8.1.5.6 端子的结构应使其能夹紧导线又不会过度损坏导线。

通过检查和 9.5.2 的试验来检验是否符合要求。

8.1.5.7 端子的结构应使其能可靠地把导线夹紧在金属表面之间。

通过检查和 9.4 及 9.5.1 的试验来检验是否符合要求。

8.1.5.8 端子的结构和位置应使其在拧紧夹紧螺钉或螺母时，多股导体的线丝不会脱出。

通过 9.5.3 的试验来检验是否符合要求。

8.1.5.9 端子的固定和定位应使其在拧紧或拧松夹紧螺钉或螺帽时不会引起端子本身松脱。

本要求并不是指端子的结构应阻止其旋转和位移，但任何运动应受到充分的限制以免不符合本标准的要求。

只要符合下列要求，则认为使用密封胶或树脂就足以防止端子松脱：

——正常使用中密封胶或树脂不受到应力；

——在本标准规定的最不利条件下，端子所能达到的温度不会损害密封胶或树脂的有效性。

通过检查和 9.4 的试验来检验是否符合要求。

8.1.5.10 预期连接保护导体的端子的夹紧螺钉或螺母应充分地锁定以防止意外的松脱，而且不用工具应不可能把它们松开。

通过手动试验来检验是否符合要求。

通常，GB 16916.1—2003 附录 IC 中给出的端子例子结构能提供足够的弹性，可满足本要求。

其他结构可能需要特殊措施，例如采用一个不会意外丢失的具有足够弹性的部件。

8.1.5.11 预期连接外部导线的端子的螺钉或螺母应与金属螺纹啮合，且螺钉不应是自攻螺钉。

通过检查来检验是否符合要求。

8.1.6 不可拆线 SPE-PRCD 的接线端头

不可拆线 SPE-PRCD 应具有锡焊、熔焊、卷边压接或等效的永久性的连接。

不能使用螺钉或搭锁式的连接。

不允许以卷边压接预先焊锡的软导线的方法来接线，除非锡焊部分在卷边区域的外面。

通过检查来检验是否符合要求。

8.1.7 插头或插座中的载流部件也应符合 GB 2099.1—2008 中 26.5 的要求

凡会受到机械磨损的载流部件不应采用有镀层的钢材制造。

8.2 电击保护

SPE-PRCD 的结构应使其按制造厂的说明书使用时，不能触及其带电部件，即使把那些不用工具可拆下的部件拆除亦应如此。

如果部件能被标准试指(见图 9)所触及，则认为该部件是可触及部件。

除了固定盖子和标牌的螺钉或其他类似器件外，SPE-PRCD 在正常使用中易触及的外部部件应用绝缘材料制成或衬有完整的绝缘材料，除非带电部件位于一个绝缘材料的内部壳子中。

绝缘衬垫应固定，使其不可能轻易丢失，它们应有足够的厚度和机械强度，对易触及锐利边缘的部位应有充分的保护。

电缆进入孔应由绝缘材料制成或具有绝缘材料套管或类似装置。这些装置应可靠地固定并有足够的机械强度。

操作件的易触及部件应由绝缘材料制成。

机构的金属部件应是不易触及的。此外，它们应与所有的易触及金属部件，包括金属框架、金属板、螺钉或其他作为支承的器件或固定装置绝缘。

对本条款用途来讲，油漆、瓷漆不能提供足够的绝缘。

通过检查和 9.6 的试验来检验是否符合要求。

8.2.1 关于插头的要求(无论是否组成整体)

注：这些要求符合 GB 2099.1 的要求。其中 8.2.1.1 按 GB 2099.1—2008 中 10.1、10.2、10.3、10.4 和 10.6 的要求。

8.2.1.1 关于插头与插座插合的要求

当插头部分或全部地与插座插合时，其带电部件应是不易触及的。

通过检查，必要时用 9.6.1 的试验来检验是否符合要求。

插头的任一插销处于易触及状态时，不允许有一个插销与插座的带电插套插合。

通过手动试验和量规来检验是否符合要求，量规的尺寸为对这类试验最不利的尺寸，量规的公差应符合GB 2099.1—2008 中 10.1 的规定。

对带有热塑性材料外壳或基座的电器附件，试验应在(35±2)℃的环境温度下进行，试品和量规均在这个温度下。

8.2.1.2 SPE-PRCD 的防护等级

SPE-PRCD 的各部件的防护等级应不低于表 8 所规定的防护等级。

表 8　SPE-PRCD 各部件的防护等级

部件	最低的防护等级	试验参考标准
RCD	IP4X	GB 4208
在插合过程中的插头	IP2X	9.6.1
处于插合状态的插头	IP2X	9.6.1
插座(本体)	IP4X	GB 4208
插座(带电插套)		GB 20044—2005 的 9.6.2

通过最后一栏规定的相关试验来检验是否符合要求。

符合 4.5.1 的可拆线 SPE-PRCD 的电缆入口至少应为 IP2X 级。

通过 GB 4208 的相关试验来检验是否符合要求。

8.3　介电性能

SPE-PRCD 应具有足够的介电性能。

通过 9.7 和 9.20 的试验来检验是否符合要求。

8.4　温升

8.4.1　温升极限值

按 9.8 规定条件测量时,表 9 规定的 SPE-PRCD 各部件的温升不应超过表中规定的极限值。

表 9　温升值

部件名称[a,b]	温升 K
插头的插销,插座的插套或连接外部导线的端子	50
正常使用时易触及的外部零件	40

[a] 对触头的温升值不作规定,因为大部分 SPE-PRCD 的结构,如不改动或拆下一些部件是不能直接测量触头温升的,而这些部件的变动或拆下往往会影响试验的重复性。可以认为 9.22.2 的试验已间接地对触头使用中过度发热的情况作了充分的考核。

[b] 对其他未列出部件的温升不作规定,但不应引起相邻绝缘材料部件的损坏,并不影响 SPE-PRCD 的操作。

SPE-PRCD 不应受到妨碍其功能和安全使用的损坏。

8.4.2　周围空气温度

表 9 所示的温升极限值仅适用于周围空气温度保持在表 3 所列的极限范围内。

8.5　动作特性

SPE-PRCD 的动作特性应能很好地满足 9.9 的验证要求。

8.6　机械电气耐久性

SPE-PRCD 应能进行足够的机械和电气操作循环次数。

通过 9.10.1 和 9.10.2 的试验来检验是否符合要求。

8.7 短路电流性能

SPE-PRCD 应能进行规定的短路操作次数。

通过 9.11 的试验来检验是否符合要求。

8.8 耐机械振动和机械撞击性能

SPE-PRCD 应有足够的机械性能以承受接线和使用时产生的应力。

通过 9.12 的试验来检验是否符合要求。

8.9 耐热性

SPE-PRCD 应有足够的耐热性能。

通过 9.13 的试验来检验是否符合要求。

8.10 耐异常发热和着火

SPE-PRCD 中由绝缘材料制成的外部零件，当它邻近的载流部件在故障或过载情况下达到高温状态时，应不大可能点燃和蔓延火灾。其他绝缘材料部件的耐异常发热和着火可以认为已由本标准的其他试验验证。

通过 9.14 的试验来检验是否符合要求。

8.11 试验装置

SPE-PRCD 应具有一个试验装置用来模拟剩余电流通过检测装置，以定期地检查 RCD 的工作能力。

注 1：试验装置只用来检查脱扣能力，而不用来校核额定剩余电流和分断时间的数值。

操作 SPE-PRCD 的试验装置产生的安匝数不应超过 SPE-PRCD 一个极通以 $I_{\Delta n}$ 的剩余电流产生的安匝数的 3.5 倍。

注 2：对可以在电源电压范围为 100 V～240 V 的一些国家使用的 SPE-PRCD 需要 3.5 倍。

试验装置应符合 9.16 的试验要求。操作试验装置时不应使设备的保护导体带电。

当 SPE-PRCD 按正常使用接线并处于断开位置时，操作试验装置应不可能对负载电路供电。

试验装置可以是唯一的执行断开操作的工具，这时试验装置还应符合 8.6 的要求。

8.12 动作电压的限值

SPE-PRCD 应能在 0.7 U_e 和 1.1 U_e 之间的任何电压下正确动作。

8.12.1 电源故障和危险带电 PE 情况下的动作

对于 3.2.1.6 规定的电源故障和 3.2.3.18 规定的危险带电 PE 情况，SPE-PRCD 应符合 5.1 的附加要求。

8.12.2 验证正常工作时 PE 中的持续电流

在 1.1 U_n 下，无论断开还是闭合位置，SPE-PRCD 在正常工作条件下 PE 回路中的电流不应超过 1 mA。

通过 9.9.5.1.4 的试验验证是否符合要求。

8.13 在冲击电压产生的对地浪涌电流作用下，SPE-PRCD 防止误脱扣的能力

SPE-PRCD 应有足够的耐冲击电压的能力。

通过 9.19 的试验来检验是否符合要求。

8.14 接地故障电流含有直流分量时，SPE-PRCD 的工作状况

SPE-PRCD 对无论是突然施加的或缓慢上升的剩余交流电流和剩余脉动直流电流均应能确保脱扣。

通过 9.21 的试验来检验是否符合要求。

8.15 可靠性

考虑到元件老化，SPE-PRCD 即使在长时间使用后也应可靠动作。

通过 9.22 和 9.23 的试验来检验是否符合要求。

8.16 耐电痕化

与带电部件相接触的绝缘材料部件应能耐电痕化。

通过 9.24 的试验来检验是否符合要求。

8.17 电磁兼容性(EMC)

见 9.31 和附录 D。

8.18 SPE-PRCD 在低周围空气温度下的特性

按 4.4.1 和 4.4.2 分类的 SPE-PRCD 在其周围空气温度的限值下应可靠动作。

通过 9.9.4 的试验来验证是否符合要求。

9 试验

9.1 概述

9.1.1 SPE-PRCD 的特性由型式试验来校核

本标准所要求的型式试验列于表 10。

注：已经按其相应的标准做过型式试验的插头不需要再试验。

表 10 型式试验表

试　　验	条　款
标志的耐久性试验	9.3
螺钉、载流部件和连接的可靠性试验	9.4
连接外部导体的端子的可靠性试验	9.5
验证电击保护	9.6
介电性能试验	9.7
温升和接地回路试验	9.8

表 10（续）

试　　验	条　款
验证动作特性	9.9
验证机械和电气耐久性	9.10
验证 SPE-PRCD 在过电流条件下的工作状况(包括接地回路)	9.11
验证耐机械振动和机械撞击性能	9.12
耐热试验	9.13
绝缘材料耐异常发热和耐燃试验	9.14
验证自由脱扣机构	9.15
验证试验装置	9.16
验证 SPE-PRCD 在电源电压故障时的工作状况	9.17
验证过电流情况下的不动作电流极限值	9.18
验证 SPE-PRCD 在冲击电压产生的对地浪涌电流下，防止误脱扣的能力	9.19
验证绝缘耐冲击电压的性能	9.20
验证剩余电流包含有直流分量时的正确动作	9.21
验证可靠性	9.22
验证电子元器件老化性能	9.23
耐电痕化	9.24
带绝缘护套的插销的附加试验	9.25
插头和移动式插座的非实心插销的机械强度试验	9.26
验证应力对导线的影响	9.27
验证插入式 SPE-PRCD 对固定安装插座施加的力矩	9.28
电缆固定装置的试验	9.29
不可拆线 SPE-PRCD 的弯曲试验	9.30
验证电磁兼容性(EMC)	9.31
当触头处于闭合位置时，验证连接在带电导体(相线与中性线)和/或带电导体和接地电路之间的电子电路的电气间隙和爬电距离的替代试验	9.32
当触头在闭合位置时，连接在带电导体(相线与中性线)和/或带电导体和接地电路之间的电子电路中使用的电容器，特定的电阻器和电感器的技术要求	9.33

9.1.2　为验证符合本标准，型式试验按试验程序进行

试验程序及提交试验的试品数量在附录 A 中规定。

除非另有规定，每项型式试验(或型式试验程序)在清洁的和新的 SPE-PRCD 上进行，影响量为标称的基准值(见表 3)。

9.1.3　常规试验

常规试验是用来发现材料或制造方面的缺陷并确保 SPE-PRCD 的安全和功能正常。常规试验应

在每个单独的 SPE-PRCD 产品上进行。

由制造厂进行的常规试验见附录 B。

9.2 试验条件

试验在新生产的典型样品上进行。

除非另有规定，SPE-PRCD 按正常使用接线，施加额定电压，采用同一体系的插头和/或插座，按制造厂的说明书在 20 ℃～25 ℃之间的环境温度下进行试验。

SPE-PRCD 用一个固定安装的插座进行试验，固定插座连接一根 1 m 长硬性导线，插头连接一根 1 m长的软性导线，导线截面积按表 11 规定。

表 11 试验导线的截面积

SPE-PRCD 的额定电流 A	标称截面积 mm^2	
	试验插头及 SPE-PRCD 的端子的软导线	固定安装的试验插座的硬导线(实心或绞合导线)
≤10	1	1.5
>10～16(含 16)	1.5	2.5
>16～20(含 20)	2.5	4
>20～32(含 32)	4	6
注：对美国线规(AWG)的导线，见 GB 16916.1—2003 的附录 ID。		

对多位插座，依次在每个插座上或在最严酷的插座(如果这情况是明确的)上进行试验。

在没有规定误差时，型式试验在不低于本标准规定的数值下进行。除非另有规定，试验在额定频率±5%的条件下进行。

施加在端子螺钉上的拧紧力矩是表 12 规定值的三分之二。试验过程中，不允许维修或拆开样品。

9.3 标志的耐久性试验

用手拿一块浸透水的棉花擦标志 15 s，接着再用一块浸透脂族已烷溶剂(芳香剂容积含量最多为 0.1%，贝壳松脂丁醇值为 29，初沸点约为 65 ℃，干点约为 69 ℃，体积质量为 0.68 g/cm^3)的棉花擦 15 s进行试验。

对用压印、模压或蚀刻方式制造的标志不进行本试验。

在本试验后，标志应容易识别。在本标准的所有试验后，标志仍应保持容易识别。

标志应不可能轻易地移动，并没有翘曲现象。

9.4 螺钉、载流部件和连接的可靠性试验

通过直观检查，对 SPE-PRCD 接线时使用的螺钉和螺母还要通过下列试验来检验是否符合 8.1.4 的要求：

拧紧或拧松螺钉和螺母：

——对与绝缘材料螺纹啮合的螺钉，10 次；

——所有其他情况，5 次。

与绝缘材料螺纹啮合的螺钉或螺母，每次试验时应完全旋出然后再重新旋入。

试验时应采用合适的试验螺丝刀或扳手施加表 12 所示的扭矩。

螺钉或螺母不应用冲击力拧紧。

采用表 7 规定的最大截面积的硬性导体进行试验。每次拧松螺钉或螺母时，要移动导体。

在试验过程中，螺钉连接不应松动，并不应有妨碍 SPE-PRCD 继续使用的损坏，例如，螺钉断裂或螺钉头的槽、螺纹、垫圈或螺钉夹头损坏等。

此外，外壳和盖也不应损坏。

表 12 螺纹直径和施加力矩

螺纹的标称直径 mm		力矩 Nm	
大于	至	Ⅰ[a]	Ⅱ[b]
—	2.8	0.2	0.4
2.8	3.0	0.25	0.5
3.0	3.2	0.3	0.6
3.2	3.6	0.4	0.8
3.6	4.1	0.7	1.2
4.1	4.7	0.8	1.8
4.7	5.3	0.8	2.0

[a] 第Ⅰ栏适用于拧紧时不能伸出孔外的无头螺钉，以及不能用刀口宽度比螺钉直径宽的螺丝刀来拧紧的其他螺钉。

[b] 第Ⅱ栏适用于用螺丝刀来拧紧的其他螺钉。

9.5 连接外部导体的端子的可靠性试验

通过直观检查以及 9.4、9.5.1、9.5.2 和 9.5.3 的试验来检验是否符合 8.1.5 的要求。在进行 9.4 的试验时，端子连接一根具有表 7 规定的最大截面积的铜导线。

进行 9.5.1、9.5.2 和 9.5.3 的试验时，采用适当的螺丝刀或扳手。

9.5.1 端子依次连接表 7 规定的最小和最大截面积的铜导线。

导体插入到端子中至规定的最短距离。如果没有规定距离，则插入至刚好从另一边露出为止，并且处于最容易使绞合导线的线丝松脱的位置。

然后用表 12 适当栏目中规定值的三分之二的扭矩拧紧紧固螺钉。

接着对每根导体施加表 7 规定的拉力。

施加拉力时不能用冲击力，时间为 1 min，方向为插入导体空间的轴线方向。

在试验过程中，端子中导线应没有可觉察的移动。

9.5.2 端子依次连接表 7 规定的最小和最大截面积的铜导线。用表 12 适当栏目中规定值的三分之二的扭矩拧紧端子螺钉。

然后拧松端子螺钉，并对可能受到端子影响的导线部分进行检查。

导线应没有过度的损坏。

如果多股导线中有 10%以上的线丝断裂，则认为导线过度损坏。

在试验过程中，端子不应松动，也不能有妨碍端子继续使用的损坏，例如，螺钉断裂或螺钉头的槽、螺纹、垫圈或螺钉夹头损坏。

9.5.3 端子(如果有的话)依次连接具有表 7 规定的最小和最大截面积的软铜导线，导线的组成如表 13 所示。

表 13 导线的组成

截面积 mm^2	软导线	
	线丝根数	线丝直径 mm
0.75	24	0.20
1	32	0.20
1.5	30	0.25
2.5	50	0.25
4	56	0.30
6	84	0.30

在插入端子前，对导线的线丝进行适当整形。

导线插入至端子底部或刚好从端子另一边露出为止，并处于最容易使导线的线丝松脱的位置。然后用表 12 适当栏目中规定值的三分之二的扭矩拧紧紧固螺钉或螺母。

试验后，应没有任何导线的线丝从夹持装置中松脱。

9.6 验证电击保护

9.6.1 试品按正常使用接线，连接表 7 规定的最小截面积的导线进行试验，然后连接表 7 规定的最大截面积的导线重复试验

对 SPE-PRCD 的每个可能的部位施加图 9 所示的标准试指。

对插头部分，当插头部分地或完全与插座插合时，把试指施加到每一个可能的部位。

用一个电压不低于 40 V 但不超过 50 V 的指示灯指示与有关部件的接触。

对使用合成橡胶或热塑性塑料的可能影响电击保护要求的 SPE-PRCD，应在(35±2)℃的环境温度下重复进行试验，试验前 SPE-PRCD 应达到这个温度。

在这个补充试验中，应用一个与标准试指同样尺寸的直的无关节试指的顶端对 SPE-PRCD 施加一个 75 N 的力持续 1 min。试指连接一个如上所述的指示灯，对所有绝缘材料变形可能影响 SPE-PRCD 安全性的地方进行试验。

在试验过程中，SPE-PRCD 不应变形到使得有关标准规定的确保安全性的尺寸产生过度变化，而且标准试指(图 9)不应触及任何带电部件。

然后把插头部分或移动插座部分的每个试样(如果有关时)按图 17 所示，以 150 N 的力压在两个扁平平面之间，持续 5 min。

移走试验装置后 15 min，试品不应有这样的变形，使得有关标准规定的确保安全的尺寸产生过度的变化。

9.6.2 可拆线 SPE-PRCD 的线丝脱离试验

把具有表 4 规定截面积的软导线的端部剥去 6 mm 长的绝缘层，把绞合导线的一根线丝留在外部，其余导线如正常使用那样完全插入到端子中并夹紧。

然后将自由线丝朝各个可能的方向弯曲，但不得撕破和拉开绝缘层，也不能沿着隔板剧烈弯曲。

连接到带电端子的导线的自由线丝不应与任何易触及的金属零件接触，或试品装配好以后导线丝露出外壳。

连接到接地端子的导线的自由线丝不应触及带电部件。

如果必要时，导线丝在另一个方向重复进行上述试验。

防止沿着隔板剧烈弯曲不是指试验过程中自由线丝应保持直线。此外，如果认为插头或移动式插座在正常装配中可能发生这种情况，例如合上盖子时，则可以剧烈弯曲。

试验后，插座仍应符合 GB 2099.1—2008 中第 10 章的要求。

注：正在考虑修改本试验。

9.6.3 不可拆线 SPE-PRCD 的线丝脱离验证

对不可拆线的 SPE-PRCD 的模压部件，通过检查来验证是否符合 8.1.1.6.4 的要求。

注：验证的方法可能需要检查产品结构或装配方法。

9.6.4 验证接地端子和易触及的金属部件之间的电阻

用一个空载电压不超过 12 V 的交流电源，依次在接地端子和每个易触及的金属部件之间通以 1.5 倍额定电流或 25 A 电流，两者取较大值。

测量接地端子和易触及的金属部件之间的电压降，并根据电流和电压降计算电阻值。应在触头处于闭合位置时测量，并应分别在新的状态下和 9.10.2 的试验后测量。

任何情况下，电阻不应超过 0.05 Ω。

注：要注意，测试棒顶端与被试金属部件之间的接触电阻不应影响测量结果。

9.7 介电性能试验

9.7.1 耐潮湿性能

9.7.1.1 被试 SPE-PRCD 的预处理

把不用工具就能拆卸的 SPE-PRCD 的部件拆下并和主要部件一起进行潮湿处理，在潮湿处理过程中，弹簧盖(如果有的话)保持打开。

进线孔(如果有的话)全部打开。

9.7.1.2 试验条件

潮湿处理在空气相对湿度保持在 91%～95%之间的潮湿箱中进行。

放置试品处的空气温度保持在 20 ℃～30 ℃之间的任何合适温度 $T\pm1$ K 范围内。

试品在放入到潮湿箱前，预热到 T℃～$(T+4)$℃的温度。

9.7.1.3 试验顺序

试品在潮湿箱中保持 48 h。

注 1：在潮湿箱中放置硫酸钠(Na_2SO_4)或硝酸钾(KNO_3)的饱和水溶液，并使其与箱内空气有一个足够大的接触面，就可获得 91%～95%之间的相对湿度。

注 2：为了使箱内达到规定的条件，建议使用一个绝热的箱子并确保箱内空气不断循环。

9.7.1.4 试验后 SPE-PRCD 的状况

在潮湿处理后，试品应无本标准含义内的损坏，并应承受 9.7.2 和 9.7.3 的试验。

9.7.2 主电路的绝缘电阻

把经过 9.7.1 规定的处理后的 SPE-PRCD 从潮湿箱中取出。

在潮湿处理后，经过 30 min～60 min 的时间间隔，施加约 500 V 的直流电压 5 s 后，并在该电压下依次测量下列部位的绝缘电阻：

a) SPE-PRCD 处于断开位置，依次对每对端子或插销之间，当 SPE-PRCD 处在闭合位置时，它们在电气上是连接在一起的。

b) SPE-PRCD 处于闭合位置，依次对每极与其他连接在一起的两极之间，连接在电流回路之间的电子元件，试验时应断开，包括 PE 回路和其他回路之间的 FE 回路。

注 1：如果 SPE-PRCD 不可能保持在闭合位置，每极用外部连接线短接。

c) SPE-PRCD 处于闭合位置，所有极连接在一起与框架，包括覆盖在绝缘材料内壳（如果有的话）外表面的金属箔之间。

d) 机构内部的金属部件与框架之间。

注 2：为了进行这个测量项目，可由制造厂专门提供触及机构内部金属部件的通路。

e) 对具有绝缘材料内衬的金属外壳的 SPE-PRCD，框架与覆盖在绝缘材料衬垫（如果有的话），包括套管和类似装置内表面的金属箔之间。

术语“框架”包括：

——所有易触及的金属部件和正常使用时易触及的绝缘材料表面覆盖的金属箔；

——SPE-PRCD 接线时应拆下的固定盖的螺钉。

进行本试验时，保护导线应连接到框架上。

对 b)、c)、d)和 e)项的测量，金属箔应这样覆盖，使得密封化合物（如果有的话）也受到有效的试验。

绝缘电阻应不小于：

——2 MΩ，对 a)项和 b)项的测量；

——5 MΩ，对其他项的测量。

9.7.3 主电路的介电强度

SPE-PRCD 通过 9.7.2 的试验后，立即在 9.7.2 所指定的部件之间施加下面规定的试验电压 1 min。试验时，电子元件（如果有的话）应断开，包括 PE 回路和其他回路之间的 FE 回路。

试验电压应基本上为正弦波形，频率在 45 Hz～65 Hz 之间。

试验电压的电源应能输出至少为 0.2 A 的短路电流。

当输出电路的电流小于 100 mA 时，试验变压器的过电流脱扣装置不应动作。

试验电压值如下所示：

——2 000 V，对 9.7.2 的 a)至 d)项；

——2 500 V，对 9.7.2 的 e)项；

试验开始时，施加的电压不大于规定值的一半，然后在 5 s 内把电压升至全值。

试验过程中，不应发生闪络或击穿。

无电压降的辉光放电可忽略不计。

9.7.4 检测互感器的二次回路

只要互感器的二次回路不与易触及的金属部件或保护导线或带电部件连接，则该回路不进行任何绝缘试验。

9.8 温升和接地回路试验

9.8.1 试验条件

9.2 的一般试验条件适用。

可拆线的 SPE-PRCD 连接表 11 所示标称截面积的聚氯乙烯绝缘铜导线，而不可拆线的 SPE-

PRCD 按制造厂的交货状态试验。

试验时必需使用的插头,其插销应由黄铜制成,并且其尺寸为规定的最小值。

在试验周期的最后 1/4 时间内,应至少用两只温度计或热电偶,均匀地分布在 SPE-PRCD 周围,高度约为 SPE-PRCD 高度的一半,距 SPE-PRCD 约 1 m 的地方测量周围空气温度。

温度计或热电偶应免受气流和热幅射的影响。

注:注意避免温度突然变化产生的误差。

9.8.2 试验顺序

SPE-PRCD 的两极同时通以 I_n 的电流,通电时间应足以使温升达到稳定值。实际上,当温升变化每小时不超过 1 K 时,即可认为已达到稳定条件。

电流仅流过 SPE-PRCD 的 PE 路径(见 8.1.1.2 和 8.1.1.3),重复进行试验。对于 LNSE 型,电压施加在相和中性线之间;对于 LLSE 型,电压施加在相和相线之间(见图 4)。

SPE-PRCD 施加 1.05 U_n,LNSE 型按图 4a)连接,LLSE 型按图 4b)连接。试验过程中,温升不应超过表 9 规定的值。

注:如果 PE 穿过检测互感器,可以要求特殊准备样品,使脱扣回路不起作用。

9.8.3 各部件的温度测量

用细线热电偶或等效的器件在最可接近最热区域的位置测量表 9 各部件的温度。

热电偶与被测部件表面之间应保证有良好的热传导。

9.8.4 部件的温升

部件的温升是 9.8.3 测得的该部件的温度与 9.2 测得的周围空气温度的差。

9.9 验证动作特性

9.9.1 试验电路

SPE-PRCD 按正常使用接线。

试验电路的电感应可以忽略,并按图 1 的试验电路。

测量剩余电流的仪表至少应为 0.5 级,并应显示(或能测定)真有效值。

测量时间的仪表的最大相对误差应不大于测量值的 10% 。

9.9.2 在基准温度(20±2)℃下,不带负载,用剩余正弦波交流电流试验

每次试验在相应的端子上施加 0.7 倍和 1.1 倍的额定电压。

SPE-PRCD 应进行 9.9.2.1、9.9.2.2 和 9.9.2.3 试验(每项试验测量 5 次)。

SPE-PRCD 应按下述接线:LNSE 型按图 1a),LLSE 型按图 1b)。

9.9.2.1 剩余电流稳定地增加,验证正确动作

步骤如下:

a) 对于按 4.1.1 分类的 LNSE 型

S_1 闭合,S_2 断开,S_3 在位置 1,应操作 SPE-PRCD 的手动闭合机构。

然后 S_2 闭合,剩余电流从小于等于 $0.2I_{\Delta n}$ 开始以在 30 s 内增加到 $I_{\Delta n}$ 的速度稳定地增加,每次测量脱扣电流。

所有 5 次测量值均应在 $0.5I_{\Delta n} \sim I_{\Delta n}$ 之间。

S_3 在位置 2 时重复试验。

所有 5 次测量值均应在 $0.25I_{\Delta n}$～$I_{\Delta n}$之间。

b) 对于按 4.1.2 分类的 LLSE 型

S_1 闭合，S_2 断开，S_3 在位置 1，S_4 在位置 1 或 2，应操作 SPE-PRCD 的手动闭合机构。

然后 S_2 闭合，剩余电流从小于等于 $0.2I_{\Delta n}$开始以在 30 s 内增加到 $I_{\Delta n}$的速度稳定地增加，每次测量脱扣电流。

所有 5 次测量值均应在 $0.5I_{\Delta n}$～$I_{\Delta n}$之间。

S_3 在位置 2 时以及 S_4 在位置 1 或 2 时重复试验。

所有 5 次测量值均应在 $0.25I_{\Delta n}$～$I_{\Delta n}$之间。

注：术语“手动闭合”对于符合 4.2.1 分类的 SPE-PRCD 是指 S_1；对于符合 4.2.2 分类的 SPE-PRCD 是指其本身的闭合机构。

9.9.2.2 闭合剩余电流时，验证正确动作

步骤如下：

a) 试验电路调节到表 2 规定的每个剩余电流值，用 SPE-PRCD 闭合电路以便尽可能地模拟使用条件。

试验开关 S_2 闭合，S_3 在位置 1(对于符合 4.1.2 分类的 LLSE 型，S_4 在位置 1)。

对于符合 4.2.1 分类的 SPE-PRCD，闭合 S_1；

对于符合 4.2.2 分类的 SPE-PRCD，S_1 处于闭合位置，操作 SPE-PRCD 本身手动闭合机构。

SPE-PRCD 可以闭合但应在相关规定的时间内脱扣，且不重闭合。

测量 5 次分断时间，所有的测量值均不应超过相应规定的极限值。

b) 对符合 4.2.2 分类的 SPE-PRCD，在最后一次剩余电流脱扣后，不手动复位。断开试验开关 S_1，然后重新闭合(见图 1)。

SPE-PRCD 应保持在断开位置。

9.9.2.3 突然出现剩余电流时，验证正确动作

试验电路的试验电流依次调节到表 2 规定的每个剩余电流值，试验开关 S_1 闭合，S_2 断开，S_3 在位置 1(符合 4.1.2 分类的 LLSE 类型，S_4 在位置 1)，且 SPE-PRCD 在闭合位置。然后闭合试验开关 S_2 使电路中突然产生一个剩余电流。

每次试验 SPE-PRCD 应脱扣。每一个剩余电流值试验 5 次，并测量分断时间。

所有的测量值均不应超过相应规定的极限值。

9.9.2.4 突然出现 $5I_{\Delta n}$至 200 A 之间的剩余电流时，验证正确动作

试验电路依次调节到下列剩余电流值：5 A，10 A，20 A，50 A，100 A 和 250 A。

试验开关 S_1 和 SPE-PRCD 处在闭合位置，试验开关 S_3 在位置 1，然后闭合试验开关 S_2 使电路中突然产生一个剩余电流。

对每个剩余电流值进行一次试验，试验时测量分断时间。

每次试验 SPE-PRCD 应脱扣，脱扣时间不应超过表 2 规定的值。

仅在任选的一极进行试验。

注：对于 LLSE 型，试验开关 S_4 可以在位置 1 或 2。

9.9.3 在基准温度下，带负载验证正确动作

SPE-PRCD 如正常使用一样，通以额定电流负载足够的时间以达到热稳定状态，重复 9.9.2.2 和

9.9.2.3 的试验。

实际上，当每小时温升变化不超过 1 K 时，即认为达到了热稳定状态。

9.9.4 在极限温度下试验

9.9.4.1 验证 4.5.1 和 4.5.2 分类的 SPE-PRCD 在"−5 ℃～+40 ℃"的环境温度下正确动作

SPE-PRCD 应依次在下列条件下进行 9.9.2.3 规定的试验：

a) 环境温度−5 ℃，空载；

b) 环境温度+40 ℃，SPE-PRCD 先在任何合适的电压下，通以额定电流负载至热稳定状态。

实际上，当每小时温升变化不超过 1 K 时，即认为达到了热稳定状态。

注：预加热可以在低电压下进行。

9.9.4.2 验证 4.4.2 分类的 SPE-PRCD 在低周围空气温度下正确动作

SPE-PRCD 按正常使用接线，放置在周围空气温度为(23±2)℃、相对湿度为(93±3)%的合适的试验箱中。试验箱与试品(包括外壳)的容积比应大于 50。SPE-PRCD 不带负载，处于闭合位置。

进行 5 个试验周期(见图 33)。

在 6 h 内不供任何湿气，周围空气温度下降至(−25±2)℃，并在该温度保持 6 h。接下来的 6 h 内温度增加至(23±2)℃，并且相对湿度增加至(93±3)%，在该条件下再保持 6 h(第一个周期结束)。

进行 5 次这样的试验周期。在这些试验周期中，SPE-PRCD 不应脱扣。

在最后 6 h 的−25 ℃周期结束前，对 SPE-PRCD 的一极通以剩余电流。

SPE-PRCD 通以下列剩余电流应在 0.3 s 内脱扣：

——1.25 $I_{\Delta n}$的交流剩余电流；和

——1.25×1.4 $I_{\Delta n}$(对 $I_{\Delta n}$>0.01 A 的 SPE-PRCD)和 1.25×2 $I_{\Delta n}$(对 $I_{\Delta n}$=0.01 A 的 SPE-PRCD)的剩余脉动电流(半波整流，电流滞后角 $\alpha=0°$)。

9.9.5 SPE-PRCD 的特殊试验条件

SPE-PRCD 每次试验在相应的端子上施加下列电源电压值：0.7 倍和 1.1 倍额定电压。

9.9.5.1 按 8.12.1 验证正确动作

SPE-PRCD 应按表 14 连接且应满足 5.1 的特性。

按 4.1.1(LNSE)分类的 SPE-PRCD 应按图 1a)所示接线。

按 4.1.2(LLSE)分类的 SPE-PRCD 应按图 1b)所示接线。

表 14 电源故障和危险的 PE 带电连接试验(参照正确的电源连接)

LNSE 型			LLSE 型			试验条款和说明
SPE-PRCD 输入端子连接						
L	N	PE	L_1	L_2	PE	正常电源和端子标志 注：按 4.1.1 分类的"LNSE"；按 4.1.2 分类的"LLSE"
L	N	PE	L_1	L_2	PE	正常连接：按 9.9.2。 LNSE 型：见图 1a)；LLSE 型：见图 1b)
L	N	PE	L_1	L_2	PE	在 LLSE 和 LNSE 型插入不正确的电源系统时，验证 SPE-PRCD 正确动作。 见 9.9.5.1.5，LLSE 型：图 2a)；LNSE 型：图 2b)

表 14（续）

LNSE 型			LLSE 型			试验条款和说明
SPE-PRCD 输入端子连接						
N	L	L	L_1	L_2	L_1	危险的 PE 带电（见 3.2.1.6）：9.9.5.1.1。 LNSE 型：图 3a)；LLSE 型：图 3b)。 认为本试验包括了由于误接电源线造成的危险的 PE 带电情况。 LNSE 型：参见附录 E，图 E.2 的例 2； LLSE 型：参见附录 E，图 E.1 的例 11
L	N	L	L_1	L_2	L_2	危险的 PE 带电（见 3.2.1.6）：9.9.5.1.1。 LNSE 型：图 3c)；LLSE 型：图 3d)。 认为本试验包括了由于误接电源线造成的危险的 PE 带电情况。 LNSE 型：参见附录 E，图 E.2 的例 10； LLSE 型：参见附录 E，图 E.1 的例 10
L	O	PE				中性线断开：见 9.9.5.1.2。 见图 5a)。 参见附录 E，图 E.2 的例 3
			O L_1	L_2 O	PE PE	相线断开：见 9.9.5.1.2。 见图 5b)。 参见附录 E，图 E.1 的例 3
L	N	O	L_1	L_2	O	PE 线断开：见 9.9.5.1.3。 LNSE 型：图 6a)；LLSE 型：图 6b)。 LNSE 型：参见附录 E，图 E.2 的例 4； LLSE 型：参见附录 E，图 E.1 的例 4
注 1：对于某些 LLSE 型，可提供电源中性线端子。 **注 2**：9.17.1.1 的试验包括了电源中性线和 PE 线反接的情况[TT 系统中 R_x 和 $<U_n$（参见附录 E，图 E.2，例 5）]。						

9.9.5.1.1 验证在危险的带电 PE 情况下的正确性能

在下列试验条件下，触头应：

——如果 PE 危险带电，不能闭合；或者

——如果触头能闭合，应在不超过 300 ms 的时间内重新断开，无论是自动断开，还是在闭合任何带电的端子中流过的额定剩余电流时断开。

按 4.1.1 分类的 SPE-PRCD(LNSE)应依次按图 3a)和 3c)接线。

按 4.1.2 分类的 SPE-PRCD(LLSE)应依次按图 3b)和 3d)接线。

S_1 闭合。

应在每个位置操作 SPE-PRCD 手动闭合机构。

如果触头不闭合，则 SPE-PRCD 符合要求。

如果触头闭合，则使用 S_2 将电阻器接在 PE 负载端子和电源 PE 线之间，进行下一步试验。

应调整电阻器的值以产生额定剩余电流（对于 LNSE 型，为 $U_n/I_{\Delta n}$；对于 LLSE 型，根据其接线情况，为 $U_n/I_{\Delta n}$ 或 $\frac{U_n}{2}$ 除以 $I_{\Delta n}$）。

9.9.5.1.2 验证在中性线断开(LNSE)和相线断开(LLSE)时的正确性能

在下述试验条件下,触头应:

对于 LNSE 型:

——如果中性线断开,即使瞬间也不闭合;

——如果已闭合,然后中性线断开,则在不超过 300 ms 时间内断开。

对于 LLSE 型:

——如果一根相线断开,即使瞬间也不闭合;

——如果已闭合,然后一根相线断开,则在不超过 300 ms 时间内断开。

步骤如下:

a) 对于按 4.1.1 分类的 SPE-PRCD(LNSE 型)
即使瞬间触头也不应闭合。SPE-PRCD 按图 5a)接线。
S_1 闭合,S_2 断开,应操作 SPE-PRCD 的手动闭合机构。
中性线断开,触头不应闭合。

b) 对于按 4.1.2 分类的 SPE-PRCD(LLSE 型)
当任何一根相线断开,即使瞬间触头也不闭合。SPE-PRCD 按图 5b)接线。
S_1 闭合,S_2 断开,S_3 闭合,应操作 SPE-PRCD 的手动闭合机构。
S_2 闭合,S_3 断开时重复试验。
相线断开时,触头不应闭合。

c) 对于按 4.1.1 分类的 SPE-PRCD(LNSE)
当电源中性线断开时,触头应断开。
SPE-PRCD 应按图 5a)接线。
S_1 闭合,S_2 闭合,SPE-PRCD 应闭合。然后断开 S_2(中性线)。
触头应在 300 ms 内断开。

d) 对于按 4.1.2 分类的 SPE-PRCD(LLSE)
当任何一根电源的相线断开时,触头应断开。
SPE-PRCD 应按图 5b)接线。
S_1 闭合,S_2 闭合,S_3 闭合,SPE-PRCD 应闭合。然后断开 S_2(相线 1)。
触头应在 300 ms 内断开。
S_1 闭合,S_2 闭合,S_3 闭合,SPE-PRCD 应闭合。然后断开 S_3(相线 2)。
触头应在 300 ms 内断开。

9.9.5.1.3 验证在保护接地导体(PE)断开时的正确性能

在下列试验条件下,触头应:

——如果 PE 线断开,即使瞬间也不闭合;

——如果已闭合,然后 PE 断开,则在不超过 300 ms 时间内断开。

按 4.1.1 分类的 SPE-PRCD(LNSE 型)应按图 6a)接线。

按 4.1.2 分类的 SPE-PRCD(LLSE 型)应按图 6b)接线。

步骤如下:

a) S_1 闭合,S_2 断开,应操作 SPE-PRCD 的手动闭合机构。
即使瞬间 SPE-PRCD 的触头也不应闭合。

b) S_1 闭合,S_2 闭合,应操作 SPE-PRCD 的手动闭合机构,然后用 S_2 断开电源的 PE 线。
触头应在 300 ms 内断开。

9.9.5.1.4 验证 PE 线在正常工作条件下的持续电流

无论 SPE-PRCD 处于闭合位置还是断开位置，PE 线在 1.1 U_n 下的电流不应超过 1 mA。

按 4.1.1 分类的 SPE-PRCD(LNSE)应按图 7a)连接。

阻值为(1±0.01)Ω 的电阻器(R_1)接在电源 PE 和 SPE-PRCD 的 PE 进线端子之间，其上跨接用有效值表示的伏特计。

阻值为(1±0.01)Ω 的电阻器(R_2)接在电源中性线和 SPE-PRCD 的中性线进线端子之间。

按 4.1.2 分类的 SPE-PRCD(LLSE)应按图 7b)连接。

阻值为(1±0.01)Ω 的电阻器(R_1)接在电源 PE 和 SPE-PRCD 的 PE 进线端子之间，其上跨接用有效值表示的伏特计。

阻值为(1±0.01)Ω 的电阻器(R)接在电源相线 2 和 SPE-PRCD 的相线 2 进线端子之间。

施加 1.1U_n 的电压。

应操作 SPE-PRCD 的手动闭合机构，且测量电阻器 R_1 上的压降。

断开 SPE-PRCD，且测量电阻器 R_1 上的压降。

通过已知的电阻值和测量的电压有效值，计算出 PE 上的电流值。其结果不应超过 1 mA。

9.9.5.1.5 当插入不正确的电源系统时，验证 LNSE 型和 LLSE 型 SPE-PRCD 的正确动作

在下述试验条件下，触头不应闭合；如果触头能闭合，应在不超过 300 ms 的时间内重新断开，无论是自动断开，还是在闭合任何带电的端子中流过的额定剩余电流时断开。

按 4.1.1 分类的 SPE-PRCD(LNSE)应按图 2b)接线。

按 4.1.2 分类的 SPE-PRCD(LLSE)应按图 2a)接线。

SPE-PRCD 应按表 14 连接且应满足 5.1 的特性。

9.10 验证机械和电气耐久性

9.10.1 SPE-PRCD 的插头的正常操作

用图 13 所示的装置对插头进行试验来验证是否符合要求。

注：单独的插头按其相应的标准进行试验。

试验过程中，在 2 500 个行程后应更换试验插销。

插头以每分钟 30 个行程的速率插入和拔出插座 5 000 次(10 000 个行程)。

转换器仅插入和拔出试验用插座 2 500 次(5 000 个行程)。对与电源电压有关的 SPE-PRCD，其组合的插头试验时可能需要一个经特殊加工的试品。

在额定电压下及 $\cos\varphi=0.6\pm0.05$ 的电路中，用交流额定电流对试品进行试验。

每次插头插合时通过试验电流。

接地回路不通电流。

用图 14 所示的连接方法进行试验，规定行程次数的一半选择开关 C 在一个位置，剩下的次数在另外一个位置。

试验过程中不得出现持续燃弧。

试后，试品不应有：

——影响继续使用的磨损；

——外壳、绝缘垫或隔板的劣化；

——会影响插销正常工作的插孔的损坏；

——电气或机械连接松脱；

——密封胶渗漏等。

然后，试品应符合 9.8 的要求，任何点的温升不得超过 45 K。而且还应能承受 9.7 的介电试验，但是对于额定电压为 250 V 的 SPE-PRCD，试验电压减少到 1 500 V；对于额定电压为 130 V 的 SPE-PRCD，试验电压减少到 1 000 V。

在本条款试验后，进行 9.12 和 9.26 的试验，以检验是否符合 8.1.1.5.2 的要求。

9.10.2 SPE-PRCD 的 RCD 部分的试验

SPE-PRCD 的准备按 9.2 的要求。

耐久性试验的操作频率为每分钟 4 个操作循环，接通时间为 1.5 s～2 s。

9.10.2.1 负载试验顺序

在额定工作电压下用串联连接在负载端的电阻器和电感器把电流调节到额定电流进行试验。

如果使用空芯电感器，每个电感器应并联连接一个电阻器，流过电阻器的电流约为流过电感器电流的 0.6%。

如果使用铁心电感器，则这些电感器的铁心功耗不应明显地影响恢复电压。

电流应基本上为正弦波，功率因数应在 0.85～0.9 之间。

SPE-PRCD 要进行 2 000 次操作循环，每个操作循环包括一次接通操作和接着的一次分断操作。

SPE-PRCD 应按正常使用操作。

断开操作按下列要求进行：

a) 先用手动操作件操作 500 次(如果有手动操作件时)；

b) 接着对一极通以 $I_{\Delta n}$ 的剩余动作电流操作 750 次；

c) 用断开电源电压的方法操作 250 次；

d) 用试验装置进行剩下的操作次数直至总数为 2 000 次。

9.10.2.2 空载试验程序

在 9.10.2.1 的试验后，SPE-PRCD 断开负载，用手动操作件进行 2 000 次操作循环。

注 1：在 SPE-PRCD 电源侧施加额定电压。

注 2：对没有手动操作件的 SPE-PRCD，用试验装置进行断开操作，而用复位装置进行闭合操作。

此外，SPE-PRCD 还要增加 1 000 次操作循环试验，补充试验时，用切断电源电压的方法断开 SPE-PRCD。然后用恢复电源电压的方法重新闭合，必要时，可使用手动操作件。

9.10.2.3 试后 SPE-PRCD 的状况

在 9.10.2.1 和 9.10.2.2 的试验后，检查 SPE-PRCD 应无下列状况：

——过度磨损；

——外壳损坏而使图 10 的标准量规能触及带电部件；

——电气或机械连接松动；

——密封胶渗漏(如果有的话)。

在 9.9.2.3 的试验条件下，对 SPE-PRCD 通以 $1.25I_{\Delta n}$ 的试验电流应脱扣。仅做一次试验，并且不测分断时间。

然后，SPE-PRCD 还应能承受 9.7.3 规定的介电强度试验，但试验电压为 900 V，持续时间 1 min，试前不进行湿热处理。

9.11 验证 SPE-PRCD 在过电流条件下的工作状况(包括接地回路)

9.11.1 过电流试验一览表

验证 SPE-PRCD 在过电流条件下工作状况的各种试验项目见表 15。

表 15 验证 SPE-PRCD 在过电流条件下工作状况的试验

验 证 项 目	试验条款
额定接通和分断能力 I_m	9.11.2.2
额定剩余接通分断能力 $I_{\Delta m}$	9.11.2.3
在 500 A 和额定限制短路电流 I_{nc} 时的配合	9.11.2.4a)
在额定接通分断能力 I_m 时的配合	9.11.2.4b)
在 500 A 和额定限制剩余短路电流 $I_{\Delta c}$ 时的配合	9.11.2.4c)
SPE-PRCD 中分开的或构成一体的插头和插座的接通分断能力	9.11.3

9.11.2 短路试验

9.11.2.1 一般试验条件

9.11.2 规定的试验条件适用于验证 SPE-PRCD 在短路条件下工作状况的任何试验项目。

a) 试验电路

试验电路图如图 8 所示,对于 LNSE 型按图 8a),对于 LLSE 按图 8b)。

由电源 S 供电的电路包括电阻器 R,电抗器 X,SCPD,被试 SPE-PRCD 和附加电阻 R_1,R_2,R_3 或 R_4(适用时)。

注:如 SPE-PRCD 已装有熔断器,则不必另外再接 SCPD。

电阻器 R 和电抗器 X 接在电源和被试 SPE-PRCD 之间。

电抗器 X 应是空心电抗。电抗器应和电阻器 R 串联。电抗值应由各个电抗器串联耦合得到。如果这些电抗器的时间常数基本上相同,则电抗器也可以并联。

因为带有大空心电抗器的试验电路的暂态恢复电压不能代表正常的工作条件,所以除非制造厂和用户之间另有约定,空心电抗器应并联一个电阻,此电阻的分流电流约为通过电抗器电流的 0.6%。

SCPD 接在被试 SPE-PRCD 的电源侧。

如果用附加电阻 R_2、R_3 和 R_4,应接在被试 SPE-PRCD 负载侧,如图 8a)和 8b)所示。

SPE-PRCD 应在每极连接一根长 0.75 m,其截面积为表 7 规定的与额定电流相应的最大截面积的电缆或软导线。

注:推荐在 SPE-PRCD 的电源侧接 0.5 m 导线,负载侧接 0.25 m 导线。

应在试验报告中给出试验电路图,并和本标准相应的试验电路图一致。

试验电路应有一个点,而且只有一个点直接接地,这个点可以是试验电路的短路连接点,也可是电源的中性点或者其他任何合适的点,但是接地方式应在试验报告中注明。

为了在验证 SPE-PRCD 所能承受的最小允许通过能量 I^2t 和最小峰值电流 I_p,SCPD 应为一根银丝,并固定在图 25 所示的试验装置里。或是具有等效或更严酷特性的其他保护电器(符合 GB 13539.1 的熔断器或符合 GB 10963.1 的断路器)。

银丝的纯度至少应为 99.9%。

对于 1 500 A 的预期限制电流值,SCPD 应具有下述特性:

——额定电流 16 A 及以下，其相应的 I^2t 和 I_p 近似值分别为 1 kA^2s 和 1.02 kA。则认为银丝的直径为 0.35 mm 或 gG 型熔断器合适。

——对更高的额定电流，相应的允许通过能量 I^2t 和峰值电流 I_p 近似值分别为 4.1 kA^2s 和 1.5 kA。则认为银丝的直径为 0.5 mm 合适。

银丝应水平地插入到试验装置的相应位置上并绷紧。

每次试验后应更换银丝或熔断器。

SPE-PRCD 所有正常工作时接地的导电部件，包括安装或放置 SPE-PRCD 的金属支架或任何金属外壳[见 9.11.2.1f)]，都应接到电源中性点或一个基本上无电感的人为的中性点上，该中性点至少允许通过 100 A 的预期故障电流。

在这个电路中应包括一个检测故障电流的直径为 0.1 mm，长度至少为 50 mm 的铜丝 F，如果必要时，还应有一个限制预期故障电流在 100 A 左右的电阻器 R_1。

电压传感器 V 应记录电源电压和恢复电压。电流传感器 A 应记录试验电流。

可以安装其他指示操作的传感器，如跨接在承载试验电流的极间的或从 L(或 L_1)负载端子至中性线之间的电压传感器。

除非试验报告中另有规定，测量电路的电阻至少应为每伏工频恢复电压 100 Ω。

b) 试验量的允许误差

除非另有规定，验证额定接通分断能力以及 SPE-PRCD 和 SCPD 正确配合的全部试验，均应在制造厂按本标准表 3 规定的影响量和影响因数下进行。

如果试验报告记录的量值在下列规定值的允许误差范围内，则认为试验是有效的：

——电流：$^{+5\%}_{0}$；

——频率：±5%；

——功率因数：$^{0}_{-0.05}$；

——电压(包括工频恢复电压)：±5%。

c) 试验电路的功率因数

试验电路的功率因数应按常规的方法来确定，并应在试验报告里说明。

在 GB 16916.1—2003 的附录 IA 中给出了两个测量功率因数的例子。

功率因数应在 0.93～0.98 之间。

d) 工频恢复电压

工频恢复电压应为被试 SPE-PRCD 额定电压的 105%。

注：额定电压 105% 的值被认为包括了正常运行条件下系统电压变化的影响。制造厂同意时，可提高上限值。

每次电弧熄灭后，工频恢复电压保持时间至少应为 0.1 s。

e) 试验电路的调节

通过电流传感器 A 记录电流。

施加试验电压并由电压传感器 V 记录，进行下列调节：

——R 和 X：SCPD 用连接 B_L 代替，SPE-PRCD 用连接 B_c 代替，连接的阻抗与试验电路相比可以忽略不计。被试 SPE-PRCD 负载端用阻抗可以忽略不计的连接 B_d 短接。调节电阻器 R 和电抗器 X 使电路在规定的功率因数下流过的电流等于额定限制短路电流。

——R_2，R_3 和 R_4：SCPD 用连接 B_L 代替，SPE-PRCD 用连接 B_c 代替，连接的阻抗与试验电路相比可以忽略不计(B_d 拆下)。

- R_2：当 S_1 闭合时，调节得到 $10I_{\Delta n}$ 剩余电流(用于 I_m 试验的剩余电流)；
- R_3：调节得到额定接通和分断电流(用于 I_m 的配合试验，$I_{\Delta m}$ 试验和 I_m 试验)，该电流值最大为 250 A 或 $10I_n$；
- R4：调节得到 500 A 电流(用于 I_{nc} 和 $I_{\Delta c}$ 试验)。

f) 被试 SPE-PRCD 的条件

SPE-PRCD 应按制造厂的说明安装和接线，并按适用情况置于在大气中的金属支架上。

仅在断开操作(O)时，把一块厚为(0.05±0.01)mm，每边至少比 SPE-PRCD 前面外形尺寸大 50 mm，但不小于 200 mm×200 mm 的清洁的聚乙烯簿膜固定在一个框架上并适当张紧。此框架放置在距离下列部位 10 mm 处：

——对没有操作件凹口的 SPE-PRCD，操作件的最突出的部位；

——对有操作件凹口的 SPE-PRCD，操作件凹口的边缘。

聚乙烯薄膜的物理性能如下：

——在 23 ℃时密度：(0.92±0.05)g/cm^3；

——熔点：110 ℃～120 ℃。

开闭操作的控制机构应尽可能地摸拟正常的手动操作。

应验证被试 SPE-PRCD 在规定条件下操作时，能空载正确动作。

g) 操作程序

试验过程由一个操作程序组成。确定操作程序时，采用了下列符号：

——O：表示被试 SPE-PRCD 处在闭合位置，由开关 S_2 接通短路，SPE-PRCD 的断开操作；

——t：表示连续两次短路操作之间的时间间隔，这时间应是 3 min 或为复位或更换 SCPD(如果有时)所需的更长的时间；

——CO：表示开关 S_2 处在闭合位置，由 SPE-PRCD 闭合产生短路而引起的"闭合-断开"操作。断开操作由 SPE-PRCD 或 SCPD 操作(有 SCPD 时，见 9.11.2.4)。

注：如果 SPE-PRCD 的型式为施加电压时自动闭合，则通过闭合试验开关 S_3 来进行"CO"操作。

h) 试验过程中 SPE-PRCD 的工作状况

在试验过程中，被试 SPE-PRCD 不应危及操作者。

此外，不应有持续燃弧，极间或极与外露的导电部件之间应没有闪络，装置 F 也不应动作。

注：如果装有内置式熔断器，在试验过程中可动作。

i) 试后 SPE-PRCD 的状况

在每个适用的试验后，被试 SPE-PRCD 应没有妨碍其继续使用的损坏。不采用附加的放大措施，用正常视力或矫正视力观察，聚乙烯薄膜应没有可见的孔。

不经维修，SPE-PRCD 应能符合下列要求：

——符合 9.7.3 的要求，但电压为 2 倍额定电压，保持 1 min，试前不进行湿热处理；

——在额定电压下接通和分断其额定电流。

在 9.9.2.2a)的试验条件下，SPE-PRCD 应能在 1.25$I_{\Delta n}$ 试验电流下脱扣，仅对任选的一极进行一次试验，试验时不测分断时间。

此外，SPE-PRCD 应能满足 9.17 的试验要求(适用时)。

9.11.2.2 验证额定接通分断能力(I_m)

本试验是用来验证，当剩余电流引起 SPE-PRCD 动作时，SPE-PRCD 能接通、承载一个规定的时间并分断短路电流的能力。

a) 试验条件

SPE-PRCD 在 9.11.2.1 规定的一般试验条件所确定的试验电路里进行试验。

连接 B_L 跨接在 SCPD 上，使试验电路里没有外部的 SCPD。

开关 S_1 闭合接入 R_2。

R_3 与开关 S_2 的电源端子相接，开关 S_2 的负载端子与 LNSE 型 SPE-PRCD 的中性线负载端子相接(或与 LLSE 型的 L_2 负载端子相接)。

b) 试验过程

进行下面的操作程序：

CO-t-CO-t-CO

9.11.2.3 验证额定剩余短路接通和分断能力($I_{\Delta m}$)

本试验是用来验证SPE-PRCD接通、在一个规定时间内承载并分断剩余短路电流的能力。

a) 试验条件

SPE-PRCD在9.11.2.1规定的一般试验条件所确定的试验电路里进行试验。

连接B_L跨接在SCPD上，使试验电路里没有外部的SCPD。

开关S_1断开以断开R_2。

R_3与开关S_2的电源端子相接，开关S_2的负载端子与PE的电源端子或负载端子相连，分别进行试验。

b) 试验过程

进行下面的操作程序：

O-t-CO-t-CO

注：对于电流回路L_1和L_2结构相同的LLSE型SPE-PRCD，认为上面的L_2极试验就代表了L_1极。如果L_1和L_2的结构不同，将L_1和L_2反接重复进行试验，使试验电流流过L_1极。

9.11.2.4 验证SPE-PRCD和SCPD的配合

本试验是用来验证由SCPD保护的SPE-PRCD能够承受其额定限制短路电流及以下的短路电流(见5.3.9和5.3.10)和额定接通分断电流值的能力，而不引起SPE-PRCD损坏。

短路电流由SPE-PRCD和SCPD共同来分断。

在试验过程中，可以由SPE-PRCD断开或SCPD断开或由SPE-PRCD和SCPD同时断开。然而，如果只有SPE-PRCD断开，也认为试验是合格的。

每次操作后，更换SCPD或使SCPD复位(适用时)。

在9.11.2.1规定的一般试验条件下和a)、b)或c)的要求(如适用)进行下列试验。

分断操作时，开关S_2的闭合应和电压波形同步，使接通起始点为$(45\pm5)^\circ$。

a) 验证在500 A和额定限制短路电流(I_{nc})时的配合

在额定限制短路电流(I_{nc})及以下的电流进行试验，无剩余电流流过。

1) 试验条件

断开跨接在SCPD上的连接B_L，以使SCPD接进电路中。

不连接R_2，S_1断开。

对于500 A的试验，R_4连接到开关S_2的电源端子，开关S_2负载端子连接到LNSE型SPE-PRCD的中性线负载端子(或LLSE型SPE-PRCD的L_1负载端子)。

对于I_{nc}试验，SPE-PRCD负载端子L_t连接到开关S_2电源端子。开关S_2负载端子连接到LNSE型SPE-PRCD的中性线负载端子(或LLSE型SPE-PRCD的L_1负载端子)。

2) 试验过程

进行下面的操作程序：

500 A：O-t-CO；

额定I_{nc}：O-t-CO。

每个试验程序采用新试品。

b) 验证在额定接通和分断能力(I_m)时的配合

试验在额定接通分断能力I_m下进行，无剩余电流流过。

1） 试验条件

断开跨接在 SCPD 上的连接 B_L，以使 SCPD 接进电路中。

不连接 R_2，S_1 断开。

R_3 连接到开关 S_2 的电源端子，开关 S_2 负载端子连接到 LNSE 型 SPE-PRCD 的中性线负载端子（或 LLSE 型 SPE-PRCD 的 L_1 负载端子）。

2） 试验过程

进行下面的操作程序：

O-t-CO-t-CO

c） 验证在 500 A 和额定限制剩余短路电流（$I_{\Delta c}$）时的配合。

在额定限制剩余短路电流（$I_{\Delta c}$）及以下的剩余电流进行试验，剩余电流流过 SPE-PRCD 的 PE 回路。

1） 试验条件

断开跨接在 SCPD 上的连接 B_L，以使 SCPD 接进电路中。

不连接 R_2，S_1 断开。

对于 500 A 试验，R_4 连接到开关 S_2 电源端子，开关 S_2 负载端子连接到 SPE-PRCD 的 PE 负载端子。

对于 $I_{\Delta c}$ 试验，SPE-PRCD 负载端子 L_t 连接到开关 S_2 电源端子，开关 S_2 负载端子连接到 SPE-PRCD 的 PE 负载端子。

2） 试验过程

进行下面的操作程序：

500 A：O-t-CO

额定 $I_{\Delta c}$：O-t-CO

每个试验程序采用新试品。

注：对于电流回路 L_1 和 L_2 结构相同的 LLSE 型 SPE-PRCD，认为上面的 L_2 极试验就代表了 L_1 极。如果 L_1 和 L_2 的结构不同，将 L_1 和 L_2 反接重复进行试验，使试验电流流过 L_1 极。

9.11.3 验证 SPE-PRCD 中的插头的接通分断能力

按 GB 2099.1—2008 中的第 20 章来验证是否符合要求。

9.12 验证耐机械振动和机械撞击性能

SPE-PRCD 应有足够的机械强度以承受正常使用中所施加的机械应力。

SPE-PRCD 的每个完整的部分用表 16 的适当的试验来检验是否符合要求。

表 16 耐机械振动和机械撞击试验表

被试项目	条款
属于 4.3.1 分类的 SPE-PRCD	9.12.4
属于 4.3.2 分类的 SPE-PRCD	9.12.1 和 9.12.4
SPE-PRCD 的螺纹密封盖	9.12.2
装有绝缘护套插销的插头	9.12.3

单个插座、多位插座及不与 RCD 组合的插头按 GB 2099.1 中适当的试验来检验是否符合要求。

9.12.1 试品在图 16 所示的滚桶里进行试验

可拆线的 SPE-PRCD 连接表 4 规定的软电缆,自由端长度约为 100 mm,必要时可更短,以确保自由跌落。

端子螺钉和装配螺钉用表 12 规定值三分之二的力矩拧紧。

不可拆线的 SPE-PRCD 按供货状态进行试验,如果有软电缆,截短至离 SPE-PRCD 的自由长度约为 100 mm,必要时可更短,以确保自由跌落。

试品从 50 cm 高度落到 3 mm 厚的钢板上,落下次数为 25 次。

滚桶以每分钟 5 圈的速度旋转,使试品每分钟落下 10 次。

每次试验时,只有一个试品在滚桶里试验。

试后,试品应没有本标准含义内的损坏,尤其是无下列现象:

——任何部件不应分离或松动。

——插销不应变形而使插头不能插入符合有关标准的插座,以及不符合 GB 2099.1—2008 中 9.1 和 10.3 的要求。

——对插销先在一个方向施加 0.4 N·m 的力矩,保持 1 min,然后在另一个方向施加力矩保持 1 min,插销不应转动。施加力矩时,不应用冲击力。

——如果有关时,对任选的一极通以 $1.25I_{\Delta n}$ 的剩余电流,RCD 应动作。试验时不测分断时间。

——试验后,应不影响电击保护,试品应符合 9.6 的要求。

注 1:试后检查中,特别注意软电缆的连接。只要不影响电击保护,允许有小的不造成故障的碎片落下。

注 2:镀层破坏以及小的凹痕,只要不使电气间隙和爬电距离减少到 8.1.3 的规定值以下,可忽略不计。

9.12.2 螺纹密封盖连接一个圆柱形的金属棒,棒的直径小于密封圈内径,取最近的整数,金属棒的直径单位为毫米

然后,用适当的扳手把密封盖拧紧,扳手施加表 17 所示的力矩,保持 1 min。

表 17 9.12.2 的试验时施加到扳手上的力矩

试棒直径 mm	力矩 N·m	
	金属密封盖	密封盖或模压材料
14 及以下	6.25	3.75

试后,试品的密封盖及外壳应没有本标准含义内的损坏。

9.12.3 装有绝缘护套插销的插头,要以如图 18 所示装置进行如下试验

试验装置由一根水平放置的横梁构成,此横梁以其中心点为支点,将一段直径为 1 mm 的钢丝弯成 U 形,U 的底边要为一直线,U 的两端分别牢牢地固定到横梁的一端,使 U 的底边直线部分从横梁的下方突出并与横梁支点的轴线平行。

用一合适的夹具将插头夹住,使钢丝的直线部分靠在插销上并与插销成直角;插销倾斜向下,与水平线成 10°角。

向横梁加载,使钢丝向插销施加的力为 4 N。

使插头在横梁轴线所在的平面内朝水平方向前后运动,并使钢丝与插销摩擦。这样摩擦的插销长度约为 9 mm,其中有约 7 mm 是套绝缘护套的。往返运动 20 000 次(每个方向各 10 000 次),运动的速率为每分钟 30 次。

该试验要在每个试样的一个插销上进行。

试验之后，插销应不出现会影响安全或影响今后使用的损坏，特别是绝缘护套不得磨穿或起皱。

9.12.4 可拆线的试品连接表19规定的最小截面积的最轻型软电缆或电线

不可拆线的试品按交货状态进行试验。

按图24所示，SPE-PRCD的软电缆的长度从转动支点到支撑点为2.25 m。

把试品抓住，使电缆处于水平状态。然后使试品跌落到混凝土地面上4次(各个方向)。

试验后，试品不应出现本标准含义内的损坏，尤其是部件不能松动及落下。

注：对电击保护无有害影响的小的碎片或压痕可忽略不计。

如果适用时，对SPE-PRCD任选的一极通以$1.25I_{\Delta n}$的剩余电流应动作。试验时，不测分断时间。

试验后，试品的电击保护应不受影响并应符合9.6的要求。

9.13 耐热试验

按9.13.1、9.13.2和9.13.3进行试验(适用时)。

对陶瓷材料部件不进行9.13.2和9.13.3的试验。

如果9.13.2和9.13.3所述的几个绝缘材料部件由同一种材料制成，试验仅在任何一种部件上按9.13.2或9.13.3进行(适用时)。

9.13.1 取下可拆卸的盖(如果有时)，把试品放在温度为(100±2)℃的加热箱中保持1 h。

可拆卸的盖(如果有时)放在温度为(70±2)℃的加热箱中保持1 h。

试验过程中，试品不应有任何影响试品继续使用的变化，密封化合物(如果有时)不应流失到使带电部件外露的程度。

试验后，并使试品冷却到接近室温，应不能触及到正常使用时不可触及的带电部件，即使用标准试指施加一个不大于5 N的力时也是如此。

在9.9.2.2a)的试验条件下，SPE-PRCD通以$1.25I_{\Delta n}$的试验电流应脱扣，仅在任选的一极进行一次试验，试验时不测分断时间。

试验后，标志仍应清晰可见。

注：密封化合物褪色、起泡或轻微的流动，只要在本标准含义内的安全性不受影响，可忽略不计。

9.13.2 用绝缘材料制成的用以将载流部件或保护电路部件保持在正常位置所必须的SPE-PRCD的外部部件以及将端子或接线端头保持在正常位置的部件用图19所示的装置进行球压试验。

宽度为2 mm的用热塑性材料制成的，插座的相线和中线插孔周围的正面部件也要进行上述试验。

被试部件应放在一块厚度至少为3 mm的钢板上，并直接与钢板接触。

部件放在钢支架上使被试表面置于水平位置。并用20 N的力将一个直径为5 mm的钢球压住该表面。

试验开始前，把试验负载和支承装置放到加热箱中以足够的时间，使其达到稳定的试验温度。

试验在温度为(125±2)℃的加热箱中进行。

1 h后，把钢球从试品上移开，并把试品浸入冷水中10 s，使其冷却到约为室温。

测量钢球压痕的直径，此直径不应大于2 mm。

9.13.3 用绝缘材料制成的不是用以将载流部件和保护电路部件保持在正常位置所必须的SPE-PRCD的外部部件，即使与其接触，也按9.13.2的规定进行球压试验，但试验温度为(70±2)℃或(40±2)℃加上9.8试验时测定的该部件的最高温升，这两者中取较高的温度。

9.14 绝缘材料耐异常发热和耐燃试验

通过9.14.1的灼热丝试验和9.14.2的带有绝缘护套的插销试验来验证是否符合要求。

9.14.1 灼热丝试验

在下列条件下，按 GB/T 5169.10—2006 和 GB/T 5169.11—2006 的要求进行试验：

——用以将载流部件和接地电路部件保持在正常位置所必须的绝缘材料部件，在 750 ℃温度下进行试验；

——不是用以将载流部件和接地电路部件保持在正常位置所必须的绝缘材料部件，即使与其接触，均在 650 ℃温度下进行试验。

如果在同一试品上应在多于一个地方进行规定的试验时，则应小心，确保前次的试验所引起的劣化不会影响将要进行的试验结果。

小零件，例如垫圈等，不需进行本条款的试验。

对陶瓷材料部件不进行本试验。

如有可能，试品最好是完整的 SPE-PRCD。

如试验不能在完整的 SPE-PRCD 上进行，则可以从 SPE-PRCD 上切下一块合适的部分进行试验。

本试验仅在一台试品上进行。

在有疑问的情况下，再用两台试品重复进行本试验。

施加灼热丝一次。

试验时，试品应放置在预期使用的最不利的位置(被试表面在垂直位置)。

考虑预期使用的发热元件或灼热元件可能与试品接触的情况，应把灼热丝的顶端施加到试品上规定的表面。

如果满足下列的一个条件，则认为灼热丝试验合格：

——无可见的火焰和无持续的辉光；

——灼热丝移开后 30 s 内，试品上的火焰和辉光在 30 s 内自行熄灭。

此外，不应点燃簿纸或烧焦木板。

9.14.2 插销带有绝缘护套的插头或插头部分，要用图 20 所示的试验装置进行试验

该试验装置由一绝缘板 A 和金属部件 B 组成。A 和 B 之间应有 3 mm 的空隙。这一距离通过调节达到，应不影响插销四周的空气循环。

绝缘板 A 的正表面应为圆形，并应是平的。其直径应等于有关标准中给出的插头插合面最大允许尺寸的两倍。

绝缘板 A 的厚度应为 5 mm。

金属部件 B 应是黄铜制品，长度至少 20 mm，形状与有关标准规定的插头的最大轮廓线一样。

该金属部件的其余部分，应加工成通过传导方式加热被试插头部分，并且能将通过对流和辐射对被试插头部分的热传递降到最低。

在距离金属部件正表面 7 mm 处的对称位置上插入热电偶。如图 20 所示。

金属部件 B 中的插销插孔的尺寸，应比有关标准给出的插销最大尺寸大 0.1 mm；插销间的距离应与有关的标准中给出的相同；插孔应有足够的深度。

当试验设备达到稳定温度时，将试样插入试验装置内，放置在最不利的水平位置上。稳定温度用热电偶进行测量，对额定电流 6A 的 SPE-PRCD，该温度为(180±5)℃；对额定电流更大的 SPE-PRCD，该温度为(200±5)℃。

注：(200±5)℃的值是临时的。

维持温度在相应的值下达 3 h。

然后，从试验装置取下试样，允许试样冷却到室温，再在室温下保持至少 4 h。

最后，试样插销的绝缘护套要按 9.12 的规定，但在环境温度下进行冲击试验和肉眼检查。

9.15 验证自由脱扣机构

9.15.1 一般试验条件

SPE-PRCD 按正常使用接线。SPE-PRCD 在基本上为电阻性的电路里进行试验，试验电路图见图 1，对于 LNSE 型的见图 1a)，对于 LLSE 型的见图 1b)。

9.15.2 试验过程

SPE-PRCD 处于闭合位置并把操作件保持在闭合位置，闭合开关 S_2 通以 $1.5I_{\Delta n}$ 的剩余电流，SPE-PRCD 应脱扣。

然后，在约 1 s 内把 SPE-PRCD 的操作件缓慢地移动到电流开始接通位置重复进行试验，操作件不再移动，SPE-PRCD 应脱扣。

两项试验各进行 3 次，预期连接相线的每极至少进行一次试验。

注：如果 SPE-PRCD 有一个以上的操作件，则对每个操作件都要验证自由脱扣动作。

9.16 验证试验装置

9.16.1 验证试验装置的动作

步骤如下：

a) SPE-PRCD 施加 0.85 倍额定电压(或在有几个额定电压时，施加 0.85 倍最低额定电压)快速地操作试验装置 25 次，间隔 5 s，每次操作前重新闭合 SPE-PRCD。

b) 然后，在 1.1 倍额定电压下(或在有几个额定电压时，施加 1.1 倍最高额定电压)重复 a)项的试验。

c) 然后，重复 b)试验，只做一次，但试验装置的操作件保持在闭合位置 30 s。

每次试验时，SPE-PRCD 应动作。试验后，SPE-PRCD 应没有妨碍其继续使用的损坏。

9.16.2 验证安匝数

为验证在额定电压下，或在有几个额定电压时，在最高额定电压下，操作试验装置时产生的安匝数小于 $I_{\Delta n}$ 的剩余电流产生的安匝数的 3.5 倍，测量试验装置电路的阻抗，根据其结构算出试验电流。

如果进行本验证时，应拆开 SPE-PRCD，则应该使用另外一个试品。

注：可认为试验装置的耐久性试验已包括在 9.10 的试验中。

9.17 验证 SPE-PRCD 在电源电压故障时的工作状况

9.17.1 按 4.2 分类的 SPE-PRCD

按图 1a)或 1b)接线。

9.17.1.1 确定电源电压的极限值(U_y，U_x)

验证：

——$U_y \leqslant 0.7U_n$；

——在 U_x 下，通以 $1.25I_{\Delta n}$，SPE-PRCD 的动作时间不超过 300 ms。

在 SPE-PRCD 的电源端施加额定电压(或在有几个额定电压时，施加任何一个额定电压)，然后使 SPE-PRCD 复位，以在大约 30 s 内把电压降到零的速度逐步降低电源电压，直至发生自动断开。

测量自动断开时的电压值(U_y)。

测量5次。

SPE-PRCD应在小于0.7倍额定电压（或相应地，小于0.7倍最低额定电压）发生自动断开。

然后，验证在低于最低测量值的任何电源电压值下，应不可能用手动操作件闭合SPE-PRCD。

测量结束时，重新对SPE-PRCD施加额定电压并使SPE-PRCD再次复位，然后把电源电压降低到比上述发生断开时测量的电压的最大值高5%的电压值(U_x)，但不低于50 V。验证SPE-PRCD在此条件下，通以$1.25I_{\Delta n}$剩余电流时应在300 ms内动作。

9.17.1.2 验证电源电压故障时的工作状况(T_u)

SPE-PRCD按图1接线，其电源侧施加额定电压(或相应地，额定电压范围内的任何电压值)并闭合SPE-PRCD。

断开电源电压(25±5)ms，SPE-PRCD不应自动断开。

在这试验后，断开电源电压0.5 s，SPE-PRCD应自动断开。

然后SPE-PRCD施加额定电压，S_2闭合，SPE-PRCD应在0.3 s内断开。

上述每项试验各进行5次。

对于符合3.2.1.6电源故障的每种情况，检查SPE-PRCD的性能以验证：

——按4.2分类的SPE-PRCD自动断开；

——按4.2.1分类的SPE-PRCD在电源恢复后自动重新闭合；

——按4.2.2分类的SPE-PRCD在电源恢复后不重新闭合。

这些要求已包括在9.9.2.2a)和b)的试验中。

9.17.1.3 对4.2.1分类的SPE-PRCD，在电源电压故障时自动断开后，验证电源电压恢复时SPE-PRCD重新闭合

以在30 s内从零上升到额定电压(或当有一个额定电压范围时，上升到最低额定电压)的速度，施加一个慢慢升高的电压，SPE-PRCD应在电压达到0.7倍额定电压前重新闭合。

9.18 验证过电流情况下的不动作电流极限值

SPE-PRCD按正常使用接线，连接一个基本上无电感的负载，相应于流过$4I_n$的电流。

SPE-PRCD在电源侧施加额定电压(或相应地，额定电压范围内的任何电压值)。

用一个二极试验开关接通负载，然后在1 s后再断开负载。

SPE-PRCD不应断开。

重复进行3次试验，连续两次闭合操作之间的间隔时间至少为1 min。

如果有关时，内置的熔断器可用一根连接线代替。

9.19 验证SPE-PRCD在冲击电压产生的对地浪涌电流下，防止误脱扣的能力

SPE-PRCD用一个浪涌电流发生器进行试验，浪涌电流发生器能产生一个图29所示的衰减的振荡电流波。SPE-PRCD试验的电路图示例见图30。对SPE-PRCD任选的一极施加10次浪涌电流，每施加两次应变换浪涌电流波的极性，连续两次施加浪涌电流之间的时间间隔应该约为30 s。

用一个适当的装置测量浪涌电流，并用另外一个相同型号的SPE-PRCD试品调节电流以满足下列要求：

——峰值电流：$25A^{+10\%}_{0}$；

——前沿时间：(0.5±0.15)μs；

——后续振荡电流波形周期：(10±2)μs；

——每个后续波形的峰值：约为前一个波形峰值的60％。

在试验过程中，SPE-PRCD不应脱扣。

9.20 验证绝缘耐冲击电压的性能

由一个冲击电压发生器施加冲击电压，发生器能产生前沿时间为1.2 μs；至半值时间为50 μs的冲击电压，允许误差如下：

——峰值：±5％；

——前沿时间：±30％；

——至半值时间：±20％。

第一组试验为峰值4 kV的冲击电压，施加在SPE-PRCD两个极之间(相-相或相-中性线)，SPE-PRCD通以U_n并处于闭合位置进行试验。

第二组试验为峰值5 kV的冲击电压，施加在保护导线PE端子与连接在一起的其他端子之间。SPE-PRCD断电(触头处于断开位置)。

注1：试验装置的冲击阻抗应为500 $\Omega_{-20\%}^{\ 0}$。

两种情况下，各施加5次正向冲击电压和5次负向冲击电压。相邻两次试验之间的时间间隔至少为10 s。

如果在一次试验时SPE-PRCD脱扣，应在下次试验前重新闭合SPE-PRCD。

不应发生非故意的击穿放电。

然而，如果仅发生一次这样的击穿，可增加施加10次冲击电压，增加试验的冲击电压的极性和接线方式与发生击穿放电试验时的极性和接线方式相同。

不应再发生击穿放电，除非是设计预期的故意放电(见注3)。

注2：“非故意击穿放电”用来表示绝缘在电气应力下失效的现象，包括电压降低以及电流流过等。

注3：故意击穿放电包括任何内装的浪涌抑制器的放电。

调节冲击电压波形时，把被试SPE-PRCD连接到冲击电压发生器上。为此，应采用合适的分压器和电压传感器。

允许冲击电压波形有小的振荡，只要靠近冲击电压峰值处的振荡辐值小于峰值的5％就行。

冲击电压前沿的前半部的振荡辐值允许达到峰值的10％。

9.21 验证剩余电流包含有直流分量时的正确动作

除了试验电路应如下所示(如适用)外，9.9.1和9.9.5的试验条件适用。

——对于LNSE型见图11a)，对于LLSE型见图11b)。

——对于LNSE型见图12a)，对于LLSE型见图12b)。

9.21.1 验证剩余脉动直流电流连续上升时的正确动作

应按图11a)或图11b)的试验电路进行试验，如适用。

辅助开关S_1、S_2和被试SPE-PRCD闭合。控制相应的可控硅使得电流滞后角α分别为0°、90°和135°。SPE-PRCD的每极应在每个电流滞后角和辅助开关S_3分别在位置Ⅰ和位置Ⅱ各试验两次。

每次试验时电流应从零开始，稳定地在30 s内增加至：

——$1.4I_{\Delta}$，对$I_{\Delta n}>0.01$ A的SPE-PRCD；

——$2I_{\Delta}$，对$I_{\Delta n}\leqslant 0.01$ A的SPE-PRCD。

脱扣电流应在表18规定的范围内。

表 18 SPE-PRCD 在脉动直流剩余电流时的脱扣电流范围

电流滞后角 (°)	脱扣电流范围 A	
	下限(对所有的 $I_{\Delta n}$ 值)	上限(对所有的 α 值)
0	$0.35I_{\Delta n}$	$2I_{\Delta n}$($I_{\Delta n}\leqslant$10 mA 时)
90	$0.25I_{\Delta n}$	$1.4I_{\Delta n}$($I_{\Delta n}>$10 mA 时)
135	$0.11I_{\Delta n}$	

9.21.2 突然施加脉动直流剩余电流时,验证正确动作

SPE-PRCD 应按图 11a)或图 11b)的试验电路进行试验,如适用。

试验电流依次调节到表 2 给出的 I_{Δ} 乘以下面系数的电流值:

——1.4,对 $I_{\Delta n}>$0.01 A 的 SPE-PRCD;

——2,对 $I_{\Delta n}\leqslant$0.01 A 的 SPE-PRCD。

电流滞后角为 $\alpha=0°$,在每个电流值测量两次断开时间,第一次测量辅助开关 S_3 在位置Ⅰ,第二次测量辅助开关 S_3 在位置Ⅱ。

所有测量值均不应超过表 2 规定的极限值。

9.21.3 在基准温度下带负载时验证正确动作

在试验开始前不久,对 SPE-PRCD 通以额定负载电流,重复 9.21.1 的试验。

注:在图 11a)或图 11b)中没有标出额定电流负载。

9.21.4 剩余脉动直流电流叠加 0.006 A 平滑直流电流时,验证正确动作

SPE-PRCD 应按图 12a)或图 12b)通以整流剩余电流(电流滞后角 $\alpha=0°$)并叠加 0.006 A 平滑直流电流进行试验。

依次对 SPE-PRCD 的每极在辅助开关 S_3 处于位置Ⅰ和位置Ⅱ时各试验两次。

每次试验,半波电流 I_1 从零开始,稳定地在 30 s 内增加至:

——$1.4I_{\Delta n}$,对 $I_{\Delta n}>$0.01 A 的 SPE-PRCD;

——$2I_{\Delta n}$,对 $I_{\Delta n}\leqslant$0.01 A 的 SPE-PRCD。

SPE-PRCD 应该在电流分别达到 $1.4I_{\Delta n}$或 $2I_{\Delta n}$(适用时) 前脱扣。

9.22 验证可靠性

用 9.22.1 和 9.22.2 的试验来验证是否符合要求。

9.22.1 气候试验

本试验根据 GB/T 2423.4 并考虑 GB/T 2424.2。

9.22.1.1 实验室

实验室的结构应如 GB/T 2423.4 的规定。冷凝水应不断地从室内排出,并且在被净化以前应不再使用。应该只能采用蒸溜水来维持室内湿度。

蒸溜水在进入实验室前，电阻率应不小于 500 Ω·m，pH 为 7.0±0.2。在试验过程中和试验后，电阻率不小于 100 Ω·m 并且 pH 宜保持在 7.0±1.0。

9.22.1.2 **严酷性**

试验周期应符合下列条件：

——上限温度：(55±2)℃；

——周期数：28。

9.22.1.3 **试验顺序**

试验顺序应按 GB/T 2423.4 和 GB/T 2424.2 的规定。

a) 初始验证

初始验证时，SPE-PRCD 按 9.9.2.3 进行试验，但仅在 $I_{\Delta n}$时试验。

b) 试验条件

1) SPE-PRCD 按正常使用安装和接线，然后放入实验室。

SPE-PRCD 应处在闭合位置。SPE-PRCD 应施加额定电压，或在有几个额定电压时，施加任何一个额定电压。

2) 稳定阶段(见图 26)

SPE-PRCD 的温度应稳定在(25±3)℃：

——在把 SPE-PRCD 放入实验室前，先放在另外一个单独的实验室中稳定；

——或在放入 SPE-PRCD 后，把实验室的温度调节到(25±3)℃，并把温度保持在这个值下直至达到温度稳定。

在用上述任一方法稳定温度期间，相对湿度应在试验标准大气条件规定的极限范围(见表 3)内。

在最后 1 h，SPE-PRCD 在实验室内，在 (25±3)℃ 的周围温度下，相对湿度应增加到不小于 95%。

3) 24 h 周期的说明(见图 27)

——实验室的温度应逐渐地上升到 9.22.1.2 规定的合适的上限温度。上限温度应在 3 h±30 min 的时间内达到，温度上升速率应在图 27 阴影面积规定的范围内。

在这期间，相对湿度不应小于 95%。在这期间，SPE-PRCD 上应产生凝露。

注：产生凝露的条件是指 SPE-PRCD 的表面温度低于大气的露点。这意味着，如果热时间常数较小时，则相对湿度应大于 95%。注意冷凝水滴不能落到试品上。

——然后温度应基本上恒定在规定的上限温度±2 ℃的极限范围内，直至从试验周期开始后的 12 h±30 min。

在此期间，除了最初和最后的 15 min 相对湿度应在 90%～100%之间外，其余时间的相对湿度应为(93±3)%。

在最后 15 min，SPE-PRCD 上不应产生凝露。

——然后，温度应在 3 h～6 h 内降到 (25±3)℃。开始 1.5 h 的降温速率应是这样的，如果保持图 22 所示的速率，则温度将在 3 h±15 min 内达到 (25±3)℃。在降温期间，除了最初 15 min 相对湿度应不小于 90%外，其余时间的相对湿度应不小于 95%。

——接着，温度保持在(25±3)℃，相对湿度不小于 95%直至 24 h 周期结束。

9.22.1.4 恢复

在试验周期结束时，SPE-PRCD 不应从实验室中取出。

应打开实验室门，并停止调节温度和湿度。

然后经过 4 h～6 h，使得重新建立环境条件（温度和湿度）后进行最后测量。

在 28 个试验周期中，SPE-PRCD 不应脱扣。

9.22.1.5 最后验证

在 9.9.2.3 规定的试验条件下，SPE-PRCD 通以 $1.25I_{\Delta n}$ 的试验电流应脱扣。仅在任意选取的一极进行一次试验，试验时不测量分断时间。

9.22.2 40 ℃温度试验

SPE-PRCD 按正常使用放置在一块厚约 20 mm，涂有无光泽黑漆的层压板支架上。

SPE-PRCD 每极的两侧连接一根长 1 m，标称截面积如表 11 规定的单芯电缆，端子的螺钉或螺母用表 12 规定值三分之二的扭矩拧紧，把这一组件放入加热箱。

不可拆线的 SPE-PRCD 按交货状态进行试验。

SPE-PRCD 施加额定电压，或在有几个额定电压时，施加任何一个额定电压，通以额定电流负载并在(40±2)℃的温度下进行 28 周期试验，每个周期包括 21 h 通以电流和 3 h 不通电流。用一个辅助开关断开电流，不操作 SPE-PRCD。

在最后 21 h 通电周期结束时，用细线热电偶测定端子温升，这温升不应超过 50 K。

在这个试验后，SPE-PRCD 在加热箱内，不通电流，冷却到接近室温。

在 9.9.2.3 规定的试验条件下，SPE-PRCD 通以 $1.25I_{\Delta n}$ 的试验电流应脱扣。仅在任意选取的一极进行一次试验，试验时不测量分断时间。

9.23 验证电子元器件老化性能

SPE-PRCD 及其电子元件（如果有的话）应能符合下列两项试验的要求（如果有关时）：

a) 抗老化

只作为装饰用的部件，如某些盖等，在试验前拆下。

SPE-PRCD 按正常使用安装和装配以后在一个加热箱中进行试验，箱内空气的成分和压力与周围空气相同并且是自然循环通风。

加热箱的温度应为(70±2)℃。

试品在加热箱中放置 7 d(168 h)。

推荐采用电加热箱。

自然循环通风可以由箱壁的孔来实现。

经过上述处理后，试品从箱中取出，放在室温以及相对湿度为 45％～55％的环境中至少 4 d(96 h)。

不经任何放大，以正常的视力或矫正的视力观察，试品不应有可见的裂痕，材料也不应发黏或滑腻，用下列方法判断：

以裹干的粗布的食指对试品施加 5 N 的力。在试品上不得有布纹或在布片上不得粘有试品的材料。

试验后，试品不应有导致不符合本标准的损坏。

注 1： 施加 5 N 力可以用下列方法来实现：把试品放在天平的一个托盘上，而在另一个托盘上放置砝码质量为试品的质量再加 500 g。然后以裹干的粗布的食指压试品使天平恢复平衡。

b) 电子元件老化试验

SPE-PRCD 通以额定电流在(40±2)℃的环境温度下放置 168 h。施加在电子部件上的电压为相应于 SPE-PRCD 额定电压的 1.1 倍,或有几个额定电压时,相应于最高额定电压的电压值。试验后,试品放在加热箱内,不通电流,冷却至约为室温。

在 9.9.2.3 规定的试验条件下,SPE-PRCD 通以 1.25$I_{\Delta n}$试验电流应脱扣。仅对任选的一极进行一次试验,试验时不测分断时间。

注 2:本验证的试验电路示例见图 28。

9.24 耐电痕化

耐电痕化试验的电极布置和尺寸见图 21。

陶瓷材料以及相比电痕化指数(CTI)大于 400 V 的材料不需要试验。

其他材料用 GB 4207 的试验来验证是否符合要求,并采用下列参数:

——把被试部件的一个平面(如有可能,至少为 15 mm×15 mm)放置在水平位置;

——用试验溶液 A 进行试验,滴与滴之间相隔(30±5)s,被试材料的耐电痕化指数应为 175 V。

——滴完 50 滴之前,电极之间不能发生燃烧、闪络或击穿现象。

注 1:应注意在每次试验开始前,保持电极清洁,形状和位置正确。

注 2:有疑问时,可在一组新的试品上重复进行试验(必要时)。

9.25 装有绝缘护套的插销的附加试验

SPE-PRCD 的插销按 GB 2099.1—2008 的第 30 章来检查是否符合要求。

9.26 插头和移动式插座的非实心插销的机械强度试验

按 GB 2099.1—2008 的 14.2 来检查是否符合要求。

9.27 验证应力对导线的影响

软电缆以这样的方式连接到 SPE-PRCD 上,使载流导线以尽可能短的路径从应力缓冲装置引到相应的端子上。

载流导体连接好以后,把表 19 的最大截面积的接地导线的芯线引到其端子上并在比正常连接必须的长度长 8 mm 处截断。

然后把接地导体连接到接地端子上。当把 SPE-PRCD 的盖子或外壳安装回原处并正确固定后,应能把接地导线多余长度形成的线环自由地罩住在接线部位,而不会挤压或压住导线。

9.28 验证插入式 SPE-PRCD 对固定安装插座施加的力矩

把插入式设备插入到符合有关标准的固定插座上。使插座能围绕着位于插座插合面后面 8 mm 处,与插合面平行,并通过带电插套轴线的水平轴线旋转。

为使插合面保持在垂直位置而应施加到插座上的附加力矩不得大于 0.25 N·m。

9.29 电缆固定装置的试验

用图 22 的试验装置进行下列试验来验证保持力的有效性。

不可拆线的 SPE-PRCD 按交货状态进行试验。

可拆线的 SPE-PRCD 连接表 19 所示的符合 GB/T 5013 的每种型式的电缆进行试验。

表 19 适用于可拆线 SPE-PRCD 的保持力试验的电缆结构

SPE-PRCD 的额定值 A	电缆的类型	导线数及标称截面积 mm^2	电缆外部尺寸极限值 mm	
			最小	最大
6	60245 IEC 53	3×0.75 3×1.0	6.5	9.2
10	60245 IEC 53	3×0.75 3×1.0	6.5	9.2
13-16	60245 IEC 53	3×0.75 3×1.5	6.5	11.0
20	60245 IEC 53	3×1 3×2.5	7.0	13.0
32	60245 IEC 53 60245 IEC 66	3×2.5 3×6	10.0	20.0
注：本表格符合 GB 2099.1—2008 的表 19。				

把可拆线 SPE-PRCD 使用的软电缆的导线插入端子，并把端子螺钉拧紧到刚使导线不易移位为止。

电缆固定装置按正常方式使用，夹紧螺钉(如果有的话)用表 12 规定值三分之二的力矩拧紧。

在重新装配好试品后，各组成部分均应配合得恰到好处，且不可能把软电缆再明显地推入试品。

把试品放到试验设备中，使进入试品处的电缆轴线处于垂直位置。

然后使软电缆承受 60 N 的拉力 100 次。

每次施加拉力时间为 1 s，施力时不应用冲击力。

注：注意使软电缆的所有部位(线芯、绝缘和护套)同时受到大小一样的力。

拉力试验后，立即在导线上施加一个 0.25 N · m 力矩 1 min。

试验后，电缆在承受 60 N 拉力时其位移不得大于 2 mm。对可拆线的 SPE-PRCD，在端子中的导线端部不应有明显移位。对不可拆线的 SPE-PRCD，导线的连接处不应断裂。

为了测量纵向位移，试验开始前，要在电缆承受拉力时，在电缆离试品端部或电缆护套 2 cm 处作一标记。如果对不可拆线的 SPE-PRCD，无明显的电缆连接部分的端部，则在该部件的本体上作一附加的标记。

9.30 不可拆线 SPE-PRCD 的弯曲试验

用图 23 的装置进行弯曲试验。

把试品固定到试验装置的摆动机构上，使摆动机构处于行程中点时，进入试品处的软电缆轴线刚好处于垂直位置并通过摆动轴。

接扁线的试品安装时应使电缆截面的长轴与摆动轴平行。

试品应以下列方式固定在试验装置上：

——插头：在插销处固定；

——移动式插座：在电缆方向距插合面 4 mm～5 mm 处固定，试验时应把具有最大尺寸的试验插头插到移动式插座上。

SPE-PRCD应这样定位，通过调节摆动机构固定部件与摆动轴之间的距离，使试验装置中的摆动机构在整个摆动过程中导线所作的横向移动最小。

注1：为了易于通过试验找出在试验期间使软电缆横向移动最小的安装位置，弯曲试验装置在结构上应能做到，安装在摆动机构上的试品的各个不同的支架均可以毫无困难地调节。

注2：推荐试验装置采取措施(例如刻槽或装指针等方法)使其可以指示电缆的横向位移是否最小。

在电缆上加一重物作负载，使所加的拉力为：

——电缆的导线截面积大于0.75 mm^2 的SPE-PRCD：20 N；

——其他SPE-PRCD：10 N。

试验时，电缆中通以SPE-PRCD的额定电流或下面规定的电流值，两者中取较小值：

——电缆的导线标称截面积大于0.75 mm^2 的试品：16 A；

——电缆的导线标称截面积为0.75 mm^2的试品：10 A。

导线之间的电压应为SPE-PRCD的额定电压，或在有几个额定电压时，为最高额定电压。

摆动机构在90°角度(垂直轴线左右各45°)内摆动，弯曲操作的次数为10 000次，弯曲速率为每分钟60次。

注3：一次弯曲操作是一次摆动，正向摆动一次或反向摆动一次。

圆截面电缆的试品在5 000次弯曲操作后要在摆动机构内转动90°角。扁截面电缆的试品则仅在垂直于导线轴线所在的平面方向弯曲。

在弯曲试验时：

——电流不应中断；

——导线之间不能短路。

注4：如果电流值增大到原试验电流的两倍则认为软电缆的导线之间发生了短路。

通以试验电流时，每个触头与相应导线之间的电压降增加不应超过10 mV。

如有护套，试验后护套不应与本体分离，软电缆的绝缘不应有磨损现象，导线的断线丝不应刺破绝缘而外露成为易触及的。

注5：本试验的修订正在考虑中。

9.31 验证电磁兼容性(EMC)

由本标准和GB 18499确定的试验来验证是否符合8.17的要求，参见附录D。

9.32 当触头处于闭合位置时，验证连接在带电导体(相线与中性线)和/或带电导体和接地电路之间的电子电路的电气间隙和爬电距离的替代试验

在运行中可能出现的异常状况下，SPE-PRCD不应发生着火和/或电击危险。

在SPE-PRCD中所使用的元件的工作条件应符合元件上标志的工作特性和/或制造厂提供的数据中给出的工作特性。

9.32.1 当SPE-PRCD置于异常条件下时，任何部件不应达到使SPE-PRCD的周围物体产生着火危险的温度，并且任何带电部件不应成为可触及。

通过把SPE-PRCD置于9.32.2所述的故障条件下的加热试验以及按9.6的规定验证电击保护来检验是否符合要求。

9.32.2 除非另有规定，进行试验的SPE-PRCD按9.8的规定安装，接线并施加负载。

检查SPE-PRCD及其电路图可以显示出应采用的故障条件。

通常，对每个试验的故障条件采用一个分开的试品。

应依次采用下列a)至e)的每个故障条件，对下列每个故障条件仅进行一次试验：

a) 如果电气间隙和爬电距离小于图31曲线A给出的值，跨过电气间隙和爬电距离短路，下列情

况例外：

在符合 IEC 61249-2 规定的拉脱和剥离强度要求的印刷板上的导线(其中一根可能连接至主电源的一极)之间的电气间隙和爬电距离的要求中，图 31 给出的值由式(1)计算的值(最小为 0.2 mm)代替。

$$\lg d = 0.78 \lg \frac{V}{300} \quad \cdots\cdots(1)$$

式中：

d ——距离，单位为毫米(mm)。

V ——电压的峰值，单位为伏特(V)。

注 1：这些距离可以参照图 32 确定。

注 2：上述降低的值适用于导线本身，但是不适用于安装的元件或有关的焊接线。计算距离时，印刷板上的漆层或类似材料忽略不计。

符合表 5 要求的电气间隙和爬电距离和具有符合 GB/T 16935.3 的 2 型覆盖层的印刷板不需要进行本试验。

b) 跨过由油漆或瓷漆覆盖层组成的绝缘短路。

c) 半导体短路或断开。

注 3：对多于两个端子的集成电路和其他半导体装置，所指的试验数量实际上不可能采用所有的接线端组合的开路和/或短路。在这种情况下，允许首先采用估算的方法，详细分析 SPE-PRCD 中由于电子装置或其他电路元件的故障可能引发的机械、热和电气的故障。只有在上述分析的基础上，认为可能会使得 SPE-PRCD 不符合本条款最后两段要求的故障相应的组合，才应用本方法进行研究。

d) 电解电容器短路。

e) 电阻器、电感器或电容器短路或断开。

注 4：如果元件符合 9.33 的要求，e)项的条件不需要采用。

在 a)至 e)的每个故障条件下，在到达稳态条件后或 4 h 以后(两者中取较短的时间)测量表 20 所述的各部件由于故障状况产生的温度。

表 20　在异常条件下允许的最高温度

SPE-PRCD 的部件	在特定的异常条件下允许的最高温度 ℃
可触及的部件	
旋钮、随手可碰的部件、可触及表面、外壳，如果是：	
——金属的	100
——非金属的[a]	100
绝缘外壳的内表面	[b]
供电电缆或配线的绝缘为[c,f]：	
——聚氯乙烯或合成橡胶	135
——天然橡胶	135
其他绝缘[c]	
——热塑性材料[d]	[e]
——非浸渍纸	105
——非浸渍纸板	115
——浸渍的棉纱、丝、纸和纺织品	125
——纤维或织物的层压制品，用下列材料粘合：	
● 酚醛，三聚氰胺甲醛，苯酚糠醛或聚酯	145

表 20（续）

SPE-PRCD 的部件	在特定的异常条件下允许的最高温度 ℃
● 环氧	185
——模压材料：	
● 具有下列填料的酚醛，或苯酚糠醛，三聚氰胺和三聚氰胺化合物：	
纤维素填料	165
矿物填料	185
● 热固性矿物填料聚酯	185
● 矿物填料醇酸树脂	185
——由下列材料组成的合成材料：	
● 玻璃纤维增强聚酯树脂	185
● 玻璃纤维增强环氧树脂	185
——硅橡胶	225
用作支撑或用作机械隔板的热塑性材料[d] 部件	[e]
用下列材料绝缘的绕组线[c,f]：	
● 非浸渍的丝、棉纱等	110
● 浸渍的丝、棉纱等	135
● 油性树脂材料	170
● 聚乙烯醇缩甲醛或聚氨酯树脂	185
● 聚酯树脂	190
● 聚酰胺酯树脂	215
叠片铁心	与相应绕组相同
端子以及安装时可能与电缆绝缘接触的部件	135

[a] 如果这温度高于相关绝缘材料等级允许的温度，材料的特性是决定的因素。

[b] 绝缘外壳内部部件的许可的温度是相关绝缘材料指定的温度。

[c] 本标准中，允许温度是以材料的热稳定性有关的运行经验为基础。所引用的材料是示例。对声称具有更高温度极限值的材料以及表中列举以外的材料，最高温度不宜超过已证明的符合材料使用要求的温度。

[d] 天然橡胶和合成橡胶不能认为是热塑性材料。

[e] 由于材料的种类较多，不可能规定热塑性材料的许可温度。此问题在考虑中。

[f] 对耐热聚氯乙烯绝缘导线和电缆，提高其温度值的可能性正在考虑中。

在试验 b)和 c)中温度不应超过表 20 规定的值，试验 a)中温度可以超过这些值。

在试验 a)至 e)以后，SPE-PRCD 可以不再符合其所有的性能要求，但它们应符合 9.6 的电击保护要求。

9.33 当触头在闭合位置时，连接在带电导体(相线与中性线)和/或带电导体和接地电路之间的电子电路中使用的电容器，特定的电阻器和电感器的技术要求

9.33.1 电容器

电容器应符合 GB/T 14472 的要求。

相应的形式是：

——与干扰有关时，X_1 或 X_2；

——与电击危险有关时，Y_1 或 Y_2。

这些电容器应用伏特标志其额定电压，用微法标志其容量，用摄氏度标志其参考温度，或可由制造厂提供数据说明书。

9.33.2 电阻器和电感器

对在 9.32 的试验中，其短路或断开可能会产生不合格结果的电阻器和电感器应符合 GB 8898 中有关的安全要求。

对符合 GB 8898 的电阻器和电感器上已进行过的试验不需要再重复。

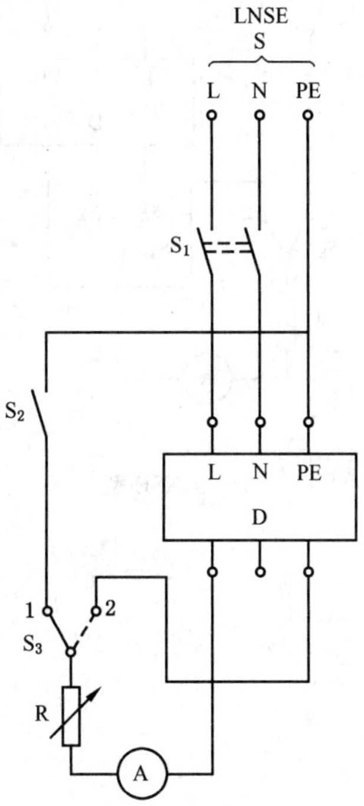

a） LNSE 型

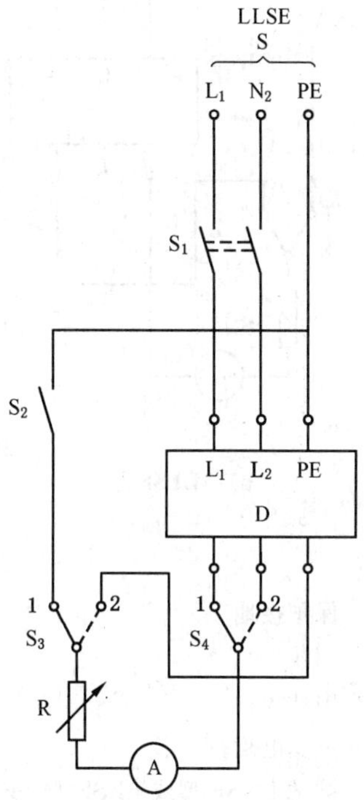

b） LLSE 型

说明：

PE ——保护接地；

L ——相线；

N ——中性线；

R ——可变电阻；

D ——被试 LNSE 型或 LLSE 型 SPE-PRCD；

S ——电源（对于 LNSE 型为相线和中性线，对于 LLSE 型为相线 L_1 和相线 L_2）；

A ——电流表；

S_1 ——二极开关；

S_2 ——单极开关；

S_3，S_4——单极双位开关。

注：对于 LLSE 型，可连接电源中性线作为基准。

图 1 验证动作特性（见 9.9.2）、自由脱扣机构（见 9.15）和降低的电源电压（见 9.17.1.1）的试验电路

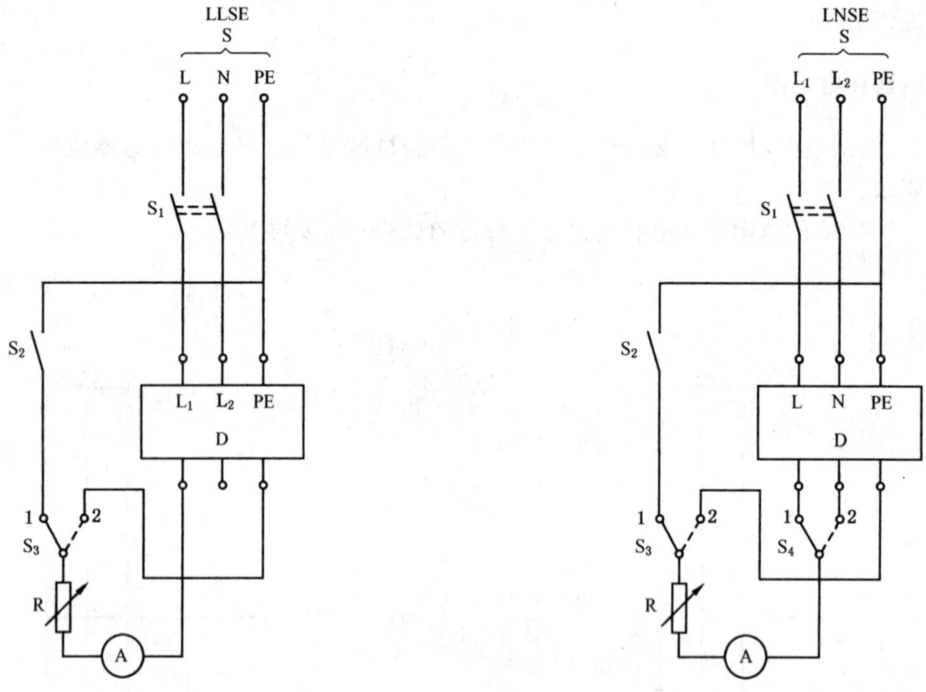

a） LLSE 型　　　　**b） LNSE 型**

说明：

PE ——保护接地；

L ——相线；

N ——中性线；

R ——可变电阻；

D ——被试 LNSE 型或 LLSE 型 SPE-PRCD；

S ——电源(对于 LNSE 型为相线和中性线，对于 LLSE 型为相线 L_1 和相线 L_2)；

A ——电流表；

S_1 ——二极开关；

S_2 ——单极开关；

S_3，S_4——单极双位开关。

注：对于 LLSE 型，可连接电源中性线作为基准。

图 2　验证正确动作特性(见 9.9.5.1.5)的试验电路

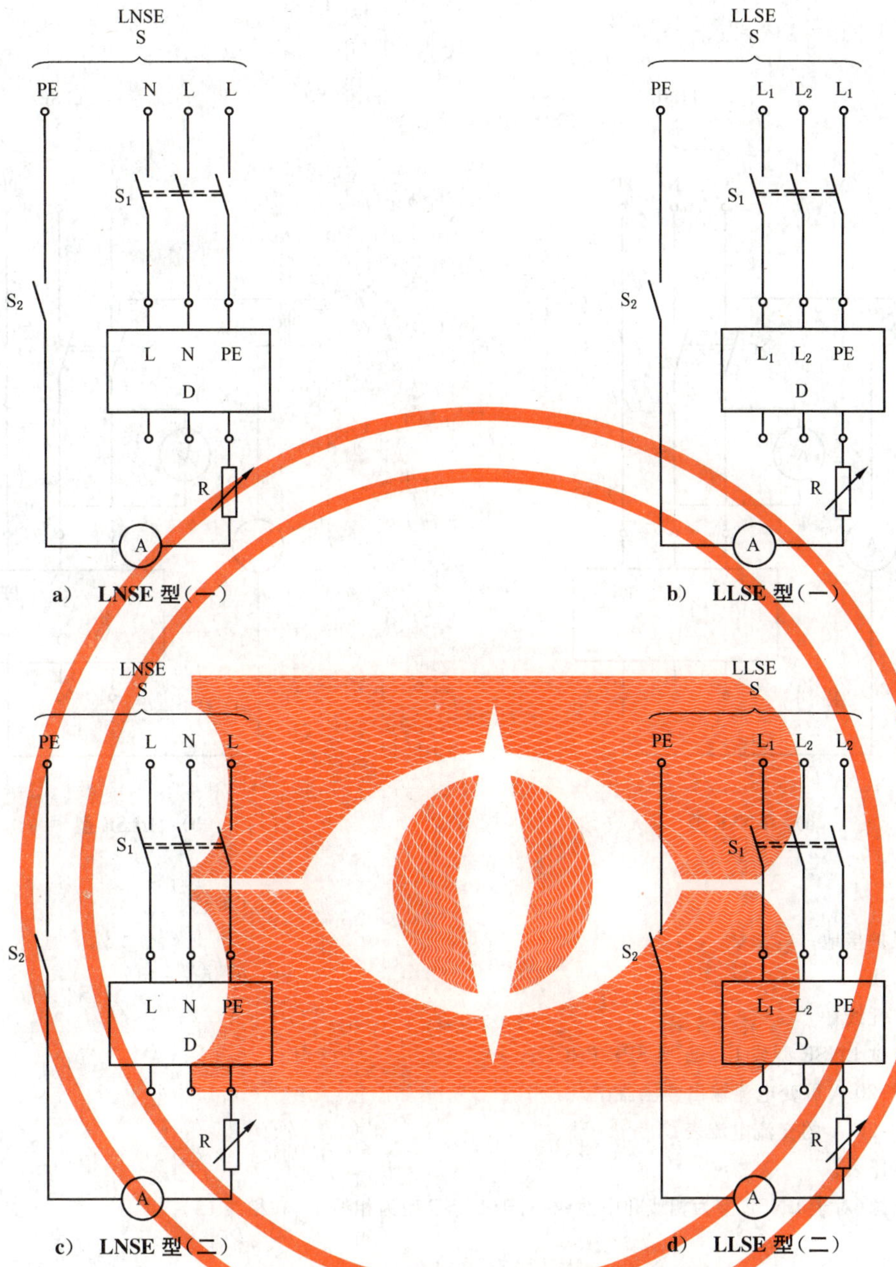

说明：

PE ——保护接地；

L ——相线；

N ——中性线；

R ——可变电阻(用来调节 $I_{\Delta n}$)；

D ——被试 LNSE 型或 LLSE 型 SPE-PRCD；

S ——电源(对于 LNSE 型为相线和中性线，对于 LLSE 型为相线 L_1 和相线 L_2)；

A ——电流表；

S_1 ——三极开关；

S_2 ——单极瞬动开关。

LNSE 型：图 3a)和 3c)；LLSE 型：图 3b)和 3d)。见 9.9.5.1.1。

注：对于 LLSE 型，可连接电源中性线作为基准。

图 3 验证危险 PE 带电时正确动作(见表 14)

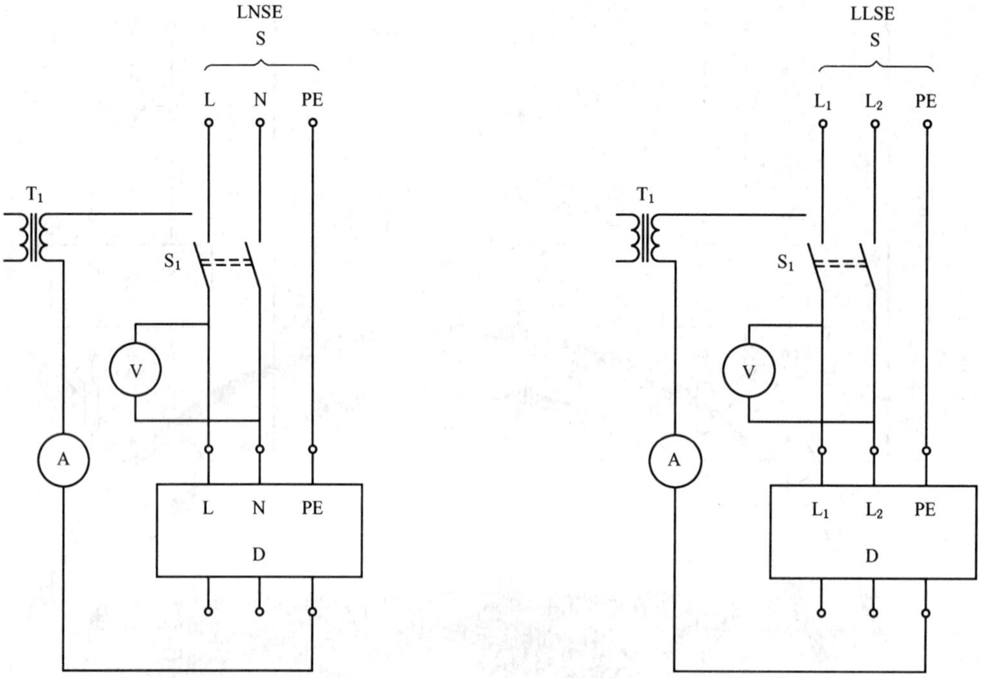

a） **LNSE 型**　　　　b） **LLSE 型**

说明：

PE——保护接地；

L ——相线；

N ——中性线；

D ——被试 LNSE 型或 LLSE 型 SPE-PRCD；

T_1 ——0～20 A 可变电流输出变压器；

A ——0～20 A 的交流电流表；

V ——电压表；

S ——电源(对于 LNSE 型为相线和中性线，对于 LLSE 型为相线 L_1 和相线 L_2)。

见 9.8.2。

本试验可能必须使试品的脱扣电路无效。

注：对于 LLSE 型，可连接电源中性线作为基准。

图 4　验证 PE 的温升

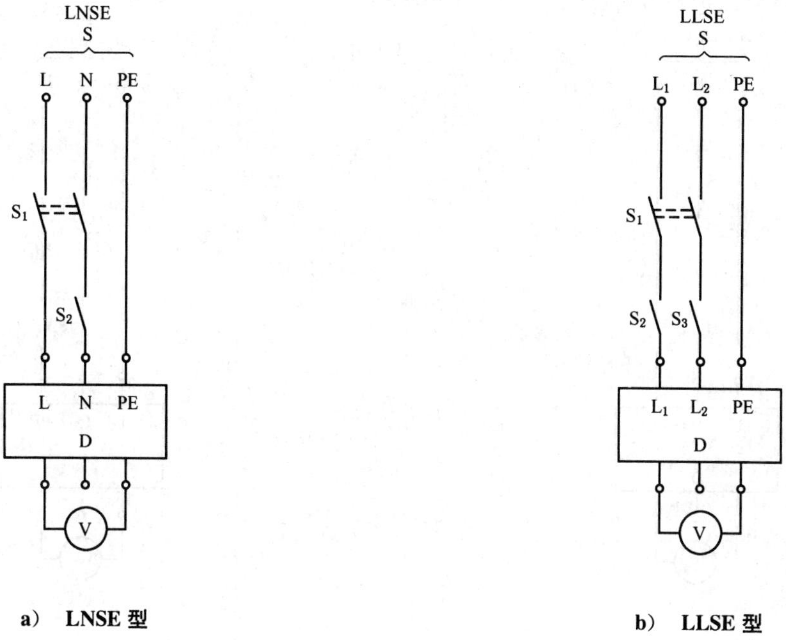

说明：

PE ——保护接地；

L ——相线；

N ——中性线；

D ——被试 LNSE 型或 LLSE 型 SPE-PRCD；

S ——电源(对于 LNSE 型为相线和中性线，对于 LLSE 型为相线 L_1 和相线 L_2)；

S_1 ——二极开关；

S_2,S_3——单极开关；

V ——电压表。

见 9.9.5.1.2。

注：对于 LLSE 型，可连接电源中性线作为基准。

图 5 验证 LNSE 型中性线断开和 LLSE 型相线断开

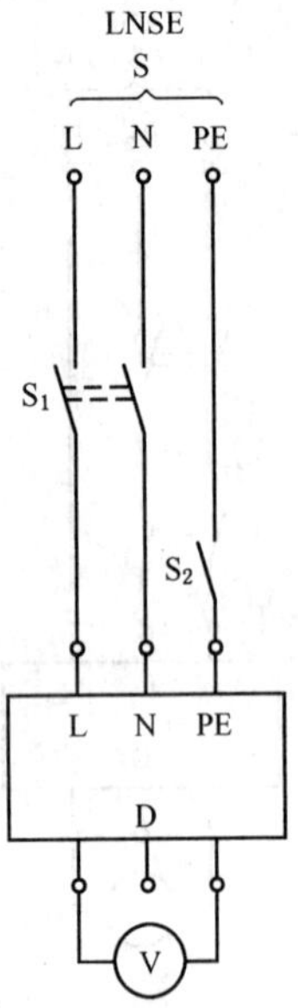

a) **LNSE 型**

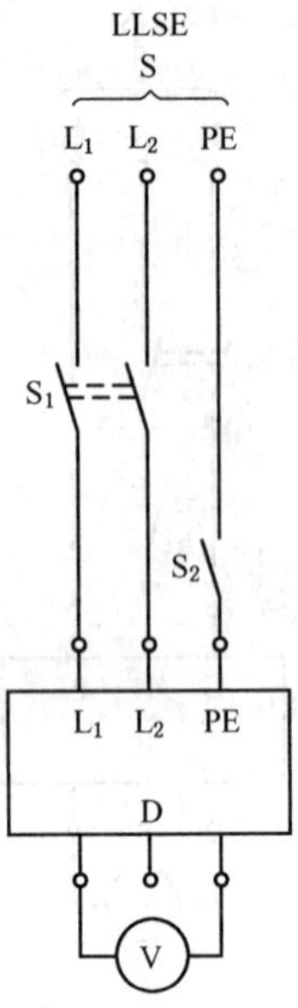

b) **LLSE 型**

说明：

PE ——保护接地；

L ——相线；

N ——中性线；

D ——被试 LNSE 型或 LLSE 型 SPE-PRCD；

S ——电源(对于 LNSE 型为相线和中性线，对于 LLSE 型为相线 L_1 和相线 L_2)；

S_1 ——二极开关；

S_2 ——单极开关；

V ——电压表。

见 9.9.5.1.3。

注：对于 LLSE 型，可连接电源中性线作为基准。

图 6 验证 PE 断开

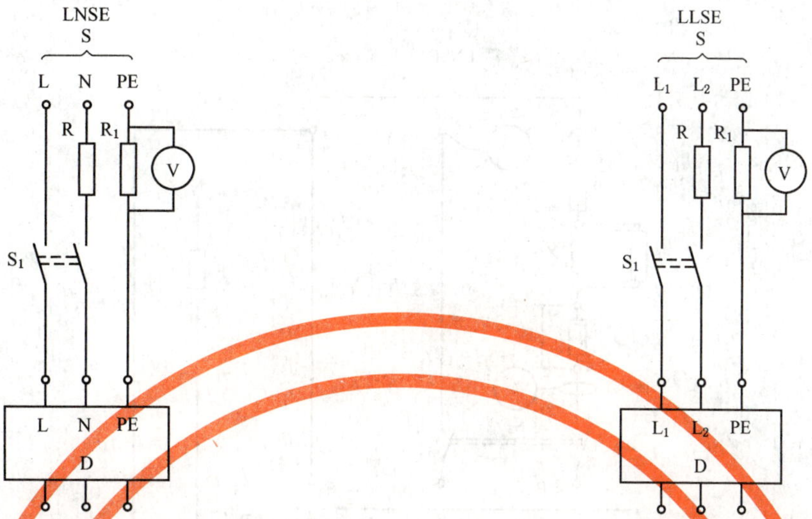

a) **LNSE 型**　　　　b) **LLSE 型**

说明：

PE ——保护接地；

L ——相线；

N ——中性线；

S_1 ——二极开关；

D ——被试 LNSE 型或 LLSE 型 SPE-PRCD；

S ——电源(对于 LNSE 型为相线和中性线，对于 LLSE 型为相线 L_1 和相线 L_2)；

V ——电压表；

R，R_1——(1，0±0.01)Ω。

见 9.9.5.1.4。

注：对于 LLSE 型，可连接电源中性线作为基准。

图 7　验证正常工作条件下 PE 中的持续电流

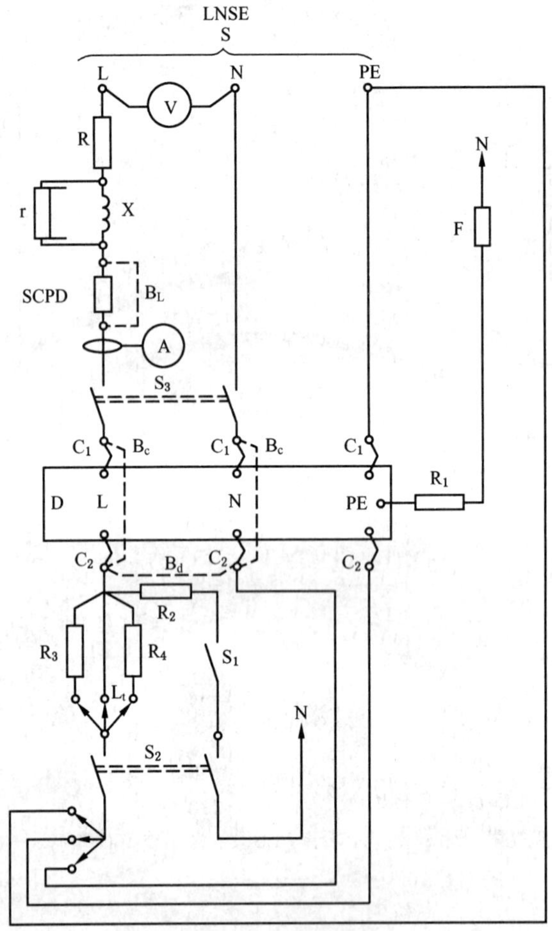

a） LNSE 型

图 8 验证接通和分断能力以及与 SCPD 的短路配合试验电路(见 9.11.2)

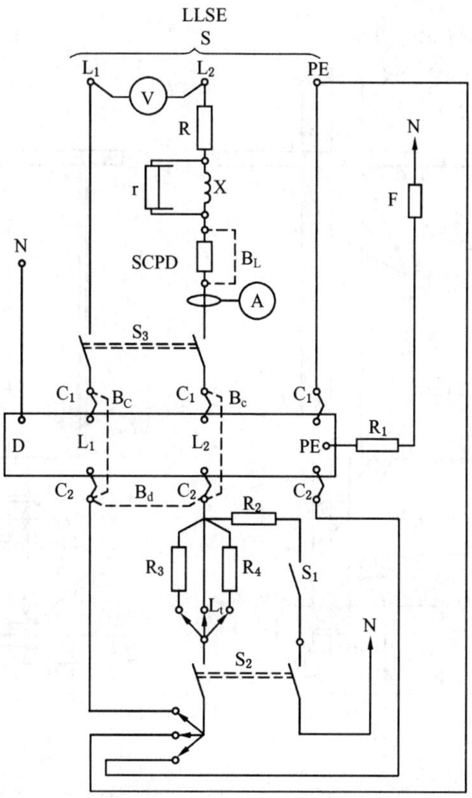

b） **LLSE 型**

说明：

PE ——保护接地；

L ——相线；

N ——中性线；

S ——额定电压的试验电源；

V ——记录电压的示波器；

R,X ——调节到 I_{nc}的电阻器和电抗器；

r ——并励电阻器；

SCPD ——银丝，熔断器或断路器；

B_L ——跨接 SCPD 上（在进行校准、I_m，$I_{\Delta m}$试验时闭合；在 I_{nc}，$I_{\Delta c}$、I_m 配合试验时断开）；

A ——记录电流的示波器；

S_3 ——具有自动闭合 SPE-PRCD 进行 CO 试验的开关；

C_1，C_2 ——SPE-PRCD 的软线，总长 0.75 m；

D ——被试 LNSE 型或 LLSE 型 SPE-PRCD；

R_1 ——限流电阻（约限流到 100 A）；

F ——细线熔丝；

B_C ——校准时暂时跨接 SPE-PRCD；

B_d ——校准 I_{nc}时暂时跨接 SPE-PRCD 负载端子；

R_2 ——调节到 10 ×$I_{\Delta n}$的电阻器；

S_1 ——I_m试验时接入 R_2 的开关；

R_3 ——调节到 I_m（和 $I_{\Delta m}$）的电阻器；

R_4 ——调节到 500 A 的电阻器；

S_2 ——进行 O 试验的接通开关，CO 试验时保持闭合；

L_t ——负载端子；

S_2 端子的箭头——根据规定的各种试验变换连接。

注：对于 LLSE 型，可连接电源中性线作为基准。

图 8（续）

单位为毫米

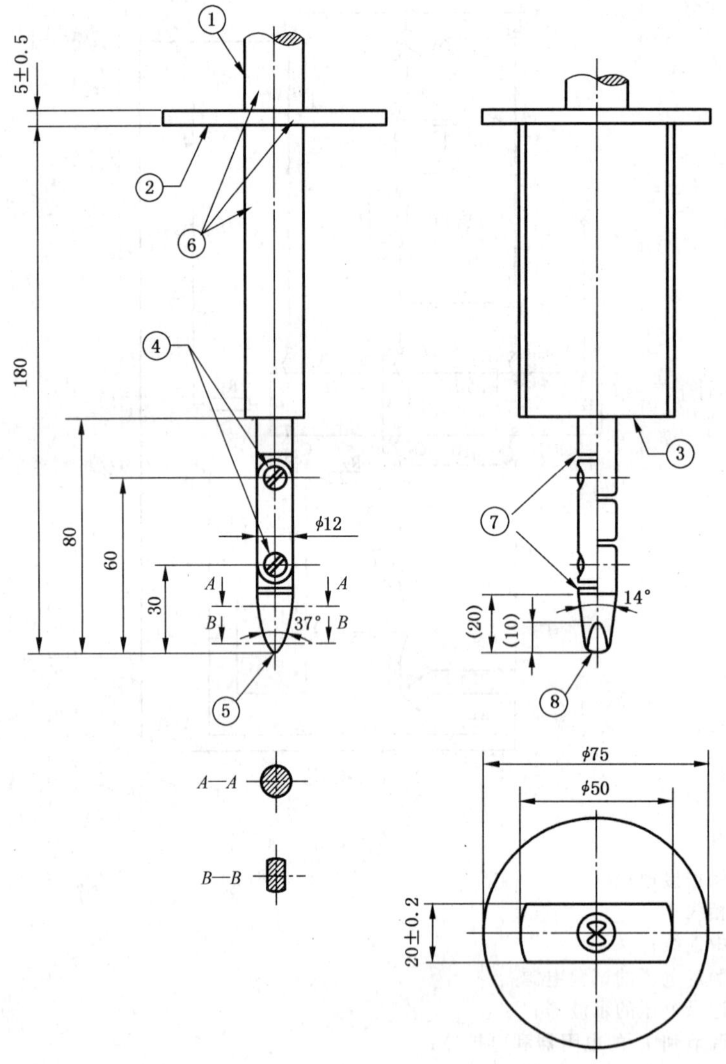

说明：

1——手柄；

2——防护板；

3——止动面；

4——铰链关节；

5——$R2\pm0.05$ 圆柱形；

6——绝缘材料；

7——所有边倒圆角；

8——$R4\pm0.05$ 球形。

材料：金属，除另有规定的以外。

没有规定误差的尺寸的允许误差：

——角度：$^{0}_{-10'}$；

——线尺寸：

- 小于等于 25 mm：$^{0}_{-0.05}$；
- 大于 25 mm：±0.2。

两个关节应能在同一平面及同一方向转过 90°角度，允许误差：0～+10°。

图 9　标准试指

单位为毫米

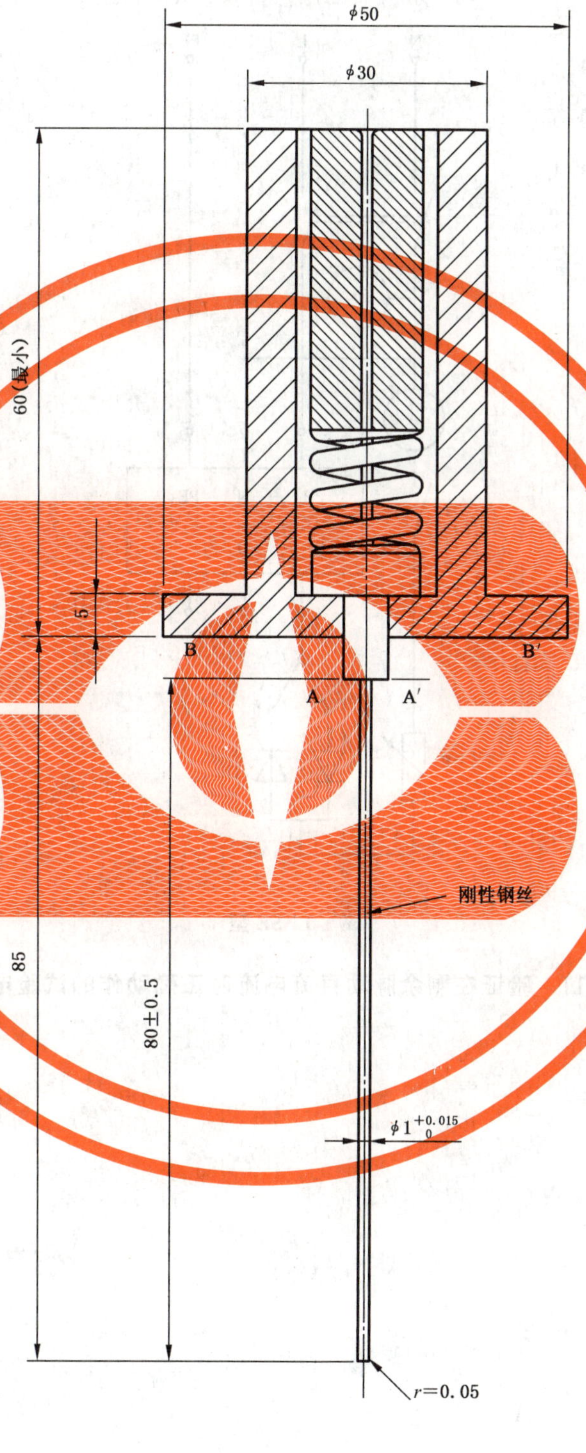

图 10 检验不能通过保护门触及带电部件以及不可触及加强保护插座带电部件的量规

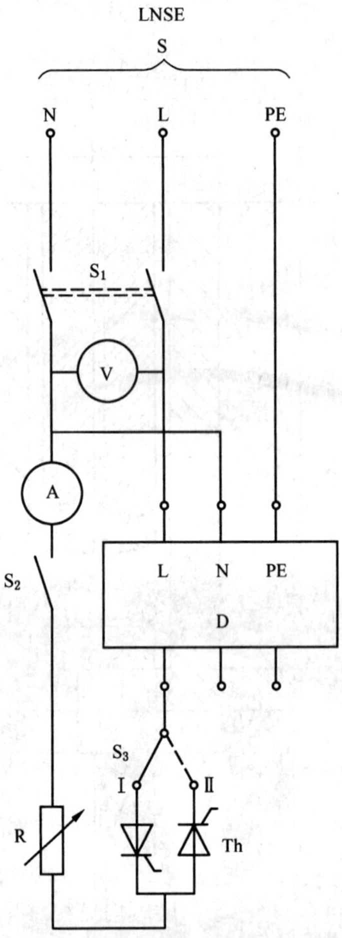

a） LNSE 型

图 11 验证在剩余脉动直流电流时正确动作的试验电路

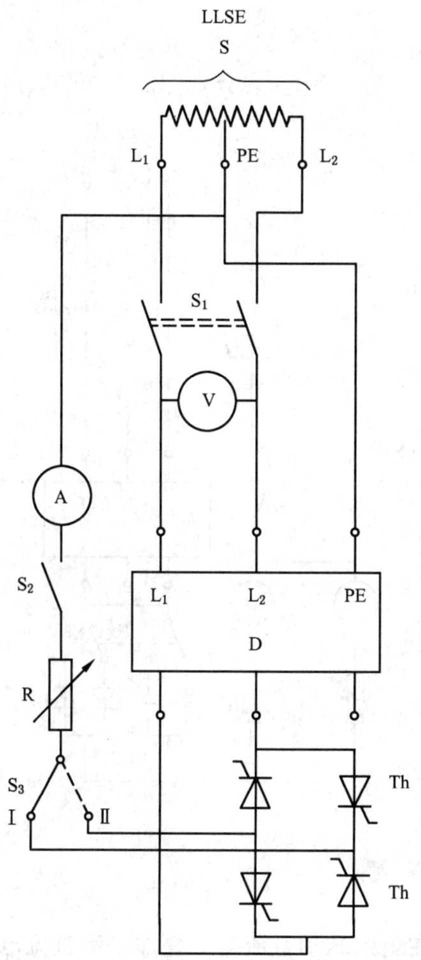

b） LLSE 型

说明：

PE——保护接地；

L ——相线；

N ——中性线；

S ——电源(对于 LNSE 型为相线和中性线，对于 LLSE 型为相线 L_1 和相线 L_2)；

V ——电压表；

A ——电流表(测量有效值)；

D ——被试 LNSE 型或 LLSE 型 SPE-PRCD；

R ——变阻器；

Th——晶闸管；

S_1 ——二极开关；

S_2 ——单极开关；

S_3 ——单极双位开关。

图 11（续）

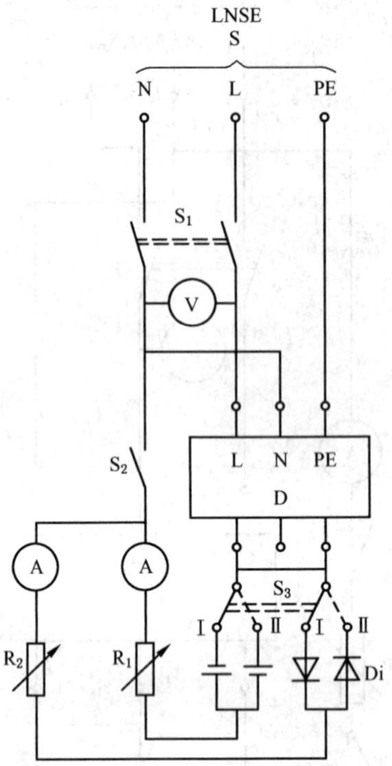

a） LNSE 型

图 12 验证 SPE-PRCD 在剩余脉动直流电流叠加平滑直流电流时正确动作的试验电路

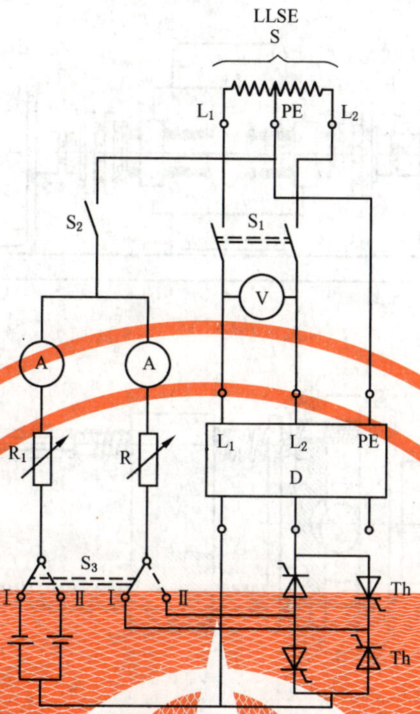

b） **LLSE 型**

说明：

PE——保护接地；

L ——相线；

N ——中性线；

S ——电源(对于 LNSE 型为相线和中性线，对于 LLSE 型为相线 L_1 和相线 L_2)；

V ——电压表；

A ——电流表（测量有效值)；

D ——被试 LNSE 型或 LLSE 型 SPE-PRCD；

R ——变阻器；

Di ——二极管；

Th——晶闸管；

S_1 ——二极开关；

S_2 ——单极开关；

S_3 ——二极双位开关。

图 12（续）

单位为毫米

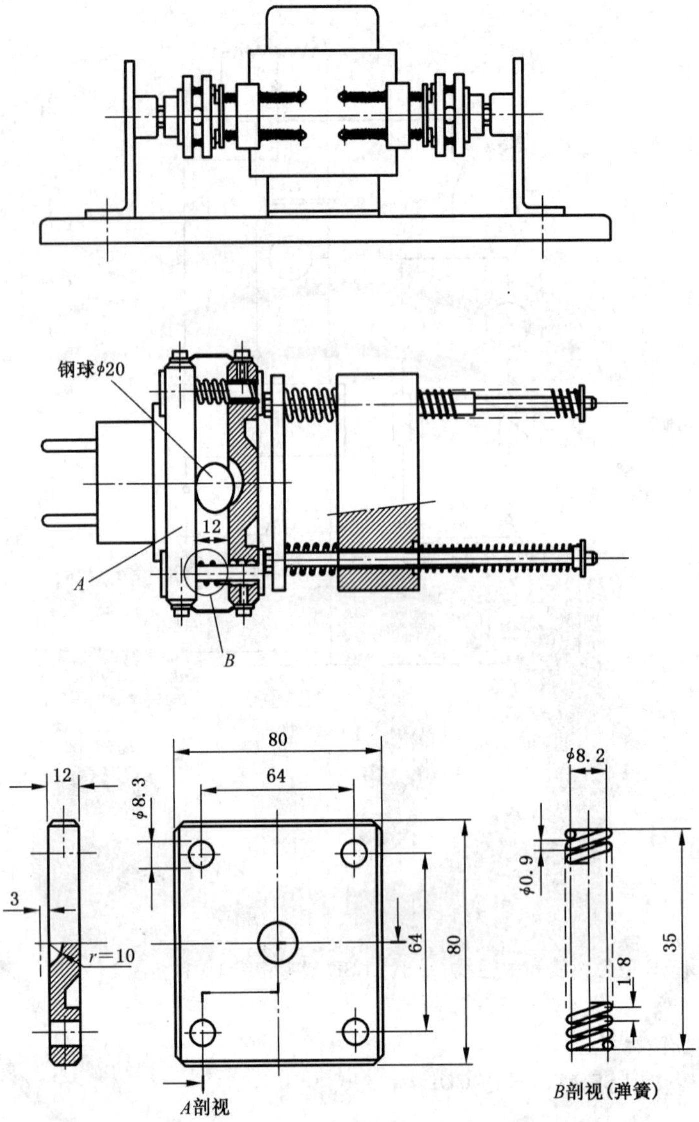

除了弹簧 B 以外，其他弹簧应这样选择和调节，使得：

在分离的位置时，加在插头载架上的力等于 GB 2099.1—2008 中第 22 章规定的合适的最小拔出力的 0.9 倍。

当压缩距离为完全分离位置的长度与完全压缩位置的长度之差的三分之一时，弹簧施加的力应等于 GB 2099.1—2008 中第 22 章规定的合适的最大拔出力的 1.2 倍。

图 13　分断能力和正常操作试验装置示例(见 9.10.1)

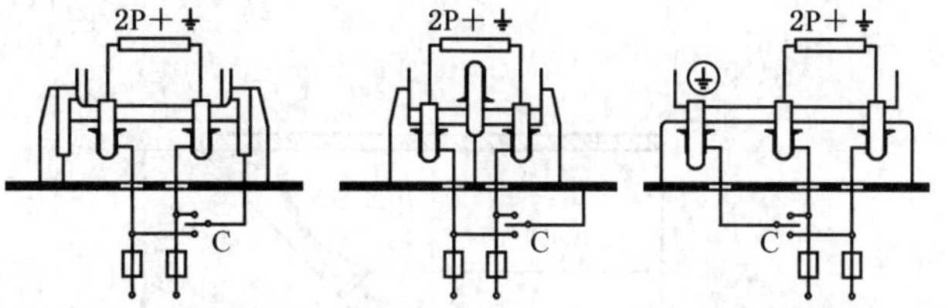

说明：

P——极；

C——选择开关。

图 14　分断能力和正常操作试验的电路图(见 9.10.1 和 9.11.3)

单位为毫米

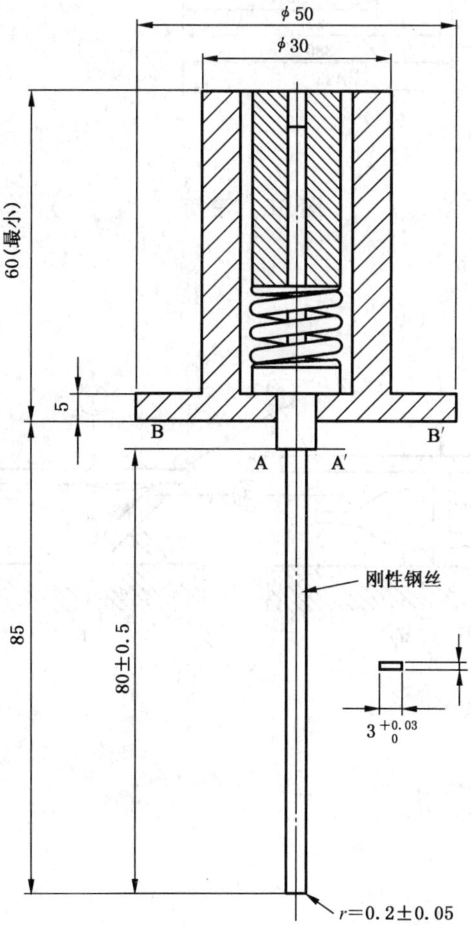

图 15　正常操作试验后，检查不能通过保护门触及插座带电部件的量规

单位为毫米

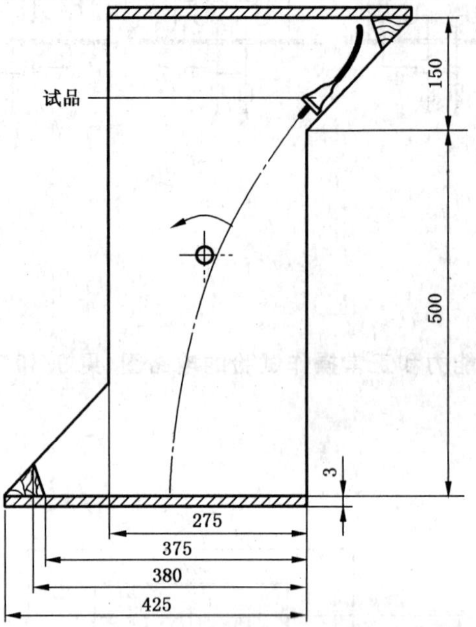

滚桶内部的轴向长度为 275 mm。

图 16 滚筒

单位为毫米

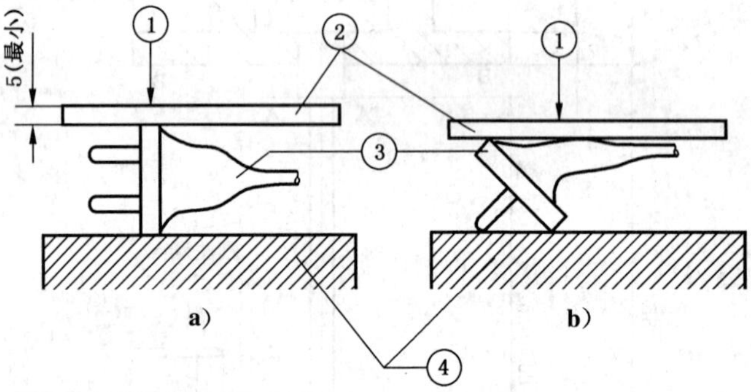

说明：

1——加力方向；

2——钢制压板；

3——试品的插头部分；

4——钢制底座。

图 17 压缩试验装置

单位为毫米

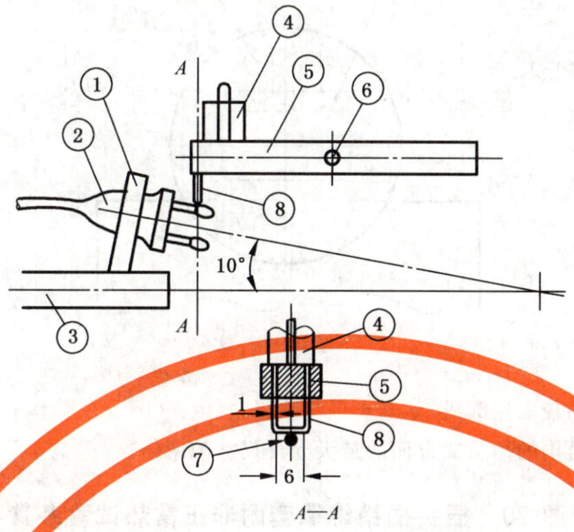

说明：

1——夹子；

2——试品的插头部分；

3——托架；

4——重物；

5——横梁；

6——转轴；

7——插销；

8——钢丝。

图 18　插头插销绝缘套上磨损试验用的装置

单位为毫米

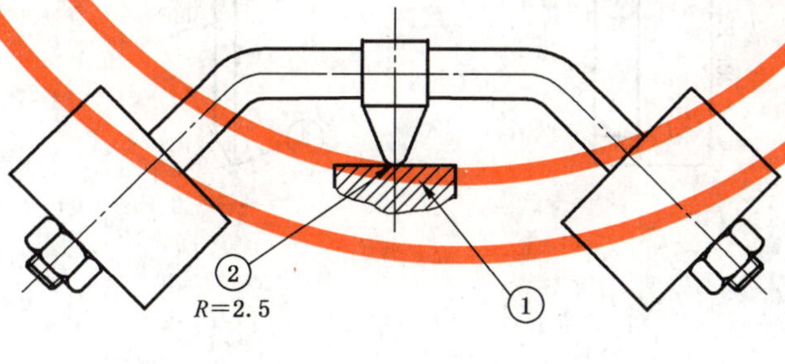

说明：

1——试品；

2——球形。

图 19　球压试验装置

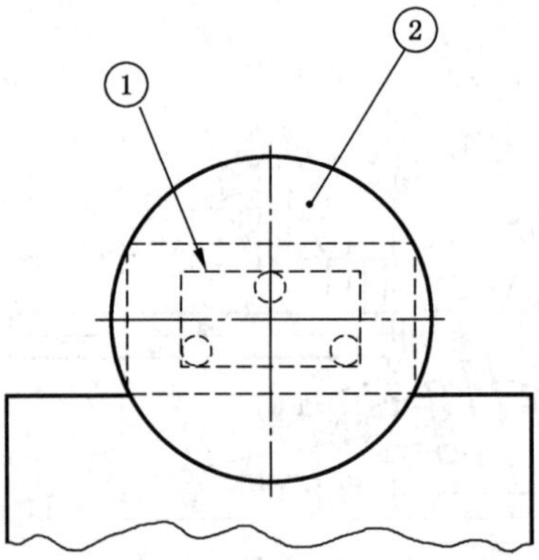

说明：

1——符合相关标准的插头的最大轮廓线；

2——直径等于相关标准中给出的插头插合面的最大允许尺寸的两倍。

图 20 插头插销绝缘套耐非正常热试验装置

单位为毫米

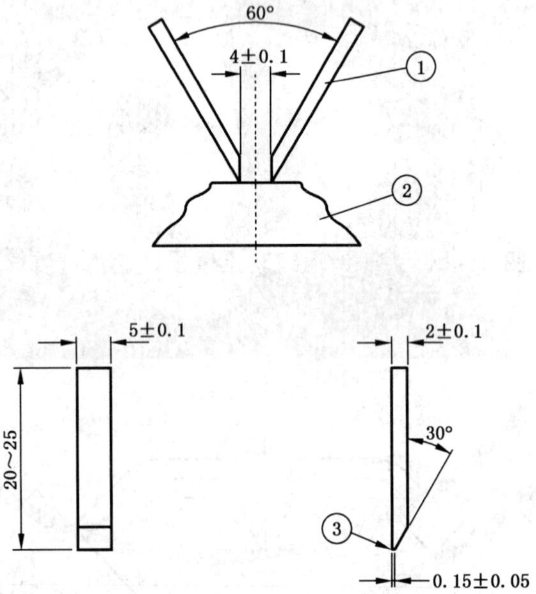

说明：

1——电极；

2——试品；

3——边轻微倒圆角。

图 21 电痕化试验电极布置和尺寸

单位为毫米

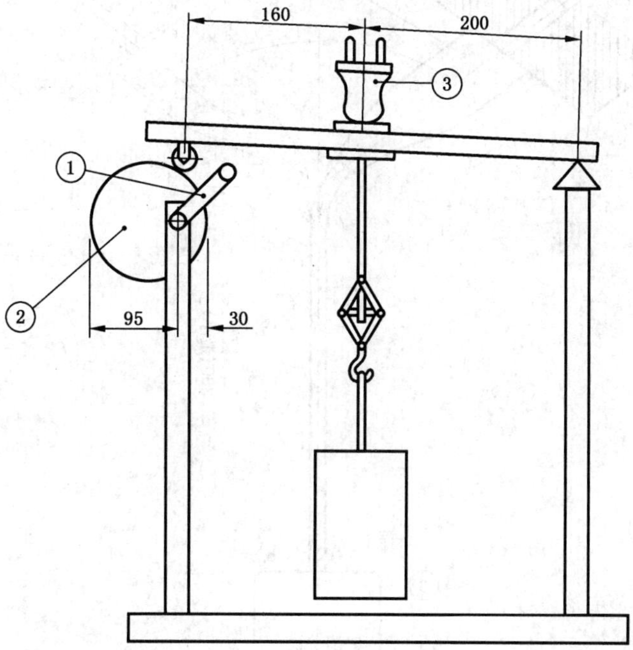

说明：

1——曲柄；

2——偏心轮；

3——试品。

图 22　电缆保持力试验装置

单位为毫米

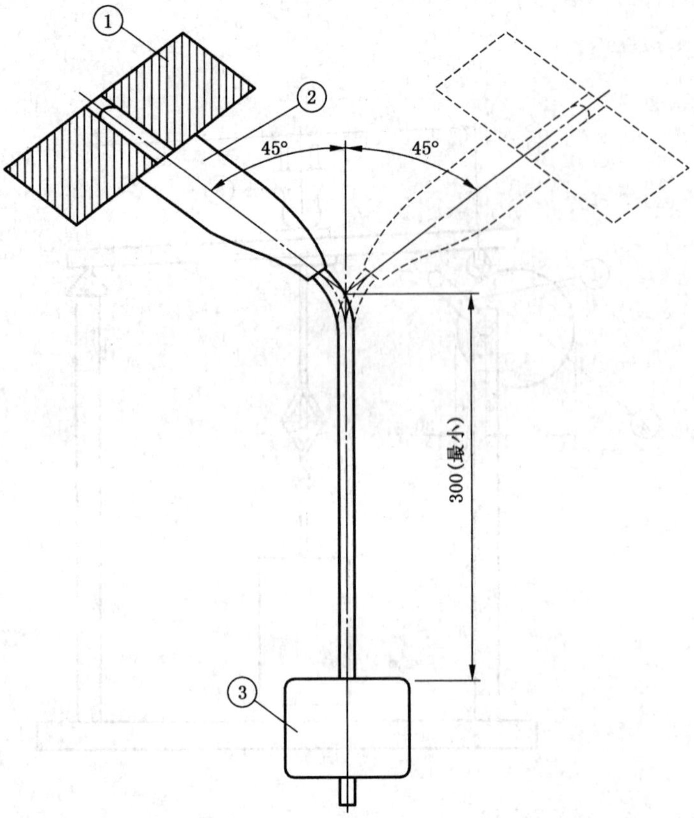

说明：

1——试品固定装置；

2——试品；

3——重物。

应按 9.30 的说明用一根带螺纹的心轴调节不同 SPE-PRCD 的支架。

图 23　弯曲试验装置

单位为毫米

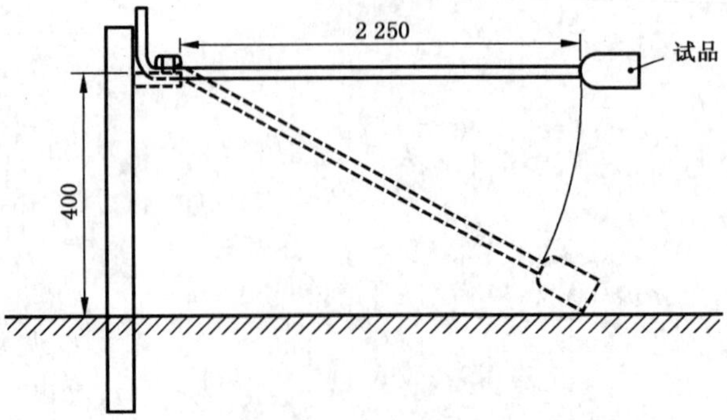

图 24　带电缆的 SPE-PRCD 机械强度的试验装置（见 9.12.4）

单位为毫米

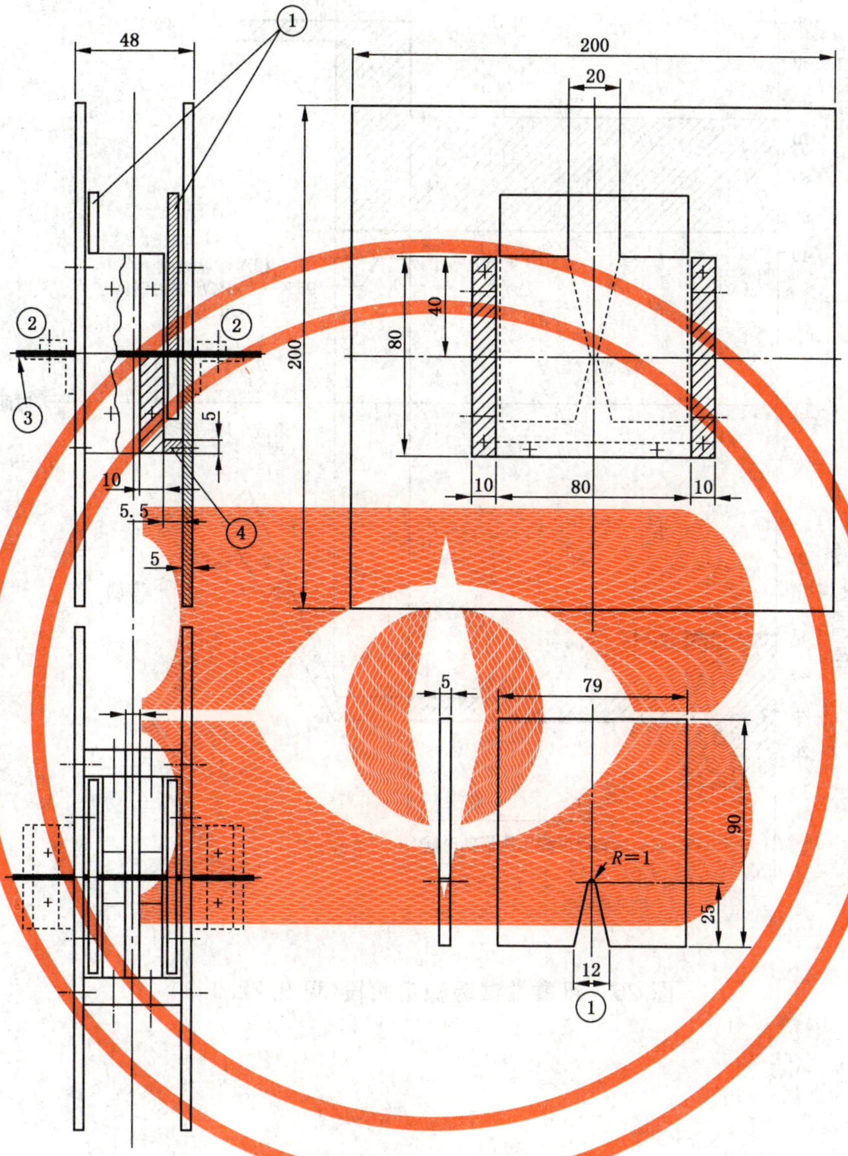

说明：

1——导板；

2——端子；

3——银丝；

4——导板定位。

图 25　验证 SPE-PRCD 能承受的 I^2t 和 I_p 最小值的试验装置[见 9.11.2.1a)]

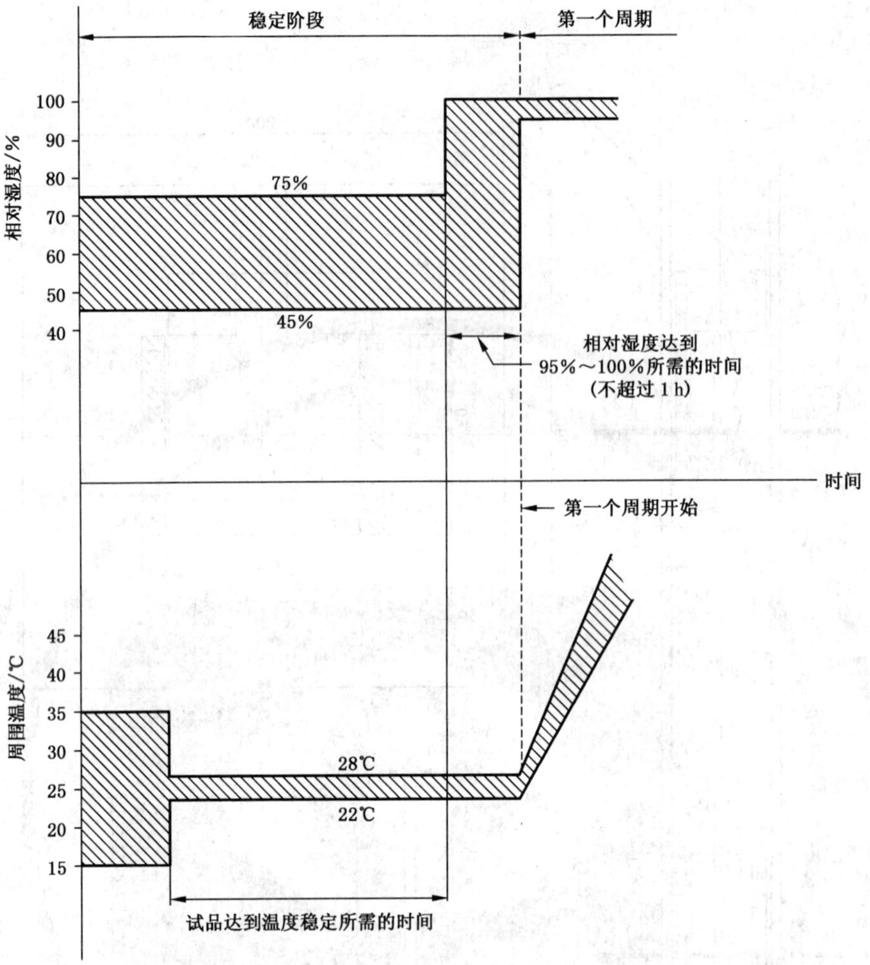

图 26　可靠性试验稳定阶段(见 9.22.1.3)

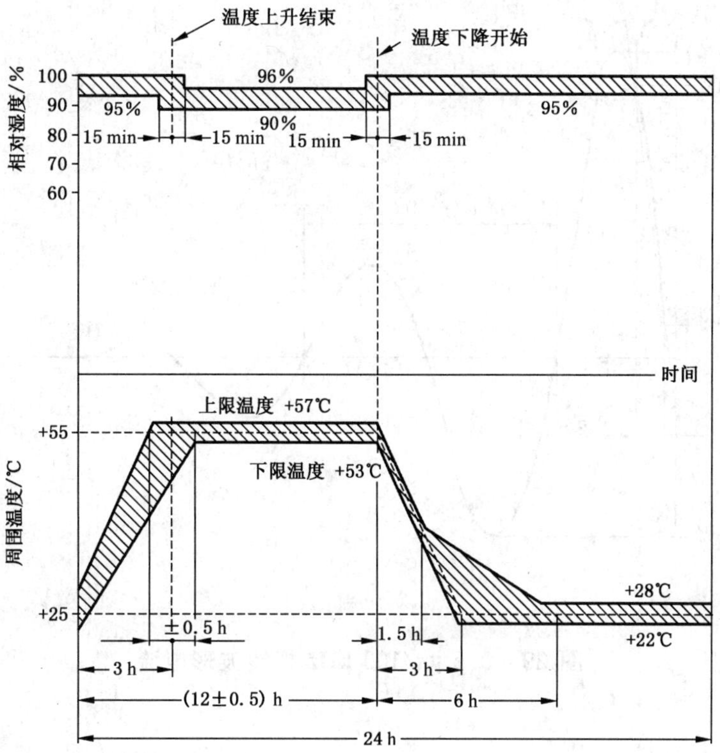

图 27 可靠性试验周期(见 9.22.1.3)

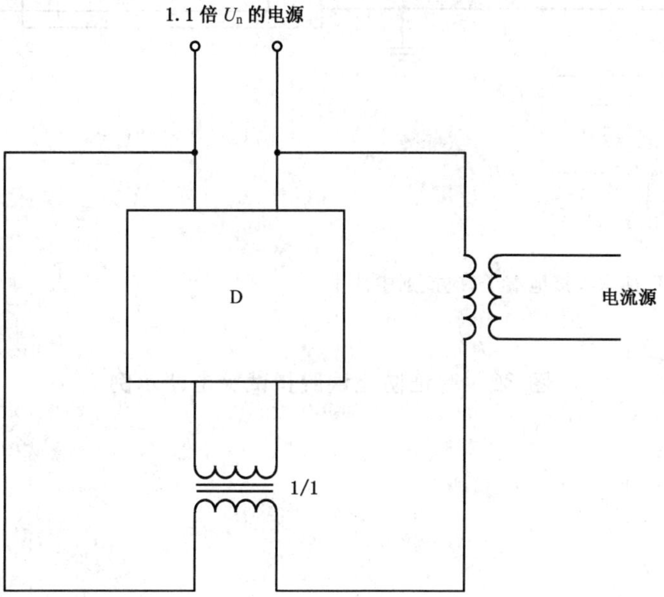

D——被试 SPE-PRCD。

图 28 验证电子元件老化试验电路示例(见 9.23)

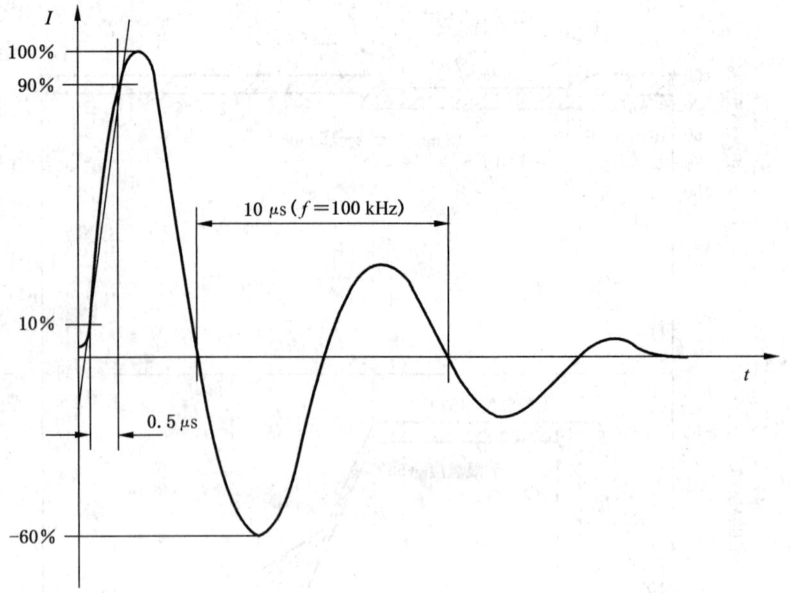

图 29 0.5 μs/100 kHz 振铃波形电流

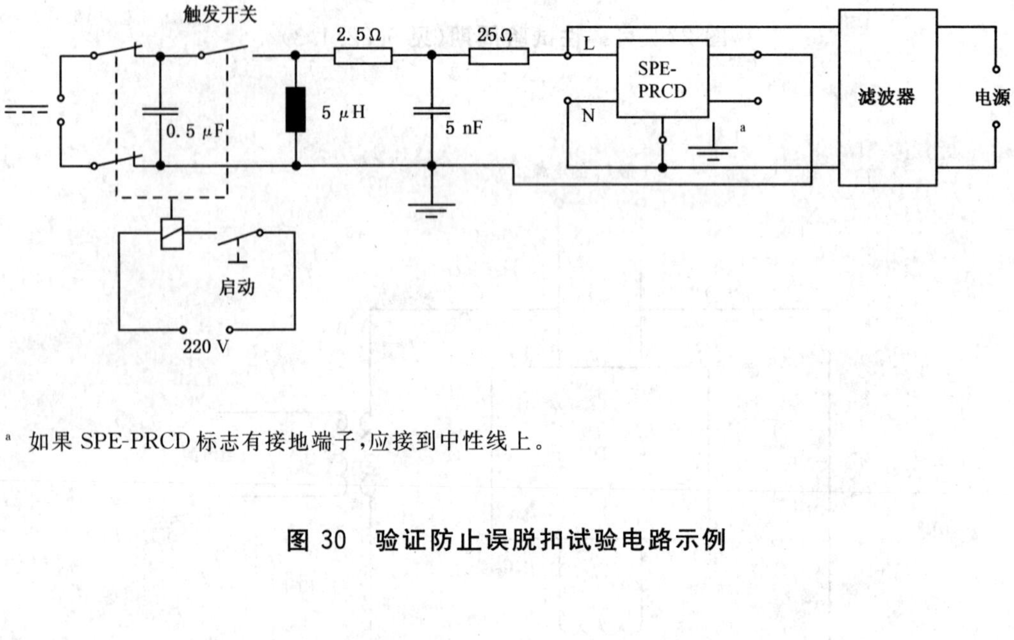

[a] 如果 SPE-PRCD 标志有接地端子，应接到中性线上。

图 30 验证防止误脱扣试验电路示例

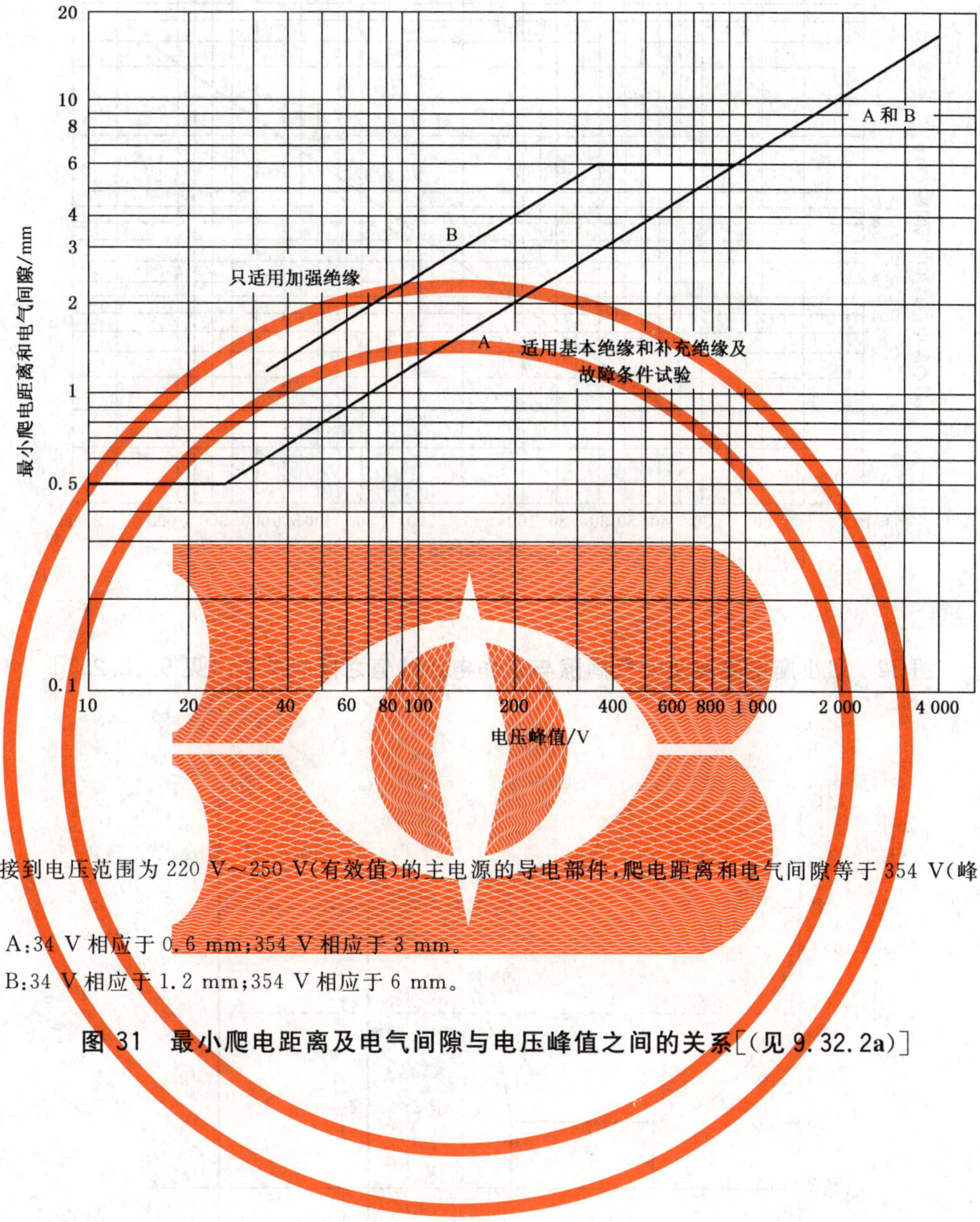

对连接到电压范围为220 V～250 V(有效值)的主电源的导电部件，爬电距离和电气间隙等于354 V(峰值)相应的尺寸。

曲线A:34 V相应于0.6 mm;354 V相应于3 mm。

曲线B:34 V相应于1.2 mm;354 V相应于6 mm。

图31 最小爬电距离及电气间隙与电压峰值之间的关系[(见9.32.2a)]

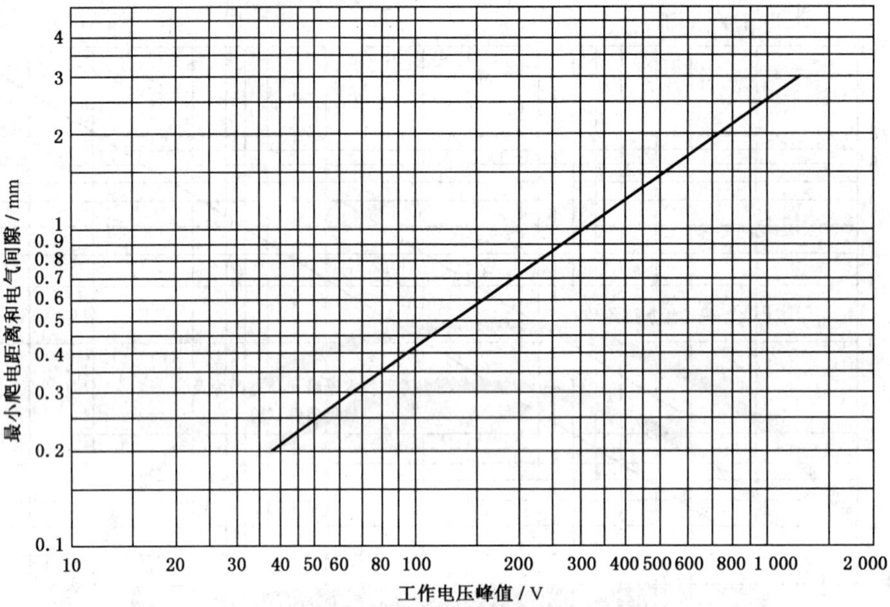

图 32　最小爬电距离及电气间隙与工作电压峰值之间的关系[(见 9.32.2a)]

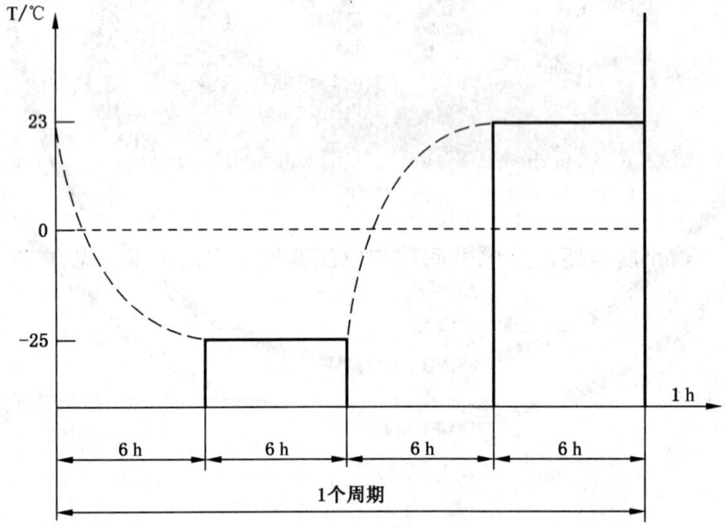

图 33　低温试验的试验周期

附 录 A
（规范性附录）
验证符合本标准的试验程序和提交的试品数量

A.1 一致性验证

一致性验证可以是：

——制造厂作为供货商声明的验证；

——由一个独立的认证机构为了认证的验证。

A.2 试验程序

试验应按表 A.1 进行，表中每一个程序的试验按规定的次序执行。

表 A.1 试验程序

试验程序		条款	试验(或检查)项目
A		第 6 章	标志
			一般要求[a]
		9.3	标志的耐久性试验
		9.15	验证自由脱扣机构
		9.4	螺钉、载流部件和连接的可靠性试验
		9.5	连接外部导体的端子的可靠性试验
		9.27	验证应力对导线的影响
		9.28	验证插入式 SPE-PRCD 对固定安装插座施加的力矩
		9.6	验证电击保护
		9.13	耐热试验
		8.1.3	电气间隙和爬电距离
		9.24	耐电痕化
		9.14	绝缘材料耐异常发热和耐燃
B		9.7	介电性能试验
		9.8	温升和接地回路试验
		9.20	验证绝缘耐冲击电压的性能
		9.22.2	40 ℃温度试验
		9.23	验证老化性能
		9.25	装有绝缘护套的插销试验
C	C_1	9.11.3	验证 SPE-PRCD 中分开的或组成一体的插头的接通分断能力
		9.10	验证机械和电气耐久性
		9.26	插头和移动式插座的非实心插销的机械强度试验
		9.29[b]	电缆固定装置的试验
	C_2[c]	9.29	电缆固定装置的试验
	C_3[c]	9.30	不可拆线 SPE-PRCD 的弯曲试验

表 A.1（续）

试验程序		条款	试验(或检查)项目
D	D_0	9.9	验证动作特性
	D_1	9.17	验证 SPE-PRCD 在电源电压故障时的工作状况
		9.19	防止误脱扣的能力
		9.21	验证剩余电流含有直流分量时的正确动作
		9.11.2.3	验证额定剩余短路接通和分断能力($I_{\Delta m}$)
		9.16	试验装置
		9.12	验证耐机械振动和机械撞击性能
		9.18	验证过电流情况下的不动作电流极限值
		9.32	SPE-PRCD 具有固定连接在两极之间电子元件时，验证电气间隙和爬电距离的替代试验
E		9.11.2.4 a)	在 I_{nc} 时的配合
		9.11.2.2	在 I_m 时的性能
F		9.11.2.4 b)	在 I_m 时的配合
		9.11.2.4 c)	在 $I_{\Delta c}$ 时的配合
G		9.22.1	可靠性(气候试验)
H		9.31	验证电磁兼容性(EMC)
			按附录 D 给出的 GB 18499 的补充试验

[a] “一般要求”包括 8.1.1 和 8.1.2 的检查和测量。这些条款的每个试验可以在试验程序 A 中任何合适的地方进行。

[b] 仅对可拆线的 SPE-PRCD。

[c] 适用于不可拆线的 SPE-PRCD。

A.3 提交全部试验程序的试品数量

如果只有一种型式一个电流额定值和一个剩余动作电流额定值的 SPE-PRCD 提交试验，不同试验序列的试品数量如表 A.2 所示，表中还列出了最低性能合格判别标准。

如果按表 A.2 第二栏提交的所有试品都通过试验，则满足了符合本标准的要求。如果只有第三栏中最少的试品数量通过试验，则应对第四栏所示增加的试品进行试验，并且所有的试品都应完满地完成整个试验程序。

注：对于 9.8 的温升试验，可以要求特殊准备的样品，样品的脱扣回路不起作用。

表 A.2　全部试验程序的试品数量

试验程序[a]	试品数量	最少的合格试品数量[b]	重复试验的试品数量[c]
A	1	1	—
B[d e]	3	2	3
C_1	3	2	3
C_2[f]			
C_3[f]			

表 A.2（续）

试验程序[a]	试品数量	最少的合格试品数量[b]	重复试验的试品数量[c]
D_0[g]	3	2	3
D_1[h]	3	2	3
E[i]	3	2	3
F[i]	3	2	3
G	3	2	3
H	见表 D.2	见表 D.2	见表 D.2

[a] 总共最多可重复试验三个试验程序。

[b] 假定没有通过试验的试品没有满足技术要求是由于工艺或装配的缺陷造成，而不是由于设计的原因。

[c] 在重复试验时，所有的试验结果应合格。

[d] 要求特殊准备的样品，样品带电子元器件没有经受冲击耐压。

[e] 可以要求对于 PE 线的温升试验，可以要求特殊准备的样品，样品的脱扣回路不起作用。

[f] 如果制造厂要求时，C_2 和/或 C_3 应仅在一组（或两组）试品上试验。

[g] −2 ℃试验时，要求附加一个样品。

[h] 如果试验时应拆开试品，可能需要增加一个试品。这时，制造厂应提供一个特殊加工的试品。

[i] 对于 I_{nc} 试验，可以使用新的试品。

A.4 基本设计结构相同的一个系列 SPE-PRCD 同时提交试验时，简化试验程序的试品数量

A.4.1 基本设计结构相同的一个系列 SPE-PRCD 或对这样一个系列的 SPE-PRCD 增加的试品提交认证时，试验的试品数量可按表 A.3 减少。

注：就本附录而言，“相同的基本设计结构”包含整个额定电流（I_n）系列和整个额定剩余动作电流（$I_{\Delta n}$）系列。

表 A.3 试品数量的减少

试验程序	试品的数量[a]
A	1　最大 I_n 额定值 最小 $I_{\Delta n}$ 额定值
B	3　最大 I_n 额定值 最小 $I_{\Delta n}$ 额定值
C_1	3　最大 I_n 额定值 最小 $I_{\Delta n}$ 额定值
C_2 或 C_3	3　任何 I_n 或 $I_{\Delta n}$ 额定值
D_0+D_1	3　最大 I_n 额定值 最小 $I_{\Delta n}$ 额定值
D_0	1　所有其他 $I_{\Delta n}$ 额定值

表 A.3(续)

试验程序	试品的数量[a]
E	3 最大 I_n 额定值 最小 $I_{\Delta n}$ 额定值 3[b] 最小 I_n 额定值 最大 $I_{\Delta n}$ 额定值
F	3 最大 I_n 额定值 最小 $I_{\Delta n}$ 额定值 3[b] 最小 I_n 额定值 最大 $I_{\Delta n}$ 额定值
G	3 最大 I_n 额定值 最小 $I_{\Delta n}$ 额定值
H	见附录 D

[a] 如果按 A.3 的最低合格性能判别标准重复进行试验,对相关的试验用一组新的试品。重复试验时所有的试验结果均应合格。

[b] 如果只有一个 $I_{\Delta n}$ 值提交试验,这组试品不需要。

如果满足 a)至 j)所包含的条件,可认为 SPE-PRCD 具有相同的基本设计结构:

a) 具有相同的基本设计,尤其是在同一系列中,带熔断器的 SPE-PRCD 和不带熔断器的 SPE-PRCD 不应同时存在;

b) 除了下面 l)和 m)许可的不同外,剩余电流动作装置具有相同的脱扣机构和相同的继电器或螺线管;

c) 除了下面 k)所列举的不同外,内部载流部件的材料、涂层和尺寸相同;

d) 触头尺寸、材料、结构和连接方式相同;

e) 手动操作机构、材料和机械性能相同;

f) 模压材料和绝缘材料相同;

g) 灭弧装置的灭弧方法,材料和结构相同;

h) 除了下面 l)和 m)允许的不同外,剩余电流检测装置的基本设计相同;

i) 除了下面 m)允许的不同外,剩余电流脱扣装置的基本设计相同;

j) 除了下面 n)允许的不同外,试验装置的基本设计相同。

只要 SPE-PRCD 在所有的其他方面均符合上面详细列举的要求,下面的不同是允许的:

k) 内部载流连接装置的截面积;

l) 绕组的匝数和截面积以及差动互感器铁心的尺寸和材料;

m) 继电器的灵敏度和/或有关的电子电路(如有的话);

n) 为符合 9.16 的试验所必须的产生最大安匝数器件的电阻值。

A.4.2 对具有相同分类(4.2)和相同基本结构,而额定电流和额定剩余电流不同的 SPE-PRCD,试验的试品数量可按表 A.3 减少。

附 录 B
（规范性附录）
常规试验

B.1 概要

一般来说，根据制造厂的经验，为确保每个 SPE-PRCD 符合经受本标准试验的样品，应做更多的试验。选择适当的试验程序也留给制造厂考虑。

B.2 脱扣试验

依次对 SPE-PRCD 的每个电流回路通以一个剩余电流，在电流小于或等于 $0.5I_{\Delta n}$ 时，SPE-PRCD 不应脱扣，但在 $I_{\Delta n}$ 时，SPE-PRCD 应在规定时间（见表 2）内脱扣。

对每个 SPE-PRCD 至少应施加 5 次试验电流，而对每极至少应施加 2 次试验电流。

B.3 电气强度试验

在下列部位，施加频率为 50 Hz 或 60 Hz，基本上为正弦波的 1 500 V 电压 1 s：

a) SPE-PRCD 在断开位置，当 SPE-PRCD 闭合时电气上连接在一起的端子之间；
b) 对没有电子元件的 SPE-PRCD，SPE-PRCD 在闭合位置，在两个电流回路之间；
c) 对带有电子元件的 SPE-PRCD，SPE-PRCD 在断开位置，在两个进线端的端子之间或两个出线端的端子之间，使得电压不施加在电子元件上；
d) 所有连接在一起的电流回路端子与接地回路及安装金属支架之间。

不应发生闪络和击穿。

注：对连接至接地回路的电子电路，正在考虑修改试验。

B.4 试验装置的性能

SPE-PRCD 处在闭合位置并连接到 0.85 倍额定电压的电源上，操作试验装置时，SPE-PRCD 应断开。

当试验装置预期可在几个电压下使用时，试验应在 0.85 倍最低电压值下进行。

B.5 线丝脱离试验

每个模压式 SPE-PRCD（见 3.1.7）应在装置的额定频率下承受高电压试验，试验电压施加在所有连接在一起的载流部件和与整个可触及的外表面（插合面除外）接触的导电极之间。试验电压为交流 6 kV，持续时间 3 s～5 s。

试验过程中，不应发生闪络和击穿。没有电压降的辉光放电应忽略不计。

附 录 C
（规范性附录）
确定电气间隙和爬电距离

在确定电气间隙和爬电距离时，建议应考虑下列几点：

如果电气间隙和爬电距离受到一个或几个金属部件的影响，则各部分的总和至少应为规定的最小值；

当几个单独部分的长度小于 1 mm 时，在计算电气间隙和爬电距离的总长度长时，不考虑这些部分的长度。

在确定爬电距离时：

a) 槽的宽度和深度均大于或等于 1 mm 时，应沿着槽的轮廓线测量；

b) 槽的任何尺寸小于上述尺寸时，应忽略不计；

c) 筋高度大于或等于 1 mm 时：

——如果筋和绝缘材料部件是一体的(例如，用模压、焊接或胶合方式制成的)，则沿着筋的轮廓线测量。

——如果筋和绝缘材料部件不是一体的，则沿着筋与绝缘材料的连接处或筋的剖面的轮廓线中较短的路径测量。

用下列图例对上述推荐的应用进行说明：

——图 C.1a)、b)和 c)表示在计算爬电距离时，包括槽或不包括槽在内的图例；

——图 C.1d)和 e)表示在计算爬电距离，包括筋或不包括筋在内的图例；

——图 C.1f)说明当筋由插入的绝缘隔板组成，其外部轮廓线比结合部分长度长时，考虑结合部分的爬电距离；

——图 C.2a、b)、c)和 d)说明当绝缘材料部件的凹槽中有固定的零件时，如何确定爬电距离。

单位为毫米

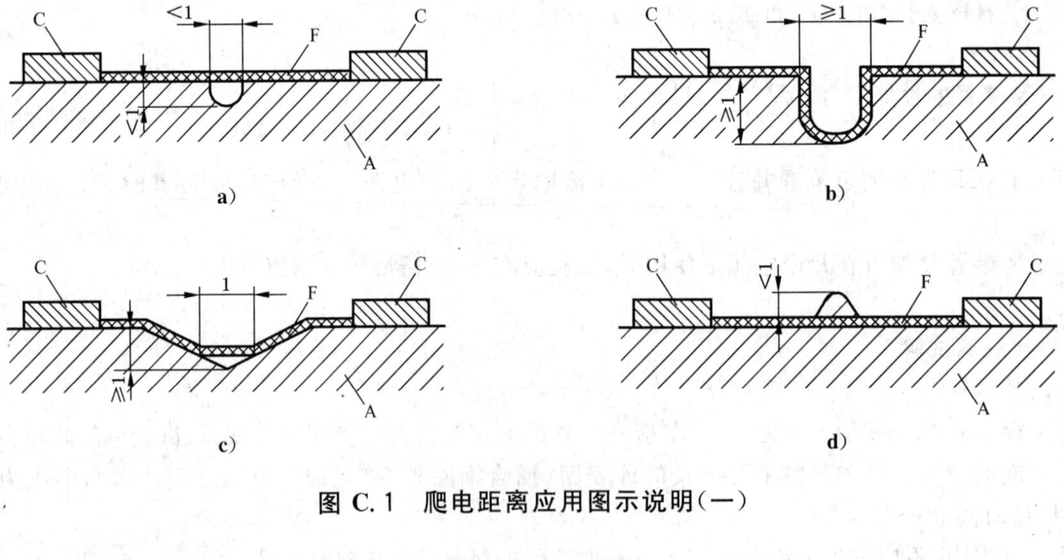

图 C.1 爬电距离应用图示说明(一)

单位为毫米

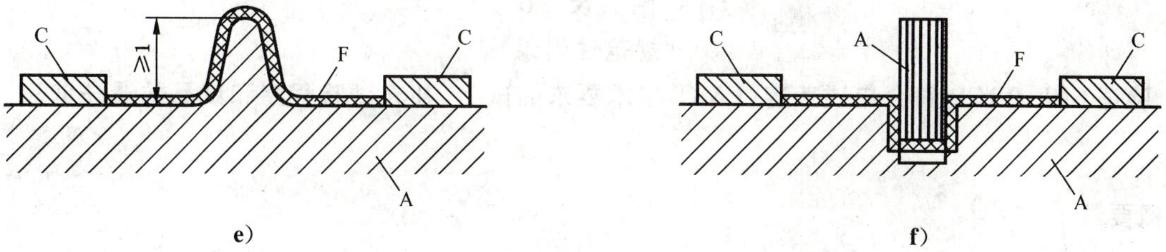

说明：
A——绝缘材料；
C——导电部件；
F——爬电距离。

图 C.1（续）

单位为毫米

说明：
A——绝缘材料；
C——导电部件；
F——爬电距离。

图 C.2 爬电距离应用图示说明(二)

附 录 D
（规范性附录）
验证 SPE-PRCD 符合电磁兼容（EMC）技术要求的试验、补充试验程序和试品数量一览表

D.1 概要

本附录列出了为验证 SPE-PRCD 的电磁兼容性而进行的全部试验和试验程序。

D.2 列出了已包括在本标准中，并已列入附录 A 规定的试验程序和最低性能判别条件的试验项目。

D.3 规定了为全面验证 SPE-PRCD 符合电磁兼容技术要求所需的补充试验、试品数量、试验程序和最低性能判别条件。

试验条件和 EMC 合格性能判别标准在 RCD 的 EMC 产品族标准：GB 18499—2008 中规定。

D.2 已包括在产品标准中的 EMC 试验

表 D.1 的第三栏给出了为确保对第二栏提出的电磁干扰有足够的抗扰度水平并已包括在附录 A 的试验程序中的试验。第一栏给出了 GB 18499—2008 中表 1 和表 2 的相应条款。

表 D.1 已包括在产品标准中的 EMC 试验

GB 18499—2008 中表 1 和表 2 的相应条款	电磁现象	GB 29303—2012 的试验
T1.3	电压幅值变化	9.9.5 和 9.17
T1.4	电压不平衡	9.9.5 和 9.17
T1.5	电源频率变化	9.2
T1.8	幅射磁场	9.11 和 9.18
T2.4	暂态振荡电流	9.19

D.3 GB 18499 所要求的补充试验

应按表 D.2 进行 GB 18499—2008 的下列试验。

除非另有规定，每个试验程序应在 3 个新的试品上进行。

如果按表 D.2 第四栏提交的所有试品都能通过试验，则满足了符合本标准的要求。如果只有第五栏规定的最少数量的试品通过试验，则应对第六栏所示的增加试品进行试验，并且所有的试品都应完满地完成试验程序。

表 D.2 GB 18499—2008 所要求的补充试验

试验程序	GB 18499—2008的参考条件	电磁现象	试品数量	应通过试验的最少试品数量	重复试验的试品数量
D.2.1[a]	T1.1 T1.2 T2.3	谐波,谐间波 信号电压 电涌	3 最小 $I_{\Delta n}$ I_n 任选	2	3
D.2.2	T2.1 和 T2.5 T2.2	传导正弦波电压或电流 快速瞬变(脉冲群)共模	3 最小 $I_{\Delta n}$ I_n 任选	2	3
D.2.3	T2.5	辐射电磁场	3 最小 $I_{\Delta n}$ I_n 任选	2	3
D.2.4	T3.1	静电放电	3 最小 $I_{\Delta n}$ I_n 任选	2	3

注:如制造厂要求时,同一组试品可进行一个试验程序以上的试验。

[a] 对装有连续工作振荡器的 SPE-PRCD,在本程序的试验前应先对试品进行 GB 4343 的试验。

附 录 E
（资料性附录）
可开闭保护接地线(SPE)的应用

E.1 SPE功能和应用的说明

本标准包括的SPE-PRCD具有特殊用途。这些PRCD具有一个可开闭保护接地线(SPE)且对某些危险情况提供附加保护。

家用和类似用途的PRCD按GB 20044。

如果已验证电气装置中插座的进线端已正确安装和使用了一个额定剩余电流不超过0.03 A的RCD,那么此RCD应提供保护,因而不需要使用PRCD。

在使用Ⅰ类设备的场所且电源正确接线,或者还没有验证进线端已存在额定剩余电流不超过0.03 A的RCD,那么SPE-PRCD将提供附加保护。应注意Ⅰ类设备,包括诸如房车等带轮胎的车辆,或例如带金属外壳的手持式电动工具,内置电池充电装置的房车和电动车辆,某些重型建筑机械。

SPE-PRCD中PE的开闭功能使得带电的PE能自动断开。如果只是与相线和中性线相连的极断开,那么与带电PE接触的人将得不到保护。与带电PE接触的人将仍连接在电路中。

SPE能确保:如果PE带电,SPE单元根本不能闭合;或者由于剩余电流流过而断开。如果PE线不能开闭,则带电PE保持与Ⅰ类设备的外露金属相连。

SPE-PRCD的PE回路应具有高度的连续性。PE回路的温升试验和短路耐受试验就是用来确保其高度的连续性。

GB 16895要求电气装置的PE不能开闭。这确保了Ⅰ类设备在使用时总是与PE相连接而接地。通过插头插入而向Ⅰ类设备供电时,每次拔下插头,由插头提供给Ⅰ类设备的PE线即断开。SPE-PRCD在插入之前PE回路也断开,相线触头和中性线触头与PE触头相连,因而也不能闭合,除非PE触头也闭合。当插入电源时,如果电源条件允许SPE-PRCD闭合,则PE、相线和中性线触头基本上同时闭合。由SPE-PRCD供电的Ⅰ类设备的PE连续性与GB 20044的PRCD供电或普遍插头供电时相同。因此,通过SPE-PRCD供电的Ⅰ类设备在使用时与PE相连接而接地。

表14给出了SPE单元所要求的试验。这些试验包括了危险的PE带电(与电源L和N的错接),N线回路断开和PE回路断开。

在某些国家,如果相线L不能正确开闭,电源L和N的极性反接也认为是危险的。断开接地线视为Ⅰ类设备丧失了基本保护;电源中性线断开也可能视为是危险的,因而在SPE-PRCD功能试验中已包括了这种情况。

本标准的3.2.3.18定义了危险的带电PE。如果插座发生误接线,则不正确的电源会引起PE危险带电,如果PE松脱且与相导体接触也会引起带电PE。

图E.1和图E.2包括一些常见的危险情况。图E.2中的例2为电源的PE断开,而与电源带电导体接触时的危险带电PE(LNL)。

需要考虑在IT系统中的运行。SPE-PRCD将有效地监控对地电阻。如果由于电源隔离使得即使接触到带电导体也没有危险,那么SPE-PRCD将不会闭合,而且也不需要PRCD。然后可以将具有插头和移动式连接器的SPE-PRCD拆掉。应采用其他方式验证系统安全且在接入设备之前听取专家的建议。

如果PE开路,例如当系统没有故意地阻抗接地时,则SPE检测回路阻止闭合。连接一个小型隔离变压器,SPE-PRCD将不会闭合。在这种情况下,不需要PRCD。

如果系统阻抗接地(如 5 000 Ω 阻抗),则 SPE 单元可以闭合。SPE-PRCD 确保剩余电流保护。

E.3 所示两种不同型式的 SPE 适合不同的供电系统:LNSE(相、中性线、PE)和 LLSE(相、相、PE)。如果试图连接到其他系统,如 LN 型接入 LL 供电系统,表 14 所列试验可以保证 SPE 单元仍能提供附加保护。

试验的结果确保 SPE-PRCD 可以对误接线提供附加保护,并且从任何带电导体流过的剩余电流不影响 RCD 的功能。

SPE-PRCD 可以检测到带电 PE 却在某些情况下(如 NLL)可以闭合。在这种少有的情况下,如有剩余电流产生 SPE-PRCD 必定动作。原因是 PE 可能穿过了检测互感器。结果是当外部电源电流仅流过 PE 时,SPE 检测单元可以动作。这视为可接受的结果。认可 PE 穿过检测互感器解决了在辨别某些故障时的很多困难,并且提供了 SPE-PRCD 识别所有带电导体中不安全剩余电流的能力。

PE 线可以在剩余电流相反方向穿过检测互感器(对于从 L 流向 PE 的电流,具有双倍的灵敏度;对于只流过 PE 的电流,具有额定的灵敏度)或在同一方向穿过 2 匝(对于从 L 流向 PE 的电流,具有额定的灵敏度;对于只流过 PE 的电流,具有双倍的灵敏度)。

已考虑在 PE 回路中仅流过外部电源电流时的风险评估。本标准所包括的应用场所,这种情况看来不太可能,并且风险很小。

E.2 LLSE 型和 LNSE 型电源误接线的例子

所提供的每个简略示意图(见图 E.1 和图 E.2)是分析各种误接线配置影响后的结论。

根据下述图表符号(类似 N 线断开、PE 断开等明显的标记省略):

$<U_n$:表示 SPE-PRCD 的电源电压降低。

a) 对于 LLSE 型,与电源的配置有关,单相典型值为 0.5,两相为 0.577:U_n(0.5 或 0.577);

b) 对于 LNSE 和 LLSE,与 R_X 路径,即负载阻抗(R_L)和接地回路阻抗(R_X)的比率有关:$U_n[R_L/(R_L+R_X)]$。

注:例如假定 R_X=200 Ω,中性线和 PE 反接,负载电流 15 A,SPE-PRCD 上几乎无电源无压。9.17.1.1 的试验包括这种情况。

R_X 路径(对于 TT 系统):表示接地回路阻抗(R_X)与负载阻抗串联。

N-PE=OV:表示中性线(N)和保护接地(PE)连在一起。

VPE=(0.5−0.577)U_n:对于 LLSE 型,表示 PE 上的电压以地为基准(电源变压器的中心到任一相线)。因此,危险的带电 PE 对于单相为 0.5;两相为 0.577。

带电 PE:保护导线与电源带电导线相连。

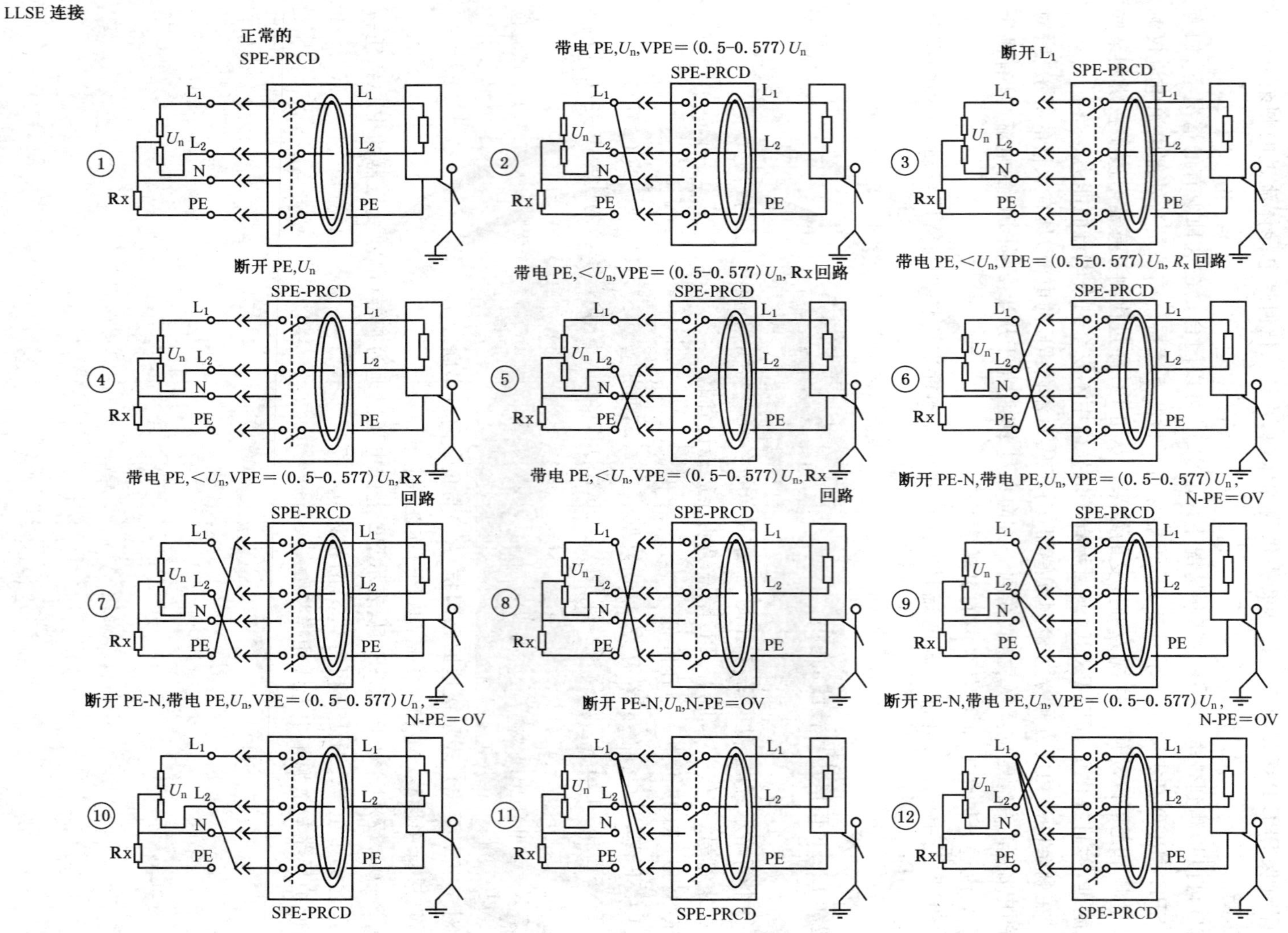

注：插图中的 R_x(最大 200 Ω)用于 TT 系统。

图 E.1 LLSE 型不正确电源接线举例

LNSN 连接

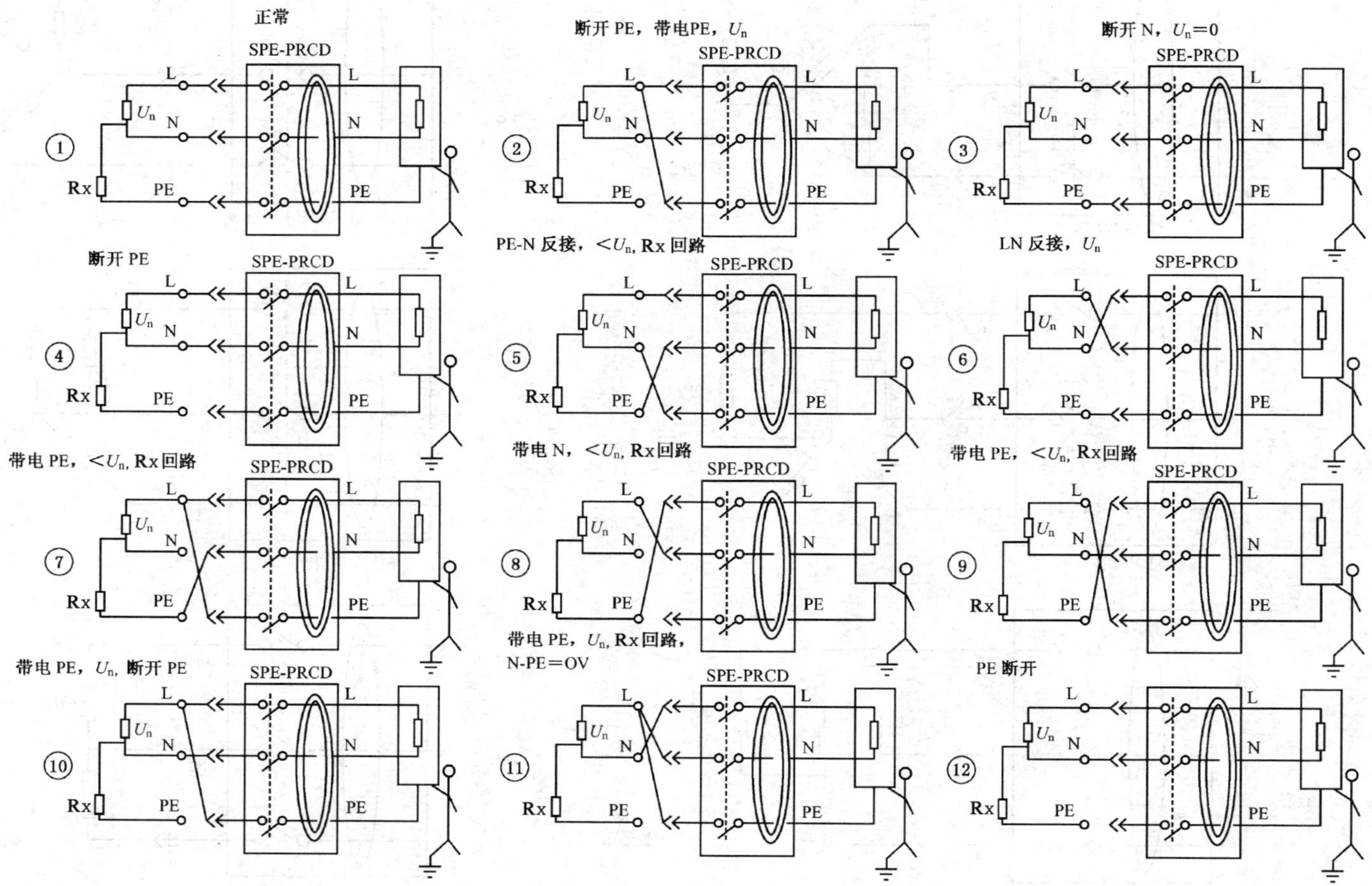

注：插图中的 R_x(最大 200 Ω)用于 TT 系统。

图 E.2　LNSE 型不正确电源接线举例

E.3 TN 和 TT 装置电源系统举例

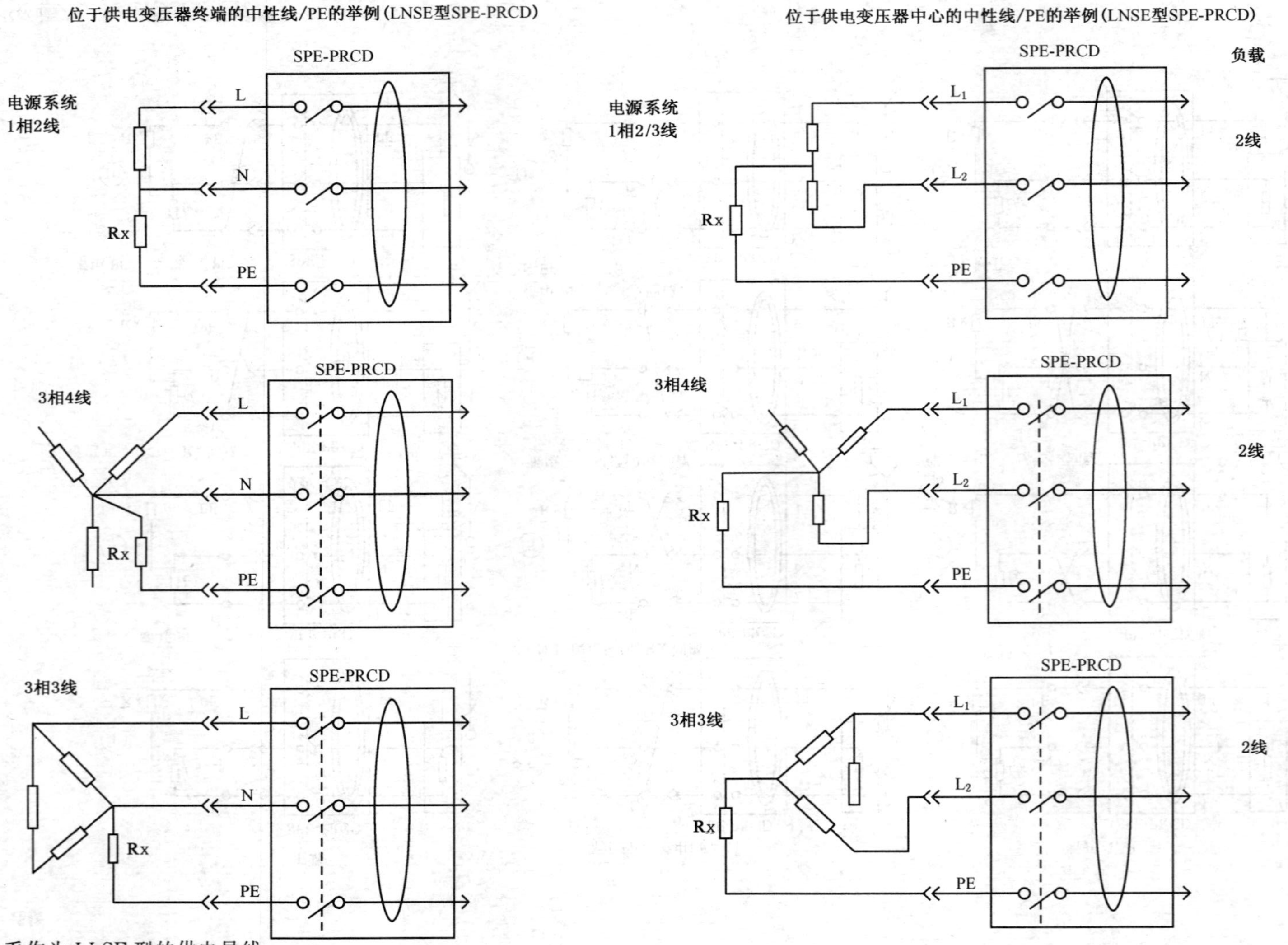

注：中性线也看作为 LLSE 型的供电导线。

图 E.3 TN 和 TT 装置电源系统举例(见 3.2.3.16 和 3.2.3.17)

参 考 文 献

［1］ GB 16895.22—2004 建筑物电气装置 第 5-53 部分：电气设备的选择和安装 隔离、开关和控制设备 第 534 节：过电压保护电器

ICS 29.260.20
K 35

中华人民共和国国家标准

GB/T 29304—2012

爆炸危险场所防爆安全导则

Safety guide for explosion protection in explosive hazardous areas

2012-12-31 发布

2013-06-01 实施

中华人民共和国国家质量监督检验检疫总局
中国国家标准化管理委员会
发布

前　言

本标准按照 GB/T 1.1—2009 给出的规则起草。

本标准在编写格式上参考了 GB 19517—2009《国家电气设备安全技术规范》，在技术内容上参考了欧洲防爆指令的相关内容。

请注意本文件的某些内容可能涉及专利。本文件的发布机构不承担识别这些专利的责任。

本标准由中国电器工业协会提出。

本标准由全国防爆电气设备标准化技术委员会(SAC/TC 9)归口。

本标准负责起草单位：南阳防爆电气研究所、国家防爆电气产品质量监督检验中心、煤炭科学研究总院上海分院、上海工业自动化仪表研究所、郑州煤炭工业(集团)有限责任公司、北京北方永邦科技股份有限公司、煤炭科学研究总院抚顺分院。

本标准参加起草单位：河南省济源市矿用电器有限责任公司、深圳市锦铭科技有限公司、新黎明防爆电器有限公司、镇江东方电热有限公司。

本标准主要起草人：王军、张刚、徐建平、刘姮云、付淑玲、李斌、王云生、李书朝。

本标准参加起草人：张汝鸿、信长瑜、黄双虎、郑振晓、吴旭东。

引　言

本标准的制定是为了实现在人、爆炸危险场所和防爆设备、防护系统之间的安全总水平得到最佳平衡，使爆炸危险场所用设备在设计、制造、销售和使用时最大程度地减少对生命、健康和财产损害的风险，并达到可接受的水平。特别是要格外保护场所中的人员免遭爆炸危险场所使用的设备和系统所产生的危害。

本标准规定了爆炸性危险场所业主对工作人员安全和健康保护的要求，以及爆炸危险场所用设备和防护系统共性安全要求，具体产品和危险场所防爆安全要求由防爆设备的专业标准规定，两者配合使用。

本标准由以必备安全要素为技术主体的正文和列有主要符合性标准的规范性附录 A 构成，其正文与规范性附录 A 的关系是要求与符合、被认可的关系。随着技术的日益进步，附录 A 的内容将相应补充和完善。

本标准仅提出防爆安全必备要素中的数据、限值或允许值、技术要求及防范措施等共性的原则要求，而具体详尽的要求和措施在列入规范性附录 A 中的主要符合性标准中补充、完善。

共性必备安全要素中的试验方法、检验规则、措施等由列入规范性附录 A 中的主要符合性基础标准规定。

根据实际需求，符合性标准在不降低防爆安全的总体水平条件下，只要科学、适当、合理，规范性附录 A 中列入的符合性标准可以增减。

爆炸危险场所防爆安全导则

1 范围

1.1 本标准规定了爆炸危险场所防爆安全导则。包括各类爆炸性危险场所业主对工作人员安全保护要求,以及设备和防护系统在设计、制造、检验、销售、安装、使用、检修和维护时的共性防爆安全技术要求。

1.2 本标准适用于爆炸危险场所业主对爆炸危险场所工作人员(工人)安全保护,以及爆炸危险场所用设备和防护系统。可作为爆炸危险场所业主对工作人员安全保护的最低要求,以及各类爆炸危险场所设备和防护系统防爆安全内容的结构基础,和爆炸危险场所设备和防护系统设计、制造、检验、销售、安装和使用的技术基础。

1.3 拟在爆炸危险场所之外使用,但是对爆炸危险场所的设备和防护系统的安全功能有关联或者对安全功能起作用的那些安全装置、控制装置和调节装置,亦包含在本标准范围之内。

1.4 在中华人民共和国境内的爆炸危险场所的业主应遵循本标准要求;在中华人民共和国境内设计、制造、销售、使用的爆炸危险场所设备和防护系统应符合本标准要求。出口产品可依据合同的约定执行。

1.5 若其他法律、法规对爆炸危险场所设备和防护系统,以及业主对爆炸危险场所工作人员安全保护还规定了其他方面的安全要求,则爆炸危险场所设备和防护系统,以及业主对爆炸危险场所工作人员安全保护也应当符合相应要求。

本标准规定的爆炸危险场所设备和防护系统,以及业主对爆炸危险场所工作人员安全保护特殊要求应在相应专业标准中具体化,并通过相应的论证、验证,补充技术数据加以规定。

1.6 本标准暂不适用于下列设备和防护系统,以及该环境下工作人员的安全保护:爆炸危险完全是由于爆炸性材料物质或不稳定的化学物质所引起的那些设备和防护系统;医学环境的医用设备;由物质与大气中除氧气外的其他氧化剂反应产生的爆炸或者由其他危险反应或非大气条件产生爆炸的场所的设备、防护系统和元件。

2 规范性引用文件

下列文件对于本文件的应用是必不可少的。凡是注日期的引用文件,仅注日期的版本适用于本文件。凡是不注日期的引用文件,其最新版本(包括所有的修改单)适用于本文件。

GB/T 2900.35 电工术语 爆炸性环境用设备(GB/T 2900.35—2008,IEC 60050-426:2008,IDT)

GB 3836.1 爆炸性环境 第1部分:设备 通用要求(GB 3836.1—2010,IEC 60079-0:2007,MOD)

煤矿安全规程(2011年1月25日发布的国家安全生产监督管理总局令第37号《关于修改〈煤矿安全规程〉第二编第六章防治水部分条款的决定》,2011年3月1日起施行)

3 术语和定义

GB/T 2900.35 和 GB 3836.1 界定的以及下列术语和定义适用于本文件。

3.1

爆炸性环境 explosive atmospheres

在大气条件下,气体、蒸气、薄雾或粉尘状的可燃性物质与空气形成的混合物点燃后,燃烧传播至整个未燃混合物的环境。

3.2

危险场所 hazardous areas

爆炸性环境出现或预期出现的数量足以要求对电气设备的结构、安装和使用采取专门预防措施的区域。

3.3

爆炸性环境用设备 equipment for use in explosive atmospheres

单独或组合使用在爆炸性环境、能防止由于自身的潜在点燃源而引起爆炸的电气防爆设备和非电气防爆设备的总称。例如,在能量的产生、传输、储存、测量、控制、转换和/或材料处理环节,由于自身的潜在点燃源可能引起爆炸的机械、器械、固定式或移动式装置、控制单元、仪器及探测或防护系统等。

3.4

爆炸性环境用防护系统 protective systems for use in explosive atmospheres

"防护系统"系指一些设计单元,能够立即停止刚发生的爆炸,和/或限制爆炸火焰和爆炸压力的有效范围。防护系统可以装配到设备上,或作为自主系统单独投放市场。

3.5

爆炸性环境用元件 components for use in explosive atmospheres

指对设备和防护系统的安全功能至关重要但无自主功能的任一器件。

3.6

设备类别和保护级别 equipment groups and protection level

3.6.1 **设备类别 equipment groups**

爆炸性环境用设备根据适用的爆炸性环境分为Ⅰ类、Ⅱ类和Ⅲ类。

Ⅰ类设备:用于煤矿瓦斯气体和/或易燃煤粉环境的设备;

Ⅱ类设备:用于除煤矿瓦斯气体之外的其他爆炸性气体环境的设备;

Ⅲ类设备:用于除煤矿以外的可燃性粉尘环境的设备。

注1:Ⅱ类和Ⅲ类设备按照其拟使用的爆炸性环境的种类或特性可进一步再细分类。

注2:设备和防护系统可设计用于某一特定爆炸环境。在此情况下,应相应地做出标记。

3.6.2 **设备保护级别 equipment protection level;EPL**

根据设备成为点燃源的可能性和爆炸性气体环境、爆炸性粉尘环境及煤矿甲烷爆炸性环境所具有的不同特征而对设备规定的保护级别。

注:确定所需设备的保护级别(EPL)见第8章。

3.7

规定用途 intended use

根据设备的类别和级别,并考虑制造商提供的设备、防护系统和元件安全运行所要求的全部资料使用设备、防护系统和1.3规定的装置。

3.8

工作设备 working equipment

工作中使用的任何器械、设备、工具或装置。

3.9

使用工作设备　use of working equipment

与工作设备有关的任何活动,例如对设备的启动、停止,使用、搬运、修理、改造、维护、养护,尤其包括清洁。

4　总则

对爆炸危险场所工作人员安全和健康保护的最低要求,以及各类爆炸危险场所用设备和防护系统,爆炸危险场所防爆安全评定应符合本标准要求。

注:在实际应用中,可将本标准中的必备安全要素,结合各类危险场所或产品的特点,补充相应数据、规定和专用要求。

列入附录A中的标准是爆炸危险场所设备、防护系统,爆炸危险评定等防爆安全方面的主要符合性基础标准,本标准与其共同构成爆炸危险场所必备防爆安全要素。

5　对危险场所工作人员的安全和健康保护要求

5.1　概述

本章是对业主责任的最低要求。

注:本章的要求对煤矿危险场所除外,煤矿危险场所应按照国家现行的相关法律法规要求进行,如:国家《煤矿安全规程》。

5.2　爆炸预防和爆炸防护

为了预防爆炸和提供爆炸防护,业主应按优先顺序和下列基本原则,采取与业务活动相适用的技术和/或组织措施:

——预防形成爆炸性环境,或者业务活动性质不允许形成爆炸性环境;

——避免点燃爆炸性环境;

——减少(潜在)爆炸对工作人员健康和安全的影响。

如果需要,这些措施应加入和/或补充其他防止爆炸传播的措施,并且应定期及在发生显著变化时对这些措施进行核查和评定。

5.3　爆炸危险评定

5.3.1　至少应从下列方面考虑,对爆炸性环境造成的特定危险进行评定:

——爆炸性环境出现的可能性及持续的时间;

——所有点燃源出现、激活和成为有效点燃源的可能性;

——设备、使用的物质、操作方法及其相互作用;

——预计的影响范围规模。

应全面评定爆炸危险。

5.3.2　进行爆炸危险评定时,可能出现爆炸性环境的场所或通过通孔与可能出现爆炸性环境的场所连接的地方,应予以考虑。

5.4　通用责任

为了保证工作人员的安全和健康,根据危险评定的基本原则及5.2提出的原则,业主应采取必要的措施,保证:

——爆炸性环境出现的量可能危及工作人员和其他人员的健康和安全的地方,工作环境应能保证工作安全进行；

——爆炸性环境出现的量可能危及工作人员和其他人员的健康和安全的工作环境中，要按照危险评定的要求，通过采用适当的技术措施，保证工作人员在工作现场时有适当的安全监控。

5.5 合作责任

同一工作场所有不同企业的工作人员时，每个业主应对其负责范围内的所有事务负责。

在每个业主的独立责任不产生冲突的前提下，按照国家法律和/或实际情况，负责工作场所的业主应协调执行与工作人员健康和安全有关的所有措施，并应在5.7规定的防爆安全文件中列出协调的目标，以及执行目标所采取的措施和方法。

5.6 可能出现爆炸性环境的场所

5.6.1 应按附录B的要求，把可能出现爆炸性环境的场所进行分区。

5.6.2 应保证5.6.1涉及的场所达到附录E和附录C规定的最低要求。

5.6.3 爆炸性环境出现的量可能危及工作人员的健康和安全的场所，需要时应按附录F的要求，在入口处做出标志。适用时，还可设置针对危险场所分区范围的标识，以及包含危险场所相关防爆安全检验信息(如检验频次间隔、检验机构等)的现场检验标志。

5.7 防爆安全文件

为了执行5.4规定的责任，业主应保证制定文件(以下称为防爆安全文件)并及时更新。

防爆安全文件应详细阐明：

——已确定和评定过的爆炸危险；

——为满足本标准的要求采取的完善的措施；

——按照附录B分区的场所；

——附录E和附录C提出的最低要求适用的场所；

——工作场所、工作设备，包括报警装置，充分考虑安全进行设计、操作和维护；

——对安全使用工作设备进行的安排。

应在工作开始之前制定防爆安全文件，并在工作场所、工作设备、或工作机构发生重大变化、扩建或改造时，对文件进行修订。制、修订防爆安全文件的人员应具备相应的资质并获得授权。

业主可将已有的爆炸危险评定文件或其他法律法规下的等效报告合并加入新制定的防爆安全文件中。

5.8 对工作设备和工作场所的特殊要求

5.8.1 已经使用，或在本标准实施前首次投入企业或工程使用的、用于可能出现爆炸性环境场所的工作设备，自本标准实施之日起，如果没有其他标准适用或者仅有部分适用，应符合附录E规定的最低要求。

5.8.2 在本标准实施之后首次在企业或工程上使用的、用于可能出现爆炸性环境场所的工作设备，应符合附录E和附录C规定的最低要求。

5.8.3 在本标准实施之日起首次启用的、含有可能出现爆炸性环境的工作场所(车间)，应符合本标准规定的最低要求。

5.8.4 在本标准实施之前已经投入使用的、含有可能出现爆炸性环境的工作场所(车间)，从本标准实施之日起五年之内，应符合本标准规定的最低要求。

5.8.5 本标准实施之后，对含有可能出现爆炸性环境的工作场所进行的任何改造、扩建或重建，业主应采取必要的措施，保证这些工作符合本标准规定的最低要求。

6 危险场所划分及设备和防护系统选型规定

6.1 除煤矿瓦斯气体和/或易燃煤粉环境之外的其他爆炸性危险场所

除煤矿瓦斯气体和/或易燃煤粉环境之外的其他爆炸性危险场所划分原则见附录B。

Ⅱ类、Ⅲ类设备和防护系统适用于这类爆炸危险场所，其选型原则见附录C。

6.2 煤矿瓦斯气体和/或易燃煤粉环境的危险场所

对煤矿瓦斯气体和/或易燃煤粉环境的危险场所要求，根据我国具体情况，应按国家现行《煤矿安全规程》有关规定。矿井危险环境条件分级概念及Ⅰ类设备和防护系统的选择方法参见附录D。

7 设备、防护系统通用安全技术要求

7.1 一般要求

7.1.1 爆炸危险场所用设备应按本标准制造，以保证设备、防护系统和1.3规定适用于本标准的装置，并在规定用途上能正确安装、维护和使用。在此条件下，只有不危及人员的健康和安全，以及在一定情况下不危及家畜和财产的安全时，方可投放市场和投入使用。

7.1.2 爆炸危险场所划分、设计以及危险场所设备的选型、安装、使用、维护、检修和修理(包括改造)，应符合本标准要求，涉及从事这些工作的人员应具有相关专业知识，并经过适当的、经常性的防爆专业培训。

7.1.3 适用于本标准的设备、防护系统和1.3规定的装置，在考虑到它们的规定用途时，应满足第9章规定的适用于它们的基本安全要求，并应标示防爆合格证书编号。

7.1.4 设备在按设计用途使用时遇到特殊环境或运行条件，则在特殊条件下也应符合本标准。

7.1.5 设备应承受预计会出现的诸如静态或动态负载、液体或气体作用、热或特殊气候等引起危险的物理和化学作用，而不造成危险。

7.1.6 制造设备时，只允许使用能够承受在按设计规定用途使用时所出现的如老化、腐蚀、辐射等物理和化学影响的材料。

7.1.7 爆炸危险场所用设备的设计应符合人类工效学的结构，以减轻劳动强度和便于使用，并能预防危险。

7.2 电气危险防护

7.2.1 可以采用绝缘保护技术、直接接触保护技术、间接接触保护技术等，对电气设备按设计用途使用时由于电能直接作用而造成的危险提供足够的保护。为保证正常运行和防止由于电流的直接作用造成的危险，电气设备应有足够的绝缘电阻、介电强度、耐热能力、防潮湿、防污秽、阻燃性、抗漏电起痕性等电气绝缘性能。

7.2.2 在基本绝缘损坏，有可能产生故障接触电压的危险时，附加绝缘或加强绝缘应单独考核。

7.2.3 电气设备应保证基本绝缘发生故障或出现电弧时，故障接触电压不产生危害。

电气设备应有接地保护(必要时应进行等电位联结)，或双重绝缘结构，或加强绝缘等防护措施。有特殊安全要求的除外。

所有由于工作电压、故障电流、泄漏电流或类似作用可能会发生危害的部位，应符合相关标准规定并留有足够的电气间隙和爬电距离。

7.2.4 应采取适当的措施，防止电气设备自身或相邻设备产生的高温、电弧、辐射、气体、噪声、振动等电的和非电的间接作用所造成的危险。

应采取适当的措施，防止电气设备由于过载、冲击、压力、潮湿、异物等外界因素的间接作用而造成的危险。

7.3 非电气危险防护和机械危险防护

7.3.1 设备应具有足够的机械强度、良好的外壳防护和相应的稳定性，以及适应运输的结构。

7.3.2 应采取适当的措施，避免设备正常使用时接触或接近危险的运动部件，避免金属屑、粉尘飞甩造成的危害，以及避免液体、气体溢出造成的危害。

7.4 电气联接和机械联接

7.4.1 电气设备应设置电源联接装置。电源线中的绿/黄组合绝缘线芯只能与专用的接地端子联接。电源线应采用螺钉、螺母或等效件进行联接，并由专门固定装置定位。

7.4.2 凡因失效而可能有损于安全设计用途使用的紧固件，应能经受正常使用中产生的机械应力。用金属材料制造的螺纹联接件不允许采用易蠕变的金属材料，传递接触压力的电气联接螺钉应旋入金属中。

7.4.3 绝缘材料制成的螺纹件不能应用于任何电气联接。

7.4.4 电气设备的电气联接和/或机械联接的联接件、装置、连接器、端子、导体等应可靠锁定。使用中发热、松动、位移或其他变动应保持在允许的范围内，并能承受电、热、机械的应力。

7.5 运行危险防护

7.5.1 设备运行时，可采用如防护罩、防护窗或排屑装置等专门防止物件或部件以及作业时的碎屑、粉尘等飞甩出去的技术手段，但应避免它们可能带来的撞击、摩擦、静电等方面危险。

7.5.2 应采用平衡、减振、隔声、消声、导声等技术，降低设备振动和噪声，使其控制值在符合国家相关标准要求情况下尽可能低。

7.5.3 应采取适当措施避免设备灼热或低温造成的危害，防止危险热辐射。

7.5.4 为了应用设备而装入其内的有害粉尘、蒸气或气体，或者在工作过程产生的这类物质，应将其可靠地密封起来或排出，不能造成危险。

7.6 电源控制及其危险防护

7.6.1 适用时，电气设备的电源应能通、断或控制，使其有最大限度的安全性。

7.6.2 控制装置和联锁机构应具有危险防护功能。

7.6.3 下列情况，在设备或现场应装设电源线路应急切断装置：

——在危险情况下，操作开关不能快速和无危险地切断；

——有数个能造成危险的运动单元存在，且不能通过一个共同的快速和无危险的操作开关来切断；

——通过切断某个单元会出现附带的危险；

——从控制台上不能全面监视的电气设备。

8 确定设备类别及其保护级别的准则

8.1 Ⅰ类设备

8.1.1 Ma 级所包含的设备

其设计以及必要时配置特殊附加保护措施，使之能够按照制造商设定的运行参数运行，并能保证具有很高的保护级别。

该级别的设备用于煤矿井下和有煤矿瓦斯气体和/或可燃性煤粉尘危险的地面装置上。

该级别的设备要求在爆炸性环境出现时，即使在设备出现罕见的故障情况下仍能保持其功能，其保护措施应达到：

——一个保护措施失效时，至少有第二个独立的保护措施提供必需的保护级别；或者

——同时出现两个各自独立的故障时，仍能保证规定的保护级别。

本级别设备应符合 9.3.1.1 的附加要求。

8.1.2 Mb 级所包含的设备

其设计应使之能够按照制造商设定的运行参数发挥功能，并能保证具有高的保护级别。

该级别的设备用于煤矿井下和可能有煤矿瓦斯气体和/或可燃性煤粉尘危险的地面装置上。

该级别的设备计划在爆炸性环境出现时停机。

在正常运行和更加严酷的运行条件下，尤其是粗暴搬运和环境条件改变时，该级别设备的保护措施仍能保证规定的保护级别。

本级别设备应符合 9.3.1.2 提到的附加要求。

8.2 Ⅱ类设备

8.2.1 Ga 级所包含的设备

其设计应使之能按照制造商设定的运行参数发挥功能，并能保证具有很高的保护级别。

该级别的设备用于爆炸气体、蒸气、薄雾与空气形成的混合物连续出现、长期存在或频繁出现的爆炸性环境。

该级别的设备应保证规定水平的保护级别，即使是在设备出现罕见故障的情况下，仍能保证所要求的保护级别，其保护措施应达到：

——一种保护措施失效时，至少有第二个独立的保护措施提供必要的保护级别；或者

——当同时出现两个各自独立的故障时，应保证规定的保护级别。

本级别设备应符合 9.3.2.1 中提到的附加要求。

8.2.2 Gb 级所包含的设备

其设计应使之能按照制造商设定的运行参数发挥功能，并保证具有高的保护级别。

该级别的设备用于可能出现气体、蒸气、薄雾与空气形成的混合物的爆炸性环境。

该级别的设备，即使在通常必需考虑的频繁出现的干扰或设备故障情况下，也应保证规定的保护级别。

本级别设备应符合 9.3.2.2 中提到的附加要求。

8.2.3 Gc 级所包含的设备

其设计应使之能按照制造商设定的运行参数发挥功能，并保证具有一般的保护级别。

该级别的设备用于不可能出现，即使出现也是偶尔出现或短时间存在的蒸气、薄雾与空气形成的混合物的爆炸性环境。

该级别的设备应保证在正常运行时必要的保护级别。

本级别设备应符合 9.3.2.3 中提到的附加要求。

8.3 Ⅲ类设备

8.3.1 Da 级所包含的设备

其设计应使之能按照制造商设定的运行参数发挥功能，并保证具有很高的保护级别。

该级别的设备用于可燃性粉尘与空气形成的混合物连续出现、长期存在或频繁出现的爆炸性环境。

该级别的设备应保证规定水平的保护级别，即使是在设备出现罕见故障的情况下仍能保证所要求的保护级别，其保护措施应达到：

——一个防爆保护措施失效时，至少有第二个独立的防爆保护措施提供必要的保护级别；或者

——当同时出现两个各自独立的故障时，仍能保证所要求的保护级别。

本级别设备应符合 9.3.3.1 中提到的附加要求。

8.3.2 Db 级所包含的设备

其设计应使之能按照制造商设定的运行参数发挥功能，并能保证高的保护级别。

该级别的设备用于可能出现可燃性粉尘与空气形成的混合物的爆炸性环境。

该级别的设备，即使在通常必需考虑的频繁出现的干扰或设备故障情况下，也应保证规定的保护级别。本级别设备应符合 9.3.3.2 中提到的附加要求。

8.3.3 Dc 级所包含的设备

其设计应使之能够按照制造商设定的运行参数发挥功能，并能保证一般的保护级别。

该级别的设备用于不可能出现，即使出现也是偶尔出现或短时间存在的可燃性粉尘与空气形成的混合物的爆炸性环境。

该级别的设备应保证在正常运行时必要的保护级别。

本级别设备应符合 9.3.3.3 中提到的附加要求。

9 设备、防护系统设计和结构的防爆安全基本要求

9.1 概述

本章旨在说明爆炸危险场所中使用的设备和防护系统保持正常功能和防爆安全的设计和结构的基本要求。

由于技术知识更新迅速，应予以重视并尽快加以采用。

对于 1.3 所指的装置，仅在它们与爆炸危险有关的安全可靠功能和运行需要时，应考虑这些基本要求。

9.2 对于设备和防护系统的共同要求

9.2.1 总体要求

9.2.1.1 整体防爆安全原则

爆炸危险场所中使用的设备和防护系统，应从整体防爆安全的观点考虑并设计。

因此，制造商应采取措施，做到：

——首先，如果可能，防止设备和防护系统自身产生或释放可燃性物质可能形成爆炸性环境；

——考虑每一电气和非电气点燃源的性质，防止点燃爆炸性环境；

——如果仍然发生爆炸，能直接或间接地危害人员、财产安全时，立即阻止爆炸和/或将爆炸火焰和爆炸压力限制在足够安全的水平之内。

9.2.1.2 可能存在的故障危险排除

设备和防护系统的设计和制造应在对可能存在的运行故障进行适当分析之后进行，以期尽可能地排除危险状况。

应考虑任何能合理地预先采取措施以防止错误使用的情况。

9.2.1.3 **特殊检查和维护条件**

有特殊检查和维护条件的设备和防护系统，在设计和制造时应考虑这些条件。

9.2.1.4 **周围区域条件**

设备和防护系统的设计和结构，应能与实际的或可预见的周围区域条件相适应。

9.2.1.5 **标志**

所有设备和防护系统应设置清晰、准确、持久的标志，标志内容应使用中文，至少应包含下列各项：

——制造商的名称和地址；

——防爆合格证号；

——设备型号规格；

——序列号，如果有；

——制造年月；

——防爆标志，以及设备类别和组别、级别符号；

——对Ⅰ类设备，用字母"M"表示设备的保护级别；对Ⅱ类设备，用字母"G"表示设备的保护级别（由气体、蒸气或薄雾形成的爆炸性环境）；对Ⅲ类设备，用字母"D"表示设备的保护级别（由可燃性粉尘引起的爆炸性环境）。

注：设备防爆型式的标志及要求详见 GB 3836.1—2010 第 29 章。

此外，需要时，在设备和防护系统上应标出对其安全使用至关重要的一切信息。

9.2.1.6 **说明书**

9.2.1.6.1 所有设备和防护系统应附有说明书，至少应包括下列详细内容：

——设备和防护系统上所标志信息的简要说明，以及便于设备维护的其他信息（如进口商、修理商的地址等）；

——安全说明书，包括下列内容：

- 投入运行；
- 使用；
- 组装和拆卸；
- 维护（运行和紧急修理）；
- 安装；
- 调试；

——必要时，说明泄压装置前面的危险区域；

——必要时，培训要求；

——对某一特定级别的设备或防护系统能否在预期的运行条件下在预定场所安全使用有疑问时，能够做出决定的详细说明；

——电气参数、压力参数、最高表面温度和其他限值；

——必要时，特殊使用条件，包括经验证明可能误用的详细情况；

——必要时，设备或防护系统可能配置的工具的基本特性参数。

9.2.1.6.2 说明书应由制造商或其在中国国内的授权代表以中文起草。

对进口设备，在投入使用时，所有设备和防护系统应附有中文的说明书/译本，同时附有说明书原语种的文本。

译本应由制造商或其在中国国内的授权代表，或是将设备或防护系统引入中国的人员翻译。

可偏离该要求的一种方式是，对于由制造商或其在中国国内的授权代表雇用的专业人员使用的维护说明书，可用该人员懂得的文字起草。

9.2.1.6.3 说明书中应包括：设备或防护系统投入使用、维护、检查、正确操作的核查，及适用时维修所需的图纸和示意图，以及所有有用的说明，特别是与安全有关的说明。

9.2.1.6.4 设备或防护系统的宣传资料不得与安全方面的说明矛盾。

9.2.2 材料选择

9.2.2.1 考虑到可预见的运行应力，设备和防护系统的制造材料应不能引起爆炸。

9.2.2.2 在制造商规定的运行条件范围内，所使用的材料和潜在爆炸环境的组成成分之间一定不能发生反应，损害防爆性能。

9.2.2.3 各种材料的选择应保证：材料特性以及它们与其他材料组合的兼容性的可预见变化，不会降低所提供的保护级别；尤其是应认真考虑材料的耐腐蚀性、耐磨性、导电率、冲击强度、抗老化和温度变化的影响。

9.2.3 设计和结构

9.2.3.1 概述

设备和防护系统的设计和结构，应认真考虑防爆方面的技术知识，以使它们在可预见的寿命周期内安全地运行。

9.2.3.2 装配到设备和防护系统上或用作其替换件的元件

装配到设备和防护系统上或用作其替换件的元件，其设计和结构应使它们在按照制造商的说明书安装后，能发挥防爆方面的安全功能。

9.2.3.3 密封结构和防泄漏

对于可能释放可燃性气体或粉尘的设备，只要有可能应仅使用密封结构。

如果设备上有开口或非密封接合面，其设计应尽可能使出现的气体或粉尘不会在设备外部形成爆炸性环境。

对于物料进入或引出点的设计和结构，在加注或排空时要尽可能限制可燃性物质的逸出。

9.2.3.4 粉尘沉积

对于拟用在粉尘场所的设备和防护系统，其设计应使沉积在其表面的粉尘不被引燃。

总之，可能产生粉尘沉积的地方应限制粉尘沉积。设备和防护系统应易于清扫。

设备部件的表面温度应保持显著低于沉积粉尘的引燃温度。

应考虑沉积粉尘的厚度，必要时，应采取措施限制温度以防热量积聚。

9.2.3.5 附加保护措施

必要时，可能承受某种外部应力的设备和防护系统，应配备附加保护措施。

设备应能承受相应应力，而不会对防爆性能产生不利影响。

9.2.3.6 安全开启

如果设备和防护系统位于外壳或密闭的容器内，而外壳和容器又是防爆措施的一部分，则应仅用专用工具或适当的保护措施才能开启外壳或容器。

9.2.3.7 对其他危害的防护

设备和防护系统的设计和制造应使之能够：

a) 避免直接或间接接触可能造成的人身伤害或其他伤害；

b) 确保可接触部件不会产生能造成危险的表面温度或造成危险的辐射；

c) 消除经验证实的各种非电气危险；

d) 确保可预见的过载条件不会造成危险情况。

注：对于设备和防护系统而言，本款提及的各种危险可能全部或部分被包含在其他相关标准中。

9.2.3.8 设备的过载

应在设计阶段，通过采取综合的测量调节和控制装置等措施，如过流切断开关、限温装置、差压开关、流量计、延时继电器、超速监视保护器和/或类似的监控装置，防止设备出现有危险的过载。

9.2.3.9 隔爆外壳系统

如果把能够引燃爆炸性环境的部件放置在一外壳内，则应采取措施确保外壳能够承受内部爆炸性混合物爆炸产生的压力，并阻止爆炸传播到外壳周围的爆炸性环境中。

9.2.4 潜在引燃源

9.2.4.1 不同引燃源引起的危险

不应产生诸如火花、火焰、电弧、表面高温、声能、光辐射、电磁波等潜在引燃源，以及其他引燃源。

9.2.4.2 静电引起的危险

应采取适当措施，防止能够引起危险放电的静电电荷。

9.2.4.3 杂散电流和漏电电流引起的危险

应防止设备导电性部件上产生的杂散电流和漏电电流引起的危险，它们可导致诸如能诱发引燃的危险性腐蚀、表面过热或火花的产生。

9.2.4.4 过热引起的危险

旋转过程中物料和部件之间相互接触，或者外物进入引起摩擦或冲击产生过热，这一点在设计阶段应尽可能预防。

9.2.4.5 压力补偿运行引起的危险

设备和防护系统的设计或配备一体的测量、控制和调节装置，应使它们产生的压力补偿不会引起可能导致引燃的冲击波或加压作用。

9.2.4.6 雷电引起的危险

需要时，可采取适当措施防止雷电对设备和防护系统造成危险。

9.2.5 外部影响引起的危险

9.2.5.1 设备和防护系统的设计和结构，应使之能够充分安全地发挥预期功效，即使在环境条件改变以及出现额外电压、湿度、振动、污染和其他外部影响时，考虑到制造商确定的运行条件限值也能达到要求。

9.2.5.2 采用的设备部件应适合于预定的机械应力和热应力，并且能够承受已有的或可预见的腐蚀性物质的腐蚀。

9.2.6 有关安全装置的要求

9.2.6.1 通则

安全装置应不依赖于任何运行所需的测量或控制装置独立起作用。

当安全装置出现故障时，应用适当的技术手段尽可能迅速地检查出故障，确保危险情况出现的可能性极小。

电路一般要采用自动防止故障(失效保护)原理。

与安全有关的开关一般不能经过中间软件指令，应直接起动相关控制装置。

9.2.6.2 安全装置失效

在安全装置万一失效的情况下，设备和/或防护系统仍应尽可能保证安全可靠。

9.2.6.3 紧急停机控制器

安全装置的紧急停机控制器应尽可能配有再起动锁定器。只有在人为重新设置再起动锁定器后，新的起动命令才可能对正常运行起作用。

9.2.6.4 控制和显示元件

当使用控制和显示元件时，其设计应符合人机工程学原理，在涉及爆炸危险方面能够获得最高可能的运行安全级别。

9.2.6.5 对有防爆测量功能的装置的要求

与爆炸危险环境用设备有关、有测量功能的装置，其设计和结构应能够适应于可预见的运行要求和特殊的使用条件。

9.2.6.6 对测量功能装置的检查

当需要时，应能够检查有测量功能装置的读数精确度和适用性。

9.2.6.7 测量功能装置的设计

有测量功能的装置设计时应设定一个安全系数，在特别考虑到安装后的运行条件和测量系统可能的偏差后，这一安全系数应确保报警阈值远远离开在该环境已记录的爆炸和/或引燃极限值。

9.2.6.8 软件引起的危险

设计软件控制的设备、防护系统和安全装置时，应特别考虑程序故障引起的危险。

9.2.7 与系统有关的整体安全要求

9.2.7.1 安装在自动工序(自动线)上的设备和防护系统

对于安装在自动工序(自动线)上的设备和防护系统，当偏离预定运行条件时，应还能够用手动方式实现停机，前提是这种方式不会损害安全性能。

9.2.7.2 启动紧急停机系统

当紧急停机系统启动时，应尽可能快而且安全地分散积聚的能量或是将能量隔离，使之不再构成危险。

这项要求不适用于电化学形式贮存的能量。

9.2.7.3 动力故障引起的危险

在出现动力故障情况下，设备和防护系统能引起额外危险扩散时，应不依靠其他装置能使它们保持安全运行状态。

9.2.7.4 连接引起的危害

设备和防护系统应装配合适的电缆和导管引入装置。

当设备和防护系统拟与其他设备和防护系统组合使用时，接口应安全可靠。

9.2.7.5 作为设备部件的报警装置的安装

当设备或防护系统装配探测或报警装置，用以监控是否出现爆炸性环境时，应提供必要的说明，以使它们能够安装在合适的位置。

9.3 对设备的补充要求

9.3.1 对Ⅰ类设备的要求

9.3.1.1 对Ⅰ类 Ma 级设备的要求

9.3.1.1.1 即使在设备出现罕见故障情况下，设备的设计和结构应使引燃源不会成为有效引燃源。

设备应提供保护措施，以使：

——一个保护措施失效时，至少有第二个独立的保护措施提供必需的保护级别；或者

——同时出现两个各自独立的故障时，仍能保证所要求的保护级别。

需要时，设备应配备附加的特殊保护措施。

爆炸性环境出现时设备应仍然保持其功能。

9.3.1.1.2 必要时，设备的结构应防止粉尘进入。

9.3.1.1.3 设备部件的表面温度应保持明显低于可预见的空气/粉尘混合物的引燃温度，防止引燃悬浮的粉尘。

9.3.1.1.4 设备的设计应使可能成为引燃源的设备部件，只有在不起作用时或者仅在本质安全条件下才能开启。当不可能使设备部件处于不起作用的状态时，制造商应在设备的开启部件上加贴警告标志。

必要时，设备应配备适当的附加联锁系统。

9.3.1.2 对Ⅰ类 Mb 级设备的要求

9.3.1.2.1 设备配备的保护措施应保证，在正常运行过程中和更加严酷的运行条件下，尤其是粗暴操作和环境条件改变时，引燃源不会成为有效引燃源。

在爆炸性环境出现时设备需要停机。

9.3.1.2.2 设备的设计应使可能成为引燃源的设备部件，只有在不起作用时或者通过适当的联锁系统才能开启。当不可能使设备部件处于不起作用的状态时，制造商应在设备的开启部件上加设警告标志。

9.3.1.2.3 适用于 Ma 级有关由粉尘引起的爆炸危险的各项要求应采用。

9.3.2 Ⅱ类设备的要求

9.3.2.1 Ⅱ类 Ga 级设备的要求

9.3.2.1.1 即使在设备出现罕见故障情况下，设备的设计和结构应使引燃源不会成为有效引燃源。

设备应提供保护措施，以使：

——一个保护措施失效时，至少有第二个独立的保护措施提供必要的保护级别；或者

——当同时出现两个各自独立的故障时，仍能保证所要求的防爆水平。

9.3.2.1.2 对于表面温度可能升高的设备，应采取措施保证即使在最不利的环境中也不会超过规定的最高表面温度。

热量积聚和化学反应引起的温升也应予以考虑。

9.3.2.1.3 设备的设计应使可能成为引燃源的设备部件，只有在不起作用时或者仅在本质安全条件下才能开启。当不可能使设备部件处于不起作用的状态时，制造商应在设备的开启部件上加设警告标志。

需要时，设备应配备适当的附加联锁系统。

9.3.2.2 对Ⅱ类 Gb 级设备的要求

9.3.2.2.1 即使在通常必需考虑的频繁出现的干扰或设备运行故障情况下，设备的设计和结构也应能防止产生引燃源。

9.3.2.2.2 设备部件的设计和结构应使之不会超过规定的表面温度，即使制造商预料的非正常情况引起危险情况下也应如此。

9.3.2.2.3 设备的设计应使可能成为引燃源的设备部件，只有在不起作用时或者通过适当的联锁系统才能开启。当不可能使设备部件处于不起作用的状态时，制造商应在设备的开启部件上加设警告标志。

9.3.2.3 对Ⅱ类 Gc 级设备的要求

9.3.2.3.1 设备的设计和结构应使之能防止正常运行过程中可能产生的可预见的引燃源。

9.3.2.3.2 在预定运行条件下，表面温度应不超过规定的最高表面温度。只有制造商采用了特殊附加保护措施，才可能允许例外的环境条件下较高的温度。

9.3.3 适用于Ⅲ类设备的要求

9.3.3.1 适用于Ⅲ类 Da 级设备的要求

9.3.3.1.1 设备的设计和结构应做到即使在设备出现罕见故障情况下，也不会发生空气/粉尘混合物的引燃。设备应提供下列保护措施：

——一个保护措施失效时，至少有第二个独立的保护措施提供必要的防爆水平；或者

——当同时出现两个各自独立的故障时，仍能保证所要求的防爆水平。

9.3.3.1.2 必要时，设备的设计应使粉尘只能从特殊设计的点进出设备。

电缆引入装置和连接件也应满足这一要求。

9.3.3.1.3 应很好地保持设备部件的表面温度低于可预见的空气/粉尘混合物的引燃温度，以防引燃悬浮的粉尘。

9.3.3.1.4 关于设备部件开启的安全性，9.3.2.1.3 的要求也适用。

9.3.3.2 对Ⅲ类 Db 级设备的要求

9.3.3.2.1 设备的设计和结构应能防止粉尘/空气混合物引燃，即使在通常必需考虑的频繁出现的干扰或设备运行故障的情况下也应如此。

9.3.3.2.2 关于表面温度，9.3.3.1.3 的要求适用。

9.3.3.2.3 关于对粉尘的防护，9.3.3.1.2 的要求适用。

9.3.3.2.4 关于设备部件的安全开启，9.3.2.1.3 的要求适用。

9.3.3.3 对Ⅲ类Dc级设备的要求

9.3.3.3.1 设备的设计和结构应使正常运行中可能存在的可预见引燃源不能引燃粉尘/空气混合物。

9.3.3.3.2 关于表面温度,9.3.3.1.3的要求适用。

9.3.3.3.3 考虑到粉尘的粒度,设备、包括电缆引入装置和连接件的结构,应使粉尘既不可能与空气形成爆炸性混合物,也不会在设备内部形成有危险的沉积。

9.4 对防护系统的附加要求

9.4.1 一般要求

9.4.1.1 防护系统的尺寸/结构应能使爆炸的影响减少到足够安全的水平。

9.4.1.2 防护系统的设计和安装的方式,应能防止爆炸通过危险的链反应或飞弧扩散,并能防止初始爆炸演变成爆轰。

9.4.1.3 电源发生故障时,防护系统的电能应还能保持运行一段时间,足以避免危险情况出现。

9.4.1.4 防护系统应不会由于外部干扰而失效。

9.4.2 策划和设计

9.4.2.1 材料特性

关于材料的特性,在策划阶段应考虑到的最大压力和温度是在极端运转条件下和火焰的超前热效应下,发生爆炸时所产生的预期压力和温度。

9.4.2.2 抗爆炸冲击波

设计用于抵御或抑制爆炸的防护系统,应能够承受爆炸产生的冲击波,并且不会丧失系统的完整性。

9.4.2.3 附属设施

防护系统连接的附属设施,应能够承受预计的最大爆炸压力,并且具有不会丧失其发挥功能的能力。

9.4.2.4 周边设备影响

策划和设计防护系统时,应考虑到周边设备和连接管道中的压力所引起的效应。

9.4.2.5 泄压系统

如果防护系统上的应力可能会超出其结构强度,在设计阶段应采取措施,以设置合适的不会危及附近人员的泄压装置。

9.4.2.6 爆炸抑制系统

策划和设计爆炸抑制系统时,应使其能够在出现事故时,在尽可能早的阶段对初始爆炸做出反应,并考虑最大压力增大速率和最大爆炸压力,将爆炸抑制到最佳效果。

9.4.2.7 爆炸阻隔系统

应策划并设计阻隔系统,利用合适装置在爆炸初始阶段尽可能快地使特定设备断开联系,以持续防止内部点燃传播,并维持其在运行条件下的机械强度。

9.4.2.8 报警关联

防护系统应能够并入一具有适当报警阈值的线路中，以便需要时能够停止产品投料和输出，并且能关断不能再安全运行的设备部件。

10 检验和评定

10.1 检验项目

10.1.1 检验项目的规定应符合可检验性原则。一项技术要求只应规定一种可重现的试验方法，如果必须同时规定两种以上的试验方法时，则应规定仲裁方法。

10.1.2 检验项目的试验程序、环境温度等如果会影响试验结果，则应对检验程序、试验时的环境温度等做出相应规定。对具有危险性的检验方法，应对预防危险的措施做出严格规定。

10.1.3 检验中使用的仪器、工具、设备等均应规定精度等级，计量器具应具有可溯源性并应通过溯源最终可追溯到国家计量基准。在危险场所检验使用的仪器、工具、设备等，也应满足本标准要求。

10.2 检验规则

10.2.1 新工程项目(也包括改造、扩建或重建)的危险场所区域划分和防爆设备安装检验分设计审查和现场检验。其中，设备现场检验可包括交货检验、安装施工过程检查和完工检验等。新工程项目含有可能出现爆炸性环境的工作场所启用前应进行预防和防护爆炸危险评定。

10.2.2 含有可能出现爆炸性环境的工作场所已经启用，应定期对爆炸危险环境进行危险评定，包括对在用设备进行定期防爆安全检验。

10.2.3 设备和防护系统应取得防爆合格证。制造商出厂前的设备和防护系统的检验分例行检验和型式检验，其中例行检验包括出厂检验和必要的制造工序检验。例行检验应全部合格方可出厂。

10.2.4 型式检验在下列情况之一时进行：

——新设备或防护系统完成时；

——设计、材料或工艺上的变更足以引起某些性能发生变化时；

——例行检验的结果与以前进行的型式检验结果发生不可容许的偏差时；

——定期质量抽查检验。

10.2.5 检验的样品有送检样品和抽检样品。检验要规定判定产品为合格或不合格的条件；规定不合格产品再次提出检验的复验规则。

10.2.6 型式检验可采用统计评定的抽样检验，或为了简化只在一个样品上进行。抽样检验要规定抽样方案，抽样和取样方法，判定规则及复验规则。

10.3 检验和评定报告

检验报告和评定报告及防爆合格证书应由国家认可的具有相应能力的检测机构出具。

附 录 A
（规范性附录）
主要符合性基础标准

GB/T 2900.35	电工术语　爆炸性环境用设备 (GB/T 2900.35—2008,IEC 60050-426:2008,IDT)
GB 3836.1	爆炸性环境　第1部分:设备　通用要求 (GB 3836.1—2010,IEC 60079-0:2007,MOD)
GB 3836.2	爆炸性环境　第2部分:由隔爆型“d”保护的设备 (GB 3836.2—2010,IEC 60079-1:2007,MOD)
GB 3836.3	爆炸性环境　第3部分:由增安型“e”保护的设备 (GB 3836.3—2010,IEC 60079-7:2006,IDT)
GB 3836.4	爆炸性环境　第4部分:由本质安全型“i”保护的设备 (GB 3836.4—2010,IEC 60079-11:2006,MOD)
GB 3836.5	爆炸性气体环境用电气设备　第5部分:正压外壳型“p” (GB 3836.5—2004,IEC 60079-2:2001,MOD)
GB 3836.6	爆炸性气体环境用电气设备　第6部分:油浸型“o” (GB 3836.6—2004,IEC 60079-6:1995,IDT)
GB 3836.7	爆炸性气体环境用电气设备　第7部分:充砂型“q” (GB 3836.7—2004,IEC 60079-5:1997,IDT)
GB 3836.8	爆炸性气体环境用电气设备　第8部分:“n”型电气设备 (GB 3836.8—2003,IEC 60079-15:2001,MOD)
GB 3836.9	爆炸性气体环境用电气设备　第9部分:浇封型“m” (GB 3836.9—2006,IEC 60079-18:2004,IDT)
GB 3836.11	爆炸性环境　第11部分:由隔爆外壳“d”保护的设备　最大试验安全间隙测定方法(GB 3836.11—2008,IEC 60079-1-1:2002,IDT)
GB 3836.12	爆炸性环境　第12部分:气体或蒸气混合物按照其最大试验安全间隙和最小点燃电流的分级(GB 3836.12—2008,IEC 60079-12:1978,IDT)
GB 3836.13	爆炸性气体环境用电气设备　第13部分:爆炸性气体环境用电气设备的检修 (GB 3836.13—1997,neq IEC 60079-19:1993)
GB 3836.14	爆炸性气体环境用电气设备　第14部分:危险场所分类 (GB 3836.14—2000,idt IEC 60079-10:1995)
GB 3836.15	爆炸性气体环境用电气设备　第15部分:危险场所电气安装(煤矿除外) (GB 3836.15—2000,eqv IEC 60079-14:1996)
GB 3836.16	爆炸性气体环境用电气设备　第16部分:电气装置的检查和维护(煤矿除外)(GB 3836.16—2006,IEC 60079-17:2002,IDT)
GB 3836.17	爆炸性气体环境用电气设备　第17部分:正压房间或建筑物的结构和使用 (GB 3836.17—2007,IEC 60079-13:1982,IDT)
GB 3836.18	爆炸性环境　第18部分:本质安全系统 (GB 3836.18—2010,IEC 60079-25:2003,IDT)

GB 3836.19	爆炸性环境　第19部分:现场总线本质安全概念(FISCO) (GB 3836.19—2010,IEC 60079-27:2008,IDT)
GB 3836.20	爆炸性环境　第20部分:设备保护级别(EPL)为Ga级的设备 (GB 3836.20—2010,IEC 60079-26:2006,IDT)
GB 7957	矿灯安全性能通用要求(GB 7957—2003,IEC 62013-1:1999,NEQ)
GB 7957.2	瓦斯环境用矿灯　第2部分:性能和其他相关安全事项 (GB 7957.2—2009,IEC 62013-2:2005,MOD)
GB 12476.1	可燃性粉尘环境用电气设备　第1部分:用外壳和限制表面温度保护的电气设备　第1节:电气设备的技术要求 (GB 12476.1—2000,idt IEC 61241-1-1:1999)
GB 12476.2	可燃性粉尘环境用电气设备　第2部分:选型和安装 (GB 12476.2—2010,IEC 61241-14:2004,IDT)
GB 12476.3	可燃性粉尘环境用电气设备　第3部分:存在或可能存在可燃性粉尘的场所分类 (GB 12476.3—2007,IEC 61241-10:2004,IDT)
GB 12476.4	可燃性粉尘环境用电气设备　第4部分:　本质安全型"iD" (GB 12476.4—2010,IEC 61241-11:2005,IDT)
GB 12476.5	可燃性粉尘环境用电气设备　第5部分:外壳保护型"tD" (制定中)
GB 12476.6	可燃性粉尘环境用电气设备　第6部分:浇封保护型"mD" (GB 12476.6—2010,IEC 61241-18:2004,IDT)
GB 12476.7	可燃性粉尘环境用电气设备　第7部分:正压保护型"pD" (GB 12476.7—2010,IEC 61241-4:2001,IDT)
GB 12476.8	可燃性粉尘环境用电气设备　第8部分:试验方法　确定粉尘最低点燃温度的方法(GB 12476.8—2010,IEC 61241-2-1:1994,IDT)
GB 12476.9	可燃性粉尘环境用电气设备　第9部分:试验方法　粉尘层电阻率的测定方法(GB 12476.9—2010,IEC 61241-2-2:1993,IDT)
GB 12476.10	可燃性粉尘环境用电气设备　第10部分:试验方法　粉尘与空气混合物最小点燃能量的测定方法(GB 12476.10—2010,IEC 61241-2-3:1994,IDT)
GB 19518.1	爆炸性气体环境用电气设备　电阻式伴热器　第1部分:通用和试验要求 (GB 19518.1—2004,IEC 62086-1:2001,IDT)
GB/T 19518.2	爆炸性气体环境用电气设备　电阻式伴热器　第2部分:设计、安装和维护指南(GB 19518.2—2004,IEC 62086-2:2001,IDT)
GB 19854	爆炸性环境用工业车辆防爆技术通则(GB 19854—2005,EN 1755:2000,MOD)
GB 20800.1	爆炸性环境用往复式内燃机防爆技术通则　第1部分:可燃性气体和蒸气环境用Ⅱ类内燃机(GB 20800.1—2006,EN 1834-1:2000,MOD)
GB 20800.2	爆炸性环境用往复式内燃机防爆技术通则　第2部分:可燃性粉尘环境用Ⅱ类内燃机(GB 20800.2—2006,EN 1834-2:2000,MOD)

GB 20800.3	爆炸性环境用往复式内燃机防爆技术通则　第3部分:存在甲烷和(或)可燃性粉尘的地下矿区巷道用Ⅰ类内燃机(GB 20800.3—2008,EN 1834-2:2000,MOD)
GB 20936.1	可燃性气体探测用电气设备　第1部分:通用要求和试验方法(GB 20936.1—2007,IEC 61779-1:1998,MOD)
GB 20936.2	可燃性气体探测用电气设备　第2部分:显示空气中甲烷体积含量至5%的Ⅰ类探测器的性能要求(GB 20936.2—2009,IEC 61779-2:1998,MOD)
GB/T 20936.3	可燃性气体探测用电气设备　第3部分:显示空气中甲烷体积含量至100%的Ⅰ类探测器的性能要求(GB/T 20936.3—2009,IEC 61779-3:1998,MOD)
GB 20936.4	可燃性气体探测用电气设备　第4部分:显示气体体积含量至100%的Ⅱ类探测器的性能要求(GB 20936.4—2008,IEC 61779-5:1998,IDT)
GB 22380.1	燃油加油站防爆安全技术　第1部分:燃油加油机防爆安全技术要求
GB 22380.2	燃油加油站防爆安全技术　第2部分:加油机用安全拉断阀结构和性能的安全要求
GB 22380.3	燃油加油站防爆安全技术　第3部分:剪切阀结构和性能的安全要求
GB 25285.1	爆炸性环境　爆炸预防和防护　第1部分:基本原则和方法
GB 25285.2	爆炸性环境　爆炸预防和防护　第2部分:矿山爆炸预防和防护的基本原则和方法
GB 25286.1	爆炸性环境用非电气设备　第1部分:基本方法和要求
GB 25286.2	爆炸性环境用非电气设备　第2部分:限流外壳型“fr”
GB 25286.3	爆炸性环境用非电气设备　第3部分:隔爆外壳型“d”
GB 25286.5	爆炸性环境用非电气设备　第5部分:结构安全型“c”
GB 25286.6	爆炸性环境用非电气设备　第6部分:控制点燃源型“b”
GB 25286.8	爆炸性环境用非电气设备　第8部分:液浸型“k”
GB/T 24626	耐爆炸设备
GB/T 25445	抑制爆炸系统

附　录　B
（规范性附录）
除煤矿瓦斯气体和/或易燃煤粉环境之外的其他爆炸性危险场所划分原则

B.1　概述

按照5.2、5.3、5.6要求采取预防措施的场所，应采用B.2和B.3的原则。

B.2　可能出现爆炸性环境的场所

爆炸性环境可能出现的量，足以达到需要对工作人员的健康和安全采取特殊预防措施的场所，则认为是本标准意义上的危险场所。

爆炸性环境预期出现的量，不要求采取特殊预防措施的场所，则认为是本标准意义上的非危险场所。

可燃和/或易燃物质，除非对其特性进行研究表明其与空气的混合物不能独立传播爆炸，否则认为是可能形成爆炸性环境的物质。

B.3　危险场所分区

根据爆炸性环境出现的频率和持续时间对危险场所进行分区。

按照附录E采取的措施应与分区相适应。

0区：可燃性物质以气体、蒸气或薄雾的形式与空气形成的爆炸性环境，连续出现、或长期存在或频繁出现的场所。

1区：可燃性物质以气体、蒸气或薄雾的形式与空气形成的爆炸性环境，在正常运行条件下偶尔可能出现的场所。

2区：可燃性物质以气体、蒸气或薄雾的形式与空气形成的爆炸性环境，在正常运行条件下不可能出现，如果出现也仅是短时间存在的场所。

20区：爆炸性环境以空气中可燃性粉尘云的形式，持续地、或长期地、或频繁地存在的场所。

21区：爆炸性环境以空气中可燃性粉尘云的形式，在正常运行时偶尔可能出现的场所。

22区：爆炸性环境以空气中可燃性粉尘云的形式，在正常运行时不可能出现，如果出现也是短时间存在的场所。

注1：可燃性粉尘的成层、沉淀及堆积应看作是能够形成爆炸性环境的其他原因。

注2："正常运行"是指设备在设计参数范围内使用的状况。

附 录 C
(规范性附录)
Ⅱ类、Ⅲ类设备和防护系统选型原则

以危险评定为基础的防爆安全文件如果没有另外说明，则用于可能产生爆炸性环境的所有场所内的设备和防护系统，应按照第8章确定的级别选择。

下列所示分区内应使用相应级别的设备，前提是设备适用于相应的气体、蒸气或薄雾和/或粉尘环境内，具体为：

——在0区，用Ga级设备；

——在1区，用Ga级或Gb级设备；

——在2区，用Ga级、Gb或Gc级设备；

——在20区，用Da级设备；

——在21区，用Da级或Db级设备；

——在22区，用Da级、Db级或Dc级设备。

注：用“设备保护级别”的方法对防爆设备进行危险评定的介绍，参见GB 3836.1—2010的附录E。

附 录 D
（资料性附录）
矿井危险环境条件分级概念及其设备和防护系统的选择

矿井是瓦斯矿井还是非瓦斯矿井，决定于开采的矿物或材料，以及在开采中是否出现瓦斯。通常，所有煤矿视为瓦斯矿井。然而，非煤矿井也可能出现瓦斯，如在邻近含油层开采矿物、或开采过程对未开采煤层的破坏、或矿井出现可燃气体喷出。

在开采可燃性矿物的矿井中，因为小颗粒的矿物可能被吹入空气，与其形成能迅速燃烧的粉尘空气混合物，它可能有爆炸危险。可燃性粉尘具有爆炸危险性（当形成爆炸性粉尘空气混合物时），或者沉积在井下巷道的地面和侧壁，它们会被瓦斯爆炸冲起来。在后一情况中，由于可燃性粉尘被爆炸波扬起，爆炸猛度成数倍增大，同时，加快火焰沿巷道的传播。

该爆炸性环境危险的出现及其后果，对不同的矿井是不同的，这决定于矿井类型、巷道布置、矿物开采、瓦斯和/或易燃粉尘的出现。

与地面工业不同，在瓦斯矿井中，电气和非电气设备、采矿人员一直与气体和/或粉尘空气混合物接触，在不利条件下，这些混合物可能形成爆炸性环境。因此，出现危险时对防止爆炸、人员撤离，需要特别严格的安全要求。由于井下气体/粉尘爆炸可能造成毁灭性影响，井下采矿仅允许在爆炸范围之外进行。

与地面工业不同，把爆炸性气体和由爆炸性粉尘引起的危险再细分这种方法，对煤矿井下场所不建议使用。因为井下采矿作业的危险可能由瓦斯和可燃性粉尘云同时引起。因此，防爆措施总是涵盖由瓦斯引起的危险和由可燃性粉尘的危险。

与地面工业不同，地面爆炸性环境中的术语“区”不适用于暴露在爆炸危险中的井下作业场所的分类。因为，通常，在地面爆炸性环境中，这一术语代表的是一个稳定的技术装备周围特定空间，如带固定装置的化学车间，及围绕制造过程的特定界限。因此，同时涉及采矿工业和非采矿工业，对于采矿工业用Ⅰ类设备，对于非采矿工业用Ⅱ类、Ⅲ类设备。

在瓦斯矿井中，在特定工作区，决定采矿工人是否能进行作业，取决于特定时间内经常出现的环境条件。传统上采用安全系数，常用做法是，如果环境条件达到相关法规规定的甲烷（瓦斯）在空气中的爆炸下限（LEL）规定的浓度，设备要断电或进行安全处理，矿工要从工作区撤离。国家《煤矿安全规程》对此有着全面严格规定，例如：《煤矿安全规程》（2011）第一百三十六条规定，“采区回风巷、采掘工作面回风巷风流中瓦斯浓度超过1.0%或二氧化碳浓度超过1.5%时，必须停止工作，撤出人员，采取措施，进行处理”；关于甲烷传感器报警浓度、断电浓度、复电浓度和断电范围，《煤矿安全规程》（2011）第一百六十八条中表3有严格规定。

对瓦斯矿井场所提出了两个危险环境条件，即：

2级危险环境条件（潜在爆炸性环境）：空气中甲烷浓度在0%～低于LEL（爆炸下限）的范围内，或高于UEL（爆炸上限）～100%的范围内。

1级危险环境条件（爆炸性环境）：空气中甲烷浓度在LEL～UEL的范围内。

在1级危险环境条件的采矿作业中，仅允许使用Ma级设备。Ma级设备具有很高的固有安全等级，在爆炸性环境中，Ma级设备（如电话机、可燃气体测量设备）即使在罕见的设备故障条件下也能连续工作，这是由于Ma级设备有两个独立的保护措施或双重安全系统确保的。

在2级危险环境条件的采矿作业中，Ma级和Mb级设备都可以使用。Mb级设备具有高的安全性，适用于采矿工作条件。在爆炸性环境中，Mb级设备应能断电或进行安全处理。

注1：设备断电、复电或进行安全处理及其瓦斯浓度限值等必须遵循国家《煤矿安全规程》的规定。

注 2：特殊情况下，在爆炸性环境中短时间内运行 Mb 级设备可能是必需的，如矿工带着点亮的 Mb 级帽灯，从高瓦斯浓度的工作区撤离时、当矿工佩戴救护器做恢复工作或启动瓦斯排放系统时。

Ma 级和 Mb 级设备仅能在制造商规定的功能特性下工作，只有这样，设备才保证相应的安全级别。

煤矿安全生产必须遵循国家《煤矿安全规程》的规定。国家《煤矿安全规程》对矿井瓦斯测定的地点、时间、方法以及对测定结果的处置等，都做了明确规定，假如瓦斯达到规定的限值，手动或自动切断设备电源。

大量的研究表明，煤尘/空气混合物的最小引燃能量(MIE)是瓦斯空气混合物最小引燃能量的数百倍；煤尘颗粒的最大试验安全间隙(MESG)比瓦斯最大试验安全间隙大一倍。因此，设计制造用于瓦斯空气混合物的设备、防护系统和元件，也适用与煤尘空气混合物。

瓦斯和煤尘试验数据的比较仅相对于大气。当考虑煤尘堆积时，在该情况中，设备堆积有煤尘的表面的最高表面温度，对于Ⅰ类设备限为 150 ℃，它低于瓦斯的最低点燃温度，对此，要求采取附加预防措施。

还应注意，在煤矿和非煤矿山可能存在一些区域没有瓦斯，但却可能存在可燃性粉尘引起的爆炸危险。

附 录 E
（规范性附录）
改进潜在爆炸性环境危及工作人员安全和健康保护的特殊要求

E.1 通则

本附录规定的责任适用于：

——根据使用的工作场所、工作站、设备或物质的特性要求，或爆炸性环境有关活动造成的危险特性要求，按照附录B划分的危险场所；

——根据与爆炸性环境有关的工作场所、工作站、使用的设备或物质，或相关活动引起危险的特性要求，按照附录B划分的危险场所；

——危险场所用设备安全运行需要的、或为了保证其安全运行需要的非危险场所用设备。

E.2 组织措施

E.2.1 工作人员的培训

对可能出现爆炸性环境的场所内工作的工作人员（工人），业主提供爆炸保护方面的适宜和必要的培训。

E.2.2 书面指导书和工作许可

如果防爆安全文件要求：

——危险场所内的工作，按照业主发布的书面指导书进行；

——从事危险活动及可能影响其他工作造成危险的活动，应采用工作批准体系。

应由负责这项职能的人，在开始工作之前签发工作许可批准。

E.3 爆炸防护措施

E.3.1 可能引起爆炸危险的可燃性气体、蒸气、薄雾或可燃性粉尘的释放和/或泄露，无论是有意或是无意，应适当地转移或移动到安全区，或者这样做如果不切合实际，则应把释放或泄露安全地封闭起来，或者采用其他适当的方法控制以达到安全。

E.3.2 如果爆炸性环境含有几种类型的可燃性和/或易燃气体、蒸气、薄雾或粉尘，则保护措施应与最高级别的潜在危险相适应。

E.3.3 如果工作人员或工作环境携带或产生静电，按照5.2的要求预防点燃危险，应考虑到静电放电。工作人员应配备适当的工作服，其布料不能产生能点燃爆炸性环境的静电。

E.3.4 工厂、设备、保护系统及相关的连接装置，应在防爆安全文件证明它们能够在爆炸性环境中安全使用后，才能投入使用。一些工作设备及相关的连接装置，虽然不属于本标准意义上的设备或保护系统，如果安装到设备上，本身能引起点燃危险，则上述要求也适用。应采取必要的措施，防止连接装置混淆。

E.3.5 应采取所有必要的措施，保证交给工作人员（工人）使用的工厂、设备、保护系统及相关的连接装置，其设计、制造、安装、接线、维护和操作的方式应尽可能减少爆炸危险，而且，如果产生爆炸，能控制或减少爆炸在工作场所和/或工作设备内传播。对这样的工作场所，应采取适当的措施，减少爆炸的物理效应对工人造成危害。

E.3.6　需要时，应向工作人员发出光和/或声音报警信号，使他们在爆炸条件达到之前撤离。

E.3.7　如果防爆安全文件要求，应提供逃生装置并适当维护，保证有危险时工人能迅速安全撤离危险场所。

E.3.8　可能有爆炸性环境的工作场所首次投入使用之前，应全面验证其防爆安全性。保证防爆安全所需要的所有条件应保持。应由能胜任此职的人员或防爆专家进行安全验证，他们应有爆炸保护的经验和/或进行过专业培训。

E.3.9　如果危险评定表明需要时：

——在电源出现故障时，如果电源故障能造成其他危险蔓延，则应能够使设备和保护系统独立于设备的其他部分，保持安全运行状态；

——为了关断自动处理系统中已偏离预定运行条件的设备和保护系统，应能够手动操作，前提是不影响安全；只有能胜任这项工作的操作员才能进行这项操作；

——紧急关停时，集聚的能量应尽快安全消除掉，或者使其隔离不再构成危险。

附　录　F
（规范性附录）
可能出现爆炸性环境的场所的警示标志

根据 5.6.3 的要求，可能出现爆炸性环境的场所应设如图 F.1 a)样式的警示标志。

a)　警示标志

b)　增加解释性内容的警示标志

图 F.1　可能出现爆炸性环境的场所的警示标志

主要特征：

——正三角形；

——黑色字母、黄底色，黑色边框（黄色部分至少占标志的 50%）。

根据需要可增加其他解释性内容，如图 F.1 b)所示。

ICS 29.035.01
K 15

中华人民共和国国家标准

GB/T 29305—2012/IEC 60450:2007

新的和老化后的纤维素电气绝缘材料粘均聚合度的测量

Measurement of the average viscometric degree of polymerization of new and aged cellulosic electrically insulating materials

(IEC 60450:2004+A1:2007,IDT)

2012-12-31 发布　　2013-06-01 实施

中华人民共和国国家质量监督检验检疫总局
中国国家标准化管理委员会　发布

前　言

本标准按照 GB/T 1.1—2009 给出的规则起草。

本标准使用翻译法等同采用 IEC 60450:2004+A1:2007《新的和老化后的纤维素电气绝缘材料粘均聚合度的测量》。

与本标准中规范性引用文件有一致性对应关系的我国文件如下：

——GB/T 462—2008　纸、纸板和纸浆　分析试样水分的测定(ISO 287:1985,MOD)

本标准由中国电器工业协会提出。

本标准由全国电气绝缘材料与绝缘系统评定标准化技术委员会(SAC/TC 301)归口。

本标准参加起草单位:苏州巨峰电气绝缘系统股份有限公司、机械工业北京电工技术经济研究所、深圳市华测检测技术股份有限公司、上海电器设备检测所。

本标准主要起草人:王文、夏宇、刘亚丽、刘淑芬、郭冰、孙华山、赵超、郭丽平。

引　　言

经验表明,需要改进新的和老化后的纤维素电气绝缘材料粘均聚合度的可重复推测的试验方法。

本标准适用于在处理和流出阶段产生的氧化降解。另外一个重要的因素是需要确保所用材料溶解和被使用,也就是加速流出。

新的和老化后的纤维素电气绝缘材料粘均聚合度的测量

1 范围

本标准规定了一种对新的和老化后的纤维素电气绝缘材料粘均聚合度($\overline{DP_v}$)测量的标准方法。

本标准适用于所有纤维素绝缘材料,如变压器、电缆、电容器等产品中使用的纤维素绝缘材料。

本标准描述的测试方法也适用于对化学改性后能在选择溶剂中完全溶解的牛皮纸的本征黏度进行测定。

将本标准中描述的测试方法用于蜡光牛皮纸时要谨慎。

注:对于样品材料,纤维素分子的聚合度是不一样的,因此通过黏度法测得的平均聚合度可能与通过其他方法(如渗透法或者超离心法)测得的值不同。

2 规范性引用文件

下列文件对于本文件的应用是必不可少的。凡是注日期的引用文件,仅注日期的版本适用于本文件。凡是不注日期的引用文件,其最新版本(包括所有的修改单)适用于本文件。

IEC 60814 绝缘液体 含油纸和纸板 用卡尔·费歇尔自动电量滴定法测定水的含量(Insulating liquids—Oil-impregnated paper and pressboard—Determination of water by automatic coulometric Karl Fischer titration)

ISO 287 纸、纸板和纸浆 分析试样的水分测定(Paper and board—Determination of moisture content—Oven-drying method)

ISO 3105 玻璃毛细管运动黏度 规范和操作指南(Glass capillary kinematic viscometers—Specifications and operating instructions)

3 术语和定义、符号

下列术语和定义、符号适用于本文件。

3.1 术语和定义

3.1.1

纤维素分子聚合度 degree of polymerization of a cellulose molecule

纤维素分子中无水-β-葡萄糖单体($C_6H_{10}O_5$)的数量。

注:图1为纤维素分子的化学结构式。

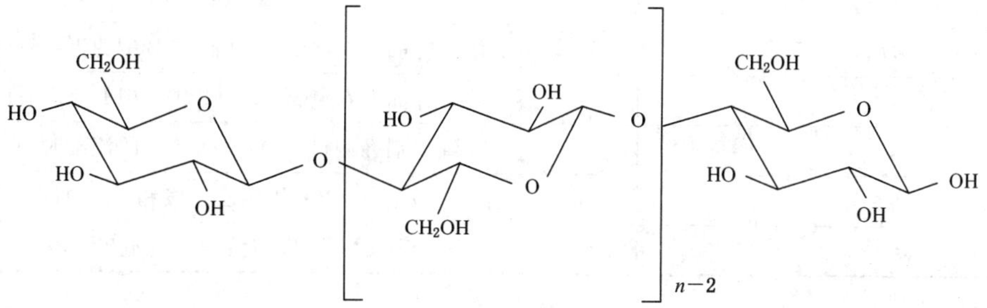

图1 纤维素分子化学结构式

3.1.2

铜乙二胺 Cuen

1 mol/L 的双(乙二胺)氢氧化铜的水溶液。

$Cu(H_2NCH_2CH_2NH_2)_2(OH)_2$,[CAS:14552-35-3][1)]。

注:有些国家对双(乙二胺)氢氧化铜缩略为 CED。

3.1.3

纸 paper

纤维素类的电气绝缘材料,包括如纸张、纸板和其他纸制品。

注:本标准中提到的纸均为上面定义的"纸"。

3.2 符号

本标准所使用的符号见表 1。

表 1 符号

符号	定义
α	纤维素单体的马克-豪温克常数
c_{Cu}	铜乙二胺溶液中 Cu 的摩尔浓度
c_{En}	铜乙二胺溶液中乙二胺的摩尔浓度
C_0,C_1 和 C_2	0,1 和 2 号黏度管常数
c	溶液的浓度
$\overline{DP_v}$	粘均聚合度
ν	溶液的运动黏度
ν_0	溶剂的运动黏度
K	聚合物/溶剂体系的马克-豪温克特征常数
k	马丁公式常数
m_D	干燥纸的质量
m_T	在称量管中溶胀后纸的质量
m_{H_2O}	加入水的质量
ρ_{H_2O}	水的密度
V_{H_2O}	加入水的体积
V_{Cu}	加入铜乙二胺溶液的体积
$[\nu]$	本征黏度
ν_s	比黏度
t_{1A},t_{1B}	溶解样品 1 在测试 A 和测试 B 中的流出时间
t_{2A},t_{2B}	溶解样品 2 在测试 A 和测试 B 中的流出时间
t_{0A},t_{0B}	纯溶剂在测试 A 和测试 B 中的流出时间
t_0	稀释的铜乙二胺溶剂(50%的铜乙二胺和 50%的水)的流出时间
t_s	溶于铜乙二胺溶液样品的流出时间

1) 化学文摘服务(CAS)注册号。

4 原理

铜乙二胺/纸溶液的比黏度 ν_s 是可以测定的。然后可以推出本征黏度[ν]，并进一步计算出聚合度。

注：纤维素溶液为非牛顿流体，其黏度随流动速率的增加而减小(有时称为“结构黏度”)。虽然稀溶液的黏度随速率系数梯度的变化非常小，但是在本标准中使用规定之外的条件也可能造成不可接受的错误。

比黏度 ν_s 定义见式(1)：

$$\nu_s = \frac{\text{纸溶液的黏度} - \text{溶剂的黏度}}{\text{溶剂的黏度}} \qquad \cdots\cdots(1)$$

本征黏度[ν]定义见式(2)：

$$[\nu] = \lim_{c\to 0}\left[\frac{\nu_s}{c}\right] \qquad \cdots\cdots(2)$$

式中：

c——溶液的浓度。

粘均聚合度$\overline{DP_v}$(通过黏度法测得的分子量与结构单元分子量的比值)与本征黏度[ν]有如下关系，见式(3)：

$$[\nu] = K \cdot \overline{DP_v}^{\alpha} \qquad \cdots\cdots(3)$$

式中：

K——聚合物-溶剂体系(纸/铜乙二胺溶剂)；

α——单体的马克-豪温克特征系数。

本征黏度[ν]通过马丁经验方程由比黏度 ν_s 和浓度 c 计算得到，见式(4)：

$$\nu_s = [\nu] \cdot c \cdot 10^{k[\nu]\cdot c} \qquad \cdots\cdots(4)$$

式中：

k——马丁常数，对于牛皮纸 k=0.14。

5 仪器设备和试剂

注1：制备铜乙二胺溶剂的仪器设备和试剂在附录A和附录B中单独列出。

在分析中，除非特别指出，所用试剂为分析纯，所用的水均为蒸馏水或去离子水，或者是质量相当的试剂或水。

一个有玻璃遮挡的可将黏度管浸没的恒温浴，可以保持温度在293 K±0.1 K，配有照亮黏度管的装置和可以显示温度精度为±0.05 K的显示器。

注2：为了获得所需的温度稳定级别，除恒温浴加热器外可能还需要配备冷却单元。

依照ISO 3105毛细常数为0.005或者0.01校对毛细管型黏度计管。只要是铜乙二胺溶剂和纸的溶液的黏度是通过同一根毛细黏度管测定的，则没有校准的毛细黏度管同样可以使用。

精确度为±0.1 s的计时器或秒表。

可使纸质样品溶于溶剂的搅拌器或研磨机。

可将所配制的纸/铜乙二胺溶液有效密封在带有塞子的(非纸质)的容器中(通常为25 mL～50 mL)。可以选择玻璃容器。但必须保证其密封性以使溶解过程中铜乙二胺溶剂的氧化降解降至最低。

铜乙二胺溶剂(见附录A)。

蒸馏水或者去离子水。

低氧含量的氮气(氮含量≥99.9%)。

丙酮,纯度≥99.0%。

戊烷或正己烷,纯度≥99.0%。

20%的硝酸水溶液。

温度可控制在 378 K±2 K 的通风干燥箱。

可称量 20 g±0.000 1 g 的分析天平。

索氏提取器。

可移取±0.1 mL 的吸液管。

用以配置纸/铜乙二胺溶液并可以固定玻璃瓶的机械振荡器或者可以使纸溶于铜乙二胺溶液的磁力搅拌器。

6 样品

6.1 样品的制备

处理样品时应戴手套或用干净的镊子处理,不能与手直接接触样品。

厚度大于 1 mm 的层压板要分成厚度小于 1 mm 的层片。

样品应当先剪成足够小的小片,便于接下来的试验。

对于非常薄的纸张可用干净的剪刀直接剪成小片备用。

6.1.1 浸渍纸

浸渍过的纸在称量和吸收溶液前需要脱脂处理。

冲洗足量的纸试样以保证脱脂后的质量大约为 3 g。脱脂处理可以采取索氏提取法,溶剂选用戊烷或者正己烷,提取次数要大于 5 次;也可以在装有 5 份新的戊烷或正己烷的玻璃试管中漂洗脱脂。对脱脂后的材料进行干燥,然后置于空气当中直到与空气的湿度达到平衡。分出两份纸质样品,其中一份用于$\overline{\mathrm{DP}_v}$的测定,另一份用于水分含量的测定。

6.1.2 未浸渍纸

取 3 g 左右的未浸渍的纸样品进行测试。同样分出两份样品,其中一份用于$\overline{\mathrm{DP}_v}$的测定,另一份用于湿度的测定。

7 试验步骤

7.1 纸的水分含量的测定

水分含量的测定参照 ISO 287 或者 IEC 60814。

纸的水分含量测定要与纸/铜乙二胺溶液的配制同时进行。

7.2 黏度的测定

7.2.1 测试样品数

一个样品用于预备试验,获取用于标定有效测试的数据。

除非特别指出,另需一个样品用于每一次的有效测试。如果预备试验中得到的$[\nu]\cdot c$ 在 0.5~1.5 之外,则两个测试样品均需要使用。

7.2.2 溶液的浓度

所使用的溶液的浓度依照表2给出的$\overline{DP_v}$值进行选定。

表2 样品的$\overline{DP_v}$值

样品情况	预期$\overline{DP_v}$	溶液的近似质量浓度 g/dL 或%
新鲜	1 000～2 000	0.05～0.15
优良	650～1 000	0.08～0.25
平均	350～650	0.15～0.45
老化	<350	0.25～0.80

注：本操作的目的是获得本征黏度固定值和$[\nu]\cdot c$在0.5～1.5范围之内的浓度。样品$[\nu]\cdot c$的值越高，其精确度越高。

7.2.3 纤维分散

需要将聚合物纤维分散，有利于在铜乙二胺中的溶解。干法分散和湿法分散两种技术介绍如下。

7.2.3.1 干法分散

在合适的搅拌机或研磨机内抖松材料。抖松过程中可能造成部分样品损失，因而要确保抖松后能保留足够的样品量。要确保抖松过程中温度的升高不会对样品造成任何有害的影响。

抖松好的样品在水含量测试之前置于空气湿度环境中吸湿平衡。

参照表2给出的对应范围称取约0.1 mg的所需样品，置于大小合适的试管中用于溶液的配制。干燥纸的重量记为m_D。

添加蒸馏水或去离子水，并使纤维分散。

7.2.3.2 湿法分散

称取约0.1 mg的所需样品，置于剩有足以浸没样品的蒸馏水或去离子水的搅拌机内。然后开启搅拌器在18 000 r/min下搅拌粉碎30 s或直到纤维分散均匀。粉碎后，通过离心或者3级烧结玻璃过滤器分离除去多余的水。

将溶胀的纸置于称量后的瓶内并称总质量(m_T)，精确至±0.1 mg。通过m_T减去干燥纸质量(m_D)和皮质量计算出水的总质量(也就是原来含水量加上粉碎后留下水的质量)。

计算水的质量要求总的水量达到10 000 g，该质量的误差在±0.5 mg以内。用该足量的水将离心或过滤中残留的纸都冲洗入瓶中，并将剩余的水一并倒入瓶中。最后补足到10 000 g±0.000 5 g水并计算浓度。

7.2.4 样品溶解

铜乙二胺溶液在使用之前，要按如下步骤反复检查验证：

——通过过滤或蘸析确保溶液中不含沉淀物；

——使用附录C的方法核实$\frac{c_{En}}{c_{Cu}}=2.0\pm0.1$；

——如果不符合要求，须重新配制新的溶液样品。

在上述装有纤维素纤维的瓶子中加入体积与已加水量相同的铜乙二胺。

如果瓶中溶液与空气有接触，用氮气吹洗并用手摇晃瓶子使各组分充分混合。然后再用氮气吹洗后，用瓶塞密封以确保低含氧环境。最好是在整个溶解过程中都用氮气吹洗。

注 1：溶液置于氮气环境中并密封于瓶中是因为碱性溶剂极易氧化分解。

机械摇晃或搅拌至样品完全溶解。

注 2：具体摇晃溶解的时间依纸的类型和降解的程度而定。

a) 对于老化严重的纸($\overline{DP_v}$<350)，通常搅拌 1 h～2 h 就足够了；

b) 对大多数的纸($\overline{DP_v}$>350)，搅拌 16 h(过夜)即可保证溶解完全；

c) 一些新的或比较新的纸在室温下不容易溶解。可以通过在冰箱内 4 ℃下磁力搅拌加速溶解一晚上。使用少量的玻璃珠也可以帮助纤维素纤维的分散。

当测试严重降解的纸($\overline{DP_v}$<150)时，溶解后应该马上进行测定。

7.2.5 黏度的测定

7.2.5.1 黏度管选择和装样

选择一根黏度管并固定在 293 K±0.1 K 的恒温浴中。

确保黏度管干燥和干净并用氮气吹洗。

按照黏度管操作指南将测试样品装入黏度计。图 2 给出了一个黏度计的示意图。

在装样和测试过程中，肉眼观察溶液中有无不溶物。如果发现有不溶物，舍弃溶液并重新试验。

在第一次黏度测试版之前等待 5 min～10 min 使溶液达到温度平衡。

7.2.5.2 测试步骤

以乌氏黏度计为例(见图 2)。对于其他黏度计，参照标准 ISO 3105 和产品说明书。

用手指、塞子或塑料膜堵住通气管(1)，然后对毛细管(2)抽真空使测试样品填满下储液球(10)、工作毛细管(6)、计时球管(5)和上储液球(4)。

去除真空和塞子。

保证液体在毛细管的下端断开。

测量记录溶液液面流经计时球上下两刻度线的时间间隔(流出时间 t_{1A})，精确度保证在±0.5 s 之内。

重复测试同一个样品并记录时间 t_{1B}。记下两次测试结果的差值百分数。

检验流出时间测试结果是否在允许的误差范围内，即两次测试结果差值百分数是否小于 1%。

详细记录所用黏度管常数和流出时间(C_1、t_{1A} 和 t_{1B})。

按照 7.2.5.3 清洗干净黏度管。

请注意第一次试验的结果，并选在满足下面要求的情况下重复实验步骤测试第二个样品：

——基于对原始水分含量充分了解后的纸的最佳质量；

——能够给出允许范围内的流出时间的理想的黏度管。

如果第二次试验的两次结果相差大于 1%，则需要重新清洗毛细管并使用同样的样品溶液重复实验。

如果两次试验结果相差大于 2%，但两次试验结果很接近的话也是可以接受的，并单独详细记录下黏度管常数、流出时间 t_{2A} 和 t_{2B}。但测试报告中要特别注明两次测试结果不一致。

7.2.5.3 黏度管的清洗

黏度管应该按照如下方式进行清洗：

a）倒出纸/铜乙二胺溶液样品并做适当处理；

b）用蒸馏水将黏度管漂洗干净；

c）如果条件允许，在两次测试之间用20％的硝酸水溶液浸泡30 min，或者先用蒸馏水冲洗黏度管，然后用丙酮漂洗，最后将其浸泡在20％的硝酸水溶液中过夜；

d）用蒸馏水漂洗；

e）用丙酮漂洗以助于黏度管干燥；

f）最后通过干净的压缩空气吹干或在合适的烘箱内烘干。

单位为毫米

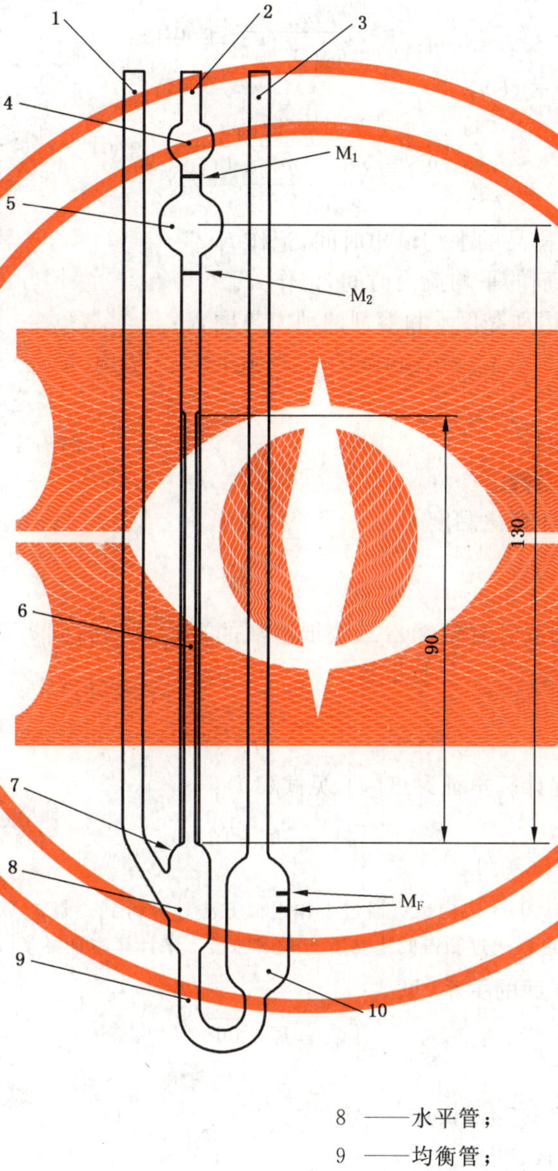

说明：

1——通气管；

2——毛细管；

3——固定管；

4——上蓄液球；

5——计时球管；

6——工作毛细管；

7——圆拱；

8——水平管；

9——均衡管；

10——下蓄液球；

M_1——计时标线；

M_2——计时标线；

M_F——测试液体灌装标线。

图2　乌氏黏度计示意图

7.2.5.4 溶剂的测量

用同样的测量方法测定稀释后溶剂(50%铜乙二胺溶剂和50%的蒸馏水/去离子水混合物)的流出时间。并详细记录下所用黏度管常数和流出时间(C_0、t_{0A}和t_{0B})。

7.2.6 计算

计算溶液的浓度:

对于干法分散的材料见式(5):

$$c=\frac{m_D}{V_{H_2O}+V_{Cu}}\ [g/dL] \qquad \cdots\cdots(5)$$

对于湿法分散的材料见式(6):

$$c=\frac{m_D}{\dfrac{m_T-m_D+m_{H_2O}}{\rho_{H_2O}}+V_{Cu}}\ [g/dL] \qquad \cdots\cdots(6)$$

从t_{1A}和t_{1B}计算纸溶液样品的平均流出时间,记作t。

从t_{0A}和t_{0B}计算稀释溶剂的平均流出时间,记作t_0。

根据式(7)计算溶液的运动黏度ν和溶剂的动力黏度ν_0:

$$\nu=C_1\cdot t\ [mm^2/s] \qquad \nu_0=C_0\cdot t_0[mm^2/s] \qquad \cdots\cdots(7)$$

式中:

t、t_0 ——平均流出时间;

C_0、C_1——黏度管校准参数。

根据式(1),也即式(8)计算比黏度ν_s。

$$\nu_s=\frac{\nu-\nu_0}{\nu_0} \qquad \cdots\cdots(8)$$

如果使用的是同一根黏度管测量铜乙二胺纸溶液的平均流出时间t_s和铜乙二胺溶剂的平均流出时间t_0的话,也可选择通过式(9)计算比黏度:

$$\nu_s=\frac{t_s-t_0}{t_0} \qquad \cdots\cdots(9)$$

根据下面马丁经验方程计算本征黏度[ν],见式(10):

$$\nu_s=[\nu]\cdot c\cdot 10^{k\cdot[\nu]\cdot c} \qquad \cdots\cdots(10)$$

对于牛皮纸,马丁常数$k=0.14$。

注1:[ν]・c的值在误差0.000 1之内也可通过牛顿近似方法计算得到。附录D列出了[ν]・c与ν_s的函数关系表,可供参考。这就可以通过测得的比黏度ν_s值和浓度c来计算本征黏度[ν]。

$\overline{DP}_v$和本征黏度[ν]有下面的关系,见式(11):

$$[\nu]=K\cdot\overline{DP}_v^{\ \alpha} \qquad \cdots\cdots(11)$$

式中:

K、α——马克-霍温克常数:$\alpha=1$,$K=0.007\ 5$。

计算$\overline{DP}_v$的个别值和平均值。

计算$\overline{DP}_v$个别值中最大值和最小值差值与平均值的百分比。

注2:当评估老化纸的降解程度时,要特别注意,一般要以同样来源新纸的$\overline{DP}_v$值作为参考;新纸的$\overline{DP}_v$值与其比重和制造工艺过程是相关联的。

8 检测报告

检测报告必须包括以下内容:

a) 测试样品的相关信息；

  1) 来源:说明纸是否是新的或者老化的(从运行中获得),如果需要,可包括样品的确切来源地；

  2) 状态:浸渍过的还是没有浸渍的,浸渍液的种类；

b) 按照7.1所描述的方法过程测得的纸的水分含量(如果因为样品不够大而无法测得要特别指出)；

c) 铜乙二胺溶液的特性,包括来源,$\frac{c_{En}}{c_{Cu}}$的比率；

d) 测试样品的质量；

e) 通过黏度管测得的溶剂和溶液的平均流出时间；

f) 两次测量计算的$\overline{DP_v}$个别值和平均值；

g) 两次测量值之差与$\overline{DP_v}$平均值的百分比；

h) 测量黏度时的温度；

i) 是否满足7.2.5.2所述的测量要求。

附　录　A
（规范性附录）
铜乙二胺溶液

铜乙二胺溶液：

——可以直接购买市售的 1 mol/L 的水溶液，在该浓度下，氮气保护下冷冻保存可使用 6 个月；

——也可选择根据附录 B 的方法在实验室配制浓度为 1 mol/L 的溶液。

附 录 B
（规范性附录）
铜乙二胺溶液的配制

B.1 试剂

B.1.1 结晶硫酸铜($CuSO_4 \cdot 5H_2O$)，试剂级。

B.1.2 氨水，密度 $\rho_{20℃}=0.925\ g/cm^3$(NH_3)。

B.1.3 8%的氢氧化钠溶液(NaOH)。

B.1.4 氯化钡溶液：将 7 g 的 $BaCl_2 \cdot 2H_2O$ 溶于 1 L 的去离子水中。

B.1.5 丙酮(CH_3COCH_3)。

B.1.6 无水硫酸钠(Na_2SO_4)。

B.1.7 1 mol/L 的盐酸(HCl)。

B.1.8 10%的碘化钾溶液(KI)。

B.1.9 0.05 mol/L 的硫代硫酸钠标准溶液(NaS_2SO_3)。

B.1.10 淀粉指示剂：0.2%的溶液。

B.1.11 市售的乙二胺溶液(浓度约 70%)($NH_2CH_2CH_2NH_2$)。

B.1.12 0.5 mol/L 的硫酸(H_2SO_4)。

B.1.13 甲基橙指示剂。

B.2 制备氢氧化铜

将 200 g 的结晶硫酸铜(B.1.1)溶于 1 L 沸腾的蒸馏水中。待降温至 40 ℃～50 ℃，缓慢加入氨水(B.1.2)，直到出现蓝紫色，沉淀物开始溶于过量的试剂中(大约需要 100 mL 的氨水)。用冷的蒸馏水洗涤硫酸铜绿色沉淀物，直到洗出液变为无色为止。

将 640 mL 的氢氧化钠溶液(B.1.3)逐滴加入到湿的硫酸铜沉淀中，并小心搅拌，确保温度不超过 20 ℃。

注 1：温度最好保持在 10 ℃以下。

静置 10 min，用蒸馏水洗涤氢氧化铜沉淀。直到在洗出液中滴加氯化钡溶液(B.1.4)后不产生沉淀即可停止洗涤。然后加入 1 000 mL 用无水硫酸钠(B.1.6)脱水处理过的丙酮(B.1.5)振荡，使用布氏漏斗过滤，并再用 100 mL 丙酮(B.1.5)洗涤后，在空气或真空中室温干燥备用。

将氢氧化铜转移到带磨口玻璃塞的棕色玻璃瓶中避光保存。

注 2：按照该方法制备的蓝色氢氧化铜是不含黑色氧化铜的，与理论上的 $Cu(OH)_2$ 相符。可以完全溶于盐酸，浓氨水和乙二胺中而不留下任何不溶物，并且不含硫酸盐和钠离子。

B.3 测量铜含量

在 200 mL 的容量瓶中，将 2 g 的氢氧化铜溶于 50 mL，1 mol/L 的盐酸(B.1.7)中。然后用同样的酸加满至刻度标线。移取 25 mL 该溶液，转移到滴定瓶中，并加入 25 mL，10%的碘化钾溶液(B.1.8)。

然后用硫代硫酸钠标准溶液(B.1.9)滴定，以淀粉溶液(B.1.10)做指示剂(当滴定快接近终点时应补加 1 mL～2 mL 淀粉溶液)。

铜的含量通过式(B.1)计算得到,表示每 100 g 氢氧化物质量,g:

$$0.02\times 63.5\times n \qquad \cdots\cdots(\text{B.1})$$

式中:

n——滴定过程所消耗的 0.05 mol/L 的硫代硫酸钠的毫升数。

B.4 配制乙二胺溶液

70%的乙二胺溶液(B.1.11)可以直接商业购买。但是为了确保用于溶解纸的铜乙二胺溶液的稳定性,必须保证试剂的纯度。

在稍低于大气压的压力下蒸馏纯化,如果可以,最好在 1 个大气压下蒸馏。

如果在储存过程中,溶液变黄则必须在使用前重新蒸馏。

B.5 测定乙二胺的含量

取 25.0 mL±0.1 mL 的乙二胺,转入到 250 mL 的容量瓶中,并用蒸馏水加满至刻度标线。移取 20.0 mL±0.1 mL 的该溶液,并用 0.5 mol/L 的硫酸溶液(B.1.12)滴定,以甲基橙做指示剂(B.1.13)。乙二胺的含量按式(B.2)计算,表示为 g/100 mL 溶液:

$$1.5\times n \qquad \cdots\cdots(\text{B.2})$$

式中:

n——滴定过程所消耗的 0.5 mol/L 的 H_2SO_4(B.1.12)的毫升数。

将配好的乙二胺溶液转入到带磨口玻璃塞的棕色玻璃瓶中避光保存。

B.6 配制铜乙二胺溶液

测试使用的铜乙二胺溶液浓度为 1 mol/L(铜乙二胺密度为 217.50 g/L)。按照铜含量(63.5±0.5)g称取一定量的氢氧化铜沉淀,转入到 1 L 的容量瓶中,并用 50 mL 蒸馏水润湿。使用滴管将无水乙二胺含量为 120.0 g±0.5 g 的一定体积的乙二胺溶液滴入容量瓶中,滴加过程要保持温度低于 10 ℃。将溶液在室温下静置 1 h,并摇晃数次。用蒸馏水补满刻度标线后再次摇晃均匀。静置 24 h 左右后用细孔(4 级细度)烧结玻璃过滤器过滤。

附　录　C
（规范性附录）
铜乙二胺溶液$\frac{c_{En}}{c_{Cu}}$比率的标定程序

C.1　试剂

C.1.1　10％的碘化钾溶液。

C.1.2　0.1 mol/L 的硫代硫酸钠标准溶液(NaS_2SO_3)。

C.1.3　0.5 mol/L 的硫酸(H_2SO_4)。

C.1.4　2 mol/L 的硫酸(H_2SO_4)。

C.1.5　甲基橙指示剂。

C.2　铜的摩尔浓度

将 25 mL 1 mol/L 的铜乙二胺溶液加入到 250 mL 容量瓶中，用蒸馏水稀释至 250 mL。取出 25 mL转入滴定瓶中，加入 50 mL 10％的碘化钾溶液(C.1.1)。用 100 mL 2 mol/L 的硫酸(C.1.4)酸化，然后用硫代硫酸钠溶液(C.1.2)滴定至溶液变浑浊。溶液中铜的摩尔浓度见式(C.1)：

$$p = 0.04 \times n \qquad \cdots\cdots\cdots\cdots(C.1)$$

式中：

n——滴定过程所消耗的硫代硫酸钠溶液的毫升数。

C.3　乙二胺的摩尔浓度

取 20 mL 的稀溶液，并用 0.5 mol/L 的硫酸(C.1.3)滴定至甲基橙指示剂显示淡粉红色。

部分的酸用于和氢氧化铜反应。

溶液的乙二胺摩尔浓度由式(C.2)计算得出：

$$0.25 \times (q - 4p) \qquad \cdots\cdots\cdots\cdots(C.2)$$

式中：

q——滴定过程所消耗的 0.5 mol/L 的 H_2SO_4 的毫升数；

p——前面测定出的氢氧化铜的摩尔浓度。

当用符号 c_{Cu}和 c_{En}表示铜和乙二胺的摩尔浓度时，其摩尔比率见式(C.3)：

$$\frac{c_{En}}{c_{Cu}} = 2.0 \pm 0.1 \qquad \cdots\cdots\cdots\cdots(C.3)$$

附　录　D
（资料性附录）
根据马丁方程的[ν]·c 乘积与 ν_s 的函数关系表

见表 D.1。

表 D.1　[ν]·c 作为 ν_s 的一个函数(其中 k=0.14)

[ν]·c										
ν_s	0.00	0.01	0.02	0.03	0.04	0.05	0.06	0.07	0.08	0.09
0.0		0.010	0.020	0.030	0.039	0.049	0.059	0.068	0.078	0.087
0.1	0.097	0.106	0.116	0.125	0.134	0.143	0.152	0.161	0.170	0.179
0.2	0.188	0.197	0.206	0.215	0.223	0.232	0.241	0.249	0.258	0.266
0.3	0.275	0.283	0.291	0.300	0.308	0.316	0.324	0.332	0.340	0.349
0.4	0.357	0.365	0.372	0.380	0.388	0.396	0.404	0.412	0.419	0.427
0.5	0.435	0.442	0.450	0.457	0.465	0.472	0.480	0.487	0.495	0.502
0.6	0.509	0.516	0.524	0.531	0.538	0.545	0.552	0.559	0.566	0.574
0.7	0.581	0.588	0.594	0.601	0.608	0.615	0.622	0.629	0.636	0.642
0.8	0.649	0.656	0.662	0.669	0.676	0.682	0.689	0.695	0.702	0.708
0.9	0.715	0.721	0.728	0.734	0.740	0.747	0.753	0.759	0.766	0.772
1	0.778									
ν_s	0.0	0.1	0.2	0.3	0.4	0.5	0.6	0.7	0.8	0.9
1	0.78	0.84	0.90	0.96	1.01	1.06	1.12	1.17	1.22	1.26
2	1.31	1.36	1.40	1.44	1.49	1.53	1.57	1.61	1.65	1.68
3	1.72	1.76	1.79	1.83	1.86	1.90	1.93	1.96	2.00	2.03
4	2.06	2.09	2.12	2.15	2.18	2.21	2.24	2.26	2.29	2.32
5	2.35	2.37	2.40	2.43	2.45	2.48	2.50	2.53	2.55	2.57
6	2.60	2.62	2.64	2.67	2.69	2.71	2.73	2.76	2.78	2.80
7	2.82	2.84	2.86	2.88	2.90	2.92	2.94	2.96	2.98	3.00
8	3.02	3.04	3.06	3.08	3.10	3.11	3.13	3.15	3.17	3.19
9	3.20	3.22	3.24	3.26	3.27	3.29	3.31	3.32	3.34	3.36
10	3.37									

参 考 文 献

[1] ASTM D 1795 Standard test method for intrinsic viscosity of cellulose

[2] ASTM D 4243 Standard test method for measurement of average viscometric degree of polymerization of new and aged electrical papers and boards

[3] BS 6306-1 Methods for determination of limiting viscosity number of cellulose in dilutesolutions—Cupri-ethylene-diamine(CED)method

[4] C 16:62 Preparation of cupri-ethylene-diamine(CED) solution. SCAN-test(Scandinavian pulp,paper and board testing committee)

[5] DIN 51562-1 Determination of kinematic viscosity using Ubbelohde viscometer—Part 1: Apparatus and measurement procedures

ICS 29.035.01
K 15

中华人民共和国国家标准

GB/T 29306.1—2012

绝缘材料在 300 MHz 以上频率下介电性能测定方法 第1部分:总则

Recommended methods for the determination of the dielectric properties of insulating materials at frequencies above 300 MHz—Part 1:General

(IEC 60377-1:1973,MOD)

2012-12-31 发布 2013-06-01 实施

中华人民共和国国家质量监督检验检疫总局
中国国家标准化管理委员会 发布

前　言

GB/T 29306《绝缘材料在 300 MHz 以上频率下介电性能测定方法》分为以下几个部分：

——第 1 部分：总则；

——第 2 部分：谐振法。

本部分为 GB/T 29306 的第 1 部分。

本部分按照 GB/T 1.1—2009 给出的规则起草。

本部分使用重新起草法修改采用 IEC 60377-1：1973《绝缘材料在 300 MHz 以上频率下介电性能测定方法　第 1 部分：总则》。

本部分与 IEC 60377-1：1973 相比存在技术性差异，这些差异涉及的条款已通过在其外侧页边空白位置的垂直单线（｜）进行了标示。

主要技术变化如下：

——增加了第 2 章的规范性引用文件，并将 IEC 60250：1969 替换为 GB/T 1409—2006；

——增加了第 2 章后，章条号已相应做了修改；

——删除了 IEC 60377-1：1973 中涉及的 IEC 60377-3 和 IEC 60377-4(IEC 无原文)。

本部分由中国电器工业协会提出。

本部分由全国电气绝缘材料与绝缘系统评定标准化技术委员会(SAC/TC 301)归口。

本部分起草单位：桂林电器科学研究所、西安交通大学、机械工业北京电工技术经济研究所。

本部分主要起草人：王先锋、曹晓珑、刘亚丽、李卫、罗哲、郭丽平。

绝缘材料在 300 MHz 以上频率下介电性能测定方法 第 1 部分:总则

1 范围

GB/T 29306 的本部分规定了绝缘材料介电性能的试验方法。

本部分适用于测定微波频率范围(即从约 300 MHz 一直到光频)中介质材料的相对电容率、介质损耗因数和与此有关的量,如损耗指数。

2 规范性引用文件

下列文件对于本文件的应用是必不可少的。凡是注日期的引用文件,仅注日期的版本适用于本文件。凡是不注日期的引用文件,其最新版本(包括所有的修改单)适用于本文件。

GB/T 1409—2006 测量电气绝缘材料在工频、音频、高频(包括米波波长在内)下电容率和介质损耗因数的推荐方法(IEC 60250:1969,MOD)

GB/T 29306.2—2012 绝缘材料在 300 MHz 以上频率下介电性能测定方法 第 2 部分:谐振法(IEC 60377-2:1977,MOD)

3 目的

绝缘材料介电性能的测定方法大致可分为两类:

1) 当外施电磁场的波长比试样尺寸大时,则可以采用集中参数法。这些比较简单的方法在 GB/T 1409—2006 中已规定,其频率范围为工频至 300 MHz。

2) 当试样周围电磁场的空间变化不能忽略时应采用分布参数法。其频率范围为 300 MHz 至光频。

在 300 MHz 这个"临界"频率(如图 1 斜线区所示)附近的狭窄频率范围内,究竟可以采用哪一组方法,这主要根据试样的尺寸和电容率来确定。

本部分规定的试验方法与较低频率(见 GB/T 1409—2006)下所采用的试验方法不同,本部分采用的试样和试验装置尺寸大于或相当于试验频率的电磁场波长。

理论上,本部分只适用于具有绝对真空磁导率的材料,对于反磁和顺磁材料(所谓非磁性材料),通常能得到好的近似值,而对于亚铁和铁磁材料,必须选用一些特殊方法将介电性能和磁性能分开。但是,这些方法已超出了本部分的范围。

注:磁性能——若磁导率被一个有足够磁场强度的直流磁偏场所饱和,则呈现磁性能的试样可以按照本部分来试验。

采取特殊措施,使用合适设计的测量池,用本部分规定的方法也能与固体材料一样进行液体和熔融材料的测量。

测量值取决于一些物理条件,例如频率、温度、湿度,并且在特殊情况下还决定于场强。

本部分的所有测量和计算均基于角频率 $\omega=2\pi f$ 的正弦波。

4 术语和定义

下列术语和定义适用于本文件。

注 1：所有定义只适用于具有绝对真空磁导率的介质材料。

注 2：本部分中所采用一些关于波传输的名词定义可参考 IEC 60050-111 和 IEC 60050-726。

4.1

相对复电容率　relative complex permittivity

ε_r^*

介质材料的相对复电容率 ε_r^* 见式(1)：

$$\varepsilon_r^* = \varepsilon'_r - j\varepsilon''_r = \frac{C_X^*}{C_0} \quad \cdots\cdots(1)$$

式中：

ε'_r ——相对电容率；

ε''_r ——损耗指数；

C_X^*——表示小尺寸[1)]电容器的两个电极之间和电极周围的空间全部并且只充以被试介质材料时的复电容；

C_0 ——同样构型的电极在绝对真空中的电容。

注 1：电容器的复电容定义见式(2)：

$$j\omega C_X^* = Y_X^* = G_X + j\omega C_X \quad \cdots\cdots(2)$$

式中：

C_X——该电容器的复导纳 Y_X^* 的实部(交流电导)，而 $j\omega C_X$ 是虚部。

随着频率的增加，外施电磁场的波长接近于所用的试样尺寸，整个试样上电场(和磁场)参数的变化已不能忽略，因此，为了对测出的数据作正确的解释，必须从集中回路分析转到波分析和传输线理论。这也表示试样不均匀性和各向异性对结果的灵敏性增大了。

因此，介质材料的相对复电容率 ε_r^* 与电磁波在介质材料中的复数传输系数 $\gamma=\alpha+j\beta$ 对电磁波在绝对真空中的复数传输系数 $\gamma_0=j\beta_0$ 的比值的平方成比例，见式(3)：

$$\varepsilon_r^* = \left(\frac{\gamma}{\gamma_0}\right)^2 + \left(\frac{\lambda_0}{\lambda_C}\right)^2 \quad \cdots\cdots(3)$$

式中：

λ_0——自由空间波长；

λ_C——所用波形的临界波长(或者为截波长)。

注 2：对于平面波或 TEM 波，$\lambda_C=\infty$。

注 3：在 293 K 和标准大气压下，没有二氧化碳的干燥空气的相对电容率 ε_r 等于 1.000 53，所以实际上采用空气中所测出的值 C_a、c_a 和 γ_a 来代替在绝对真空中所测出的值 C_0、c_0 和 γ_0，以此确定的固体和液体的相对电容率 ε_r 具有足够的精度。

注 4：介质材料的复电容率(绝对电容率)是其相对复电容率 ε_r^* 与电常数(或绝对真空电容率)ε_0 的乘积，见式(4)：

$$\varepsilon^* = \varepsilon_0 \cdot \varepsilon_r^* \quad \cdots\cdots(4)$$

在 SI 制中，绝对电容率的单位为法拉每米(F/m)；而电常数 ε_0 具有下列数值，见式(5)：

$$\varepsilon_0 = \frac{1}{\mu_0 C_0^2} \approx 8.854 \times 10^{-12} \approx \frac{1}{36\pi} \cdot 10^{-9}\ \text{F/m} \quad \cdots\cdots(5)$$

1) 小于电介质的波长。

4.2

相对电容率 relative permittivity

$\boldsymbol{\varepsilon}'_{\mathrm{r}}$

介质材料的相对电容率$\varepsilon'_{\mathrm{r}}$是4.1中所定义的相对复电容率的实部，根据式(1)和式(3)，得式(6)：

$$\varepsilon'_{\mathrm{r}}=\frac{C_{\mathrm{X}}}{C_0}=\lambda_0^2\left[\frac{\beta^2-\alpha^2}{(2\pi)^2}+\frac{1}{\lambda_{\mathrm{C}}^2}\right] \quad\cdots\cdots(6)$$

注：若介质量表示为实数，即$\varepsilon'_{\mathrm{r}}$和tanδ(见4.4)代替了$\varepsilon'_{\mathrm{r}}$和$\varepsilon''_{\mathrm{r}}$，则素数可略去，见式(7)：

$$\varepsilon'_{\mathrm{r}}=\varepsilon_{\mathrm{r}} \quad\cdots\cdots(7)$$

4.3

损耗指数 loss index

$\boldsymbol{\varepsilon}''_{\mathrm{r}}$

介质材料的损耗指数$\varepsilon''_{\mathrm{r}}$是4.1中所定义的相对复电容率的虚部，根据式(1)和式(3)，得式(8)：

$$\varepsilon''_{\mathrm{r}}=\frac{G_{\mathrm{X}}}{\mathrm{j}\omega C_0}=\left(\frac{\lambda_0}{\pi}\right)^2\cdot\frac{\alpha\beta}{2} \quad\cdots\cdots(8)$$

4.4

介质损耗因数 dielectric dissipation factor

tanδ

介质材料的介质损耗因数[2)]tanδ是外施场强E和在绝缘材料内导致的介质位移D之间相角(损耗角)的正切。E、D两者随着时间以一个相同的角频率$\omega=2\pi f$按正弦波变化。

因为介质内电场分量E和D一般是不太容易被测出的，对一个给定体积的介质材料，可测出其介质损耗因数为电能量损耗对每半个振荡周期中贮存在那个体积内的能量倒数的2π倍之比。这个比值也相当于式(9)所示：

$$\tan\delta=\frac{\varepsilon''_{\mathrm{r}}}{\varepsilon'_{\mathrm{r}}} \quad\cdots\cdots(9)$$

损耗因数tanδ的倒数称为品质因数(Q值)，见式(10)：

$$\frac{1}{\tan\delta}=Q \quad\cdots\cdots(10)$$

5 影响介质材料介电性能的因素

对一给定的介质材料，所测出的电容率和介质损耗因数由试样产生的介质极化来确定。各种外界的和内在的物理参数，例如频率、温度、电场强度、离子辐射、湿度和其他杂质、化学结构、均匀性和各向同性(“物理和化学结构”)等都影响测试数据。

为了解释由试验所得出的结果，必须要知道试样的状态并控制前面所提到的所有参数。

下面分别讨论频率、温度、湿度和其他杂质、物理和化学结构以及电场强度对所测出的介电性能的影响。

注：在本部分所包括的频率范围内，测出的电容率和介质损耗因数大多是来源于极化分子产生的偶极极化。

5.1 频率

由于工程材料在整个宽广的频率范围内，$\varepsilon'_{\mathrm{r}}$和tanδ并不是常数，这就必须测量该介质材料在其被使用的那些频率下的介质损耗因数和电容率。由于对几个频率下所测出的数据之间作了精确的内插，有可能得到一条符合整个吸收区域的拜德曲线；同样，可以有效地使用cole-cole图。

2) 某些国家是指损耗角正切优先于介质损耗因数，因为损耗的测量结果当作损耗角正切报告。

5.2 温度

介质材料的极化率也受它所处的温度的影响。出现损耗指数最大值(和相应的介质损耗因数)的频率随温度而变化。通常,损耗指数的温度系数可以是正的,也可以是负的,这决定于测量频率和试验温度有关的损耗指数最大值的位置。

特别注意的是被研究材料介电性能可能在短的时间内发生不可逆变化,例如在升高温度情况下进行测量。关于这种情况,见5.3和5.4。

5.3 湿度和其他杂质

极化率由于水的吸收或介质表面上水膜的形成而增大,于是影响了电容率、损耗因数和直流电导。因此,试样的处理是十分重要的。若要正确解释试验结果,则在试验前和试验中都必须控制湿度。

极化率也受到杂质的影响,这些杂质是由物理污染或化学添加剂引进来的,例如溶剂或增塑剂。因此要非常小心确保被试材料不受影响或仅受取样方法或之后可控的高温处理方式的影响。

5.4 物理和化学结构

试验中,与样品结构有关的电磁场的极化方向对测量结果影响很大,由于不均匀性(如层状材料)或各向异性(如结晶体)可以得到不同的结果,除非所有测量的试样的材料具有相同的一致特性。

注:某些周期性结构的材料(例如层状材料),即使波长与其结构周期类似,这种材料的频率特性曲线将与材料各组分的频率特性也不同。

有同种化学组分但不同化学结构的样品,例如经受不同固化条件的固化树脂或不同聚合度的聚合物,也将得出不同的结果。

5.5 交流电场强度

通常只要介质中不发生局部放电,则电容率和介质损耗因数与电场强度是没有关系的。然而铁电体在较低的微波频率下,其电容率和介质损耗因数受电场影响,但随着频率的增加,这种影响迅速地消失。

6 测量方法的概述

6.1 测量方法的原理

6.1.1 引言

在本部分所包括的频率范围内介电性能测量方法的特点是:从试样和测量仪器的一个点到另一个点上的电场分量和磁场分量,其幅值和相位都是变化的,这是因为辐射波波长是和试样尺寸及仪器尺寸相对应的。非磁性材料在数十兆赫兹范围内,这种效应首先变得很明显,并且约在600 MHz以上,就不能忽略。因所用的测量仪器和测得的量与在较低频率(GB/T 1409—2006)下的方法是不同的。

6.1.2 与测量有关的物理效应

与电容率和损耗有关的效应:

a) 电磁波的传输速度及其在给定介质中的波长是与该介质的电容率成反对应关系。
b) 在一个介质的电容率的任一不连续间段上传输一个波时,一部分波能被反射,这部分能量的大小决定于不连续段两边电容率的比值。
c) 因为波极化了介质,能量沿着它行进的道路被连续损耗,因此波形幅值的衰减正比于介质损耗指数。

与电容率无关的效应:

d) 给定频率 f 和给定横截面的波束不只以一种波形传输,而且可以以不同速度和不同波长的各种波形传输。特殊情况下所出现的波形取决于波束横截面和波束发射系统。

e) 在波束横截面改变的任何点上会发生波束能量的反射和波形的变换(在给定波形时也会导致能量的损耗)。即使在绝对真空中,由于波束的衍射损耗或者波导结构的有限导电性,也会发生衰减。

为了将材料性能的影响与不希望有的试验波场干扰影响区分开,从而得到一致和可重现的结果,重要的是测量仪器应采用一个均匀的传输系统。也就是说,在系统中不应有能导致反射或损耗的显著的不连续段,在测量频率下,系统本身的性能必须被熟知,并且在插入试样以后,其性能完全不改变或者仅按可预知的方式来改变。应该使用最简单的试验仪器,以减少试验条件相关不确定性并简化计算。

6.2 试验装置

插入试样所用的试验装置按如下组成:

6.2.1 谐振装置

把一个均匀传输段的两端短路并松散地耦合到发生器和接收器上,当短路活塞的移动距离是工作波长半波的整数倍时,在发生器和接收器之间建立了最大的能量传送。详细情况("谐振法")在GB/T 29306.2—2012中叙述。其结果用当试样插入后的Q值以及分别在恒定的谐振器尺寸或恒定的试验频率下恢复谐振时的频率变化或尺寸变化来表示。

注:由于本方法使用了多路波反射,特别适合于检测极低的损耗因数和小量的试验材料。为了得到尽可能高的灵敏度,可以使用固定谐振器,这类仪器只能在单一频率下使用,在某种程度上,这一频率取决于试样的形状、尺寸和介电性能。

6.2.2 传输线或电桥装置

把一个均匀传输段的一端短路,另一端匹配到它的特性阻抗上去。以完全充满试验材料这部分截面上的输入阻抗(即相角和反射系数)表示测得的结果。因此该方法也称为"输入阻抗测量法",详细的测量方法正在考虑中。

注:在所用的传输系统的传输域之内,输入阻抗测量法容易与任何一个频率匹配,因此,显示了宽带域特性。因为只利用了试样单一的反射,所以限于检测不是很低的损耗因数。

6.2.3 自由空间法

一个均匀的传输段在发生器和接收器之间无限地展开(或者把它的两端匹配到它的特性阻抗上去),当试样插入传输线内时,以波束衍射或反射角和衰减系数表示得到的结果。由于该方法使用了行波,并且广泛地被用在光学方面,所以这方法称为"光学法"(正在考虑中)。

假如建立了一个基准波束,则驻波法也可以采用,然后以传输系数和相角表示得到的结果,这种方法称作为"传输型电桥法"。

注1:光学法要求大量的试验材料(因为是根据工作波长来测量),只有在边界效应可忽略时,才有可能用非制导波束,因此,一般来说光学法只有在30 GHz以上才是可应用的。随着频率的增加,由于低的固有损耗,且测量时不是长度的测量(在波长短时),而是角度的测量,对波长的改变不灵敏,所以光学法大大优越于所有的其他方法。

注2:传输法测量特别适合高电容率试样。

从6.2.1到6.2.3所述的三种方法可以用非制导波束,6.2.1的方法和6.2.2所述的传输型电桥法也可以用导波,传输波形的选择取决于工作波长、所用的试验材料数量、所要求的取样方法的精度和所测到的损耗。通常导波最高可用到约60 GHz,非制导波用在30 GHz以上。

注3:通常采用导波时,波导管以基波形式工作,以排除传输的混杂。根据上面所说的要求,同轴波导管使用在从最低频率至7 GHz范围内,矩形或圆形横截面的空腔波导管使用在4 GHz~60 GHz之间,大约在30 GHz以上,可采用半光波传播。

6.3 试验方法的选择

试验方法的选择受到可能是互相矛盾的各种因素的影响,下面分别叙述这些因素:

6.3.1 频率或波长

在高频下，除了光学法(6.2.3和6.3.4)以外，用任何其他方法进行测量，要想达到要求的机械精度是困难的。在低频下，由于试验设备和试样尺寸的减少，优先采用导波。

由于金属导体的集肤效应，通常随着频率的增加，波导的衰减也加快，于是要进行低损耗材料的损耗指数的测定就更加困难。

注：在同样工作频率下，空腔波导管比同轴波导管显示出较低的衰减。采用 H_{01} 型圆形空腔波导管具有显著的优点，即当频率增大时，衰减减小。

根据这些考虑，在频率约60 GHz以下时，采用导波的方法会更好，而在频率约30 GHz以上，则可采用非制导波束。

6.3.2 试验材料形状和数量

试样应符合试验装置的要求，因此机械加工是需要的(见各个测量方法)。因为已有的被试材料不一定是块状的，而是板、片(膜)、棒(线)或管状的。根据试验材料的形状和手头上所具有的试验材料数量可对试验方法进行选择，介质测量的一个重要条件是试样要是单个的。

a) 对谐振法来说，试样可以填满波束横截面[这种情况见6.3.2b)]。由于这类方法有高的固有灵敏度，只要采用合适的波形，这一技术也可应用到球、棒、圆板形试样。但是，性能变化大小和结果精确性的灵敏度主要取决于所用的波形、谐振器和试样的体积比，也包括在获得这个比值时的精度。

b) 阻抗测量法需要的试样要全部覆盖波束横截面，在垂直于电场强度方向的所有表面(即同轴波导管的内外导体，矩形空腔波导管的宽壁)上需要紧密接合。

注：在采用 H_{01} 型圆形波导管时，紧密接合问题大大简化了。

有相同的试样长度(为了在测量中有同样的灵敏度)说明试验装置采用基波形式的导波比采用不导波所需要的试验材料少。同样地在相同的工作频率下，同轴波导管比空腔波导管所需的试验材料还少。采用波导管装置最要紧的是试样要尽可能紧密地配合波导管尺寸。

c) 光学法需要的试样，其横截面比波束截面大，试样厚度至少等于传输波长的一半。

6.3.3 试验材料的介电性能

a) 电容率

相对电容率在100以下的绝缘材料可以用以上列举的任何一种方法来试验，但是必须注意由某些缺陷引起的高次方波形可能在试样内传播，而引起读数的误差。对于相对电容率在100以上的绝缘材料，由于能获得高精度，所以优先采用传输法。

对各向异性材料，所得结果取决于将试样的各轴线与波束极化轴配置的情况，因此，必须把试样分切使其能与所采用波形的试验条件相匹配。

b) 介质损耗因数和损耗指数

谐振法最适合于检测极小的损耗。阻抗法，其测量值的下限受到空白传输系统衰减的限制。能测出的损耗值的上限取决于：

1) 对谐振法来说，对谐振作用的补偿情况；

2) 对阻抗法来说，对装有试样的传输线截面的近似配合和试样本身的损耗。试样体积的减小将重新建立测量判据，但在任何情况下，高损耗将大大地影响电容率测量的精度。

6.3.4 机械方面的要求

a) 当采用非标准波导管装置(例如空腔波导管)或如果采用接近于其截止频率的波导管，在试样与波导管尺寸配合上，尺寸精度尤为重要。有关的一些方法都将在GB/T 29306.2—2012中叙述。

注1：在频率低于相应波形的截止频率的1.25倍时，不应采用波导管。

采用非制导波方法时，这些要求适用于波束发射系统和试样的表面平面度。

所有可移动的部分必须能平滑地移动而没有任何回冲。

注2：特性尺寸的公差至少应符合$\pm\frac{\lambda_g}{1\ 000}$，其中$\lambda_g$为传输波长。

b) 所有金属波导结构特别需要高表面光洁度，因集肤效应，平滑表面上的任何干扰将造成衰减的进一步加剧。

c) 采用驻波的所有方法，驻波模型的测定必须被校正到至少为$\pm\frac{\lambda_g}{1\ 000}$这样一个数量级。其中$\lambda_g$为传输波长，因此，在毫米波范围内，改用光学法是合适的。

6.3.5 温度

采用导波方法时，温度影响了测量的一致性。在导波方法中，温度不仅改变了测量装置的特性长度，而且改变了试样对波导管的匹配，对空腔波导管也改变了截波波长。

7 试验步骤

7.1 试样的制备

为了得到所要求的试样形状，试样应从固体材料上切下来或用适当的标准化技术来制备，试样尺寸的各次测量应精确到$\pm(\frac{\lambda_g}{1\ 000}+0.005\ \text{mm})$。

7.2 条件处理

试样条件处理应按有关规定进行。

7.3 测量

电气测量按照IEC 60377有关部分(正在考虑中)所使用的方法和设备制造厂的说明书进行。

8 试验报告

试验报告应给出下列情况：

——绝缘材料的型号、名称和交货形式；

——取样方法、试样形状、尺寸和取样日期，对试样接触面处理的情况；

——试样的条件处理方法和时间；

——试验期间温度、相对湿度和试样温度；

——所用的测量装置和试验方法；

——外施微波电源；

——外施频率或自由空间波长；

——外施波的波形(试样优选的一个轴线相对于外施电场方向配置的情况)；

——相对电容率ε'_r(平均值)；

——介质损耗因数$\tan\delta$或介质损耗指数ε''_r(平均值)；

——试验日期。

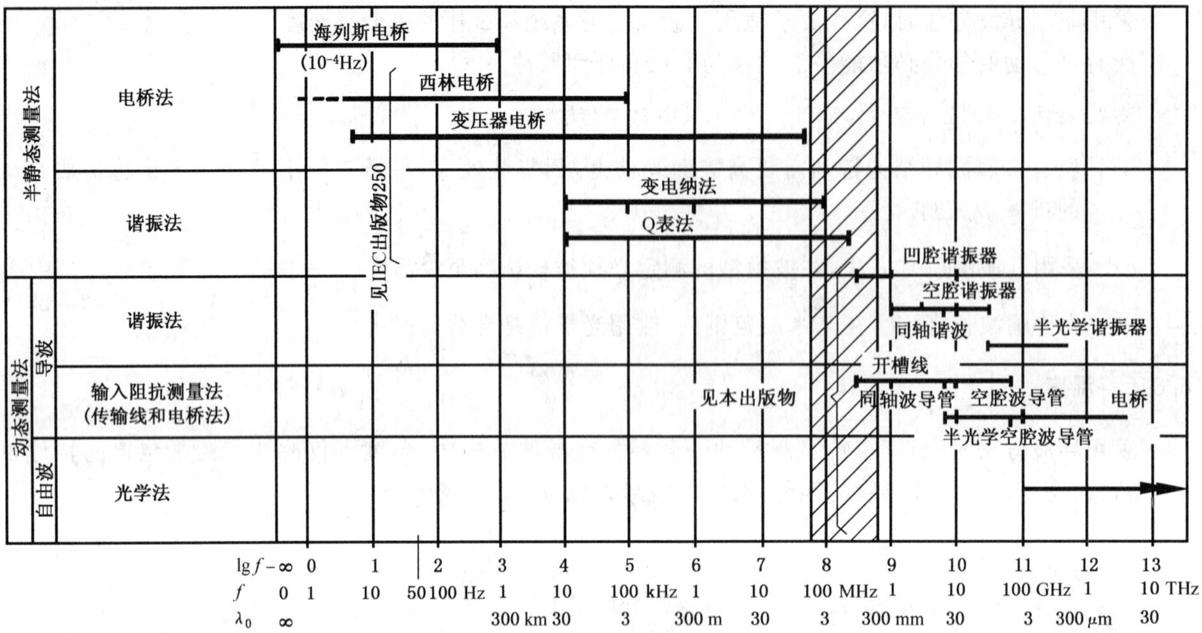
半静态测量法
电桥法
谐振法
动态测量法
导波
谐振法
输入阻抗测量法
(传输线和电桥法)
自由波
光学法
海列斯电桥
(10-4Hz)
西林电桥
变压器电桥
见IEC出版物250
变电纳法
Q表法
凹腔谐振器
空腔谐振器
同轴谐波
半光学谐振器
开槽线
见本出版物
同轴波导管
空腔波导管
电桥
半光学空腔波导管
lg f -∞ 0 1 2 3 4 5 6 7 8 9 10 11 12 13
f 0 1 10 50 100 Hz 1 10 100 kHz 1 10 100 MHz 1 10 100 GHz 1 10 THz
λ0 ∞ 300 km 30 3 300 m 30 3 300 mm 30 3 300 μm 30

图 1 交流测量方法

ICS 29.035.01
K 15

中华人民共和国国家标准

GB/T 29306.2—2012

绝缘材料在300 MHz以上频率下介电性能测定方法 第2部分：谐振法

Recommended methods for the determination of the dielectric properties of insulating materials at frequencies above 300 MHz—Part 2: Resonance methods

(IEC 60377-2:1977, MOD)

2012-12-31 发布　　2013-06-01 实施

中华人民共和国国家质量监督检验检疫总局
中国国家标准化管理委员会　发布

前　言

GB/T 29306《绝缘材料在300 MHz以上频率下介电性能测定方法》分为以下几个部分：

——第1部分：总则；

——第2部分：谐振法。

本部分为GB/T 29306的第2部分。

本部分按照GB/T 1.1—2009给出的规则起草。

本部分修改采用IEC 60377-2:1977《绝缘材料在300 MHz以上频率下介电性能测定方法　第2部分：谐振法》。

本部分与IEC 60377-2:1977相比，主要技术变化如下：

——增加了第2章的规范性引用文件，章条号相应做了调整；

——删除了IEC 60377-2:1977附录A中涉及的IEC 60377-3(IEC无原文)。

本部分由中国电器工业协会提出。

本部分由全国电气绝缘材料与绝缘系统评定标准化技术委员会(SAC/TC 301)归口。

本部分起草单位：桂林电器科学研究所、西安交通大学、机械工业北京电工技术经济研究所。

本部分主要起草人：王先锋、曹晓珑、郭丽平、陈俞蕙、李卫、阳晔、刘亚丽。

引　言

本部分所叙述的测量方法包括了谐振器的使用。所叙述的谐振器主要由一个给定横截面的传输线段组成，这一传输线段两端被短路在间距为半工作波长的任意整数倍。当试样插入谐振器时，工作波长就改变了。为了重建谐振，需要相应地改变频率或变化谐振器的长度，Q 值的相应改变可测量出试样的介电性能。

谐振法与其他试验方法相比，其显著的优点在于它有极高的无载 Q 值，采用适宜的波形和良好的设计可以得到这一 Q 值；采用这种技术，能测量非常低损耗因数的试样。因此通常利用这种方法的优点，用谐振器解决特殊的测量问题（频率、试样形状和介质性能）。为了避免试验结果不明确，有必要仔细地检查电场构型。因此谐振器必然是一种窄频带装置，其试验频率由谐振器内试样数量、形状、介电性能和位置所决定。

常用谐振器有以下几种：

腔种类	频率范围	试样形状	备　注	编　号
凹形空腔	100 MHz～1 GHz	圆板形	$\varepsilon_r \leqslant 10$	A.1
同轴谐振器	1 GHz～3 GHz	管形		A.2
空腔(闭合的)	1 GHz～30 GHz	圆板形、棒形		A.3
“开腔”	＞3 GHz	圆板形	$\varepsilon_r > 5$	A.4
光学谐振器	＞30 GHz	板形、片形		A.5

注：频率和电容率的限定值只是近似的，假如损耗因数或电容率的测量灵敏度允许降低的话，则可超过限定值（见 GB/T 29306.1—2012 第 4 章）。

各种谐振器及其相应的测试方法以及计算在附录 A 中作了比较详细的讨论。

绝缘材料在300 MHz以上频率下介电性能测定方法 第2部分：谐振法

1 范围

GB/T 29306的本部分规定了以谐振法测定绝缘材料介电性能的试验方法。

本部分适用于以谐振法测定微波频率范围(即从约300 MHz一直到光频)中固体、液体或熔融状介质材料的相对电容率、介质损耗因数和与此有关的量，如损耗指数。

2 规范性引用文件

下列文件对于本文件的应用是必不可少的。凡是注日期的引用文件，仅注日期的版本适用于本文件。凡是不注日期的引用文件，其最新版本(包括所有的修改单)适用于本文件。

GB/T 1409—2006 测量电气绝缘材料在工频、音频、高频(包括米波波长在内)下电容率和介质损耗因数的推荐方法(IEC 60250:1969，MOD)

GB/T 29306.1—2012 绝缘材料在300 MHz以上频率下介电性能测定方法 第1部分：总则(IEC 60377-1:1973，MOD)

3 试验装置

谐振试验装置的主回路图见图1，试验装置的组成如下：

3.1 一台足够功率能提供所要求的频率发生器。在整个所要求的频率范围内，频率可以是人工调节，也可以是自动调节(一个扫频源)。

注1：扫频发生器与显示装置(见3.2.2)结合使用，便于快速试验。操作时应注意，使显示的谐振曲线的形状不受过高扫描速度影响。

输出功率可调并要求自动控制(ALC)。

注2：用于固定频率测试的人工调频发生器将具有足够的工作稳定度，通常小于或等于1 ppm的频率稳定度就够了。

注3：为了避免频率牵引，建议在频率发生器和回路之间插入一个隔离器或衰减器。

为了避免假的谐振，谐波含量应小于1%。

3.2 一个在试验频率下有足够灵敏度的检测器，各种形式的这种检测器都可用来与人工调频或自动调频的发生器接在一起。

3.2.1 由于固定频率测试的检测器将具有足够的工作稳定性，无论是有放大或没有放大的二极管伏特计，还是用自动调频或不用自动调频(AFC)的能将发生器输出调到微波频率或低频率的接收装置，都能用作检测器。

注1：通常，宽频带的检测器使用起来比较方便，因为这种检测器不用调到发生器频率，而且谐振装置能够充分的辨别出外界的微波干扰。但是，应注意检测器的输入电平是较低的，并且在微波频率下屏蔽是有效的，但在低频下就不一定有效；因此，一个受环境干扰的区域必须要有一台已调好的接收装置。在任何情况下，应该注意避免可能由电子设备的电源线和互相连接的波导管的屏蔽而形成的接地回路。

注 2：显示出两个输入之商(即：谐振器的输出和频率发生器的输出之比)的接收装置是有利的，因为它避免了频率发生器输出功率变化所造成的误差。

3.2.2 应采用具有扫描测量的显示装置，由于它只显示谐振器的检波输出，所以任何有足够灵敏度的普通用途的示波器都可使用。

注：因为双踪示波器(交替式工作)消除了由于发生器输出变化所造成的误差，所以优先采用。

3.3 一台在工作频率范围内有足够分辨率的频率计。

3.4 一个 3 dB 标准衰减器或一个可变标准衰减器。

3.5 一台在所要求的频率下谐振的谐振器。

注：商业上不可能有一种谐振装置在任何测试问题上都能得到最佳试验结果，因此应对这些谐振器的结构给出一些说明，而对特殊类型的谐振器，则在附录 A 中给予详细说明。

a) 为了加工简便，又具有要求的精度，优先采用横截面是圆形的谐振器。

b) 用于材料试验的谐振器，只能采用轴向对称波形。因 TEM 型和 TE_{0mn} 型谐振器其长度与直径之比接近于1，提供了最佳性能；而 TM_{0mn} 型谐振器的长度与直径之比接近于 0。

c) 谐振器的内表面应该是平的，其平度至少达到在工作频率下 1/4 电磁场穿透深度，因此通常需要抛光。

d) 因为通常采用黄铜，因此需在内表面上电镀银或金(对高温场合)，并使厚度大约达到电磁场穿透深度的 4 倍，以改进谐振器的性能。在更高频率下，谐振器也可用银块制作。

e) 滑动接点降低了谐振器的品质因数，特别在较高的频率下，还影响了重复性和设置精度，因此要尽可能地避免。特别在打开试样的孔盖的可移动部分，应设计在其接触表面没有电流通过。

f) 耦合元件应设计成只能激励起所要求的震荡波形，耦合度的变化应不能影响所测出的无载品质因数 Q_u(见 5.2)。在谐振时，允许有一个约 40 dB 的谐振器的插入损耗。

4 试样

4.1 试样形状应满足谐振器设定的条件和所采用的震荡波形，通常采用圆板形试样，或者横截面为圆形的棒状试样。各种形式谐振器对试样的特殊要求在附录 A 中给出。

注 1：除非在计算中充分考虑所产生的剪切效应，否则在垂直于电力线的表面处，试样与谐振器必须紧配合。这对于同轴(TEM)谐振器和 TM 腔谐振器是特别重要的。

注 2：假如采用半波厚度试样，则由谐振器的终端表面和邻近的试样表面之间的残余气隙所造成的电容率的误差是可以忽略的。

注 3：低电容率和小直径 d_s(与空腔直径 d_0 相比)的棒形试样可用于腔谐振器中。

4.2 试样应按照特殊试验方法的要求(见附录 A)和 GB/T 29306.1—2012 第 7 章来制备。

5 试验步骤

5.1 试样插入谐振器中建立谐振，然后记下所调谐的数值(分别为频率 f_L 或长度 l_L)。

5.2 采用使谐振器失谐的办法或改变频率的办法测出有试样谐振器的半功率宽带 δf_L，然后从下式求出有试样谐振器的品质因数 Q_L：

$$Q_L = \frac{f_L}{\delta f_L} = \frac{l_L}{\delta l_L}$$

5.3 将试样从谐振器中取出，按照 5.1 再次谐振(这时数值分别为 f_u 或 l_u)。

5.4 按照 5.2 确定无载谐振器的品质因数：

$$Q_u = \frac{f_u}{\delta f_u} = \frac{l_u}{\delta l_u}$$

注 1：对谐振器的加耦与去耦将不影响任何一次调谐所测出的半功率宽带。

注 2：采用半功率点 l_1 和 l_2 或者 f_1 和 f_2 的平均值可提高谐振调谐值 l 或 f 的测定精度。

$$l=\frac{l_1+l_2}{2} \quad \delta l=l_1-l_2 \quad f=\text{常数}$$

$$f=\frac{f_1+f_2}{2} \quad \delta f=f_1-f_2 \quad l=\text{常数}$$

注 3：当测量低损耗试样，被测定的两个 Q 值只有很小的差别时，采用平方定律检测器的输出，精度可以提高，而且步骤可以简化。例如其中一个 Q 值是已知时，则：

$$Q_2=Q_1\sqrt{\frac{\theta_2}{\theta_1}}$$

式中：

θ_1、θ_2——分别为相应于品质因数 Q_1、Q_2 的伏特表的偏转。

若检测器上的谐振电压 U_1 和 U_2 用一个校正过的可变衰减器来保持恒定，则：

$$Q_2=Q_1\cdot 10^{A/20}$$

式中：

$A=(\lg U_2-\lg U_1)$是用 dB 表示的所要求的衰减增量，衰减器应给出衰减量 A 的精度至少为 0.1 dB。

5.5 所有测量应在温度偏差不超过±2 ℃的情况下进行，除非对温度的影响可以校正到具有足够的精度。

6 测得数据的计算

测得数据按附录 A 所叙述的各特殊试验装置的说明进行计算。

7 试验报告

试验报告应给出下列情况：

——绝缘材料的型号、名称和交货形式；

——取样方法、试样形状、尺寸和取样日期，对试样接触面处理的情况；

——试样的条件处理方法和时间；

——试验期间温度、相对湿度和试样温度；

——所用的测量装置和试验方法；

——外施微波电源；

——外施频率或自由空间波长；

——外施波的波形(试样优选的一个轴线相对于外施电场方向配置的情况)；

——相对电容率 ε'_r(平均值)；

——介质损耗因数 $\tan\delta$ 或介质损耗指数 ε''_r(平均值)；

——试验日期。

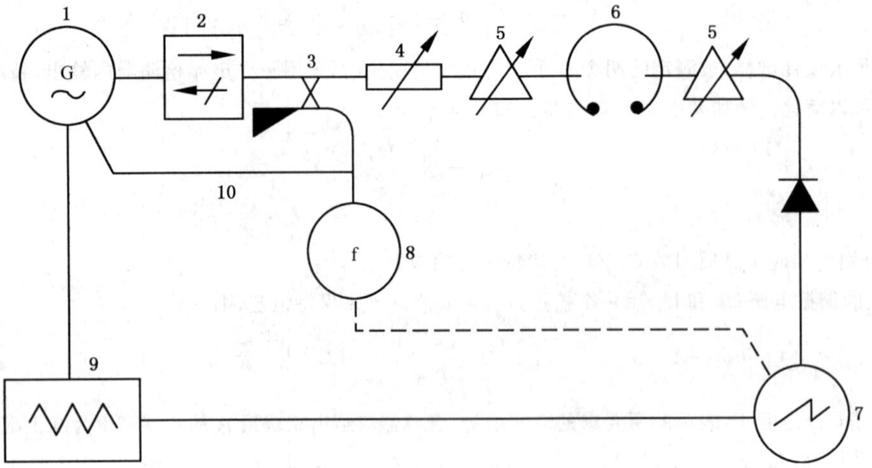

说明：
1 ——微波振荡器；
2 ——隔离器；
3 ——定向耦合器；
4 ——衰减器；
5 ——匹配装置；
6 ——谐振腔；
7 ——检波器(示波器)；
8 ——频率计；
9 ——频率扫描振荡器；
10——稳定输出回路。

图 1　谐振试验装置——主回路图

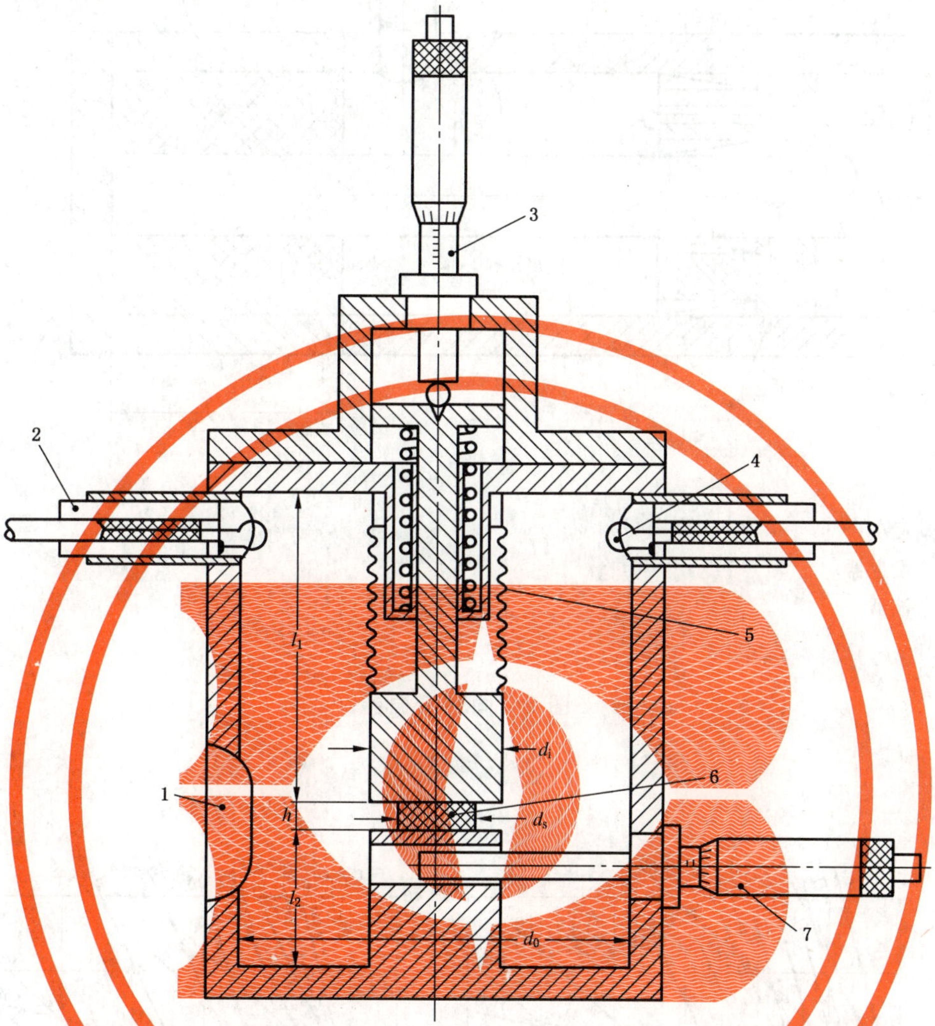

说明：

1——通道孔；

2——接到示波器；

3——主测微计；

4——耦合环；

5——金属软劈腔；

6——试样；

7——侧测微计。

图 2　凹腔谐振器(示意图)

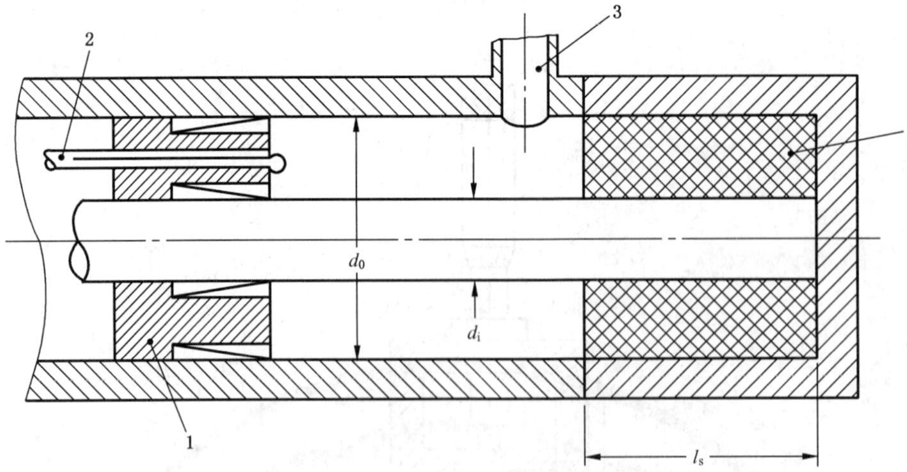

说明：

1——滑动插头；

2——接自发生器；

3——接示波器；

4——试样。

图 3　同轴谐振器

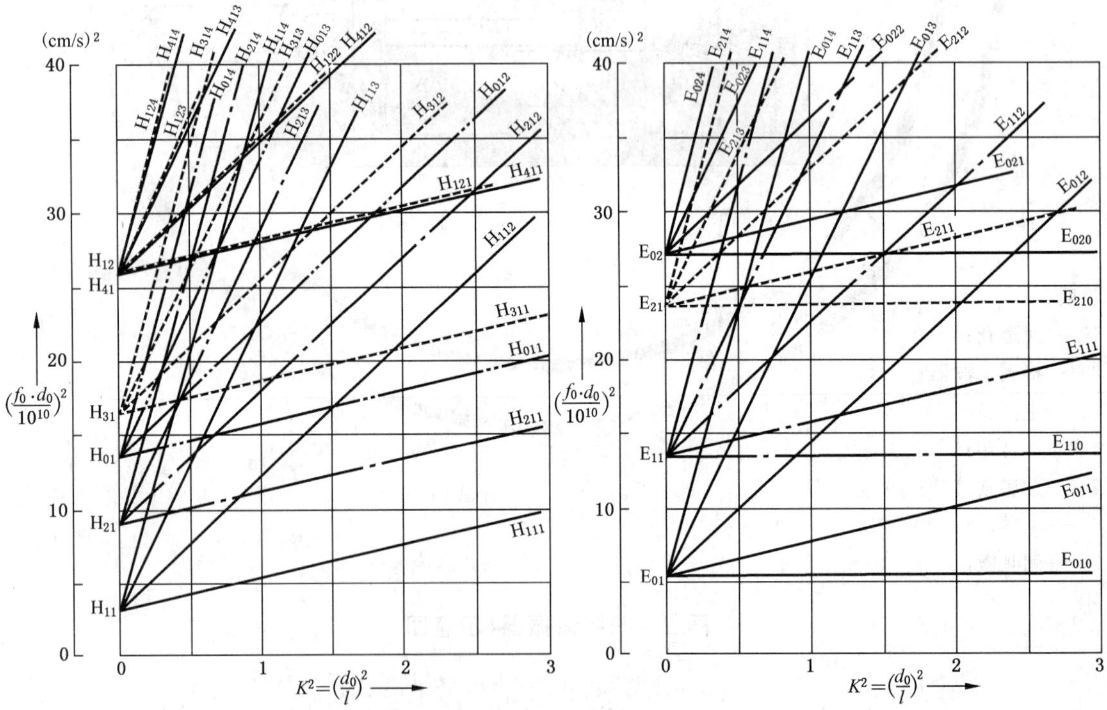

图 4　$(f_0 \cdot d_0)^2$ 模式图＝圆柱形空腔最下面的 10 个振荡器模的前四种震荡的 $f(K)$

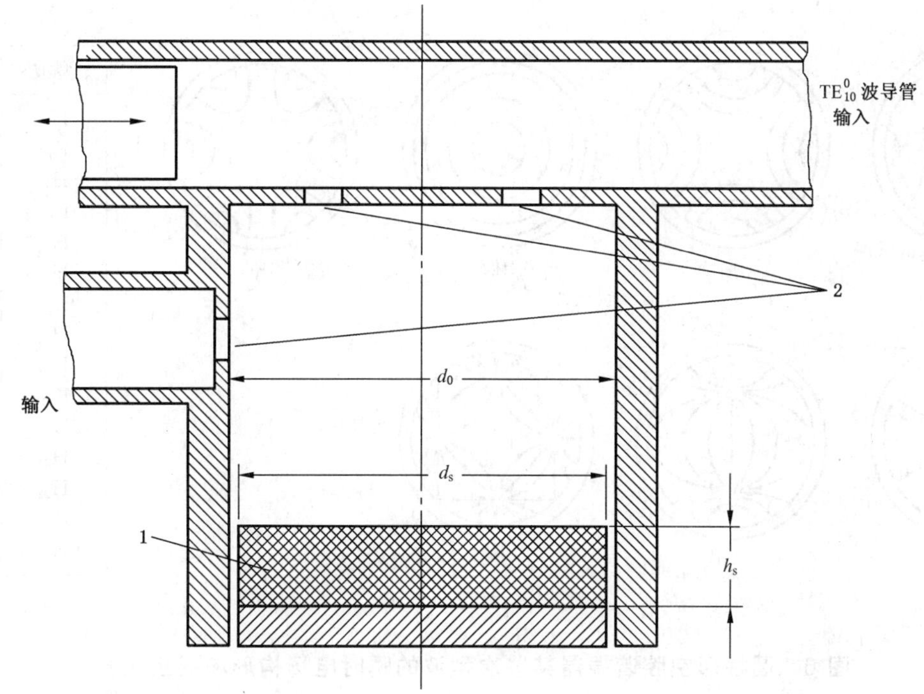

说明：

1——试样；

2——耦合膜片。

a） 空腔谐振器

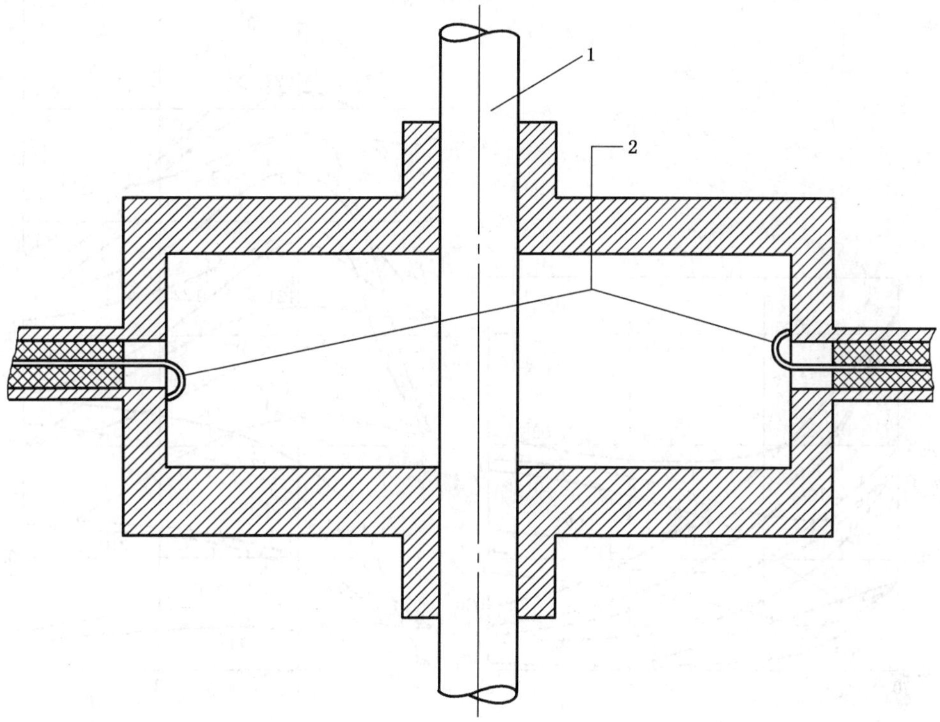

说明：

1——试样；

2——耦合环。

b） TM_{010} 空腔谐振器

图 5 空腔谐振器

型波	λ_c/d_0
H_{11}	1.706 27
E_{01}	1.308 38
H_{21}	1.028 62
E_{11} H_{01}	0.819 89
H_{31}	0.747 78
E_{21}	0.611 72
H_{41}	0.590 79
H_{12}	0.580 26
E_{02}	0.560 12
E_{31}	0.492 39
H_{51}	0.489 68
H_{22}	0.468 46
E_{12} H_{02}	0.447 81

图 6　圆柱形空腔谐振器某些次型波的瞬时电场构形和截止波长

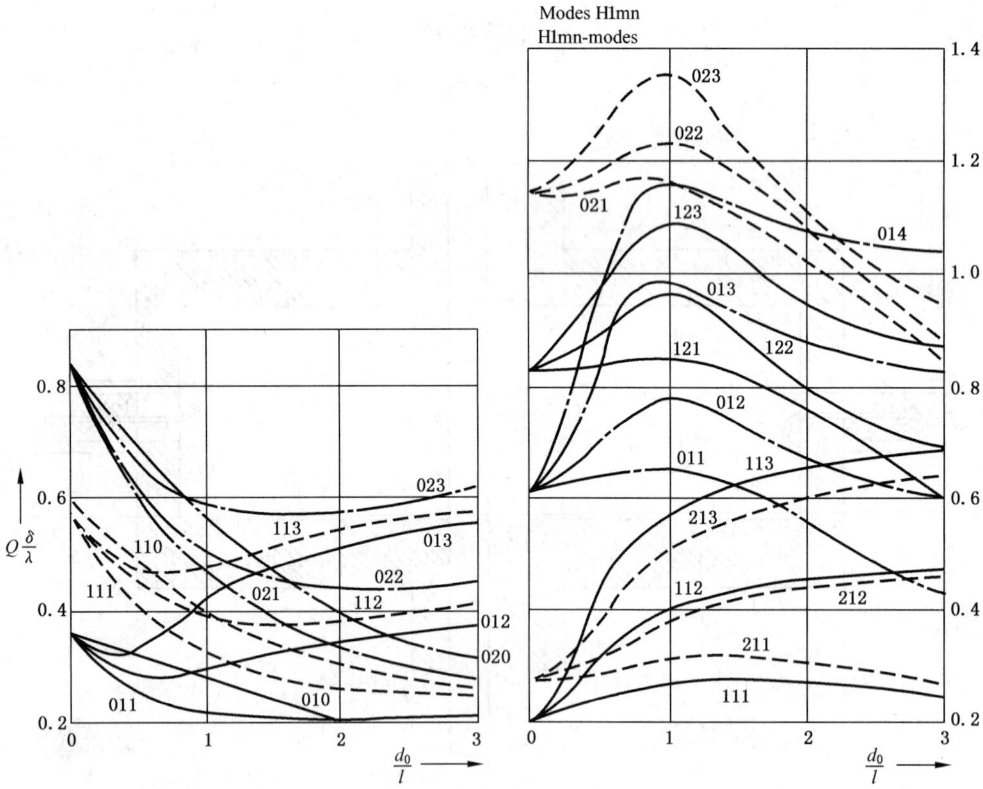

图 7　在圆柱形空腔谐振器上各种 E_{1mn} 和 H_{1mn} 波形的波形因数对穿透深度（由于趋肤效应造成）关系图

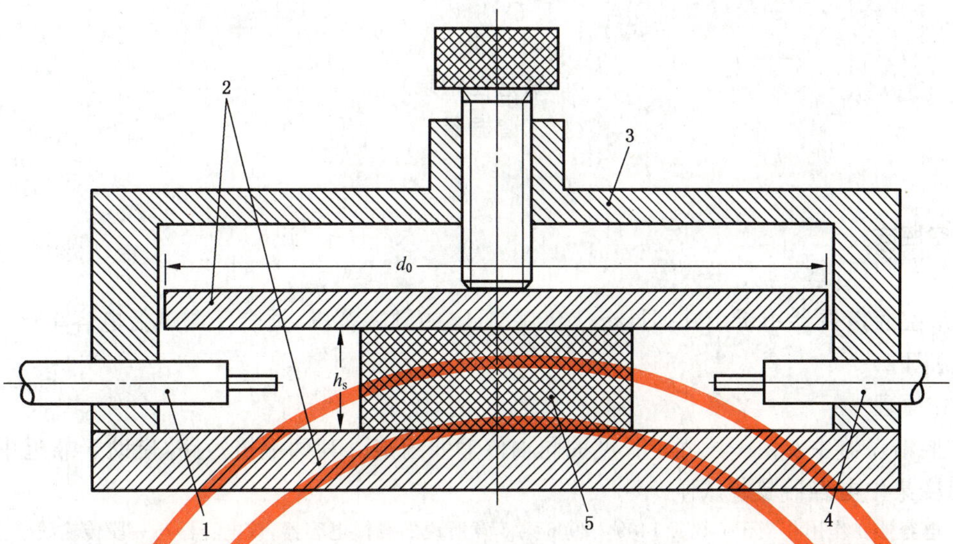

说明

1——接自振荡器；

2——短路板；

3——夹架；

4——接到检波器；

5——试样。

图 8　开腔谐振器

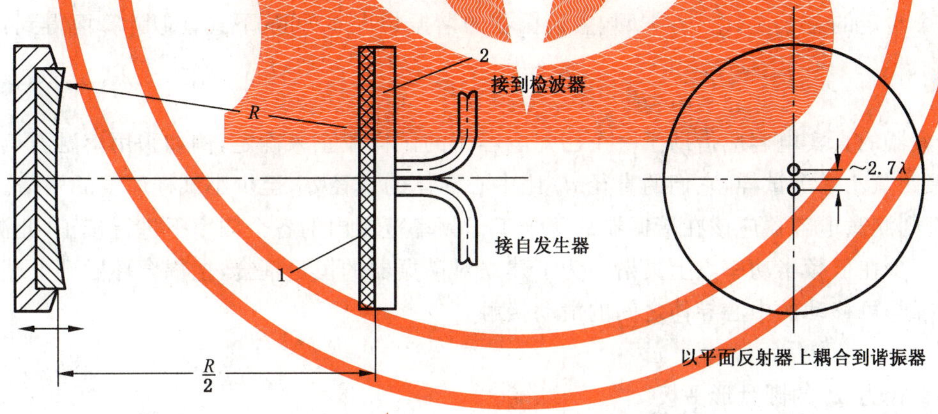

说明

1——试样；

2——平面反射器。

图 9　半共焦谐振器

附　录　A
（规范性附录）
谐振器

A.1　凹形空腔式

A.1.1　凹形空腔谐振器用于 100 MHz～1 000 MHz 的频率范围，适合于测试低电容率（$\varepsilon_r \leqslant 10$）的圆板形试样（见图 2）。

A.1.2　工作原理

凹形空腔谐振器主要由一段固定长度的同轴传输线组成。其两端被短路，借助于靠近中心导体下端的一个可变集中电容器装载试样。

注：这个电容器在作用相当于 GB/T 1409—2006 第 5 章所说的测微电容器，该电容器与一段传输线连接起来，形成一个包括该电容器本身在内的谐振回路。

谐振频率借助于传输线的长度、特性阻抗以及测微电容器的有效电容来确定。

A.1.3　设计

在外直径与内直径之比$\dfrac{d_0}{d_1}$接近于 3.5 时（$Z_0 \approx 75\ \Omega$），谐振器可得到最佳性能。为了避免波导波形的激励，平均圆周长$\dfrac{\pi(d_0+d_1)}{2}$应小于最短工作波长，即：

$$\lambda_{\min} > \frac{\pi(d_0+d_1)}{2} \qquad \cdots\cdots(1)$$

对于一个给定的总长度（l_1+l_2+h），空谐振器的谐振频率 ω_r 可从下式近似计算而得到：

$$\frac{4h}{\omega_r \varepsilon_0 \pi d_1^2} = 60\ln\frac{d_0}{d_0} \cdot \left(\tan\frac{\omega_r l_1}{C} + \tan\frac{\omega_r l_2}{C}\right) \qquad \cdots\cdots(2)$$

测微电容器的真实电容应借助于一个已知电容率的试样校正来确定，例如采用熔融石英、99.9%的纯氧化铝、聚四氟乙烯等试样，它们的直径 d_s 比中心导体的直径 d_1 至少小试样厚度的两倍。除非进行扫频测量，否则测微电容器应该在谐振器的整个工作频率范围内的各个频率下进行校正，此测微电容器可使谐振器至少在低频半功率点上失谐。为了建立对谐振器的恒定耦合，把耦合环插到上端，采用金属波纹管避免了与可移动的中心导体之间的滑动接触。

A.1.4　试样

试样是直径为 d_s 的圆盘形平板。

$$d_s \leqslant d_1 - 2h_s$$

式中：

d_1——中心导体的直径；

h_s——试样的厚度，试样的两表面应是平的，并且彼此平行，不平行度应小于 0.05°。

注：有两种方法测试试样：

a）在测微电容器上取空气隙为（h_1-h_s），并且试样上不加电极。用该方法测定相对电容率时，因试样厚度测定的不准确性而造成的误差被减小了。由于这种影响（精确到一级近似值）是与（ε_r-1）成比例，当测电容率较低的试样时，其测量精度大大提高了。对于低损耗材料，由于不存在不可控制的接触电阻，所以本方法应优先采用。

b）测量电容率 $\varepsilon_r>5$ 的试样时，建议采取一种适当的标准化技术，使试样两个平的表面金属化，试样夹在测微电容器的两个电极之间，测量低损耗试样的介质损耗因数应采用方法 a）。

A.1.5 数据计算

A.1.5.1 测量的量

试样直径 d_s；

试样厚度 h_s；

有载谐振器的谐振频率 f_L；

有载谐振器半功率带宽 δf_L[1] 或测微电容器读数 γ_L[2] 及品质因数 Q_L；

有载谐振器的测微电容器的两电极之间的距离 h_L；

试样除去后，在 f_1 下恢复谐振时测微电容器的两电极之间的距离 h_u；

试样除去后，半功率带宽 δf_u[1] 或测微电容器读数 r_u[2] 及品质因数 Q_u。

A.1.5.2 校正表上的读数

电极之间距离为 h_u 时的电容 C_u；

电极之间距离为 h_L 时的电容 C_{L0}；

若需要时：

在频率 f_L 时的半功率带宽 δf_L 对应于测微电容器读数 r_1[1]；

在频率 $f_u=f_L$ 时的半功率带宽 δf_u 对应于测微电容器读数 r_u[1]。

A.1.5.3 计算和结果

$$C_{so}=\frac{\pi\varepsilon_0 d_s^2}{4h_s} \qquad \cdots\cdots(3)$$

$$C_s=\varepsilon_r C_{so} \qquad \cdots\cdots(3a)$$

a) 假如电极不接触试样(空气隙距离为 h_L-h_s)：

$$C'_{so}=C_{so}\frac{h_s}{h_L} \qquad \cdots\cdots(4)$$

$$\varepsilon_r=\frac{h_s}{h_L\left(\dfrac{C'_{so}}{C_u-C_{Lo}+C'_{so}}-1\right)+h_s}=\frac{h_s}{h_L\left(\dfrac{C_{Lo}-C_u}{C_u-C_{Lo}+C'_{so}}\right)+h_s} \qquad \cdots\cdots(5)$$

$$\tan\delta=\left(1+\varepsilon_r\frac{h_L-h_s}{h_s}\right)\cdot\frac{C_r}{C_s}\cdot\frac{\delta f_L-\delta f_u}{f_L}$$

$$=\left(1+\varepsilon_r\frac{h_L-h_s}{h_s}\right)\cdot\frac{C_T}{C_s}\cdot\frac{1}{Q_L}\left(\frac{Q_u}{Q_L}-1\right) \qquad \cdots\cdots(6)$$

b) 假如电极接触试样：

$$\varepsilon_r=\frac{C_u-C_{Lo}+C_{so}}{C_{so}} \qquad \cdots\cdots(7)$$

注： 假如加在试样上的两电极的厚度 a 太大，以至于与试样厚度 h_s 相比不能忽略时，式(7)中的电容 C_{so} 应该用式(4)中的 C_{so}' 来代之，其中 $h_L=h_r+2a$

$$\tan\delta=\frac{C_T}{C_s}\cdot\left(\frac{\delta f_L-\delta f_u}{f_L}\right)=\frac{C'_T}{C_s}\cdot\frac{1}{Q_u}\left(\frac{Q_u}{Q_L}-1\right) \qquad \cdots\cdots(8)$$

式中：

C_T——测量系统的总电容，用试验方法可从式 9 推导出来：

$$\frac{f}{2}\cdot\frac{\Delta C_T}{\Delta f}=C_T \qquad \cdots\cdots(9)$$

式中：

f——两次谐振调谐频率 f_1 和 f_2 的频率中值，对应于 C_{u1} 和 C_{u2} 两个电容值，C_{u1} 和 C_{u2} 能从谐振器校正图表中读出。

---

1) 仅对扫频而言。

2) 仅对固定频率法而言。

A.2 同轴谐振器

A.2.1 同轴谐振器用于1 GHz～7 GHz的频率范围。同轴谐振器适合于测试任意电容率的管形试样，管形试样在横截面尺寸上与传输线紧配合。谐振器垂直安装时不垂直度在0.05°之内可作为试验池进行液体测试。

A.2.2 工作原理

同轴谐振器由一端被试样架短路，另一端被一固定短路回路或可移动的接触式波导短路器(见图3)短路的一段同轴传输线组成。第一种情况是将频率调到谐振。显然，试验频率取决于谐振器和试样的尺寸，以及试样的电容率。第二种情况是谐振器调到所要求的试验频率。数据的计算类似于传输线方法中的情况(在考虑中)。

A.2.3 设计

具有标准特性阻抗和标准外导体直径的同轴谐振器在商业上可获得(称为"未开槽线段")，它们的频率下限受中心导体产生的垂度的影响，而频率上限主要由TE_{11}型波的截止频率所决定。

$$\lambda_{min}=\pi\frac{d_0+d_1}{2}\sqrt{\varepsilon_r}$$

因此，在给定试样相对电容率ε_r时，就限制了可用的外导体直径d_0。影响此测量方法精度的其他限制是：试样与谐振器配合的机械公差和在可调谐振器中调节滑动短路器的重复性。

A.2.4 试样

试样应加工到规定公差范围之内(±0.005 mm)，以便与谐振器的横截面配合。试样的前、后两个面应加工成垂直于它的轴，不垂直度应小于0.05°。采用长度为半波长整数倍的试样可以得到最佳的结果。

推荐采取一种适当的标准化技术，使接触表面金属化。

A.2.5 数据计算

A.2.5.1 测量的量

试样长度l_s。

a) 可调式谐振器：

——谐振频率f_r或波导波长λ_{gr}；

——有试样时谐振器的谐振调谐值l_L；

——有试样时谐振器的半功率带宽δl_L；

——无试样时谐振器的谐振调谐值l_u；

——无试样时谐振器的半功率带宽δl_u。

b) 固定式谐振器：

——谐振器长度l_r；

——有试样时谐振器的谐振频率f_L；

——有试样时谐振器的半功率带宽δf_L；

——无试样时谐振器的谐振频率f_u；

——无试样时谐振器的半功率带宽δf_u。

A.2.5.2 计算和结果

$$m_{L,u}=\frac{\sin\pi/Q_{L,u}}{\sqrt{1+\sin^2\pi/Q_{L,u}}} \quad\cdots\cdots(10)$$

式中：

下标L和u分别表示有试样谐振器和无试样谐振器。

假如：$\pi/Q_{L,u} \leqslant 0.1$，则：

$$m_{L,u} = \pi/Q_{L,u} \quad \cdots\cdots (10a)$$

当精确到一级近似值，且介质损耗因数 $\tan\delta \geqslant 10^{-3}$，在下面的方程式中采用的最终匹配系数由式(11)给出。

$$m = m_L - m_u \quad \cdots\cdots (11)$$

从而：

$$\frac{1}{\beta l_s} \cdot \frac{(1-m^2)+\tan\beta\Delta l - jm(1+\tan^2\beta\Delta l)}{1+m^2\tan^2\beta\Delta l} = \frac{\tanh\gamma_s l_s}{\gamma_s l_s} = \frac{\tanh \underline{z}}{\underline{z}} \quad \cdots\cdots (12)$$

式中：

$\gamma_s = \alpha_s + j\beta_s$。

而

a) Δl 是在固定试验频率 f_r 下，试样去除以后恢复谐振所需要的长度变化。

b) $\Delta l = l_s - l_r = l_s \cdot \frac{n\lambda_u}{2}$，而 $\beta = \frac{2\pi}{\lambda_L}$，$n$ 是整数，λ_u 和 λ_L 分别为无试样谐振器和有试样谐振器谐振时的波长。

对于 $m \leqslant 0.1$ 的情况，等式(12)能划分成实部和虚部两个部分。

$$\frac{1}{\beta l_s} + \tan\beta\Delta l = \frac{\tan\beta_s l_s}{\beta_s l_s} = \frac{\tan x}{x} \quad \cdots\cdots (13)$$

和

$$\alpha_s = \frac{1}{l_s} \cdot \frac{m(1+\tan^2\beta\Delta l)}{1+x\left(\frac{\tan x}{x}\right)^2 - \frac{\tan x}{x}} \quad \cdots\cdots (14)$$

因此，

$$\varepsilon'_r = \left(\frac{\lambda_L x}{2\pi l_s}\right)^2 = \left(\frac{\lambda_L \beta_s}{2\pi}\right)^2 \quad \cdots\cdots (15)$$

$$\varepsilon''_r = \frac{2\alpha_s x}{l_s}\left(\frac{\lambda_L}{2\pi}\right)^2 = 2\alpha_s\beta_s\left(\frac{\lambda_L}{2\pi}\right)^2 \quad \cdots\cdots (16)$$

$$\tan\delta = \frac{\varepsilon''_r}{\varepsilon'_r} = \frac{2\alpha_s}{\beta_s} = \frac{2m\left[1+(\beta l_s)^2\left(\frac{\tan x}{x}\right)^2\right]}{x\left[1+x\left(\frac{\tan x}{x}\right)^2 - \frac{\tan x}{x}\right]} \quad \cdots\cdots (17)$$

对于函数 $\frac{\tanh \underline{z}}{\underline{z}}$ 和 $\frac{\tan \underline{x}}{\underline{x}}$ 的任何特殊值已另列成表，分别有无数个 $\underline{z}$ 和 $\underline{x}$ 值，从这些数值中应选取最合适的一个，假如已知道相对电容率的近似值，则这种选取更为方便。

A.3 腔谐振器

A.3.1 空腔谐振器用于 1 GHz 到约 30 GHz 的频率范围。假如采用一种合适的波形，能够足够精确地解出麦克斯韦尔方程，并且试样除去后仍保持这一波形，则空腔谐振器适合测试圆板形或棒形固体试样以及液体试样。误差可能来自于波形变换或所存在的衰减。因此在空腔谐振器的设计中，仔细地检查形成的电场构形和研究耦合元件的结构是十分重要的。建议参考波形图(见图 4)。

注 1： 能够利用振荡模的陷波来截去或失谐不想要的波形。

注 2： TM_{010} 谐振器最适合于 1 GHz～10 GHz 频率范围的测量，而 10 GHz 以上的测量，最好用 TE_{01} 谐波器。

A.3.2 工作原理

两种工作波型是可行的：

a) 将圆板形试样[见图 5a)]装入谐振器的截面并占据其部分长度，只有在试样部分因电容率的改变，其波长也有改变。从原理上说，这种工作波形与 A.2.2、A.2.4 和 A.2.5 中所讨论的同轴谐振器的情况没有什么不同，上述几条可作为参考。

注 1：假如采用 TE_{0n} 型波，则大大减低了紧配问题。

b) 将直径比腔直径 d_0 小，其值为 d_s 的棒形试样[见图 5b)]装入谐振器，并占据其全部长度，波长 λ_g 的改变取决于现有电场构形、试样填充因数及其电容率。试样的电容率从解不均匀空间的麦克斯韦尔方程组而得到。通常这些腔都应有固定长度。

注 2：假如试样直径为径向波长的相当大一部分，则推荐采用 TE_{0n} 型波，因为这类波形对于试样及谐振器长度的匹配精度是比较不敏感的。

注意：为了避免由于试样内部引起的高次谐波所造成的误差，试样直径应选择在试验频率下能截止试样内的任何传播波形。

注 3：试样直径与 1/2 径向波长相比显得小时，可将试样经空腔前面上的一些中心小孔而穿过空腔，因此不用对试样长度进行任何修正。在这种情况下应使用 TM_{0n} 型波。

A.3.3 设计

为了对材料进行试验，只有轴向对称的波形(见图 6)才有意义，即 TE_{0n1} 型波和 TM_{0n1} 形波。特殊波形及空腔尺寸的选择主要根据能最佳地操作、试验材料的形状、数量和性能来考虑(见图 6)，其他方面的考虑还有：

a) TE 型波最适用于可调的空腔谐振器，因为不需要接触式波导短路器，因此提高了所得到的品质因数和调谐的重复性而且可以使用来插入试样而仍能使试样与谐振器的轴同心，由于电流线是环绕的，使用圆缝隙不会破坏电场特性。

注 1：TE_{01} 型波具有随频率增大而衰减变小的显著特点，所以在较高频率时特别有用。

注 2：为了抑制不想要的 TM_{11} 型波，这种波与 TE_{01} 型波衰减后可能降低无载品质因数 Q_u，用单块的谐振腔顶板就可从谐振腔中隔离。

b) 恰恰只能在非常扁的谐振器中建立 TM_{0n} 波形，并产生最佳的特性，而且只需要比较少量的试验材料。但是这些波形的一个主要缺点是试样和空腔之间接触的有效性对试验结果有很大关系。因此采用这些波形只限于 TM_{0n0} 型。

注 3：为了避免降低 TM 空腔的性能，孔的边缘应该与电力线或磁力线的波节相重合(如果不使用非常薄的试样)。

注 4：假如试样直径是足够小的，TM 空腔可以测量无外偏场的磁性材料的介电性能。

A.3.4 试样

试样应适用于所采用的方法(见 A.3.2)，只有与电场的电力线相交(即用 TM 型波)的那些接触表面上才需要金属化(镀金属)。把谐振器放在垂直位置上(不垂直度应小于 0.05°)，按方法 a 也可对液体进行试验，或者按方法 b 用一个低介质损耗因数的薄壁管作为试验池对液体进行试验。试验池的影响可以计算出，即用同样直径但不同壁厚的管子重复试验并外推至壁厚为零。

A.3.5 数据计算

A.3.5.1 测量的量

方法 a：圆板形试样装入谐振器横截面时，除了需测出 A.2.5.1 中所列举的一些量外，还需要测出空腔直径 d_0。

方法 b：棒形试样时，除了需测出 A.2.5.1b)所列举的一些量外，还需要测出空腔直径 d_0 和试样直径 d_s。

A.3.5.2 计算和结果

注 1：下面的计算只对低损耗试样有效。

a) 圆板形试样，TE 型波

假如引入一个视在波导波长 λ_g，A.2.5.2 的式(10)～式(14)也能使用，若频率 f 被测出，则空腔谐振器的波导波长是：

$$\lambda_g=\frac{C}{f}\cdot\frac{1}{\sqrt{1-\left(\frac{f_c}{f}\right)^2}}=\frac{\lambda_0}{\sqrt{1-\left(\frac{\lambda_0}{\lambda_c}\right)^2}} \quad \cdots\cdots(18)$$

式中：

f_c ——所采用波形的截止频率；

f_c ——空腔直径 d_0 的函数，而且与截止波长 λ_c 有关，可用下式表示；

$$f_c=\frac{c}{\lambda_c}$$

式(15)和式(16)可改写成下面两式：

$$\varepsilon'_r=\left(\frac{\lambda_{0L}x}{2\pi l_s}\right)^2+\left(\frac{\lambda_{0L}}{\lambda_c}\right)^2 \quad \cdots\cdots(19)$$

$$\varepsilon''_r=\frac{2ax}{l_s}\left(\frac{\lambda_{0L}}{2\pi}\right)^2 \quad \cdots\cdots(20)$$

式中：

λ_{0L}——在谐振频率 f_L 时自由空间波长。而损耗因数 $\tan\delta$ 可从下式计算出来：

$$\tan\delta=\frac{\varepsilon''_r}{\varepsilon'_r}$$

对于极低损耗试样($\tan\delta\leqslant10^{-3}$)，其损耗因数必须改用另一个计算公式，这个公式考虑了空腔的分布损耗和试样插入后电场构形的改变。

TE_{01n}型波：

$$\tan\delta=\frac{1}{\varepsilon_r}\cdot\frac{l_u}{l_s}\cdot\frac{1}{Q_u}\cdot\frac{\left(\frac{x}{\beta l_s}\right)^2+\tan^2x}{1+\tan^2x-\frac{\tan x}{x}}\cdot\left(\frac{Q_u}{Q_L}-\eta\right) \quad \cdots\cdots(17a)$$

式中：

$$\eta=\frac{\frac{\left(\frac{x}{\beta l_s}\right)^2(1+\tan^2x)}{1+\left(\frac{x}{\beta l_s}\right)^2+\tan^2x}+\frac{2l_L}{d_0}\cdot\left(\frac{\lambda_L}{\lambda_c}\right)^2}{2+\frac{2l_u}{d_0}\cdot\left(\frac{\lambda_L}{\lambda_c}\right)^2}$$

b) 棒形试样，TM_{010}型波

注 2：下式只对直径 $d_s<0.255\frac{\lambda_{0L}}{\sqrt{\varepsilon_r}}$ 的试样有效，得到的相对电容率的相对误差 $\frac{\Delta\varepsilon_r}{\varepsilon_r}\leqslant1\%$ 和损耗因数的相对误差 $\frac{\Delta\tan\delta}{\tan\delta}\approx10\%$。

$$\varepsilon_r=1+\frac{\frac{d_c}{d_s}\cdot\frac{J_0\left(\beta_0\frac{d_0}{2}\right)}{J_1\left(\beta_0\frac{d_s}{2}\right)}}{F\left[1+\frac{\left(\beta_0\frac{d_s}{2}\right)^2}{8}+\frac{d_0}{d_s}\cdot\frac{\left(\beta_0\frac{d_s}{2}\right)}{8}\cdot\frac{J_0\left(\beta_0\frac{d_0}{2}\right)}{J_1\left(\beta_0\frac{d_s}{2}\right)}\right]} \quad \cdots\cdots(21)$$

$$\tan\delta = \frac{\left(\dfrac{d_0}{d_s}\right)^2 + F^2(\varepsilon_r - 1)}{\varepsilon_r F^2 \left[1 + \dfrac{J_1^2\left(\beta \dfrac{d_s}{2}\right)}{J_0^2\left(\beta \dfrac{d_s}{2}\right)}\right]} \cdot \left(\frac{1}{Q_L} - \frac{1}{Q'}\right) \quad \cdots\cdots (22)$$

式中：

$$F = \frac{\pi}{2}\beta_0 \frac{d_0}{2}\left[Y_0\left(\beta_0 \frac{d_0}{2}\right) \cdot J_0\left(\beta_0 \frac{d_s}{2}\right) - Y_0\left(\beta_0 \frac{d_s}{2}\right) \cdot J_0\left(\beta_0 \frac{d_0}{2}\right)\right] \quad \cdots\cdots (23)$$

$$\beta_0 = \frac{2\pi}{\lambda_0} \quad \cdots\cdots (24)$$

$$\beta = \frac{2\pi\sqrt{\varepsilon_r}}{\lambda_0} \quad \cdots\cdots (24a)$$

$$\frac{1}{Q'} = \frac{1}{Q_u}\sqrt{\frac{f_u}{f_L}} \cdot \frac{d_0}{d_0 + 2l_0}\left[1 + \frac{\dfrac{2d_0 l_0}{d_s^2}}{\left(\dfrac{d_0}{d_s}\right)^2 + F^2(\varepsilon_r - 1)}\right] \quad \cdots\cdots (25)$$

而 J_0、J_1 和 Y_0 分别是 0 阶和 1 阶贝塞尔(Bessel)函数和纽曼(Neumann)函数。

注 3：空腔损耗和电场构形的变化在式(25)中都已考虑进去了。

A.4 “开腔”谐振器

A.4.1 开腔谐振器用于大约 3 GHz 以上的频率范围。开腔谐振器只适用于低损耗因数的固体试样。

A.4.2 工作原理

棒形或圆板形试样作为一段介质波导，在试样两端用金属平板短路(见图 8)，于是电容率能够根据短接回路的距离(等于试样长度)和视在谐振频率计算出来。

通常，都使用 TE_{0n1} 型波，开腔谐振器比 A.3 所叙述的空腔谐振器优越体现于：假如采用足够大的短路板以降低辐射损耗，则由于电流损耗只出现在短路板内，所以获得比较高的品质因数 Q。

注：短路板的最小直径 d_0 主要决定于试样高度 h_s 和所用波形的指数 1，通常 $d_0 \approx 7h_s$。

与方法 3b 和 4 比较，开腔谐振器达到比较高的填充因数，使灵敏度有所改进。

要确定真实的无载品质因数 Q_u 尚有一些问题，Q_u 只能在适当激励出所希望的波形中才能计算出来。

A.4.3 设计

开腔谐振器装置由下列部分组成：

a) 两块具有加工平滑的表面(指朝向试样的两个表面)的短路板，短路板直径 d_0 约等于试样高度 h_s 的七倍；

b) 试样；

c) 能够提供所要求的工作波形，并且允许对试样耦合进行调节的两个耦合元件；

d) 装置底座和部件夹架。

A.4.4 试样

试样是圆形横截面的圆柱体，其高度小于空气中 1/2 预计谐振波长，上、下两个表面应是平的，而且不平行度应小于 0.05°。

A.4.5 数据计算

A.4.5.1 测量的量

试样直径 d_s 和高度 h_s；

谐振频率 f_L 或自由空间谐振波长 λ_{0L}；

有载品质因数 Q_L 值。

注：若取出探针电极，对谐振器的耦合应调节到不影响谐振频率。经验证明，探针电极与试样之间的距离为 d_s 时处于最佳工作状态。

A.4.5.2 计算和结果

相对电容率 $\varepsilon_r{}'$，从下式得到：

$$\alpha \cdot \frac{J_0(\alpha)}{J_1(\alpha)} = -\beta \frac{k_0(\beta)}{k_1(\beta)} \qquad \cdots\cdots (26)$$

式中：

$$\alpha = \frac{\pi d_s}{\lambda_{0L}} \left[\varepsilon_r - \left(\frac{l \cdot \lambda_{0L}}{2h_s} \right)^2 \right]^{1/2} \qquad \cdots\cdots (27)$$

$$\beta = \frac{\pi d_3}{\lambda_{0L}} \left[\left(\frac{l \cdot \lambda_{0L}}{2h_s} \right) - 1 \right]^{1/2} \qquad \cdots\cdots (27a)$$

$l=1,2,3,\cdots$（沿谐振器轴向半波长的整数倍）和 J_0，J_1，K_0，K_1 分别是第一类和第二类 0 阶和 1 阶的贝塞尔函数。

方程(26)可以用图解法解，即 β_1 值可由测出的 d_s. h_s、λ_{0L} 和一个假定的 l 值算出，从图解可得到几个不同的 a_n 值，能够给出合理的 ε_r 值并从其中选择：

$$\varepsilon_r = \left(\frac{\alpha \lambda_{0L}}{\pi d_s} \right)^2 + \left(\frac{l \lambda_{0L}}{2h_s} \right)^2 \qquad \cdots\cdots (28)$$

然后损耗因数从下式计算出来：

$$\tan\delta = \frac{A}{Q_L} - B \qquad \cdots\cdots (29)$$

式中：

$$A = 1 + \frac{J_1^2(\alpha_n)}{\varepsilon_r K_1(\beta_1)} \left[\frac{K_0(\beta_1) \cdot K_2(\beta_1) - K_1^2(\beta_1)}{J_1^2(\alpha_n) - J_0(\alpha_n) \cdot H_2(\alpha_n)} \right] \qquad \cdots\cdots (30)$$

$$B = \frac{l^2 R_s}{2\pi f_L^3 \mu_0^2 \varepsilon_r \varepsilon_0 h_s^3} \left\{ 1 + \frac{J_1^2(\alpha_n)}{K_1^2(\beta_1)} \left[\frac{K_0(\beta_1) \cdot K_2(\beta_1) - K_1^2(\beta_1)}{J_1^2(\alpha_n) - J_0(\alpha_n) \cdot J_2(\alpha_n)} \right] \right\} \qquad \cdots\cdots (31)$$

$$R_s = \sqrt{\frac{\pi f_L \mu_0}{\sigma}}$$

σ——短路板的导电率。

A.5 光学谐振器

A.5.1 光学谐振器用于约 30 GHz 以上的频率范围。光学谐振器适用于测定固体和液体介质材料的介电性能。

A.5.2 工作原理

光学谐振器的工作原理类似于同轴谐振器和空腔谐振器，主要差别是谐振器的长度相当于波长的许多倍，而试样(片状或板状)只占有整个长度的很小一部分。无论是调节频率或调节长度都可以，假如能使绕射和辐射而产生的损耗保持很小，亦即采用大横截面的波束(以波长计量)，则光学谐振器由于减少了外壳中的电流损耗而优于常用的微波谐振器。但是，在识别工作波形时常常会出现问题，因为具有不同波长和 Q_u 值的各种各样的横向波形会激发出来(“over-moded waveguide”)。

依靠特殊的组装，波长也可以随反射区分隔的改变而改变。

通过轴向移动或径向移动谐振器内的一个小探针或试样，测出探针或谐振器输出电压，因此也可测出谐振波长(波形)。

A.5.3 设计

有三种类型的谐振器：

a) 众所周知的Fabry-Pérot干涉仪在理论上具有高的品质因数($\approx 10^5$)，因物理结构而非常适用于平板试样。不但要求反射器具有充分大的反射率，而且要激励出有足够大横截面的平面波比较难，对于反射器的对准也有一定难度。根据反射器的反射率，因为$\frac{d_0^2}{(4s\lambda)}\approx 1$，对于能充分抑制不想要的高次波的的基本波形$TEM_{00}$波能得到最佳的$Q_u$值，式中$d_0$是反射器的直径，$s$是距离，$\lambda$是工作波长。

注：已知波形的工作波长是不随反射器的间距的变化而变化。

b) 在共焦谐振器上，比在Fabry-Pérot干涉仪上能得到更高的Q_u值，这是因为电场更好地限于谐振器轴上，因而绕射损耗减小了，这意味着减少横向尺寸可以得到相当的Q_u值。此外简化了谐振器的最佳对准。但是共焦谐振器在介质测量上应用的困难在于所测出的值与试样沿谐振器轴的位置有极大的关系，而且工作波长取决于反射器之间的距离。

c) 半共焦谐振器(见图9)将共焦点谐振器在约半Q_u值时的优点和紧贴着平面反射器的平面放置的平板试样以测量介电性能时可简化方法的优点结合起来。但是仍保持着波束波长对反射器间距的灵敏度。

A.5.4 试样

试样是具有足够大面积(比波束横截面)的平行平板，它的厚度通常在1/2波长到几倍波长的范围内。

A.5.5 数据计算

用半共焦点谐振器取得的测量结果计算，可采用A.2.5中所给的方法。

ICS 43.040
T 21

中华人民共和国国家标准

GB/T 29307—2012

电动汽车用驱动电机系统可靠性试验方法

The reliability test methods of drive motor system for electric vehicles

2012-12-31 发布　　2013-06-01 实施

中华人民共和国国家质量监督检验检疫总局
中国国家标准化管理委员会　发布

前言

本标准按照 GB/T 1.1—2009 给出的规则起草。

本标准由中华人民共和国工业和信息化部提出。

本标准由全国汽车标准化技术委员会(SAC/TC 114)归口。

本标准起草单位:北京理工大学、中国汽车技术研究中心、上海电驱动有限公司、南车株洲电力机车研究所有限公司、天津清源电动车辆有限责任公司、上海汽车集团股份有限公司、深圳市比亚迪汽车有限公司、重庆长安新能源汽车有限公司、北京中纺锐力机电有限公司、大洋电机新动力科技有限公司、精进电动科技(北京)有限公司。

本标准主要起草人:宋强、孙逢春、贡俊、郭伟、郭淑英、傅振兴、蔡蔚、窦汝振、孟祥峰、贾爱萍、闫志平、毕荣华、周旭光、肖伟。

电动汽车用驱动电机系统
可靠性试验方法

1 范围

本标准规定了电动汽车用驱动电机系统在台架上的一般可靠性试验方法，其中包括可靠性试验负荷规范及可靠性评定方法。

本标准适用于最终动力输出为电动机单独驱动或电动机和发动机联合驱动的电动汽车用驱动电机系统。

2 规范性引用文件

下列文件对于本文件的应用是必不可少的。凡是注日期的引用文件，仅注日期的版本适用于本文件。凡是不注日期的引用文件，其最新版本(包括所有的修改单)适用于本文件。

GB/T 2900.13 电工术语 可信性与服务质量

GB/T 18488(所有部分) 电动汽车用电机及其控制器

GB/T 19596 电动汽车术语

QC/T 893—2011 电动汽车用驱动电机系统故障分类和判断

3 术语和定义

GB/T 2900.13、GB/T 18488(所有部分)、GB/T 19596 和 QC/T 893—2011 界定的以及下列术语和定义适用于本文件。

3.1

持续转矩 continuous torque

车用驱动电机系统在额定电压、额定转速条件下，规定的 S1 工作制下的最大、长期工作的转矩。

3.2

最高工作转速 maximum work speed

相应于电动汽车最高行驶车速的电机转速，车用驱动电机系统在额定电压条件下，在该转速时应能以额定功率运行。

3.3

峰值功率 peak power

车用驱动电机系统在额定电压，额定转速条件下，在一定的持续时间内能输出的最大功率。对于纯电动商务车用驱动电机系统，持续时间规定为 60 s；对于纯电动乘用车和混合动力车用驱动电机系统，持续时间规定为 30 s。

4 试验条件

4.1 一般要求

4.1.1 当没有特殊说明时，试验条件应满足 GB/T 18488.2 的要求。

4.1.2 被测装置应是完整的车用驱动电机系统，符合制造厂技术条件的规定；驱动电机系统外观检查应符合产品标准的有关规定。

4.2 试验电源

4.2.1 试验过程中，试验电源由动力直流电源提供，或者由动力直流电源和其他储能（耗能）设备联合提供；试验电源的工作直流电压不大于 250 V 时，其稳压误差应不大于±2.5 V；试验电源的工作直流电压大于 250 V 时，其稳压误差应不超过被试驱动电机系统直流工作电压的±1%。

4.2.2 试验电源能够满足被测驱动电机系统的功率要求，并能够工作于额定工作电压、最高工作电压、最低工作电压或其他工作电压。

4.3 冷却

试验过程中的冷却设备或冷却条件如下：

——对于风冷的电机或者控制器，试验过程中应带有实际装车时的风冷电机；

——对于自然冷却的电机或者控制器，可以外加风机对电机或控制器进行冷却；

——对于液冷的电机或者控制器，应尽量采用制造厂商规定的冷却液；

——冷却条件应满足产品规格说明书或制造商的规定，并在试验报告中注明。

5 试验程序

5.1 试验前准备

5.1.1 控制器和电机之间连接线应和实际车辆一致，同时安装好监测系统。为确保系统能正常工作，应对必要的关联信号进行模拟或者通过其他方法进行屏蔽。

5.1.2 供电电源、试验台架及监测系统的工作状态应正常。

5.2 性能初试

性能初试按照 GB/T 18488.1 和 GB/T 18488.2 的要求进行。测得的性能应符合被测驱动电机系统的技术条件要求。

5.3 可靠性试验

按照第 6 章规定的试验规范进行试验。

5.4 性能复试

重复 5.2。

6 可靠性试验规范

6.1 一般要求

可靠性试验规范按照驱动电机系统所应用的车辆类型进行可靠性试验，转矩负荷循环按照图 1 和表 1 进行。总计运行时间为 402 h，按照 6.2 的顺序连续试验。

6.2 试验顺序

6.2.1 被测驱动电机系统工作于额定工作电压，试验转速 n_s 保持为 1.1 倍的额定转速 n_N，即

$n_s = 1.1n_N$，此负荷下循环 320 h。

6.2.2 被测驱动电机系统工作于最高工作电压，试验转速 $n_s = 1.1n_N$，此负荷下循环 40 h。

6.2.3 被测驱动电机系统工作于最低工作电压，试验转速 $n_s = \frac{最低工作电压}{额定工作电压} \times n_N$，此负荷下循环 40 h。

6.2.4 被测驱动电机系统工作于额定工作电压、最高工作转速和额定功率状态，持续运行 2 h。

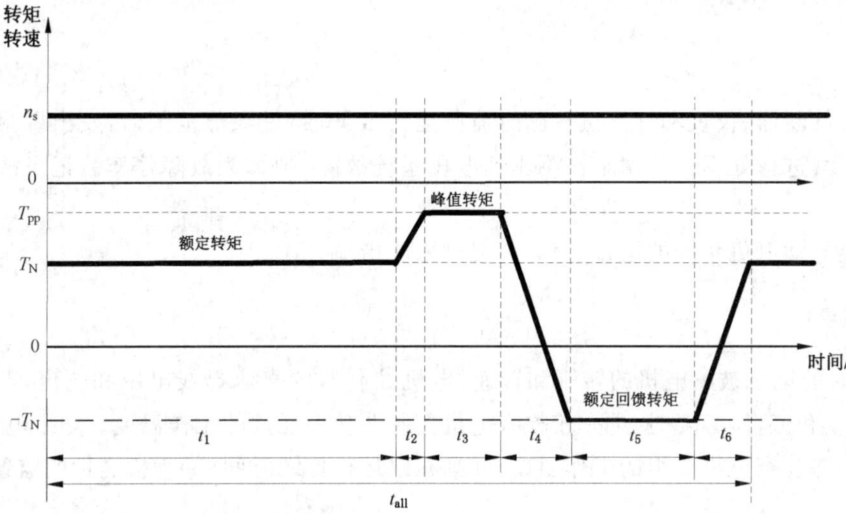

说明：

T_N——持续转矩，单位为牛米(Nm)；

T_{pp}——峰值转矩，其中，被测驱动电机系统工作于额定工作电压或者最高工作电压状态时，$T_{pp} = \frac{峰值功率}{n_s}$；被测驱动电机系统工作于最低工作电压状态时，$T_{pp} = \frac{峰值功率}{n_N}$。

图 1 电动汽车用驱动电机系统可靠性测试循环示意图

表 1 电动汽车用驱动电机系统可靠性测试循环参数表

序号	负载转矩		运行时间/min		
			纯电动商用车	纯电动乘用车	混合动力汽车
1	持续转矩 T_N	(t_1)	23.5	22	6.5
2	T_N 过渡到 T_{pp}	(t_2)	0.5	0.5	0.5
3	峰值转矩 T_{pp}	(t_3)	1	0.5	0.5
4	T_{pp} 过渡到 $-T_N$	(t_4)	1	1	0.5
5	持续回馈转矩 $-T_N$	(t_5)	3	5	6.5
6	$-T_N$ 过渡到 T_N	(t_6)	1	1	0.5
单个循环累计时间			30	30	15

7 检查及维护

7.1 一般要求

检查及维护按照下列要求进行，但是其内容及周期可以做适当的增减，检查的结果及维护情况应详细记录。相应的试验记录表格见附录 A。

7.2 随时的检查

7.2.1 采用故障诊断器、仪表和计算机等随时监测运行数据，超过限值范围时，发出警报或紧急停车，根据故障严重程度，进行处理。若属于被测驱动电机系统故障，则算为故障停车。记录故障停车时间、原因及处理情况。

7.2.2 监听被测驱动电机系统的运行异响，必要时采取措施。

7.3 每 1 h 的检查

在 1 h 内适时的记录被测电机的转矩和转速，电机控制器的直流母线电压和电流，电机表面温度，以及冷却液的温度和流量，必要时，进一步检查电机控制器功率元件的工作温度。如果电机安装有热敏温度传感器，则一并检查电机绕组的工作温度，并画在以运行持续时间(h)为横坐标的监督曲线上。

7.4 每 24 h 的检查

7.4.1 允许停机 1 次，巡视试验设备，并检查紧固件、机械连接件及管路，尤其是软管，检查连接电缆及接口，原则上只检查台架本身。

7.4.2 检查冷却液液面高度，冷却系统是否存在渗漏等状况，必要时，补充冷却液。

7.4.3 停机检查时间最多不超过 0.5 h。

7.5 故障及停机的处理

7.5.1 记录每次停机的原因及操作内容。

7.5.2 当出现故障时，应进行故障分析，排除故障，并记录。

7.5.3 被中断的负荷循环不计入驱动电机系统可靠性工作时间。如果停机时间超过 1 h，则重新开始循环后的 1 h 不计入驱动电机系统的可靠性工作时间。

8 试验结果的整理

8.1 根据 QC/T 893—2011 进行记录，必要时提供照片，进行精密分析。

8.2 依据被测驱动电机系统实际持续运行时间(h)和运行过程中的记录，按照第 9 章进行评定。

9 可靠性评定

9.1 被测驱动电机系统实际运行时间应不低于 402 h。

9.2 可靠性试验故障用平均首次故障时间、故障停车次数及故障平均间隔时间来评定。

平均首次故障时间 $MTTFF$

$$MTTFF = \frac{T'}{n'} \qquad \cdots\cdots(1)$$

$$T' = \sum_{j=1}^{n'} T'_j + (n - n')T_e \quad \cdots\cdots(2)$$

式中：

MTTFF ——平均首次故障时间点估计值，单位为小时(h)；

n' ——发生故障驱动电机系统的数量；

T' ——无故障工作总时间，单位为小时(h)；

T'_j ——第 j 个电机系统首次故障时间，单位为小时(h)，不计轻微故障；

n ——试验的系统总数；

T_e ——定时截尾时间，402 h。

故障平均间隔时间 *MTBF*

$$MTBF = \frac{T}{r} \quad \cdots\cdots(3)$$

$$T = \sum_{j=1}^{k} T_j + (n - k)T_e \quad \cdots\cdots(4)$$

式中：

MTBF ——故障平均间隔时间的点估计值，单位为小时(h)；

r ——T 时间内发生的故障总数，不含轻微故障；

k ——中止试验系统数；

T ——工作总时间，单位为小时(h)；

T_j ——第 j 个电机系统中止试验时间，单位为小时(h)，不计轻微故障。

单侧区间估计下限值按下式计算

$$MTBF = \frac{2T}{\chi^2[2(r+1), \alpha]} \quad \cdots\cdots(5)$$

式中：

MTBF ——故障平均间隔时间置信下限值，单位为小时(h)；

$\chi^2[2(r+1),\alpha]$ ——自由度为 $2(r+1)$，置信水平为 α 的 χ^2 分布值；建议 α 为 0.1。

9.3 比较初试及复试性能曲线及参数，其性能参数应满足 GB/T 18488 的要求。

10 试验报告

试验报告至少应包括：

a) 前言：说明试验任务的来源；

b) 试验依据；

c) 试验目的；

d) 试验对象：注明被测驱动电机系统的主要参数，并附加图形、照片及必要的说明；

e) 试验设备及仪表：应写明主要设备及仪表的名称、厂家、型号、精度及其他基本参数，以及标定日期及测量部位；

f) 试验条件与标准不同之处；

g) 试验结果：

1) 对原始试验数据加以整理，尽可能用曲线表示，重要的数据可以列表；

2) 可靠性评价指标计算结果；

3) 故障、维修统计；

4) 试验过程中的调整更换记录；

5） 性能测试结果；

h） 结论与建议：

1） 描述故障的模式、类型、数量；

2） 描述平均首次故障时间及故障平均间隔时间；

3） 必要时，根据可靠性试验结果，提出改进和补充试验的建议；

i） 试验日期。

附　录　A
（资料性附录）
可靠性试验记录表格

表 A.1　检查记录表

序号	时间	母线电压	母线电流	转矩	转速	气压	环境温度	冷却介质温度[a]	冷却介质流量[a]	电机温度[b]	控制器温度[b]	轴承温度[b]	绝缘性能
1													
2													
3													

[a] 应记录具体冷却介质，在自然冷却条件下，如果外加风机冷却，则记录冷却风量。

[b] 应记录相应的测量部位。

记录：________________

表 A.2　故障记录表

顺序号	故障时间	循环序号	故障等级	故障类型	故障模式	故障描述	故障原因	排除措施	维修时间	维修费用
1										
2										

记录：________________

表 A.3　维护记录表

序号	时间	循环序号	维护内容	维护原因	维护耗时
1					
2					

记录：________________

ICS 27.120.20
F 69

中华人民共和国国家标准

GB/T 29308—2012

核电厂安全重要仪表和控制系统老化管理要求

Management requirement of ageing of instrumentation and control systems important to safety for nuclear power plants

(IEC 62342:2007,Nuclear power plants—Instrumentation and control systems important to safety—Management of ageing, MOD)

2012-12-31 发布　　2013-06-01 实施

中华人民共和国国家质量监督检验检疫总局
中国国家标准化管理委员会　发布

前　言

本标准按照 GB/T 1.1—2009 给出的规则起草。

本标准使用重新起草法修改采用 IEC 62342:2007《核电厂　安全重要仪表和控制系统 老化管理》。

本标准与 IEC 62342:2007 相比在结构上有较多调整，附录 A 中列出了本标准与 IEC 62342:2007 的章条编号对照一览表。

本标准与 IEC 62342:2007 的技术性差异及其原因如下：

——增加了 HAF 003 的引用(见第 2 章)；

——删除 4 条标准文本中没有出现的术语和定义 3.1、3.9、3.13 和 3.18；

——增加 2 条术语和定义(本文中 3.2、3.3)；

——删除第 4 章背景资料，使标准更简洁；

——删除第 5 章中的表 1，使标准更简洁。

本标准由国防科技工业局提出。

本标准由全国核仪器仪表标准化技术委员会(SAC/TC 30)归口。

本标准起草单位：北京广利核系统工程有限公司、大亚湾核电运营管理有限责任公司、上海核工程研究设计院。

本标准主要起草人：龙威、孟广国、吕秀红、马蜀、汪世清、丁俊超、马志才、顾申杰、毕道伟。

核电厂安全重要仪表和控制系统
老化管理要求

1 范围

本标准规定了核电厂安全重要仪表和控制(I&C)系统及相关设备的老化管理的原则、技术要求和建议。

本标准适用于各种类型的核电厂。

2 规范性引用文件

下列文件对于本文件的应用是必不可少的。凡是注日期的引用文件,仅注日期的版本适用于本文件。凡是不注日期的引用文件,其最新版本(包括所有的修改单)适用于本文件。

NB/T 20026—2010 核电厂安全重要仪表和控制系统总要求(IEC 61513:2001,IDT)

HAF 003 核电厂质量保证安全规定

3 术语和定义

下列术语和定义适用于本文件。

3.1

老化 ageing

构筑物、系统或部件的特征随时间或使用逐渐变化的过程。

注:降质是由于部件材料内在的物理机理产生的,并且与I&C设备设计、组装和功能特性有关。它受设备周围环境和设备运行产生的应力的影响。

3.2

老化降质 ageing degradation

构筑物、系统或部件的物理特性,因老化机理的作用,在贮存或运行条件下随时间或使用而产生的逐渐降质,结果可能削弱了它们实施预期功能的能力。

3.3

老化管理 ageing management

为使构筑物、系统和设备的老化降质控制在可接受限值内的建造、运行和维修活动。

3.4

校准 calibration

在规定的条件下,确定测量仪表或测量系统的指示值,或实物量具,或参考物质所表示的值与相应标准规定值之间关系的一组操作。

[GB/T 4960.6—2008,3.4.42]

3.5

通道 channel

系统内相互连接的部件发出单一输出信号的配置。在单一输出信号与来自其他通道(例如监测或安全驱动通道)的信号结合在一起的地方,通道就告终止。

[GB/T 4960.6—2008,4.1.30]

3.6

交叉校准　cross-calibration

冗余仪表(例如温度传感器)的显示相互比较的过程,以确定异常的传感器,这作为验证刻度或识别刻度变化的一种手段。

[IEC 62385:2007,定义3.6]

3.7

设计寿命　design life

预计一个设施或部件按其制造时的技术要求将能运行的时间。

[IAEA 安全术语,2007]

3.8

I&C 生命周期　I&C life cycle

开始于系统需求规格书的概念阶段,结束于I&C系统不再有效使用,在这一段时间内所涉及的I&C系统的实现和运行的一系列必要的活动。

3.9

现场测试　in situ test

不需将传感器或变送器从系统中其正常的安装位置拆出进行的传感器或变送器的测试。

3.10

更新改造　modernization

用新的系统和部件进行替换或升级。如果要求没有变更则用"更新",如果要求的程度提高则用"改造"。

注1:更新、整修、改型、翻新和改造是相类似的术语,通常可互换使用。只是在表示多层意思时的含意有所不同(IAEA-TECDOC-1066)。当要求有所提高时用改造。改造还包括实施新的功能。

注2:更换和更新类似,时常可互换,是从单一部件直到完整的I&C使用的术语。

3.11

监测　monitoring

连续或定期地测量辐射或其他参数来确定某个系统的状态。

[GB/T 4960.6—2008,4.2.1]。

3.12

运行条件　operating conditions

为正常运行或假设始发事件状况预期的环境、动力和信号条件。

3.13

预测性维修　predictive maintenance

根据观察到的状况而决定的连续或间断进行的预防性维修,以监测、诊断或预测构筑物、系统或部件的条件指标。这类维修的结果应表明当前和未来的功能能力或计划维修的性质和时间表。

注:也称为基于状态的维修。

[IAEA 安全术语,2007]

3.14

预防性维修　preventive maintenance

探测、排除或缓解使用中的构筑物、系统或部件降质的活动,以便通过把降质和故障控制在可接受的水平来维持或延长其使用寿命。

注1:预防维修可以是定期维修、计划维修或预测性维修。

注2:与纠正维修相对。

[IAEA 安全术语,2007]

3.15

鉴定寿命 qualified life

一个构筑物、系统或部件通过试验、分析或经验已证明其能够在特定运行工况下在验收准则范围内运行,同时保持在设计基准事故或地震条件下能够履行其安全功能的时间。

[IAEA 安全术语,2007]

3.16

响应时间 response time

从被测量发生阶跃变化到输出信号第一次达到其最终值的某一给定百分数(通常取 90%)时所经历的时间。

[GB/T 4960.6—2008,3.2.22]

3.17

趋势分析 trending analysis

为构成仪表通道或部件的历史记录获得仪表数据随时间变化的过程(例如校准),或与冗余仪表作比较(例如交叉校准或比较)以确定性能是否已受到影响的过程。

3.18

升级 upgrading

以运行经验和新工艺、新材料的可用性为基础,对设备在设计或功能性提升方面进行的改进。这包括选用更耐老化的材料,重新配置以提高可靠性,甚至重新布置设备和增加新的功能。

4 老化管理的范围和安全目标

4.1 概述

本标准中的老化指构筑物、系统或部件随时间或使用而逐渐变化的过程。老化涉及实体老化过程和由于知识和技术的演变以及准则和标准的相关变化而过时的技术老化过程。

4.2 实体老化的管理

实体老化指构筑物、系统或部件由于物理、化学和(或)生物过程发生的老化。本标准针对核电厂仪表和控制(I&C)系统和相关设备实体老化的管理提供了策略、技术要求和建议,并且还以资料性附录的形式给出了验证 I&C 设备正确运行可用的试验方法、程序和技术,目的是防止老化降质对核电厂的安全、可用性和可靠性造成有害的影响。

4.3 技术老化的管理

考虑到实体老化会对核电厂的安全产生直接后果,本标准将老化管理的重点放在 I&C 系统的实体老化管理方面,因此在所有的细节方面并不涉及技术老化的影响。

但值得注意的是,实际上老化管理的总计划必然会涉及技术老化,技术老化已成为很多 I&C 科研开发的生命周期(从设计到运行维修、更换和升级改造)中的主要问题。

4.4 安全目标

本标准确定的最低要求其目的在于保证能够识别 I&C 老化对核电厂安全造成的任何潜在的影响,并保证采取了适当行动,以证明核电厂的安全性不会被削弱。

5 老化管理要求

5.1 一般要求

本章给出的要求及建议用于确立 I&C 老化管理必需的方法和实践过程。

5.2 方法

应确立一套适当的 I&C 老化管理方法，对所有与核电厂长期运行策略相关以及相互影响的问题进行安全评估。

应识别 I&C 老化对核电厂安全的潜在影响，并采取适当的行动证明核电厂安全不会被削弱。应保持 I&C 的鉴定状态。另外，在评估老化机理对设备或部件的影响时应同时考虑：

a) 正常运行工况下可能导致故障的老化机理；

b) 事故工况下（包括地震和设计基准事故条件下）可能导致故障的老化机理。

应识别影响安全的与 I&C 老化有关的参数（例如刻度漂移，响应时间性能变差）；应确立为验证 I&C 设备的性能而采用的数据采集手段和方法。宜定期地获取、分析 I&C 的性能数据，并与验收标准进行比较。由于完全确定老化机理十分困难，因此建立有效的信息反馈系统以利于使用核电厂和其他工业领域的经验很重要；而且，宜通过监查来控制信息源的质量。采用的方法宜考虑维持核电厂可用性和安全所需的功能需求、材料性能、设备供货以及人力资源可预见的发展情况。

老化管理的基本方法宜包含下列三个概念上迭代的步骤：

a) 认识老化现象，识别对 I&C 的（潜在的）影响。可通过研究、运行经验以及其他来源来理解老化现象（见第 6 章）。

b) 在考虑运行特性和分析风险的过程中，评估这些效应对核电厂的特殊影响，选择 I&C 设备和部件，分析核电厂运行条件，评估老化降质（见第 7 章）。

c) 实施必要的缓解行动来抵消老化效应的影响，规定明确的 I&C 老化管理方法，例如改进的试验和维修，确立“老化控制”程序，制定修改和更换策略（见第 8 章）。

由于 I&C 设备对核电厂安全的重要性，实践中老化管理应优先考虑。这可根据对老化的敏感性、运行工况以及故障对其所属系统安全的影响，通过筛选 I&C 设备和部件来完成。

不论是作为识别老化的设备进行的初步（一次性）评估的一部分还是作为更换设备前的持续长期的行动，核电厂和 I&C 设备的状态监测都是必要的。

I&C 老化管理的手段包括既有布置，设计、维修、监督性试验等规定，这些措施的适当性应当加以验证。还可能需要规定对 I&C 老化管理的辅助措施，例如改进的维修，特定的“老化控制”程序、修改和更换策略。

5.3 过程

在老化管理过程中应执行 5.2 给出的方法。I&C 的实体老化管理过程包括以下活动：识别特性随时间发生变化的设备零部件，对这些设备零部件进行必要的测试和监督，以及采取纠正或缓解措施，以保证可靠性、设备性能，在适用的情况下还要保证其鉴定寿命。这些可构成处理老化问题的具体行动计划，构成对现有（短期或长期的）维修活动的验证，或两者的综合。图 1 表示一个 I&C 老化管理过程的几个阶段。

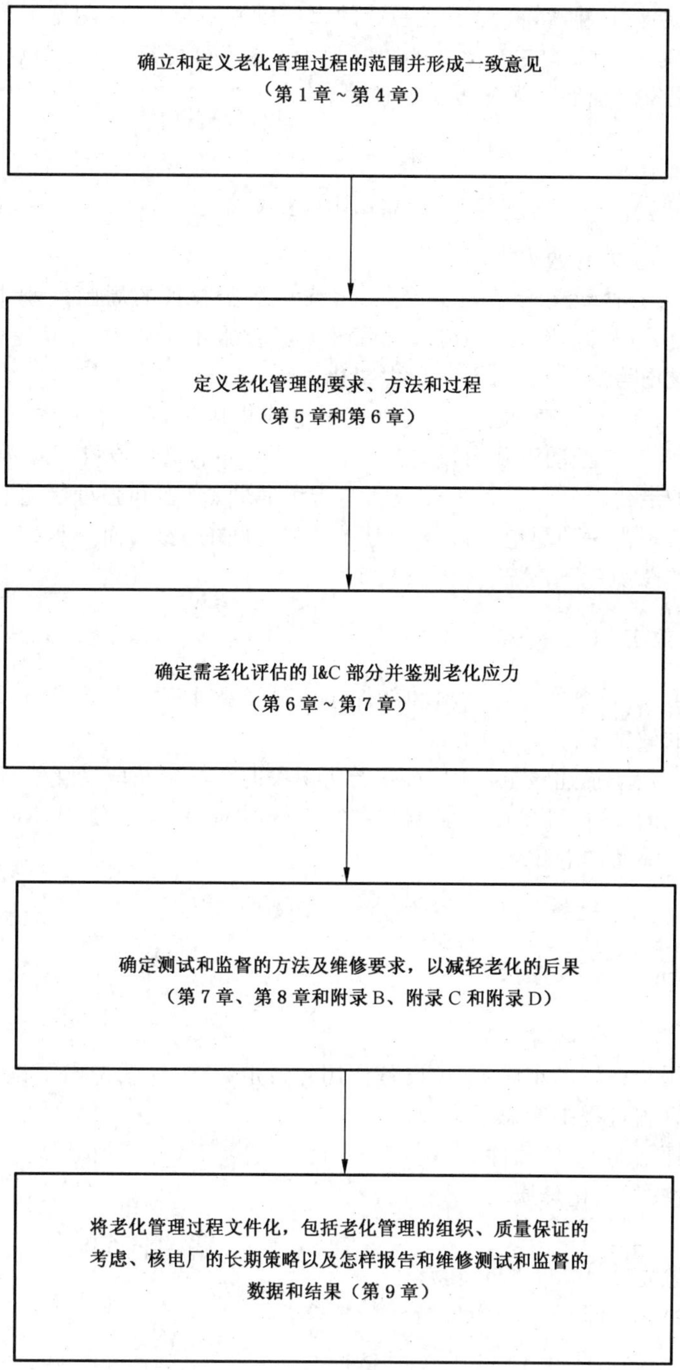

图1　I&C设备和系统老化管理过程的流程图

6　认识I&C的老化现象

6.1　一般要求

为了识别老化现象并将老化机理、产生原因以及对I&C部件、设备和系统造成的潜在的或已被证实的影响联系起来，宜对可能的老化现象的特征进行描述。随着来自核电厂运行以及外部信息源（例如,研发、实践经验)经验的积累,应对该老化现象的描述清单定期地进行更新。

在接近I&C部件寿期末时,I&C设备或系统的部件故障率会增大(参见附录C的可靠性浴盆曲线中的耗损故障期)。此时的故障率在统计上不可预测,设备不再可靠,应力影响会明显促成过早老化。因此,随着I&C老化现象的发展宜强化测试和监督。

6.2 导致老化的应力

应力源于设备的制造、贮存以及使用前或使用中的运行工况。应力产生耗损引起的失效,并引发老化机理,产生老化效应。应力有两种类型:

a) 外应力,不论设备处于运行还是关停状态,均存在于设备的周围环境中。典型的实例包括温度、湿度、辐射、电和振动。这些应力的强度可能会随外部事件(气候变化、核电厂事件、各种危害、放电、电磁场等)和位置的不同发生变化。

b) 内应力,源自设备或系统的运行。实例有因电或机械载荷产生的内部发热,由机械或电气冲击产生的物理应力、振动以及由设备运行产生的部件的电气或机械耗损(例如触点)。

电气或电子设备的老化降质是设备承受应力的持续时间、范围和强度综合作用的结果。单一应力引起的老化降质通常表现为一种简单的涉及应力强度和时间的关系;而一种以上应力组合引起的老化降质可超过各个效应的总和。

6.3 老化机理和老化效应

宜通过分析构成I&C设备的各种材料和部件在单独经受外部和内部应力时的行为,确定设备对老化机理以及老化效应的敏感度。

附录B提供的指导用于描述核电厂中I&C老化现象的特征和获取老化管理数据,列出了有代表性的老化机理及其对不同的I&C设备族的影响。在特定的时间、特定的使用环境中,并不是所有的老化机理都会在设备中产生显著的老化效应。

7 应对老化效应的要求

7.1 老化效应的鉴别

本章提出的要求用于评估老化对I&C设备作用的特定影响,评估考虑了设备运行特性并分析了潜在的风险。宜在老化管理过程中考虑下列要求:

——确定需老化评估的I&C部件;

——评估I&C设备的老化降质;

——老化应力;

——设计功能与鉴定;

——监督试验和维修要求;

——资源支持;

——文件要求。

7.2 确定需老化评估的I&C部件

7.2.1 一般要求

应选择易受老化影响且其故障会显著影响其所属系统安全的I&C设备和部件,来进行老化降质的评估,并将其包含在老化管理大纲中。

选择过程宜考虑:

——识别其故障会对安全系统造成严重后果的部件;

——识别安全有关部件清单中可能对老化机理敏感的部件(见第6章)。

对老化敏感的I&C部件的例子有温度和压力传感器[例如电阻温度探测器(RTD),热电偶,压力、液位和流量变送器]、电缆和连接件、中子探测器、电子卡件、压力信号传输管线(脉冲管)。

7.2.2 I&C功能、系统和设备的识别

应编制一份清单,列出对核电厂安全起作用的所有的I&C功能、系统和设备。设备边界从工艺系统的接口部件(取源部件、传感器)到驱动系统。

7.2.3 I&C设备和部件的细目分类

应将对核电厂安全功能起作用的I&C系统和设备的清单再往下细分为组成设备的物项或零部件的一览表,便于分析老化机理的影响。在这种情况下宜考虑:

——结构材料;
——类型(型号、制造商等);
——环境防护等级;
——运行和环境条件及位置;
——使用时间和规定的运行寿命;
——鉴定要求;
——故障史。

7.2.4 失效分析

应在一组运行条件下就设备或零部件的故障对安全功能的影响进行分析。应考虑由于老化机理引发的失效和故障模式。开始的时候宜将所有部件均看作是对老化敏感的,直到得出否定结论。值得注意的是可能包含有因协同效应产生的老化。

失效分析中宜考虑下列因素:

——某些部件特定的老化降质可能会导致不安全的或未发现的失效模式;
——老化降质可能引起与正常运行或事故工况鉴定规范不符合的情况;
——老化对通常不被视为I&C部件的结构材料的影响(例如焊接接头和绝缘护套的性能降质);
——不应由于物项具有冗余和多样性设置而遗漏对其作进一步的评估,因为老化降质有可能导致共因故障;
——I&C设备的设计及其技术数据,以确认在选择和安装部件时采取了正确的措施,避免过早的损坏和故障(例如,标称误用,安装有误,通风不充分等)。

7.2.5 老化敏感部件的识别

应确立对老化敏感的设备或部件清单,见第6章。附录B对描述I&C老化现象的特征给予了指导。

应通过对老化机理相关数据的评估获得该清单。宜在考虑运行经验、专门知识、试验(见第8章)以及对核电厂工况的理论分析过程中识别可能的或实际的老化机理。考虑的设备和部件包括由组成对核电厂安全起作用的I&C系统和设备再细分出来的所有物项(7.2.3);在确定设备或部件对老化的敏感性时宜考虑以下几点:

a) 存在可能导致应力并诱发老化机理的环境条件的特定区域(7.4.2);
b) 可能导致应力并诱发老化机理的设备功能状态(7.4.3);
c) 设备设计、失效分析(7.2.4)和环境防护等级;
d) 试验或维修活动(预防性的和纠正性的)通常在设备上进行,以减轻老化机理的影响(第8章)或确认其后果;
e) 包含有预定寿期的部件的设备(设计技术规范或鉴定要求给出的);
f) 可能受老化影响的资源支持(7.7)。

7.3 评估 I&C 设备的老化降质

应评估 7.2 确定的 I&C 部件的老化降质，评估过程需考虑设备在整个寿期内可能承受的应力，6.2 讨论了引起老化的内应力和外应力。

评估的目的包括：

——定量或定性地评估可能的或实际的老化降质，或指示发生老化降质的参数；

——如有必要，确定适当的防范措施；

——证明可以利用故障趋势分析结果恰当地控制老化降质的相关风险；

——证明在随后的某一时间段内确保达到要求的核电厂安全水平。

依据设备设计和鉴定的原则，有两种评估方法是可接受的：

a) 分析的方法。如果设备的鉴定明确要求指明部件的寿期并且设备的设计允许这样做时，可以采用分析的(包括数学分析的)方法进行评价。这可以作为一个管理要求。

分析的方法宜基于部件预期寿命的计算，并定量地考虑设备应力史以及老化机理的数学模型；这样可以界定设备和部件的寿期末日期以便更换。例如，已有采用阿伦纽斯模型的计算来确定某些设备的预期寿命。这种方法主要涉及安全壳内事故后工况使用的设备。为了得出新的鉴定寿命，可使用最初的鉴定(通过预老化)数据，用阿伦纽斯模型重新计算设备的使用寿命。

应指出的是，要在使用中证明使用诸如阿伦纽斯这类模型的合理性及其置信水平，并且不得由此断言代表所有类型的部件或较长的鉴定寿命。

b) 注重实效的方法。如果没有指定设备的寿期或不能以任何置信度对设备寿期进行数学建模时，宜采用一种将设备测试、外观检查、运行经验和工程判断组合在一起的方法。此方法对于具有指定的部件寿期的安全壳外设备也适用。用这种方法可以构成定性的判断，以便：

   1) 无论是否具有保证核电厂安全的设计要求，都要在部件的使用寿期内尽早预测或发现可能发生降质的迹象；

   2) 规定对开始发生老化降质的适当响应，如果必要，可采取修复措施(包括修理或更换)来保证要求的安全水平。

用这种方法获得的设备寿期末是基于实际的结果，而不是理论的寿期。实际应用时可将前面提及的分析的方法和注重实效的方法两者结合起来。

7.4 老化应力

7.4.1 一般要求

应根据随时间变化的环境和运行条件来分析与所选的 I&C 有关的老化应力。6.2 描述了导致过早老化的应力。为了选择物项(见 8.2)，在确定设备对老化的敏感程度时(见 7.2.5)以及在评估所选物项(见 7.3)的实际老化降质时要考虑老化应力。

宜根据所考虑的老化机理(见 7.2 和第 6 章)以及评估老化降质的方法(见 7.3)，针对过去、现在的工况和将来的预计工况进行内应力和外应力的适当测量和评估。

7.4.2 对老化起作用的外应力

在确定对 I&C 设备的老化起作用的外应力时宜考虑下列因素：

a) 环境条件，根据设备在核电厂内所处的位置确定；

b) 与安装位置或与运行和维修要求有关的特有的应力(热源、辐射源附近，以及为了维修或试验，频繁的拆装)；

c) 每个 I&C 设备电源的品质。

7.4.3 对老化起作用的内应力

在确定对 I&C 设备的老化起作用的内应力时应考虑下列因素：

a) 与 I&C 设备功能相关并与老化机理相关联的运行工况参数(压力、温度、辐射、湿度、振动等);
b) 操作频度;
c) 可能由设备或系统运行可能引起的内应力(例如,机械触点动作的次数,通电发热等);
d) I&C 设备及其技术数据的检查,以确认在安装和维修期间采取了正确的预防措施,以保证其规定的运行,并避免过早的损坏和故障(例如,标称误用,安装有误,通风不充分等)。

7.4.4 应力史和不安全的工况

在确定影响 I&C 部件老化的应力史(随时间)时应考虑下列因素:

——根据生产制造日期、安装日期以及开始运行的日期确定的设备使用时间和运转周期;
——估计的每个使用周期内运行的次数;
——更换前指定的寿命。

宜对影响 I&C 设备的任何运行条件的变更进行评价,因为它们对降质的速率有影响。这种变更可以是明显的阶跃变化,或是在一段时期内逐渐发生的。

——与特定位置相关的环境条件随着时间发生变化是可能的。要考虑诸如在附近安装新的或附加的设备、采暖和通风设备的变更、核电厂运行模式的变更,这些因素都要考虑。
——宜考虑核电厂瞬态和 I&C 辅助系统失效的状态导致环境条件和运行工况发生重大的临时变化(极端工艺过程、电源浪涌、H&V 丧失、过热、极端气候)。
——可能需要评价的某些维修状态(大修、修改、针对技术规格书的限值进行的非常规测试)。

该分析中宜包括备件的贮存史,包括在核电厂接收之前的。

7.5 设计功能与鉴定

7.5.1 设备技术规格书和鉴定

原型设备是为在特殊的运行条件下的运行指定的,并按其规定的功能通过试验或分析鉴定。为了确定老化影响是否比最初预期的更为严重,应对照实际的运行条件核查设备的技术规格书和鉴定报告。

7.5.2 对鉴定假设的影响

老化评估的主要目的之一是验证设备鉴定的结果持续有效,而设备鉴定可能并未包括设备性能随老化而降质的假设。应根据老化评估发现的问题对设备鉴定进行审查。

7.5.3 老化模型的适用性

宜就所报告的装置中部件的降质情况定期核查可能已在鉴定的老化顺序期间使用的老化加速定律(例如,阿伦纽斯理论)的适用性。该经验反馈有助于确定加速老化模型的置信水平以及修改设备鉴定寿命的必要性。

7.6 监督试验和维修要求

7.6.1 维修和监督试验程序

对于按照 7.2 的要求选择的设备应确定并定期实施相关的维修和监督试验程序。

7.6.2 来自运行和维修研究的老化证据

应核查设备故障和修理、例行维修和定期试验的记录,确定是否有证据证明存在有因老化的性能降质情况。

7.6.3 样品试验

如果其他来源没有适当的数据可用,应指定特定的样品试验。

7.7 资源支持

应确定与对安全重要且对老化敏感的设备和系统的运行和维修相关的其他资源。这些可包括：

a) 人员的技能资源；

b) 文件资源；

c) 测试和校准工具；

d) 趋势信息(例如绝缘电阻测试结果、响应时间、信息等)；

e) 从其他核电厂获得的经验。

7.8 文件要求

应将按照7.2的要求选择的I&C设备和部件的所有分析结果汇编成文件。此外，宜选择适当的方法和方式总结并提供相关的老化管理数据，维修和更新详细信息和原始资料。

应定期地更新老化评估。9.6给出了老化管理过程文档化的要求。

8 老化控制要求

8.1 一般要求

本章给出了实施必要缓解行动的要求和建议，通过规定I&C老化管理的具体方法例如改进测试和维修或“老化控制”程序来抵消老化的影响。

8.2 老化控制程序的确定

应根据老化评估的结果(见第7章)制定所选物项的“老化控制”程序。程序由适当方法的应用和行动组成，以便：

——在部件的使用寿期内尽早预测或发现其性能可能降质的迹象；

——制定对老化降质开始的适当反应，必要时采取修复措施，以便保证规定的安全水平。

该程序可作为现有的(预防或预测)维修大纲的一部分。

I&C设备的维修应适当，与I&C老化对安全的影响相适应。

所有按照7.2的要求选择的物项其老化控制程序应在定期复审后进行更新和完善。

8.3 I&C老化管理措施

I&C设备的老化控制宜包括下列措施：

a) 定期的测量和试验。可验证I&C设备的性能(响应时间、校准等)，还可验证发生老化后部件特性的所有变化(传感器、变送器等)。测量的目的是确认老化尚未导致部件出现不可接受的降质。如果不能测量I&C部件的准确性能，宜进行保守的评估，确定部件性能是否可接受。应按适当的时间间隔进行定期测量(每个循环中一次，例如在正常运行期间、热备用条件下，启动或关停期间，或当核电厂处于冷停堆时的换料停堆期间)。

b) 更换部件。

c) 通过优化维修程序，改变设备运行或周围环境条件，或采取行动将设备性能恢复到验收准则的范围内，来控制和减缓老化过程。

d) 对因老化已表明开始降质或偏离技术规格书要求的部件实施较为频繁的试验。

e) 功能特性的调整(重新校准，改变整定值等)，以考虑可接受的老化降质。

f) 可靠性分析和性能数据的趋势分析。

注：特性的改变主要涉及系统的模拟量部件，例如传感器、电缆、放大器和变送器。

附录C和附录D给出了可用于验证性能和评估I&C设备老化状态的检测技术的实例。

9 组织机构

9.1 一般要求

本章给出了关于老化管理过程的组织机构的要求,包括确定长期策略、I&C生命周期、质量控制和报告。

9.2 老化管理的组织机构

老化管理过程的组织机构应保证充分覆盖所有的安全方面。老化管理过程宜包括若干连续的行动,典型的由下列行动组成:

——更新现行的维修大纲;
——制定修理或更换的方法;
——执行核电厂和设备的监督;
——收集和分析数据;
——启动新的研发工作。

应协调不同组织机构的活动,这些组织机构对老化管理行动具有其特定的和互补的作用。活动涉及中心管理部门,设计人员、采购、现场作业、供货商、维修部门、操作人员等。老化管理过程的不同行动将影响由这些团体实施的各种不同的活动。典型的是:

——运行的维修,通过适当的修理或更换,实现核电厂设备的持续更新,保持I&C部件的可靠性;
——非常规维修,重大修理或更换的计划和预测;
——大修和(或)定期安全评审,产生正式的证据,证明在指定的时期内(例如十年)实现了适当的老化管理;
——电厂寿期计划,协调未来研究和开发的策略;
——管理人力资源,预测未来对受过充分培训的人员的需求。

9.3 确定长期运行策略及I&C的生命周期

宜确定核电厂的长期运行策略,确立相应的I&C生命周期管理策略。应确立安全有关的I&C老化管理的对象和目标。

在首先考虑安全时,核电厂管理者的老化管理策略也需重视经济风险评估和资产管理。

无论管理者选择哪一种老化管理策略,都应证明适当地解决了安全问题。如果选择不对I&C进行更新改造,则需要考虑的安全问题应包括潜在的风险。这可能会要求进一步研究可能存在的老化机理及其影响,分析假设的因老化效应或技术老化导致的状态。

如果选择对I&C进行更新改造,则应执行许可证申请过程。对于新建的或改建的核电厂,I&C的初步设计和生命周期的规定均宜考虑老化问题。

9.4 负责长期维修I&C设备的组织机构

宜由与安全、经济和技术层面相关的核电厂管理人员制定长期维修策略。

针对不同的I&C设备采用的长期维修策略宜与根据老化评估确定的缓解和监督行动相适应。

组织机构宜考虑:

a) 与设备制造商的关系;
b) 组建维修团队;
c) 配备相同种类成套设备的核电厂数量;

d） 核电厂管理者在技术维修作业中的作用；

e） 维修工作的外包程度。

长期监督策略宜包括：

a） 与系统集成商和原始设备制造商的合同规定；

b） 监督制造商持续供货的能力；

c） 监督部件的报废（软件和硬件）；

d） 备件库存要求；

e） 经济分析（报废的成本和（或）导致核电厂不可利用的成本）。

9.5 质量保证

本标准的要求建立在具备一个与 HAF 003 的要求一致的质量保证大纲的基础上，该大纲作为核电厂项目的组成部分对各项基本活动提供控制。

宜将 NB/T 20026—2010 的要求用于确立质量保证大纲以及所有的相关活动，以实现并验证老化管理过程要达到的质量。

9.6 报告

宜用报告的形式将老化管理过程完整地形成文件，该报告描述了组织机构、方法以及老化控制程序各阶段的结果，归纳历史的测试数据和分析报告，并对将要采取的减轻老化过程后果的行动提出明确建议。

应提供符合本标准所有安全相关要求的证明文件。

可要求向核安全监管部门提交 I&C 老化管理的证明，用于许可证申请、定期安全评审、核电厂延寿或特殊情况下的设备定期再鉴定。

应对形成文件的、按照 7.2 的要求所选的 I&C 设备和部件相关信息的数据库进行维护。宜在该数据库中对获取的老化机理及其对设备影响的内容进行协调。

附 录 A
（资料性附录）
本标准与 IEC 62342:2007 相比的结构变化情况

本标准与 IEC 62342:2007 相比在结构上有较多调整，具体章条编号对照情况见表 A.1。

表 A.1 本标准与 IEC 62342:2007 的章条编号对照情况

本标准的章条编号	对应的 IEC 62342:2007 的章条编号
1	1
—	1.1
—	1.2
—	1.3
3.1	3.2
3.2	—
3.3	—
3.4	3.3
3.5	3.4
3.6	3.5
3.7	3.6
3.8	3.7
3.9	3.8
3.10	3.10
3.11	3.11
3.12	3.12
3.13	3.14
3.14	3.15
3.15	3.16
3.16	3.17
3.17	3.19
3.18	3.20
—	3.1、3.9、3.13、3.18
4	—
4.1	—
4.2	1.1
4.3	1.2
4.4	1.3
—	4

表 A.1（续）

本标准的章条编号	对应的 IEC 62342:2007 的章条编号
附录 A	—
附录 B	附录 A
B.1	A.1
B.2	A.2
B.2.1～B.2.5	A.2.1～A.2.5
B.3	A.3
B.3.1	—
B.3.2	A.3.1
B.3.3	A.3.2
B.3.4	A.3.3
附录 C	附录 B
C.1	—
C.2	B.1
C.2.1～C.2.4	B.1.1～B.1.4
C.3	B.2
C.3.1～C.3.2	B.2.1～B.2.2
C.4	B.3
C.5	B.4
C.5.1～C.5.3	B.4.1～B.4.3
C.6	B.5
附录 D	附录 C
D.1～D.8	C.1～C.8

附 录 B
（资料性附录）
表征 I&C 老化现象以及获取核电厂 I&C 部件老化管理数据的指导

B.1 应力因子、老化机理以及老化对不同的 I&C 设备的影响的实例

应力因子、老化机理以及老化对不同的 I&C 设备的影响的实例如下：

a) 高湿度会增大继电器触点的点蚀和侵蚀。
b) 高湿度会加速无适当密封或无润滑油保护的旋转部件的轴承磨损。
c) 暴露于潮湿环境可导致绝缘导线层间分离。
d) 潮湿可能使电介质完整性丧失。
e) 高湿度或与水或与化学品接触可能导致无保护的结构受到腐蚀。
f) 振动和机械冲击可能使部件错位或松动，还会丧失电接触的完整性。此外因振动和机械冲击，传感器部件和冷加工的导线可能出现金属疲劳。活动部件失调加速磨损，使电接触变得不紧密，导致与热相关的降质。电连接及绝缘的损坏或位移将使电连续性和绝缘出现问题。
g) 维修作业中重复拔插电子卡件或元器件（例如可编程的只读存储器），可能因引脚变形导致电连接的性能变坏。
h) 辐射可分解有机绝缘材料中的抗氧化的化学物质，产生的脆化与高温导致的脆化类似。
i) 辐射环境对电子和光纤元器件有影响。
j) 电子元件在超过规定的最大电源电压工作时，可能会诱发磨损失效机理，降低电子元件的平均寿命。
k) 过度的充放电可导致电解电容过早损坏。
l) 高温环境可导致有机绝缘材料脆化。
m) 温度升高是加速带有电解液的电容器老化的主要机理。
n) 某些电子元件（例如二极管、电阻器）在高温环境条件下持续工作会使设备超过允许误差或性能规范指标，促使电路漂移，导致早期耗损失效。
o) 半导体元件的耗损通常与诸如金属迁移、热电子效应，金属间结合键和热疲劳这样的失效机理有关。到目前为止，一致认为这些元器件（电子晶体管、集成电路（ICs））在它们标称的运行环境下几十年来工作状态稳定。但是，最新一代的高密度集成电路的设计寿命目标则短的多。虽然这对于大多数消费品影响不大，但对核电厂安全装置（基于微处理器的）用的元器件的类型宜给予特别关注。
p) 电子电路的反复触发可能使局部温度和 EMI 达到峰值，导致个别元件状态降质。

B.2 老化管理数据

B.2.1 基准数据

基准数据给出了老化管理的基本参考点。它描述的是部件和系统的竣工状态以及就位后最初的性能。除此之外，性能监测的基准数据例如温度和压力传感器的响应时间测试数据非常重要。

基准数据很少以便于和运行以及维修数据或与诊断测试结果相关联的方式贮存。通常需要利用来自各种原始资料的信息将这些数据按照适当的格式进行汇编。这些原始资料包括设计规范、制造商的

技术规格书、技术手册、采购单、设备鉴定报告,验收测试记录,安装和调试记录,测试和性能测量报告以及安全分析报告。

B.2.2 运行记录

运行记录可以提供有关整个使用寿期内影响部件应力的历史数据。理想情况下,数据应包括的信息涉及核电厂工况和瞬态、周围环境条件、可用性和(或)可利用率图表。和基准数据一样,该信息通常可利用,但构成方式不一定便于分析。

B.2.3 试验和维修记录

检测和维修记录应包括日常维修活动、故障和修理、例行的功能和校准核查以及响应时间测量的记录。对于基于计算机的设备,还可能包括自诊断数据。

如与适当的模型结合起来,试验和维修记录可用于评估与使用年限相关的降质程度,预测未来的发展趋势。

B.2.4 未记录的数据

理想情况下,设备历史记录要含有评估所需的全部信息,但实际上不可能做到。对设备作定期维修的富有经验的维修人员有可能了解设备或运行环境的历史发展趋势。这些有价值的数据通常并未记录,容易丢失。宜采取措施,通过访谈和其他方法找回这些未记录的数据并重新进行整理。形成的维修记录表宜含有评论和观测资料记录。

某些个人掌握许多老的I&C设备的信息,由于他们退休或其他原因,这些信息在某个阶段不可获取,其中许多信息不可避免会丢失。要想把这些信息从个人手里完整收集回来不现实,这种情况下实际可行的做法是与掌握信息的人员沟通,以确定:

a) I&C设备当前的问题和可能的根本原因;

b) 预期的设备性能或可靠性问题;

c) 很难提炼总结的具有“一次性”特征的历史问题。

已有确定的方法来收集这类信息。这些方法通常为核电厂工作人员定义了结构化的问题系列。值得注意的是,沟通并不宜仅限于对维修人员;运行人员、工程人员同样也掌握有有价值的见解和信息。

B.2.5 其他数据资源

老化评估不宜限于本地数据。也要寻求其他来源的资料,包括其他核电厂、用户的报告和其他工业领域的研究计划。

B.3 测试和监督

B.3.1 一般要求

下面给出的I&C设备的测试、监督、诊断或维修活动的实例,以识别由于老化和其他效应导致的性能降质。

B.3.2 现场测试

近年来,新的测试和维修技术可以提供有价值的数据供I&C设备老化管理使用(参见附录C和附录D)。利用数字测试设备、可以进行自动化数据趋势分析,以便确认因老化或其他效应导致的性能劣化。新的分析工具例如可以在基于个人计算机的测试设备上实现的神经网络、人工智能,模式识别,可以分析数据并解释结果,识别设备性能上发生的微小变化,并提醒操纵员发生了重大问题或早期故障。

应用实例包括仪表通道的在线校准验证；采用回路电流阶跃响应法(LCSR)对热电阻(RTD)和热电偶(TC)进行现场响应时间测试；采用噪声分析技术对压力变送器的响应时间的在线测量；电缆和连接件的现场测试；在线探测压力传感传输管线的堵塞和空泡；温度传感器和应变仪对固体物质附着情况的远距离测试。附录C给出了更多信息。

B.3.3 状态监测

包括核电产业在内的很多工业逐渐对状态监测感兴趣。新的预防性维修技术提供了性价比好的工具，例如基于个人计算机的数据采集和分析系统，当核电厂运行时，可定期或连续地帮助监测设备的性能。这有助于证明直到发现故障或设备性能的劣化超出极限值之前，运转设备而不必定期进行验证测试的合理性。状态监测成功应用的实例是压力、水位和流量变送器的在线漂移监测。通过在线监测，可识别漂移超出了规定的可接受限值的压力变送器，对这样的变送器需要进行校准。没漂移的不需校准或不需频繁进行校准。这有助于优化压力变送器校准的频度，并可将这个做法扩大到其他工艺过程仪表。状态监测不仅适用于传感器和变送器，还可用于仪表通道的其余部分。

B.3.4 环境监测

监测I&C设备承受的温度、辐照、湿度以及其他条件，可用于老化管理和延寿。设备的使用寿命通常是由制造商根据设备在正常运行期间预期可能承受的条件规定的。如果设备在较为严酷的环境条件下使用，其使用寿命会随环境条件严酷度的增加而缩短。所以监测获得的证据可以用于延长I&C设备允许的运行时间。但如果设备用于较为和缓的环境，其预期寿命一般要长于制造商指定的寿命。

附　录　C
（资料性附录）
核电厂所选 I&C 部件老化管理的实例

C.1　一般要求

本附录是基于国际原子能机构（IAEA）的一篇关于核电厂 I&C 设备老化管理的报告：TECDOC-1147（2000 年 6 月）。该报告选择了一些老化管理重要的 I&C 设备，然后给出了管理这些设备老化可采用的过程的实例。本附录中给出了该 IAEA 报告的概要以及核电厂 I&C 设备老化的一些补充信息。

C.2　电子和电气设备的老化管理

C.2.1　老化效应

高温以及温度的周期变化是电子设备和电路老化的主要原因。制造商利用这些效应加速老化，促使不合格的物项发生早期失效，以便在出货前将这样的物项剔除。针对电子元件的失效率普遍使用的浴盆曲线（见图 C.1）被用于表达关于设备使用寿命的三个阶段的理念：

——早期失效阶段（老炼）；

——正常使用阶段；

——寿期末阶段（耗损）。

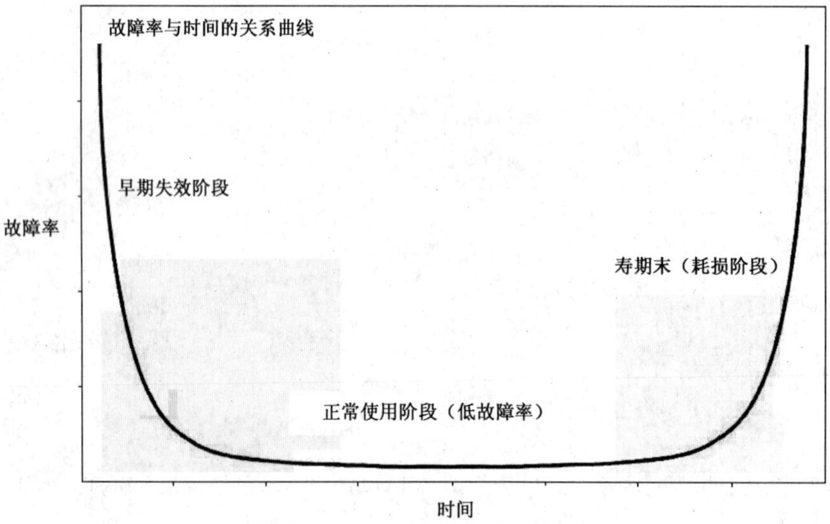

图 C.1　电子部件失效率的浴盆特性曲线

在产品测试期间制造商经常利用早期失效阶段，以提供可靠产品。否则这些故障会在试运行或早期运行阶段显现出来。运行的后两个阶段则直接与老化有关。在正常使用阶段，电子元件的可靠性有公认的模型和参数可用。而在寿期末就没有可比较的公认模型了。其实，已知类似应用中相同部件之间有明显不同的寿期，因此，寿期末模型往往是与具体应用相关。倘若考虑中的特定设备的性能和运行工况有充分的历史数据可用，则可以开发估计寿期末的经验模型。

在制定老化管理策略时，有一些与电子部件有关的特殊机理宜予考虑：

——过电压；

——启动或电源上电次数;

——静电放电。

下述条款描述了一些电子部件的老化管理程序。但在考虑各个物项之前,重要的是要意识到初步设计质量不佳会对设备的老化产生显著影响。设计缺陷的实例包括:

——为很少操作的旋转开关选择了不正确的触点材料,这样触点可能氧化并使正确功能中止;

——继电器的触点材料选择不正确,低电流可能使触点上的氧化物逐步累积,导致电阻增大而可能失效;

——非能动或能动设备额定功率的技术规格不适当;

——设备通风或冷却性能差。

C.2.2 电解电容的老化管理

电解电容的主要老化机理是电解液通过端盖的密封泄露。这是个与橡胶密封有关的特殊问题,如果橡胶性能(严重)降质,会形成电解液泄漏通道。温度为 20 ℃时,一个典型的电解电容的老化过程可能需要 10 年,高温下则可加快这个老化过程。增加对新型密封材料的使用降低了发生该问题的程度,但许多老的元件仍在使用,所以仍会发生这种类型的故障。

电解液的流失增大了等效串连电阻(ESR),减小了电容容量。最后电容会因开路或短路而失效。该失效可能是灾难性的,失效的后果会因电容在电路中的使用方式不同而不同。ESR 的增大提高了内部温度,并且又因温度升高导致 ESR 增大,从而可能引起热失控,最终使元件损坏。

如果发生电解液泄漏,应立即更换电容。可以采用多种措施避免电解液流失的后果,例如:

——定期更换;

——如果发现第一次故障,更换所有类似的元器件;

——使用额定温度比要求更高的装置;

——定期测试和(或)监测元器件和插件、泄漏电流、电容容量值、ESR 和功率因数。这可包括以最大的额定温度和额定电压对抽样元器件进行耐久性试验;

——测量元器件的温度;

——测量电源的纹波电流。

限制电解电容的保存期限,只要可能,宜使用新的部件。

C.2.3 熔断器的老化管理

当电路加电时,其初始瞬变电流可能是额定电流的 3～4 倍。慢熔式熔断器不会因这样的短时瞬变而熔断,但熔断器的材料会通过汽化而损失掉。熔断器材料损失的累积会降低熔断器的额定值,以致在使用后期出现假故障。

由于设备的寿期与启动次数有关,唯一有效的老化管理技术是预防性维修。预防性维修可以是有条件的维修;如果发生第一次熔断器的假故障,就将一套设备的所有熔断器更换掉。

在发生随机故障时,普遍的错误做法是提高熔断器的额定值。事实上该故障可能与使用年限有关,而提高熔断器的额定值会使熔断器提供的保护降低。应避免这种做法。

C.2.4 继电器的老化管理

下面是一个标准电磁继电器的三个元件,有可能是继电器易于老化的薄弱环节:

——线圈;

——触点;

——附件,例如触点簧片、插头、底座、时间延迟装置。

继电器线圈的老化是发生在连续加电的继电器上的主要问题。因线圈或相关元件可能产生过多的热使线圈烧毁,或使继电器中的元件或临近的其他元件受到有害的影响(例如,漆料的化学损坏污染触点,或使元件尺寸改变)。热可导致气囊式延时继电器中的膜片脆化,使设定值发生漂移。

继电器的触点可能因下列 4 个主要机理发生老化:

——常开触点(NO)的氧化,或因触电材料不适合于实际负载而产生触点氧化。该问题与电流过低或过高均有关；

——由于过电流(可能因转换电感负载引起)，使触点发生烧结或烧蚀；

——化学浸蚀，例如继电器使用的高含硫量的橡胶元件，因温度或化学浸蚀可能使内部附属部件发生变形；

——继电器触点在低负载下循环动作。

一个良好的原始设计永远是重要的。宜考虑对继电器系统周围环境的适当控制。含有很多通常带电的继电器的系统会产生大量的热，为防止温度过高，宜将热量排出。

为进行老化管理，宜按批次对继电器进行检验和检测，保证在交付使用前能发现元件的制造缺陷。使用期间宜定期进行目视检查(外观检查)，以识别任何的化学损坏或元件或触点的降质。在特殊环境下使用时宜经常清洗继电器的触点。

现有的供继电器现场测试的其他程序可用于老化管理；例如热信号分析、触点电阻测量或时间行为(例如响应时间)的评估。

大多数继电器的动作次数是额定的，其寿期取决于继电器的使用方式。核电厂运行期间连续不断动作的继电器或加电的继电器(例如簧片式继电器多路模拟开关)宜定期更换。

C.3 温度和压力传感器的老化管理

C.3.1 老化效应

老化会影响传感器的稳态(刻度)和动态(响应时间)两方面的性能。例如，电阻温度探测器(RTD)和热电偶的密封可能因干燥、收缩或开裂而失效，致使潮气进入传感器导致绝缘电阻降低。这样会使温度测量出现错误。由于绝缘电阻可能随温度发生急剧变化，所以这种错误通常是温度依赖型的。温度传感器的潮气还会在传感器的输出端引起噪声；噪声幅度随传感器上温度和潮气量的不同而不同。对于装有温度计套管的 RTD 和 TC，响应时间变坏是个重要问题。经验表明，随着使用年限延长，这些传感器可能逐渐丧失与温度计套管的机械接触，由于两个接触面间的气隙加大，传感器的响应时间会显著增加。同样，长时期处于工艺过程运行条件也会改变传感器的响应时间。

由于热、湿和其他工艺过程条件的影响，压力传感器的刻度可能因老化而改变。如果这些应力源引起变送器密封材料(它们是保护变送器不受周围环境损害的)失效，湿气进入变送器的外壳，会引起刻度偏移，还可在变送器输出端产生高频率的噪声。最终该问题可能导致变送器功能丧失或不可靠。表 C.1 给出了老化效应以及影响核电厂压力变送器性能的后果。

核电厂压力变送器的另一个性能问题是将工艺过程的压力信号送到变送器的信号传输管线发生堵塞。典型的信号传输管线的长度为 30 m～300 m。这些管线可能部分或完全被污泥、结晶硼以及反应堆冷却剂中的其他碎片堵塞，导致压力传感系统的动态特性反应缓慢。正如附录 D 描述的，如果核电厂采用噪声分析技术进行在线检测就可以发现该问题。这样做还可以探测到压力信号传输管线中的空气。尽管高压下空气会溶解到反应堆的水中，但经验仍表明核电厂变送器的信号传输管线可能存在空气。这些空气可能导致指示值发生误差，响应时间出现问题。

表 C.1 老化对核电厂压力变送器性能的潜在影响

降质	可能的原因	影响的性能	
		刻度	响应时间
填充液部分或全部丧失	——制造过程产生的缺陷； ——高压	√	√
填充液的黏度改变	——辐射和热		√
机械连接磨损、摩擦或卡滞(尤其是力平衡变送器)	——压力波动和冲击； ——腐蚀和氧化		√
密封失效致使湿气进入变送器的电路	——由于辐射和热，密封脆裂	√	

表 C.1（续）

降质	可能的原因	影响的性能	
		刻度	响应时间
过程流体泄漏进入小室的填充液体使传感器中温度、填充液黏度改变	——密封失效； ——制造过程产生的缺陷； ——敏感元件破裂	√	√
电子元件特性值的改变	——热、辐射、湿气； ——电源电压的改变； ——维修	√	
波纹管和膜片弹性系数的改变	——机械疲劳； ——压力循环	√	√

C.3.2 老化管理方法

核电厂温度和压力传感器的性能主要取决于刻度准确度和响应时间。因此，温度和压力传感器的老化管理是通过定期进行校准和测试响应时间实现的。

对 RTD、TC 和压力变送器响应时间影响的老化管理，应使用现场响应时间测试方法，例如采用回路电流阶跃响应(LCSR)测试和噪声分析。这些方法在附录 D 中给出。另外附录 D 中还包括在线监测压力变送器的刻度、现场测试 RTD 和热电偶等的刻度的新方法。

C.4 中子探测器的老化管理

中子探测器的老化管理可作多种选择。这包括系统地预防性维修、有条件的预防性维修、预测性维修和故障维修。每种选择都有其优势及劣势。

系统地预防性维修。每次停堆(例如每隔 18 个月)更换堆芯外的中子探测器，虽然十分简单但花费很高。采用这种方式很难发现传感器有任何显著的老化现象。

有条件的预防性维修。这些条件在传感器响应曲线相关的准则中界定。因此维修人员要在运行中验证该响应曲线，测量和(或)计算各种参数。将这些参数与验收准则作比较，并根据结果实施维修。这种维修要在停堆期间进行。

核仪器仪表系统的预兆维修包括：

a） 采用噪声分析技术现场测试响应时间；

b） 刻度漂移的趋势分析；

c） 探测器噪声输出的动态性能参数的趋势分析，例如探测器输出噪声数据的平均值、方差、偏度和峰度，以及噪声变量的正、负数值比；

d） 测试中子探测器电缆和连接件。

这是管理核电厂中子探测器老化的最为有效的手段。

故障维修要等到传感器故障时执行，可能要求关停反应堆更换故障的传感器，因此对反应堆的可用性产生不利影响。

C.5 电缆和连接件的老化管理

C.5.1 老化效应

为表征老化机理和开发核电厂用的测试和监督技术已经开展了研发工作，研发工作已产生了一套评估电缆良好状态的多样化技术。该技术包括对绝缘体的化学测试，绝缘延展性的机械测试，以及对电缆导体和电缆的绝缘材料进行的电气测量。

电缆主要的老化应力有：

——升高的环境温度或湿度；
——循环机械应力；
——受到辐射照射；
——受到硼酸喷淋。

已经证实，对于所有这些应力源，每种情况下绝缘的拉伸应变都是限制因素。

就通量探测器用电缆而言，下列问题值得注意(无机绝缘电缆)：

——中子探测器用电缆的绝缘电阻及屏蔽要求比传感器如热电偶或RTD用电缆的要求更严格。
——对于无机绝缘金属铠装电缆来讲，最普通的故障机理是由于机械损伤或腐蚀导致潮气的进入。监测它最为简单的测试是测量绝缘电阻。要注意，不宜采用高压测量无机绝缘电缆的绝缘电阻；典型的在冷电缆上最高宜为100 V。
——因为连接件本身易碎，并且可为电缆提供密封，所以无机绝缘电缆的连接件特别容易损伤。
——宜避免扰动一体式连接件，因为电缆密封可能被破坏，要重建气密密封很困难。宜对比预测性维修中例行电缆测试的优点和缺点进行权衡。
——无机绝缘的探测器电缆可以利用绝缘护套防止形成接地环路。如果绝缘护套被破坏，可能会增大干扰水平。

为探测RTD或热电偶中存在湿气和诊断电路问题，宜测量绝缘电阻、回路电阻、电容和电感，并与基准数据或与其他正常传感器的数据作比较。还可以采用LCSR法确定在温度传感器内是否有潮气存在，将传感器问题与电缆问题区别开。对于温度和压力传感器，老化控制计划中宜包含传感器用延长电缆和连接件的测试。在所有电缆和(或)连接件的老化控制计划中宜包括时域反射(TDR)技术。

表C.2概括了核电厂中传感器和其他元件的老化管理技术。该表中含有中子探测器的老化管理方法。经验表明中子探测器的响应时间随使用年限的延长而加长。这样，测量中子传感器的响应时间可监测老化效应。也可以压力变送器同样方式采用噪声分析技术进行响应时间测量。

C.5.2 电缆老化的管理

有下列两种主要方法：

a) 实际寿命测试。这关系到在运行核电厂中安装的电缆备用样品要便于后续的拆除和测试。由于这个原因，将电缆样本贮存在靠近反应堆或蒸汽发生器的电缆间内，核电厂运行时电缆自然老化。然后将这些电缆拆出并采用下文中列出的方法进行测试。
b) 采用现场测试法或其他措施测试现有的电缆。

有许多方法测试老化管理的电缆：

——绝缘的目视检查，测量裂纹或裂纹的发展、电缆的颜色改变。
——绝缘的硬度测试。仅在电缆的特定部位以及有热点的地方进行。
——绝缘的化学分析。
——电绝缘的测试。
——抗拉强度的测量。
——断裂伸长率的测量。
——低频或扫频介电损耗测量。
——时域反射测试。
——交流和直流阻抗测量。

表C.2 验证性能和监测I&C部件老化的检测方法

元件	性能指标	测试方法
RTD	——刻度准确度和(或)稳定性； ——响应时间和自热指数； ——电参数	——交叉校准； ——LCSR测试； ——测量绝缘电阻、回路电阻、电容； ——自热测量

表 C.2(续)

元件	性能指标	测试方法
I&C 电缆和连接件	——电缆导体特性; ——电缆绝缘和(或)护套材料特性	——TDR 和 LCSR 测试; ——TDR、直流电阻、交流阻抗、延展性、化学分析; ——电感(L)、电容(C)和电阻(R)测量或 LCR 测试
压力、水位和流量	——刻度准确度和(或)稳定性; ——响应时间	——在线校准验证; ——噪声分析和 PI 测试
压力脉冲管线和(或)信号传输管线	——堵塞、孔隙、泄漏; ——刻度准确度和(或)稳定性	——噪声分析; ——在线校准验证、趋势分析、经验模型和物理模型、神经网络
中子探测器	——刻度准确度和(或)稳定性; ——响应时间; ——电缆和连接件; ——探测器噪声输出的动态指标(平均值、方差、偏度、峰值)	——热平衡法计算和用放射源的常规校准; ——噪声分析; ——TDR、直流和交流阻抗的测量
热电偶	——刻度准确度和(或)稳定性; ——响应时间; ——不均匀、寄生结、反接; ——电缆和连接件; ——探测器噪声输出的动态描述(这些变量的平均值、方差、偏度、峰值以及比值)	——交叉校准; ——LCSR、噪声分析; ——LCSR 测试、绝缘电阻测试、回路电阻测试; ——TDR、LCSR、直流和交流阻抗测量

大多数的测量要求用基准数据进行比较和解释。因此应建立一个电缆特性数据库,定期重复进行电缆检测,以识别与基准数据相比任何明显的改变。可以使用类似装置的电缆特征值代替基准数据。

C.5.3 连接件的老化管理

连接件的主要老化机理是机械磨损和触点氧化。只要连接件被干扰(或扰乱)会导致机械磨损。

机械磨损和氧化都会使触点阻抗增加,从几欧姆的改变直至完全断路,阻抗增加的结果取决于在电路中以什么样的方式使用连接件。一个开关电路可以承受微小的电阻增加。但若是在一个灵敏的模拟电路中(例如处理非常低的信号电平的电路),微小增加的电阻可能造成重大影响。

只要可能,宜使连接件不受触动。因为连接件反复地断开和连接可能导致机械磨损。这点对印制电路版(PCB)插头座尤其重要。

连接件安装前宜进行热风干燥,有助于消除潮湿导致的故障。建议将备件贮存在惰性气体(氮)中。对使用中的连接件可进行热图像扫描,以指示高阻点,提供故障预警。

使用 TDR 或 LCSR 技术测试 RTD、TC 和中子探测器的经验表明,这些技术也还可以发现连接件的问题,尤其是在有基准数据可作比较时。

C.6 正常运行工况和事故后工况的应用

这里提出的方法是要保证 I&C 设备不仅在正常运行期间而且在事故后工况下也能正常运行。例如,I&C 电缆(以及动力电缆)应在任何时间,特别是在事故发生期间或事故发生后,正确地执行它们的功能。这里描述的老化管理方法将为事故后工况下的可靠运行提供保证。

附　录　D
（资料性附录）
I&C 老化管理的测试和监督技术实例

D.1　在线校准验证

根据现有的规程，许多仪表是手动校准的，典型的要求每个运行周期至少校准一次。近 30 年的校准结果表明，一个运行周期后大部分仪表都没有超出允许误差，因此没有必要每个运行周期校准一次。该结果已促使核工业设法通过在线漂移监测延长仪表校准的时间间隔。这项工作包括记录和分析核电厂运行期间仪表的稳态输出，以识别仪表输出中的漂移和其他异常问题。对于冗余仪表，可以比较多重仪表的读数，区别过程漂移和仪表漂移。在这情况下，可利用平均技术（简单平均法、加权平均法和奇偶空间法等）估计过程参数值。对于非冗余的仪表，利用神经网络和模式识别原理的过程经验模型，或其他技术以及物理模型用于估计该过程。该估值宜频繁更新，并与相应的仪表输出值作比较，以发现仪表输出中的任何漂移。

D.2　在线探测文丘里管的积污

除了在线验证过程仪表通道的刻度外，过程经验模型、模式识别和神经网络技术是在线探测单个仪表或核电厂中的性能问题的有效工具。例如文丘里流量元件会积污，导致流量指示错误。这关系到安全和经济。直至现在，还没有有效的方法监测文丘里管的污垢。在某些核电厂，安装了新型超声波传感器独立监测流量，跟踪文丘里传感器和超声波传感器的偏差，作为检测文丘里管污垢的一种手段。监测文丘里管污垢的另一种方法是采用建模技术跟踪流量，并与文丘里管的流量指示结果进行比较，以识别文丘里管的污垢情况。

D.3　压力变送器的现场响应时间测试

准确度和响应时间是表现压力变送器性能的两个最为重要的指标；业已开发的在线测量方法用于监测压力变送器的准确度和响应时间。关于在线校准技术前面已经提及。使用噪声分析技术在线测量压力变送器的响应时间。该方法是基于记录核电厂运行时自然存在于大多数过程传感器输出的随机噪声。该噪声可以频域和（或）时域的方式进行分析，给出变送器的响应时间。业已证实，该方法用于测试压力、液位以及流量变送器的响应时间是有效的。

对于力平衡压力变送器的现场响应时间测试，除了噪声分析技术以外，也可用一种称为供电中断（PI）检测的方法。该方法的细节以及上面提及的其他技术的细节在 IAEA TECDOC-1147 以及其他若干出版物中作了介绍。

D.4　在线探测脉冲管的堵塞

脉冲管是将过程压力信号传输到传感器的细小管线。典型的脉冲管长度为 30 m～300 m，具体根据核电厂的使用情况而定。脉冲管上通常设有隔离阀、根阀、缓冲器或其他部件。脉冲管上任一阀门或其他部件失效都可能导致管线部分或全部堵塞。此外更重要的是，脉冲管可能由于反应堆冷却剂系统中经常存在的污垢和沉淀物而发生堵塞。信号传输管线的堵塞致使在检测传输过程压力、水位或流量的变化时发生延迟。在某些核电厂中，由于污垢或阀门问题造成的信号传输管线堵塞使压力检测传感系统的响应时间从0.1 s延长到5 s。利用噪声分析技术进行在线测量可以识别该问题。

D.5 电阻温度探测器(RTD)和热电偶(TC)的交叉校准

可以在等温条件下采用交叉校准技术对冗余的RTD和TC进行现场校准。这包括一个多通道数据采集系统，用于快速记录核电厂启动和停堆期间处于温度直线升降状态或温度稳定状态下的冗余的RTD和TC的温度指示值。将这些温度指示值平均后，计算每个RTD或TC与所有RTD温度平均值的偏差(不包括异常值)。异常的RTD一旦被确认，将从数据中剔除，然后修正核电厂所有环路之间或冷段和热段之间的温度波动和温差数据。修正完毕后，确立了RTD新的平均温度，并计算每个RTD和TC与新的平均温度值的偏差。

交叉校准测试通常是在核电厂启动或停堆期间的几种温度条件下进行的。采用这种方法，如果发现有RTD超出允许误差，则可以用在三种或三种以上的温度条件下取得的交叉校准数据编制一份新的RTD校准表。如果确认TC也有大的偏差，可对他们进行调整，以使TC相互间符合并与RTD一致。

可以从核电厂计算机系统上检索到RTD和热电偶的交叉校准数据或从专用的数据采集系统获取到RTD和热电偶的交叉校准数据。无论是从哪里获取的数据，生成的温度传感器的校准验证结果应相同。

D.6 电阻温度探测器(RTD)和热电偶(TC)的响应时间测试

RTD和TC的响应时间可能随传感器的老化发生变化。许多因素可促使响应时间的老化降质。例如，振动可使RTD和TC从温度计套管向外移动，致使响应时间增加。即使是一非常小的移动都可能引起响应时间的很大变化。温度也可能引起响应时间的变化。例如传感器绝缘材料中的固有空隙可能膨胀或收缩，使得响应时间改变。由于这样或那样的原因，应采用LCSR方法定期测量RTD和TC的响应时间。

核电厂运行时从控制室区域远距离进行LCSR检测。该检测给出RTD的在役响应时间，并包括了所有安装和工艺过程条件对响应时间的影响。如果RTD使用温度计套管，由LCSR检测获得的响应时间包括了RTD和温度计套管组合的动态响应。因此，在该LCSR检测中也涵盖了RTD和温度计套管界面间所有的间隙。

为进行LCSR检测，需使用一个惠斯通电桥以及电流切换网络和信号调理设备。RTD连接到电桥的其中一个桥臂，将桥电流从1 mA转到40 mA～80 mA之间的某一值。电流产生的焦耳加热(I^2R)会在RTD敏感元件上产生温度瞬变。逐渐增加的RTD电阻在电桥的输出端产生电压瞬变，该瞬变经记录并分析后可得出RTD的响应时间。分析是基于一个详细的RTD热传输模型，用这种方法虽然传感器是内部加热的，但从LCSR数据分析得出的响应时间与RTD周围的过程温度经历了阶跃变化得出的响应时间等效。实验和数学计算已经证明，源于内部加热的数据变换给出了对外部温度变化的响应。

另外一种用于RTD的方法叫做自热检测，以补充LCSR检测。自热检测与LCSR检测一样，用一小电流加热RTD。在自热检测中，测量的RTD的稳态电阻是输入电功率(I^2R)的函数。通过对RTD施加三个或三个以上等级的电流(例如10 mA、20 mA、40 mA、60 mA等)，然后测量施加在RTD的热I^2R与增加的电阻的关系。测得的数据在直角坐标系上绘制成电阻与功率I^2R的关系曲线。生成直线的斜率称为自热指数。自热指数(SHI)的单位是Ω/W，与RTD的响应时间相对应，但不是RTD的响应时间。如果RTD的响应时间明显增加，自热指数将增大，如果RTD的响应时间明显减小，自热指数将减小。因此自热检测被用于监测 RTD 的总响应时间变化。

通常在每个燃料循环期间对核电厂 RTD 执行一次 LCSR。检测可在正常运行工况下或在热备用工况(处于或接近正常的运行温度和流量)进行。只有在带功率或在热备用工况下的 LCSR 检测才给出实际的 RTD"在役"响应时间。在其他工况下进行该项检测只是为了保证 RTD 正确地安装在温度计套管中。例如,可在冷停堆换料期间对任一新安装的 RTD 进行 LCSR 检测,保证 RTD 正确地安装在它的温度计套管中,并验证可以采用 LCSR 法检测 RTD。事实上在冷停堆期间对新安装的 RTD 进行 LCSR 检测,然后与其他的 RTD 的结果作比较相当重要,可以验证新的 RTD 且有可与其他的 RTD 相比较的 LCSR 信号,并且它的自热指数与安装在同样条件下的其他 RTD 的完全一致。新的 RTD,尤其是安装在温度计套管中的 RTD 宜在两种条件下进行 LCSR 检测,在冷停堆条件下验证其安装状况,在热备用条件下确定它的"在役"响应时间。只要过程温度的波动并不十分明显,后续检测可在带功率的条件下进行。由于温度和水流分层的缘故,如果发生大的温度波动,通常出现在压水堆的热段管道中,有两种选择方案进行 LCSR 检测:

a) 多次重复该检测(30 次～50 次),平均 LCSR 信号,然后分析平均的数据;

b) 在热备用工况下进行 LCSR 检测。

近年来核工业不仅对噪声分析技术测试热电偶和压力变送器的响应时间感兴趣,还对噪声分析技术用于 RTD 感兴趣。噪声分析技术的优点是不要求在检测时传感器停止工作。利用噪声分析技术,可以确认和评估 RTD 响应时间的降质。如果发现 RTD 的响应时间降质已达到不可接受的水平,则可用 LCSR 法查明响应时间并决定是否需要采取纠正行动。

一个谨慎的纠正行动包括下列步骤:

a) 停堆期间将 RTD 从套管中拆出;

b) 清洗 RTD 和套管;

c) 将 RTD 重新插入套管;

d) 重复 LCSR 和自热检测,保证结果满意。

这些步骤应该能解决 RTD 的响应时间问题。如果解决不了,则可能需要更换 RTD 和(或)温度计套管。

LCSR 法还可用于测量热电偶(TC)的响应时间。但这要求较高的加热电流以及与 RTD 不同的检测程序。因此,与前面描述的压力变送器一样,要采用噪声分析技术检测 TC 的响应时间。这是因为用 LCSR 检测 TC 可能需要较高的加热电流(大约 0.2 A～1.0 A),在某些情况下有可能损害电缆、连接件、密封或热电偶本身。

和 RTD 不同的是,TC 不必遵从十分严格的响应时间测试要求。不过采用 LCSR 和噪声分析技术检测 TC 的响应时间,是作为验证 TC 是否处于良好状态的一种手段,并供老化管理用。如果 RTD 也不必遵从严格的响应时间要求,或测量响应时间仅是为了识别异常值,那么可以采用噪声分析技术代替 LCSR 检测来确定 RTD 的响应时间。

D.7 电缆和连接件的测试

由于一些原因,某些核电厂要检测核电厂电缆尤其是 I&C 电缆的状态,例如为识别或提出问题进行的检查和排除故障,为预防性维修和老化管理进行的基准测量。可以采用电检测、机械检测和化学检测的方法监测或确定电缆的状态。电检测的优点是能够在现场进行,且不至扰乱核电厂的运行。

电检测包括电阻测量和 TDR 检测。在核电厂,TDR 检测被普遍用于确认发生问题的电缆的位置。尤其是确定发生问题的电缆是在安全壳内还是安全壳外至关重要。例如,用 TDR 法成功检测了表现有异常行为的 RTD 电路,为维修人员指明发生问题的正确位置。TDR 技术还有助于发现电动机和变压器绕组、稳压器的加热器盘管、核仪器仪表电缆、TC、电动阀电缆等的故障。中子探测器电缆检测中

TDR 的应用也相当普遍。为了提高 TDR 检测的诊断能力，还用 LCR 检测进行补充测量。LCR 检测通常采用一个称为 LCR(电感电容电阻测定计)的检测装置，用于测量电路的电感(L)、电容(C)和电阻(R)。

为了确定电缆绝缘或护套材料的状况，除了 TDR 以外，还要测量电气参数如绝缘电阻(如果可能)、直流电阻、交流阻抗以及串连电容。应该指出的是，确定电缆绝缘材料的状态十分困难。由于没有适当的接地平面进行可靠的电气测量，检测难以成功。

在电缆的机械检测中，要测量电缆绝缘或护套材料的延展性，以确定材料是否变得干燥、变脆或易于破裂。做这种检测的设备称为电缆硬度计。用该设备压实电缆，测量电缆的相对硬度。更为重要的是测量电缆断裂伸长度。

在电缆化学测试中，可切割一小块电缆绝缘材料在实验室进行化学分析。

D.8 事故工况下 I&C 可靠性的保证

本附录描述的方法意在保证 I&C 设备不仅在正常运行工况下而且在事故和事故后工况下都能正常运行。

参 考 文 献

[1] GB/T 4960.6—2008 核科学技术术语 第6部分:核仪器仪表

[2] IAEA NS-R-1:2000 Safety of nuclear power plants: Design requirements

[3] IAEA 50-C-QA:1989 Safety code for nuclear power plants: Quality assurance

[4] IAEA 50-C/SG-Q:1996 Quality assurance for safety in nuclear power plants and other nuclear installations

[5] IAEA-TECDOC-1147 "Management on ageing of I&C equipment in nuclear power plants," International Atomic Energy Agency, Vienna, Austria (June 2000)

[6] IAEA-TECDOC-1402 "Management of life cycle and ageing at nuclear power plants: Improved I&C maintenance," International Atomic Energy Agency, Vienna, Austria (August 2004)

[7] IAEA Safety glossary, 2006

[8] IAEA Safety reports series no. 15, "Implementation and review of a nuclear power plant ageing management programme," International Atomic Energy Agency, Vienna, Austria (1999)

[9] IAEA Safety Reports Series No. 3, "Equipment qualification in operational nuclear power plants: Upgrading, preserving and reviewing," International Atomic Energy Agency, Vienna, Austria (1998)

[10] IAEA Safety Standards Series No. NS-G-1.3, "Instrumentation and control systems important to safety in nuclear power plants safety guide," International Atomic Energy Agency, Vienna, Austria (April 2002)

[11] IEC 60050-393 International electrotechnical vocabulary—Part 393: Nuclear instrumentation—Physical phenomena and basic concepts

[12] IEC 60050-394 International electrotechnical vocabulary—Part 394: Nuclear instrumentation—Instruments

[13] IEC 60780 Nuclear power plants—Electrical equipment of the safety system—qualification

[14] IEC 62096 Nuclear power plants—Instrumentation and control—Guidance for the decision on modernization

[15] IEC 62385 Nuclear power plants—Instrumentation and control important to safety—Methods for assessing the performance of safety system instrument channels

[16] IEC 62397 Nuclear power plants—Instrumentation and control important to safety—Resistance temperature detectors

[17] Hashemian, H. M., "Sensor performance and reliability", The Instrumentation, Systems, and Automation Society (ISA), Research Triangle Park, North Carolina (2005)

[18] "Advanced Instrumentation and maintenance technologies for nuclear power plants," U. S. Nuclear Regulatory Commission, NUREG/CR-5501 (August 1998)

[19] Extending the calibration interval of pressure transmitters in nuclear power plants," 13th Annual joint ISA POWID/EPRI controls and instrumentation conference, Williamsburg, Virginia (June 15-19, 2003)

[20] Hashemian, H. M., "Maintenance of process instrumentation in nuclear power plants", Springer-Verlag GmbH, Heidelberg, Germany (2007)

[21] EPRI Topical Report, "On-line monitoring of instrument channel performance," TF-104965-R1 NRC SER, Electric Power Research Institute, Final Report (September 2000)

ICS 19.040
K 04

中华人民共和国国家标准

GB/T 29309—2012

电工电子产品加速应力试验规程 高加速寿命试验导则

Accelerated stress testing procedures for electric and electronic products—Guidance for highly accelerated life test

2012-12-31 发布　　2013-06-01 实施

中华人民共和国国家质量监督检验检疫总局
中国国家标准化管理委员会　发布

前言

本标准按照 GB/T 1.1—2009 给出的规则起草。

本标准由全国质量监管重点产品检验方法标准化技术委员会(SAC/TC 374)提出并归口。

本标准负责起草单位:深圳市计量质量检测研究院、中检华纳(北京)质量技术中心有限公司。

本标准主要起草人:杨彦彰、朱建华、张华、李岩、张灿文、陈显顾。

电工电子产品加速应力试验规程 高加速寿命试验导则

1 范围

本标准规定了高加速寿命试验(Highly Accelerated Life Test,HALT)的一般要求、试验准备和试验方法。

本标准规定的高加速寿命试验,施加的试验应力包括高温步进、低温步进、快速温度变化循环、六自由度非高斯宽带随机振动等应力。

本标准适用于电工电子产品及其电子部件、印制电路板组件等。对于大型整机,宜优先考虑在前端的装配级别(如印制电路板组件、子模块)上进行试验。

本标准还适用于电工电子产品的研发、设计和(或)试产阶段,也可用于批量生产阶段。

2 规范性引用文件

下列文件对于本文件的应用是必不可少的。凡是注日期的引用文件,仅注日期的版本适用于本文件。凡是不注日期的引用文件,其最新版本(包括所有的修改单)适用于本文件。

GB/T 2421.1—2008 电工电子产品环境试验 概述和指南(IEC 60068-1:1988,IDT)

GB/T 2422—1995 电工电子产品环境试验 术语(eqv IEC 60068-5-2:1990)

GB/T 2423.1—2008 电工电子产品环境试验 第2部分:试验方法 试验A:低温(IEC 60068-2-1:2007,IDT)

GB/T 2423.2—2008 电工电子产品环境试验 第2部分:试验方法 试验B:高温(IEC 60068-2-1:2007,IDT)

GB/T 2423.22—2002 电工电子产品环境试验 第2部分:试验方法 试验N:温度变化(IEC 60068-2-14:1984,IDT)

GB/T 2423.43—2008 电工电子产品环境试验 第2部分:试验方法 振动、冲击和类似动力学试验样品的安装(IEC 60068-2-47:2005,IDT)

GB/T 2423.56—2006 电工电子产品环境试验 第2部分:试验方法 试验Fh:宽带随机振动(数字控制)和导则(IEC 60068-2-64:1993,IDT)

GB/T 2424.5—2006 电工电子产品环境试验 温度试验箱性能确认(IEC 60068-3-5:2001,IDT)

GB/T 2424.13—2002 电工电子产品环境试验 第2部分:试验方法 温度变化试验导则(IEC 60068-2-33:2001,IDT)

GB/T 11804—2005 电工电子产品环境条件 术语

JJF 1101—2003 环境试验设备温度、湿度校准规范

3 术语和定义

下列术语和定义适用于本文件。

3.1

高加速寿命试验 highly accelerated life test,HALT

指通过逐步增强施加在试验样品上的试验应力(如温度、振动、快速温变及振动综合应力等),确定

产品的耐受应力极限的试验。

3.2

工作极限　operating limit,OL

当试验样品的工作特性不再满足技术条件的要求,但试验应力强度降低后,试验样品仍能恢复正常工作特性时所承受的试验应力强度值。工作极限包括:

工作极限上限(Upper Operating Limit, UOL);

工作极限下限(Lower Operating Limit, LOL)。

注:对于振动试验,工作极限只有上限值。

3.3

破坏极限　destruct limit,DL

当试验样品的工作特性不能满足技术条件要求,且试验应力强度降低后,试验样品再也不能恢复正常工作特性时所承受的试验应力强度值。破坏极限包括:

破坏极限上限(Upper Destruct Limit,UDL);

破坏极限下限(Lower Destruct Limit,LDL)。

注:对于振动试验,破坏极限只有上限值。

3.4

加速度谱密度　acceleration spectral density,ASD

当在带宽趋于零和平均时间趋于无穷的极限状态下,各单位带宽上通过中心频率窄带滤波器的加速度信号方均值。

[GB/T 2423.56—2006,定义 3.2]

3.5

方均根加速度　G_{rms}

加速度谱密度函数 $S_x(f)$ 在给定的频率范围内的积分的正平方根。用式(1)表示:

$$G_{rms}=\sqrt{\int_{f_1}^{f^2}S_x(f)\,df} \qquad \cdots\cdots(1)$$

[改写 GB/T 2422—1995, 定义 3.29]

式中:

G_{rms}——方均根加速度,单位为 g_{rms};

f_1 ——给定频率范围的下限频率,单位为赫兹(Hz);

f_2 ——给定频率范围的上限频率,单位为赫兹(Hz)。

3.6

六自由度振动　six-degree of freedom vibration,6 DOF

一种沿 X、Y、Z 三个正交轴向的线性运动及以 X、Y、Z 轴为轴心的旋转运动的振动。

3.7

预处理　pre-conditioning

为消除或部分抵消试验样品以前经历的各种效应,在条件试验前对试验样品所做的处理。

[GB/T 2422—1995, 定义 2.2]

3.8

步进应力试验　step stressing

通过逐级增加试验应力的强度,确定试验样品的工作极限和(或)破坏极限的试验。

3.9

综合试验　combined test

两种或多种试验环境同时作用于试验样品的试验。

［GB/T 2422—1995，定义 2.10］

3.10

性能测试　functional test

对试验样品进行特性参数测试，用以判断试验样品能否在正常环境或强化应力条件下完成规定的功能，技术性能是否下降。一般包括测量试验样品的关键技术参数和(或)利用自诊断功能检测其内部性能参数。

3.11

固定点　fixing point

试验样品与安装夹具或振动台面接触的部分，样品在该点被固定。

［改写 GB/T 2422—1995，定义 3.6］

注：如果实际安装结构的一部分作为夹具使用，则取安装结构和振动台面接触的部分作为固定点，不应取试验样品和振动台面接触的部分作为固定点。

4　一般要求

4.1　试验样品的代表性

试验样品通常为研发、设计和(或)试产阶段的产品，应能代表产品的预期功能、性能设计指标、元器件质量及工艺水平等。

4.2　装置的要求

本标准规定的高加速寿命试验装置，其系统构成和功能参见附录 A。

进行本标准规定的试验，还应配备测量试验样品性能指标及温度和振动响应所需的测量装置。

4.2.1、4.2.2 和 4.2.3 对试验和测量用的装置提出了技术要求。

4.2.1　振动应力试验系统

试验装置的振动应力试验系统应满足：

a)　具有六自由度非高斯宽带随机激振功能；

b)　振动量能分布带宽不小于 5 Hz～5 000 Hz 范围；

c)　Z 轴向最大振动输出量级不小于 60 g_{rms}；X、Y 轴向最大振动输出量级不小于 30 g_{rms}；

d)　振动台面的振动量级均匀度偏差不超过 40%。

注：本标准中振动量级是指方均根加速度值，振动台面上振动量级均匀度的测量，参见附录 A 中 A.1.4。

4.2.2　温度应力试验系统

试验装置的空气循环系统应能提供足够的风量，以保证试验效果。

试验装置的温度应力试验系统应满足：

a)　具有快速升降温的能力，最大温度变化速率不小于 60 K/min；

b)　试验温度能力范围不小于－80 ℃～＋170 ℃；

c)　温度波动度在±3 K 范围内。

温度应力试验系统的性能确认参考 GB/T 2424.5—2006 的规定。

注：温度波动度的测量参见附录 A 中 A.1.4。

4.2.3　测量装置

按本标准进行试验时，应实时测量试验样品的响应参数，包括温度响应、振动响应及性能指标等。

测量装置的技术指标,应符合相关规范的要求。

4.2.3.1 温度测量装置

监测并记录试验样品各关键部位的表面温度,为分析试验结果提供有用的数据。可通过试验装置本身的温度测量系统进行监测,但试验时通常需测量试验样品多个部位的温度响应,宜另外再提供多通道的温度测量装置。

温度测量装置的响应特性,应满足试验的需要。

4.2.3.2 振动测量装置

测量并记录试验样品各关键部位的振动响应,为分析试验结果提供重要的信息。可通过试验装置本身的振动测量系统进行测量。

对试验样品的振动响应进行频域分析是必要的,且某些情况下监测部位较多,宜另外提供合适的测量装置。

测量装置宜配备三轴向加速度传感器。相对测量部位而言,传感器的尺寸及质量应足够小,以免改变被测部位的响应特征。加速度传感器在4.2.2 b)要求的温度范围内应保持良好的工作特性。

建议传感器的频率响应范围不小于5 Hz～5 000 Hz,加速度测量范围不小于－500 g～＋500 g。

4.2.3.3 其他测试仪器

主要指试验样品性能测试所需的仪器。性能指标测量结果作为判断试验样品是否发生失效或故障的重要依据。

如果试验中需对试验样品施加拉偏电压及频率的应力,则需提供合适的样品工作电源。

4.2.4 夹具

试验夹具应具有良好的振动量能传递效果,且不影响试验样品的热传导。

注:夹具的振动量能传递效果可通过比较安装在固定点附近的传感器所采集的加速度谱密度和振动激励加速度谱密度来判断。

5 试验准备

5.1 试验方案

试验方案的制定,应充分利用研发和试产阶段的有关信息。

试验方案包括但不仅限于以下内容:

a) 试验样品的信息;

b) 试验应力条件;

c) 试验过程中的测量;

d) 试验样品的工作状态及失效和故障的判定;

e) 试验实施计划。

5.2 试验样品

除非相关规范另有规定,试验样品一般不少于3个。

试验前应对样品进行充分的分析,评估可能发生失效或故障的元部件、连接措施、焊接工艺等。宜提前准备替代或修复措施。

必要时提供产品的电路原理图、元器件清单、制造工艺文件等资料。

6 试验方法

6.1 试验环境条件

本标准规定的试验，在 GB/T 2421.1—2008 表 2 规定的测量和试验用标准大气条件下进行。

6.2 试验项目

除非相关规范另有规定，一般按表 1 的规定进行试验。试验过程中，可能进行功能判断或失效分析及故障维修。试验流程参见附录 B。

表 1 试验项目和顺序

试验顺序	试验项目
1	常温性能测试
2	温度均匀性测试
3	低温步进试验
4	高温步进试验
5	快速温变循环试验
6	振动步进试验
7	快速温变循环与振动步进综合试验

6.3 试验平台

试验前，按试验要求准备试验装置、测量仪器、夹具、供电电源、负载等，搭建试验平台。应：

a) 按预期方式将样品安装在试验箱内。当几个试验样品同时试验时，应使各试验样品之间及试验样品和箱壁之间的空气能自由流通。振动试验时，应使用夹具可靠固定试验样品。

b) 正确连接试验用电源、工作负载及样品的各个部件或子系统。

c) 正确连接应力响应及性能测量仪器和其他必要的监控设备。

图 1 给出了试验平台的图示。

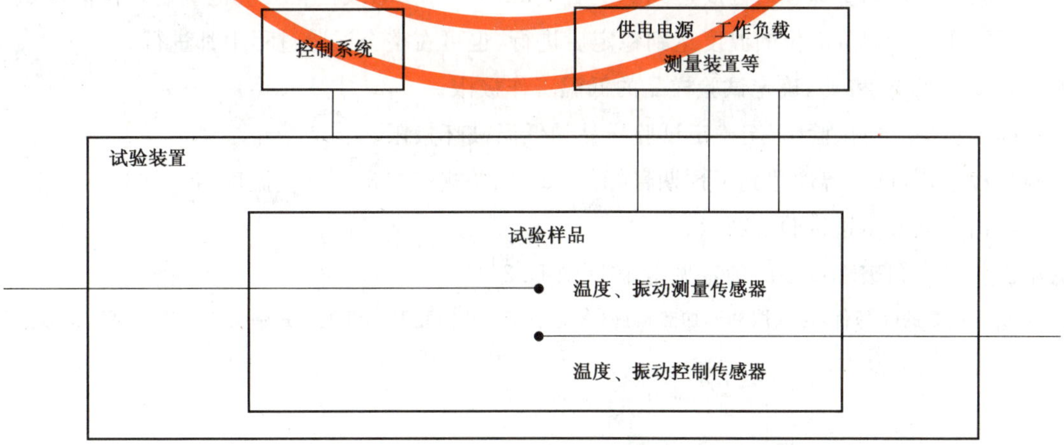

图 1 试验平台示意图

6.4 样品预处理

必要时，对试验样品进行以下预处理：

a) 去除试验样品的外壳；

b) 除非有特殊的要求，通常需排除试验样品的过温保护功能。其他保护功能，如过压保护、欠压保护、短路保护、过流保护等则保留；

c) 准备应力隔离措施(参见附录 C)。

6.5 常温性能测试

在 6.1 规定的环境条件下检查样品的功能，测量其性能指标，确认样品正常。

6.6 温度均匀性测试

除非相关规范另有规定，通常在低温步进试验前，进行下述温度均匀性测试。

切断箱内试验样品的电源，将试验温度设定为某一温度(如：40 ℃)，启动试验。待箱内温度稳定后，测量试验样品各有关部位的温度。可通过改变试验样品和导风管风口的位置，使各测量部位间的温度偏差维持在±5 K 内(或按相关规范的规定)。

注：本测试的目的，是通过改变试验样品及导风管的位置，调节试验样品有关部位所受温度应力的均匀性。测试中如果温度应力过大，可能会对试验样品造成损伤，通常取试验温度略高于室温。

6.7 低温步进试验

进行本阶段试验时，参考 GB/T 2423.1—2008 中 4.5 的规定测量试验箱内空气温度。稳定状态时，流向试验样品的空气的温度应处于试验设定值的±3 K 范围内。

注：当由于试验箱尺寸的原因，不能维持上述容差时，可适当放宽容差至±5 K。此时应在报告中说明。

低温步进试验步骤：

a) 以常温或相关规范规定的温度点为起始温度，开始试验。

b) 以一定的温度步进值进行降温。推荐温度步进值为 5 K～10 K，或按相关规范确定。

c) 温度阶梯持续时间应合适，应使试验样品各测量部位的温度达到稳定。推荐阶梯持续时间为试验样品各测量部位的温度达到稳定后 5 min～20 min，或按相关规范确定。性能测试一般在试验样品各测量部位的温度达到稳定后进行，也可在整个试验过程中都进行。

d) 重复步骤 b)和 c)，确定试验样品的低温工作极限。

e) 继续步进应力试验，直至确定试验样品的低温破坏极限。

试验过程中，若试验温度达到了预期目标值(如：相关规范提出的试验温度值)，试验可终止。

图 2 给出了低温步进试验的图示。

低温工作极限和破坏极限的确定见附录 D 中 D.2.1。

注：对低温敏感的元部件，可采取局部加热措施(参见附录 C)，防止其在低温下过快失效而影响试验继续进行。

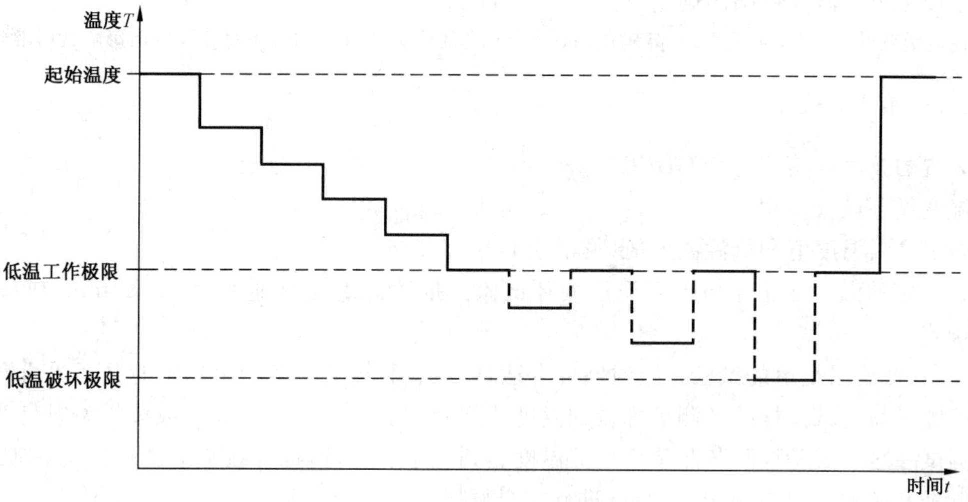

图 2　低温步进试验曲线示意图

6.8　高温步进试验

进行本阶段试验时，参考 GB/T 2423.2—2008 中 4.5 的规定测量试验箱内空气温度。稳定状态时，流向试验样品的空气的温度应处于试验设定值的±3 K 范围内。

注：当由于试验箱尺寸的原因，不能维持上述容差时，可适当放宽容差至±5 K。此时应在报告中说明。

高温步进试验步骤：

a）以常温或相关规范规定的温度点为起始温度，开始试验。

b）以一定的温度步进值进行升温。推荐温度步进值为 5 K～10 K，或按相关规范确定。

c）温度阶梯持续时间应合适，应使试验样品各测量部位的温度达到稳定。推荐阶梯持续时间为试验样品各测量部位的温度达到稳定后 5 min～20 min，或按相关规范确定。性能测试一般在试验样品各测量部位的温度达到稳定后进行，也可在整个试验过程中都进行。

d）重复步骤 b）和 c），确定试验样品的高温工作极限。

e）继续步进应力试验，直至确定试验样品的高温破坏极限。

试验过程中，若试验温度达到了预期目标值（如：相关规范提出的试验温度值），试验可终止。

图 3 给出了高温步进试验的图示。

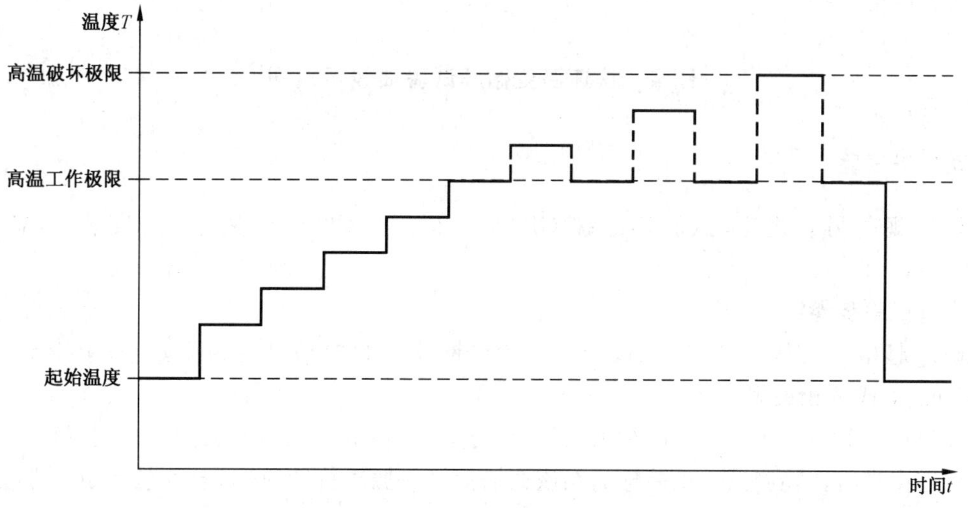

图 3　高温步进试验曲线示意图

高温工作极限和破坏极限的确定见附录 D 中 D.2.2。

注：对高温敏感的元部件，可采取局部降温措施(参见附录 C)，防止其在高温下过快失效而影响试验继续进行。

6.9 快速温变循环试验

试验装置的技术规格应符合 GB/T 2423.22—2002 中 2.3.1 的规定。

快速温变循环试验步骤：

a) 确定高温温度值和低温温度值(见附录 D 中 D.2.4)。

b) 以一定的温度变化速率进行温度循环试验。推荐温度变化速率为 40 K/min，或按相关规范确定。

c) 在高、低温温度值的试验持续时间应合适，应使试验样品上各测量部位的温度达到稳定。推荐持续时间为试验样品各测量部位的温度达到稳定后 5 min～20 min，或按相关规范确定。性能测试一般在试验样品各测量部位的温度达到稳定后进行，也可在整个试验过程中都进行。

d) 除非相关规范另有规定，试验应进行 5 个循环。

图 4 给出了快速温变循环试验的图示。

确定高、低温温度值的试验持续时间时，应考虑试验样品的热时间常数的影响。

有关试验持续时间与试验样品的热时间常数之间的关系的说明，见 GB/T 2424.13—2002。

注：在一个试验样品内部，温度变化的速率取决于其材料的热传导、热容量的立体分布及尺寸大小。

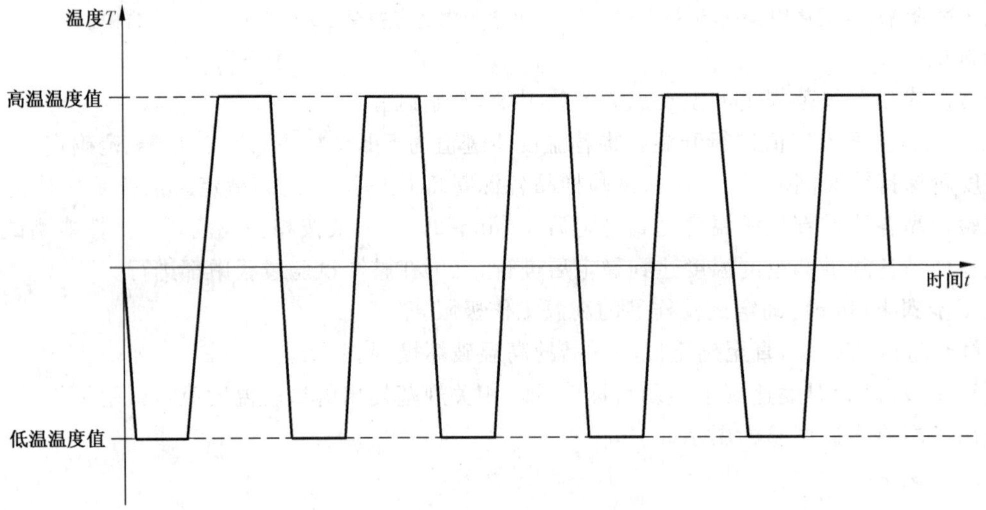

图 4 快速温变循环试验曲线示意图

6.10 振动步进试验

除非相关规范另有规定，试验样品按 GB/T 2423.43—2008 的规定进行安装，其他要求参考 GB/T 2423.56—2006。

振动步进试验步骤：

a) 确定起始振动量级和步进值，开始试验。推荐起始振动量级为 5 g_{rms}～10 g_{rms}，步进值为 5 g_{rms}，或按相关规范确定。

b) 先以设定的振动量级进行耐久振动，振动时间为 10 min，或按相关规范确定；接着在振动持续状态中进行性能测试。试验样品在该振动量级的振动持续时间，至少包括耐久振动及完成一次性能测试所需的时间。

c) 以步进值增加振动量级。

d) 重复步骤 b)和 c),确定试验样品的振动工作极限。

e) 继续步进应力试验,直至确定试验样品的振动破坏极限。

试验过程中,若振动量级达到了预期目标值(如:相关规范提出的振动量级),试验可终止。

图 5 给出了振动步进试验的图示。

振动工作极限及破坏极限的确定见附录 D 中 D.2.3。

注 1:考虑到振动的疲劳累积效应对试验样品的影响,耐久振动时间不宜过长,性能测试应连贯进行。

注 2:必要时,可在某个或每个量级的振动试验结束后,进行一个低量级的振动监测,如量级为(5±3)g_{rms}的振动,持续时间不超过 5 min。这有助于发现前面高量级振动时未暴露的缺陷,如:因振动导致的焊点松动。

注 3:对振动敏感的元部件,可采取振动应力隔离措施(参见附录 C),防止其在振动时过早失效而影响试验继续进行。

图 5 振动步进试验曲线示意图

6.11 快速温变循环与振动步进综合试验

除非相关规范另有规定,GB/T 2423.22—2002 中 2.3.1 及 GB/T 2423.56—2006 中 4.4 的要求适用于本阶段的试验。

快速温变循环与振动步进综合试验步骤:

a) 按 6.9 的规定确定试验中的高、低温温度值及其持续时间。

b) 除非相关规范另有规定,起始振动量级取为振动工作极限的 1/5,此后在每个温度循环周期中振动量级递增,步进值为振动起始量级。若振动步进试验中未能确定样品的振动工作极限,则试验以试验装置最大振动输出量级的 1/5 开始并递增。

示例:若振动工作极限为 35 g_{rms},则综合试验的起始振动量级为 7 g_{rms}。以后每个温度循环周期中,振动量级依次增加 7 g_{rms},故 5 个温度循环周期对应的振动量级依次为 7 g_{rms}、14 g_{rms},21 g_{rms},28 g_{rms}和 35 g_{rms}。

c) 进行综合试验。在每个振动量级持续 5 min～10 min 后,都应进行性能测试。

d) 除非相关规范另有规定,试验应进行 5 个温度循环。

图 6 给出了本综合试验的图示。

注:每个振动量级的持续时间等于温度循环的周期。

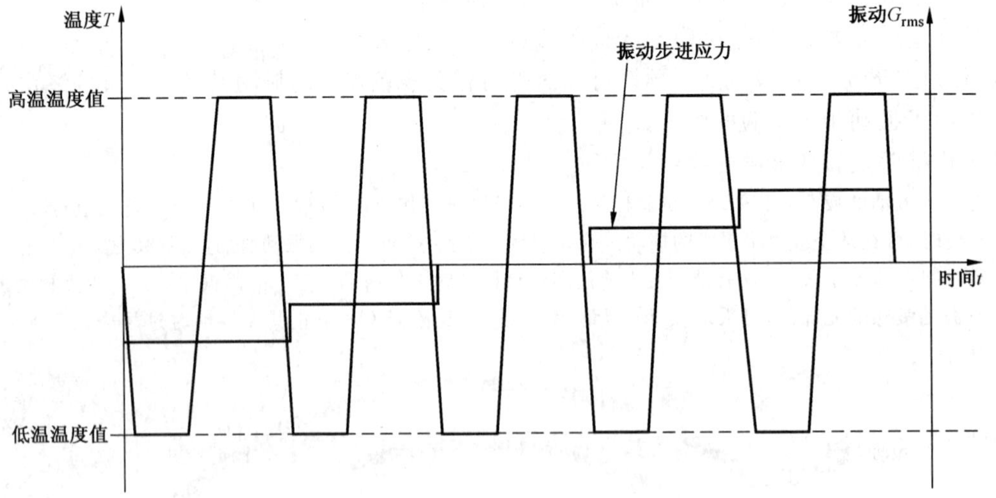

图6　快速温变循环与振动步进综合试验曲线示意图

7　相关规范应给出的信息

有关规范引用本标准时，应对下列项目作出规定：

a)　试验和测量用的装置(见4.2)；

b)　安装要求(见4.2.4和6.3)；

c)　试验样品预处理(见6.4)；

d)　性能测试(见6.5)；

e)　试验起始温度、温度步进值及温度阶梯持续时间(见6.7和6.8)；

f)　温度变化速率、循环数、高低温温度值及持续时间(见6.9)；

g)　振动起始量级、步进值及振动阶梯持续时间(见6.10)；

h)　综合试验中振动起始量级、步进值及温变循环数(见6.11)；

i)　失效和故障判据；

j)　应力隔离措施(参见附录C)。

8　试验报告应给出的信息

试验报告应至少给出以下信息：

a)　客户(名称和地址)；

b)　实验室(名称和地址，如果有，还应包括合格认可的详细信息)；

c)　试验日期；

d)　试验人员；

e)　试验样品描述(唯一性标识、工程图、照片、数量、结构、状态等)；

f)　装置校准信息；

g)　试验环境条件；

h)　试验样品预处理；

i)　试验样品的安装和固定；

j)　试验项目及应力条件；

k) 传感器的安装位置；
l) 温度和振动响应监测信息；
m) 试验样品的性能测试结果；
n) 失效或故障现象；
o) 试验样品的工作极限、破坏极限及其他重要信息。

附 录 A
(资料性附录)
高加速寿命试验装置

A.1 引言

高加速寿命试验装置主要由温度应力试验系统和振动应力试验系统两部分构成。在环境激发试验中,该装置产生的强化应力,能加速试验样品的疲劳损伤。

A.1.1 温度应力试验系统

温度应力试验系统是试验装置进行温度应力试验的测量、控制和反馈系统,能进行低温步进、高温步进、快速温变循环等激发试验。目前,试验装置是以大功率阻性电热元件和液氮制冷的方式,实现温度应力阶梯步进或快速温变。

因为试验温度范围宽,且温度变化速率快,温度传感器应具有良好的响应特性。

A.1.2 振动应力试验系统

振动应力试验系统是试验装置进行振动应力试验的测量、控制和反馈系统。系统通过压缩空气驱动多个气锤,作三轴六自由度运动,击打振动台面,输出非高斯宽带随机振动应力。利用该应力,可进行高效能的振动激发试验,能较充分地暴露试验样品的潜在缺陷。

试验时,振动台面会因气锤多点重复冲击的作用而产生不规则的扭曲,致使台面上振动能级的均匀性发生较大变化;另外,试验样品(含夹具)的位置、重量和数量也是影响振动能级均匀性的因素。

压缩空气的流量及压力大小直接影响到振动输出量级的强弱。一般而言,压缩空气流量达 250 m^3/h 是合适的;其压力大小,须与试验装置的规格匹配。

对压缩空气进行前置干燥处理是必要的,可避免因空气中含有水分而导致气动系统中的金属部件发生锈蚀。

图 A.1 给出了三轴六自由度的振动图示。

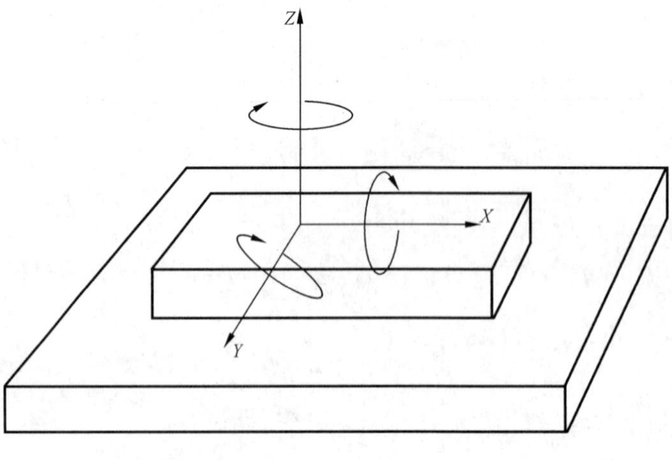

图 A.1 三轴六自由度振动示意图

A.1.3　其他功能系统

为了保障试验中试验装置和试验样品的安全，高加速寿命试验装置还可能包含以下功能系统：

a）液氮降压系统：防止因液氮压力过大而导致试验装置损坏；

b）高温报警和保护系统：防止异常情况下箱内温度过高而导致试验装置和试验样品的损伤；

c）试验除湿系统：排除试验装置箱体内空气中的水汽，防止试验样品表面出现凝露。

A.1.4　温度特性和振动量级均匀性测量

a）温度特性测量

试验装置温度特性的测量，参照标准 JJF 1101—2003 进行。

b）振动量级均匀性测量

空载时振动台面上振动量级均匀性的测量方法如下：

——制作四个金属材质的直角三角夹具(见图 A.2)，夹具面板需具有一定的厚度以保证刚性，三角夹具与台面接触的基座高度需在 0.8 cm～1.0 cm，直角边长度略大于台面孔距即可。

——振动台面划分为四个均匀的矩形区域，四个三角夹具分别安装于四个矩形区域的中心位置(见图 A.3)；

——安装测量传感器于三角夹具的直角处(见图 A.2)；

——设定需要测量的振动量级，如 10 g_{rms}、30 g_{rms}、60 g_{rms}；

——用动态分析仪测量各点三个正交轴向上的振动量级；

——根据测量结果计算各振动量级下各点同一轴向的振动量级偏差。

按式 A.1 计算振动量级的最大偏差。

$$N=\frac{|\Delta g_{rms\,max}|}{\overline{g_{rms}}}\times 100\% \qquad \cdots\cdots(A.1)$$

式中：

$\overline{g_{rms}}$　——同次测量中，各点同一轴向的振动量级测量值的平均值；

$|\Delta g_{rms\,max}|$——同次测量中，各点同一轴向的振动量级测量值与$\overline{g_{rms}}$的最大偏差的绝对值。

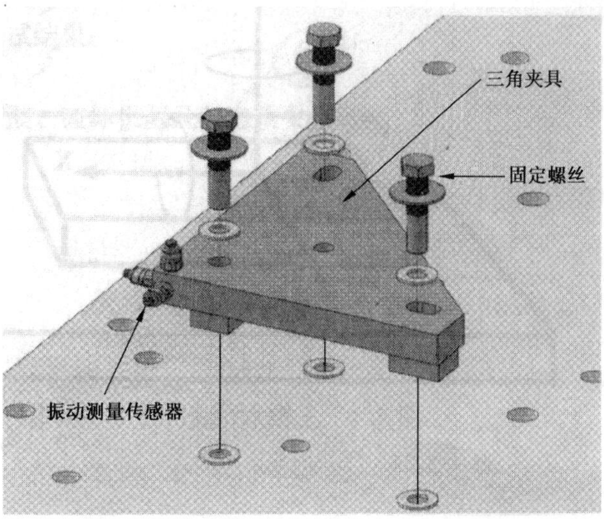

图 A.2　三角夹具结构与安装示意图

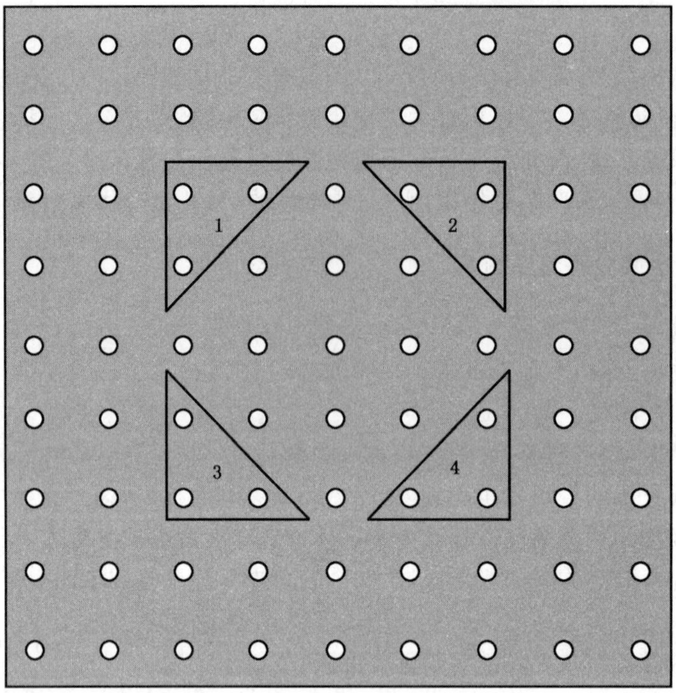

图 A.3　三角架固定位置示意图

附 录 B
（资料性附录）
试验流程图

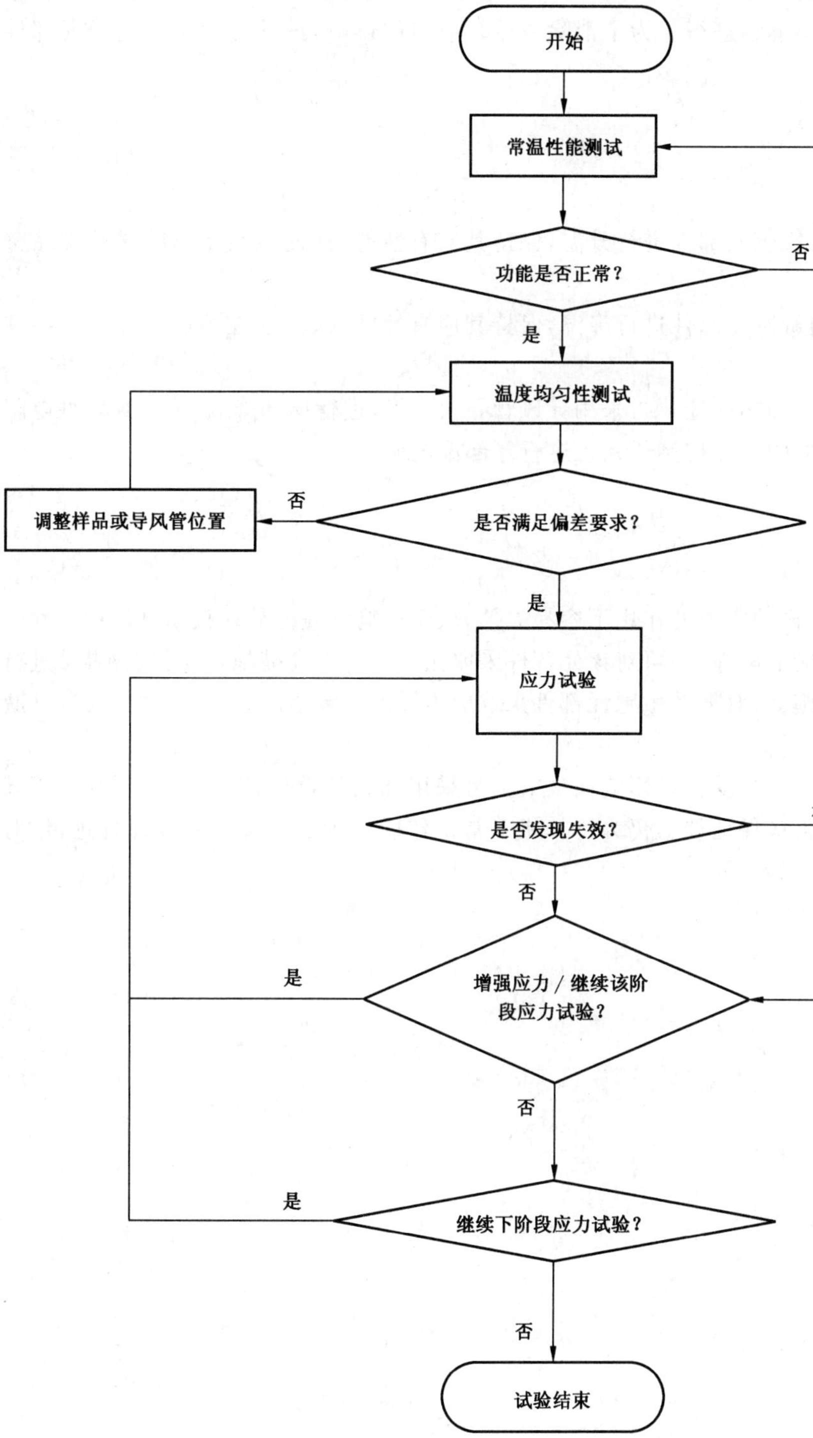

附 录 C
（资料性附录）
应力隔离

进行高加速寿命试验时，试验样品中可能存在对试验应力敏感的元部件。此类元部件在试验应力的作用下，容易失效，不利于试验继续进行。为了消除或减轻应力的影响，试验时通常对此类元部件采取一些应力隔离措施。

C.1 局部加热和局部降温

通过局部加热，对某些低温敏感元部件进行升温，保持其应有性能，从而能在不影响试验样品整体功能的情况下，继续试验。

通过局部降温，对某些高温敏感元部件进行降温，保持其应有性能，从而能在不影响试验样品整体功能的情况下，继续试验。

可采取一些局部降温和局部加热措施，如：采用导风管导吹冷气，进行局部降温；采用纯阻性电阻通电发热，进行局部加热；采用独立的温度控制子系统进行局部温度调节。

C.2 振动应力隔离

试验样品的某些元部件，在振动应力的作用下容易失效，从而影响试验样品在振动试验中的性能表现。在不影响试验样品整体功能的前提下，可对该元部件采取振动应力隔离措施，以便试验继续进行。

可参考的振动应力隔离措施如：对振动敏感元部件采取应力缓冲安装措施；将振动敏感元部件脱离振动应力环境。

例如，计算机主机中的硬盘，容易受振动影响而失效。可采用加长的端口连接线，将硬盘置于试验装置外，脱离振动应力的作用，但应保证硬盘仍为计算机正常工作所必须的一部分。经此处理，仅对主机中的其余组件进行振动应力试验。

附 录 D
（规范性附录）
应力极限确认

D.1 引言

本标准的试验，通过强化应力的激发作用，能快速确定试验样品的应力极限，并暴露其潜在的缺陷。通过故障分析、工艺改进、设计优化及试验验证等系列措施，可拓宽产品的应力极限。下面提供了应力极限的确定方法。

D.2 应力极限

在高加速寿命试验中，需要确定试验样品的高温工作极限和破坏极限、低温工作极限和破坏极限以及振动工作极限和破坏极限。

通过高温步进试验、低温步进试验和振动步进试验分别确定试验样品的相关工作极限和破坏极限。

D.2.1 低温工作极限和破坏极限

低温应力极限的确定：

如图 D.1 所示，试验从起始温度开始，按一定的步进值降温。当温度降至 T_2 时，试验样品出现失效；再将温度回复至 T_1，样品恢复正常；继续将温度降至 T_3，试验样品又出现失效，此时将温度再次回复至 T_1，样品又恢复正常，则确认 T_1 为试验样品的低温工作极限。继续降温，若当温度降至 T_4 时，试验样品出现失效，接着将温度回复至 T_1，样品未能恢复正常，且继续升温至起始温度后，样品仍不能恢复正常，则确定 T_4 为试验样品的低温破坏极限。

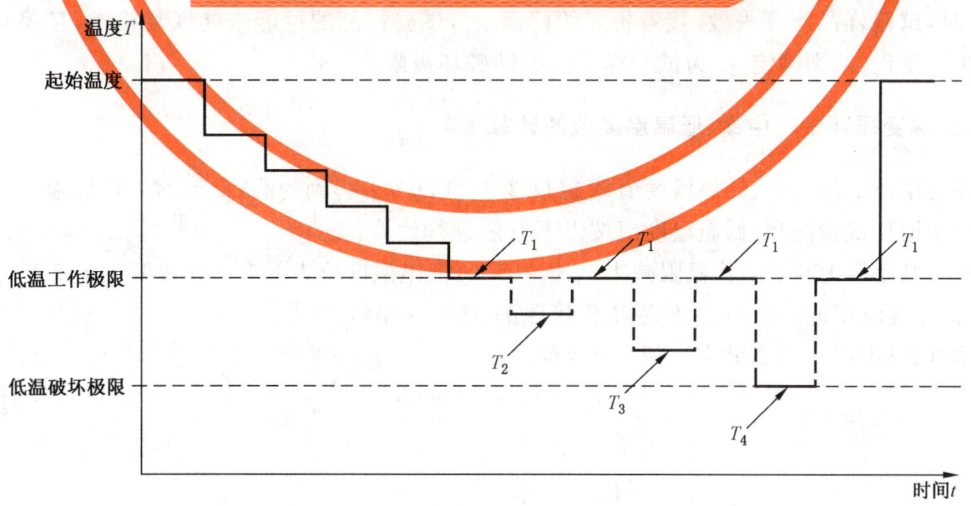

图 D.1 低温工作极限和破坏极限确认示意图

D.2.2 高温工作极限和破坏极限

高温应力极限的确定：

如图 D.2 所示,试验从起始温度开始,按一定的步进值升温。当温度升至 T_2 时,试验样品出现失效;再将温度回复至 T_1,样品恢复正常;继续将温度升至 T_3,试验样品又出现失效,此时将温度再次回复到 T_1,样品又恢复正常,则确认 T_1 为试验样品的高温工作极限。继续升温,若当温度升至 T_4 时,试验样品出现失效,接着将温度回复至 T_1,样品未能恢复正常,且继续降温至起始温度后,样品仍不能恢复正常,则确定 T_4 为试验样品的高温破坏极限。

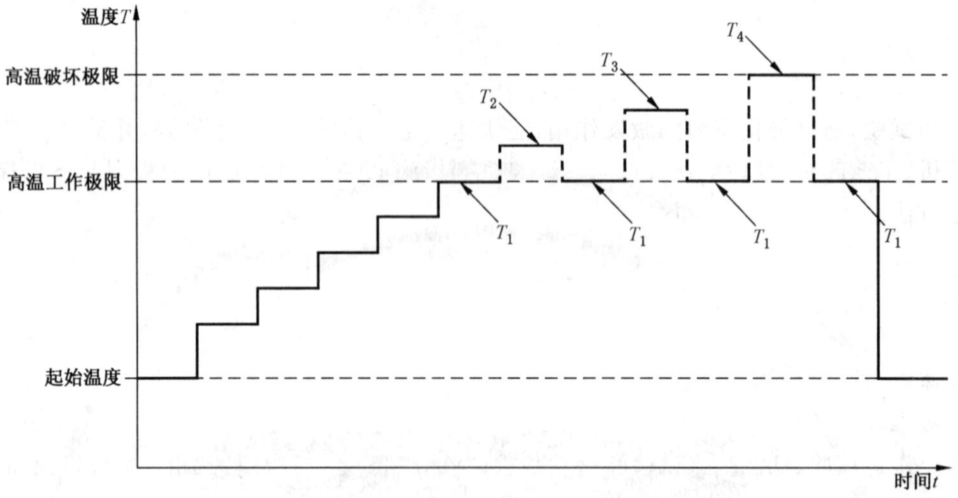

图 D.2 高温工作极限和破坏极限确认示意图

D.2.3 振动工作极限和破坏极限

振动应力极限的确定:

如图 D.3 所示,试验从起始量级开始,按一定的步进值递增。当振动量级增至 g_2 时,试验样品出现失效,再把振动量级降至 g_1,样品恢复正常;继续将振动量级增至 g_3,试验样品又出现失效,此时将量级再次降至 g_1,样品又恢复正常,则确认 g_1 为试验样品的振动工作极限。继续增加振动量级,若当量级升至 g_4 时,试验样品出现失效,接着把量级降至 g_1,试验样品的性能未能恢复正常,且停止振动后,样品仍不能恢复正常,则确定 g_4 为试验样品的振动破坏极限。

D.2.4 快速温变循环试验中高、低温温度值的计算

快速温变循环试验的高、低温温度值依据 D.2.1 和 D.2.2 得到的高、低温的工作极限进行确定。

快速温变循环试验的高、低温温度值按以下方法进行计算:

a) 高温温度值为高温工作极限减去 5 K~10 K,低温温度值为低温工作极限加上 5 K~10 K;或

b) 高、低温温度值分别为高、低温工作极限的 85%~90%。

注:当采用方法 b)时,工作极限以"℃"为计量单位。

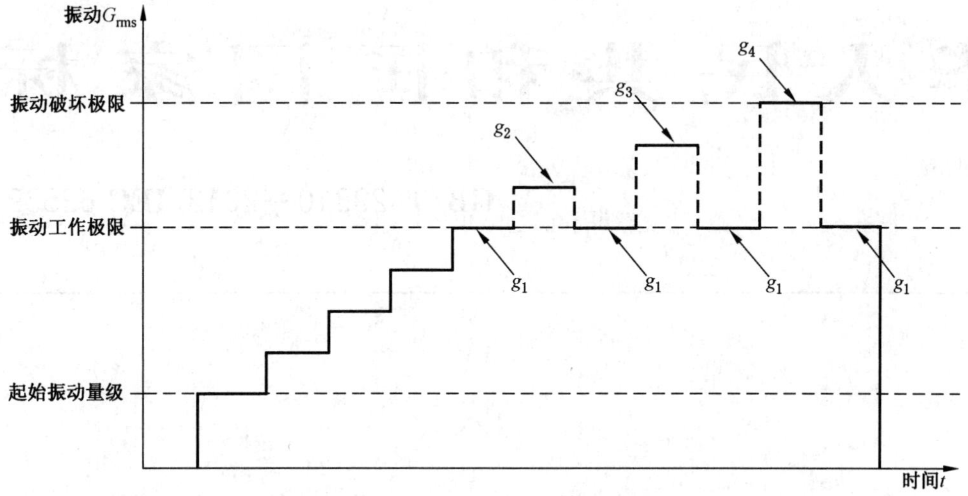

图 D.3 振动工作极限和破坏极限确认示意图

ICS 29.035.01
K 15

中华人民共和国国家标准

GB/T 29310—2012/IEC 62539:2007

电气绝缘击穿数据统计分析导则

Guide for the statistical analysis of electrical insulation breakdown data

(IEC 62539:2007,IDT)

2012-12-31 发布　　　　2013-06-01 实施

中华人民共和国国家质量监督检验检疫总局
中国国家标准化管理委员会　发布

前　　言

本标准按照 GB/T 1.1—2009 给出的规则起草。

本标准使用翻译法等同采用 IEC 62539:2007《电气绝缘击穿数据统计分析导则》。

与本标准中规范性引用文件有一致性对应关系的我国文件如下：

——GB/T 1408.1—2006　绝缘材料电气强度试验方法　第 1 部分：工频下试验（IEC 60243-1:1998，IDT）

——GB/T 1408.2—2006　绝缘材料电气强度试验方法　第 2 部分：对应用直流电压试验的附加要求（IEC 60243-2:2001，IDT）

——GB/T 1408.3—2007　绝缘材料电气强度试验方法　第 3 部分：1.2/50 μs 脉冲试验补充要求（IEC 60243-3:2001，IDT）

本标准由中国电器工业协会提出。

本标准由全国电气绝缘材料与绝缘系统评定标准化技术委员会（SAC/TC 301）归口。

本标准起草单位：哈尔滨理工大学、山东齐鲁电机制造有限公司、佛山市顺德区质量技术监督标准与编码所、上海电器科学研究所（集团）有限公司、机械工业北京电工技术经济研究所、库柏电力系统中国研发中心。

本标准主要起草人：刘立柱、翁凌、赵超、刘亚丽、欧阳丹、李军生、张生德、王蕊、魏景生、石慧、杨旭、王昆。

引　言

本标准结合实例描述统计方法，该方法用来分析从固体绝缘材料的电气测试中得到的击穿时间和击穿电压的数据，目的是表征该系统与另一绝缘系统相比较的关系，并预测在给定的时间或电压下击穿的概率。

电气绝缘击穿数据统计分析导则

1 范围

电气绝缘系统和材料可能进行恒定应力试验和步进应力试验。在恒定应力试验中,测试数据为许多试样的击穿时间;在步进应力试验中,测试数据为试样的击穿电压。在这两种情况下,对于每一个试样都会得到有差异的实验数据,而且在给定的试验条件下,获得的实验数据表现为一定的统计分布。本标准通过实例的统计分析方法来分析这些数据。

本标准的目的是定义统计分析方法,用来分析从固体绝缘材料的电气测试中得到的击穿时间和击穿电压,来表征该系统与其他绝缘系统相比较的关系,并预测在给定的时间和电压下击穿的概率。

该方法用于分析完整数据和截尾数据,在截尾数据中并不是所有的试样都击穿。本标准包含以下方法,并有实例:确定数据是否适用于拟合分布;基于图形和计算机方法估计最佳分布参数;基于计算机技术估计统计学置信区间;以及比较数据库与案例研究的方法。这些分析方法可以充分地展现为Weibull分布,一些方法也展现了其他一些分析方法如Gumbel分布和正态分布。

本标准未涉及确定短时耐电压或绝缘系统工作电压的方法。本标准提出的数学方法不能直接用于评估设备的寿命。

2 规范性引用文件

下列文件对于本文件的应用是必不可少的。凡是注日期的引用文件,仅注日期的版本适用于本文件。凡是不注日期的引用文件,其最新版本(包括所有的修改单)适用于本文件。

ASTM D 149—97a(2004) 在工频下使用的固体电气绝缘材料的介电击穿电压和介电强度的标准试验方法(Standard test method for dielectric breakdown voltage and dielectric strength of solid electrical insulating materials at commercial power frequencies)

BS 2918-2 固体绝缘材料电气强度的试验方法(Methods of test for electric strength of solid insulating materials)

IEC 60243(所有部分) 绝缘材料电气强度试验方法(Electrical strength of insulating materials—Test methods)

3 击穿数据分析所需要的步骤

3.1 数据采集

3.1.1 常用的测试技术

有两个常用的电气绝缘击穿试验:恒定应力试验和步进应力试验。在这两种试验中,多个相同的试样承受相同的电气击穿试验。在恒定应力试验中,将相同的电压作用于每个试样,测量击穿时间。击穿时间分布范围很广,最长击穿时间可能是最短时间的两倍。在步进应力试验中,将逐渐增加的电压施加到每个试样上,通常测量击穿电压。电压可能会随时间不断增加或小幅度地增加。按照其他标准,例如冲击试验也可使用。击穿电压的分布范围较小,有时最高电压仅比最低电压大2%。

不同的标准[如BS 2918-2和IEC 60243(所有部分)]列出了恒定应力试验和步进应力试验程序。本标准旨在提供一个更严格的处理击穿数据方法的途径。

3.1.2 其他数据

击穿数据也可以有其他来源，如运行过程中绝缘的击穿时间。这些数据通常更难分析，因为每个失效绝缘体的失效机理并不相同(见 3.1.4)，特别在是失效单元曾被替换的情况下，可能既不清楚有多少这样的绝缘系统在工作，也不清楚其中有多少比例已失效，然而本标准描述的方法可适用于实践中长期运行的数据。

3.1.3 数据要求

所需数据点的个数取决于结果中描述分布和置信区间时所需要的参数个数。如果可能的话，至少应取得 10 个以上的失效样本，若少于 5 个样本会导致严重的错误(见 3.2.2)。

如果所有的样本都失效，这时的数据被称为完整数据。在一些情况下，并非所有的样本都失效，这时的数据被称为截尾数据。截尾数据可能在恒定应力试验中获得，该试验在所有试样击穿之前对数据进行分析或终止试验。截尾数据也可能在步进应力试验中获得，此时电源能够施加足够的电压来击穿所有的样本。在这些情况下，与一组样本有关的数据是否具有最高电气强度是不确定的，这些数据被称作单独截尾。这些数据也可能被逐步截尾。在这种情况下，样本会在任何时间或电压下被取消试验(这些数据被称为暂停)。这种情况的样本击穿是由于伪造的机理引起的(如终止失效、闪络或者为了替代分析样本被故意取消)。在很多绝缘试验中截尾可以是预料下发生的，也可以是意外发生的，重要的是对数据分析影响很大。与完整数据分析相比，对同一组样本进行分析时，截尾数据分析比较缺乏可信性。如果可能的话，截尾数据至少应包括 10 个数据点，而且至少有 30%的样本击穿。

3.1.4 数据采集过程中的实际预防措施

样品应尽可能一致，在测试之前经过相同的处理，并在相同的条件下进行测试。在测量材料的击穿特性时，需要注意的是材料的击穿场强(kV/mm)通常取决于电压上升率、试样厚度、电极的材料及配置连接方式、温度、面积和交流时的电压频率。还有其他因素，如湿度和样本的老化。绝缘系统(例如电缆和套管)的表面和界面局部放电，很有可能使电气强度减小，由于凸出物、污染物和空洞引起的电压激增很可能会大幅度降低击穿强度。

本标准仅限于交流电压试验，同时该方法还适用于其他失效试验。为了确定合适的测量失效参数，需要一些关于失效机理的知识。如在直流脉冲系统中，测量击穿时的脉冲数比直流失效时间更为合适。在数据采集过程中，其他一些措施在有关文献中有详细说明，例如 Abernethy[B1]。

3.2 运用概率函数表征数据

3.2.1 失效分布的类型

电绝缘材料的击穿试验描述的失效数据可能会以柱状图的形式出现，就像许多样品连续失效一样。例如，聚合物绕包的电缆在恒定的交流应力的作用下的击穿时间如图 A.1 中的柱状图。这些数据的均值和标准差用科学计算器很容易算出来，相应的正常概率密度函数可以叠加在柱状图中。虽然正常概率密度函数被大家熟知，而且它的参数很容易被测得，但对于电击穿数据来说，它并不是最合适的。图 A.1 显示曲线形状和柱状图有很大的不同，特别是正态分布的失效概率在负的次数时有限。在分析击穿数据时很重要的一个步骤是选择一个合适的分布。

电击穿数据分布有 Weibull 分布、Gumbel 分布和对数正态分布。对于固态绝缘来说最常见的是 Weibull 分布，这也是本标准中主要的描述对象，它有广泛的应用性，并且对最薄弱点出现故障的极值分布类型具有很重要的价值。Gumbel 分布也是一种重要的分布，对于液体的渗流和缺陷(如空洞)呈指数分布的情况下的击穿有广泛的应用。可以用极值分布模拟被测样品的大小对寿命和击穿电压的影响，对数正态分布对于样本在不明原因和机理击穿的情况下有很大作用，对数正态分布可以近似为Weibull分布。

前面的分布可以用两个参数来描述(正态分布可以由平均和标准正态标准偏差来描述)。为了更详细地描述，可以使用第三个参数，这个参数可以是前面提及的时间或者下面提及的样本未被击穿时的电压。

在一些情况下，会产生两个或更多个机理，这就需要将两个或更多个分布结合在一起。

第4章对这些分布进行了数学描述。

3.2.2 分布的充分性检验

已经选了一个分布来表示这些击穿数据，很有必要检查该分布是否足以达到目的。在3.2.1中可以看出，虽然对于一组给出的数据，可以得到正态分布的参数，但这并不意味着这个分布就是完整的表示。最常用的检测数据分布充分性的方法是在特殊的概率纸上面绘制有疑问的分布的数据点。这些方法对于所提到的所有分布都适用，一个适当的分布会使数据在一条直线上(见5.1和5.2)，统计技术也可以用于分布的充分性的检验。5.4给出了一个简单的方法。

3.2.3 参数估计和置信区间

概率图也可用于分布参数的图形估计(见第6章)，但不建议这样做，因为更精确的是计算方法(见第7章)。

通过所有方法得到的参数都只是估计，因为测量的数据点在特定的失效机理下是随机分布的。例如，如果试验了100次，每次有10个样本，对这100次试验的每一次分析，将会给出100个概率分布参数的估计，这100个参数将会有微小的不同。在这种情况下，需要有90%的置信度决定给定参数的真实值在第5个最大值和第5个最小值之间。对于每个参数估计，计算统计置信区间是很常见的，这些置信区间都有很大可能包含参数的真实值。试验的样本越多置信区间越窄。由于实际需要应尽可能用足够的试样进行试验以获得充分的置信区间。如果在所有试样失效前通过计算得到的置信区间已经是合理的，试验就可以停止了。

如果试验条件不太好，例如，如果在恒定应力试验中试验电压并没有保持不变，这时统计置信区间是不准确的。只有对完全相同试验的试样的统计置信区间才是有效的。试验中的变动如果是可知的，有可能可以估计置信区间，但不是本标准的范围。

3.3 假设实验

描述绝缘试样或系统的分布参数(置信区间)可能需要很多前提，包括：

——随着制造业的发展，研究绝缘系统的特性；

——对一批绝缘系统进行试验并将其与另一批进行对比，可以控制产品质量从而促进发展；

——估计引起系统早期失效机理是否可能在系统的其他部位造成失效；

——估计设备寿命；

——估计操作环境。

在本标准中一些步骤的例子被当作案例给出(见第11章)。

4 击穿数据的概率分布

本章对击穿数据的概率分布进行了简单的介绍。

4.1 Weibull分布

式(1)是两参数Weibull分布密度函数的表达式：

$$F(t;\alpha,\beta)=1-\exp\left[-\left(\frac{t}{\alpha}\right)^{\beta}\right] \qquad \cdots\cdots(1)$$

式中：

t ——可测变量，通常为击穿时间或者击穿电压；

$F(t)$ ——在击穿电压或时间小于或等于 t 时的失效概率；对于试样较多的试验，这个值近似为在时间或电压 t 时试样的击穿百分数；

α ——尺度参数，为正值；

β ——形状参数，为正值。

在 $t=0$ 时，失效概率 $F(t)$ 为 0。随着 t 的增加，失效概率也增加。击穿时间和电压继续增加，失效概率 $F(\infty)$ 会接近一个为 1 的定值。

尺度参数 α 代表失效概率为 0.632($1-\frac{1}{e}$，e 为指数常数)时的击穿时间或电压。它与正态分布的平均值相似(例如 Cochran 和 Snedecor[B2])。尺度参数的单位与 t 的相同，即与电压、电应力、时间和失效循环次数等相同。

形状参数 β 是失效次数或电压范围的测量值。它越大，击穿电压或时间的变化范围越小。它与正态分布和 Cochran 和 Snedecor[B2] 的标准偏差成反比。

式(1)的两参数 Weibull 分布是三参数 Weibull 分布的特列，三参数 Weibull 分布函数见式(2)：

$$F(t)=1-\exp\left[-\left(\frac{t-\gamma}{\alpha}\right)\right];t\geqslant\gamma$$

$$F(t)=0;t<\gamma \qquad \cdots\cdots(2)$$

参数 γ 被称为位置参数。$t=\gamma$ 时，$F(t)=0$，即 $t<\gamma$ 时，失效概率为零。

4.2 Gumbel 分布

式(3)给出了 Gumbel 分布函数：

$$F_{G}(t)=1-\exp\left[-\exp\left(\frac{t-u}{b}\right)\right];-\infty\leqslant t\leqslant\infty \qquad \cdots\cdots(3)$$

式中：

u ——位置参数，可能为任何值；

b ——尺度参数，为正值。

Gumbel 分布是非对称的，且当 $t<0$ 时存在一个极限击穿概率，实际是不可能达到的，该分布也被称为最小极值分布。如果 t 是电压，那么 u 和 b 的单位也是伏特。

Gumbel 分布和 Weibull 分布是密切相关的。即如果 t 有一个 Weibull 分布，那么 $y=\ln(t)$ 就有一个相应的 Gumbel 分布，其中 $u=\ln(\alpha)$，$b=1/\beta$。如果用这种转化，那么对其中一个分布的估计技术对另一个也适用。

4.3 对数正态分布

对数正态分布也用来描述绝缘系统失效数据，但是它不像 Weibull 分布和 Gumbel 分布那么常用。不过，因为这个概率分布式将简单的对数正态分布转化为常用的正态分布，因此数据分析的方法在所有的标准统计参考中都是适用的。式(4)给出了对数正态分布的概率密度函数：

$$f_{\ln}(z)=\frac{1}{\sigma\sqrt{2\pi}}\exp\left[-\frac{(z-\mu)^{2}}{2\sigma^{2}}\right] \qquad \cdots\cdots(4)$$

式中：

z ——$\lg(t)$；

μ——对数平均数；

σ——对数标准偏差。

累积密度函数是上式(4)的积分。但是其积分结果没有相似的公式来表示。分布的值在 Cochran、Snedecor[B2] 和 Natrella[B12] 中，也可以在统计计算器或计算机程序中找到。

4.4 混合分布

在给定的试样中不常见到多于一种击穿机理同时作用的情况。这种试样只发生在特定值，或电压或时间 t 为$[1-F(t)]$的情况下。如果机理 1 产生的失效概率为 $F_1(t)$，机理 2 产生的失效概率为 $F_2(t)$，那么总的失效概率如式(5)所示：

$$1-F(t)=[1-F_1(t)]\times[1-F_2(t)] \quad \cdots\cdots(5)$$

如果两者都可以用两参数 Weibull 分布表示，则可以得到：

$$F(t)=1-\exp\left[-\left(\frac{t}{\alpha_1}\right)^{\beta_1}+\left(\frac{t}{\alpha_2}\right)^{\beta_2}\right] \quad \cdots\cdots(6)$$

其他形式的混合分布在 Fischer 中可以找到更详细的介绍[B5]。

4.5 其他术语

本标准中，参数的真实值由符号表示，参数的估计值由符号(例如 α)表示。估计值用有上标的符号表示(例如 $\hat{\alpha}$)。上置信区间和下置信区间分别由下标 u 和 l 表示(例如 α_u 和 α_l)。累积密度函数由大写 $F(t)$ 表示，概率密度函数由小写 $f(t)$ 表示。试样个数由 n 表示，击穿试样个数由 r 表示。

5 分布的充分性检验

5.1 Weibull 概率数据

根据两参数 Weibull 函数分布的数据在 Weibull 概率纸中绘出一条合理的直线。图 A.2 给出了一个概率图示例(数据划分在本标准的第 6 章中提及)。测量的数据以对数形式标在横坐标上，击穿概率标在纵坐标上，它也是非线性的。

5.1.1 估计完整数据的绘点位置

为了使用概率纸，将击穿时间或电压从小到大排序标为 $i=1$ 到 $i=n$。表 A.1 给出了乳胶膜步进应力试验的示例。

Ross[B14] 给出了一个最接近的失效示例，如式(7)所示：

$$F(i,n)=\frac{i-0.44}{n+0.25}\times 100\% \quad \cdots\cdots(7)$$

表 A.1 中的 Weibull 例子数据显示于图 A.3。共有 10 个试样，全部被击穿，数据是完整的，在图中显示为直线，也有理由断定它们是根据 Weibull 函数分布的(利用第 7 章的程序绘制描述 Weibull 分布关系的直线)。

可能会有少数点偏离直线。但如果大部分点都偏离直线(实际曲线或者峰值)，那么其他的分布会更适合这些数据(见 5.3)，Gumbel 分布和对数正态分布的概率图也同样适用，这些图中击穿概率也用同样的方法估计。

5.1.2 估计单独截尾数据的绘点位置

表 A.2 给出了对环氧树脂试样进行恒定应力试验得到的单独截尾数据的例子，图形见图 A.4(此外，利用第 7 章的程序绘制描述 Weibull 分布关系的直线)。试验进行到 144.9 h 时停止，9 个试样中只有7个被击穿,其余两个还没有被击穿所以被称为中止。因为之前所有的试样都被击穿,这个数据集被称为截尾数据。在这个实验中,r是击穿式样的个数且$r<n$。将击穿次数或电压从小到大进行排序并标为从$i=1$到$i=r$。对于完整数据[式(7)]也需要用同样的方法来计算击穿概率。

5.1.3 估计逐步截尾数据的绘点位置

表A.3给出了一个逐步数据的例子,这个试验中17个试样有7个被中止。对于逐步设限数据,为了计算累积失效概率需要使用修改后的步骤。$i=[1,\cdots,r]$被函数$I(i)$代替,可以得到式(8):

$$I(i)=I(i-1)+\frac{n+1-I(i-1)}{n+2-C_i} \qquad \cdots\cdots(8)$$

式中:

i ——样品排序号,$i>0$,且$I(0)=0$;

C_i ——第i次击穿发生时击穿试样和终止试样的总数。

这个表达式可以带入式(7)得到式(9):

$$F(i,n)=\frac{I(i)-0.44}{n+0.25}\times 100\% \qquad \cdots\cdots(9)$$

这些数据在图A.5中以Weibull点的形式给出,数据没有形成标准直线,可能是因为它们是根据混合Weibull分布得到的[数据点没有形成标准的直线,可以参照混合式Weibull分布,见4.4中的式(6)]。

5.2 对三参数Weibull分布使用概率图

表A.4给出的数据画在Weibull图上(图A.6)在较低百分数时呈现出向下弯曲的趋势。如果这些数据对于具有位置参数的三参数Weibull分布,那么可以从每个数据中减掉r,然后重新在Weibull图上绘制,可能得到一条直线。如果事实确实是这样,那么可以用试错法找到r。在这种情况下起作用的失效机理可能是电树,这个电树会在一定的时间内长满整个试样。从图A.6中可以看出,在将近230 h时,原始数据的点产生了弯曲,这说明在这个时间之前的击穿概率趋近于零。这对应于电树长满试样所需要的最小时间值。鉴于此,有理由假设击穿时间的分布可以用$r=230$时的三参数Weibull分布表示。如果这是正确的,那么从原始数据中减去230会得到一组新的数据,这个新数据是按照两参数Weibull分布的,并且在Weibull图上是一条直线。如表A.4的c列和图A.6中的第一次迭代所示。从图A.6可以看出这个线并不是那么直,在较低值时而是曲线向上升的。这说明对r的第一次估计值有点大。为了得到一个最合适的数值使Weibull图中的线尽可能直,需要使用连续迭代。从表A.4的d列中可以看出,对r的第二次估计值为200 h。从图A.6可以看出,此时可以得到一条较好的直线,这也意味着这些数据对应着一个$r=200$的三参数Weibull分布。如果经过这些迭代过程之后,仍没有获得较好的直线,可以推测这些数据不适合用三参数Weibull分布表示。

5.3 Weibull概率图上分布的曲线形状

在Weibull概率图上得不到标准直线的数据可能不能用两参数Weibull分布来描述。图A.7给出了在Weibull概率图上根据其他函数分布的数据。三参数Weibull分布(位置参数为正数$r>0$)会得到一个典型的凸曲线(例如,向下趋势较小的值)。正态分布和Gumbel分布都会得到一个凹曲线,但两者很难区分。由式(6)描述混合分布得到的两条直线也难以区分。

5.4 测试Weibull分布充分性的一个简单技术

这项技术是从Abernethy改编而来的[B1],运用不同的方法可以检测两参数Weibull分布的配合度。在很多情况下通过Weibull图用肉眼检测就足够了。另外可以采用的方法是找到相关系数,来检查它是否比临界值大。可以通过最小二乘回归法找相关系数,在商用电子表格程序中可以使用统计功能。

为了检测一组击穿时间或电压的配合度，可以将他们从小到大排列起来，像5.1那样赋予他们击穿概率。对每一个击穿次数或电压 t_i，按照式(10)赋值，其中 $\ln(t_i)$ 是自然对数。

$$Y_i = \ln(t_i) \qquad \cdots\cdots (10)$$

对每一个击穿概率 $F(i,n)$，以百分数表示，按式(11)赋值：

$$X_i = \ln\left\{-\ln\left[1-\frac{F(i,n)}{100}\right]\right\} \qquad \cdots\cdots (11)$$

运用最小二乘回归方法找到相关系数。运用图A.8为来建立无估计的数据点是否与两参数Weibull分布具有好的配合度。

Nelson[B13]报道了绝缘液体击穿时间的数据，这些数据是单独截尾的，12个试样中的10个被击穿。将这个数据集输入到图A.9中的电子表格中，用式(7)计算击穿概率。X 和 Y 的数值分别由式(11)和式(10)计算。相关系数由电子表格自带的功能计算。电子表格公式如图A.10所示。得到的相关系数是0.970。从图A.8中可以看出对于 $r=10$ 的临界相关系数为0.918，比0.970小。因此，这个数据与两参数的Weibull分布具有很好的配合度。

6 Weibull分布参数的图形估计

Weibull概率纸主要用于测试Weibull分布在描述数据库方面的充分性和在期刊上介绍击穿数据等等，运用“Weibull曲线”来估计出参数 α 和 β 是可以的。由于不同的数据点权重不同且不能目测出来，致使用这种方法估计 α 和 β 的准确度低。对于粗略估计或者在有限截尾的直线上有大量的数据点时此方法是有效的，需要说明，Weibulll曲线上的绘制数据仍然是推荐的方法，这样可以评估分布的充分性。

为了获得参数图形估计，如第5章所述，在Weibull概率纸上绘制测试数据，观察数据点是否符合一条直线。对尺度参数 α 的估计被标记为 $\hat{\alpha}$，这个参数相当于 $F(t)=63.2\%$ 的电压或时间。以方便 α 估计，大多数商用的Weibull概率曲线纸通过短划线指出概率值。形状参数 β 可以从曲线的斜率来估计，在规范的轴上形状参数 β 甚至等于该斜率。商用的Weibull概率图纸通常对参数 β 有一个直接的估算方法。如果不能应用这项方法，那么可以如下估计参数 β。通过Weibull曲线，估算出相当于 $F(t)=10\%$ 和 $F(t)=90\%$ 的次数和电压分别标记为 $\hat{t}_{10}$ 和 $\hat{t}_{90}$。通过式(12)可以估计出 $\hat{\beta}$。

$$\hat{\beta} = \frac{1.340}{\lg(\hat{t}_{90}/\hat{t}_{10})} \qquad \cdots\cdots (12)$$

Weibull参数图形估计的示例在表A.5的数据中给出，在图A.2画出。在Weibull曲线上可以得出 $\hat{\alpha}=70$ kV/mm 和 $\hat{\beta}=3.8$ 的图形估计。

7 Weibull参数估计的计算方法

有很多种计算方法可用于估计Weibull参数。IEC 62539 1987版建议使用最大似然方法，但是发现利用该技术方法的数据有偏差，特别是对于小数据库。这里推荐的方法是White[B16]开发的，并且Montanari等人[B9,B10,B11]发现该方法对于完整、单独截尾和逐步截尾数据是最佳的方法。然而，对于大型数据库最小二乘线性回归和最大似然方法是适当的。

7.1 较大的数据库

对于较大的数据库，例如超过20个击穿的数据，可能使用下面最小二乘回归技术。将击穿次数或电压从最小到最大排列起来，按5.1中所述的指定他们击穿概率，基于每个数据点 t_i 运用式(10)计算 Y_i 的值。同样，基于每个概率 $F(i,n)$ 运用式(11)计算 X_i 的值。使用最小二乘回归技术，得到截距 $\hat{c}$ 以及斜率 $\hat{m}$。最小平方回归可以用大多数电子表格程序，并在附录A给予了说明。位置参数的估计值

α 和形状参数 β,可由式(13)和式(14)计算:

$$\hat{\alpha}=\exp(c) \qquad \cdots\cdots(13)$$

$$\hat{\beta}=\frac{1}{m} \qquad \cdots\cdots(14)$$

一个包含 24 个数值的完整数据的分析以电子数据表输出的形式在图 A.11a)中显示。$F(i,n)$,X_i,Y_i 的值和相关系数的计算可根据 5.4 例子在图 A.9 和图 A.10 中显示。截距值 $\hat{c}$ 和斜率 $\hat{m}$ 用电子表格的内置函数“截距”和“斜率”计算,如图 A.11b)所示,也显示了估计 $\hat{\alpha}$ 和 $\hat{\beta}$ 的计算。

7.2 较小的数据库

非常小的数据库,特别是击穿数据点小于 5,会对参数估计和最佳拟合引起很大误差,所以应尽可能获取更多的数据。

只有当无法获得更多的数据时,才考虑利用 White 方法[B16]完成非常小的数据集分析。

对于小的数据库,特别是击穿数据点小于 15~20,使用最小二乘回归技术是不准确,因为绘制在 Weibull 曲线上的不同点需要分配不同的权重。按 5.1 中所述将击穿次数或电压从最小到最大排列起来,指定基于每个数据点 t_i 用式(10)计算 Y_i 的值。同样,基于每个概率 $F(i,n)$ 利用式(11)计算 X_i 的值。表 A.6 列出了每个数据点的加权数 w_i。如果数据逐步截尾,可通过式(8)计算出 $I(i)$的值。由于这些不一定是整数,用最接近 $I(i)$的 i 值来指定 w_i。

用式(15)和式(16)来估计 X_i 和 Y_i 的加权平均数。

$$\overline{X}=\frac{\sum_{i=1}^{r}[w_iX_i]}{\sum_{i=1}^{r}[w_i]} \qquad \cdots\cdots(15)$$

$$\overline{Y}=\frac{\sum_{i=1}^{r}[w_iY_i]}{\sum_{i=1}^{r}[w_i]} \qquad \cdots\cdots(16)$$

用式(17)和式(18)来估计形状参数 β 和尺寸参数 α。

$$\hat{\beta}=\frac{\sum_{i=1}^{r}[w_i\,(X_i-\overline{X})^2]}{\sum_{i=1}^{r}w_i(X_i-\overline{X})(Y_i-\overline{Y})} \qquad \cdots\cdots(17)$$

$$\hat{\alpha}=\exp\left\{\overline{Y}-\frac{\overline{X}}{\hat{\beta}}\right\} \qquad \cdots\cdots(18)$$

例如,由步进应力测试小型交联聚乙烯电缆中获得的独立截尾数据显示在图 A.12 表格的计算中。在这种情况下,独立截尾数据中 10 个样品 7 个被击穿。表 A.6 中标有“$n=10$”那一列的前七行表示权重参数。这些权重因数 w_i,组成电子数据表中邻近 Y 列的一列,总计(得出 23.868)以及用于计算式(15)和式(16)的分母。然后标有“wX”和“wY”的两列用于计算式(15)和式(16)的分子(分别为 −14.149和 74.634),据此可以计算 $\overline{X}$ 和 $\overline{Y}$(分别为 −0.593 和 3.127)。电子数据表中最后两列是用式(17)来计算 β 的分子和分母,分别是 9.677 和 1.236,这样 β 估算为 7.83,α 估算为 24.6 kV/mm。在图 A.13 显示了电子数据表分子式。

8 Weibull 百分数的估计

对一个有失效概率 $p\%$(作为 p^{th}百分数)的 Weibull 百分数估计时间、电压或应力是有效的。在恒定应力寿命测试中,这些百分数通常被称为“B 寿命”。例如,“B10 寿命”是指在给定电压应力下,10 的试样被击穿时的寿命。p^{th}百分数，t_p可以用式(19)估算：

$$\hat{t}_p=\hat{\alpha}\left[-\ln\left(1-\frac{p}{100}\right)\right]^{1/\hat{\beta}} \quad \cdots\cdots(19)$$

这里 p 表示一个百分数。例如，在 7.2 中 0.1、1.0、10 和 99 四个百分数分别对应 10.2、13.7、18.5 和 29.9 kV/mm。

9 Weibull 函数置信区间的估计

如果含有许多样品的试验进行了多次，那么来自于每次试验的位置参数 $\hat{\alpha}$、形状参数 $\hat{\beta}$ 和百分数的估计数值 $\hat{t}_p$ 是不同的。绝缘击穿统计学得到的估算结果中有变动，例如 Dissado 和 Fothergill[B3]。任何参数估算都不同于真实参数值，这些真实数值可通过大量的样本试验得到。因此，这是一个被普遍认同的方法，即给每个参数一个置信区间，这个区间很大概率上包含真实参数值。一般来说，测试样本越多，置信区间越窄。

有多种方法估计 Weibull 参数置信区间，例如 Lawless[B8] 和 Nelson[B13]，有许多可用的计算机程序(见例 Abernethy[B1])，然而对于一些小试样量某些程序不够精确。统计置信区间的精确值依赖于所采用的参数估计方法。许多方法与最大似然估计法或最小二乘回归有关，其中失效概率已经回归到击穿变量(次数、电压等)。这些方法都不适合本标准中的估计技术，并且可能会给出不准确的结果。

本标准提供了一个简单的程序来估计对于试样量从 $n=4$ 到 $n=100$ 的 90%的置信区间上下限。该方法适用于完整和单截尾数据，它并不适用于逐步截尾数据。该方法可用于高达 50%的样品截尾，试样量 4～100 时该方法是难使用的，包括合理的选择。对于未被列入这个范围的样本数，可以使用插补法。置信区间表已经可以计算。为了简化，这些表都被画成曲线于图 A.14～图 A.29 中，直线上的连接点在曲线上起到辅助观察作用，在这些点之间不必用插值法。这些曲线的计算采用 Monte-Carlo 方法，这种方法对于 $4<n<20$ 可以精确计算到 1%，对于 $20<n<100$ 精确到 4%。对于本标准这些计算曲线有如下假设：

a) 按 5.4 描述的试样测试，这些数据充分符合两参数 Weibull 分布。

b) 最小二乘回归(7.1 所述)已被用于较大的数据库 $n\geqslant 20$，White 的方法(详见 7.2)已经用于较小的数据集 $n\leqslant 20$。

9.1 完整与截尾数据的图形方法

9.1.1 形状参数 β 的置信区间

图 A.14 和图 A.15 用于得到因数 W_l 和 W_u，这两个参数是形状参数 β 置信区间为 90%的界限范围，见式(20)。

$$\hat{\beta}_l=W_l\hat{\beta},\hat{\beta}_u=W_u\hat{\beta} \quad \cdots\cdots(20)$$

这里，$\hat{\beta}_l$ 和 $\hat{\beta}_u$ 分别是置信区间的下限和上限。对于图 A.12 中的 Weibull 数据，$n=10$，$r=7$，可以从图 A.14 和图 A.15 中得到 $W_l=0.59$，$W_u=2.10$。由于 $\hat{\beta}=7.83$(7.2，图 A.12)的置信界限如下：

$\hat{\beta}_l=0.59\times 7.83=4.62$，$\hat{\beta}_u=2.10\times 7.83=16.4$

这样，β 的真值有 90%的概率在 4.61 与 16.4 之间。

9.1.2 位置参数 α 的置信区间

图 A.16 和图 A.17 用于得到因数 Z_l 和 Z_u，对于形状参数 α 这两个因数是 90%置信区间，见式(21)。

$$\hat{\alpha}_l=\hat{\alpha}\exp\{Z_l/\hat{\beta}\},\hat{\alpha}_u=\hat{\alpha}\exp\{Z_u/\hat{\beta}\} \quad \cdots\cdots(21)$$

这里，$\hat{\alpha}_l$ 和 $\hat{\alpha}_u$ 分别是置信区间的下限和上限。对于图 A.12 中的 Weibull 数据，$n=10$，$r=7$，可以

从图 A.14 和图 A.15 中得到 $Z_l=-0.710$，$Z_u=0.645$。由于 $\hat{\alpha}=24.6$ kV/mm 和 $\hat{\beta}=7.83$(7.2，图 A.12)的置信界限如下：

$\hat{\alpha}_l=24.6\times\exp\{-0.710/7.83\}=22.5$ kV/mm

$\hat{\alpha}_u=24.6\times\exp\{0.645/7.83\}=26.7$ kV/mm

这样，α 的真值有 90%的概率在 22.5 kV/mm 与 26.7 kV/mm 之间。

9.1.3 Weibull 百分数的置信区间

图 A.18～图 A.29 用来得到因数 $Z_l(p)$ 和 $Z_u(p)$，对于 $p=0.1\%$、1.0%、5.0%、10%、30%和 95%，这两个因数是 90%的置信界限。表 A.8 显示了图代号和对于图 A.12 的 Weibull 数据的参数真值。

式(22)给出的表达式是用于得到 p^{th} 为 90%的置信界限：

$$\hat{t}_l=\hat{\alpha}\exp\{Z_l(p)/\hat{\beta}\},\hat{t}_u=\hat{\alpha}\exp\{Z_u(p)/\hat{\beta}\} \quad\cdots\cdots(22)$$

这里 $\hat{t}_l(p)$ 和 $\hat{t}_u(p)$ 是 p^{th} 百分数置信区间的上限和下限。用图 A.12 给出的 Weibull 数据，可以根据式(22)计算出这些百分数的界限，同样也在表 A.8 中给出。在完整性的前提下，对于 α 的范围，63.21%只是个特例。

对于 1.0%，能够得到 $Z_l(1.0)=-7.70$，$Z_u(1.0)=-2.25$。用式(22)得到 $\hat{t}_l(1.0)=9.20$ kV/m 以及 $\hat{t}_u(1.0)=18.4$ kV/m。

9.2 绘制置信界限

百分数的置信区间与 α 的置信区间能够一同显示在 Weibull 概率纸上。对于曲线上限，计算限定(t 值)相当于在曲线纸上 0.1%、1.0%、5.0%、10%、30%、63.2(α)%和 95%。将这些点连成平滑直线。同样的方法，绘制下限。图 A.30 中的“最佳拟合曲线”中给出了这些置信区间的界限。这个置信界限包含 90%概率实际总体的任何特殊百分数。测量试样越多，越接近曲线的上限和下限。

10 参数估计和其对数正态函数的置信界限

10.1 对数正态分布参数估计

如果没有截尾即满足 $r=n$，可以对正态分布参数进行精确估计。通过击穿电压或时间的对数得到这些估计数值，并且用变换的数据可以找到对数平均值 μ 和对数标准差 σ。这些数值可以用以下这个著名的正态分布公式[式(23)]来计算：

$$\hat{u}=\frac{\sum z}{n},\hat{\sigma}=\sqrt{\frac{\sum(z-\mu)^2}{(n-1)}} \quad\cdots\cdots(23)$$

这些统计函数也同样适用于许多计算器[使用式(4)中的符号]。对于小试样量可以参见 Dixon 和 Massey[B4]。

10.2 估计对数正态分布参数的置信区间

对数均值和对数标准差的置信区间通过 t 和 χ^2 分布很容易建立。μ 的 90%置信区间上限和下限见式(24)：

$$\mu_l=\hat{\mu}-\frac{t_{0.05}\sigma}{\sqrt{n}},\mu_u=\hat{\mu}+\frac{t_{0.05}\sigma}{\sqrt{n}} \quad\cdots\cdots(24)$$

$t_{0.05}$ 可以从有 $n-1$ 个自由度 t 值表中获得。这样的表格可以从许多标准的统计学课本上找到，例如，Cochran 和 Snedecor[B2]。对数标准偏差的 90%置信区间的上限和下限[见式(25)]：

$$\sigma_l=\sqrt{\frac{(n-1)\sigma^2}{\chi^2_{0.05}}},\sigma_u=\sqrt{\frac{(n-1)\sigma^2}{\chi^2_{0.95}}} \quad\cdots\cdots(25)$$

χ^2 可以从具有 $n-1$ 个自由度的 χ^2 表中获得。这样的表格可以从许多标准的统计学课本上找到，例如 Cochran 和 Snedecor[B2]。对于参数的置信区间，只有截尾数据可以利用 Lawless 和 Ston[B7] 和 Schmee[B15] 等所描述的方法估算。

11　对比试验

一种常见情况，涉及两个或两个以上的绝缘试验类型或试样组，以确定两个中哪个质量更好。将两种典型数据组在概率纸上描绘出来是一种最简单的对比试验数据的方法。然而，视觉是比较主观的。对于这样的试验结果分析，包含验证这个假设，即两种类型绝缘的数据概率分布之间是没有区别的。Fulton 和 Abernethy[B6] 提出了一个技术建议，用可能性分布等高线图检验它们是否重叠。然而，这种方法执行起来相当复杂。Weibull 提出了有用的假设试验以检测在给定的百分比处是否有置信界限的重叠或者为了此目的他建议用 10th 百分数。这是一个值得提倡的简单技术。

11.1　对比 Weibull 分布百分数的简单方法

如果两个数据确定有差异，那么按照如下方法可以给出一个近似的评价，确定可选择百分数的置信区间是否有重叠部分。如果没有重叠部分，例如 10th%时，这两个 10%在选择的可信水平上有明显的差异，这种对比方法就不能确定这两个形状参数是相等的。这个百分比的置信区间可以通过 9.1.3 描述的方法计算出。

在 Weibull 概率纸上对比多组测试数据通常是有用的，在相同的图标纸上绘制来自两个试验（或者更多）数据。如 9.2 所描述，绘制出每个数据组百分数的 90%置信界限。用 Lawless、Stone[B7] 以及表 A.7 中的试验数据在图 A.31 中绘制成 90%的置信区间，利用最小二乘回归(7.1)和 9.1 中的方法，可以估计 Weibull 参数和 90%的置信区间。对于未屏蔽的电缆可以得到 $\hat{\alpha}=48.3$ kV/mm（46.2 kV/mm～50.2 kV/mm的 90%置信区间）以及 $\hat{\beta}=9.40(6.80\sim13.7)$，对于屏蔽过的电缆 $\hat{\alpha}=59.2$ kV/mm（56.6 kV/mm～61.7 kV/mm）以及 $\hat{\beta}=8.92(6.45\sim13.0)$。对于百分数在 10%以上的，两个置信区间没有重叠部分。因此，两个绝缘体系高百分位通常有差别。对于低百分位，置信区间有重叠，百分位可能没有差别。原则上，需要测试更多试样来验证这两种分布是否不同。

12　用试样数据估计系统的 Weibull 参数

有时要求估计一个绝缘体系的 Weibull 参数，这个绝缘体系要求测试同样厚度的多个试样。例如，通过 10 m 长的试样测试，可能要求估计 100 km 电缆的 Weibull 参数。在这个例子中，整个体系的绝缘区域比试样大 10^4 倍。可以假定两种情况下的击穿原因是相似的，这样，运用来自试品的两个参数 $\hat{\alpha}_t$ 和 $\hat{\beta}_t$ 估计整个体系的 Weibull 参数 $\hat{\alpha}_c$ 和 $\hat{\beta}_c$ 是可能的，见式(26)：

$$\hat{\alpha}_c=\frac{\hat{\alpha}_t}{D^{1/\hat{\beta}}},\hat{\beta}_c=\hat{\beta}_t \qquad (26)$$

这里 D 是整个系统区域/试样区域的比。

例如，如果用测量 10 m 长试样得到的击穿数据得到 $\hat{\alpha}_t=60$ kV 和 $\hat{\beta}_t=11$，那么这个数值可估计 100 km 长的电缆：

$$D=\frac{100\ \text{km}}{10\ \text{m}}=10\ 000$$

$$\hat{\alpha}_c=\frac{60\ \text{kV}}{10\ 000^{1/11}}=26\ \text{kV}$$

$$\hat{\beta}_c=\hat{\beta}_t=11$$

附 录 A
（资料性附录）
最小平方回归

最小平方回归方法通过式(27)和式(28)得到β和α：

$$\beta=\frac{\sum_{i=1}^{r}(X_i-\overline{X})(Y_i-\overline{Y})}{\sum_{i=1}^{r}(X_i-\overline{X})^2} \qquad \cdots\cdots(27)$$

$$\alpha=\exp\left(\overline{X}-\frac{\overline{Y}}{\beta}\right) \qquad \cdots\cdots(28)$$

这里 X_i、Y_i 在式(11)和式(10)中给出，则 $\overline{X}$、$\overline{Y}$ 见式(29)：

$$\overline{X}=\frac{\sum_{i=1}^{r}X_i}{r},\overline{Y}=\frac{\sum_{i=1}^{r}Y_i}{r} \qquad \cdots\cdots(29)$$

表 A.1 乳胶膜的步进应力试验结果

i	$F(i,n)$[式(7)]	击穿电压/kV
1	$\frac{1-0.44}{10+0.25}=5.5\%$	4.71
2	$\frac{2-0.44}{10+0.25}=15.2\%$	5.39
3	$\frac{3-0.44}{10+0.25}=25.0\%$	5.4
4	$\frac{4-0.44}{10+0.25}=34.7\%$	5.53
5	$\frac{5-0.44}{10+0.25}=44.5\%$	5.71
6	$\frac{6-0.44}{10+0.25}=54.2\%$	5.78
7	$\frac{7-0.44}{10+0.25}=64.0\%$	6.14
8	$\frac{8-0.44}{10+0.25}=73.8\%$	6.43
9	$\frac{9-0.44}{10+0.25}=83.5\%$	6.44
10	$\frac{10-0.44}{10+0.25}=93.3\%$	6.48

表 A.2 环氧树脂恒定应力试验结果

i	$F(i,n)$[式(7)]	击穿时间 h
1	$\frac{1-0.44}{9+0.25}=6.1\%$	15.3
2	$\frac{2-0.44}{9+0.25}=16.9\%$	30.3
3	$\frac{3-0.44}{9+0.25}=27.7\%$	48.5
4	$\frac{4-0.44}{9+0.25}=38.5\%$	89.4
5	$\frac{5-0.44}{9+0.25}=49.3\%$	90.4
6	$\frac{6-0.44}{9+0.25}=60.1\%$	105.7
7	$\frac{7-0.44}{9+0.25}=70.9\%$	144.9
S	暂停	>144.9
S	暂停	>144.9

表 A.3 PET 薄膜的步进截尾数据

i	C_i[式(8)]	$I(i)$[式(8)]	$F(i,n)$[式(9)]	时间/h
S	1	$I(0)=0$		55.47
1	2	$I(1)=0+\frac{17+1-0}{17+2-2}=1.059$	$\frac{1.059-0.44}{17+0.25}=3.6\%$	57.93
2	3	$I(2)=1.059+\frac{17+1-1.059}{17+2-3}=2.118$	$\frac{2.118-0.44}{17+0.25}=9.7\%$	59.10
3	4	$I(3)=2.118+\frac{17+1-2.118}{17+2-4}=3.176$	$\frac{3.176-0.44}{17+0.25}=15.9\%$	62.57
S	5	暂停		66.84
4	6	$I(4)=3.176+\frac{17+1-3.176}{17+2-6}=4.317$	$\frac{4.317-0.44}{17+0.25}=22.5\%$	69.54
5	7	$I(5)=4.317+\frac{17+1-4.317}{17+2-7}=5.457$	$\frac{5.457-0.44}{17+0.25}=29.1\%$	74.74
S	8	暂停		86.94

表 A.3（续）

i	C_i[式(8)]	$I(i)$[式(8)]	$F(i,n)$[式(9)]	时间/h
S	9	暂停		87.81
S	10	暂停		89.31
6	11	$I(6)=5.457+\frac{17+1-5.457}{17+2-11}=7.025$	$\frac{7.025-0.44}{17+0.25}=38.2\%$	97.84
7	12	$I(7)=7.025+\frac{17+1-7.025}{17+2-12}=8.539$	$\frac{8.539-0.44}{17+0.25}=47.3\%$	111.71
8	13	$I(8)=8.539+\frac{17+1-8.539}{17+2-12}=10.161$	$\frac{10.161-0.44}{17+0.25}=56.4\%$	115.38
S	14	暂停		115.92
9	15	$I(9)=10.161+\frac{17+1-10.161}{17+2-15}=12.120$	$\frac{12.120-0.44}{17+0.25}=67.7\%$	116.20
10	16	$I(10)=10.161+\frac{17+1-10.161}{17+2-16}=14.080$	$\frac{14.080-0.44}{17+0.25}=79.1\%$	117.82
S	17	暂停		141.3

表 A.4　三个参数分布的寿命测试，9/10 击穿

a,$F(i,n)$[式(7)]	b,原始数据 t(h)	c,第一次重复（$t-230$）	d,第二次重复($t-200$)
5.5%	240	10	40
15.2%	300	70	100
25.0%	340	110	140
34.7%	390	160	190
44.5%	490	260	290
54.2%	530	300	330
64.0%	590	360	390
73.8%	750	520	550
83.5%	900	670	700
S	>900	—	—

表 A.5　聚乙烯进应力测试与人工片层增厚（完整的数据）

行	$F(i,n)$[式(7)]	击穿场强/(kV/mm)
1	6.8%	29.7
2	18.9%	46.8
3	31.0%	57.5
4	43.2%	60.3
5	55.3%	64.3
6	67.4%	74.8
7	79.5%	79.7
8	91.6%	90.3

表 A.6 权重因数 $n=[1,\cdots,20]$，$r=[1,\cdots,n]$

	$n=1$	$n=2$	$n=3$	$n=4$	$n=5$	$n=6$	$n=7$	$n=8$	$n=9$	$n=10$
$i=1$	0.607 927	0.607 927	0.607 927	0.607 927	0.607 927	0.607 927	0.607 927	0.607 927	0.607 927	0.607 927
$i=2$		1.483 618	1.518 551	1.534 207	1.540 658	1.543 926	1.540 550	1.546 985	1.547 534	1.548 327
$i=3$			2.229 664	2.406 559	2.463 158	2.488 459	2.501 969	2.510 036	2.515 240	2.518 794
$i=4$				2.906 772	3.241 517	3.360 034	3.416 318	3.447 632	3.466 897	3.479 613
$i=5$					3.510 441	4.023 407	4.219 219	4.316 695	4.372 751	4.408 100
$i=6$						4.055 446	4.757 141	5.041 186	5.188 062	5.274 863
$i=7$							4.552 888	5.448 119	5.828 097	6.030 850
$i=8$								5.011 059	6.101 251	6.582 520
$i=9$									5.436 251	6.720 778
$i=10$										5.833 329
	$n=11$	$n=12$	$n=13$	$n=14$	$n=15$	$n=16$	$n=17$	$n=18$	$n=19$	$n=20$
$i=1$	0.607 927	0.607 927	0.607 927	0.607 927	0.607 927	0.607 927	0.607 927	0.607 927	0.607 927	0.607 927
$i=2$	1.548 729	1.549 031	1.549 264	1.549 447	1.549 593	1.549 712	1.550 050	1.549 892	1.549 961	1.550 019
$i=3$	2.521 329	2.523 200	2.524 622	2.525 726	2.526 603	2.527 308	2.527 886	2.528 364	2.528 765	2.529 104
$i=4$	3.488 453	3.494 851	3.499 632	3.503 301	3.506 177	3.508 474	3.510 337	3.511 871	3.513 148	3.514 222
$i=5$	4.431 884	4.448 676	4.460 986	4.470 281	4.477 478	4.483 165	4.487 736	4.491 467	4.494 433	4.497 135
$i=6$	5.330 755	5.368 983	5.396 342	5.416 616	5.432 075	5.444 138	5.453 737	5.461 502	5.467 872	5.473 166
$i=7$	6.153 475	6.233 854	6.289 629	6.330 015	6.360 243	6.383 483	6.401 749	6.416 377	6.428 276	6.438 089
$i=8$	6.849 007	7.008 927	7.117 245	7.193 354	7.249 040	7.291 090	7.323 668	7.349 439	7.370 196	7.387 167
$i=9$	7.307 014	7.635 680	7.841 956	7.981 184	8.080 116	8.153 175	8.208 792	8.252 173	8.286 700	8.314 660
$i=10$	7.310 326	8.003 976	8.400 672	8.653 461	8.826 172	8.950 124	9.042 442	9.113 228	9.168 785	9.213 253
$i=11$	6.206 138	7.872 974	8.675 570	9.142 698	9.444 413	9.652 808	9.803 729	9.917 005	10.004 422	10.073 435
$i=12$		6.557 768	8.411 349	9.323 757	9.863 149	10.215 799	10.461 772	10.641 377	10.777 116	10.882 518
$i=13$			6.890 725	8.927 711	9.950 288	10.563 343	10.968 556	11.253 721	11.463 525	11.623 11
$i=14$				7.207 098	9.424 023	10.556 741	11.244 483	11.703 61	12.029 366	12.270 691
$i=15$					7.508 618	9.901 970	11.144 520	11.907 696	12.421 836	12.789 359
$i=16$						7.796 760	10.363 038	11.714 883	12.553 998	13.124 031
$i=17$							8.072 778	10.808 532	12.268 990	13.184 350
$i=18$								8.337 752	11.239 605	12.807 836
$i=19$									8.592 616	11.657 281
$i=20$										8.838 201

表 A.7　击穿场强(kV/mm):两种聚乙烯工艺

失效次数	工艺1(未屏蔽的)	工艺2(屏蔽的)
1	35	39
2	35	45
3	36	49
4	40	49
5	43	53
6	43	53
7	43	53
8	46	53
9	46	55
10	48	55
11	48	57
12	48	57
13	48	57
14	48	57
15	48	61
16	51	64
17	51	64
18	51	65
19	51	67
20	57	68

表 A.8　计算 Weibull 百分 90%置信区间界限

百分比	代号		图 A.12 中 Weibull 数据的参数值			
p	$Z_l(p)$	$Z_u(p)$	$Z_l(p)$	$Z_u(p)$	$\hat{t}_l(p)$(kV/mm)	$\hat{t}_u(p)$(kV/mm)
0.1%	图 A.18	图 A.19	−11.6	−3.40	5.60	15.9
1%	图 A.20	图 A.21	−7.70	−2.25	9.20	18.4
5%	图 A.22	图 A.23	−5.00	−1.45	13.0	20.5
10%	图 A.24	图 A.25	−3.8	−1.05	15.2	21.5
30%	图 A.26	图 A.27	−1.90	−0.295	19.3	23.7
63.21%(α)	图 A.16	图 A.17	−0.710	0.645	22.4	26.7
95%	图 A.28	图 A.29	0.085	2.25	24.9	32.7

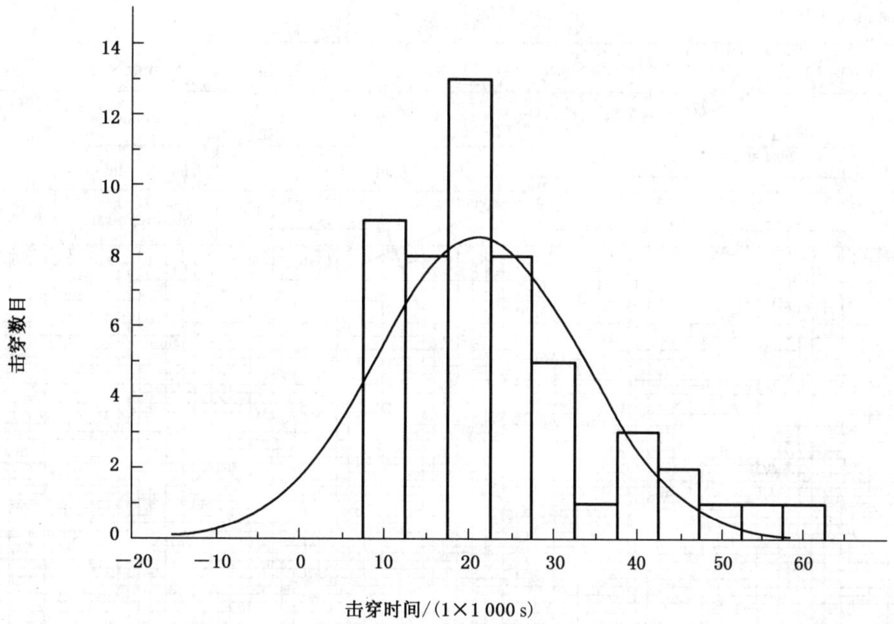

图 A.1 电线样本的恒定电压试验:击穿次数柱状图和最佳拟合正态分布

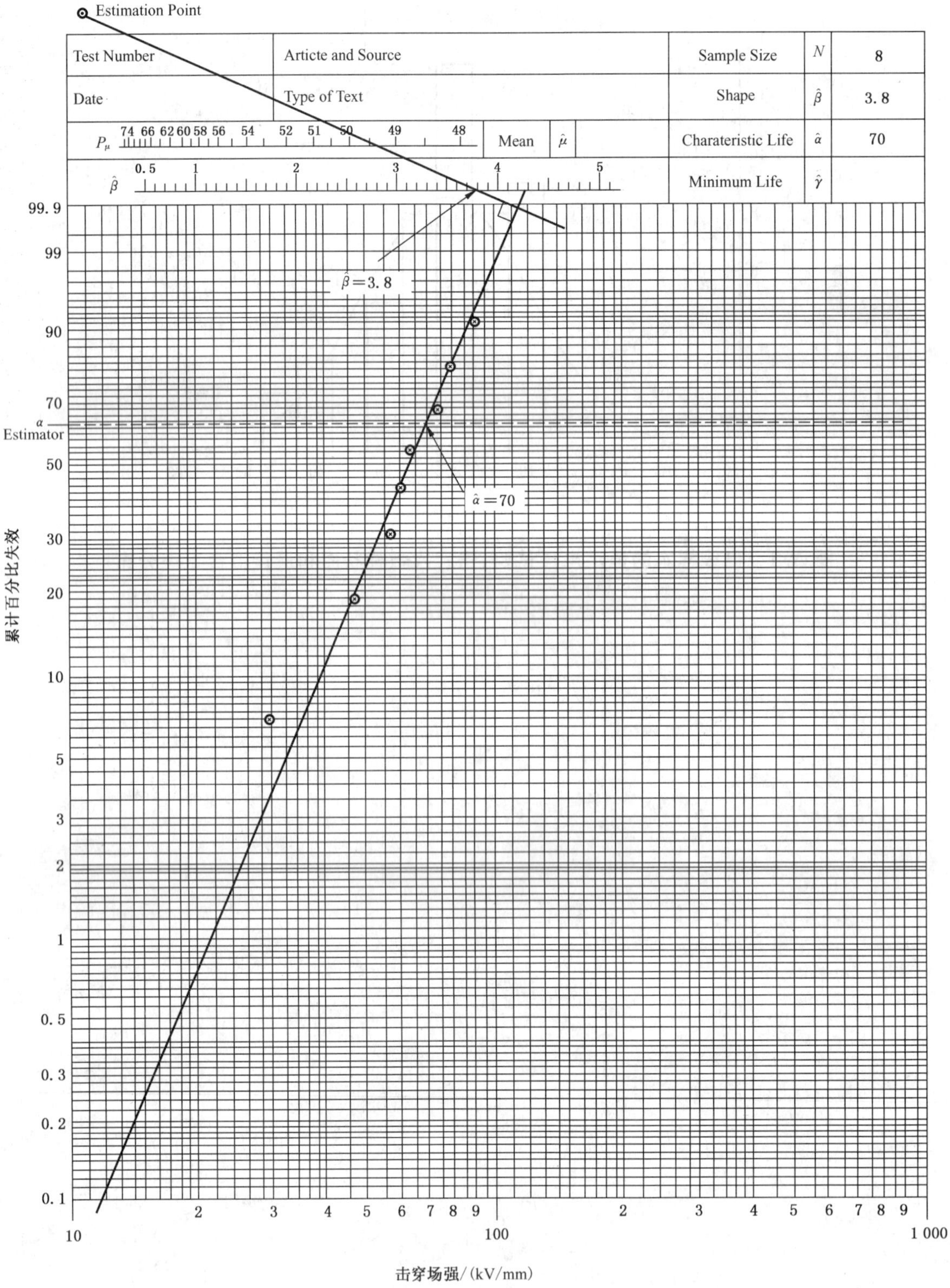

图 A.2 Weibull 概率纸数据-步进应力试验

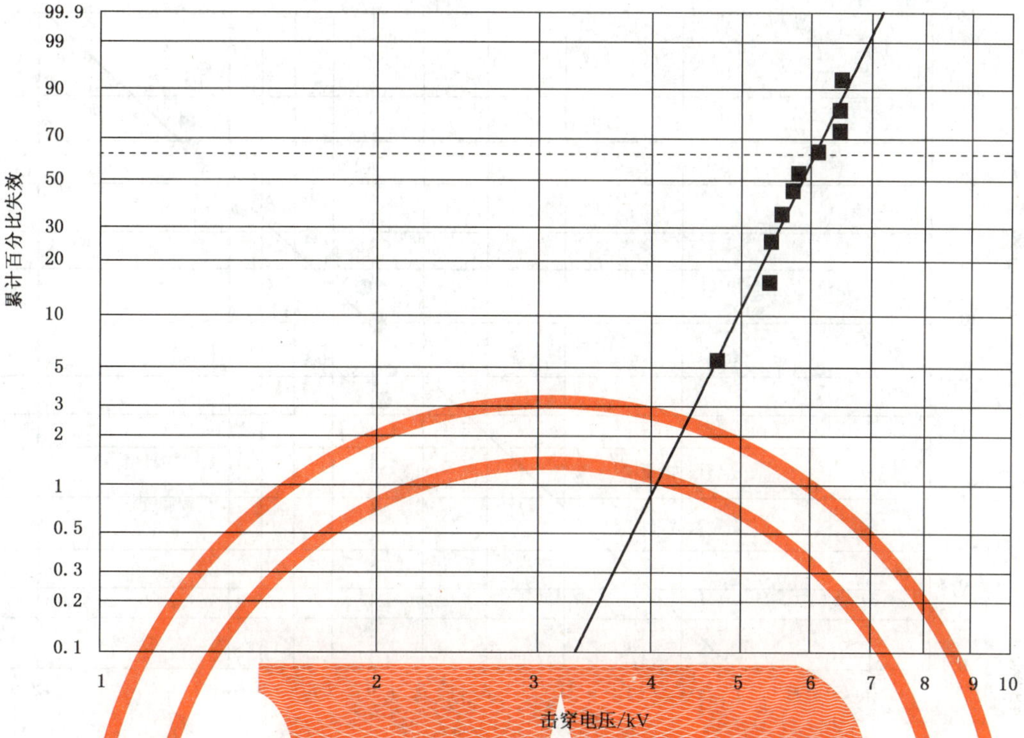

图 A.3 由表 A.1 数据的 Weibull 图

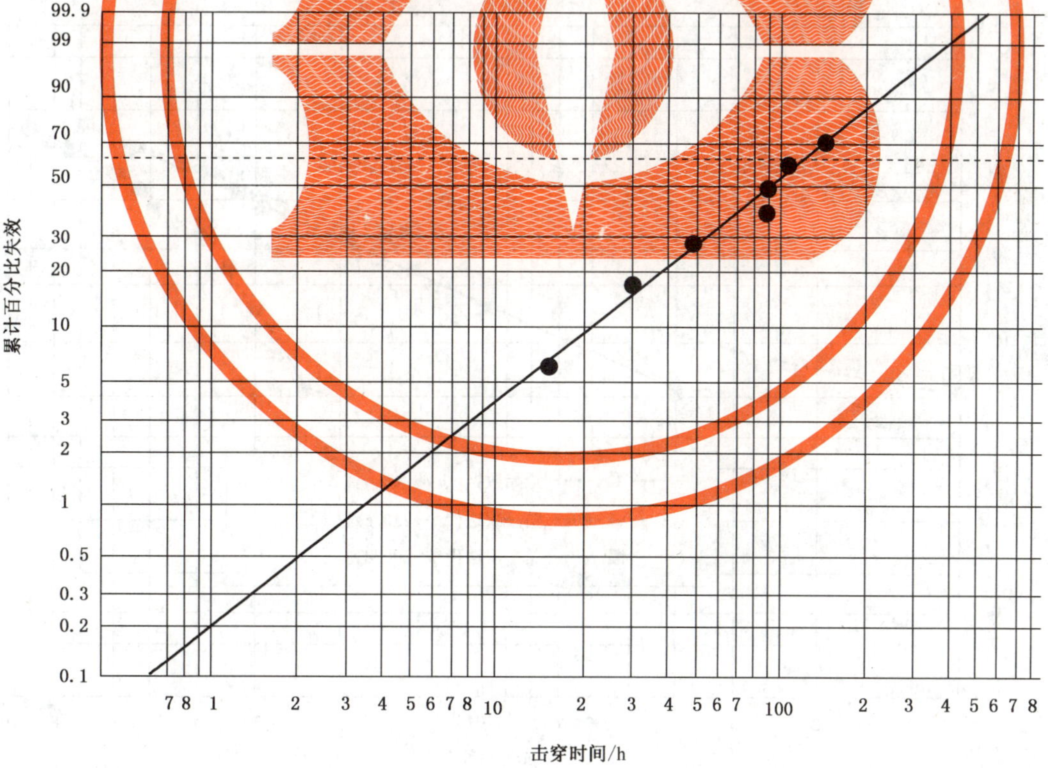

图 A.4 由表 A.2 数据的 Weibull 图

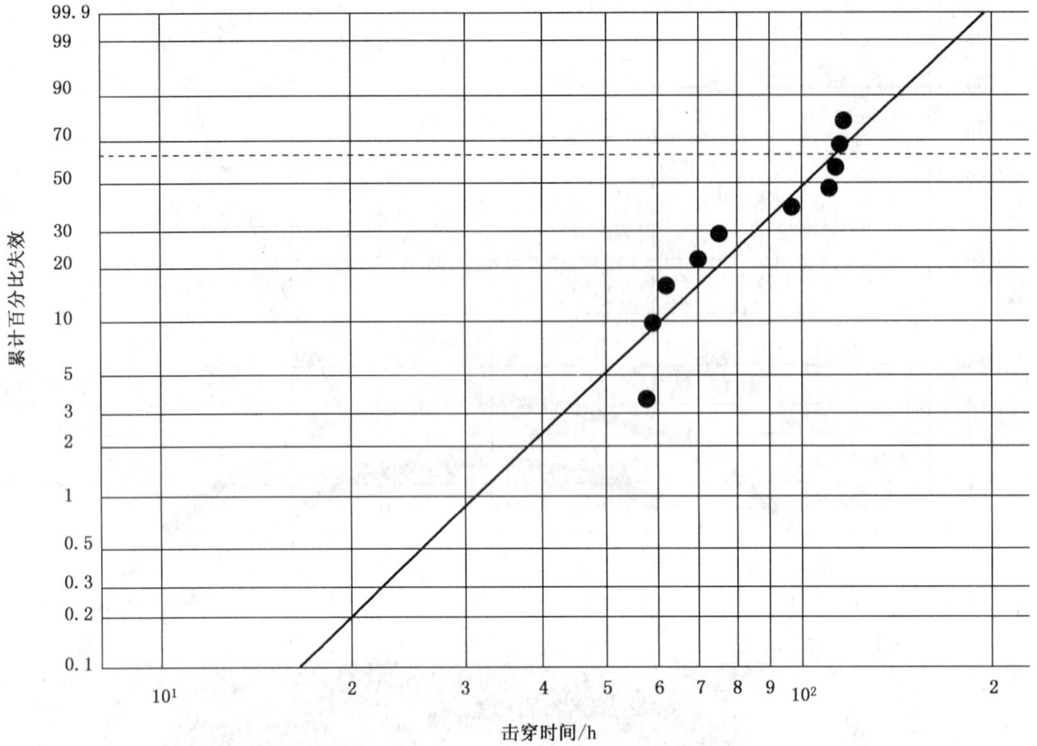

图 A.5　表 A.3 中 PET 数据 Weibull 图

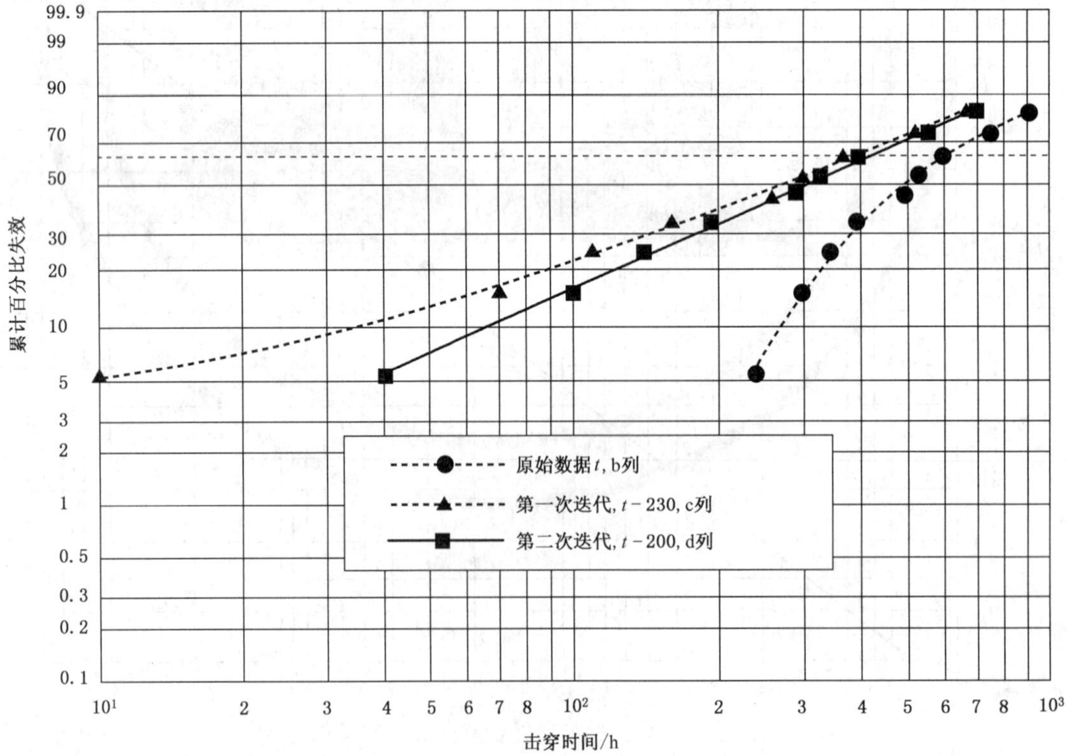

图 A.6　基于表 A.4 中的数据经反复试验方法得到位置参数

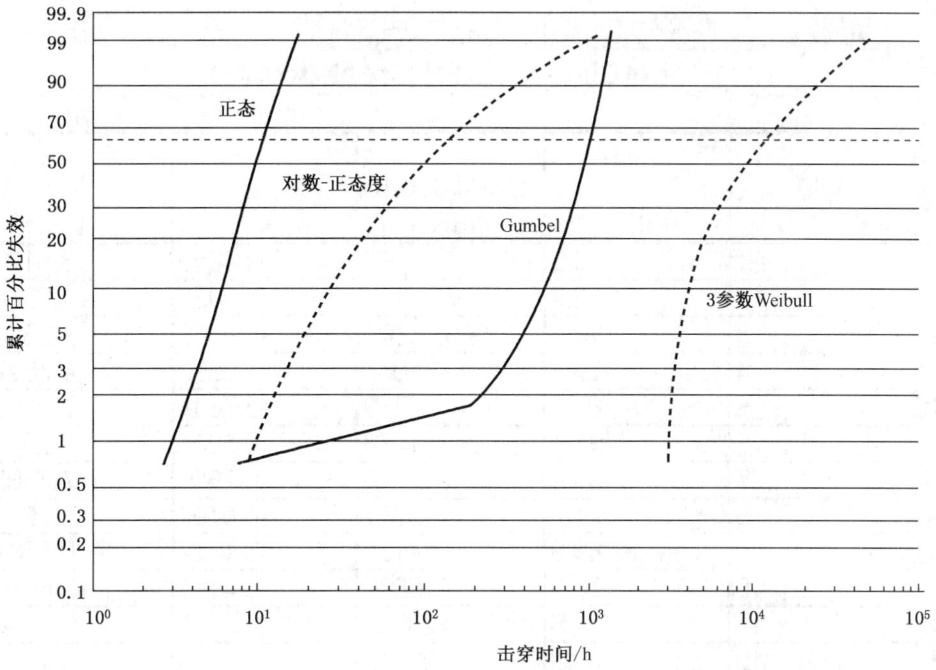

图 A.7 双参数 Weibull 数据上的其他分布

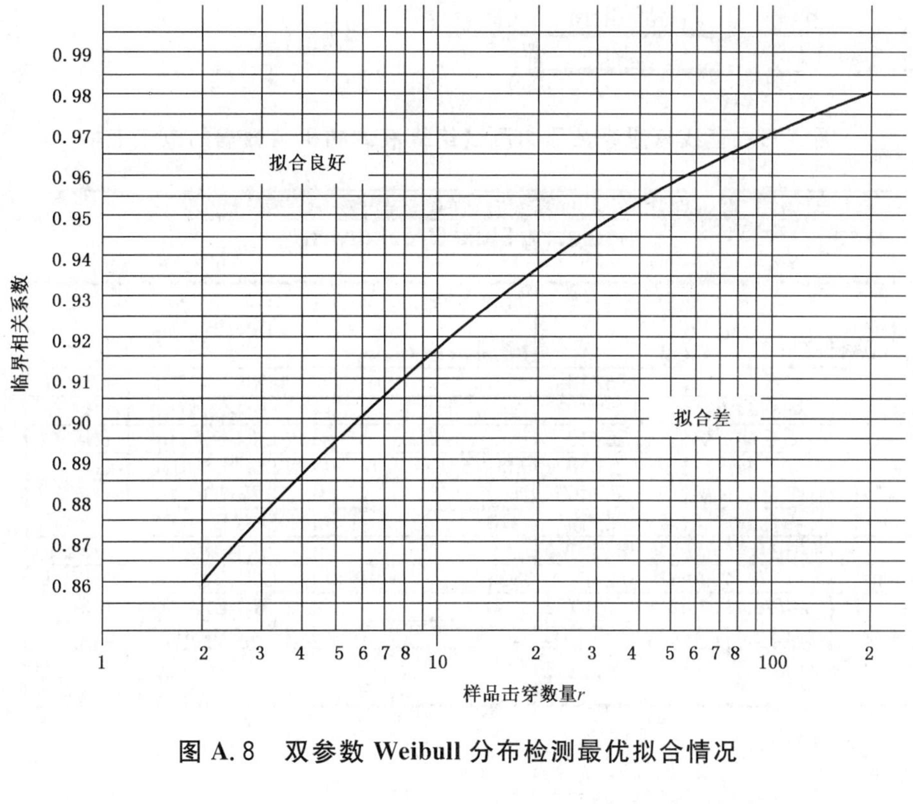

图 A.8 双参数 Weibull 分布检测最优拟合情况

	A	B	C	D	E
1	Insulating Fluid Breakdown				
2					
3	Rank, i	F(i,n)	Breakdown time, t	X	Y
4	1	4.6	50	-3.0620	3.9120
5	2	12.7	134	-1.9935	4.8978
6	3	20.9	187	-1.4506	5.2311
7	4	29.1	882	-1.0690	6.7822
8	5	37.2	1450	-0.7644	7.2793
9	6	45.4	1470	-0.5027	7.2930
10	7	53.6	2290	-0.2655	7.7363
11	8	61.7	2931	-0.0407	7.9831
12	9	69.9	4180	0.1822	8.3381
13	10	78.0	15800	0.4161	9.6678
14	11	S	>20000	---	---
15	12	S	>20000	---	---
16					
17	n	correlation coefficient			
18	12	0.970			

图 A.9　查找常量系数压力测试绝缘液体的相关数据的电子表格

	A	B	C	D	E
1	Insulating Fluid Breakdown				
2					
3	Rank, i	F(i,n)	Breakdown time, t	X	Y
4	1	=(A4-0.44)/(A18+0.25)*100	50	=LN(-LN(1-B4/100))	=LN(C4)
5	=A4+1	=(A5-0.44)/(A18+0.25)*100	134	=LN(-LN(1-B5/100))	=LN(C5)
6	=A5+1	=(A6-0.44)/(A18+0.25)*100	187	=LN(-LN(1-B6/100))	=LN(C6)
7	=A6+1	=(A7-0.44)/(A18+0.25)*100	882	=LN(-LN(1-B7/100))	=LN(C7)
8	=A7+1	=(A8-0.44)/(A18+0.25)*100	1450	=LN(-LN(1-B8/100))	=LN(C8)
9	=A8+1	=(A9-0.44)/(A18+0.25)*100	1470	=LN(-LN(1-B9/100))	=LN(C9)
10	=A9+1	=(A10-0.44)/(A18+0.25)*100	2290	=LN(-LN(1-B10/100))	=LN(C10)
11	=A10+1	=(A11-0.44)/(A18+0.25)*100	2931	=LN(-LN(1-B11/100))	=LN(C11)
12	=A11+1	=(A12-0.44)/(A18+0.25)*100	4180	=LN(-LN(1-B12/100))	=LN(C12)
13	=A12+1	=(A13-0.44)/(A18+0.25)*100	15800	=LN(-LN(1-B13/100))	=LN(C13)
14	=A13+1	S	>20000	---	---
15	=A14+1	S	>20000	---	---
16					
17	n	correlation coefficient			
18	12	=CORREL(D4:D13,E4:E13)			

图 A.10　式(A.9)的电子表格

	A	B	C	D	E	F
2						
3	Rank, i	F(i,n)	Breakdown voltage, t	X	Y	
4	1	2.3	2.65	-3.757	0.9746	
5	2	6.4	2.79	-2.711	1.0260	
6	3	10.6	2.96	-2.193	1.0852	
7	4	14.7	3.02	-1.840	1.1053	
8	5	18.8	3.06	-1.569	1.1184	
9	6	22.9	3.14	-1.345	1.1442	
10	7	27.1	3.33	-1.154	1.2030	
11	8	31.2	3.38	-0.985	1.2179	
12	9	35.3	3.51	-0.832	1.2556	
13	10	39.4	3.56	-0.691	1.2698	
14	11	43.5	3.59	-0.559	1.2782	
15	12	47.7	3.62	-0.434	1.2865	
16	13	51.8	3.67	-0.315	1.3002	
17	14	55.9	3.67	-0.200	1.3002	
18	15	60.0	3.72	-0.086	1.3137	
19	16	64.2	3.74	0.026	1.3191	
20	17	68.3	3.88	0.138	1.3558	
21	18	72.4	3.92	0.253	1.3661	
22	19	76.5	3.98	0.371	1.3813	
23	20	80.7	4.05	0.497	1.3987	
24	21	84.8	4.12	0.633	1.4159	
25	22	88.9	4.15	0.788	1.4231	
26	23	93.0	4.23	0.960	1.4422	
27	24	97.2	4.87	1.270	1.5831	
28						
29	n	Correlation	slope, m	intercept, c	alpha	beta
30	24	0.980	0.116	1.340	3.82	8.64

a） 最小二乘回归(LSR)-大型数据分析

	C	D	E	F
29	slope, m	intercept, c	alpha	beta
30	=SLOPE(E4:E27,D4:D27)	=INTERCEPT(E4:E27,D4:D27)	=EXP(D30)	=1/C30

b） 公式估算电子表格

图 A.11　最小二乘回归(LSR)

	A	B	C	D	E	F	G	H	I	J
1	Singly-censored XLPE mini-cable data									
2										
3	n	r	X-bar	Y-bar	beta	alpha				
4	10	7	-0.593	3.127	7.827	24.597				
5										
6	Rank, i	F(i,n)	b/down stress, t (kV/mm)	X	Y	weighting factors, w	wX	wY	beta-numerator	beta-denomina-tor
7	1	5.5	17	-2.879	2.833	0.608	-1.750	1.722	3.17781	0.40816
8	2	15.2	19	-1.801	2.944	1.548	-2.789	4.559	2.26079	0.34132
9	3	25.0	21	-1.247	3.045	2.519	-3.141	7.669	1.07806	0.13570
10	4	34.7	23	-0.852	3.135	3.480	-2.964	10.910	0.23333	-0.00777
11	5	44.5	23	-0.530	3.135	4.408	-2.337	13.822	0.01735	0.00239
12	6	54.2	23	-0.246	3.135	5.275	-1.298	16.539	0.63408	0.01577
13	7	64.0	25	0.021	3.219	6.031	0.129	19.413	2.27530	0.34082
14	8	suspended								
15	9	suspended								
16	10	suspended								
17		TOTALS				23.868	-14.149	74.634	9.677	1.236

图 A.12 较小数据集的电子表

	A	B	C	D	E	F	G	H	I	J
3	n	r	X-bar	Y-bar	beta	alpha				
4	10	7	=G17/F17	=H17/F17	=I17/J17	=EXP(D4-C4/E4)				
5										
6	Rank, i	F(i,n)	b/down stress, t (kV/mm)	X	Y	weighting factors, w	wX	wY	beta-numerator	beta-denomina-tor
7	1	=(A7-0.44)/(A4+0.25)*100	17	=LN(-LN(1-B7/100))	=LN(C7)	=weightings!K4	=F7*D7	=F7*E7	=F7*(D7-C4)*(D7-C4)	=F7*(D7-C4)*(E7-D4)
8	=A7+1	=(A8-0.44)/(A4+0.25)*100	19	=LN(-LN(1-B8/100))	=LN(C8)	=weightings!K5	=F8*D8	=F8*E8	=F8*(D8-C4)*(D8-C4)	=F8*(D8-C4)*(E8-D4)
9	=A8+1	=(A9-0.44)/(A4+0.25)*100	21	=LN(-LN(1-B9/100))	=LN(C9)	=weightings!K6	=F9*D9	=F9*E9	=F9*(D9-C4)*(D9-C4)	=F9*(D9-C4)*(E9-D4)
10	=A9+1	=(A10-0.44)/(A4+0.25)*100	23	=LN(-LN(1-B10/100))	=LN(C10)	=weightings!K7	=F10*D10	=F10*E10	=F10*(D10-C4)*(D10-C4)	=F10*(D10-C4)*(E10-D4)
11	=A10+1	=(A11-0.44)/(A4+0.25)*100	23	=LN(-LN(1-B11/100))	=LN(C11)	=weightings!K8	=F11*D11	=F11*E11	=F11*(D11-C4)*(D11-C4)	=F11*(D11-C4)*(E11-D4)
12	=A11+1	=(A12-0.44)/(A4+0.25)*100	23	=LN(-LN(1-B12/100))	=LN(C12)	=weightings!K9	=F12*D12	=F12*E12	=F12*(D12-C4)*(D12-C4)	=F12*(D12-C4)*(E12-D4)
13	=A12+1	=(A13-0.44)/(A4+0.25)*100	25	=LN(-LN(1-B13/100))	=LN(C13)	=weightings!K10	=F13*D13	=F13*E13	=F13*(D13-C4)*(D13-C4)	=F13*(D13-C4)*(E13-D4)
14	=A13+1	suspended								
15	=A14+1	suspended								
16	=A15+1	suspended								
17		TOTALS				=SUM(F7:F13)	=SUM(G7:G13)	=SUM(H7:H13)	=SUM(I7:I13)	=SUM(J7:J13)

图 A.13 计算小样本估计的电子表

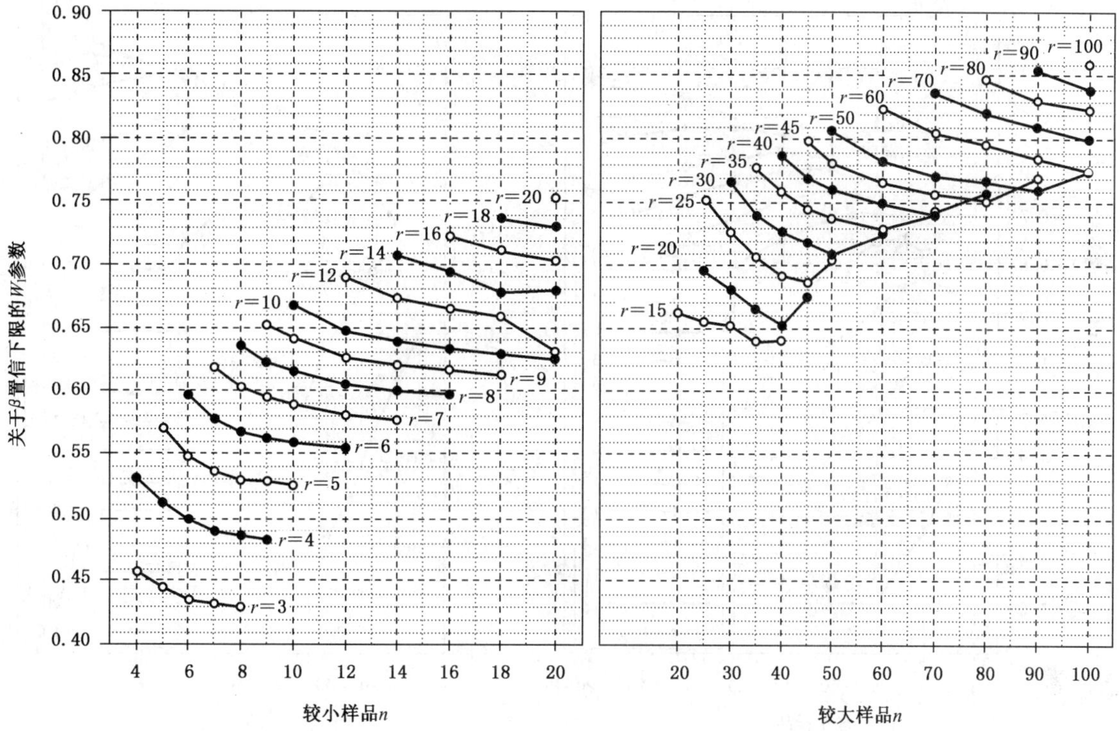

图 A.14 计算 $\boldsymbol{\beta}$,90%置信下限 W_l 因子

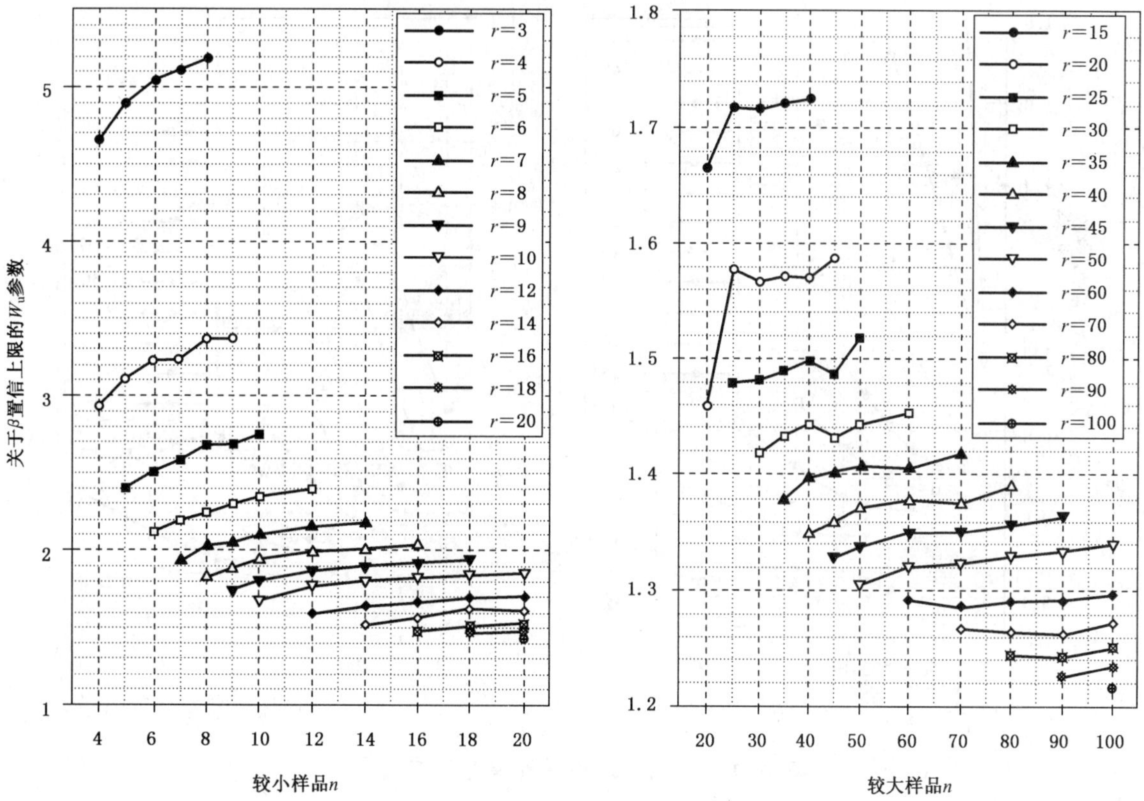

图 A.15 计算 $\boldsymbol{\beta}$,90%置信上限 W_u 因子

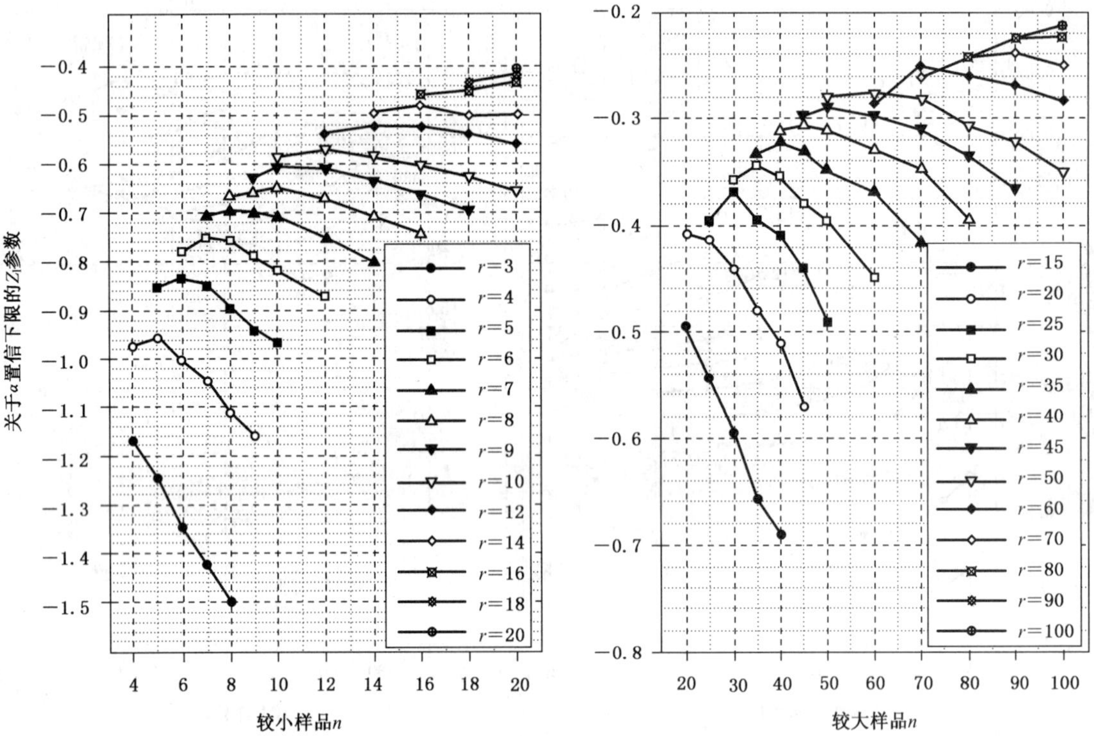

图 A.16 计算 α,90%置信下限 Z_l 因子

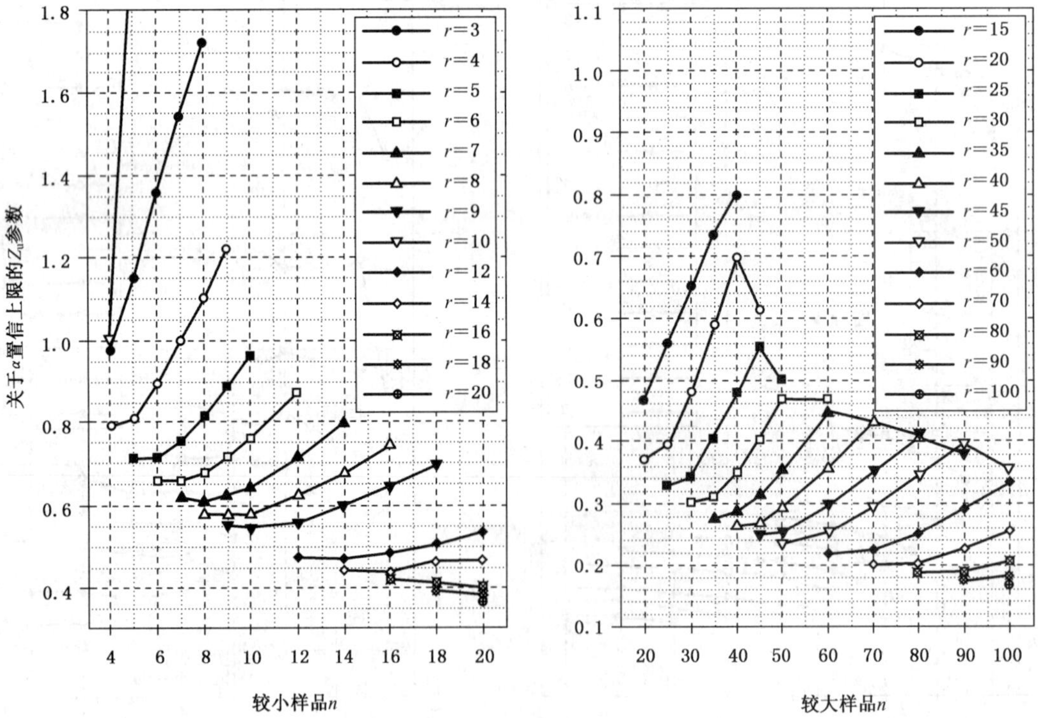

图 A.17 计算 α,90%置信上限 Z_u 因子

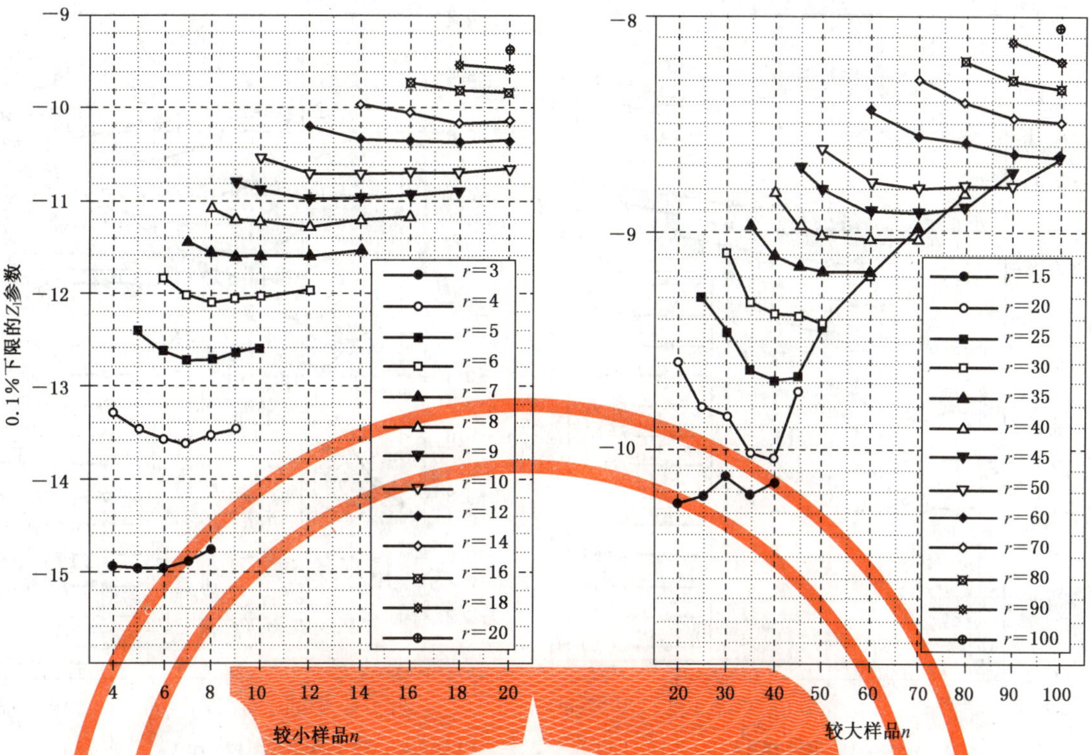

图 A.18 计算 0.1%,90%置信下限 Z_l 因子

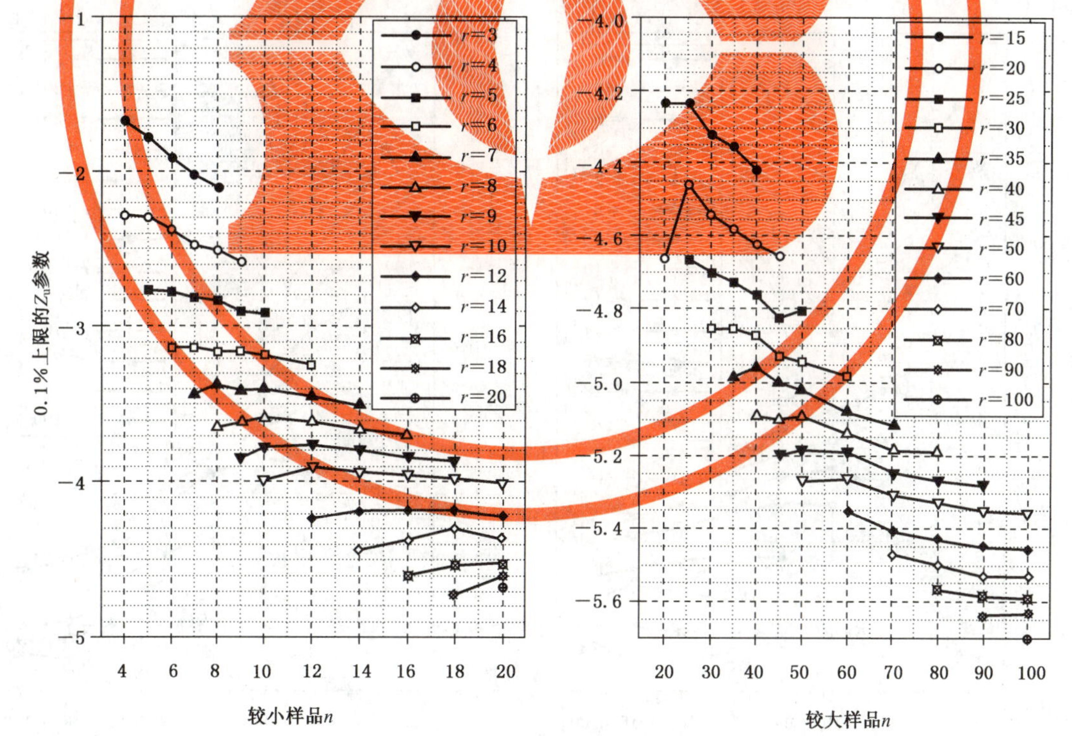

图 A.19 计算 0.1%,90%置信上限 Z_u 因子

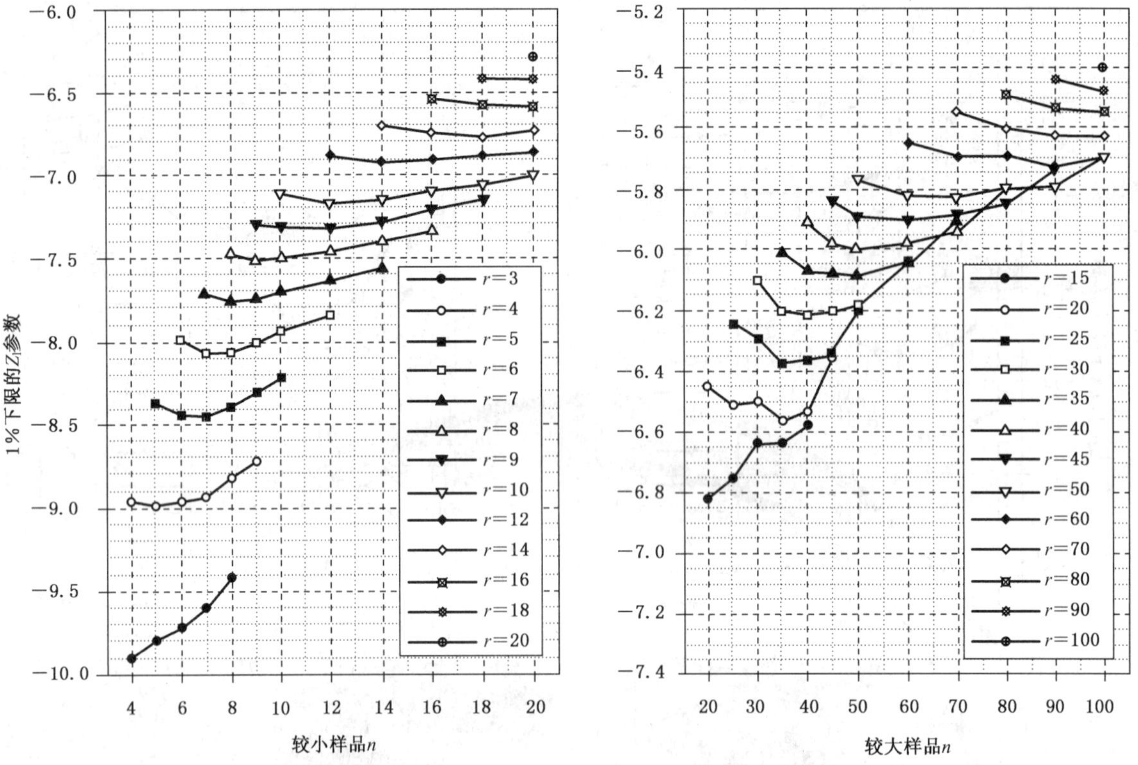

图 A.20　计算 1%,90%置信下限 Z_l 因子

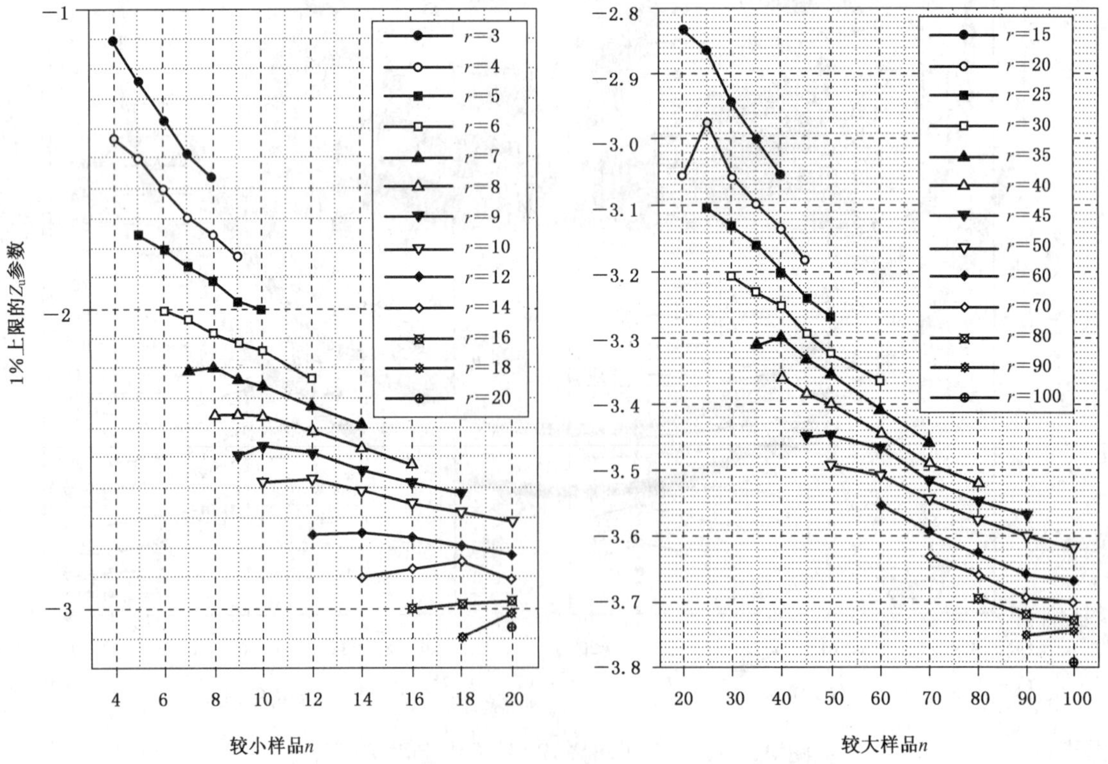

图 A.21　计算 1%,90%置信上限 Z_u 因子

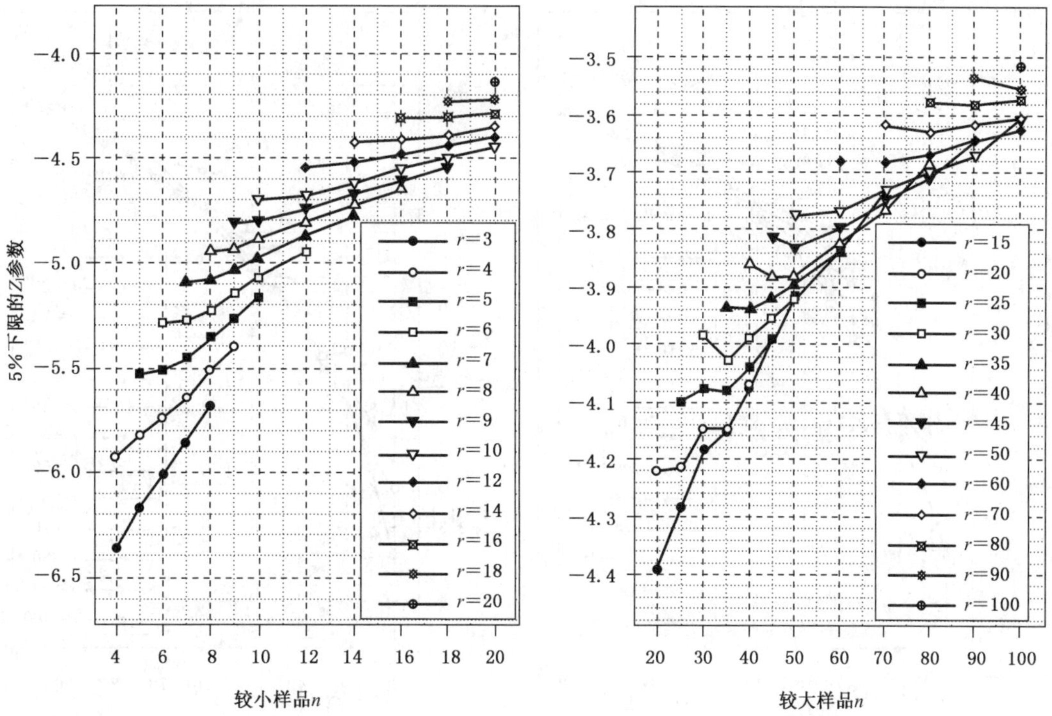

图 A.22　计算 5%,90%置信下限 Z_l 因子

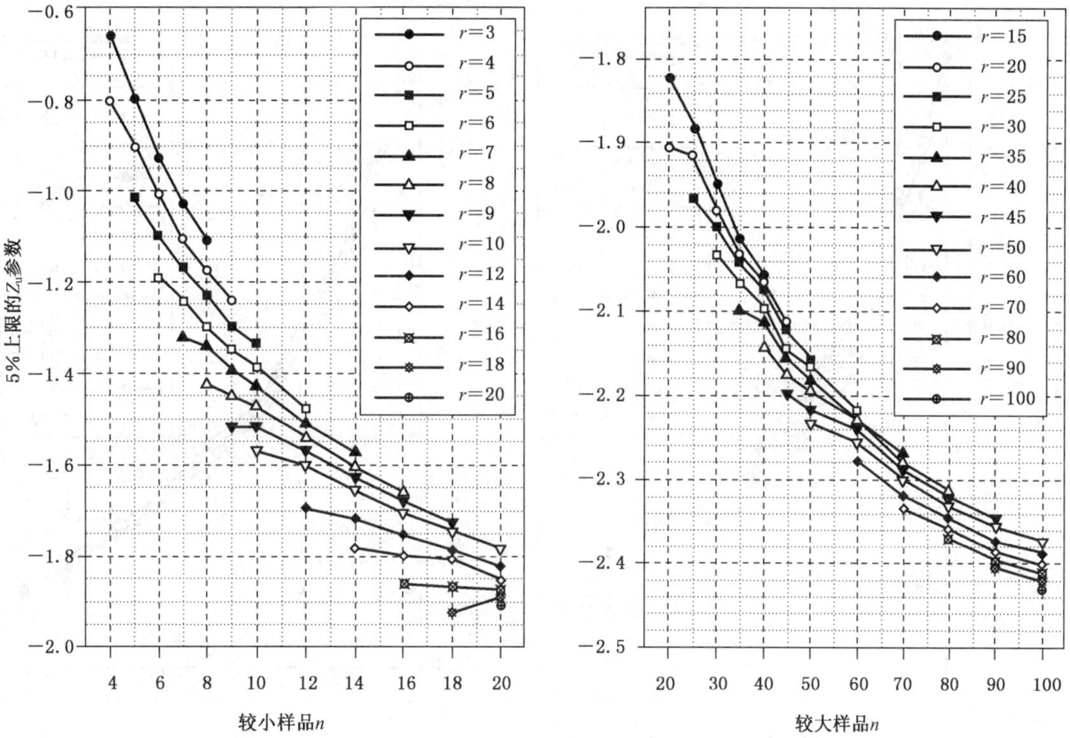

图 A.23　计算 5%,90%置信上限 Z_u 因子

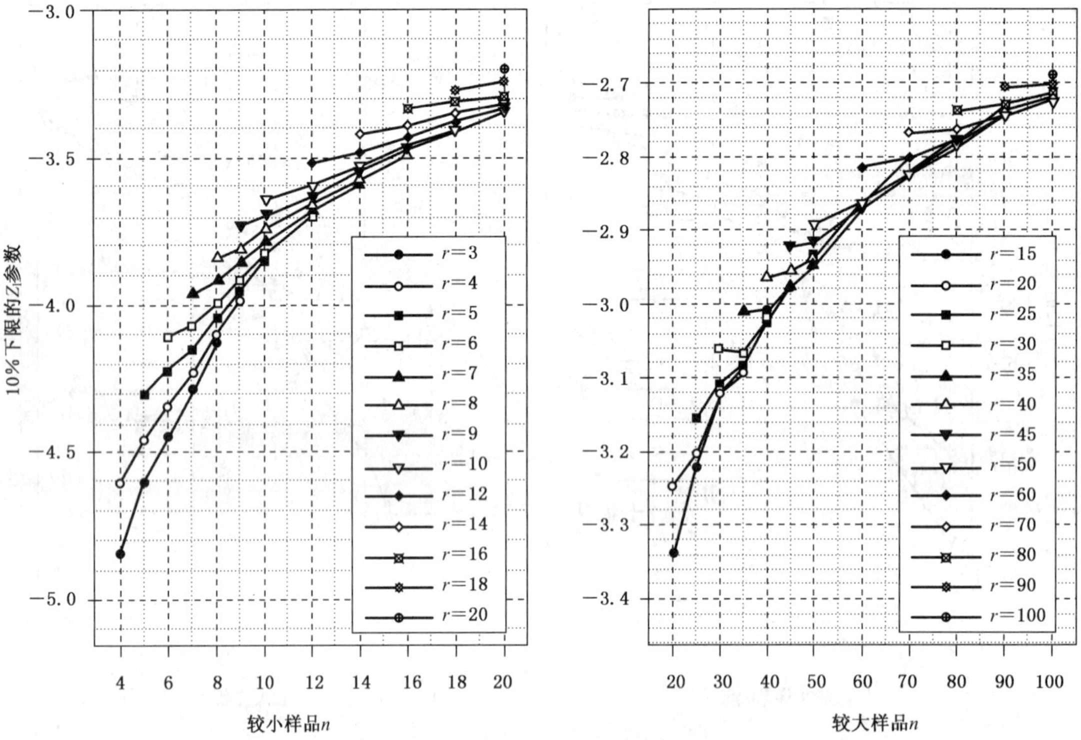

图 A.24　计算 10%,90%置信下限 Z_l 因子

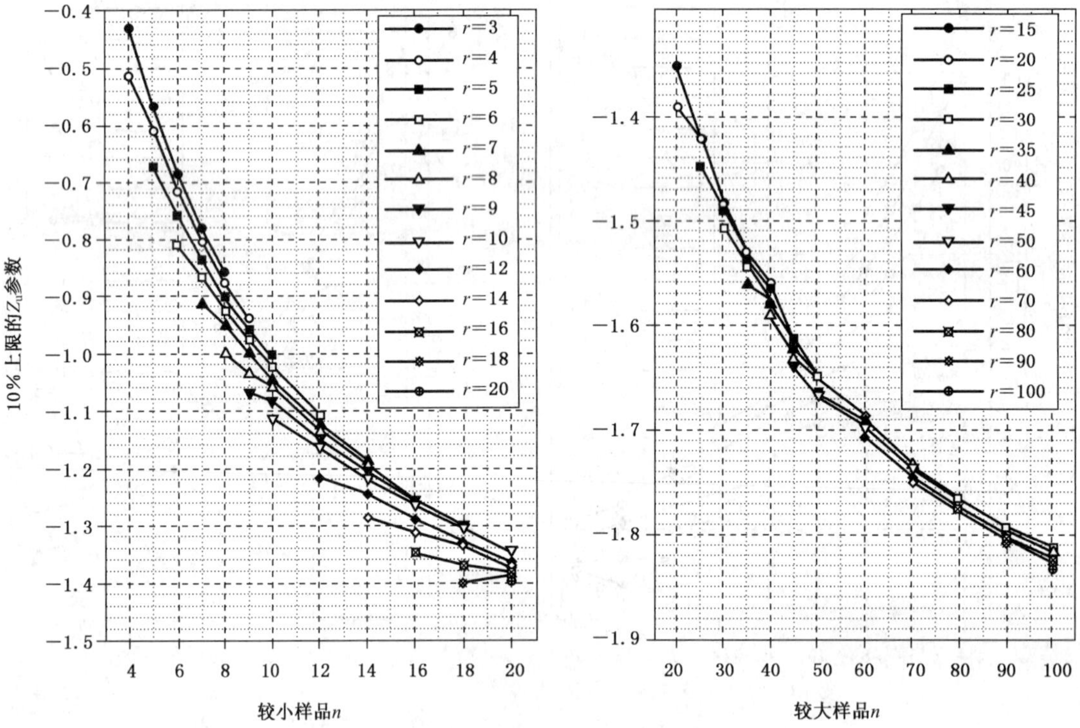

图 A.25　计算 10%,90%置信上限 Z_u 因子

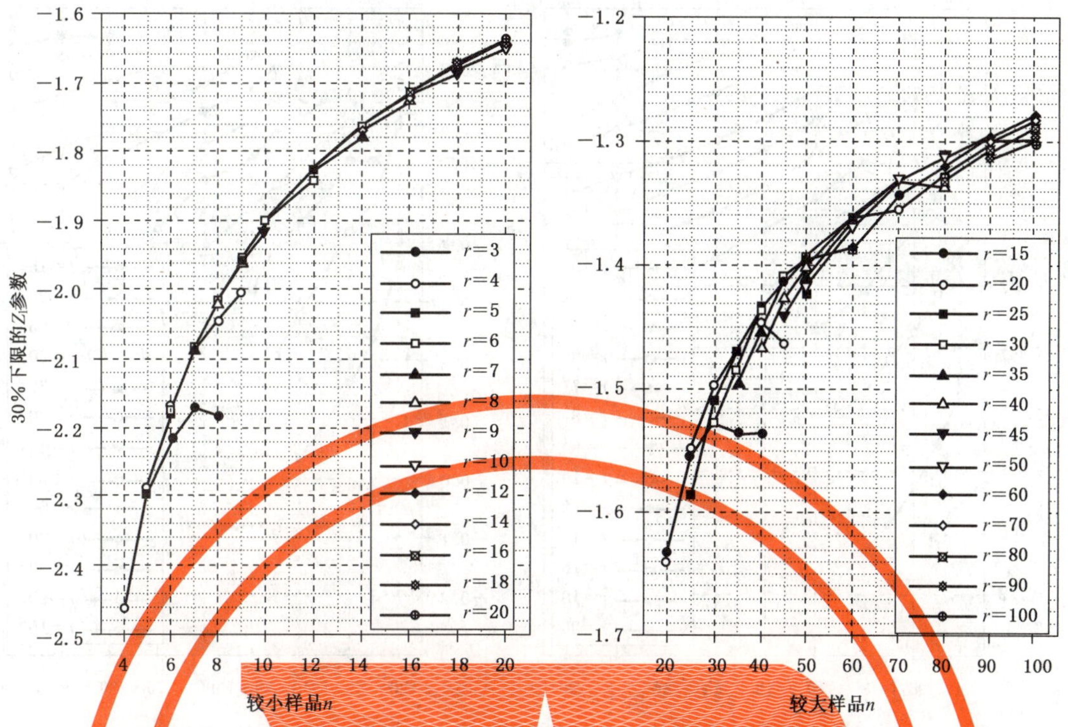

图 A.26 计算 30%,90%置信下限 Z_l 因子

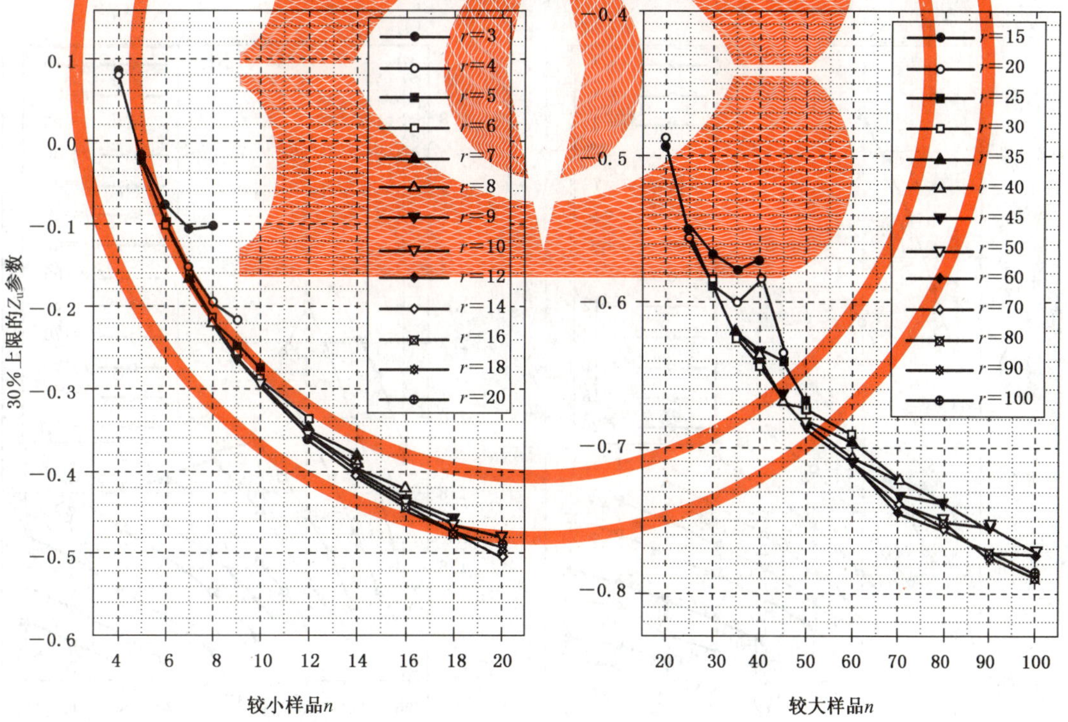

图 A.27 计算 30%,90%置信上限 Z_u 因子

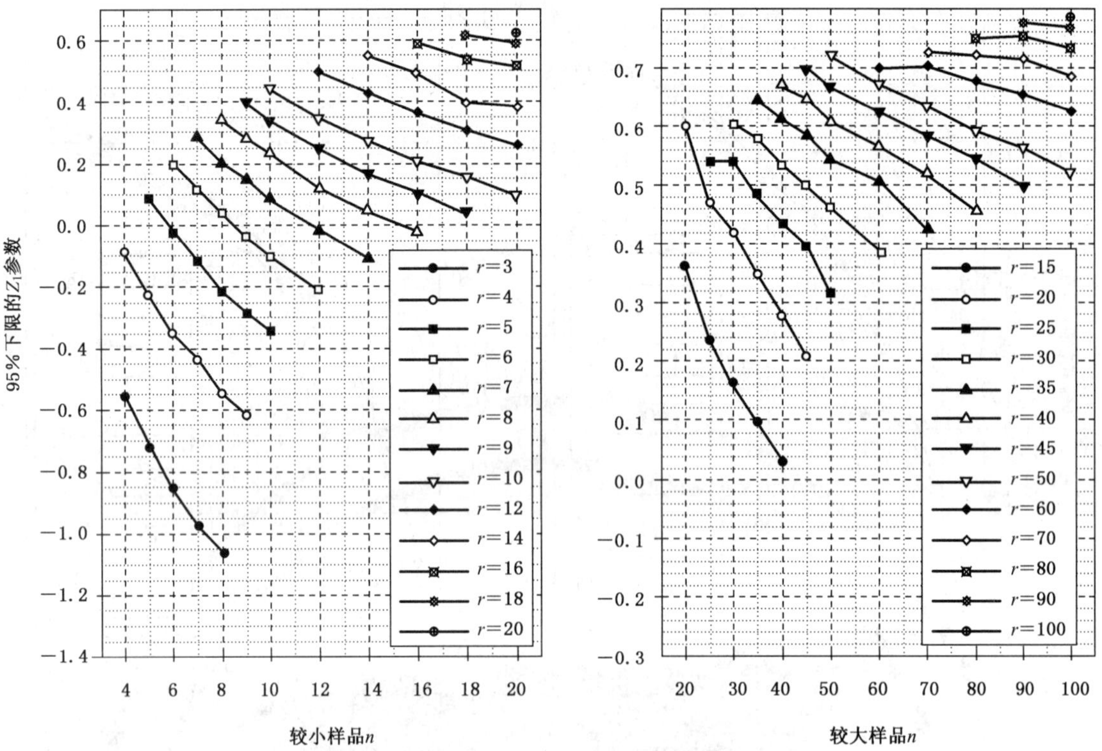

图 A.28　计算 95%,90%置信下限 Z_l 因子

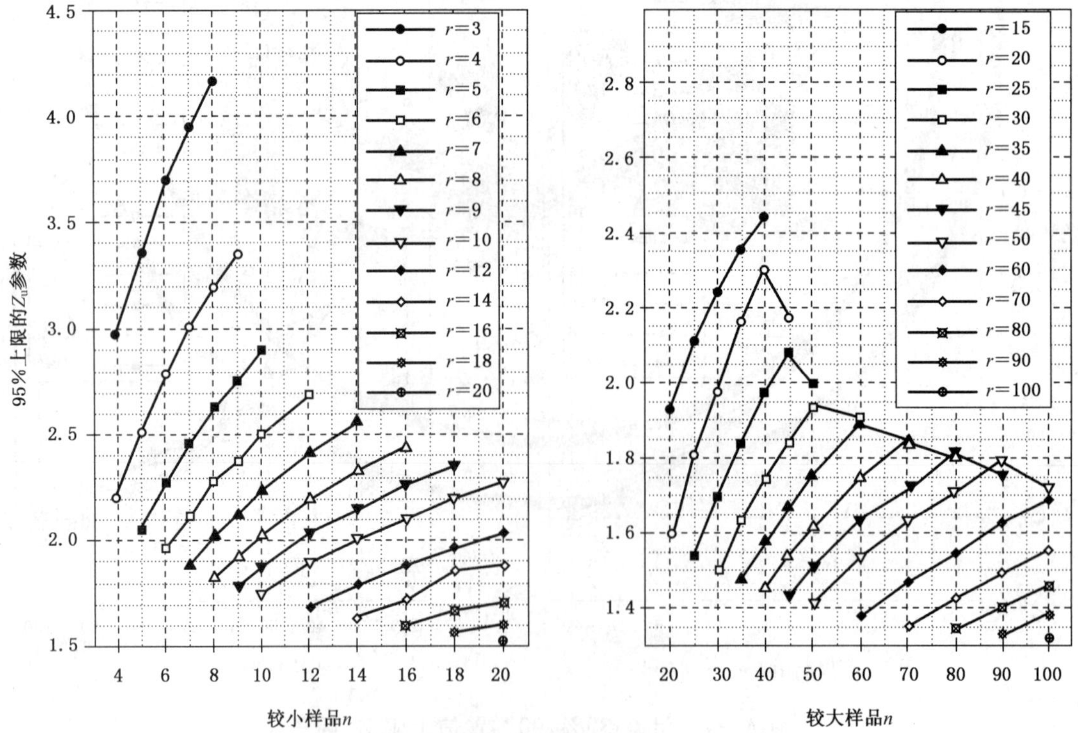

图 A.29　计算 95%,90%置信上限 Z_u 因子

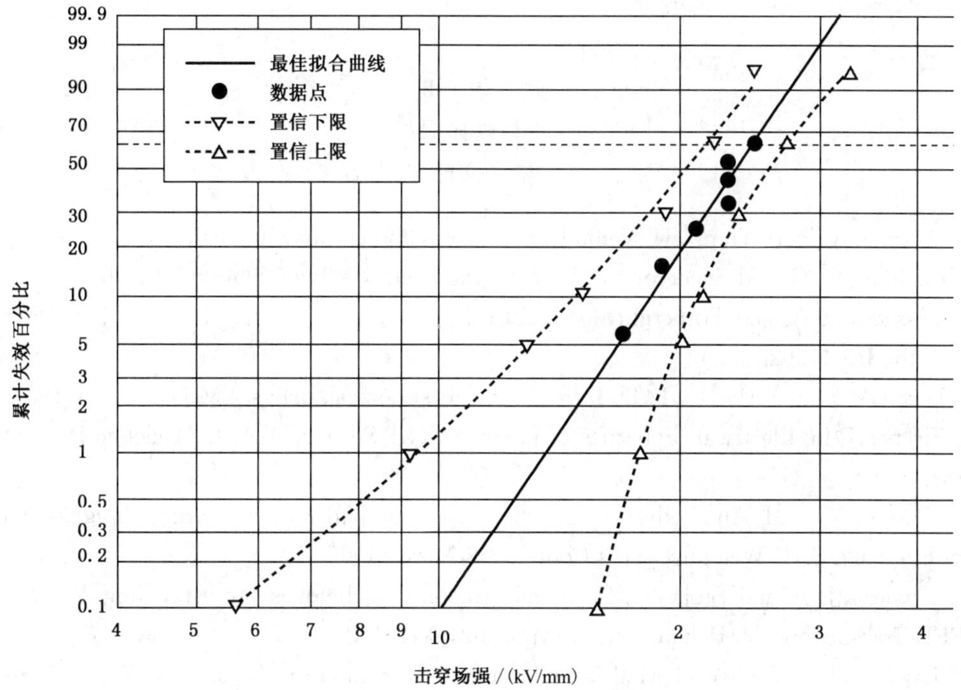

图 A.30　图 A.12 中数据的置信区间的 Weibull 分布

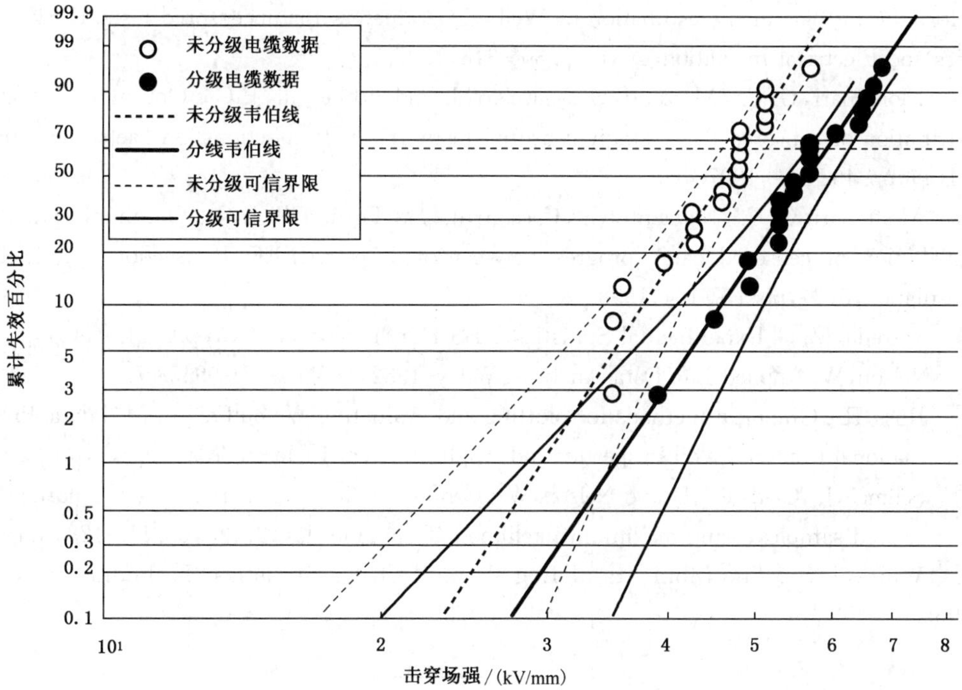

图 A.31　对屏蔽和非屏蔽电缆数据的比较

附　录　B
（资料性附录）
参考文献

[B1]　Abernethy, R. B. The New Weibull Handbook (2nd edition). published by the author, 1996.

[B2]　Cochran, W. G. and Snedecor, G. W. Statistical Methods. Iowa State, 1976, 6th ed.

[B3]　Dissado, L. A. and Fothergill, J. C.. Electrical Degradation and Breakdown in Polymers. Peter Peregrinus for the IEE, 1992.

[B4]　Dixon, W. J. and Massey, F. J.. Introduction to statistical analysis. McGraw-Hill, 1957.

[B5]　Fischer, P in. Electrical properties of polymers (ed. Seanor, D. A.). Academic Press, 1982, Chap. 8, pp. 319-367.

[B6]　Fulton, W and Abernethy, R. B.. A simple method for comparing designs. Are data sets significantly different?. SAE Weibull User's Conference, March 1995.

[B7]　Lawless, J. F. and Stone, G. C.. Some graphical techniques for estimating Weibull confidence intervals. IEEE Transactions on Reliability, R-33, pp. 362, Dec. 1984.

[B8]　Lawless, J. F. Statistical Models and Methods for Lifetime Data. New York: John Wiley and Sons, 1982.

[B9]　Montanari, G. C., Mazzanti, G., Cacciari, J. and Fothergill, J. C.. In search of convenient techniques forreducing bias in the estimation of Weibull parameters for uncensored tests. IEEE Transactions on Dielectrics and Electrical Insulation, 4(3), pp. 306-313, 1997.

[B10]　Montanari, G. C., Mazzanti, G., Cacciari, J. and Fothergill, J. C.. Optimum estimator for the Weibull distribution of censored data: singly-censored tests. IEEE Transactions on Dielectrics and Electrical Insulation, 4(4), pp. 462-469, 1997.

[B11]　Montanari, G. C., Mazzanti, G., Cacciari, J. and Fothergill, J. C.. Optimum estimator for the Weibull distribution of censored data: progressively-censored tests. IEEE Transactions on Dielectrics and Electrical Insulation, 5(2), pp. 157-164, 1998.

[B12]　Natrella, M. G. Experimental Statistics. NBS Handbook, 91, 1966, pp. 2-14.

[B13]　Nelson, W. Applied Life Data Analysis. Wiley, 1982, ISBN 0-471-09458-7.

[B14]　Ross, R.. Graphical methods for plotting and evaluating Weibull distributed data. Proceedings of the IEEE International Conference on Properties and Applications of Dielectric Materials, 1, pp. 250-253, 1994.

[B15]　Schmee, J., Gladstein, D. and Nelson, W.. Confidence limits for parameters of a normal distribution from singly censored samples, using maximum likelihood. Technometrics, 27(2), pp. 119-128, May 1985.

[B16]　White, J. S.. The Moments of Log-Weibull Order Statistics. Technometrics, 11(2), pp. 373-386, 1969.

ICS 29.035.01
K 15

中华人民共和国国家标准

GB/T 29311—2012/IEC/TS 61251:2008

电气绝缘材料　交流电压耐久性评定　通则

Electrical insulating materials—A. C. voltage endurance evaluation—Introduction

(IEC/TS 61251:2008,IDT)

2012-12-31 发布　　2013-06-01 实施

中华人民共和国国家质量监督检验检疫总局
中国国家标准化管理委员会　发布

前　言

本标准按照 GB/T 1.1—2009 给出的规则起草。

本标准等同采用 IEC/TS 61251:2008《电气绝缘材料　交流电压耐久性评价　通则》。

本标准在技术内容上与 IEC/TS 61251:2008 无差异。

与本标准中规范性引用文件有一致性对应关系的我国文件如下：

——GB/T 1408(所有部分)　绝缘材料电气强度试验方法[IEC 60243(所有部分)]；

——GB/T 29310—2012　电气绝缘介质击穿数据统计分析导则(IEC 62539:2007,IDT)。

本标准由中国电器工业协会提出。

本标准由全国电气绝缘材料与绝缘系统评定标准化技术委员会(SAC/TC 301)归口。

本标准负责起草单位：上海电器科学研究院。

本标准参加起草单位：上海电器设备检测所、机械工业北京电工技术经济研究所、深圳市华测检测技术股份有限公司、中国电器工业协会。

本标准主要起草人：张生德、赵超、康骏、管兆杰、刘亚丽、郭丽平、徐江、李波。

电气绝缘材料　交流电压
耐久性评定　通则

1　范围

本标准阐述了电气绝缘材料和系统在电压耐久性试验中涉及的许多因素，描述了电压耐久性曲线，列举了试验方法并解释了试验方法的限制条件，还给出了根据试验结果如何评定绝缘材料和系统的交流电压耐久性的导则及电压耐久性术语。

本标准适用于材料领域，其试验结果或许不能直接适用于绝缘结构的性能。

电压耐久性试验常用于对比和评定在电气系统中各种不同用途的绝缘材料。测定电气绝缘材料和系统的耐交流电压应力的能力是复杂的，许多因素影响电压耐久性试验的结果，因此本标准只试图考虑提出简单设计和分析电压耐久性的统一观点，适用于各种实际案例的某些文件已经存在，其余的正在考虑中。

2　规范性引用文件

下列文件对于本文件的应用是必不可少的。凡是注日期的引用文件，仅注日期的版本适用于本文件。凡是不注日期的引用文件，其最新版本（包括所有的修改单）适用于本文件。

IEC 60243（所有部分）　绝缘材料电气强度试验方法（Electric strength of insulating materials—Test methods）

IEC 62539　电气绝缘介质击穿数据统计分析导则（Guide for the statistical analysis of electrical insulation breakdown data）

3　术语和定义、符号

下列术语和定义、符号适用于本文件。

3.1　术语和定义

3.1.1

电压耐久性　voltage endurance

VE

固体绝缘材料耐电压能力的测量。

注：本标准中，只考虑交流电压。

3.1.2

寿命　life

任意专门系统发生失效或适用性丧失的时间。

3.1.3

电寿命　voltage life

固体绝缘材料在承受恒定电压应力下发生介质击穿的时间。

3.1.4

电压耐久性系数　voltage endurance coefficient

VEC

双对数电压耐久性坐标图中直线斜率的倒数值。

3.1.5

试样　specimen

用于评估一个或多个物理性能值、具有代表性的试验对象。

3.1.6

样品　sample

来自同一生产批次的、一组基本相同的试样。

3.2　符号

c,c':反幂函数模型常数。

E:电应力。

E_0:短时电气强度。

E_S:预应力试样的短时电气强度。

E_t:电气阈值应力。

f:频率。

h,k:指数模型常数。

L:介质击穿时间。

m:简单威布尔分布的尺度参数(单个变量)。

M:一般威布尔分布的尺度参数(两个变量)。

n:符合电压耐久性系数的反幂函数模型应力指数。

n_d:有差异的电压耐久性系数。

n_i:初始电压耐久性系数。

R:尺寸比例。

t:时间。

t_c:恒定应力下的介质击穿时间。

t_0:恒定应力 E_0 下介质击穿时间。

t_p:递增应力的介质击穿时间。

t_{p0}:在应力 E_0 下发生介质击穿的递增应力的介质击穿时间。

$\tan\delta$:介质损耗因数。

β:恒定应力下介质击穿时间的威布尔分布形状参数。

γ:递增应力下介质击穿应力的威布尔分布形状参数。

ν:介质击穿应力值。

ν':介质击穿时间值。

4　电压耐久性

4.1　电压耐久性试验

为了评定绝缘材料及系统的电压耐久性,要测试多个试样在交流电压下的介质击穿时间。实际上,在不同的电压下测试几组多个试样的样品可以揭示施加电压对介质击穿时间的影响。每种样品的平均介质击穿时间是在该电压下测试的所有试样的介质击穿的平均时间,一定百分比的试样的击穿时间是概率相同百分比的介质击穿的估算时间。

数据的统计处理(分析法或者图像法)可以得到附加数据,例如,其他的失效百分比或者置信区间,可能的话也可以确定其分布(例如高斯、威布尔、对数正态分布等)。

4.2 电应力

通常,可以采用电应力(每单位厚度的电压)来代替电压,对于均匀的电场,电应力可通过电压(有效值)除以试样的厚度得出。

如果不是均匀电场,应考虑最大电压值。

4.3 电压耐久性(VE)曲线图

电压耐久性曲线为介质击穿时间与电应力的曲线图,在 VE 图中,纵坐标是电应力,为线性或对数形式;横坐标为介质击穿时间,通常为对数形式。由于电压耐久性曲线可以清晰完整地表述在规定的试验条件下试样的电压耐久性评定,因此,电压耐久性曲线是电压耐久性试验的最终结果。为使试验具最大意义,材料或系统应在相同的厚度下进行对比。

曲线的精确绘制需要在不同的电压下多次试验,并且一些试验需要在导致介质击穿时间长的电压下进行。

电压耐久性图可能是直线也可能是曲线,在后一种情况,它的趋势可以近似为几个直线区域,有时,初始部分为短时低斜率区域,中间部分(可能很长时间)为斜率陡峭的区域,最后部分趋于水平(见图 1)。不同材料或系统的电压耐久性曲线形状可能有很大的变化。

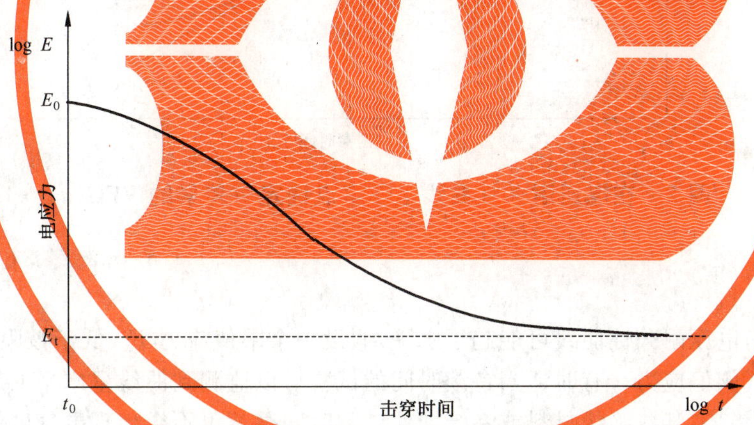

图 1 常规电压耐久性曲线

4.4 短时电气强度

通常短时电气强度通过电压的线性增加进行测量,在本标准中,试验的持续时间约为几十秒到几十分钟。通过比较初始及电压暴露后的电气强度值,短时电气强度试验可用于表征试样的电老化程度。

电气强度试验结果(或递增电压试验)不能直接记录在电压耐久性曲线中,代之按平均电气强度 E_0(或非常接近的 0.8E_0 或 0.9E_0)做相同应力下的恒定电压试验用以测定该恒定应力下的介质击穿时间 t_0,(E_0,t_0)点为 VE 曲线的起点,在 5.5 中给出了此方法的更加详细说明,然而,当使用此方法时,应注意以下事项:

a) 试验应在相同的条件(温度、湿度等)、相同的试验单元和采用相同的试验方法下进行;

b) 应检查并记录被试试样和试样介质击穿的条件,以备后续试验结果分析所用,试样介质击穿的条件应保证在高应力下的失效模式与其他试样在较低应力下的失效模式一致。

4.5 电压耐久性系数(VEC)-n

电压耐久性曲线的斜率是材料或系统对电应力响应的反映，n 是无量纲参数。对低斜率的电压耐久性曲线，应力的很小下降会使寿命大幅度提高。斜率的倒数与式(1)中的指数 n 值一致，VEC 值大未必具有高的电气强度。如果材料的短时电气强度高足以弥补电压耐久性的不足，可能会出现在相同应力下低 VEC 材料的介质击穿时间长，在认为材料具有高的电压耐久性之前，n 值应与高的平均电气强度有关。而最重要的是长期保持可用的电气强度。

4.6 有差异的 VEC(n_d)

如果电压耐久线在双对数坐标系中是曲线，曲线的斜率可以通过任一点的切线进行测量。根据第5章中描述的寿命模型，对于任何电应力，且对于曲线上任意一点，有差异的电压耐久性系数 n_d 为该点上曲线斜率的倒数值(见图2)。

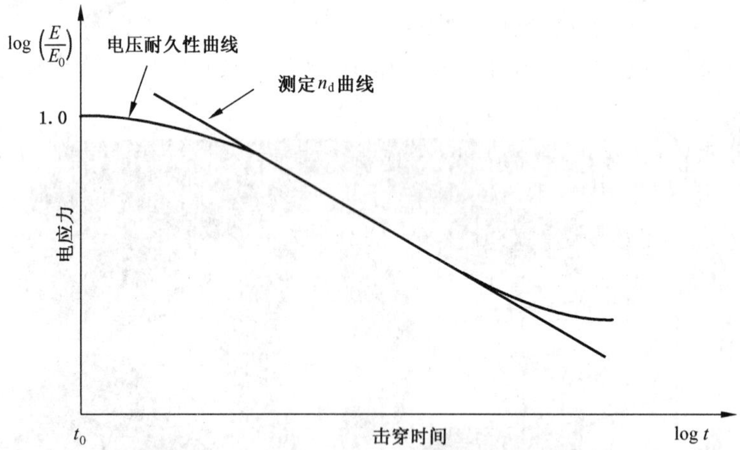

图2 在电压耐久性曲线上任意点确定有差异的 VEC(n_d)

4.7 电气阈值应力(E_t)

随着应力下降，电压耐久性曲线可能趋于水平，假设一个限值应力 E_t，低于该限值时电老化可以忽略，该限值称为电气阈值应力。有时适当持续时间的试验可以监测到曲线呈水平的趋势，然而试验不是总能成功呈现这种趋势，某些绝缘材料或系统即使试验时间很长也不会出现电气阈值应力。

4.8 电压耐久性关系

电压耐久性关系是电压寿命的数学模型，即电应力和介质击穿时间的关联公式，该式可通过 VE 曲线来图示。如果在双对数图上该曲线为直线，则式(1)为：

$$L = cE^{-n} \quad \cdots\cdots(1)$$

式中：

L ——介质击穿时间；

E ——电应力；

c 和 n 是取决于温度和其他环境条件的常数。

式(1)为所谓的反幂函数模型，即电压-寿命模型，通常用于处理固体电气绝缘电压耐久性数据。当在两个电应力下的介质击穿时间的数据可用时，可以采用该模型按式(2)估算 n 值。

$$\frac{L_1}{L_2} = \left(\frac{E_1}{E_2}\right)^{-n} \quad \cdots\cdots(2)$$

如果电压耐久性试验数据在双对数坐标纸没有形成一条直线，运用反幂函数模型是不正确的；如果曲线靠近电气阈值应力 E_t，建议使用其他的模型，其中有如式(3)所示：

$$L = c'(E - E_t)^{-n} \quad \cdots\cdots (3)$$

如果 E_t 趋于 0，式(3)为反幂函数模型，当短期和中期数据在双对数坐标系中拟合成一条直线时，最好使用式(3)。此外还有另一个模型见式(4)：

$$L = \frac{k\exp(-hE)}{E - E_t} \quad \cdots\cdots (4)$$

此模型源自简单的指数模型，$E > E_t$ 时，在半对数坐标系中近似于一条直线，当 E 接近 E_t 时，介质击穿时间将会趋于无穷大。在式(3)和式(4)中，常数 c'、n、k、h 和 E_t 取决于温度和其他环境条件。

式(3)和式(4)能用来生成两个新的方程，解释任意两个点(L_1，E_1)和(L_2，E_2)之间的电压耐久性曲线的趋势，方程见式(5)和式(6)：

$$\frac{L_1}{L_2} = \left(\frac{E_1 - E_t}{E_2 - E_t}\right)^{-n} \quad \cdots\cdots (5)$$

$$\frac{L_1}{L_2} = \frac{\exp\{-h(E_1 - E_2)\}}{(E_1 - E_t)/(E_2 - E_t)} \quad \cdots\cdots (6)$$

在双对数曲线图上对于具有直线或直线段的电压耐久性曲线的公式为式(1)和式(2)，当在双对数或半对数坐标图上以近似于线性趋势趋于阈值时，公式为式(3)、式(4)、式(5)和式(6)。

通过取对数，反幂函数模型变为如式(7)所示：

$$\ln(L) = \ln(c) - n\ln(E) \quad \cdots\cdots (7)$$

在双对数坐标系中式(7)为电压耐久性直线方程，其斜率为 $-1/n$。由于斜率的倒数值等于 VEC，故 VEC 也能表示反幂函数模型的指数 n。

5 试验方法

5.1 引言

本章描述了进行电压耐久性试验的不同方法。讨论了施加电压方式(恒定或随时间增加)、频率(运行频率或更高)和试验中断时间(介质击穿时间或进行破坏性诊断试验的较短时间)的差异。

通常，不管上述参数如何选择，老化单元的类型或试验对象可以相同，但对于施加电压频率的选择，应使得介质损耗或局部放电产生的热量引起的温度上升小于 10 K。

在测试材料时，老化单元或被试对象的施加应力最好是均匀的，这可以通过在边缘经圆弧过渡的具有平整表面的电极获得。为了避免试样表面局部放电，只在电极接触的区域内，试样表面要经过金属化处理。此外，为了避免沿试样表面出现闪络，试样要远离电极边缘适当的距离。如果预先试验表明在一段时间之后，由于局部放电造成电极周围试样表面的损坏而无法避免闪络，这时应将电极插入与试验材料的介电常数相近的介质中。

试样的形状及加工工艺取决于试验目的。对于研究目的，已进行了以空穴尺寸和形状为目的的内部降解研究，但这不是本标准的范围。对于外部放电造成的材料降解的评定与比较应按 IEC 60343 的规定。

对于绝缘系统，被试对象应充分考虑实际运行的状况。

5.2 恒定应力试验

5.2.1 常规电压耐久性试验

在恒定应力试验中，试验期间施加在试样上的电压幅值保持不变。通常所选择的电压幅值使试样介质击穿的平均时间在几十到几千小时之间。特别是在低电压下，某些试样的介质击穿时间太长，等到样品中的所有试样都发生介质击穿是不实际的，在这种情况下，当大部分试样发生介质击穿后，中止试验，并采用截尾数据统计方法(见 IEC 62539)进行处理。

通常，选择 3 或 4 个不同电压进行试验，提供 3 或 4 个数据绘制电压耐久性曲线，常常 4 个点也不足以显示曲线的曲率，但超过 4 个电压点的试验数据是不经济的。

数据与直线的拟合可以通过回归分析来建立(见 IEC 62539)，如果认为拟合程度不合理，电压耐久性曲线可拟合成其斜率负倒数为 VEC 的一条直线。如果曲线成弯曲形，斜率为有差异的 VEC 值平均。

对于任何试验电压，与不同概率函数相拟合的介质击穿时间都可以测试。如果数据符合威布尔分布，试验数据呈现为直线(按威布尔坐标)，直线的斜率为分布的形状参数 β(参见附录 A)。在不同电压下以相同方式进行的每个试验可以核查常数 β。

5.2.2 诊断测试

在试验期间可以检测如 $\tan\delta$ 或局部放电诊断量，当在不同电压下获得的 $\tan\delta$ 或局部放电对时间的曲线可比时，可建立相似的电压耐久性曲线，这有助于了解老化行为，并且可以预测其他样品电压耐久性曲线的走势，如果没有这样的对比，通过 $\tan\delta$ 或者局部放电进行诊断测试，诊断老化状态的结论通常是不可信的。

为了评价试样的老化状态，对保持不失效或在一定的老化时间后的试样要进行短时电气强度测试。因此短时电气强度可作为一个测试由电应力造成的老化程度的诊断量。

为了深入研究老化过程，可以借助于化学和微观分析，其结果通常与宏观变量有关，例如短时电气强度、导电率、$\tan\delta$ 等。

5.2.3 电气阈值检测

在长时间老化暴露后，各试验点有时表明电压耐久性曲线趋于水平，此外，许多电压耐久性研究报告表明在较低的应力下的失效时间比在较高应力下以趋势外推法所期望的失效时间要长，这些结果表明存在电气阈值，也为阈值(E_t)存在提供试验数据。

通过提高频率的试验可以检查电压阈值，如 5.3 所示。另一种方法是在低应力下评定电压耐久性曲线趋势，如 5.6 所述。温度影响阈值应力，通常温度升高阈值降低。温度高于室温时，电压耐久性曲线通常向图的左边位移，并且在相同的电应力下介质击穿时间较短。电压耐久性试验通常在室温下进行，而在较高温度下的试验可以提供有关电压耐久性的曲线形状，特别是有关阈值的存在且其取决于温度的信息。

5.3 高频率下试验

有时通过提高施加电压的频率来减少试验时间，工频 f 下的介质击穿时间 L_f 可以通过试验频率 f_h 下的介质击穿时间 L_h 推导出来，见式(8)：

$$L_f = L_h \frac{f_h}{f} \quad \cdots\cdots(8)$$

但式(8)的有效性没有证明，特别是如果测试频率高于工频 f 的 10 倍时。有时发现加速正比与频率比的幂值高于 1，这可能是在高频下材料受到的不同应力条件引起的。众所周知，介电常数和 $\tan\delta$ 取决于频率和温度，因此与频率、介电常数和 $\tan\delta$ 乘积成正比的介质发热量会影响介质击穿时间，此外，微小间隙的局部放电或材料内部和/或试样表面的缺陷在不同的频率下有不同的影响。为了确定在各种不同试验条件下的相互关系，必须进行对比试验。在高应力和低应力下的相互关系可能有所不同。因此，在解释加速频率试验时应非常谨慎。

如果存在阈值应力，低应力下的高频试验可以提供迹象。如果工频测试的结果表明可能存在一个阈值，高频试验可以在一个略低于该可能的阈值电压下进行。如果在该电压下的介质击穿时间比在较高电压下根据式(5)的电压耐久性曲线趋势得到的击穿时间长，可以确定该阈值的存在。

5.4 递增应力试验

在递增应力试验中，施加在每个试样上的应力幅值随时间增加。对于所有试样的应力上升速率应相同，但是不同样品的应力递增速率应改变，以得到递增应力下的电压耐久性曲线(见图3)。

这意味着，可以使用介质击穿电压的中值或者其他百分比的数值，在该试验中，所有试样要失效。由于可在低追加成本下获得大量的数据信息，数据统计处理是特别有用的。如果与每个试样有关的数据符合威布尔分布，则相应的点在威布尔坐标纸上就拟合成一条直线，直线的斜率为威布尔分布的形状参数 γ[见式(A.2)和式(A.3)]。注意如果在不同的电压递增速率下的 γ 是一样的，VEC 可以从 γ 和 β 比值推导出来[见式(A.4)]。因此，在对材料和系统的电压耐久性试验中，在试验电压范围内我们期望有恒定的 VEC。为了在开始恒定应力试验前确定 γ，较好的办法是递增应力试验。理论上可以推导出 VEC，允许对 VEC 值和试验的合适持续时间进行核验。

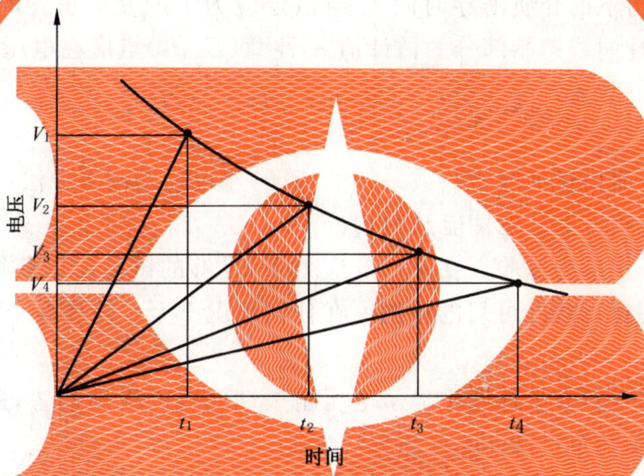

图3 递增应力下的电压耐久性曲线

当对不同面积或体积的试样的试验结果要报告时，对 γ 值的认知是非常重要的。在相同的电应力下，介质击穿概率确实随试样尺寸的增大而增加。比如对给定介质击穿概率的试样，为了查阅已经获得不同尺寸的试样数据，知道概率、应力和尺寸之间的关系就是必要的。在威布尔分布有效的情况下，不同尺寸的两个元件1和2在对应于相同介质击穿概率下的应力 E_1 和 E_2 的比值通过式(9)给出：

$$\frac{E_1}{E_2}=R^{1/\gamma} \quad \cdots\cdots(9)$$

式中：

R——尺寸比率，即元件1和2的尺寸比例(面积或者体积)[见式(A.2)]。

递增应力试验的数据通常比恒定应力试验的数据分散性小。如果电压耐久性曲线在双对数坐标图中是直线，对于递增应力直线的斜率也是一样的。递增应力试验数据和恒定应力试验数据之间的关系通过式(10)给出：

$$t_p=t_c(n+1) \quad \cdots\cdots(10)$$

式中：

t_p，t_c——分别为相同应力下递增应力和恒定应力的介质击穿时间；

n——VEC。

n 值通常在8～15之间，t_c 远小于 t_p。递增应力下的介质击穿时间与恒定应力下的通常较小的介质击穿时间具有对应关系，因此，递增应力试验只在短期评定电压耐久性系数中有用。如果电压耐久性系数不是常数，从递增应力试验数据预测恒定应力下的介质击穿时间是不可能的。在任何情况下，从递增应力试验无法获得被试材料的长期运行状况信息，更不必说阈值了。

5.5 确定电压耐久性曲线初始部分的预先试验

在某些情况下，预先试验对于测定电压耐久性曲线的初始高压部分以及对 n 的初步估计是有用的。这些试验为以后设计低压试验提供数据，包括：

a) 递增应力试验或者类似于一个短时电气强度试验的分步电压试验，试验中的平均介质击穿电压为 E_0，失效不能是闪络，而应与在低电压和长时间情况下得到的介质击穿相似，在该试验中的介质击穿时间可能长于 GB/T 1408 中的建议值；

b) 在应力 E_0 或者接近 E_0 的恒定应力试验，在试验过程中电压必须升至 E_0，而且没有过电压；时间 t_0 应该从电压为 E_0 的时候开始测量；使用一个零交叉开关启动试验和用一个计数器计算介质击穿的交流周期数；

c) 可在略低于 E_0 作恒定应力试验，比如 $0.9E_0$、$0.8E_0$。

根据式(10)，递增应力下的介质击穿时间 t_p 与恒定应力下的介质击穿时间 t_c 的理论比值为($n+1$)，可由此计算电压耐久性曲线初始部分的估计值 n，注意(E_0，t_0)点应在电压耐久性曲线上。

5.6 建议的试验方法

为了从电压耐久性全面描述绝缘材料或系统的特征，建议采用以下方法：

a) 在 5.4 提到的高应力下预先性能试验；

b) 在低应力下的恒定应力试验。在不同的应力下，足够的试验可以获得电压耐久性曲线而得到对被试材料长期运行状况可靠的预测。在任何情况下至少需要 3 个测试电压。其他的诊断测试也是有用的。

当被试材料或系统在双对数坐标图中显示电压耐久性曲线的线性趋势，递增应力试验和低的电压升高速率对核对 VEC 是有用的。

如果曲线显示出阈值应力的倾向，在低于预期阈值应力的 5%下进行试验，经数千小时后停止，接着做一个短时电气强度试验，这个对核实阈值存在是一个有利的工具。如果实际施加的电压低于阈值，会发现电气强度不会下降。

6 电压耐久性的评定

6.1 VEC 的重要性

通过分析常规电压耐久性曲线，清楚表明在同样的纵坐标(E/E_0)值以及其他参数相同时 VEC 越大介质击穿时间越长。换言之，当相同的 E_0 百分值应力施加于具有不同 VEC 的两种材料时，VEC 大的材料介质击穿时间较长。因此，VEC 是绝缘材料电压耐久性评定的重要参数。

因为电压耐久性线可能是曲线，因此 VEC 不是常数，说明测试 VEC 的应力范围是重要的，如果没有证明 VEC 是常数，应报告其平均值。在曲线的情况下，4.6 中描述了有差异的系数 n_d，测试 n_d 的应力范围应提供补充说明。

值得注意，n_d 给出了曲线实际斜率的直接信息。因此，如"应力从 E_0 降低到 $0.5E_0$，n_d 从 15 降到了 8"的说明是描述在此应力范围内电压耐久性曲线的有效方法。

6.2 电气阈值应力的重要性

如果考虑的材料或系统出现一个技术上感兴趣的电气阈值应力(即电气阈值应力不太低以至它的

实际重要性可以忽略)，此阈值应力在电压耐久性试验中成为一个有用的因素。

6.3 数据分散性和精度要求

当施加于材料或系统的应力高于阈值应力，可用 IEC 62539 中描述的方法，通过统计处理来计算介质击穿的风险，为了获得有效的统计结果，必须满足以下要求：

a) 测试试样应随机来自大批量的产品(来自相同的制造工艺)；

b) 测试试样厚度的一致性和均匀性；

c) 每个试样用作同一的测试单元或测试目的，每一试验或从一个试验到另一个试验期间周围的环境条件没有大的改变。

在很多情况下，很低介质击穿概率的电压耐久性曲线比平均值或中值概率的电压耐久性曲线更受关注。因其除了核验线性趋势外，通常还可使用威布尔分布，运用试验数据统计处理的方法计算低概率下的介质击穿时间。

介质击穿时间的平均值或中值与低概率下的介质击穿时间的差异是被试材料固有介质击穿时间的分散函数。通过增加试样数量或每组试样击穿的数量可以得到合理可信的更精确的分散性估计和低概率介质击穿时间。

为了对试验精确性有直接的看法，在电压耐久性曲线上对每个从试验确定的点的置信区间都应标出。

F-试验对核实数据偏离线性容差是有效的，但需要跨越几十年的数据。电压耐久性系数值越大，为了精确所需求的数据量也就越多。

6.4 结果的表示

为了对材料的电压耐久性进行完整评定，应绘制出电压耐久性曲线图(最好对应不同百分比)，包括置信区间。但要得到电压耐久性曲线是很难的，而且是不经济的，长期时间跨度又很难以可信的方式绘制出电压耐久性曲线图。虽然如此，电压耐久性曲线应同试验报告一起完成。试验报告应包括所有有助于理解该图的必要数据和可靠性。试验报告应包括以下部分：

——材料的唯一性识别；

——试样的形状和厚度；

——制备工艺；

——试样的处理条件(如有)；

——电极的形状和尺寸；

——试验方法和试验装置；

——递增应力试验的升压速率；

——试验电压的频率；

——试验试样附近的空气温度；

——每个试验电压的测试试样的数量；

——图中每个点的分散性或者置信区间；

——其他有意义信息。

如果试验结果是以电压耐久性系数的形式给出的，那么曲线应该满足线性要求。如果曲线不满足线性要求，应该提供 n_d 和与其相应的应力范围。

应说明统计分析类型，如果可能，应绘出图形。满足任何特殊种类的电压耐久性试验的特殊条件应通过专门的文件来说明。

附 录 A
（资料性附录）
威布尔分布

A.1 介质击穿时间的威布尔分布

介质击穿时间的二参数威布尔分布通常表示如式(A.1)所示：

$$P(t)=1-\exp\left[-\left(\frac{t}{\alpha}\right)^{\beta}\right] \qquad \cdots\cdots(A.1)$$

式中：

$P(t)$——时间 t 介质击穿概率；

β ——形状参数；

α ——相对于 $P(t)=1-1/e=0.632$ 的时间。

通过两次取对数可得式(A.2)：

$$\ln\ln[1/(1-P)]=\beta\ln(t/\alpha) \qquad \cdots\cdots(A.2)$$

以 $\ln\ln[1/(1-P)]$ 对 $\ln(t)$ 作图即得斜率为 β 的直线。

威布尔坐标纸是根据这样的坐标系刻度而特制的坐标纸。

A.2 介质击穿应力的威布尔分布

介质击穿应力的威布尔分布通常表示如式(A.3)所示：

$$P(E)=1-\exp(-mE^{\gamma}) \qquad \cdots\cdots(A.3)$$

式中：

γ——形状参数；

m 与尺寸比率 R 成比例(见 5.4)。

在威布尔坐标纸上，可以得到斜率为 γ 的直线。

如果不同尺寸的两个元件受到不同的应力 E_1 和 E_2，它们的介质击穿概率 P 相同，则有式(A.4)：

$$1-P=\exp(-m_1E_1^{\gamma})=\exp(-m_2E_2^{\gamma})=\exp(-Rm_1E_2^{\gamma}) \qquad \cdots\cdots(A.4)$$

根据式(A.4)，很容易推导出 5.4 中的式(10)。

A.3 介质击穿应力的广义威布尔分布

介质击穿时间和应力的广义威布尔分布如式(A.5)表示：

$$P(t,E)=1-\exp(-Mt^{\beta}E^{\gamma}) \qquad \cdots\cdots(A.5)$$

式(A.5)中 E 为常数时，式(A.5)可转化为式(A.1)；t 为常数时，式(A.5)可转化为式(A.3)。对于递增应力($E=\rho t$)，见式(A.6)：

$$t^{\beta}E^{\gamma}=\rho^{\gamma}t^{(\beta+\gamma)}=\frac{E^{(\beta+\gamma)}}{\rho^{\beta}} \qquad \cdots\cdots(A.6)$$

因此，在递增应力试验中，威布尔坐标纸上概率对应力的直线的斜率为($\beta+\gamma$)而不是 γ。

然而，通常情况下 γ 远大于 β，因此($\beta+\gamma$)和 γ 之间的差距小到可以忽略(γ 数量级为 10 或者更大，

β在1和2之间)。

A.4 介质击穿时间的反幂函数模型

如果在不同的应力下得到的试验数据适用相同的威布尔分布(形状参数β和γ为常数),在恒定介质击穿概率为$\overline{P}$时的线性方程见式(A.7):

$$1-\overline{P}=\exp(-Mt_{\mathrm{f}}^{\beta}E^{\gamma}) \quad \text{(A.7)}$$

式中:

t_{f}——概率$\overline{P}$的介质击穿时间。

从式(A.7)中可以得到以下关系:

$$t_{\mathrm{f}}^{\beta}E^{\gamma}=\text{常数}$$

因为β和γ为常数,则可得式(A.8):

$$t_{\mathrm{f}}=C/E^{\gamma/\beta} \quad \text{(A.8)}$$

式(A.8)为介质击穿时间的反幂函数模型,设$n=\gamma/\beta$。

因此,在给定范围内的威布尔分布的有效性证明了在相同应力范围内介质击穿时间反幂函数模型的有效性,反之亦然。

然而,必须注意的是β和γ为统计参数,而n不是。在某一给定的应力范围内常数n说明了在此范围内任何应力下的介质击穿机理是一致的。仅在这样的情况下,递增应力才可以应用并用于转换为式(A.9):

$$t_{\mathrm{p}}=t_{\mathrm{c}}(n+1) \quad \text{(A.9)}$$

参 考 文 献

[1] IEC 60343 Recommended test methods for determinig the relative resistance of insolating materials to breakdown by surface discharges test methods

ICS 29.120.50
K 31

中华人民共和国国家标准

GB/T 29312—2012

低压无功功率补偿投切装置

Low-voltage reactive power compensation switchgear component

2012-12-31 发布 2013-06-01 实施

中华人民共和国国家质量监督检验检疫总局
中国国家标准化管理委员会 发布

前　言

本标准按照GB/T 1.1—2009给出的规则起草。

本标准由中国电器工业协会提出。

本标准由全国低压成套开关设备和控制设备标准化技术委员会(SAC/TC 266)归口。

本标准起草单位:天津电气传动设计研究所、深圳市华冠电气有限公司、川开电气股份有限公司、国家电控配电设备质量监督检验中心、湖北省电力试验研究院、哈尔滨特通电气有限公司、成都市产品质量监督检验院、江苏斯菲尔电气股份有限公司、上海电气集团股份有限公司输配电分公司、九川集团有限公司、天津天传电控配电有限公司、中国质量认证中心、苏州爱知电机有限公司、指月集团有限公司、广州白云电器设备股份有限公司、深圳市力量科技有限公司、乐清市一峰电气有限公司、杭州欣美成套电器制造有限公司、中发电气股份有限公司、浙宝电气(杭州)集团有限公司、广东珠江开关有限公司、北京尚地之光科技有限公司、ABB(中国)有限公司上海分公司、上海纳杰电气成套有限公司、余姚市电力设备修造厂、杭州浙泰电气有限公司、浙江省江山江汇电气有限公司、浙江华星电气科技有限公司、广州南方电气集团电器有限公司、义乌市八方电力设备制造有限公司、泉州纪超电子有限公司、深圳市奇辉电气有限公司、宁波甬新东方电气有限公司、福建俊豪电子有限公司、泉州雷航电子有限公司、浙江东方红电气有限公司、汕头市澄海区长城水电工程有限公司、福建南安市丰州狮山电器设备厂、吉林龙鼎电气股份有限公司。

本标准主要起草人:仲明振、牟聿强、孟宇晖、焦安举、陈雪梅、于树义、李国勇、马亦军、陈东华、王春玲、刘晓林、韩东明、陈剑、高永乐、刘钧平、王培波、李慧英、林川、王国朋、鲁晓枫、于春生、林必宝、张柏成、高志利、刘骏、翁建国、邹奇宏、张胜雷、姚淑君、陈四春、符桂豪、丁予弟、傅哲龙、陈彦武、袁进军、傅俊豪、康丽双、刘奇、蔡初雄、傅汉水、李岩。

低压无功功率补偿投切装置

1 范围

本标准规定了低压无功功率补偿投切装置术语和定义、技术和试验要求。

本标准适用于额定交流电压不超过 1 000(或 1 140)V,频率不超过 1 000 Hz 的低压无功功率补偿投切装置(以下简称投切装置)。

2 规范性引用文件

下列文件对于本标准的应用是必不可少的。凡是注日期的引用文件,仅注日期的版本适用于本文件。凡是不注日期的引用文件,其最新版本(包括所有的修改单)适用于本文件。

GB/T 5169.10 电工电子产品着火危险试验 第 10 部分:灼热丝/热丝基本试验方法 灼热丝装置和通用试验方法(GB/T 5169.10—2006,IEC 60695-2-10:2000,IDT)

GB/T 5169.11 电工电子产品着火危险试验 第 11 部分:灼热丝/热丝基本试验方法 成品的灼热丝可燃性试验方法(GB/T 5169.11—2006,IEC 60695-2-11:2000,IDT)

GB/T 5169.12 电工电子产品着火危险试验 第 12 部分:灼热丝/热丝基本试验方法 材料的灼热丝可燃性试验方法(GB/T 5169.12—2006,IEC 60695-2-12:2000,IDT)

GB/T 5169.13 电工电子产品着火危险试验 第 13 部分:灼热丝/热丝基本试验方法 材料的灼热丝起燃性试验方法(GB/T 5169.13—2006,IEC 60695-2-13:2000,IDT)

GB 7251.1—2005 低压成套开关设备和控制设备 第 1 部分:型式试验和部分型式试验成套设备(IEC 60439-1:1999,IDT)

GB/T 10233—2005 低压成套开关设备和电控设备基本试验方法

GB/T 15576—2008 低压成套无功功率补偿装置

3 术语和定义

GB/T 15576—2008 界定的以及下列术语和定义适用于本文件。

3.1

低压无功功率补偿投切装置 low-voltage reactive power compensation switchgear component

由机电开关、电抗器或电阻线、半导体电子开关及与之相关的控制、测量、信号、保护等器件,根据需要用结构部件完整地组装在一起完成无功功率补偿功能的一种组合体。

3.2

机电开关投切装置 electromechanical switchgear component

主电路是由机电开关和限流的阻抗组成。

3.3

半导体电子开关投切装置 semiconductor switchgear component

主电路是由半导体电子开关组成。

3.4

复合开关投切装置 compound switchgear component

主电路是由半导体电子开关和机电开关并联的组合体。

3.5

涌流　transient inrush current

电容器投入瞬间产生的瞬态电流。

3.6

动态响应时间　dynamic response time

T

从投切装置获得控制信号时刻起到投切装置通断工作状态发生变化的时间间隔。

3.7

投切间隔时间　switchgear interval time

从投切装置切除后到投切装置再投入的时间间隔。

3.8

额定电压　rated voltage

U_n

投切装置制造商宣称投切装置预定连接的主电路交流电压的最大标称值。

对于多相电路，指相间电压。

注1：不考虑瞬态电压。

注2：由于允许系统有容许偏差，电源电压值可以超过额定电压。

3.9

额定电流　rated current

I_n

投切装置制造商宣称的电流值。在规定的条件下通此电流，投切装置的温升不超过规定的限值。

3.10

额定控制容量　rated controlled capacity

Q_n

投切装置制造商宣称的控制电容器容量，在额定电压和其他规定的条件下通此容量电容器的额定电流，投切装置的温升不超过规定的限值。

3.11

额定控制电源　rated control power supply

U_k、I_k

使投切装置通或断工作状态发生变化的额定控制电压 U_k 或额定控制电流 I_k。

3.12

电寿命　electrical durability

在规定的正常工作条件下，不修理和不更换任何零部件，装置所能承受的有载操作循环次数。

4　产品分类

4.1　按主电路元件类型划分

产品按主电路元件类型可划分为：

a)　机电开关投切装置；

b)　半导体电子开关投切装置；

c)　复合开关投切装置。

4.2　按动作方式划分

产品按动作方式可划分为：

a) 三相联动；

b) 三相分动(每相可独立动作)；

c) 单相动作。

5 使用条件

5.1 正常使用条件

5.1.1 周围空气温度

5.1.1.1 户内投切装置的周围空气温度

周围空气温度不超过＋40 ℃，而且在24 h周期内其平均温度不超过＋35 ℃。

周围空气温度的下限为－5 ℃。

5.1.1.2 户外投切装置的周围空气温度

周围空气温度不超过＋40 ℃，而且在24 h周期内其平均温度不超过＋35 ℃。

周围空气温度的下限为－25 ℃。

5.1.2 大气条件

5.1.2.1 户内投切装置的大气条件

空气清洁，在最高温度为＋40 ℃时，其相对湿度应不超过50％。在较低温度时，允许有较大的相对湿度。例如：＋20 ℃时相对湿度为90％。但应考虑到由于温度的变化，有可能偶尔会产生适度的凝露。

5.1.2.2 户外投切装置的大气条件

最高温度为＋25 ℃时，相对湿度短时可高达100％。

5.1.3 污染等级

投切装置应能在污染等级3环境中使用。其他污染等级可根据特殊用途或微观环境考虑采用。

5.1.4 海拔

安装场地的海拔应不超过2 000 m。

注：在海拔高于2 000 m处使用，应考虑介电强度的降低和空气冷却效果的减弱。

5.2 特殊使用条件

5.2.1 如果在不符合5.1规定的使用条件下使用，则应遵守适用的特殊要求标准或制造商与用户之间签订的专门协议。

5.2.2 制造商应考虑投切装置用在系统有谐波的工况时，电容器的工作电流会增大；谐波严重时有可能造成半导体电子开关和复合开关投切装置的投、切动作过零检测失误，使涌流增大。

制造商应考虑在使用条件中加以说明，必要时制造商与用户之间签订专门的协议。

5.3 运输、存放条件

如果运输、存放的条件与5.1中的规定不符时，应由用户与制造商签订专门的协议。

如果没有其他的规定，温度范围在－25 ℃～＋55 ℃之间适用于运输和存放过程。在短时间内(不超过 24 h)可达到+70 ℃。

投切装置在未运行的情况下经受上述高温后,不应遭受任何不可恢复的损坏,在规定的条件下应能正常工作。

6 技术要求

6.1 外观与结构

6.1.1 投切装置的外壳应有足够的机械强度,以承受使用或搬运过程中可能遇到的机械力。外壳采用不防锈的金属材料时,外壳内外表面应进行涂覆处理。涂覆层应均匀美观,有牢固的附着力。采用非金属外壳时,应采用阻燃材料。

6.1.2 投切装置中使用的金属紧固件或金属支持件均应有适当的镀层。镀层应有牢固的附着力,不得有起皮或脱落现象。

6.1.3 投切装置的结构设计应外形美观,易于维修、安装和调试。电路的安排、元件的选用及结构设计都应保证投切装置的抗干扰性能。

6.1.4 采用的紧固件应保证在正常使用条件下不会因振动而松脱或移位。

6.1.5 投切装置的主电路绝缘导线应采用冷压接端头与电器元件连接。冷压接端头与绝缘导线的配合以及压接质量应符合有关标准的规定。

6.2 元器件及辅件的选择

投切装置内安装的所有独立的电器元件及辅件应符合本标准和相关元器件自身标准。半导体电子开关器件的耐压应不小于该器件额定电压的 $2\sqrt{2}$ 倍,其长期允许电流应按不小于通过该电路最大工作电流的 1.5 倍进行选择。辅助电路宜采用多股铜芯绝缘导线,导线的截面应根据所能承载的额定工作电流进行选择。

6.3 电气间隙与爬电距离

投切装置的不同极性的裸露带电体之间,以及它们与地之间的电气间隙和爬电距离应不小于表 1 的规定。

表 1 电气间隙和爬电距离

额定绝缘电压 U_i/V	电气间隙/mm	爬电距离/mm
$U_i \leqslant 60$	5	5
$60 < U_i \leqslant 300$	6	10
$300 < U_i \leqslant 690$	10	14
$690 < U_i \leqslant 800$	16	20
$800 < U_i \leqslant 1\ 000$(或 1 140)	18	24

6.4 投切装置的介电性能

6.4.1 绝缘电阻验证

应使用电压不小于 500 V 的绝缘测量仪器进行绝缘测量。

带电体不同极之间、带电体与裸露导电部件之间、带电体对地的绝缘电阻不小于 1 000 Ω/V(电路的标称电压），则此项试验通过。

6.4.2 工频耐压试验

主电路和与主电路直接连接的辅助电路应能耐受表2规定的工频耐压试验电压。

表2 主电路工频耐压试验电压值

额定绝缘电压(U_i)/V	试验电压(交流方均根值)/V
$U_i \leqslant 60$	1 000
$60 < U_i \leqslant 300$	2 000
$300 < U_i \leqslant 690$	2 500
$690 < U_i \leqslant 800$	3 000
$800 < U_i \leqslant 1\ 000$(或1 140)	3 500

不与主电路直接连接的辅助电路应能耐受表3规定的工频耐压试验电压。

表3 不由主电路直接供电的辅助电路工频耐压试验电压值

额定绝缘电压 U_i/V	试验电压(交流方均根值)/V
$U_i \leqslant 12$	250
$12 < U_i \leqslant 60$	500
$U_i > 60$	$2U_i + 1\ 000$，但不小于1 500

投切装置采用非金属外壳时，带电部件与非金属外壳之间施加表2、表3规定的1.5倍试验电压值。

施加电压时间为：出厂检验1 s，型式试验5 s。

试验过程中应无击穿或闪络现象。

6.5 功能要求

6.5.1 投切装置的正常工作范围

投切装置在额定电压的85%～110%的范围内应能正常工作；

投切装置在额定电流1.1倍的状况下应能正常工作。

6.5.2 缺相保护功能

投切装置宜设有缺相保护功能，当缺相时投切装置应能立即分断。

6.5.3 限涌流功能

6.5.3.1 试验条件：

主电路试验电压：额定频率、额定电压 $U_n \pm 5\%$；

主电路试验电流(容性)：额定电流 $I_n \pm 5\%$。

6.5.3.2 机电投切装置控制电容器投入瞬间，电容器支路中产生的涌流峰值应小于50倍电容器的额定电流。

6.5.3.3 半导体电子开关投切装置和复合开关投切装置控制电容器投入瞬间，电容器支路中产生的涌流峰值应小于3倍电容器的额定电流。

6.5.4 投切装置的响应时间

从装置获得投入控制信号时刻起到装置主电路导通时的时间间隔为导通时间 T_{on}；从装置被取消投入控制信号或获得切除控制信号时刻起到装置主电路分断时的时间间隔为分断时间 T_{off}。

复合开关投切装置：T_{on}、$T_{off}\leqslant 100$ ms。

半导体电子开关投切装置：T_{on}、$T_{off}\leqslant 50$ ms。

机电投切装置的响应时间不作规定。

6.5.5 投切功能

6.5.5.1 总则

主电路试验电压：$(110\%U_n)\pm5\%$。

主电路试验电流(容性)：$(110\%I_n)\pm5\%$，或$(110\%Q_n)\pm5\%$。

注：投切装置以额定控制容量(Q_n)标示时额定试验电流应按在投切装置的额定电压 U_n 下，额定控制容量 Q_n 的对应电流值(例：三相投切装置的额定控制容量为 Q_n，额定电压为 U_n，额定电流 $I_n=Q_n/\sqrt{3}U_n$)。

6.5.5.2 机电投切装置

试验次数：100 次；

通电时间：1 s～2 s，间隔时间：≤60 s；

控制电源：$110\%U_k(I_k)$ 50 次；$85\%U_k(I_k)$50 次。

试验时不应发生持续燃弧或触头熔焊或接通时不导通、分断时不能正常断开现象。

6.5.5.3 复合投切装置

试验次数：100 次；

通电时间：1 s～2 s，间隔时间：≤ 20 s；

控制电源：$110\%U_k(I_k)$50 次；$85\%U_k(I_k)$50 次。

投切应无异常现象。

6.5.5.4 半导体电子投切装置

试验次数：100 次；

通电时间：1 s～2 s，间隔时间：≤ 5 s；

控制电源：$110\%U_k(I_k)$50 次；$85\%U_k(I_k)$50 次。

投切应无异常现象。

6.5.6 电寿命

6.5.6.1 总则

电寿命作为特殊试验可由制造厂自行验证。

电寿命用在规定的条件下不修理和不更换任何零部件所能承受的有载操作次数来表示。推荐电寿命次数为(万次)：0.1，0.3，0.5，1，3，5，10，30，50，100。

6.5.6.2 试验条件

操作频率：按制造厂确定的操作频率进行；

主电路试验电压：额定电压 $U_n\pm5\%$；

主电路试验电流(容性):额定电流 $I_n \pm 5\%$,或额定控制容量 $Q_n \pm 5\%$;

控制电源:额定控制电源 $U_k(I_k)$。

6.5.6.3 试验结果的评定

电寿命试验后,投切装置应仍能满足7.2.3工频耐压试验和7.3.1通电操作试验的要求。

6.5.6.4 试验结果

制造厂根据具体情况在下列两种方法中任选一种:

a) 8台试品同时进行试验,一直试到指定的电寿命;不合格的台数不超过2台,则认为试验合格;

b) 3台试品同时进行试验,一直试到指定的电寿命;3台都合格,则认为试验合格。

如果有1台不合格,再试3台试品一直试到指定的电寿命,且3台都合格,则认为试验合格。

6.6 温升

投切装置通以额定电流,温升限值应不超过表4的规定。

表4 温升限值

部位	温升/K
内装元件	根据不同元件的有关要求,或(如有的话)根据制造厂的说明书,考虑投切装置内的温度
用于连接外部绝缘导线的端子 内装元件与母线连接处	70
母线固定连接处: 裸铜-裸铜 铜搪锡-铜搪锡 铜镀银-铜镀银	 60 65 70
可接近的外壳和覆板: 金属表面 绝缘表面	 30 40

6.7 抗干扰试验

装有电子器件或电子电路的投切装置,按照GB 7251.1中规定的抗干扰试验执行。

7 试验要求

7.1 一般检查

a) 检查投切装置是否符合6.1~6.3中要求;

b) 检查安装的元器件是否符合设计图纸的规定;元器件安装是否正确,是否牢固;各接线端子的符号标志是否与使用说明书的规定一致。

7.2 介电性能试验

7.2.1 试验内容

试验包括以下内容:

——绝缘电阻验证；

——工频耐压试验。

试验前应将消耗电流的器件(如线圈、测量元器件)及不能承受试验电压的元件断开或旁路。

主电路为电力电子器件的以及投切装置为用外壳完整封闭组装且不便断开或旁路相关元器件的，由制造商确定是否有必要在生产过程中做介电性能试验。

7.2.2 绝缘电阻验证

按6.4.1的规定，用电压至少为500 V的绝缘测量仪器进行绝缘测量。

测量部位：

a) 相间；

b) 相导体与裸露导电部件之间；

c) 相导体与地(外壳)之间；

d) 控制端子与地(外壳)之间。

符合6.4.1的要求，则此项试验通过。

7.2.3 工频耐压试验

按6.4.2的规定施加试验电压，试验电压应施加于：

a) 相间；

b) 相导体与裸露导电部件之间；

c) 相导体与地(外壳)之间；

d) 控制端子与地(外壳)之间。

投切装置采用非金属外壳时，应用金属箔裹缠外壳，在带电部件与用金属箔裹缠外壳的表面之间施加试验电压值。

试验电压应为正弦波，频率允许在45 Hz～62 Hz之间。型式试验时，首先按规定试验电压的30%～50%施加在试验部位，随后在10 s～30 s时间内把试验电压平稳地升到规定值，并保持5 s，然后把试验电压逐渐下降至零。例行(出厂)检验时，按规定的试验电压在试验部位施加1 s。其结果应符合6.4.2的要求。

7.3 功能检验

7.3.1 通电操作试验

试验前先检查投切装置所有接线正确后，通以额定电压，在不小于110%额定电流的条件下，操作10次；在分别通以额定电压的85%、110%，工作电流不作规定的条件下，各操作5次；应工作可靠，符合6.5.1规定要求。

7.3.2 缺相保护功能试验

先将投切装置电容量器投入运行，将主电路的任何一相断开，符合6.5.2的规定，则此项试验通过。

7.3.3 限涌流试验

在同一主电路试验电源中，试品的主电路与预投电容器组之间连线应不超过2 m。试验时先预投入容量至少大于试品所在支路电容器容量6倍的电容器组，待其工作稳定后，再投入投切装置所在支路的电容器。试验随机投入20次(机电投切装置也可以采用在峰值时投入，试验不少于3次)，每次间隔时间不小于3 min，检测投切装置所在支路电容器投入时的涌流值。取最大涌流值，如果不大于6.5.3

规定要求，则此项试验通过。

7.3.4 投切装置的动态响应时间检测

在投切装置的控制端施加投入控制信号，检测施加投入控制信号的时间到装置主电路导通时的时间间隔为导通时间 T_{on}；检测装置被取消投入控制信号或获得切除控制信号时刻起到装置主电路分断时的时间间隔为分断时间 T_{off}。试验各进行 10 次分别记录取最大值，结果应符合 6.5.4 规定。

7.3.5 投切装置的投切功能验证

7.3.5.1 试验条件

在同一主电路试验电源中，试品的主电路与预投电容器组之间连线应不超过 2 m。试验时先预投入容量大于试品所在支路电容器容量 6 倍的电容器组，待其工作稳定后，再投、切投切装置所在支路的电容器，进行投切装置的投切功能验证。

7.3.5.2 机电投切装置

按 6.5.5.1、6.5.5.2 的规定，操作投切装置投切所在支路的电容器 100 次，结果应符合 6.5.5.2 的规定。

7.3.5.3 复合投切装置

按 6.5.5.1、6.5.5.3 的规定，操作投切装置投切所在支路的电容器 100 次，观察三相输出电压、电流波形，并随机记录同一时间每相电压、电流的变化，结果应符合 6.5.5.3 的规定。

7.3.5.4 半导体电子投切装置

按 6.5.5.1、6.5.5.4 的规定，操作投切装置投切所在支路的电容器 100 次，观察三相输出电压、电流波形，并随机记录同一时间每相电压、电流的变化，结果应符合 6.5.5.4 的规定。

7.4 温升限值验证

温升限值按照 GB 7251.1—2005 中 8.2.1 规定的方法验证，应符合 6.6 的规定。

7.5 抗干扰试验

装有电子器件或电子电路的投切装置，应符合 6.7 的规定，试验过程中，通以额定控制电压，投切装置的各项动作，功能及程序应正常。

7.6 气候环境试验

7.6.1 环境温度性能试验

应考核投切装置在 5.1 规定的环境温度上限和下限情况下长期运行的可靠性。

试验箱的容积及其空气循环应使被试品放入后，在 5 min 内温度保持在允差之内。

a) 对于户内型投切装置将被试品分别置于规定的最高环境温度 +40 ℃±3 ℃ 和最低环境温度 −5 ℃±3 ℃ 的条件下，然后给试品接通电源，待投切装置内部元件的温升达到稳定值后（但不小于 1 h）对其功能进行检查，应符合 6.5.1 中要求。
b) 对于户外型投切装置将被试品分别置于规定的最高环境温度 +40 ℃±3 ℃ 和最低环境温度 −25 ℃±3 ℃ 的条件下，然后给试品接通电源，待投切装置内部元件的温升达到稳定值后（但不小于 1 h）对其功能进行检查，应符合 6.5.1 中要求。

7.6.2 耐湿热试验(仅适用于户外型投切装置)

验证设备的耐潮湿性能。

试验箱的容积及其空气循环应使被试品放入后，在 5 min 内温度保持在允差之内。

试验时投切装置不包装，不通电。

将投切装置置于温度为 +40 ℃±2 ℃，湿度为 93%±3% 的试验箱中，连续存放 4 d，然后取出置于试验室内的环境温度下恢复。

直观检查是否有元件过热、紧固件松动、绝缘损坏的现象；

待恢复 1 h～2 h 后，按照 7.2 要求进行绝缘电阻和工频耐压试验，其结果应符合 6.4 的要求。

7.7 振动(正弦)试验

应考核投切装置经受振动的适应性和结构的完好性。

安装时用机械方法将试品牢固地安装在振动试验台工作面上，要保证使激振力直接传递给投切装置的机体。

试验方法按 GB/T 10233—2005 中 4.12 规定的方法进行试验。应为正弦式振动，振动试验采用扫频试验法，按规定条件在 3 个相互垂直的轴向进行扫频试验。试验时试品应处于带电工作状态。

振动频率为 10 Hz～57 Hz 时采用恒定位移法，单振幅为 0.15 mm；当振动频率为 57 Hz～150 Hz 时宜采用恒定加速度法，加速度为 20 m/s^2。往复扫描一次时间为 2 min～2.5 min，每个方向的扫描时间为 10 min。

试验后样品的构件应无破裂、无明显变形，紧固件及插接件应无松动现象；通电运行投切装置各功能均应正常。

7.8 冲击试验

试验在产品无包装非工作状态下进行，试验冲击加速度为 500 m/s^2(50 g)峰值加速度，脉冲持续时间为 11 ms±1 ms；波形为半个正弦波；冲击至少在 3 个互相垂直的面进行，每面 3 次。

试验后检查样品的外形及构件应无破裂、无明显变形现象。

7.9 绝缘材料耐受非正常发热和着火的验证

7.9.1 试验仪器设备的要求

所用仪器应符合 GB/T 5169.10～GB/T 5169.13 中相关要求。

将一块大约为 10 mm 厚，包有一层绢纸的白松木板放置在低于试品底部 200 mm 处。

此绢纸的特点是薄软，而且比较结实，一般用来包装易损的精密仪器，其单位面积质量在 12 g/m^2～30 g/m^2 之间。

7.9.2 预处理

试验开始之前，将样机置放于温度为 15 ℃～35 ℃之间、相对湿度在 45%～75%之间的大气中 24 h。

7.9.3 试验程序

应按 GB/T 5169.10～GB/T 5169.13 规定的程序进行试验。

将试验设备放在密闭的不通风的暗室里，以便可以看到试验过程中出现的火花。

试验开始之前，要按照 GB/T 5169.10～GB/T 5169.13 中相关要求校准热电偶。

每次试验后，必须把落在灼热丝触点上的绝缘材料的残渣清除掉，例如可以用刷子清扫。

7.9.4 灼热丝顶部的温度、持续时间

灼热丝顶部的温度为：

固定主电路载流部件的绝缘材料 960 ℃±15 ℃；

所有其他部件包括非金属外壳 650 ℃±10 ℃。

持续时间应为：30 s±1 s。

7.9.5 观察与测量要求

在灼热丝使用期间和 30 s 试验后，应观察样机以及样机周围的部件和铺在试样下面的绢纸。

将试样起燃时间和火焰熄灭时间记录下来。

试样能达到如下任一要求，则认为能够耐受灼热丝试验：

——没有明显的火焰和持续不断的亮光；

——试品的火焰或亮光在取走灼热丝 30 s 之内熄灭；

——绢纸不应燃烧，松木板不应烧焦。

8 检验规则

8.1 试验的分类

试验分型式试验和例行(出厂)检验。

型式试验：型式试验是对投切装置的设计及制造进行全面验证。

有下述情况之一时，应进行型式检验。

a) 新产品定型时；

b) 产品开始批量生产时；

c) 批量生产满 5 年时；

d) 已定型的产品变更了设计、工艺、主要元件或材料可能影响产品性能时。

型式试验的样机数量应不少于 2 台。试验中若有一项不合格，则型式试验不合格。

型式试验合格后，才可以批量生产。

例行(出厂)检验：应对每台投切装置进行例行检验，例行检验合格后才能出厂。

8.2 型式试验

型式试验项目包括：

a) 一般检查(见 7.1)；

b) 介电性能试验(见 7.2)；

c) 功能检验(见 7.3)；

d) 温升限值验证(见 7.4)；

e) 抗干扰试验(若需要)(见 7.5)；

f) 气候环境试验(见7.6);

g) 振动(正弦)试验(见7.7);

h) 冲击试验(见7.8);

i) 绝缘材料和非金属材料的外壳对非正常发热和着火的耐受能力验证(见7.9)。

8.3 例行(出厂)检验

例行检验项目包括:

a) 一般检查(见7.1);

b) 介电性能试验(见7.2);

c) 通电操作检验(见7.3.1)。

9 标志、包装、运输、存放

9.1 标志

9.1.1 投切装置铭牌上应有下列明显标志:

a) 名称、型号;

b) 制造商名称或商标;

c) 额定电压;

d) 额定电流或额定控制容量;

e) 额定频率;

f) 控制电压;

g) 出厂年月、编号;

h) 执行标准。

9.1.2 外包装箱上应用不能洗刷的涂料作以下标记:

a) 投切装置名称、型号;

b) 制造厂名称、商标;

c) "向上"、"怕雨"、"小心轻放"等标志。

9.2 包装

9.2.1 投切装置包装前检查

投切装置包装前应检查:

a) 合格证和有关技术文件是否齐备;

b) 外观有无损坏,表面有无灰尘等。

9.2.2 投切装置包装的一般要求

包装材料宜采用可再生环保材料,包装箱应有防尘、防雨、防震措施。在经过正常条件的运输后包装箱应不损坏。

9.3 运输

适于陆运、水运(海运)或空运,运输和装卸应按包装箱上的标记进行。

9.4 存放

包装好的投切装置应存放在环境温度－25 ℃～70 ℃,相对湿度不大于90％的库房内,室内无酸、碱、盐及腐蚀性、爆炸性气体,不受灰尘雨雪的侵蚀。

ICS 29.035.01
K 15

中华人民共和国国家标准

GB/T 29313—2012

电气绝缘材料热传导性能试验方法

Test method for thermal transmission properties of electrical insulation materials

2012-12-31 发布　　2013-06-01 实施

中华人民共和国国家质量监督检验检疫总局
中国国家标准化管理委员会　发布

前　言

本标准按照GB/T 1.1—2009给出的规则起草。

本标准由中国电器工业协会提出。

本标准由全国电气绝缘材料与绝缘系统评定标准化技术委员会(SAC/TC 301)归口。

本标准起草单位:桂林理工大学、桂林电器科学研究院、中国船舶重工集团第712研究所、山东齐鲁电机制造有限公司、哈尔滨电机厂有限责任公司、苏州巨峰电气绝缘系统股份有限公司、东方电气集团东方电机有限公司、深圳市旭生三益科技有限公司、机械工业北京电工经济技术研究所、哈尔滨电气动力装备有限公司、上海电气电站设备有限公司上海发电机厂。

本标准主要起草人:饶保林、于龙英、王晓梅、赫犇、郭丽平、刘亚丽、夏宇、漆临生、居学成、周芩芩、魏景生、祁世发。

引　言

电气电子设备中使用的绝缘材料，相当一部分既要起到电绝缘的作用，同时还要起到传导热量的作用，其导热性能的优劣直接影响到电气电子设备的设计尺寸、温升、运行可靠性和使用寿命。然而，目前国内尚无有关测定电气绝缘材料导热性能的试验方法标准。针对这一现状制定了本标准，以规范电气绝缘材料导热性能的测试方法。

本标准主要根据我国导热绝缘材料的研究、应用以及导热性能测试技术水平的现状，并参考美国ASTM D 5470—06(2011)编制而成。

电气绝缘材料热传导性能试验方法

1 范围

本标准规定了电气绝缘材料热传导性能的试验方法。

本标准适用于测定膏状、油脂状、弹性固体以及硬质固体等电气绝缘材料的热传导性能。

2 规范性引用文件

下列文件对于本文件的应用是必不可少的。凡是注日期的引用文件,仅注日期的版本适用于本文件。凡是不注日期的引用文件,其最新版本(包括所有的修改单)适用于本文件。

GB/T 4132—1996 绝热材料及相关术语(neq ISO 7345:1987)

GB/T 10294—2008 绝热材料稳态热阻及有关特性的测定 防护热板法(ISO 8302:1991,IDT)

GB/T 10295—2008 绝热材料稳态热阻及有关特性的测定 热流计法(ISO 8301:1991,IDT)

ASTM C 168—10 有关绝热的术语(Standard Terminology Relating to Thermal Insulation)

ASTM C 518—10 用热流计法测定稳态热传递性能的试验方法(Standard Test Method for Steady State Thermal Transmission Properties by Means of the Heat Flow Meter Apparatus

ASTM E 1142—11a 有关热物理性能的术语(Standard Terminology Relating to Thermophysical Properties)

ASTM E 1225—09 用纵向比较护热热流计测定固体的导热系数(Standard Test Method for Thermal Conductivity of Solids by Means of the Guarded Comparative Longitudinal Heat Flow Technique

ASTM E 1530—06 用护热热流计法评定材料热阻的试验方法(Standard Test Method for Evaluating the Resistance to Thermal Transmission of Materials by the Guarded Heat Flow Meter Technique)

ASTM D 5470—06(2011) 导热电气绝缘材料热传导性能的试验方法(Standard Test Method for Thermal Transmission Properties of Thermally Conductive Electrical Insulation Materials)

3 术语和定义、符号

3.1 术语和定义

下列术语和定义适用于本文件。

3.1.1

热传导 thermal conduction

物体各部分无相对位移,仅依靠微观粒子的热运动,由温度差引起热量从高温部分向低温部分的能量传输过程。

注:改写 GB/T 4132—1996,6.1.3。

3.1.2

传热 heat transfer

热传递

热迁移

由热传导、热对流、热辐射、质量转移，或它们共同作用引起的能量传输过程。

[GB/T 4132—1996,6.1.6]

3.1.3

热流　heat flow

热流速率　heat flow rate

Q

单位时间内传入或传出一个系统的热量，单位为瓦(W)。

[ASTM C 168—10,3.1]

3.1.4

热流密度　areal density of heat flow rate

q

通过垂直于热流方向单位面积的热流，单位为瓦每平方米(W/m^2)。

[ASTM C 168—10,3.1]

3.1.5

表面平均温度　average temperature of a surface

按面积加权得到的平均温度。

[ASTM D 5470—06(2011),3.1.2]

3.1.6

导热系数　thermal conductivity

λ

稳态时，在法向单位温度梯度下，通过单位面积的热流，单位为瓦每米开[$W/(m \cdot K)$]。

[ASTM E 1142—11a,3.1]

3.1.7

热导率　thermal conductance

C

在单位温差驱使下，通过物体单位面积的热流，单位为瓦每平方米开[$W/(m^2 \cdot K)$]。

[ASTM E 1530—06,3.1.2、3.2.2]

3.1.8

热阻系数　thermal resistivity

热阻率

r

导热系数的倒数，单位为米开每瓦[$(m \cdot K)/W$]。

[GB/T 4132—1996,6.2.6]

3.1.9

热阻　thermal resistance

R

热导率的倒数，单位为平方米开每瓦[$(m^2 \cdot K)/W$]。

[ASTM E 1530—06,3.1.4、3.2.3]

3.1.10

表观导热系数　apparent thermal conductivity

等效导热系数　equivalent thermal conductivity

有效导热系数　effective thermal conductivity

λ_a

表观导热系数与导热系数属同一概念，它们的计算公式、单位均相同，主要区别在于热量传输的方式上。一般情况下，由于在实际测得的通过试样的热流中，可能会或多或少包含一些诸如辐射、质量迁移等非热传导形式的热传递，故用热流计算得到的导热系数，实际上通常只是"表观"导热系数或"等效"导热系数，并非严格热物理学意义上的导热系数。表观导热系数试验结果往往与试样厚度、试样预处理等试验条件有关，由表观导热系数推演得到的表观热导率和热阻只对相同条件下的系统有效。如无特别说明，本标准在测试以及计算过程所涉及的导热系数均指表观导热系数。

注：改写 ASTM D 5470—06(2011)，1.2、3.1.1。

3.1.11

热阻抗　thermal impedance

θ

组件(包括材料及材料界面)对热流的全部阻碍，单位为平方米开每瓦[$(m^2 \cdot K)/W$]。与表观导热系数类似，热阻抗并非严格热物理学意义上的热阻。如无特别说明，本标准在测试以及计算过程中所涉及的热阻均指热阻抗。

[ASTM D 5470—06(2011)，3.1.5、3.2.6]

3.1.12

界面热阻　thermal interfacial resistance

接触热阻　contact resistance

R_I

试验时，使试样与等温面板之间的接触面上产生单位热流密度所需的温差，单位为平方米开每瓦[$(m^2 \cdot K)/W$]。

[ASTM D 5470—06(2011)，3.1.6]

3.2 符号

下列符号适用于本文件(见表1)。

表1　本标准使用的符号

符号	物理量	单位
Q	热流	W
q	热流密度	W/m^2
λ	导热系数	$W/(m \cdot K)$
λ_a	表观导热系数	$W/(m \cdot K)$
C	热导率	$W/(m^2 \cdot K)$
R	热阻	$(m^2 \cdot K)/W$
θ	热阻抗	$(m^2 \cdot K)/W$
A	试样横截面积	m^2
d	试样厚度	m
ΔT	冷、热试验面温差	℃或K

4 试验方法概要

本试验方法基于一种被一块厚度均匀的试样隔离的两个平行等温面板之间理想化的稳态热传导(见图1):达到稳态后,由于两个与试样接触的等温面的温差所产生的温度梯度作用在试样上,引起热流通过试样,热流的方向应沿试样接触界面的法向,热流的大小在试验面上应均匀分布,且无侧向热泄漏,或采用特殊的技术手段使侧向热泄漏趋于零。

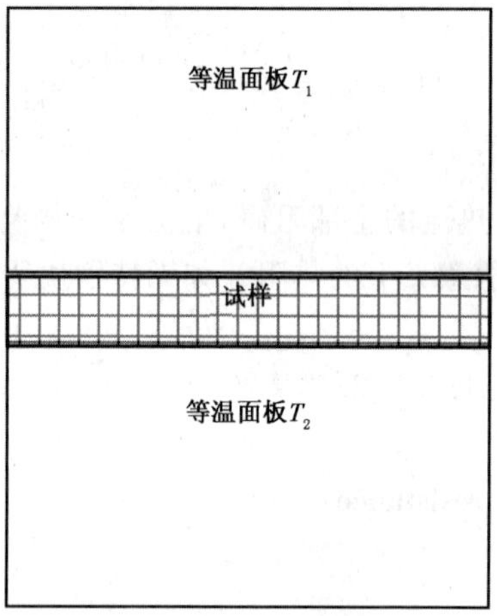

图1 试验方法原理

5 仪器

5.1 仪器结构

满足本标准要求的仪器的主要特征见图2和图3,仪器具备的功能应能完成本标准所需的测试,技术要求应符合5.2。图2和图3所示的仪器结构是一种可行的但并非唯一的工程解决方案。

GB/T 10294—2008/ISO 8302:1991、GB/T 10295—2008/ISO 8301:1991、ASTM D 5470—06(2011)、ASTM E 1530—06、ASTM C 518—10等标准中规定的仪器均符合第4章规定的方法原理。

5.2 技术要求

5.2.1 加热器

加热器可以是电加热器,也可以是带温控的液体循环加热器。典型的电加热器是用埋在高导热金属块内的回形加热线圈制成。液体循环加热器由金属热交换器和温度受控的循环液体组成,循环液体的流量以及温度都应受到控制。

无论采用哪种类型的加热器,都应可以采用热流计或经过计量的量热计测出通过试样的热流。

5.2.2 护热器

护热器由环绕在试验装置的热屏蔽组成,用以消除侧向热泄漏。护热器与试验装置的温差应保持在±0.2 K之内。通过消除绝热体之间的温差,可以有效减少侧向热泄漏,护热器的绝热效果应至少与5 mm厚的环氧板相当。

如果在试样的高温等温面板和低温等温面板两侧都有热流计,也可以不配置护热器,试样的热流等于通过两个热流计的热流的平均值。

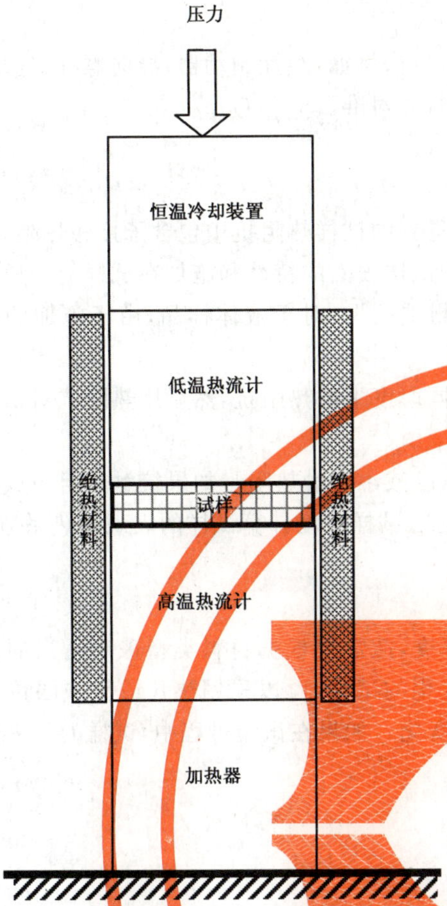

图 2　无护热的热流计试验装置

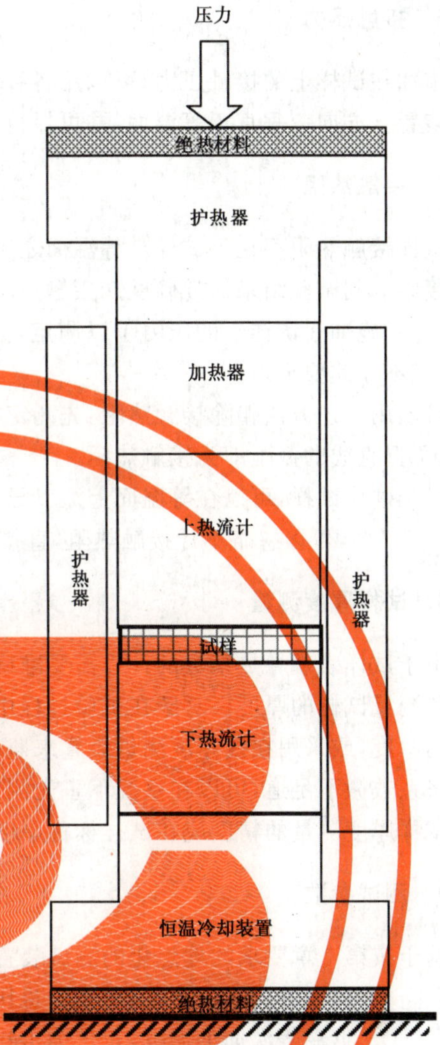

图 3　带护热的热流计试验装置

5.2.3　恒温冷却装置

冷却装置通常由被循环冷却液冷却的金属块组成，冷却液的温度稳定性应在±0.2 K 以内。

5.2.4　热流计

在测试温度范围内，构成热流计的材料应具有导热性证书，并具有较高的导热系数，其导热系数的温度敏感性必须适合于热流的精确测量。推荐使用导热系数大于 50 W/(m·K)的材料。

5.2.5　等温面及其温度测量

与试样接触的等温面板的粗糙度应在 0.4 μm 以内，等温面板之间的平行度应不超过 5 μm。

可以用热流计来测定等温面的温度，即由热流计的温度线性布局外推到等温面得到，高温端热流计和低温端热流计都可以这样做。热流计既可以同时用于测定热流和等温面温度，也可以仅用于两者之一。

也可以用热电偶来测定等温面的温度，但热电偶须非常靠近等温面。

5.2.6 接触压力

施加在试样上的接触压力，可以用各种方式来控制并保持，例如：线性制动器、导向螺杆、气动装置、液压装置。方向应垂直于等温面，并可保持等温面之间平行并对准。

5.2.7 接触热阻

试样接触热阻存在于试样与等温面之间，由热流计算得到的试样热阻抗中包含了接触热阻，故其大小直接影响到试验结果的准确度。接触热阻的大小取决于试样表面的特性和施加在试样上的压力。因此，应该对施加在试样上的压力予以测定，并记录为次级测试结果，对于液体样品，由于施加的应力很小，可以不在此要求内。

可以用下述方法扣除接触热阻：先测定待试材料在不同厚度下的热阻抗，然后用热阻抗对试样厚度作图，所得直线的截距即为接触热阻。

对于硬质试样，可以在等温面上涂以导热膏或导热油，以减小接触热阻。如果接触热阻与试样热阻相比小于1%，可以忽略不计接触热阻，直接用测得的热阻抗、试样厚度计算试样的表观导热系数。

5.2.8 试样厚度测量

由于试样表观导热系数的计算需要准确知道试样的厚度，故需要根据材料类型采用适当的方法来监控和测量试样的厚度。对于在试验过程中尺寸会发生变化的试样，可以采用垫片或机械限位来控制试样的厚度，或采用在线厚度测量装置来监视试样厚度的变化。如果在试验过程中，试样的压缩变形和线膨胀系数微不足道，可以在室温下事先测定试样的厚度。

试样厚度测量的精度应在试样标称厚度的1%以内。

5.2.9 测试参数

基于按第4章要求的理想化的测试装置，仪器具有的功能应可用于以下参数的测定或计算：

T_H ——高温等温面的温度，单位为摄氏度(℃)或开尔文(K)；

T_L ——低温等温面的温度，单位为摄氏度(℃)或开尔文(K)；

Q ——两个等温面间的热流量，单位为瓦(W)；

A ——测试面的面积，单位为平方米(m^2)；

d ——试样的厚度，单位为米(m)；

θ ——热阻抗，由两个等温面的温差除以通过试样的热流算得，单位为平方米开每瓦($m^2 \cdot K/W$)。

6 意义和应用

本标准测定的是电气绝缘材料的稳态热阻抗，这些材料常用来改善电气电子设备的散热和热传导。本标准尤其适合于测定较薄、无法如 ASTM E 1225—09 要求的那样，在试样内配置温度传感器的样品。

本标准利用的是一种理想化的热流模式，由此测得的热阻抗不能直接用于大多数特定的应用场合，因为这些场合通常不满足本标准要求的热流均匀、平行的热传导条件。

本标准适合于测试以下材料类型的热阻抗：

Ⅰ型——受到应力时会发生无限形变的各种黏性液体，例如：油脂、膏状物和相变材料。这些材料无弹性特征，在移除应力后无恢复到原来形状的趋势。

Ⅱ型——外施应力与内应力最终可以达到平衡、变形不会无限发展的黏弹性固体，例如：凝胶物、橡胶等材料,这些材料的回弹力与试样厚度的应变有关。

Ⅲ型——形变微乎其微的弹性固体,例如:陶瓷、金属以及硬质塑料。

7 试样

7.1 试样尺寸

试样尺寸应与仪器等温面板尺寸相符。通常情况下,试样的面积应与仪器等温面板相同。如果仪器的等温面板是不等的,则按照较小的等温面板尺寸来加工试样。

7.2 试样厚度

试样厚度的要求取决于仪器热阻的测定范围,只要不超过仪器校准的测量范围,推荐选择尽量厚一些的试样,以减小接触热阻占总热阻的比例。

控制试样厚度的方法应取决于材料的类型:

Ⅰ型试样——可采用垫片或者其他机械限位的方法来控制试样厚度。也可以采用特定直径的限位珠来限位,珠体所占的体积率大约为2%,事先混到样品内。

Ⅱ型试样——施加的压力应使试样的变形量为试样未受到压缩时厚度的5%。采用这一变形量,是由于要兼顾到尽量降低接触热阻、又不使试样变形过大两方面因素的缘故。

Ⅲ型试样——试样压缩变形微乎其微,可以忽略不计,但试样厚度应均匀,测试面之间的平行度应不超过试样标称厚度的1%。

7.3 试样加工及正常化处理

可以在原始状态下、生产条件下或另外说明的条件下制备样品,并清除干净任何污染物和尘埃,注意不要使用会与样品反应,或使试样受到污染的溶剂。

正常化处理条件按产品标准规定。如产品标准无规定,推荐采用的正常化处理条件为:在温度(23±2)℃、相对湿度(50±5)%下正常化处理24 h。

8 试验程序

8.1 测定试样厚度

8.1.1 配备有在线厚度测量装置的仪器

清除干净等温面上的尘埃,合上等温面板并施予与试验时给试样施加的相同的压力。启动加热和恒温冷却装置,待系统稳定在设置温度后,给在线厚度测量装置清零。

8.1.2 不配备有在线厚度测量装置的仪器

对于Ⅲ型试样,可以在室温下测定试样的厚度,精确到0.02 mm。

8.2 安装试样

对于Ⅰ型油脂和膏状物试样,可直接摊匀在下等温面上,对于有相变的试样则需加热摊匀。

Ⅱ、Ⅲ型试样可直接放在下等温面上。

8.3 闭合等温面板

8.3.1 Ⅰ型试样

采用垫片来控制Ⅰ型试样的厚度时，施加的压力不要过大，只要能把多余的样品挤出、并接触到垫片即可，过大的压力可能会引起垫片损坏等温面板。对于安装有导向限位螺杆、机电装置、液压装置等控制上等温面板位置的仪器，不规定夹紧力的大小。

对于有相变的试样，可以将等温面板温度升到试样熔点以上，使相变材料发生流动从而贴紧面板。

8.3.2 Ⅱ型试样

对于类型Ⅱ试样，应兼顾到夹住试样需要一定的压力，还要考虑到使接触热阻最小化。对于柔软的试样，压力可以小到 0.069 MPa (10 psi)；对于硬质试样，压力可以大到 3.4 MPa (500 psi)。对于容易变形的类型Ⅱ材料，也可以采用螺杆或线性驱动器来控制试样的厚度。

8.3.3 Ⅲ型试样

对于Ⅲ型试样，应在试样与等温面板的接触面上涂以导热膏或导热油，以减小接触热阻，并要求压力足够大，以便将涂敷在接触面上的多余的导热膏挤出，并将不平的试样表面弄平。对于光滑平整的试样，可使用黏度较低的导热膏，压力可以小到 0.69 MPa (100 psi)；对于不够平整的试样，应使用黏度较高的导热膏，压力可以高到 3.4 MPa (500 psi)。

8.4 系统平衡

启动加热和恒温冷却装置，待系统在设置温度下达到稳态后，记录等温面的温度、在线厚度测量装置的读数、通过热流计的热流或施加在量热计电加热器上的电压和电流。

所谓达到稳态是指：在恒定功率时，5 min 时间间隔下各测量点的温度读数波动小于±0.1 ℃，或者热流变化小于1%。

9 计算

9.1 热流

用 2 个热流计测量热流时，按式(1)计算稳态时通过试样的平均热流：

$$Q=\frac{Q_H+Q_L}{2} \qquad \cdots\cdots(1)$$

式中：

Q ——稳态时通过试样的平均热流，单位为瓦(W)；

Q_H ——稳态时通过高温热流计的热流，单位为瓦(W)；

Q_L ——稳态时通过低温热流计中的热流，单位为瓦(W)。

用量热计测量热流时，按式(2)计算稳态时通过试样的热流：

$$Q=V\times I \qquad \cdots\cdots(2)$$

式中：

Q ——稳态时通过试样的平均热流，单位为瓦(W)；

V ——稳态时施加在量热计加热器上的电压，单位为伏特(V)；

I ——稳态时施加在量热计加热器上的电流，单位为安培(A)。

9.2 试样平均温度

按式(3)计算稳态时试样的平均温度：

$$T=\frac{T_{\mathrm{H}}+T_{\mathrm{L}}}{2} \quad\cdots\cdots(3)$$

式中：

T ——稳态时试样的平均温度，单位为摄氏度(℃)或开尔文(K)；

T_{H} ——稳态时高温等温面板与试样接触的表面的温度，单位为摄氏度(℃)或开尔文(K)；

T_{L} ——稳态时低温等温面板与试样接触的表面的温度，单位为摄氏度(℃)或开尔文(K)。

9.3 热阻抗

按式(4)计算试样的热阻抗：

$$\theta=\frac{A}{Q}\times(T_{\mathrm{H}}-T_{\mathrm{L}}) \quad\cdots\cdots(4)$$

式中：

θ ——试样的热阻抗，单位为平方米开每瓦[(m²·K)/W]；

A ——试样的横截面积，单位为平方米(m²)；

Q ——稳态时通过试样的平均热流，单位为瓦(W)；

T_{H} ——稳态时高温等温面板与试样接触的表面的温度，单位为摄氏度(℃)或开尔文(K)；

T_{L} ——稳态时低温等温面板与试样接触的表面的温度，单位为摄氏度(℃)或开尔文(K)。

9.4 表观导热系数

9.4.1 可忽略接触热阻时

如5.2.7所述，如果接触热阻不大于试样热阻的1%，可以直接用测得的热阻抗，按式(5)计算试样的表观导热系数：

$$\lambda_{\mathrm{a}}=\frac{d}{\theta} \quad\cdots\cdots(5)$$

式中：

λ_{a} ——试样的表观导热系数，单位为瓦每米开[W/(m·K)]；

d ——试样厚度，单位为米(m)；

θ ——试样的热阻抗，单位为平方米开每瓦[(m²·K)/W]。

9.4.2 接触热阻不可忽略时

如果接触热阻大于试样热阻的1%，应至少测定3种不同厚度的样品在相同试验温度下的热阻抗，随试样厚度减小，通过减小热流使试样保持在相同的平均温度。除非另有规定，不同厚度的试样的平均温度的偏差应控制在±2 ℃以内。

作为首选的方法，最好采用3个以上不同厚度的试样，分别测定其热阻抗。也可以用叠加试样的方法来获得不同的试样厚度，先单独测定一层试样的热阻抗，然后测定两层试样叠加一起的热阻抗，再测定3层试样叠加在一起的热阻抗。

用热阻抗对试样厚度作图应为一直线，若以试样厚度为 x 轴，热阻抗为 y 轴，所得直线在厚度为零时 y 轴上的截距即为接触热阻 R_{I}，斜率即为表观导热系数的倒数。作为首选方法，最好采用最小方差或线性回归分析计算斜率和截距。

10 报告

报告应包括以下内容：

a) 试样的标识；

b) 制造者的名称；

c) 产品批次或批号；

d) 产品质量等级；

e) 任何与材料标识有关的信息；

f) 样品标称厚度；

g) 试样实际厚度；

h) 试样的层数；

i) 施加的压力；

j) 试样的平均温度；

k) 与试样实际厚度相对应的热阻抗；

l) 试样的表观导热系数。

ICS 29.160.30
K 22

中华人民共和国国家标准

GB/T 29314—2012

电动机系统节能改造规范

Specification for the reconstruction of motor system for energy-saving

2012-12-31 发布　　2013-06-01 实施

中华人民共和国国家质量监督检验检疫总局
中国国家标准化管理委员会　发布

前　言

本标准按照 GB/T 1.1—2009 给出的规则起草。

本标准由中国电器工业协会提出。

本标准由全国旋转电机标准化技术委员会(SAC/TC 26)和全国能源基础与管理标准化技术委员会(SAC/TC 20)归口。

本标准负责起草单位:上海电器科学研究所(集团)有限公司、上海电机系统节能工程技术研究中心有限公司、卧龙电气集团股份有限公司、长沙电机厂有限责任公司、山东华力电机集团股份有限公司、永济新时速电机电器有限责任公司、浙江金龙电机股份有限公司、青岛和力达电气有限公司、重庆赛力盟电机有限责任公司、文登奥文电机有限公司、江苏锡安达防爆股份有限公司、北京毕捷电机股份有限公司、湖南天能电机制造有限公司、山东开元电机有限公司、上海俊研电气科技有限公司。

本标准参加起草单位:宁波东力传动设备股份有限公司、上海东方泵业(集团)有限公司、上海邦浦实业集团有限公司、安波电机集团有限公司、江苏清江电机制造有限公司、浙江西子富沃德电机有限公司、山东力久特种电机有限公司、上海海光电机有限公司、江苏环球特种电机有限公司、江西特种电机股份有限公司、安徽明腾永磁机电设备有限公司、安徽皖南电机股份有限公司、河北电机股份有限公司、万高(南通)电机制造有限公司、衡水电机股份有限公司、河南豫通电机股份有限公司、成都东方实业集团邛崃电机厂有限公司、中国电子科技集团公司第二十一研究所。

本标准主要起草人:陈伟华、冯东升、李光耀、严蓓兰、金惟伟、刘憬奇、张金辉、周立新、刘雪波、王金平、汪同斌、梁邦建、陆进生、叶叶、王庆东、屈斌、周守廉、毛漂军、李福果、杨俊。

电动机系统节能改造规范

1 范围

本标准规定了电动机系统节能改造所必需的技术性活动，包括：电动机系统节能诊断、项目的实施、节能改造综合评估。

本标准适用于各类电动机系统中的部分装置或整个系统所进行的节能改造。

2 规范性引用文件

下列文件对于本文件的应用是必不可少的。凡是注日期的引用文件，仅注日期的版本适用于本文件。凡是不注日期的引用文件，其最新版本（包括所有的修改单）适用于本文件。

GB 755—2008 旋转电机 定额和性能

GB/T 12497—2006 三相异步电动机经济运行

GB/T 12668.2—2002 调速电气传动系统 第2部分：一般要求 低压交流变频电气传动系统额定值的规定

GB 12668.3—2003 调速电气传动系统 第3部分：产品的电磁兼容性标准及其特定的试验方法

GB/T 12668.4—2006 调速电气传动系统 第4部分：一般要求 交流电压1 000 V以上但不超过35 kV的交流调速电气传动系统额定值的规定

GB/T 13466—2006 交流电气传动风机（泵类、空气压缩机）系统经济运行通则

GB/T 13469—2008 离心泵、混流泵、轴流泵和漩涡泵系统经济运行

GB/T 13470—2008 通风机系统经济运行

GB/T 15913—2009 风机机组与管网系统节能监测

GB/T 16665—1996 空气压缩机组及供气系统节能监测方法

GB/T 16666—1996 泵类及液体输送系统节能监测方法

GB/T 17166—1997 企业能源审计技术通则

GB 17167—2006 用能单位能源计量器具配备和管理通则

GB/T 17981—2007 空气调节系统经济运行

GB 18613—2012 中小型三相异步电动机能效限定值及能效等级

GB 19153—2009 容积式空气压缩机能效限定值及能效等级

GB 19761—2009 通风机能效限定值及能效等级

GB 19762—2007 清水离心泵能效限定值及节能评价值

GB/T 21056—2007 风机、泵类负载变频调速节电传动系统及其应用技术条件

GB/T 21205—2007 旋转电机整修规范

DL/T 994—2006 火电厂风机水泵用高压变频器

3 术语和定义

下列术语和定义适用于本文件。

3.1

电动机系统　motor system

由电动机、被拖动装置、传动装置、控制(调速)装置以及管网负荷等组成,通过电动机将电能转化为机械能,再通过被拖动装置(如风机、水泵、压缩机、机床、传送带等)做功,实现各种所需功能的系统。

3.2

节能诊断　energy saving diagnosis

通过现场调查、检测以及对能源消费账单和设备历史运行记录的统计分析等,找到电动机系统能源浪费的环节,为电动机系统的节能改造提供依据的过程。

3.3

评价边界　evaluation of boundary

实施节能措施的电动机系统与其周围相邻部分的分界面,边界应根据电动机系统节能改造的范围和达到的目的等因素确定。

3.4

节能量　energy saved

满足同等需要或达到相同目的的条件下,能源消费减少的数量。

[GB/T 13234—2009,定义 2.1]

3.5

产品节能量　energy saved of productions

用统计报告期产品单位产量能源消耗量与基期产品单位产量能源消耗量的差值和报告期产品产量计算的节能量。

[GB/T 13234—2009,定义 2.3]

3.6

工况节能量　energy saved of working condition

满足同等工况需求条件,用统计报告期单位时间能源消耗量与基期单位时间能源消耗量的差值和报告期运行时间计算的节能量。

3.7

节能率　energy saving rate

统计报告期比基期的单位能耗降低率,用百分数表示。

[GB/T 13234—2009,定义 2.8]

3.8

数据分析法　data analysis method

根据使用者改造前后能源消费的结算凭证或数据以及生产记录,通过分析得到改造节能效果的方法。

4　总则

4.1　电动机系统节能改造应在满足生产工艺需求和不降低劳动生产率的基础上,提高电动机系统的能源利用效率,降低能源消耗。

4.2　电动机系统的节能改造应根据节能诊断结果,结合节能改造判定原则,从技术可靠性、可操作性和经济性等方面进行综合分析,选取合理可行的节能改造方案和技术措施。

4.3　节能改造时,用能设备应采用节能型产品或高效低耗产品,不得使用已被明令禁止生产、使用的低效高耗产品。

4.4　节能改造后,各用电系统经济运行指标应符合 GB/T 13466—2006、GB/T 13469—2008、

GB/T 13470—2008、GB/T 15913—2009、GB/T 16665—1996、GB/T 16666—1996、GB/T 17166—1997、GB 17167—2006、GB/T 17981—2007、GB 18613—2012、GB 19153—2009、GB 19761—2009、GB 19762—2007 中相关的要求。

4.5 电动机系统节能改造诊断评估、设计、实施及节能评价应参照附录 A 中的流程图进行。

4.6 电动机改造评价程序和参数测试应参照 GB/T 21205—2007 等相关流程及相应电动机试验方法进行。

4.7 电动机系统的能效检测方法应符合现行国家标准或行业标准的有关规定。

4.8 电动机系统能效检测应由具备相应资质的机构进行。

5 节能诊断

5.1 一般规定

5.1.1 电动机系统节能改造前应对电动机系统的设备、装置、控制方式和运行管理措施进行节能诊断，通过分析电动机系统使用环境及运行要求，在检测现有系统运行能效的基础上，对节能改造可行性和改造方案进行论证，并预估改造效果。

5.1.2 电动机系统节能诊断前，根据电动机系统节能改造的目的和需求，可以选择性提供下述部分或全部资料：

a) 设备运行图纸和技术文件以及电动机系统的改造记录；

b) 相关设备技术参数和运行记录；

c) 系统工艺需求及技术条件。

5.1.3 节能改造前应制定详细的诊断方案，进行检测，编写节能诊断报告。节能诊断报告应包括系统概况、检测结果、能效诊断与能效分析、改造方案建议、节能效果预测和投资回报分析等内容。

5.2 节能诊断方案

5.2.1 概述

节能诊断的基本方法是现场调研、现场测试、分析评估及项目评审。电动机系统节能诊断应参照附录 B 中的流程图进行。

5.2.2 现场调研

5.2.2.1 调研范围

从电动机系统用电输入端开始，调研控制装置、电动机、负载设备、必要的管路或传输系统、负载调节装置等电动机系统节能改造范围内的主要设备的型号、数量、主要性能、分布、工况等情况；调研系统涉及的生产工艺需求。

5.2.2.2 调研目的

了解设备实际的运行情况和使用时间，为现场测试做准备。

5.2.2.3 初步分析

初步分析各设备的装机容量、用电量，确定测试范围和测试方法及测试的时间和周期。

5.2.3 现场测试

5.2.3.1 概述

现场测试可根据情况采用简单测试或全面测试方法进行。

5.2.3.2 简单测试

主要依靠企业现场配备的电力和热工仪表进行。测试范围原则上包括电动机系统计划实施改造的所有边界参数，对于现场仪表不能满足全部要求的情况，可参照现场调研的情况和系统日常运行记录数据及运行特点进行估算。

5.2.3.3 全面测试

对系统运用专业测试仪器设备或依靠企业现有的仪表进行现场测试，测试范围包括评价边界内所有的用电设备的输入电参数测试和输出参数测试，测试周期应能反映系统的运行周期，在测试基础上结合系统日常运行记录数据和运行特点，对系统节能潜力进行量化计算。

5.2.4 分析评估

根据现场调研数据和测试数据，编制节能诊断分析报告。报告主要包括节能方案，预估改造后节能量和节能率，并计算投资回报期。

5.2.5 项目评审

节能诊断分析报告编制完成后，建设单位根据项目具体情况组织由工艺和设备技术专家、现场检测单位检测人员、改造实施单位和相关人员组成的评审小组，对节能技术改造方案的可行性进行论证，并确定评价边界。

6 项目实施

6.1 一般规定

6.1.1 项目实施时，首先应对按确定好的评价边界内的能耗情况进行能效检测或收集能耗及运行等相关数据，能效检测宜采用全面测试的方法进行。

6.1.2 建设单位应委托具备相应资质条件的改造实施单位进行改造施工，改造实施单位应按照经评审通过的改造方案进行设计、安装、调试、试运行和测试，同时负责培训企业有关工程技术人员和有关操作人员。

6.1.3 试运行前建设单位要会同改造实施单位编制完善的试运行方案，落实好各项安全生产措施，保障停、开车安全。系统正常运行后，使用单位负责其日常维护。涉及的检测、检验，属法定检测、检验的，必须由有资质的单位进行，其他的可委托改造实施单位承担。

6.2 电动机的更新

6.2.1 电动机类型的选择

电动机类型的选择一般应遵循以下原则：

a) 依据电动机的工作是否处于易燃、易爆、粉尘污染、腐蚀性气体、高温、高海拔、高湿度、水淋和潜水工作环境，选择相应的防护类型、外壳防护等级和电动机的绝缘等级。

b) 电动机的额定电压应根据其额定功率和所在系统的配电电压或供电电源的输出电压选定；必要时，应通过技术经济的比较确定。

c) 负载对起动、制动、调速有特殊要求时，应更换为与负载特性相匹配的专用电机，所选电动机应能与调速方式合理匹配。

d) 电动机的起动转矩、最大转矩、最小转矩、转速及其调节范围等，应满足电动机所拖动的负载在各种运行方式下的要求。

e) 在有频繁起动、高起动转矩和冲击负载等特殊要求时，选用相应的专用电动机并进行转矩校验。

f) 对于有规律变化的负载，应根据其工作制类型和定额，按 GB 755—2008 的规定选择相应的工作制类型和定额的电动机。

g) 年运行时间大于 3 000 h、负载率大于 60%的、恒速运行的中小型三相异步电动机，应选用能效指标符合 GB 18613—2012 节能评价值的电动机。

6.2.2 电动机额定功率的选择

电动机额定功率的选择一般应遵循以下原则：

a) 选择额定功率时，应使电动机的平均负载率不低于 60%。电动机的平均负载率低于 50%时，应更换成较小额定功率的电动机。

b) 拖动连续运行、稳定负载的电动机，其额定功率应大于负载轴功率；对于三相异步电动机，应使电动机长期运行在 75%负载率时，按 GB/T 12497—2006 计算的综合效率最高。

c) 对于运行工况变化、但连续工作的电动机，应根据负载变化情况求出平均等效功率，电动机的额定功率应大于等效功率，并应对电动机的起动性能和过载能力进行校核。

d) 对于短时或断续工作的电动机，宜选用相应工作制的电动机，并使电动机额定功率略大于负载的功率；也可选用连续工作制电动机来替代，此时，应采用等效法求出工作时间内的等效功率，电动机的额定功率应略大于等效功率，并应对电动机的起动和过载能力进行校核。

6.3 电动机的改造

电动机的改造宜充分分析对原电动机进行高效再制造的可行性，并在再制造过程中判断和选择可利用或可回收部件，提高资源循环利用率。

6.3.1 电动机的高效再制造

电动机的高效再制造，就是将满足高效再制造条件的标准效率电动机通过重新设计、更换零部件等方法，再制造成高效率电动机或适用于特定负载和工况的系统节能电动机（如变极电动机、变频电动机和永磁电动机等），一般包含以下几种情况：

a) 对标准效率电动机通过重新设计，再制造成高效电机的改造活动；

b) 对标准效率电动机通过重新设计，再制造成变极变速专用电动机的改造活动；

c) 对标准效率电动机通过重新设计，再制造成变频调速专用电动机的改造活动；

d) 对标准效率电动机通过重新设计，再制造成高效永磁电动机的改造活动；

e) 对标准效率电动机通过重新设计，再制造成系统匹配的专用电动机的改造活动。

适用范围：对年运行时间大于 3 000 h、负载率大于 60%的、恒速运行的普通三相异步电动机，宜对电动机再制造成高效三相异步电动机；对负载率变化较大，速度变化范围较大但不要求连续平滑变化的普通三相异步电动机，宜对电动机再制造成变极变速专用电动机；对负载率变化较大，速度变化范围较大且连续平滑变化的普通三相异步电动机，宜对电动机再制造成变频调速专用电动机；对年运行时间大于 3 000 h、负载率大小变化，轻载运行时间较长，恒速运行的三相异步电动机，对电动机可进行高效再制造，改造成高效永磁同步电动机。对年运行时间大于 3 000 h、负载匹配不合理的普通三相异步电动机，宜对电动机再制造成系统匹配的专用三相异步电动机。

6.3.2 电动机的降容改造

对电动机的额定功率（或标称功率）进行降低或减少的重新设计和改造活动。

适用范围:当电动机驱动系统经实测或评估,系统最大功率未能达到电动机的额定功率时,对电动机可进行降容改造。

6.3.3 电动机的增容改造

对电动机的额定功率(或标称功率)进行提高或增加的重新设计和改造活动。

适用范围:当电动机驱动系统经实测或评估,系统所需的最大功率虽然超过电动机的额定功率,但电动机的原始设计较为富裕,对电动机可进行增容改造,但同时应对改造后的系统安全性进行评估。

6.3.4 电动机的降压改造

对电动机在适当范围内降低控制电压时的节能改造。

适用范围:当电动机系统的负载率在运行范围内有较大变化,但同时不适用于变频改造时,可对电动机进行降低电压的控制方式。

6.3.5 电动机的升压改造

对电动机在适当范围内提高控制电压时的节能改造。

适用范围:当电动机系统由于线路损耗等原因需对电动机由低压改造为高压时,应对电动机的材料等进行全面重新设计和改造。

6.3.6 电动机的变极改造

对电动机由单一转速改变为多极变速运行下的节能改造。在满足负载变化的要求下,可采用多速三相笼型异步电动机。

适用范围:当存在因某种因素周期变化(如季节),系统所需亦可随之周期变化,在调速可满足需求,允许电动机在停机状态下进行变极切换时,可对电动机进行变极调速改造,但此种改造所使用的控制方式应允许电动机停止运行后自由进行。

或当运行工况非频繁变化,且系统所需呈阶梯状,在调速可满足需求时,可采用多速电动机,一般可选用双速三相笼型异步电动机。

变极电动机宜采用全压起动。

6.3.7 通用电动机改专用电动机的改造

对拖动典型负载的电动机再制造成与被拖动设备负载特性匹配的专用电机的节能改造。

适用范围:当电动机与被拖动设备负载特性不匹配,可对电动机进行重新设计,再制造成与被拖动设备负载特性相匹配的专用电动机。

6.4 控制装置的改造

对电动机系统通过改变控制装置来达到最佳的节能效果所进行的节能改造。控制装置的改造时应对改造后的电动机系统运行安全性进行评估。

6.4.1 变频调速控制改造

对电动机由单一转速或由低效的调速方式改变为在变频器控制下的平滑调速运行时的节能改造。

适用范围:当负载运行工况频繁变化,且变化范围较大,系统所需电动机的功率亦随之频繁变化时,可对电动机及系统进行变频调速改造,但此种改造所使用的控制方式应允许电动机停止运行后自由进行。

变频调速改造时宜将原电动机再制造成变频调速专用三相笼型异步电动机。

6.4.1.1 变频器与电动机匹配的要求

变频器与电动机的匹配一般应遵循以下原则：

a) 电压匹配，变频器输出额定电压与电动机额定电压相符；

b) 电流匹配，变频器额定电流应大于电动机实际运行最大电流；

c) 变频器与电动机之间安装距离较远时，应适当增大变频器容量或在变频器输出端加装电抗器。

6.4.1.2 对变频器的要求

对变频器的一般要求是：

a) 变频器输出电压、频率连续可调；

b) 变频器一般性能应符合 GB/T 12668.2—2002 和 GB/T 12668.4—2006 的规定；

c) 对于风机、水泵专用低压变频器，应符合 GB/T 21056—2007 的规定；

d) 对于电力行业所用高压变频器，应符合 DL/T 994—2006 的规定，其他行业可参考执行；

e) 变频器的过载能力应大于额定电流的 20%，并持续 60 s；

f) 变频器应具有各种保护功能，如输入过压、欠压保护，缺相保护，过流保护，短路保护，防雷电冲击保护等；

g) 高压大容量变频调速电动机系统应采取限制产生轴电流的措施；

h) 变频器的电磁兼容性能应符合 GB 12668.3—2003 的规定。

6.4.2 变极变速控制改造

对电动机由单一转速改变为在逻辑组合开关控制下的变速运行时的节能改造。

适用范围：当负载运行工况变化，但呈周期性变化时，系统所需电动机的功率和转速亦随之周期变化，允许电动机在停机状态下进行变极切换时，在对电动机进行变极改造时，对控制装置进行变极变速控制改造，但此种改造所使用的控制方式应允许电动机停止运行后自由进行。

变极变速改造时宜将原电动机再制造成变极变速专用三相笼型异步电动机。

6.4.3 相控调压节能控制改造

对电动机在适当范围内降低控制电压时的节能改造。

适用范围：当电动机系统的负载率在运行范围内有较大变化，但同时不适用于变频改造时，可对电动机进行降低电压的控制方式的改造。

6.4.4 串级调速控制改造

对额定电压为 6 kV、10 kV，功率较大的场合，电动机由单一转速或由低效的调速方式改变为在一定范围内平滑调速运行时的节能改造。

适用范围：当负载运行工况变化（非季节性周期），且变化范围不大，系统所需电动机转速变化时，可对电动机系统进行串级调速改造，但此种改造应允许电动机停止运行后自由进行。

串级调速改造宜选用内馈或外馈调速装置，对采用三相异步电动机的设备在进行串级调速改造时，宜对原电动机进行重新设计再制造成与调速设备相匹配的专用电动机。

6.4.5 开关磁阻电动机及控制器调速改造

对电动机由单一转速或由低效的调速方式改变为在开关磁阻电动机及控制器控制下的平滑调速运行时的节能改造。

适用范围：当负载运行工况频繁变化，且变化范围较大，系统所需电动机的功率亦随之频繁变化，并且可选择到相应功率的开关磁阻电机及控制器时，可对电动机及系统进行开关磁阻电机及控制器调速改造。

6.4.6 控制模式的改造

对适合采用更节能的控制模式进行控制的电动机系统，可进行控制模式改造。

适用范围：在不影响电动机系统的运行效果，通过改变电动机系统的控制模式可提高电动机系统能效的电动机系统，可进行控制模式改造。

控制模式改造可对控制装置进行闭环控制改造、反馈信号采样点或采样信号类型改造、细化运行分级改造、优化控制算法改造等。

控制模式改造时应尽可能利用原控制装置或原控制装置的零部件。

控制模式改造时应充分考虑改造后对相关电动机系统的影响，一般控制模式改造宜对相关的所有电动机系统进行综合改造，保证所有相关的电动机系统运行的协调一致和运行的综合能效水平提高。

控制模式改造时应对改造后的运行情况预分析，确认改造后不影响生产时进行。

6.5 传动装置的改造

对可采用高效传动装置替代现有低效传动装置的电动机系统，可进行传动装置改造(在调速改造、电动机改造时进行)。对传动装置改造时应对改造后的电动机系统运行安全性进行评估。

6.5.1 液力耦合器的改造

在电动机系统进行调速改造或起动方式改造时，可同时对液力耦合器进行改造。

适用范围：液力耦合器起调速作用，在进行控制装置调速改造时宜将液力耦合传动装置改造成联轴器连接；液力耦合器起软起动作用，在进行控制装置调速改造或软起动改造时，宜将液力耦合传动装置改造成联轴器连接。

6.5.2 齿轮变速箱的改造

在电动机系统进行电动机改造或传动装置采用普通齿轮变速箱时，可进行齿轮变速箱的改造。

适用范围：电动机改造时选用的新电动机的运行转速足以取消齿轮箱时，或当高效变速装置足以代替普通齿轮变速箱时，或普通齿轮箱需要更新时，宜将齿轮箱传动装置改造成联轴器连接。

6.5.3 直驱改造

在电动机系统进行电动机改造时，可进行直驱改造。

适用范围：电动机或传动装置改造时，选用新电动机，其运行速度和负载能力足以满足需求，足以取消传动装置时，宜采用直驱电机改造。

6.6 被拖动装置的改造

对可采用高效被拖动装置替代现有低效被拖动装置的电动机系统，或可提高被拖动装置的能效时，可进行被拖动装置的改造。被拖动装置的改造时应对改造后的电动机系统运行安全性进行评估。

6.6.1 高效替代改造

对有成熟的高效被拖动装置足以代替现有拖动装置，可进行高效替代改造；对于机组的工作点不合理的机组，可进行机组替代改造。

适用范围：高效被拖动装置的性能完全满足使用需要，现有运行环境或通过改善运行环境能完全满足高效被拖动设备的运行环境要求；通过重新设计、计算或测试，确认机组运行工作点在非高效工作区，替代改造后能提高能效的机组。

6.6.2 被拖动设备的改造

对现有被拖动装置可通过改造或更新部分零部件的方法提高被拖动设备的实际运行效率时，可进行被拖动设备改造。

适用范围：不改变现有设备的安装方式和连接方式，被拖动设备的实际运行能效水平低下或工作在非高效工作区。

6.6.3 被拖动设备的损耗能量回收改造

对被拖动装置损耗的能量形式可进行回收再利用时，可进行被拖动设备的损耗能量回收改造。

适用范围：被拖动设备损耗的能量具有回收价值，且回收后的能量有足够的再利用场所。

对被拖动设备的损耗能量回收改造项目，在综合评估时，应将回收的能量计入系统输出能量中。

6.7 管网的改造

以提高综合能效水平为目标可对管网进行如下改造：

a) 改造管网的排列形式、连接形式或减少阀门数量，降低管网管阻；

b) 提高管网的保温性能，减少管网传输过程中能量损失；

c) 增加管网中的阀门数量，进行管网调度管理；

d) 改变管网中阀门类型，实现自动控制；

e) 增加管网间互通管路，满足跨区调度；

f) 隔离不同类型的管网，实现分类供给。

6.8 其他的改造

以提高综合能效水平为目标对电动机系统进行的其他改造。

7 综合评估

7.1 一般规定

7.1.1 电动机系统节能改造后，应对设备运行效果进行评估，改造后系统的生产效率和系统分界点指标应达到改造设计要求。

7.1.2 电动机系统改造后，应对与改造设备相关的设备及其运行情况进行全面检查。

7.1.3 电动机系统节能改造后，应对被改造的系统或设备进行能效检测和评估，并在条件允许的情况下，应在相同的运行工况下采取同样的检测方法，改造前后能效检测应由同一个检测单位进行。

7.2 节能效果监测及评价步骤

节能效果监测及评价步骤是：

a) 针对项目特点制定具体的检测和评价方案；

b) 收集或检测改造前的能耗及运行数据；

c) 收集或检测改造后的能耗和运行数据；

d) 计算节能量及节能率并进行评价；

e) 撰写节能改造效果检测评价报告。

7.3 节能改造效果评价方法

7.3.1 总则

计算节能量时，应进行偏差分析。

7.3.2 测量法

符合下列情况之一时，宜采用测量法进行评价：

a) 仅需评估改造的电动机系统能效时；

b) 节能改造项目之间或与其他设备之间的相互影响可忽略不计或可测量和计算时；

c) 影响能耗的变量可以测量，且测量成本较低时；

d) 期望得到单个节能措施的节能量和节能率时。

采用测量法进行评估时，应符合下列规定：

a) 当被改造系统或设备运行负荷较稳定时，可只测量关键参数，其他参数宜估算确定；

b) 当被改造系统或设备运行负荷变化较大时，应对与能耗相关的所有参数进行测量；

c) 当实施节能改造的设备数量较多时，宜对被改造的设备进行抽样测量。

7.3.3 数据分析法

符合下列情况之一时，宜采用数据分析法进行评估：

a) 需评估改造前后相关设备的综合能效状况时；

b) 采取了多项节能措施，且存在显著的相互影响时；

c) 被改造系统与其他设备系统之间存在较大的相互影响，很难采用测量法进行测量或测量费用很高时；

d) 很难将被改造的系统或设备与其他部分的能耗分开时；

e) 预期的节能量比较大，足以摆脱其他影响因素对能耗的随机干扰时。

7.4 节能改造效果检测计算方法

7.4.1 总则

改造完成后应根据实际，采用以下几种方式的一种或几种方式进行节能改造效果评估。

7.4.2 统计报告期节能量

统计报告期节能量按式(1)计算：

$$\Delta E_{\mathrm{T}} = E_{\mathrm{Th}} - E_{\mathrm{Tq}} + E_{\mathrm{X}} \qquad (1)$$

式中：

ΔE_{T}——统计报告期节能量，单位为千瓦时(kW·h)；

E_{Th}——统计报告期总耗能量，单位为千瓦时(kW·h)；

E_{Tq}——基期总耗能量，单位为千瓦时(kW·h)；

E_{X}——建设方和施工方认可的修正值(主要由统计报告期和基期不可消除的影响决定)，单位为千瓦时(kW·h)。

7.4.3 统计报告期节能率

统计报告期节能率按式(2)计算：

$$\xi_T = \frac{\Delta E_T}{E_{Tq}} \times 100\% \qquad \cdots\cdots (2)$$

式中：

ξ_T——统计报告期节能率。

7.4.4 产品节能率

产品节能率按式(3)计算：

$$\xi_q = \frac{e_{dj} - e_{dy}}{e_{dy}} \times 100\% \qquad \cdots\cdots (3)$$

式中：

ξ_q——产品节能率；

e_{dj}——统计报告期单位产品平均耗能量，单位为千瓦时(kW·h)；

e_{dy}——基期单位产品平均耗能量，单位为千瓦时(kW·h)。

注：产品节能率 ξ_q 可以为产品有功节能率、无功节能率和综合节能率中的任何一种，只需注意在计算时将相应的基期单位产品耗能量 e_{dy} 和统计报告期单位产品耗能量 e_{dy} 赋以相对应的值即可。

7.4.5 产品节能量

产品节能量按式(4)计算：

$$\Delta E_d = \xi_q \times e_{dy} \times M \qquad \cdots\cdots (4)$$

式中：

ΔE_d——产品节能量，单位为千瓦时(kW·h)；

M ——统计报告期产出的合格产品数量。

7.4.6 工况节能率

工况节能率按式(5)计算：

$$\xi_g = \frac{\sum_{i=1}^{n} \xi_{gi} \times T_i}{\sum_{i=1}^{n} T_i} \qquad \cdots\cdots (5)$$

式中：

ξ_g ——工况(工艺)节能率；

ξ_{gi}——第 i 种工况(工艺)节能率，按式(6)计算；

T_i——统计报告期系统在第 i 种工况(工艺)运行时间，单位为小时(h)；

n ——统计报告期系统工况(工艺)的数量。

$$\xi_{gi} = \frac{e_{gji} - e_{gyi}}{e_{gyi}} \times 100\% \qquad \cdots\cdots (6)$$

式中：

e_{gyi}——基期系统在第 i 种工况单位时间平均耗能量，单位为千瓦时(kW·h)；

e_{gji}——统计报告期系统在第 i 种工况(工艺)单位时间平均耗能量，单位为千瓦时(kW·h)。

注：工况节能率 ξ_g 可以为工况有功节能率、无功节能率和综合节能率中的任何一种，只需注意在计算时将相应的基期工况单位耗能量 e_{gyi} 和统计报告期工况单位产品耗能量 e_{gji} 赋以相对应的值即可。

7.4.7 工况节能量

工况节能量按式(7)计算：

$$\Delta E_{g} = \sum_{i=1}^{n} \xi_{gi} \times e_{gyi} \times T_{i} \qquad \cdots\cdots (7)$$

式中：

ΔE_g——工况节能量，单位为千瓦时(kW·h)。

7.4.8 综合节能量

综合节能量按式(8)计算：

$$\sum E_{C} = E_{P} + K_{Q} \times E_{Q} \qquad \cdots\cdots (8)$$

式中：

$\sum E_C$ ——综合节能量，单位为千瓦时(kW·h)；

E_P ——有功节能量，单位为千瓦时(kW·h)；

K_Q ——无功经济当量，其具体取值按 GB/T 12497—2006 附录 A 中 A.3 的规定，单位为千瓦每千乏(kW/kvar)；

E_Q ——无功节能量，单位为千乏时(kvar·h)。

注：有功节能量可以按照 7.4.2、7.4.5、7.4.7 中的任意一种方法计算得到；无功节能量可参照 7.4.2、7.4.5、7.4.7 中的任意一种方法计算得到，但要注意公式中涉及的节能量值为无功节能量。

7.4.9 综合节能率

综合节能率按式(9)计算：

$$\xi_{C} = \frac{\sum E_{Cj} - \sum E_{Cy}}{\sum E_{Cy}} \qquad \cdots\cdots (9)$$

式中：

ξ_C ——综合节能率；

$\sum E_{Cj}$——统计报告期综合节能量，单位为千瓦时(kW·h)；

$\sum E_{Cy}$——基期综合节能量，单位为千瓦时(kW·h)。

附 录 A
（资料性附录）
节能改造诊断评估、设计实施及节能评价流程图

节能改造诊断评估、设计实施及节能评价按图 A.1 中所示流程进行。

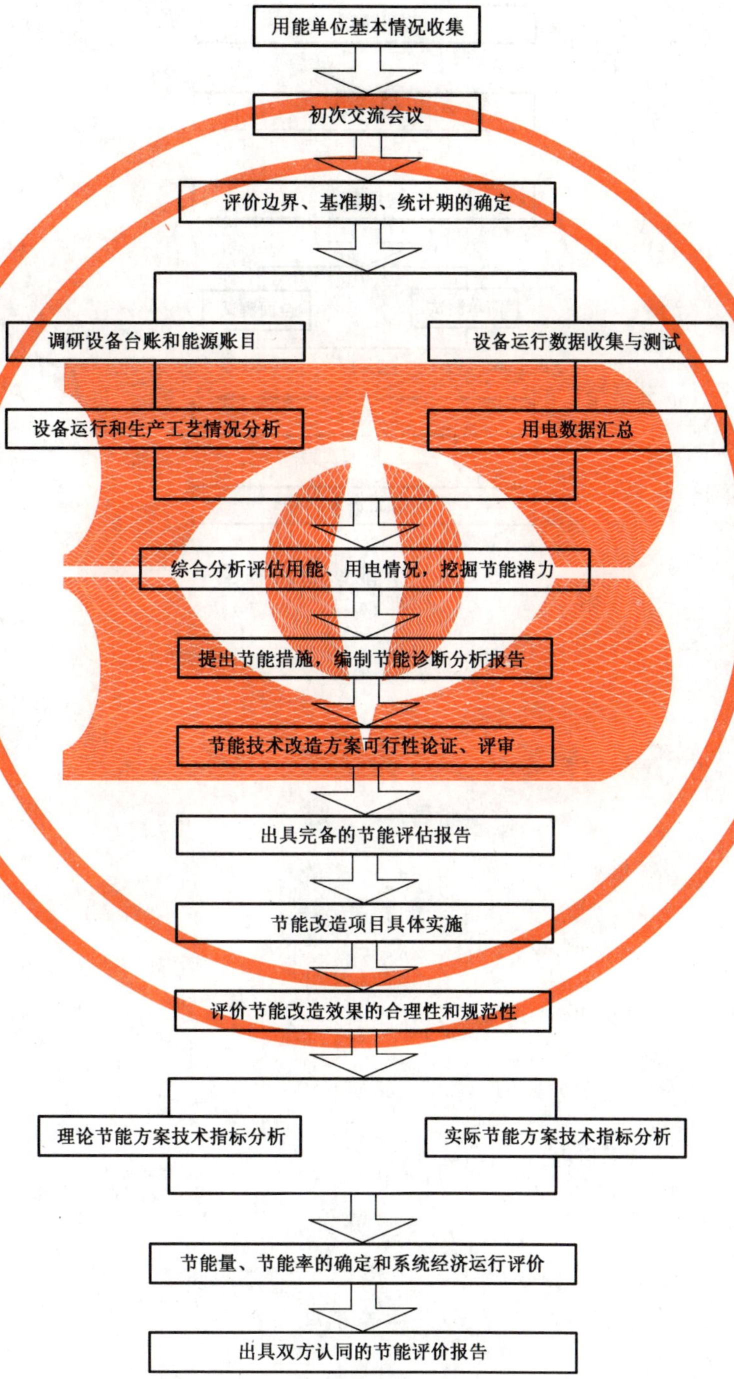

图 A.1 节能改造诊断评估、设计实施及节能评价流程图

附 录 B
（资料性附录）
节能诊断流程图

节能诊断按图 B.1 中所示流程进行。

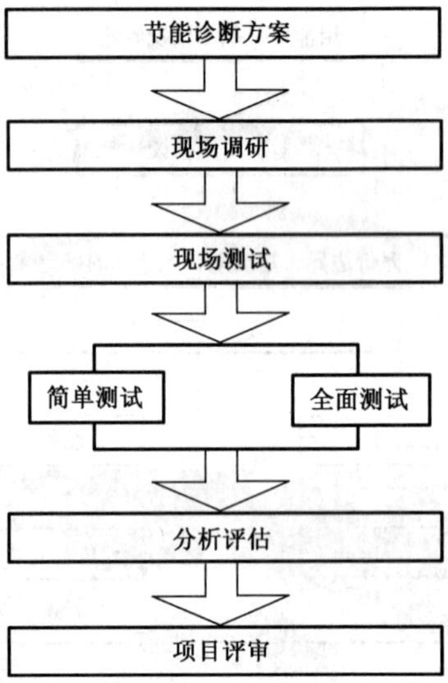

图 B.1 节能诊断流程图

ICS 13.310
A 91

中华人民共和国国家标准

GB/T 29315—2012

中小学、幼儿园安全技术防范系统要求

Requirements for security system in medium and primary school and kindergarten

2012-12-31 发布　　2013-06-01 实施

中华人民共和国国家质量监督检验检疫总局
中国国家标准化管理委员会　发布

前 言

本标准按照 GB/T 1.1—2009 给出的规则起草。

本标准由中华人民共和国公安部提出。

本标准由全国安全防范报警系统标准化技术委员会(SAC/TC 100)归口。

本标准起草单位:公安部科技信息化局、公安部治安管理局、教育部基础教育一司、北京市公安局、公安部第一研究所、北京富盛星电子有限公司、北京赛尔汇力安全科技有限公司、北京欣卓越技术开发有限责任公司、浙江省公安厅、北京市质量技术监督局、杭州华三通信技术有限公司、浙江金盾楼宇科技工程有限公司。

本标准主要起草人:施巨岭、段建英、周群、李明甫、高任、俞伟跃、娄健、张凤波、屠连生、杨志明、盖田力、蒋乐中、宋国建、张盛、许克。

中小学、幼儿园安全技术防范系统要求

1 范围

本标准规定了中小学校和幼儿园安全技术防范系统基本要求、重点部位和区域及其防护要求、系统技术要求、保障措施等。

本标准适用于各类中小学、幼儿园(以下统称学校),其他未成年人集中教育培训机构或场所参照执行。

2 规范性引用文件

下列文件对于本文件的应用是必不可少的。凡是注日期的引用文件,仅注日期的版本适用于本文件。凡是不注日期的引用文件,其最新版本(包括所有的修改单)适用于本文件。

GB/T 7401 彩色电视图像质量主观评价方法

GB/T 15408—2011 安全防范系统供电技术要求

GB 50348 安全防范工程技术规范

GB 50394 入侵报警系统工程设计规范

GB 50395 视频安防监控系统工程设计规范

GB 50396 出入口控制系统工程设计规范

GA/T 644 电子巡查系统技术要求

GA/T 678 联网型可视对讲系统技术要求

3 术语和定义

GB 50348、GB 50394、GB 50395、GB 50396 界定的术语和定义适用于本文件。

4 基本要求

4.1 学校安全技术防范系统建设,应符合国家现行相关法律、法规的规定。

4.2 安全技术防范系统建设应统筹规划,坚持人防、物防、技防相结合的原则,以保障学生和教职员工的人身安全为重点。

4.3 学校安全技术防范系统中使用的产品应符合国家现行相关标准的要求,经检验或认证合格,并防止造成对人员的伤害。

4.4 学校安全技术防范系统应留有联网接口。

5 防护要求

5.1 重点部位和区域

下列部位和区域确定为学校安全技术防范系统的重点部位和区域:

a) 学校大门外一定区域;

b) 学校周界;

c) 学校大门口;

d) 门卫室(传达室);

e) 室外人员集中活动区域;

f) 教学区域主要通道和出入口;

g) 学生宿舍楼(区)主要出入口和值班室;

h) 食堂操作间和储藏室及其出入口、就餐区域;

i) 易燃易爆等危险品储存室、实验室;

j) 贵重物品存放处;

k) 水电气热等设备间;

l) 安防监控室。

注:学校大门外一定区域是指学生上下学时段,校门外人员密集集中的区域。

5.2 防护要求

5.2.1 学校大门外一定区域应设置视频监控装置,监视及回放图像应能清晰显示监视区域内学生出入校园、人员活动和治安秩序情况。

5.2.2 学校周界应设置实体屏障,宜设置周界入侵报警装置。

5.2.3 学校大门口应设置视频监控装置,监视及回放图像应能清楚辨别进出人员的体貌特征和进出车辆的车型及车牌号。

5.2.4 学校大门口宜配置隔离装置,用于在学生上学、放学的人流高峰时段,大门内外一定区域内通过隔离装置设置临时隔离区,作为学生接送区。

5.2.5 学校大门口宜设置对学生、教职员工、访客等人员进行身份识别的出入口控制通道装置。

5.2.6 幼儿园大门口宜安装访客可视对讲装置。

5.2.7 学校门卫室(传达室)应设置紧急报警装置。

5.2.8 室外人员集中活动区域(操场等)宜设置视频监控装置,监视及回放图像应能清晰显示监视区域内人员活动情况。

5.2.9 教学区域内学生集中出入的主要通道和出入口宜设置视频监控装置。

5.2.10 学生宿舍楼(区)的出入口应设置视频监控装置,监视及回放图像应清楚辨别进出人员的体貌特征;可设置出入口控制装置。

5.2.11 学生宿舍楼(区)的值班室应设置紧急报警装置。

5.2.12 食堂操作间和储藏室的出入口应设置视频监控装置,操作间、储藏室和就餐区域宜设置视频监控装置,监视及回放图像应能辨别人员活动情况。

5.2.13 易燃易爆等危险品储存室、实验室应有实体防护措施,应设置入侵报警装置,宜设置视频监控装置。

5.2.14 贵重物品存放处(财务室等)应有实体防护措施,应设置入侵报警装置,宜设置视频监控装置。

5.2.15 水电气热等设备间(配电室、锅炉房、水泵房等)应有实体防护措施,宜设置入侵报警装置。

5.2.16 安防监控室应有实体防护措施,应设置紧急报警装置,并配置通讯工具;应设置广播装置接入校园广播系统,用于突发事件时的人员疏散及应急指挥;宜设置视频监控装置。

5.2.17 重点部位和区域宜设置电子巡查装置。

5.2.18 其他部位和区域根据实际需要设置相应防范措施。

5.3 设施配置要求

学校重点部位和区域安全技术防范设施配置要求见附录A。

6 系统技术要求

6.1 计时校时要求

学校安全技术防范系统中具有计时功能的设备与北京时间的偏差应保持不大于 20 s。

6.2 入侵报警系统

6.2.1 入侵报警系统应满足 GB 50394 的相关要求。
6.2.2 入侵探测器、紧急报警装置发出的报警信号应传送至安防监控室，紧急报警装置应与属地接警中心联网。
6.2.3 入侵报警系统布防、撤防、报警、故障等信息的保存时间应不少于 30 d。
6.2.4 入侵报警系统宜与视频监控系统联动。

6.3 视频监控系统

6.3.1 视频监控系统应满足 GB 50395 的相关要求。
6.3.2 视频图像应传送至安防监控室，宜与上级监控中心联网。
6.3.3 视频监视图像分辨率应不低于 380 TVL，回放图像分辨率应不低于 240 TVL；数字视频格式分辨率应不低于 352 * 288 像素。
6.3.4 视频图像质量按照 GB/T 7401 按主观评价，采用五级损伤制评价，评价结果应不低于 4 级。回放图像应保证人员和物体的标志性特征可辨识。
6.3.5 视频图像应实时记录，保存时间应不少于 30 d。

6.4 出入口控制系统

6.4.1 出入口控制系统应符合 GB 50396 的相关要求。
6.4.2 出入口控制事件记录保存时间应不少于 180 d。
6.4.3 出入口控制系统宜与视频监控系统联动，在事件查询的同时，能回放与该出入口相关联的视频图像。
6.4.4 出入口控制系统应满足人员逃生时的相关要求，当需要紧急疏散时，各闭锁通道应开启，保障人员迅速安全通过。

6.5 访客可视对讲系统

访客可视对讲系统应满足 GA/T 678 的相关要求。

6.6 电子巡查系统

电子巡查系统应符合 GA/T 644 的相关要求。

6.7 供电、防雷和接地

6.7.1 安全技术防范系统的供电应符合 GB/T 15408—2011 的相关要求。
6.7.2 安全技术防范系统主电源应从学校主配电室通过独立回路直接接入。
6.7.3 入侵报警系统和视频监控系统宜采用集中供电方式，并根据实际情况配置备用电源。主备电源应能不间断切换。
6.7.4 备用电源应在断电后保证入侵报警系统正常工作不少于 8 h，保证视频监控系统的摄像机、录像设备和主要控制显示设备正常工作不少于 1 h，保证出入口控制系统在主要出入口的电控装置正常开启不少于 24 h。

6.7.5 安全技术防范系统的防雷接地应符合 GB 50348 的相关要求。

6.8 安防监控室

学校宜设置独立的安防监控室，对安全技术防范系统进行统一管理。

7 保障措施

7.1 学校安全技术防范系统建设完工后应进行验收，并建立运行维护保障的长效机制，应设专人负责系统日常管理工作并制定应急处置预案。

7.2 安防监控室应保证有人员值班，值班人员应培训上岗，掌握系统运行维护的基本技能。

7.3 学校安全技术防范系统出现故障时，应在 24 h 内恢复功能，在系统恢复前应采取有效的应急防范措施。

附 录 A
（规范性附录）
学校重点部位和区域安全技术防范设施配置要求

表 A.1 列出了学校的重点部位和区域以及需要配置的安全防范设施。

表 A.1 学校重点部位和区域安全技术防范设施配置表

序号	重点部位和区域	技防设施	配置要求
1	学校大门外一定区域	视频监控装置	应
2	学校周界	实体屏障	应
		入侵报警装置	宜
3	学校大门口	视频监控装置	应
		隔离装置	宜
		出入口控制通道装置	宜
	幼儿园大门口	访客可视对讲装置	宜
4	门卫室(传达室)	紧急报警装置	应
5	室外人员集中活动区域	视频监控装置	宜
6	教学区域主要通道和出入口	视频监控装置	宜
7	学生宿舍楼(区)主要出入口	视频监控装置	应
		出入口控制装置	可
	学生宿舍楼(区)值班室	紧急报警装置	应
8	食堂操作间和储藏室的出入口	视频监控装置	应
	食堂操作间、储藏室和就餐区域	视频监控装置	宜
9	易燃易爆等危险品储存室、实验室	实体防护措施	应
		入侵报警装置	应
		视频监控装置	宜
10	贵重物品存放处	实体防护措施	应
		入侵报警装置	应
		视频监控装置	宜
11	水电气热等设备间	实体防护措施	应
		入侵报警装置	宜
12	安防监控室	实体防护措施	应
		紧急报警装置	应
		通讯工具	应
		广播装置	应
		视频监控装置	宜
13	重点部位和区域	电子巡查装置	宜

ICS 43.040.99
T 35

中华人民共和国国家标准

GB/T 29317—2012

电动汽车充换电设施术语

Terminology of electric vehicle charging/battery swap infrastructure

2012-12-31 发布　　2013-06-01 实施

中华人民共和国国家质量监督检验检疫总局
中国国家标准化管理委员会　发布

前言

本标准按照GB/T 1.1—2009给出的规则起草。

本标准由中国电力企业联合会提出。

本标准由中国电力企业联合会归口。

本标准起草单位:国家电网公司、中国电力科学研究院、南方电网科学研究院、国网电力科学研究院、许继集团有限公司、浙江省电力公司、天津市电力公司、广东电网公司电力科学研究院、天津清源电动车辆有限责任公司。

本标准主要起草人:苏胜新、魏琦、贾俊国、李武峰、吴尚洁、罗小英、陈晰、吴俊阳、朱金大、陈良亮、董新生、陈枫、聂亮、曲巍、孙卫明、赵伟、罗敏、周能辉、苟毅彤。

电动汽车充换电设施术语

1 范围

本标准规定了与电动汽车充换电设施相关的术语及其定义。

本标准适用于采用传导充电方式的电动汽车充换电设施。

2 充换电设施

2.1

充换电设施 charging/battery swap infrastructure

为电动汽车提供电能的相关设施的总称,一般包括充电站、电池更换站、电池配送中心、集中或分散布置的交流充电桩等。

3 充换电模式

3.1

整车充电模式 vehicle charge mode

将电动汽车直接与充电设备相连接进行充电的方式。

3.1.1

直流充电 DC charge

采用直流电源为电动汽车提供电能的方式。

3.1.2

交流充电 AC charge

采用交流电源为电动汽车提供电能的方式。

3.2

电池更换模式 battery swap mode

通过更换动力蓄电池为电动汽车提供电能的方式。

3.2.1

侧向换电 side-swapping of battery pack

电池箱安装在车体两侧时的电池箱更换方式。

3.2.2

底部换电 bottom-swapping of battery pack

电池箱安装在车体底部时的电池箱更换方式。

3.2.3

端部换电 front/rear-swapping of battery pack

电池箱安装在车体前后舱时的电池箱更换方式。

4 充电设备

4.1

充电设备 charging equipment

与电动汽车或动力蓄电池相连接,并为其提供电能的设备,一般包括非车载充电机、车载充电机、交流充电桩等。

4.2

非车载充电机　off-board charger

安装在电动汽车车体外,将交流电能变换为直流电能,采用传导方式为电动汽车动力蓄电池充电的专用装置。

4.3

车载充电机　on-board charger

固定安装在电动汽车上运行,将交流电能变换为直流电能,采用传导方式为电动汽车动力蓄电池充电的专用装置。

4.4

交流充电桩　AC charging spot

采用传导方式为具有车载充电装置的电动汽车提供交流电源的专用供电装置。

4.5

充电连接装置　connection set for charging

电动汽车充电时,连接电动汽车和电动汽车供电设备的组件,除电缆外,还可能包括供电接口、车辆接口、线上控制盒和帽盖等部件。

[GB/T 20234.1—2011,定义 3.1]

5　充电站/电池更换站

5.1

充电站　charging station

采用整车充电模式为电动汽车提供电能的场所,主要由三台及以上电动汽车充电设备,至少有一台非车载充电机,以及相关的供电设备、监控设备等组成。

5.2

电池更换站(换电站)　battery swap station

采用电池更换模式为电动汽车提供电能的场所。

5.3

充换电站　charging and battery swap station

同时可为电动汽车提供整车充电服务和电池更换服务的场所。

5.4

电池配送中心　battery dispatch center

对动力蓄电池集中进行充电,并为电池更换站提供电池配送服务的场所。也可称为电池集中充电站。

6　站内系统

6.1

供电系统　power-supply system

为充电站/电池更换站提供电源的电力设备和配电线路组成的系统。

6.2

充电系统　charging system

由充电站/电池更换站内的所有充电设备、电缆及相关辅助设备组成的系统。

6.3

电池更换系统　battery swap system

实现电动汽车动力蓄电池更换的机械设备和电气设备组成的系统。

6.3.1

动力蓄电池箱　power battery pack

由若干单体蓄电池或动力蓄电池模块、箱体、电池信息采集单元及相关电气、机械附件等构成的装置,简称电池箱。

6.3.2

电池箱连接器 battery pack coupler

实现电池箱与电动汽车、电池箱与充电架之间传导式连接的专用电连接器。

6.3.3

充电架 charging rack

由机械、电气、通信等装置构成,用以连接非车载充电机和电池箱,完成充电过程的电池箱承载设备。

6.3.4

电池箱存储架 battery pack storage rack

用于集中承载电池箱的设备。

6.3.5

电池箱更换设备 battery pack swap equipment

用于卸载、搬运和装载电池箱的专用设备。

6.3.6

电池箱转运设备 battery pack transfer equipment

用于将电池箱搬运至规定位置的专用设备。

6.3.7

车辆导引系统 vehicle pilot system

实现导引电动汽车至规定位置以便进行电池箱更换的系统。

6.3.8

电池箱更换时间 battery pack swap time

电动汽车从就位后至完成电池箱更换(电动汽车自身具备行驶条件)所需的时间。

6.4

监控系统 monitoring system

应用信息、网络及通信技术,对充电站/电池更换站内设备运行状态和环境进行监视、控制和管理的系统。

6.5

计量计费系统 metering and billing system

用于实现充电站/电池更换站与电网之间、充电站/电池更换站与电动汽车用户之间的电能结算的全套计量和计费装置。

7 运营管理系统

7.1

运营管理系统 operation and management system

实现电动汽车充电和电池更换相关业务的数据采集、数据存储、统计分析、运行决策、营业服务以及调度管理的系统。

参 考 文 献

[1] GB/T 20234.1—2011 电动汽车传导充电用连接装置 第1部分:通用要求

索　引

汉语拼音索引

英文对应词索引

ICS 43.040.99
T 35

中华人民共和国国家标准

GB/T 29318—2012

电动汽车非车载充电机电能计量

Electric energy metering for electric vehicle off-board charger

2012-12-31 发布　　　　2013-06-01 实施

中华人民共和国国家质量监督检验检疫总局
中国国家标准化管理委员会 发布

前　　言

本标准按照GB/T 1.1—2009给出的规则起草。

本标准是电动汽车充电计量的基础标准,对于充电设施具体使用的电能计量装置应根据产品特性选择相应标准和本标准一起使用。

本标准由中国电力企业联合会提出并归口。

本标准起草单位:国家电网公司、中国电力科学研究院、中国计量科学研究院、国网电力科学研究院、云南电力试验研究院、许继集团有限公司、冀北电力有限公司、辽宁省电力公司。

本标准主要起草人:苏胜新、杜蜀薇、贾俊国、彭楚宁、章欣、曾海鸥、姜红浪、郜波、陈诚、刘文松、王磊、贺青、张秀增、曹敏、王昕、霍军超、董新生、王思彤、周丽霞、马晓奇、郝新。

电动汽车非车载充电机电能计量

1 范围

本标准规定了电动汽车非车载充电机(以下简称充电机)计量用直流电能计量装置的配置安装要求、技术要求、试验方法和检验规则,规定了充电机计量技术要求。

本标准适用于充电机的电能计量。

2 规范性引用文件

下列文件对于本文件的应用是必不可少的。凡是注日期的引用文件,仅注日期的版本适用于本文件。凡是不注日期的引用文件,其最新版本(包括所有的修改单)适用于本文件。

GB/T 2423.1—2008 电工电子产品环境试验 第2部分:试验方法 试验A:低温(IEC 60068-2-1:2007,IDT)

GB/T 2423.2—2008 电工电子产品环境试验 第2部分:试验方法 试验B:高温(IEC 60068-2-2:2007,IDT)

GB/T 2423.4—2008 电工电子产品环境试验 第2部分:试验方法 试验Db:交变湿热(12 h+12 h循环)(IEC 60068-2-30:2005,IDT)

GB/T 2423.57—2008 电工电子产品环境试验 第2部分:试验方法 试验Ei:冲击 冲击响应谱合成(IEC 60068-2-81:2003,IDT)

GB/T 2423.58—2008 电工电子产品环境试验 第2部分:试验方法 试验Fi:振动 混合模式(IEC 60068-2-80:2005,IDT)

GB/T 3928—2008 直流电阻分压箱(IEC 60524:1997,IDT)

GB 4208—2008 外壳防护等级(IP代码)(IEC 60529:2001,IDT)

GB/T 5169.11—2006 电工电子产品着火危险试验 第11部分:灼热丝/热丝基本试验方法 成品的灼热丝可燃性试验方法(IEC 60695-2-11:2000,IDT)

GB/T 15284—2002 多费率电能表 特殊要求

GB/T 17215.211 交流电测量设备 通用要求、试验和试验条件 第11部分:测量设备(GB/T 17215.211—2006,IEC 62052-11:2003,IDT)

GB/T 17215.421—2008 交流测量 费率和负荷控制 第21部分:时间开关的特殊要求(IEC 62054-21:2004,IDT)

GB/T 17626.2—2006 电磁兼容 试验和测量技术 静电放电抗扰度试验(IEC 61000-4-2:2001,IDT)

GB/T 17626.3—2006 电磁兼容 试验和测量技术 射频电磁场辐射抗扰度试验(IEC 61000-4-3:2002,IDT)

GB/T 17626.4—2008 电磁兼容 试验和测量技术 电快速瞬变脉冲群抗扰度试验(IEC 61000-4-4:2004,IDT)

GB/T 17626.5—2008 电磁兼容 试验和测量技术 浪涌(冲击)抗扰度试验(IEC 61000-4-5:2005,IDT)

GB/T 29317　电动汽车充换电设施术语

JJG 842—1993　直流电能表检定规程

JB/T 9288—1999　外附分流器

NB/T 33001　电动汽车非车载传导式充电机技术条件

3　术语和定义

GB/T 29317 界定的以及下列术语和定义适用于本标准。

3.1

直接接入式电能表　direct connected meter

接入仪表电流回路为电流信号的电能表，包括电能表和分流器一体化设计的仪表。

3.2

经分流器接入式电能表　shunts connected meter

接入仪表电流回路为分流器二次电压信号的电能表。

3.3

参比电流　reference current

确定电能表有关特性的电流值。

3.4

直流纹波因数　DC ripple factor

脉动直流电量的峰谷值之差的一半对该直流电量平均值之比。

4　配置要求及安装位置

电能计量装置的配置及安装应符合以下要求：

a) 充电机直流侧电能计量装置包括电子式直流电能表（以下简称电能表）和分流器，电能表准确度等级为 1.0 级，分流器准确度等级为 0.2 级，具体规格配置如表 1 所示，其中额定电压100 V 为经电阻分压得到的电压规格，为减少电能表规格，350 V、500 V、700 V 可经分压器转换为 100 V 进行计量，分压器准确度等级为 0.1 级，基本误差、改变量、电气和机械要求应符合 GB/T 3928—2008 对应条款。

表 1　电能计量装置规格配置表

额定电压/V	(100)、350、500、700
参比电流/A	10、20、50、100、150、200、300、500

b) 根据充电电流大小，电能表电流线路可采用直接接入方式或经分流器接入方式。经分流器接入式电能表，分流器二次额定电压 75 mV，电能表电流采集回路接入分流器电压信号。

c) 充电机具备多个可同时充电接口时，每个接口应单独配备电能计量装置。

d) 电能计量装置宜安装在充电机内部，位于充电机直流输出端和电池接口之间，电能计量装置与电动汽车充电接口之间不应接入与电能计量无关的设备。

e) 充电机内部应预留电能计量装置现场检验用的接口。

5 技术要求

5.1 电能表

5.1.1 准确度要求

准确度应符合以下要求：

a) 在额定电压下，电能表的基本误差不应超过表 2 的规定值；

表 2 额定电压下电能表基本误差限值

负载电流	误差极限/%
$0.01I_b \leqslant I < 0.5I_b$	±1.5
$0.5I_b \leqslant I \leqslant 1.2I_b$	±1.0
注：I_b 为参比电流。	

b) 在参比电流下，电能表的基本误差不应超过表 3 的规定值；

表 3 参比电流下电能表基本误差限值

电压变化范围	误差极限/%
$0.1U_n \leqslant U < 0.4U_n$	±1.5
$0.4U_n \leqslant U \leqslant 1.1U_n$	±1.0

c) 电能表在输入直流纹波因数不大于 2%时，其误差应在±1%之内；

d) 在额定电压下，当负载电流值在 $0.001I_b$ 时，电能表应能起动；

e) 当电能表电流线路无电流，电压线路上的电压为额定值的 80%～110%时，电能表测试输出不应产生多于一个的脉冲。

5.1.2 机械要求

电能表的机械要求应符合 GB/T 17215.211 的规定。

5.1.3 气候条件

电能表的气候条件应符合 GB/T 17215.211 的规定。

5.1.4 功率消耗

功率消耗应符合以下要求：

a) 电压线路

在额定电压、辅助电源供电情况下，电能表电压线路的功率消耗不应大于 1 W。

b) 电流线路

直接接入式电能表，在参比电流下，电能表电流线路的功率消耗不应大于 1 W。

c) 辅助电源线路

在交流 220 V 情况下，电能表辅助电源线路的功率消耗不应大于 2 W。

5.1.5 绝缘性能

5.1.5.1 脉冲电压

电能表所有线路对地以及互不相连的线路间应能耐受 1.2/50 μs 脉冲电压，脉冲电压幅值见表 4。试验中电能表应不被击穿。

表 4 电能表试验电压

额定电压/V	脉冲电压/V
≤100	2 500
≤500	4 000
≤700	6 000

5.1.5.2 交流电压

电能表所有线路对地应能耐受工频 4 kV 交流电压历时 1 min 的试验。电能表互不相连的线路间应能耐受工频 2 kV 交流电压历时 1 min 的试验。试验中不发生飞弧、火花放电或击穿现象。

5.1.5.3 绝缘电阻

电能表所有线路对地的绝缘电阻不应小于 40 MΩ。

5.1.6 输出接口

5.1.6.1 电能量测试脉冲输出

电能表应具有与其电能量成正比的电脉冲和光脉冲测试端口。电脉冲应经光电隔离后输出，脉冲宽度为：80 ms±20 ms。光脉冲采用超亮、长寿命 LED 作电量脉冲指示，在正常工作条件下 LED 的平均故障间隔时间(MTBF)应大于等于 100 000 h。电能量测试脉冲输出应能从正面触及到。

5.1.6.2 时钟信号输出

用于测试电能表计时准确度，输出频率为 1 Hz。

5.1.7 功能要求

5.1.7.1 电能计量

电能表可计量总电能及各费率电能。

5.1.7.2 存储功能

存储功能应符合以下要求：

a) 电能表至少能存储前两个月或前两个结算周期的总电能和各费率电能数据，数据转存分界时间的默认值为每月的最后一日的 24 时或设定每月 1～28 日的任意时刻；
b) 电能表电源失电后，所存储的数据应保存至少 10 年；
c) 电能量等关键充电信息应存入电能表内置的安全模块中，防止关键数据被篡改。

5.1.7.3 时钟、时段及费率

时钟、时段及费率应符合以下要求：

a) 电能表采用具有温度补偿功能的内置硬件时钟电路,具有日历、计时和闰年自动切换功能。在参比温度下,时钟准确度≤±0.5 s/d。时钟准确度随温度的改变量每24 h应小于0.15 s/℃。时钟可在编程状态下通过RS 485进行校时,在非编程状态进行广播校时,但广播校时的时钟误差不得大于5 min,每天只允许校时一次。
b) 电能表应具有两套费率时段,可通过预先设置时间实现两套费率时段的自动切换。每套费率时段全年至少可设置2个时区,24 h内至少可以设置8个时段,时段最小间隔为15 min,时段可跨越零点设置。

5.1.7.4 测量及监测

能测量当前电压、电流、功率等运行参数。测量误差(引用误差)不超过±1%。

5.1.7.5 通信功能

通信功能应符合以下要求:
a) 电能表应具备与计费设备或系统进行信息交换的RS 485通信接口,具备与手持抄表单元通信的调制型红外接口;
b) RS 485通信接口初始速率为2 400 bps,可通过软件设置为1 200 bps、4 800 bps、9 600 bps;调制型红外接口通信速率为1 200 bps。

5.1.7.6 显示功能

显示功能应符合以下要求:
a) 电能表显示屏应具备背光功能,可通过按键、红外等触发方式点亮背光,2个自动轮显周期后关闭背光;
b) 电能表应具备自动循环和按键两种显示方式;
c) 电能表应能显示累计电能量、电压、电流、功率、时间、报警等相关信息;
d) 电能量显示位数为8位,出厂默认2位小数,计量单位:kWh。小数位数可通过编程在0～3中选定。

5.1.7.7 事件记录

事件记录应符合以下要求:
a) 记录编程总次数,最近10次编程的时刻、操作者代码和编程项;
b) 记录校时总次数(不包含广播校时),最近10次校时前、后的时间。

5.1.8 电磁兼容性

电能表的设计应能保证在静电放电、射频电磁场、电快速瞬变脉冲群和浪涌的电磁骚扰影响下不损坏或不受实质性影响。

5.1.9 供电方式

电能表采用辅助电源供电,供电电压为交流220 V、直流24 V自适应。

5.1.10 可靠性

在正常工作条件下,电能表的平均无故障工作时间(MTTF)不少于2.19×10^4h。

5.2 分流器

分流器技术条件应满足JB/T 9288的规定。

5.3 充电机要求

a) 充电机应满足 NB/T 33001 的要求，通过采集电能表数据并显示电流、电压、充电时间、电量、费率时段等信息，并能够准确计算和显示电费信息；

b) 充电机应显示本次充电电量，并可对该项进行清零；

c) 充电机可至少记录 100 次充电行为，记录内容包括充电起始时刻、起始时刻电量值、结束时刻、结束时刻电量值和充电电量；

d) 充电机从电能表采集的数据应与其对应显示内容保持一致。

6 试验方法

6.1 试验参比条件

参比温度为 23 ℃±2 ℃，参比湿度为 60%±15%。

6.2 电能表

6.2.1 直观检查

用目测的方法对电能表进行直观检查，应符合 JJG 842—1993 第 10 条的规定。

6.2.2 准确度要求试验

6.2.2.1 额定电压下基本误差

在参比条件下直接接入式电能表电压回路通以额定电压，电流回路依次通以 $1.2I_b$、I_b、$0.5I_b$、$0.2I_b$、$0.1I_b$、$0.05I_b$、$0.01I_b$。经分流器接入式电能表电压回路通以额定电压，电流回路按照上面试验点折算成电压进行试验。测得基本误差应符合 5.1.1 a)的要求。

6.2.2.2 参比电流下基本误差

在参比条件下电能表通以参比电流，电压依次施加 $1.1U_n$、$0.9U_n$、$0.8U_n$、$0.7U_n$、$0.6U_n$、$0.5U_n$、$0.4U_n$、$0.3U_n$、$0.2U_n$、$0.1U_n$，电能表的误差应满足 5.1.1 b)的要求。

6.2.2.3 纹波试验

在参比条件下保持输入电流为参比电流，在输入电压纹波因数为 2%时进行电能表误差测试。保持输入电压为额定电压，在输入电流纹波因数为 2%时进行电能表误差测试。电能表的误差应符合 5.1.1 c)的要求。

6.2.2.4 起动试验

在参比条件下电能表施加额定电压，0.1%参比电流，在理论产生一个电能脉冲的 1.5 倍时间内，电能表应有脉冲输出。起动试验时间不超过公式(1)。

$$t_Q=(1.5\times 60)/(C\times P_Q)\text{min} \qquad \cdots\cdots(1)$$

式中：

C ——脉冲常数，imp/kWh；

P_Q——起动功率，单位为千瓦(kW)。

6.2.2.5 潜动试验

在参比条件下电能表电流线路短路，电压线路分别施加 $1.1U_n$ 和 $0.8U_n$，在不少于 20 min 时间内，电能表不应有脉冲输出。

6.2.2.6 日计时误差

按照 GB/T 17215.421—2008 中 7.5.2.3 的规定进行试验，电能表的日计时误差不应超过 5.1.7.3 的规定限值。

6.2.2.7 环境温度对日计时误差的影响

按照 GB/T 17215.421—2008 中 7.5.2.3 的规定进行试验，电能表在 −25 ℃和 60 ℃的日计时误差不应超过 5.1.7.3 的规定限值。

6.2.2.8 计度器组合误差

按 GB/T 15284—2002 的规定试验、判定。

6.2.3 功率消耗

a) 直接接入式直流电能表电压线路和电流线路分别通以额定电压和参比电流，辅助电源线路通以交流 220 V，用准确度不低于 0.5 级的直流电流表、直流电压表测量电能表电压线路电流值 I_u 和电流线路电压值 U_i。电流线路功耗为 $I_b \times U_i$，电压线路功耗为 $U_n \times I_u$。在显示器全部显示情况下用准确度不低于 0.5 级的交流电流表测量辅助线路电流值 I_f，辅助线路功耗为 $220 \times I_f$。所测结果应满足 5.1.4 的要求。一体式仪表不测量电流线路功耗。

b) 经分流器接入式直流电能表电压线路通以额定电压，辅助电源线路通以交流 220 V，用准确度不低于 0.5 级的直流电流表测量电能表电压线路电流值 I_u，电压线路功耗为 $U_n \times I_u$。在显示器全部显示情况下用准确度不低于 0.5 级的交流电流表测量辅助线路电流值 I_f，辅助线路功耗为 $220 \times I_f$。所测结果应满足 5.1.4 的要求。

6.2.4 绝缘性能试验

脉冲电压和交流电压试验按照 GB/T 17215.211 规定执行，绝缘电阻测量按照 JJG 842—1993 中第 11条的规定进行。

6.2.5 功能检查

电能表通电后，通过目视、按键轮显、软件抄读等方式检查电能表功能是否符合 5.1.7 的要求。

6.2.6 电磁兼容试验

6.2.6.1 静电放电抗扰度试验

试验应按照 GB/T 17626.2—2006，在下列条件下进行：

——作为台式设备试验；

——仪表在工作状态：电压线路和辅助电源线路加额定电压，电流线路开路；

——8 kV 接触放电（如无外露金属部件，则进行 15 kV 空气放电）；

——放电次数：10 次。

试验前后，分别检查电能表的功能并读取电能表的内存数据，不应出现数据变化。

6.2.6.2 射频电磁场辐射抗扰度试验

试验应按照 GB/T 17626.3—2006,在下列条件下进行:

——作为台式设备试验;

——仪表在工作状态:电压线路和辅助电源线路加额定电压,电流线路开路;

——频率范围:80 MHz~2 000 MHz;

——未调制的试验场强:30 V/m。

试验前后,分别检查电能表的功能并读取电能表的内存数据,不应出现数据变化。

6.2.6.3 电快速瞬变脉冲群抗扰度试验

试验应按照 GB/T 17626.4—2008,在下列条件下进行:

——作为台式设备试验;

——仪表在工作状态:电压线路和辅助电源线路加额定电压,电流线路开路;

——试验电压以共模方式施加在电压线路;

——试验电压 4 kV;

——试验时间:每一极性 60 s。

试验前后,分别检查电能表的功能并读取电能表的内存数据,不应出现数据变化。

6.2.6.4 浪涌抗扰度试验

试验应按照 GB/T 17626.5—2008,在下列条件下进行:

——作为台式设备试验;

——仪表在工作状态:电压线路和辅助电源线路加额定电压,电流线路开路;

——试验电压以差模方式施加在电压线路和电流线路;

——试验电压 4 kV;

——试验次数:正极性 5 次负极性 5 次;

——重复速率:最大 1/min。

试验前后,分别检查电能表的功能并读取电能表的内存数据,不应出现数据变化。

6.2.7 气候影响试验

6.2.7.1 高温试验

按照 GB/T 2423.2—2008 规定,电能表在不工作状态下加温至 70 ℃±2 ℃,保持 72 h 后恢复至 23 ℃。试验完成 24 h 后,电能表不应出现损坏和信息变化,能准确地工作。

6.2.7.2 低温试验

按照 GB/T 2423.1—2008 规定,电能表在不工作状态下降温至−25 ℃±3 ℃,保持 72 h 后恢复至 23 ℃。试验完成 24 h 后,电能表不应出现损坏和信息变化,能准确地工作。

6.2.7.3 交变湿热试验

按照 GB/T 2423.4—2008 规定,电能表所有电压线路加额定电压,电流线路无电流,变化型式为 1,上限温度为室内用电能表 40 ℃±2 ℃、室外用电能表 55 ℃±2 ℃,在不采取特殊措施排除表面潮气条件下,试验 6 个周期。试验完成 24 h 后,电能表不应出现损坏和信息变化,能准确地工作。

6.2.8 机械要求试验

6.2.8.1 冲击试验

按照 GB/T 2423.57—2008 中规定,并在下列条件下进行试验:

——电能表在非工作状态下,无包装;

——半波正弦波形;

——峰值加速度:300g;

——冲击时间:18 ms。

试验后电能表应无损坏或信息改变并能正常工作。

6.2.8.2 振动试验

按照 GB/T 2423.58—2008 中规定,并在下列条件下进行试验:

——电能表在非工作状态下,无包装;

——频率范围:10 Hz～150 Hz;

——交越频率:60 Hz;

——f<60 Hz 恒定的振幅 0.075 mm;

——f>60 Hz 恒定的加速度 9.8 m/s^2;

——单点控制;

——每一轴向扫描周期数:10。

试验后电能表应无损坏或信息改变并能正常工作。

6.2.8.3 弹簧锤试验

电能表以正常位置安装,弹簧锤以 0.2 J±0.02 J 的动能作用于表壳(包括窗口)和端盖的外表面上。试验后表壳和端盖没有出现影响电能表功能及可能触及带电部件的损坏,则试验结果是合格的。允许有轻微的损坏,这种损坏不应削弱对间接接触的防护或异物、尘和水进入的防护。

6.2.8.4 耐热和阻燃试验

按照 GB/T 5169.11—2006 中规定,在下列温度下进行试验:

——接线端座:960 ℃±15 ℃;

——接线端盖和表壳:650 ℃±10 ℃;

——作用时间:30 s±1 s。

试验中受试部位不起燃或在灼热丝离开后火焰熄灭。

6.2.8.5 防尘试验

按照 GB 4208—2008 中规定,并在下列条件下进行试验:

——电能表为非工作状态,并安装在模拟墙上;

——在装有一定长度的模拟电缆(暴露端密封)状态下进行试验;

——对于室内用电能表,应保持电能表内部和外部的大气压力相同;

——第一特性数字:5(IP5X)。

进入灰尘的量不应妨碍电能表的工作和减弱其绝缘强度。

6.2.8.6 防水试验

按照 GB 4208—2008 中规定,并在下列条件下进行试验:

——电能表为非工作状态；
——第二特性数字:1(IPXl)适用室内用电能表；
——第二特性数字:4(IPX4)适用室外用电能表。

进入的水量不应妨碍电能表的工作和减弱其绝缘强度。

6.3 分流器

分流器的试验项目和方法按照JB/T 9288—1999执行。

6.4 充电机

对充电机显示的计量相关信息与电能表相应显示内容进行比对,判断其是否一致。

7 检验规则

7.1 电能计量装置检验

7.1.1 出厂检验

由制造单位对所生产的每个电能计量产品按照本标准提供的试验方法进行检验,检验合格后应施加出厂封印,并出具质量合格证明。电能表试验项目见表5,分流器的检验项目见JB/T 9288—1999的附录B。

7.1.2 型式检验

新产品定型鉴定或已有产品的结构、工艺、主要材料(元器件)以及软件发生重大改变时,应进行型式试验。电能表的试验项目见表5,分流器的检验项目见JB/T 9288—1999的附录B。

表5 电能表试验项目

序号	试验项目	条款	型式检验	出厂检验
1	直观检查	6.2.1	√	√
2	绝缘试验	6.2.4	√	√
3	额定电压下基本误差	6.2.2.1	√	√
4	参比电流下基本误差	6.2.2.2	√	
5	纹波试验	6.2.2.3	√	
6	起动试验	6.2.2.4	√	√
7	潜动试验	6.2.2.5	√	√
8	日计时误差	6.2.2.6	√	√
9	环境温度对日计时误差的影响	6.2.2.7	√	
10	计度器示值组合误差	6.2.2.8	√	
11	功率损耗	6.2.3	√	√
12	静电放电抗扰度试验	6.2.6.1	√	
13	射频电磁场辐射抗扰度试验	6.2.6.2	√	
14	电快速瞬变脉冲群抗扰度试验	6.2.6.3	√	

表 5（续）

序号	试验项目	条款	型式检验	出厂检验
15	浪涌抗扰度试验	6.2.6.4	√	
16	高温试验	6.2.7.1	√	
17	低温试验	6.2.7.2	√	
18	交变湿热试验	6.2.7.3	√	
19	冲击试验	6.2.8.1	√	
20	振动试验	6.2.8.2	√	
21	弹簧锤试验	6.2.8.3	√	
22	耐热和阻燃试验	6.2.8.4	√	
23	防尘试验	6.2.8.5	√	
24	防水试验	6.2.8.6	√	
25	功能检查	6.2.5	√	√

7.2 充电机计量检验

充电机在出厂检验和型式检验时，应进行数据一致性比对。

ICS 27.160
F 12

中华人民共和国国家标准

GB/T 29319—2012

光伏发电系统接入配电网技术规定

Technical requirements for connecting photovoltaic power system to distribution network

2012-12-31 发布　　2013-06-01 实施

中华人民共和国国家质量监督检验检疫总局
中国国家标准化管理委员会　发布

前　言

本标准根据 GB/T 1.1—2009 给出的规则起草。

本标准由中国电力企业联合会提出并归口。

本标准起草单位：国家电网公司、中国电力科学研究院、国网电力科学研究院、福建省电力有限公司。

本标准主要起草人：齐旭、刘纯、赵海翔、裴哲义、黄震、陈梅、何国庆、石文辉、朱凌志、张军军、陈默子、迟永宁、冯炜、李光辉、鲍薇、赵伟然、居蓉蓉、施涛、吴文宣。

光伏发电系统接入配电网技术规定

1 范围

本标准规定了光伏发电系统接入电网运行应遵循的一般原则和技术要求。

本标准适用于通过380 V电压等级接入电网，以及通过10(6)kV电压等级接入用户侧的新建、改建和扩建光伏发电系统。

2 规范性引用文件

下列文件对于本文件的应用是必不可少的。凡是注日期的引用文件，仅注日期的版本适用于本文件。凡是不注日期的引用文件，其最新版本(包括所有的修改单)适用于本文件。

GB 2894 安全标志及其使用导则

GB/T 12325 电能质量 供电电压偏差

GB/T 12326 电能质量 电压波动和闪变

GB/T 14549 电能质量 公用电网谐波

GB/T 15543 电能质量 三相电压不平衡

GB/T 16895.32 建筑物电气装置 第7-712部分:特殊装置或场所的要求 太阳能光伏(PV)电源供电系统

GB/T 17215.322 交流电测量设备 特殊要求 第22部分:静止式有功电能表(0.2S级和0.5S级)

GB/T 19862 电能质量监测设备通用要求

GB/T 24337 电能质量公用电网间谐波

DL/T 448 电能计量装置技术管理规定

DL/T 614 多功能电能表

DL/T 645 多功能电能表通信协议

3 术语和定义

下列术语和定义适用于本文件。

3.1

光伏发电系统 photovoltaic (PV) generation system

利用光伏电池的光生伏特效应，将太阳辐射能直接转换成电能的发电系统。

3.2

逆变器 inverter

将直流电变换成交流电的设备。

3.3

并网点 point of interconnection

对于有升压站的光伏发电系统，指升压站高压侧母线或节点。对于无升压站的光伏发电系统，指光伏发电系统的输出汇总点。并网点的定义可参见附录A。

3.4

孤岛 islanding

包含负荷和电源的部分电网，从主网脱离后继续孤立运行的状态。孤岛可分为非计划性孤岛和计划性孤岛。

注：非计划性孤岛指非计划、不受控地发生孤岛。计划性孤岛指按预先配置的控制策略，有计划地发生孤岛。

3.5

防孤岛 anti-islanding

防止非计划性孤岛现象的发生。

4 无功容量和电压调节

4.1 光伏发电系统功率因数应在超前0.95～滞后0.95范围内连续可调。

4.2 光伏发电系统在其无功输出范围内，应具备根据并网点电压水平调节无功输出，参与电网电压调节的能力，其调节方式和参考电压、电压调差率等参数可由电网调度机构设定。

5 启动

5.1 光伏发电系统启动时应考虑当前电网频率、电压偏差状态，当电网频率、电压偏差超出本标准规定的正常运行范围时，光伏发电系统不应启动。

5.2 光伏发电启动时不应引起电网电能质量超出本标准规定范围，同时应确保其输出功率的变化率不超过电网所设定的最大功率变化率。

6 运行适应性

6.1 电压范围

当光伏发电系统并网点电压在90%～110%标称电压之间时，光伏发电系统应能正常运行。

6.2 电能质量范围

当光伏发电系统并网点的电压波动和闪变值满足GB/T 12326、谐波值满足GB/T 14549、间谐波值满足GB/T 24337、三相电压不平衡度满足GB/T 15543的要求时，光伏发电系统应能正常运行。

6.3 频率范围

当光伏发电系统并网点频率在49.5 Hz～50.2 Hz范围之内时，光伏发电系统应能正常运行。

7 电能质量

7.1 基本要求

7.1.1 光伏发电系统的公共连接点应装设满足GB/T 19862要求的电能质量在线监测装置。

7.1.2 光伏发电系统的电能质量监测历史数据应至少保存一年，必要时供电网企业调用。

7.2 电压偏差

光伏发电系统接入后，所接入公共连接点的电压偏差应满足GB/T 12325的规定。

7.3 电压波动和闪变

光伏发电系统接入后,所接入公共连接点的电压波动和闪变值应满足 GB/T 12326 的要求。

7.4 谐波

7.4.1 光伏发电系统所接入的公共连接点的谐波注入电流应满足 GB/T 14549 的要求,其中光伏发电系统并网点向电力系统注入的谐波电流允许值按照光伏发电系统安装容量与公共连接点上具有谐波源的发/供电设备总容量之比进行分配。

7.4.2 光伏发电系统接入后,所接入公共连接点的间谐波应满足 GB/T 24337 的要求。

7.5 电压不平衡度

光伏发电系统接入后,所接入公共连接点的电压不平衡度应满足 GB/T 15543 的要求。

7.6 直流分量

光伏发电系统向公共连接点注入的直流电流分量不应超过其交流额定值的 0.5%。

8 安全与保护

8.1 基本要求

8.1.1 光伏发电系统的保护应符合可靠性、选择性、灵敏性和速动性的要求,并符合相关标准和规定。

8.1.2 光伏发电系统应在逆变器输出汇总点设置易于操作、可闭锁、且具有明显断开点的开关设备,以确保电力设施检修维护人员的人身安全。

8.2 低/高电压保护

当光伏发电系统并网点电压超出表 1 规定的电压范围时,应在相应的时间内停止向电网线路送电。此要求适用于多相系统中的任何一相。

表 1 保护动作时间要求

并网点电压	要求
$U<50\%\ U_N$	最大分闸时间不超过 0.2 s
$50\%\ U_N \leqslant U<85\%\ U_N$	最大分闸时间不超过 2.0 s
$85\%\ U_N \leqslant U<110\%\ U_N$	连续运行
$110\%\ U_N \leqslant U<135\%\ U_N$	最大分闸时间不超过 2.0 s
$135\%\ U_N \leqslant U$	最大分闸时间不超过 0.2 s

注 1:U_N 为并网点电网额定电压;

注 2:最大分闸时间是指异常状态发生到电源停止向电网送电时间。

8.3 频率保护

当光伏发电系统并网点频率超出 47.5 Hz～50.2 Hz 范围时,应在 0.2 s 内停止向电网线路送电。

8.4 防孤岛保护

光伏发电系统应具备快速监测孤岛且立即断开与电网连接的能力。防孤岛保护动作时间不大于2 s,且防孤岛保护还应与电网侧线路保护相配合。

8.5 逆功率保护

当光伏发电系统设计为不可逆并网方式时,应配置逆向功率保护设备。当检测到逆向电流超过额定输出的5%时,光伏发电系统应在2 s内自动降低出力或停止向电网线路送电。

8.6 恢复并网

系统发生扰动后,在电网电压和频率恢复正常范围之前光伏发电系统不允许并网,且在系统电压频率恢复正常后,光伏发电系统需要经过一个可调的延时时间后才能重新并网,延时时间可设置为20 s～5 min,由当地电网调度机构设定。

9 通用技术要求

9.1 接地

光伏发电系统并网点设备应按照GB/T 16895.32的要求接地/接保护线。

9.2 电磁兼容

光伏发电系统应具有适当的抗电磁干扰的能力,应保证信号传输不受电磁干扰,执行部件不发生误动作。同时,设备本身产生的电磁干扰不应超过相关设备标准。

9.3 耐压要求

光伏发电系统的设备必须满足相应电压等级的电气设备耐压标准。

9.4 安全标识

通过380 V电压等级并网的光伏发电系统,连接光伏发电系统和电网的专用低压开关柜应有醒目标识。标识应标明"警告""双电源"等提示性文字和符号。标识的形状、颜色、尺寸和高度遵照GB 2894执行。

10 电能计量

10.1 光伏发电系统接入电网前,应明确上网电量和用网电量计量点。光伏发电系统电能计量点应设在光伏发电系统与电网的产权分界处,产权分界处按国家有关规定确定。产权分界点处不适宜安装电能计量装置的,关口计量点由光伏发电系统业主与电网企业协商确定。

10.2 每个计量点均应装设电能计量装置,其设备配置和技术要求应符合DL/T 448,以及相关标准、规程要求。

10.3 电能表采用静止式多功能电能表,技术性能符合GB/T 17215.322和DL/T 614的要求。电能表至少应具备双向有功和四象限无功计量功能、事件记录功能,配有标准通信接口,具备本地通信和通过电能信息采集终端远程通信的功能,电能表通信协议符合DL/T 645。

10.4 通过10(6)kV电压等级并网的光伏发电系统,同一计量点应安装同型号、同规格、准确度相同的主、副电能表各一套。主、副表应有明确标志。

10.5　电能计量装置由光伏发电系统产权归属方负责在并网前，按要求安装完毕，并结合电能信息采集终端与主站系统进行信道、协议和系统调试；由经双方认可，具有相应资质的电能计量检测机构对电能计量装置完成相关检测，出具完整检测报告，施加封条、封印或其他封固措施；电能计量装置投运前，应由电网企业和光伏发电系统产权归属方共同完成竣工验收。

11　通信与信号

11.1　基本要求

11.1.1　通过10(6)kV电压等级并网的光伏发电系统，应具备与电网调度机构之间进行数据通信的能力。并网双方的通信系统应以满足电网安全经济运行对电力通信业务的要求为前提，满足继电保护、安全自动装置、调度自动化及调度电话等业务对电力通信的要求。

11.1.2　光伏发电系统与电网调度机构之间通信方式和信息传输由双方协商一致后作出规定，包括互相提供的信号种类、提供信号的方式和实时性要求等。

11.2　正常运行信号

通过10(6)kV电压等级并网的光伏发电系统，在正常运行情况下，光伏发电系统向电网调度机构提供的信号至少应包括：

a)　光伏发电系统并网状态；

b)　光伏发电系统有功和无功输出、发电量、功率因数；

c)　并网点的电压和频率、注入电力系统的电流；

d)　变压器分接头挡位、主断路器开关状态等。

12　并网检测

12.1　基本要求

12.1.1　光伏发电系统应当在并网运行后6个月内向电网企业提供有关光伏发电系统运行特征的检测报告。

12.1.2　光伏发电系统接入电网的检测点为光伏发电系统并网点，应由具备相应资质的单位或部门进行，并在检测前将检测方案报所接入电网企业备案。

12.2　检测内容

检测应按照国家或有关行业对光伏发电系统并网运行制定的相关标准或规定进行，应包括但不仅限于以下内容：

a)　无功容量和电压调节能力检测；

b)　电能质量检测；

c)　通用技术条件检测；

d)　并网运行适应性检测；

e)　安全与保护功能检测。

附 录 A
（资料性附录）
并网点的图例说明

光伏发电系统的并网点，是指光伏发电系统与电网的连接点，而该电网可能是公共电网，也可能是用户电网。

并网点的图例说明如图 A.1 所示：虚线框为用户电网，该用户电网通过公共连接点 C 与公共电网相连。在用户电网内部，有两个光伏发电系统，分别通过 A 点和 B 点与用户电网相连，A 点和 B 点均为并网点，但不是公共连接点。在 D 点，有光伏发电系统直接与公共电网相连，D 点是并网点，也是公共连接点。

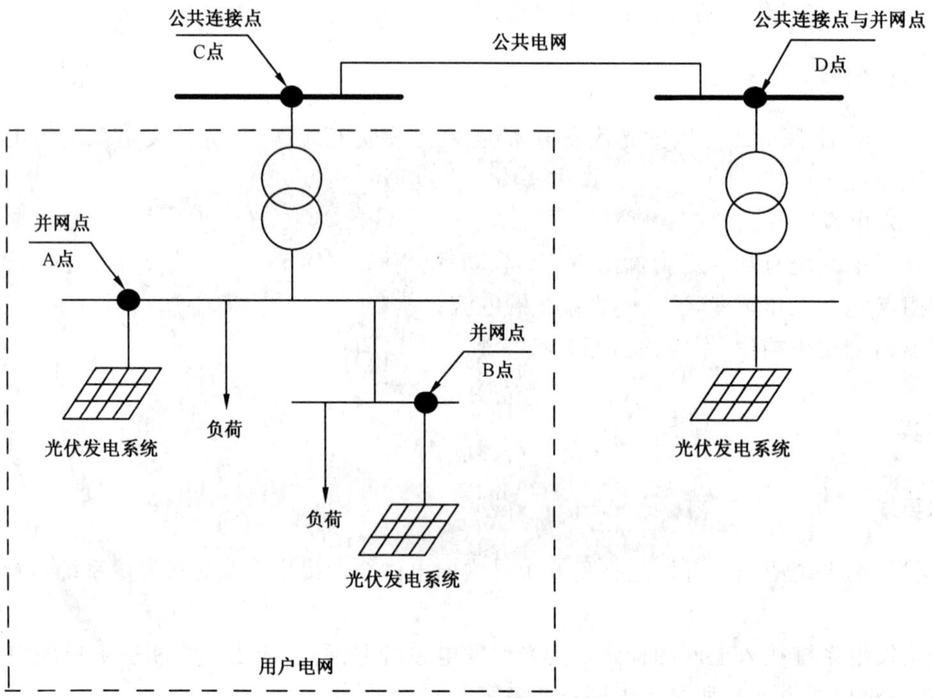

图 A.1 并网点图例说明

ICS 27.160
F 12

中华人民共和国国家标准

GB/T 29320—2012

光伏电站太阳跟踪系统技术要求

Technical requirement for tracking system of PV power station

2012-12-31 发布　　2013-06-01 实施

中华人民共和国国家质量监督检验检疫总局
中国国家标准化管理委员会　发布

前　言

本标准依据 GB/T 1.1—2009 给出的规则起草。

本标准由中国电力企业联合会提出并归口。

本标准起草单位：协鑫光伏系统有限公司、无锡昊阳新能源科技有限公司、江阴凯迈机械有限公司、四川中光防雷科技股份有限公司、中能华辰集团有限公司、安徽振发新能源科技有限公司、江苏白兔科创新能源股份有限公司、重庆钟顺太阳能开发(集团)有限公司、中国电力科学研究院、国网电力科学研究院、中国质量认证中心、中电电气(南京)太阳能研究院有限公司、北京科诺伟业科技有限公司、东南大学太阳能技术研究中心、无锡尚德太阳能电力有限公司、中盛光电能源股份有限公司、国电太阳能研究设计院。

本标准主要起草人：徐永邦、顾华敏、于耘、邓霞、王峰、季蔚蓉、张海平、耿楷文、王德言、徐剑、黄良甫、钱毅、黄忠、冯凯辉、秦筱迪、康巍、贾艳刚、江燕兴、孙利国、王宇、周荣明、沈恂如、嵇尚海、邹新、史君海、于立波、刘建松、张红文、凌小虎、吴洲、成佰新、张旭东、何爱英。

光伏电站太阳跟踪系统技术要求

1 范围

本标准规定了光伏电站太阳跟踪系统(以下简称跟踪系统)的外观、支架结构、驱动装置、控制系统、安装、可靠性、环境适应性等技术要求及试验方法,以及对于检验规则、标志、包装、运输和储存的技术要求。

本标准适用于光伏电站的平板式和聚光式太阳跟踪系统。

2 规范性引用文件

下列文件对于本文件的应用是必不可少的。凡是注日期的引用文件,仅注日期的版本适用于本文件。凡是不注日期的引用文件,其最新版本(包括所有的修改单)适用于本文件。

GB/T 191 包装储运图示标志

GB/T 2423.1 电工电子产品环境试验 第2部分:试验方法 试验A:低温

GB/T 2423.2 电工电子产品环境试验 第2部分:试验方法 试验B:高温

GB/T 2423.3 电工电子产品环境试验 第2部分:试验方法 试验Cab:恒定湿热方法

GB/T 2423.21 电工电子产品环境试验 第2部分:试验方法 试验M:低气压

GB 4208 外壳防护等级(IP代码)

GB 4824 工业、科学和医疗(ISM)射频设备 电磁骚扰特性 限值和测量方法

GB 5237.2 铝合金建筑型材 第2部分:阳极氧化型材

GB/T 9286 色漆和清漆 漆膜的划格试验

GB/T 13384 机电产品包装通用技术条件

GB/T 13452.2 色漆和清漆 漆膜厚度的测定

GB 13955 剩余电流动作保护装置安装和运行

GB 16895.23 建筑物电气装置 第6-61部分:检验-初检

GB/T 17626.2 电磁兼容 试验和测量技术 静电放电抗扰度试验

GB/T 17626.3 电磁兼容 试验和测量技术 射频电磁场抗扰度试验

GB/T 17626.4 电磁兼容 试验和测量技术 电快速瞬变脉冲群抗扰度试验

GB/T 17626.5 电磁兼容 试验和测量技术 浪涌(冲击)抗扰度试验

GB/T 17626.6 电磁兼容 试验和测量技术 射频场感应的传导骚扰抗扰度

GB/T 17626.8 电磁兼容 试验和测量技术 工频磁场抗扰度试验

GB/T 17626.11 电磁兼容 试验和测量技术 电压暂降、短时中断和电压变化的抗扰度试验

GB 18802.1 低压电涌保护器(SPD) 第1部分:低压配电系统的电涌保护器 性能要求和试验方法

GB/T 18802.21 低压电涌保护器 第21部分:电信和信号网络的电涌保护器(SPD)——性能要求和试验方法

GB/T 19582.1 基于Modbus协议的工业自动化网络规范 第1部分:Modbus应用协议

GB/T 19826 电力工程直流电源设备通用技术条件及安全要求

GB/T 20540.6 测量和控制数字数据通信 工业控制系统用现场总线 类型3:PROFIBUS规

范 第6部分:应用层协议规范

GB/T 24343 工业机械电气设备 绝缘电阻试验规范

GB 50009 建筑结构荷载规范

GB 50017 钢结构设计规范

GB 50205 钢结构工程施工质量验收规范

DL/T 768.7 电力金具制造质量钢铁件热镀锌层

JGJ 82 钢结构高强度螺栓连接技术规程

3 术语和定义

下列术语和定义适用于本文件。

3.1

跟踪系统 tracking system

通过机械、电气、电子电路及程序的联合作用,调整光伏组件平面的空间角度,实现对入射太阳光跟踪,以提高光伏组件发电量的装置。又称向日跟踪系统、追日跟踪系统、太阳跟踪器。

跟踪系统一般可分为单轴跟踪系统和双轴跟踪系统。跟踪的具体参数按坐标系可分为地平坐标系、赤道坐标系。

跟踪系统按结构型式可分为独立型和联动型。

跟踪系统按外观形状可分为T型(塔柱式、立柱式)、V型(双V型、W型)、O型(盘式)和其他型式。

跟踪系统按跟踪精度可分为通用(普通)型(平板式太阳跟踪系统)和精密型(聚光式太阳跟踪系统)。点聚焦型聚光器一般要求双轴跟踪,线聚焦型聚光器仅需单轴跟踪。

3.2

平板式跟踪系统 flat plate tracking system

用于安装平板式光伏组件的跟踪系统。

3.3

聚光式跟踪系统 CPV tracking system

用于安装聚光式光伏组件的跟踪系统。

注:聚光倍率低于100倍为低倍聚光,不低于100倍为高倍聚光。

3.4

单轴跟踪系统 single-axis tracking system

绕一维轴旋转的跟踪系统。又称一维跟踪系统。

注:单轴跟踪系统可分为水平单轴跟踪系统、倾斜单轴跟踪系统和垂直单轴跟踪系统。

3.5

双轴跟踪系统 dual-axis tracking system

绕二维轴旋转的跟踪系统。又称二维跟踪系统。

注:双轴跟踪系统以地平面为参照系,跟踪的是太阳高度角和太阳方位角;以赤道平面为参照系,跟踪的是赤纬角和时角。

3.6

线聚焦跟踪系统 line-focus tracking system

光伏聚光器利用透镜或反射镜将太阳光聚焦在光伏组件线阵列上的跟踪系统。

3.7

点聚焦跟踪系统 point-focus tracking system

光伏聚光器利用透镜或反射镜将太阳光以点方式聚焦在光伏组件上的跟踪系统。

3.8

太阳入射角　angle of incidence

入射阳光射线与接收平面法线的夹角。

3.9

太阳方位角　azimuth angle

太阳中心到地面观测点的连线在当地水平面上的投影与正南方向(北半球)或正北方向(南半球)的夹角。

3.10

太阳高度角　solar elevation angle

入射阳光射线与地平面之间的夹角。

3.11

赤纬角　solar declination

地球中心与太阳中心的连线与赤道平面的夹角(北半球为正)。

3.12

时角　hour angle

某时刻太阳在赤道平面上的投影与正午时刻太阳在赤道平面上的投影之间的夹角。

3.13

跟踪精度　tracking accuracy

单轴跟踪系统的跟踪精度以入射阳光射线与接收平面法线在跟踪方向的夹角来表示。

双轴跟踪系统的跟踪精度用太阳入射角来表示。

3.14

主动控制　active control

根据地理位置和当地时间实时计算太阳光的入射角度,通过控制系统使光伏方阵调整到指定角度,又称为天文控制方式或程序控制方式。

3.15

被动控制　passive control

通过感应器件判断太阳光的入射角度,从而控制光伏方阵旋转并跟踪太阳光入射角度,包括光感控制方式、重力平衡控制方式等。

3.16

复合控制　compound control

主动控制和被动控制相结合的控制方式。

4　要求

4.1　一般规定

4.1.1　跟踪系统的技术规格应满足环境适应性要求、电气安全性要求、外观要求、支架结构要求、驱动装置要求、控制系统要求以及可靠性要求等。

4.1.2　跟踪系统的主要技术规格项目应包括附录A的内容。

4.1.3　跟踪系统型号编制方法应符合本标准附录B的规定。

4.2　环境适应性要求

4.2.1　跟踪系统抗风要求

跟踪系统在风速18 m/s以下时应能正常运行,风速增至18 m/s,跟踪系统应自动进入抗风状态。

在抗风状态下，跟踪系统应能经受 33 m/s 的风速；在 12 级风以上地区，应能经受 42 m/s 的风速。

没有大风情况下自动进入抗风状态功能的跟踪系统，应能承受当地 25 年内最大风速。

4.2.2 跟踪系统抗雪要求

在多雪地区，跟踪器系统应具有手动或自动避雪功能。

4.2.3 跟踪系统耐高低温要求

4.2.3.1 跟踪系统的工作环境温度范围应为－25 ℃～70 ℃。

4.2.3.2 跟踪系统的存储温度范围应为－40 ℃～70 ℃。

4.2.4 跟踪系统耐湿热要求

跟踪系统在环境温度为 40 ℃时，应能适应最大相对湿度 85％的工作环境。

4.2.5 跟踪系统工作大气压要求

在海拔 3 000 m 以下地区，跟踪系统应能适应 70 kPa～106 kPa 的大气压；在海拔 3 000 m 以上地区，跟踪系统应能适应 40 kPa～70 kPa 的大气压。

4.2.6 跟踪系统电气防护等级要求

跟踪系统的电气外壳应达到 IP 54 防护等级。

4.2.7 跟踪系统金属表面防腐要求

4.2.7.1 钢制部件防腐应选用镀锌、防腐涂料涂装等防腐措施，其保证支架寿命 25 年以上。

4.2.7.2 钢制部件镀锌宜采用热浸锌，热浸锌钢制部件镀锌层的最小平均厚度应不小于 65 μm，镀锌层的外观、附着强度、均匀性应符合 DL/T 768.7 的规定。

4.2.7.3 防腐涂料涂装钢制部件的防腐涂层厚度、外观、附着力应符合 GB 50205 的规定。

4.2.7.4 铝合金部件防腐可采用阳极氧化，并应符合 GB 5237.2 的规定。

氧化膜的膜厚级别不应小于 AA15，对于大气污染条件恶劣的环境或需要耐磨时氧化膜的膜厚级别应选用 AA20、AA25，阳极氧化平均膜厚、局部膜厚应符合表 1 的规定。

表 1 氧化膜厚度级别

膜厚级别	最小平均膜厚 μm	最小局部膜厚 μm
AA15	15	12
AA20	20	16
AA25	25	20

当铝合金材料与除不锈钢以外的其他金属材料或与含酸性或碱性的非金属材料接触、紧固时，应采用隔离材料，防止与其直接接触。

4.3 防雷、接地要求

4.3.1 跟踪系统电源、信号端口应采取雷电浪涌防护措施。

4.3.2 跟踪系统电源端口设置的浪涌保护器性能要求应符合 GB 18802.1 的规定。浪涌保护器组合波(1.2/50 μs-8/20 μs)冲击试验开路电压不应小于 4 kV。限压型浪涌保护器宜有脱离装置和遥信接点。

4.3.3 跟踪系统信号端口设置的浪涌保护器性能要求应符合 GB/T 18802.21 的规定。信号浪涌保护器传输速率、插入损耗等参数应满足控制和通信线路正常工作的要求。

4.3.4 跟踪系统供电线路和金属芯控制、通信线路应采取屏蔽措施。线路屏蔽层或屏蔽金属管应进行等电位连接并接地。

4.3.5 跟踪系统采用非金属外壳的电气控制柜、箱等应采取屏蔽措施。

4.3.6 跟踪系统的电气控制柜、箱等应设置等电位接地端子板并与光伏电站接地装置连接,浪涌保护器接地线、安全保护地线、电气柜或控制箱屏蔽层、金属外壳等应与端子板可靠连接。浪涌保护器的连接导线应短直。

4.3.7 跟踪系统各金属部件之间应进行等电位连接并接地。跟踪系统基础金属结构或钢筋应与光伏电站接地装置连接构成共用接地系统。

4.3.8 当采用集中控制方式时,跟踪系统电气控制柜应采取直击雷防护措施。

4.3.9 防雷接地电阻不宜大于 10 Ω,共用接地装置的接地电阻还应符合 4.4 对电气设备的安全性要求。

4.4 电气安全性要求

4.4.1 跟踪系统保护接地要求

4.4.1.1 跟踪系统的电机、变压器底座和外壳、控制电缆外皮,终端盒金属外壳应接地,任意接地点的接地电阻不超过 4 Ω。

4.4.1.2 跟踪系统无法构成等电位的转动部分应采用软铜线联结。铜导线最小截面见表 2。

表 2 保护接地铜导线最小截面

单位为平方毫米

设备供电相线最小的截面积 S	保护接地铜导线最小截面积 S_p
$S \leqslant 16$	S
$16 < S \leqslant 35$	16
$S > 35$	$S/2$

4.4.2 跟踪系统介质强度要求

各独立电路与地(即金属框架)之间,应能承受频率为 50 Hz±5 Hz 的工频介质强度试验,历时 1 min(也可采用等效直流电压),不应出现击穿或闪络现象。绝缘试验的试验等级见表 3。

表 3 绝缘试验的试验等级

额定绝缘电压 U_i/V	测试电压等级 V	介质强度试验电压 kV	冲击试验电压 kV
$U_i \leqslant 63$	250	0.5(0.7)	1
$63 < U_i \leqslant 250$	500	2.0(2.8)	5
$250 < U_i \leqslant 500$	1 000	2.5(3.5)	5
注:括号内的数据为直流介质强度试验值。			

4.4.3 跟踪系统电器设备漏电保护要求

跟踪系统漏电保护要求应符合 GB 13955 的规定。

4.4.4 跟踪系统绝缘电阻要求

跟踪系统安装漏电保护装置时，在 500 V 直流电压下，各独立电路与地（即金属框架）之间绝缘电阻不应小于 0.5 MΩ；跟踪系统未安装漏电保护装置时，在 500 V 直流电压下，各独立电路与地（即金属框架）之间绝缘电阻不应小于 1 MΩ。

4.5 跟踪范围

4.5.1 水平单轴跟踪系统见图 1，跟踪范围应不小于±45°；垂直单轴跟踪系统见图 2，跟踪范围应不小于±100°；倾斜单轴跟踪系统见图 3，跟踪范围应不小于±45°。

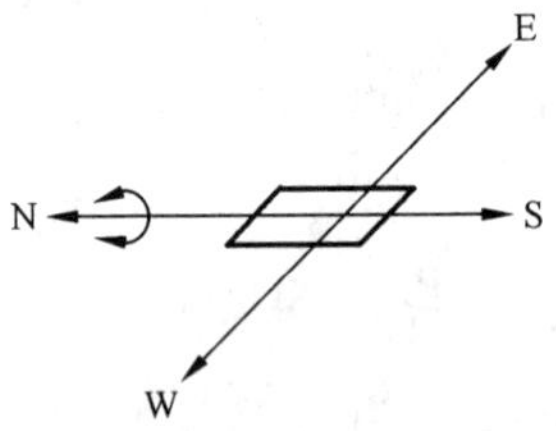

图 1 水平单轴跟踪系统

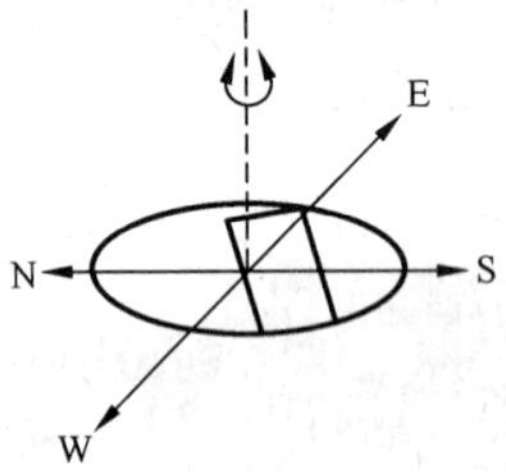

图 2 垂直单轴跟踪系统

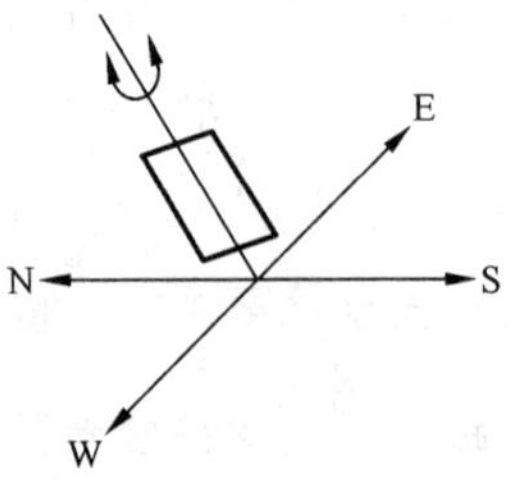

图 3 倾斜单轴跟踪系统

4.5.2 双轴跟踪系统，方位角范围宜为 ±100°，高度角范围宜为 10°～90°；赤纬角范围宜为±23.45°，时角范围宜为±100°。

4.6 跟踪精度

4.6.1 平板单轴跟踪系统跟踪精度为±5°。

4.6.2 线聚焦跟踪系统跟踪精度为±1°。

4.6.3 平板双轴跟踪系统跟踪精度为±2°。

4.6.4 点聚焦跟踪系统跟踪精度为±0.5°。

4.7 能耗要求

跟踪系统日平均能耗不宜超过所承载光伏发电系统发电量的 3％。

4.8 可靠性要求

跟踪系统在正常维护情况下使用寿命应满足 25 年，可用率不小于 95％。

注：使用寿命是指跟踪系统在正常维护下的使用周期。

4.9 外观要求

4.9.1 跟踪系统外观基本要求

机体表面无划痕、裂纹、变形和损坏，表面涂覆应无脱落现象，零件连接应牢固，金属部分应无锈蚀，标识清楚无误。

4.9.2 跟踪系统钢结构外观要求

4.9.2.1 焊接外观要求

4.9.2.1.1 焊接外观要求应符合 GB 50205 中相关规定。

4.9.2.1.2 焊缝感观应达到外形均匀、成型较好，焊道与焊道、焊道与基本金属间过渡较平滑，焊渣和飞溅物清除干净，无裂纹，夹渣、气孔、未焊满等缺陷。

4.9.2.2 热浸锌外观要求

4.9.2.2.1 热浸锌应是连续的，并尽可能均匀、光滑。可有暗灰色的铁锌合金存在，不应有反酸黄斑渗出锌层。

4.9.2.2.2 局部表面可有直径小于 0.5 mm 的漏锌斑点存在。

4.9.2.2.3 热浸锌表面不应有集中的无锌区、凸瘤和波纹。分散的无锌区、凸瘤和波纹的总面积对于一般零件，不得超过镀件总面积近似值的 0.5%；对于大型零件（如立柱、横梁或表面积超过 2×10^5 mm^2 的零件），不得超过镀件总面积近似值的 0.1%。

4.9.2.3 表面涂装要求

4.9.2.3.1 构件表面涂装应符合 GB 50205 中的规定。

4.9.2.3.2 构件表面不应误涂、漏涂，涂层不应脱皮和返锈等。涂层应均匀、无明显皱皮、针眼和气泡等。

4.9.2.3.3 涂装完后，构件的标志、标记和编号应清晰完整。

4.9.2.4 螺栓连接要求

4.9.2.4.1 螺栓连接时紧固应牢固、可靠，外露丝扣不应小于 2 扣。

4.9.2.4.2 高强度螺栓连接应符合 JGJ 82 中的规定。

4.9.3 跟踪系统电气外观要求

4.9.3.1 跟踪系统控制器箱体无锐角，箱体表面无明显划痕，在相应位置应有安全标识。

4.9.3.2 电气设备连接线路，走线合理、美观，裸线外面宜采用塑料管等措施对线缆进行保护。

4.10 支架结构要求

4.10.1 支架结构宜采用碳素结构钢，碳素结构钢的选用应符合 GB 50017 的规定。

4.10.2 支架结构的强度要求

钢结构支架强度应符合 GB 50017 的规定。

4.10.3 支架结构的刚度要求

4.10.3.1 在荷载作用下，支架的柱顶位移不应大于柱高的 1/60。

4.10.3.2 受弯构件的挠度不应超过表 4 的容许值。

表 4 受弯构件的挠度容许值

单位为毫米

受弯构件		挠度容许值
主梁		$L/250$
次梁	无边框光伏组件	$L/250$
	其他	$L/200$
注：L 为受弯构件的跨度。对悬臂梁，L 为悬伸长度的 2 倍。		

4.10.4　支架结构稳定性要求

在抗风、抗雪状态以及工作条件下，支架结构应稳定可靠。

4.10.5　支架结构宜在设计极限位置设置硬限位。

4.11　驱动装置要求

4.11.1　驱动装置应具有自锁功能。

4.11.2　驱动装置应易于维护，方便更换。

4.11.3　动力装置要求

4.11.3.1　跟踪系统动力装置应满足进入保护姿态所需要的动力。

4.11.3.2　动力装置可采用交流电机或直流电机。

4.11.3.3　动力装置性能(通常包括额定输入电压或电流、额定输出转矩、转速、工作电压或电流范围、绝缘电阻等)应满足设计要求，铭牌应标明主要参数。

4.11.3.4　动力装置宜有备用电源。

4.11.4　传动装置要求

4.11.4.1　传动装置的机械性能(通常包括传动比、额定输入和输出转矩、最大输出转矩、机械效率、保持力矩、最大轴向和径向载荷等)应满足设计要求。

4.11.4.2　传动装置运行应平稳、灵活、无卡滞、无异常振动和无噪音；连接件和紧固件应无松动，密封件应无漏油、渗油现象。

4.11.4.3　传动装置密封部件应符合防尘要求。

4.12　控制系统要求

4.12.1　控制方式

4.12.1.1　跟踪系统的控制方式可分为三种：主动控制、被动控制及复合控制。

4.12.1.2　控制系统应达到有效日照时间内实现全程全自动跟踪控制。

4.12.2　通信要求

4.12.2.1　跟踪系统与光伏电站的控制系统应兼容。

4.12.2.2　控制系统宜具有上传数据功能，数据宜包括跟踪系统实时运行角度、实时运行状态、运行时间、自动/手动状态、抗风雪状态。

4.12.2.3　控制系统宜具有断电保护功能，断电后保存数据不丢失，控制系统时钟应能继续工作超过1周。运行数据通过控制系统自身或上传保存时间宜大于1年。

4.12.3　控制保护要求

4.12.3.1　控制系统宜具有电机过流保护功能。

4.12.3.2　控制系统应具有限位功能。

4.12.3.3　控制系统应具有手动功能。

4.12.4　复位要求

4.12.4.1　控制系统在失/复电后，跟踪系统应能自动进入工作状态，实时跟踪太阳运行轨迹。

4.12.4.2　控制系统宜具有自动复位功能，跟踪结束后能自动回位到跟踪初始设定位置。

4.12.5　电磁兼容要求

4.12.5.1　骚扰要求

跟踪系统的搔扰度应符合 GB 4824 中相关规定。

4.12.5.2 抗扰度要求

跟踪系统的抗扰度应符合 GB/T 17626.2、GB/T 17626.3、GB/T 17626.4、GB/T 17626.5、GB/T 17626.6、GB/T 17626.8、GB/T 17626.11 中的相关规定。

4.13 安装要求

4.13.1 跟踪系统到场后应检查外观及保护层是否完好;型号、规格及材质是否符合设计图纸要求,附件、备件、产品的技术文件、安装说明及安装图是否齐全。

4.13.2 基础参数(基础的坐标位置,不同平面的标高,基础外形尺寸,平面的水平偏差,基础定位轴线偏差,基础的承载能力,预埋地脚螺栓的标高和中心距等)应符合设计要求。

4.13.3 安装误差应符合设计要求。

4.13.4 安装过程中应做好工件的防护措施,安装工作完成后应对表面涂层进行修补。

4.13.5 跟踪系统应有可靠的接地措施,接地电阻应符合设计要求。

4.13.6 跟踪系统安装完成后应进行调试。

4.13.7 跟踪系统光伏组件平面最下端与地面的距离宜不小于 0.3 m。

4.13.8 跟踪系统的间距应符合设计要求,应保证冬至日上午 9:00 至下午 3:00 前排方阵(靠近太阳的方阵)不对后排方阵造成遮挡。

4.14 运行维护要求

4.14.1 跟踪系统的机械结构、电气线路、外观涂装等应定期检查、维护。

4.14.2 跟踪系统的运行角度、手动控制系统、应急动作等功能应定期检查。

4.14.3 跟踪系统的润滑部位应定期检查、维护。

4.14.4 跟踪系统的易损耗件应定期检查磨损情况并适时更换。

4.14.5 应对跟踪系统运行过程中可能出现的突发情况制定应急措施。

5 试验方法

5.1 一般规定

5.1.1 跟踪系统的试验内容应包括环境适应性要求检查、电气安全性检查、外观要求检查、支架结构性能试验、驱动装置性能试验、控制系统性能试验以及可靠性要求检查等。

5.1.2 跟踪系统的试验方法应满足相应的技术要求,并按照附录 A 的主要技术规格和附录 C 的试验检验项目进行试验。

5.2 环境适应性要求检查

5.2.1 跟踪系统抗风性能试验

跟踪系统抗风性能试验采用机械载荷试验,通电状态下,应搭载组件或等同组件的负荷进行试验。

机械载荷试验步骤:

a) 环境试验前,跟踪系统应按试验标准大气条件下进行电性能、机械性能测量以及外观检查,并记录检测数据;

b) 做一个刚性的测试底座结构,测试底座使跟踪系统装有载荷时可以自由偏转;

c) 将跟踪系统安装在底座上,以最大迎风面安装;

d) 根据 GB 50009 要求计算 18 m/s 风压值,以水平方向渐进、均衡地加载负载,持续时间 1 h;

e) 调节跟踪系统至抗风状态；

f) 根据 GB 50009 要求计算 33 m/s 或 42 m/s 风压值，以水平方向渐进、均衡地加载负载，持续时间 1 h；

g) 试验结束后，跟踪系统应按产品标准或技术文件规定进行电性能、机械性能测量以及外观检查，符合运行要求。

5.2.2 跟踪系统抗雪压性能试验

按照 4.2.2 的要求，加电状态下，跟踪系统搭载组件或等同组件的负荷，可以手动或自动地进入避雪位置。

5.2.3 跟踪系统耐高低温试验

5.2.3.1 低温工作试验

按照 4.2.3.1 的要求，采用 GB/T 2423.1 规定的方法，对跟踪系统进行低温工作试验，在(−25±1)℃的环境下加电运行 2 h。

5.2.3.2 低温贮存试验

按照 4.2.3.2 的要求，采用 GB/T 2423.1 规定的方法，对跟踪系统进行低温贮存试验，在(−40±1)℃的环境下放置 16 h。

5.2.3.3 高温工作试验

按照 4.2.3.1 的要求，采用 GB/T 2423.2 "试验 Bd"规定的方法，对跟踪系统进行高温工作试验，在(70±1)℃的环境下加电运行 2 h。

5.2.3.4 高温贮存试验

按照 4.2.3.2 的要求，采用 GB/T 2423.2 "试验 Bd"规定的方法，对跟踪系统进行高温贮存试验，在(70±1)℃的环境下放置 16 h。

5.2.4 跟踪系统耐湿热试验

按照 4.2.4 的要求，采用 GB/T 2423.3 "试验 Ca"规定的方法，对跟踪系统进行恒定湿热试验，在(40±2)℃、相对湿度为(85±3)%的环境下加电运行 12 h。

5.2.5 跟踪系统工作大气压试验

按照 4.2.5 的要求，采用 GB/T 2423.21 规定的方法，对跟踪系统进行大气压试验，在 70 kPa 或 40 kPa 的环境下加电运行 2 h。

5.2.6 跟踪系统电气防护等级试验

按照 4.2.6 的要求，采用 GB 4208 规定的方法，对跟踪系统电气外壳进行 IP 防护试验。

5.2.7 跟踪系统金属表面防腐试验方法

5.2.7.1 按照 4.2.7.2 的要求，采用 DL/T 768.7 规定的方法，对热浸锌钢制部件镀锌层的厚度、外观、附着强度、均匀性进行试验。

5.2.7.2 按照 4.2.7.3 的要求，采用 GB/T 13452.2 规定的方法，对防腐涂料涂装钢制部件的防腐涂层厚度进行试验。

5.2.7.3 按照4.2.7.3的要求,采用GB/T 9286规定的方法,对防腐涂层附着力进行试验。

5.2.7.4 按照4.2.7.4的要求,采用GB 5237.2规定的方法,对铝合金部件表面阳极氧化膜进行试验。

5.3 防雷、接地检查

5.3.1 电气控制柜、箱浪涌保护试验

按照4.3的要求,采用GB/T 17626.5规定的方法,进行电源端口、信号端口浪涌冲击试验,试验等级不低于4 kV(线对地),设备应无损坏,试验后跟踪控制装置应能正常工作。

5.3.2 等电位连接和接地检查

按照4.3的要求,采用目测方式对浪涌保护器接地线、安全保护地线、电气柜或控制箱金属外壳等与接地端子板的连接,跟踪系统各金属部件之间的电气连通性,以及接地端子板是否预留有与共用接地网连接的端子进行检查,测量连接点过渡电阻不宜大于0.03 Ω。

5.4 电气安全性检查

5.4.1 跟踪系统保护接地性能检验

按照4.4.1的要求,采用接地电阻测试仪或数字式低电阻测试仪对跟踪系统任意接地点的接地电阻进行检验。

5.4.2 跟踪系统介质强度性能检验

按照4.4.2的要求,采用GB/T 19826规定的方法,对跟踪系统介质强度进行检验。

5.4.3 跟踪系统电器设备漏电保护性能检验

按照4.4.3的要求,采用GB 13955规定的方法,对漏电保护性能进行检验。

5.4.4 跟踪系统绝缘电阻性能检验

按照4.4.4的要求,采用GB/T 24343规定的方法,对跟踪系统绝缘电阻进行检验。

5.5 跟踪范围检查

按照4.5的要求,将角度尺垂直于转动轴,使角度尺的圆心与转动轴的中心线重合,检查转动部分所能转动最大角度范围,对跟踪系统的跟踪范围进行检查。也可采用水平角度仪对水平单轴跟踪系统进行跟踪范围的检查。

5.6 跟踪精度检查

跟踪精度的检查采用针孔法,应搭载组件或等同组件的负荷进行试验。

按照4.6的要求,将开有一个针孔的不透明轻薄平面平行固定于组件平面上方,两个平面之间有一定距离,在有效太阳光照时间内运行跟踪系统,检查组件平面上的太阳光斑偏离针孔的角度,对跟踪系统的跟踪精度进行检查。

5.7 能耗要求检查

按照4.7的要求,采用电能表计量正常工作情况下跟踪系统7日能耗,用日均能耗与标准光照条件

下跟踪系统日均发电量计算值相比。

注：跟踪系统日均发电量按每天工作时间 4 h 计。

5.8 外观要求检查

按照 4.9 的要求，采用目测的方法对跟踪系统进行外观检查。

5.9 支架结构性能试验

5.9.1 按照 4.10.1 的要求，采用 GB 50205 规定的方法，对支架材料进行检查。

5.9.2 按照 4.10.2 的要求，采用 5.2.1 或 5.2.2 的试验方法，对支架结构强度进行试验。

5.9.3 按照 4.10.3 的要求，采用 5.2.1 或 5.2.2 的试验方法，对支架结构刚度进行试验。

5.9.4 按照 4.10.4 的要求，采用 5.2.1 或 5.2.2 的试验方法，对支架稳定性进行试验。

5.9.5 按照 4.10.5 的要求，采用目测的方法对支架是否设置硬限位进行检查。

5.10 驱动装置性能试验

5.10.1 按照 4.11.1 的要求，对驱动装置进行自锁功能试验。

5.10.2 按照 4.11.4 的要求，在空载状态下，驱动装置正、反转各连续运行 1 h～2 h，对传动装置进行空载试验。

5.10.3 按照 4.11.4 的要求，在额定载荷状态下，驱动装置应满足设计要求正常运转，对传动装置进行载荷试验。

5.11 控制系统性能试验

5.11.1 控制方式检查

按照 4.12.1 的要求，对跟踪系统的控制方式进行检查。

5.11.2 通信性能试验

5.11.2.1 按照 4.12.2 的要求，对通信性能进行试验。

5.11.2.2 按照 4.12.3.1 的要求，将控制系统断电 7 日后上电，控制系统的时钟正常工作，进行控制系统断电保护性能的试验。

5.11.3 保护性能试验

5.11.3.1 按照 4.12.3.2 的要求，采用 GB 16895.23 规定的方法，对控制系统进行过电流保护性能的试验。对应技术要求部分修改。

5.11.3.2 按照 4.12.5 的要求，在控制系统正常运行时，手动触发限位开关，对控制系统的限位功能进行试验。

5.11.3.3 按照 4.12.6 的要求，手动操作跟踪系统各方向运行及停止，对控制系统的手动功能进行试验。

5.11.4 复位性能试验

5.11.4.1 按照 4.12.4.1 的要求，在控制系统正常运行时，断电 2 h 后复电，对控制电源失/复电后跟踪位置的复位性能进行试验。

5.11.4.2 按照 4.12.4.2 的要求，控制系统在设定时刻后，自动回位到跟踪初始设定位置，并且将实时跟踪数据自动更改为初始位置数据，对跟踪系统自动复位及自动数据校正功能进行试验。

5.11.5 电磁兼容试验

5.11.5.1 骚扰试验

按照4.12.5.1的要求,采用GB 4824规定的方法,对跟踪系统进行骚扰试验,试验过程中,跟踪系统应处于符合正常使用的使发射达到最大的工作方式。

5.11.5.2 抗扰度试验

按照4.12.5.2的要求,采用该要求中相关基础标准规定的方法,对跟踪系统进行抗扰度试验,试验过程中,跟踪系统应处于符合正常使用的最大敏感度的工作方式。

6 检验规则

6.1 型式试验

6.1.1 有下列情况之一时,应进行型式试验:

——新产品定型、鉴定时;

——产品结构、材料、工艺有较大改变,可能影响其性能时;

——停产半年以上,恢复生产时或正常生产时,定期或累计一定产量后,应周期性进行型式检验。

6.1.2 型式试验的项目

型式试验的项目见附录C的表C.1。

6.1.3 型式试验的抽样

送样两台,选一台测试。

6.1.4 合格评定

6.1.4.1 缺陷的分类

跟踪系统的主要缺陷是指安全试验项目、需经更换重要零部件后才能消除缺陷的项目,以及在一般情况下不可能修复的缺陷;其余的缺陷作为一般缺陷。如果一般缺陷数超过检查项目总数量的20%,则作为主要缺陷。

6.1.4.2 型式试验的合格判定

型式试验的合格判据如下:

——型式试验时,如果发现有主要缺陷,则判定为不合格。

——如果发现有一般缺陷,则应进行第二次抽样,第二次抽样的数量应加倍,并对相应的不合格项进行第二次试验。如果未发现缺陷,则判定为合格。如果第二次抽取的样品经试验后仍然发现缺陷,则判定为不合格。

6.2 出厂试验

6.2.1 跟踪系统经出厂试验合格,并由企业质量管理部门出具合格证明,方可出厂。

6.2.2 出厂试验项目见附录C的表C.1。

6.2.3 在出厂试验中,允许对不合格项进行修复或更换,直至合格。

7 标志、包装、运输和储存

7.1 铭牌标志

跟踪系统应在合适的部位设置铭牌,铭牌应清晰、耐久,内容包括:

——制造厂商标、名称；
——跟踪系统名称和型号；
——制造年、月及出厂编号；
——产品执行标准。

铭牌标志应符合 GB/T 191 的相关要求。

7.2 包装

7.2.1 包装箱应符合 GB/T 13384 的相关要求。

7.2.2 包装标志

有包装箱的跟踪系统，包装箱上的文字与标志应耐受风吹日晒，雨水冲刷，其内容包括：

——制造厂商标、名称；
——跟踪系统名称和型号；
——生产日期；
——净质量、总质量；
——包装箱外廓尺寸(长×宽×高)；
——储运指示标志。

7.2.3 有包装箱的跟踪系统，包装箱内应清洁、干燥，跟踪系统在包装箱内不应松动、碰撞或转动；对震动敏感的零部件应使用防震材料垫实后装入包装箱内。

7.3 装箱文件

跟踪系统应有以下随同出厂附件文件：

——装箱单；
——产品合格证；
——使用说明书；
——保修手册(或保修单)。

以上装箱文件随跟踪系统装入包装箱的，应先将其装入防潮袋中，再放入包装箱内。

7.4 运输和贮存

7.4.1 跟踪系统在运输过程中应按指示标志规定的方向放置，避免强烈振动、冲击和碰撞。

7.4.2 产品应贮存在通风、干燥的环境中，贮存期间相对湿度应小于 85%。

附　录　A
（规范性附录）
跟踪系统主要技术规格

表A.1给出了光伏电站太阳跟踪系统主要技术规格。

表A.1　跟踪系统主要技术规格

序号	子序号	项目	单位	参数
1	跟踪系统型号			
2	单台装机容量		kW	
3	安装的光伏组件数量		块	
4	安装的光伏组件规格			
5	外形结构尺寸(长×宽×高)		mm	
6	重量		kg	
7	跟踪范围		(°)	
8	跟踪精度		(°)	
9	跟踪系统抗风载能力			
	(1)	系统支架最大运行风速	m/s	
	(2)	系统保护动作风速值	m/s	
	(3)	系统支架极端风载抵抗	m/s	
10	跟踪系统驱动装置参数			
	(1)	驱动装置型号		
	(2)	驱动装置输入电压范围	V	
	(3)	驱动装置铭牌功率	W	
11	能耗		W·h	
12	防护等级			
13	工作温度		℃	
14	海拔		m	

附 录 B
（规范性附录）
跟踪系统型号编制方法

B.1 产品型号的组成

跟踪系统产品型号由主体部分和附加部分组成。主体部分包括企业名称代号、产品名称代号、型式代号、规格代号、特征代号。附加部分为改进设计代号。

B.2 产品型号的表示方法

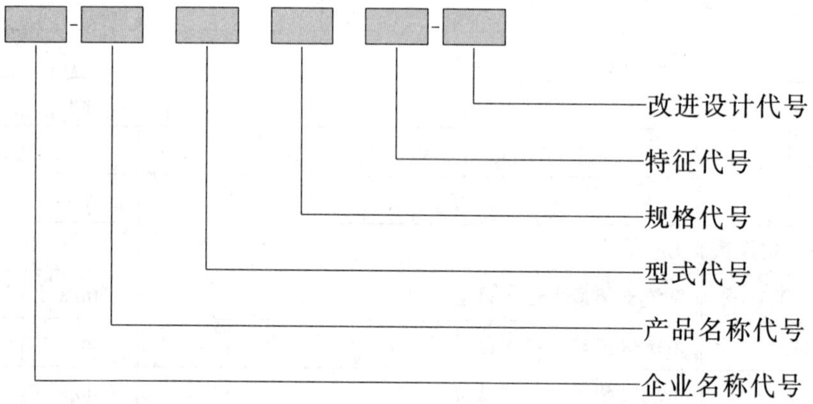

B.3 产品型号编制方法

B.3.1 企业名称代号

用两位或三位英文字母，表示企业特征。由企业自行确定，并保持唯一性。一般一家企业使用一种企业名称代号。

B.3.2 产品名称代号

跟踪系统用“T”表示。

B.3.3 型式代号

“单轴”跟踪系统用“S”(single)表示；“双轴”跟踪系统用“D”(dual)表示。

B.3.4 规格代号

用阿拉伯数字表示的以 kW 为单位的装机容量，取装机容量的整数值。

B.3.5 特征代号

用阿拉伯数字或英文字母表示，表示除型式以外的需要进一步说明的产品特征，按表 B.1 规定。

表 B.1 跟踪系统特征代号

序号	外形特征	代号	角度特征	表示方法
1	水平单轴	S		
2	斜单轴	Q	倾斜轴倾角度数	阿拉伯数字
3	垂直单轴	C	光伏组件倾角度数	阿拉伯数字
4	塔柱式/立柱式/T 型双轴	T		
5	双 V 型/W 型双轴	W		
6	盘式双轴	P		
7	其他	SP		

B.3.6 改进设计代号

用阿拉伯数字表示，由制造厂家统一编排。

B.4 产品型号示例

示例 1：GCL-TS11Q30-1，表示由 GCL 出品的一代斜单轴跟踪系统，装机容量 11 kW，倾斜轴倾角 30°。

示例 2：GCL-TD75P-2，表示由 GCL 出品的二代盘式双轴跟踪系统，装机容量 75 kW。

附 录 C
（规范性附录）
跟踪系统试验检验项目

表 C.1 给出了光伏电站太阳跟踪系统试验检验项目的内容。

表 C.1 跟踪系统试验检验项目

序号	检验项目	要求的条款	试验方法的条款	参考标准	型式试验	出厂试验	备注
1	抗风	4.2.1	5.2.1	GB 50009	√		
2	抗雪	4.2.2	5.2.2	GB 50009	√		
3	耐高低温	4.2.3	5.2.3	GB/T 2423.1 GB/T 2423.2	√		
4	耐湿热	4.2.4	5.2.4	GB/T 2423.3	√		
5	工作大气压	4.2.5	5.2.5	GB/T 2423.21	√		
6	防护等级	4.2.6	5.2.6	GB 4208	√		
7	金属表面防腐	4.2.7	5.2.7	GB 5237.2 GB/T 9286 GB/T 13452.2 DL/T 768.7	√		
8	防雷	4.3	5.3	GB/T 17626.5	√		
9	电气安全性	4.4	5.4	GB 13955 GB/T 19826 GB/T 24343	√		
10	跟踪范围	4.5	5.5		√		
11	跟踪精度	4.6	5.6		√		
12	能耗	4.7	5.7		√		
13	外观	4.9	5.8		√	√	
14	支架结构	4.10	5.9	GB 50205	√		
15	驱动装置	4.11	5.10		√		
16	控制系统	4.12	5.11				
	(1) 通信	4.12.2	5.11.2		√	√	
	(2) 保护	4.12.3	5.11.3		√		
	(3) 复位	4.12.4	5.11.4		√		
	(4) 限位	4.12.3.2	5.11.3.2		√	√	
	(5) 手动	4.12.3.3	5.11.3.3		√	√	
	(6) 电磁兼容	4.12.5	5.11.5	GB 4824	√		

表 C.1（续）

序号	检验项目	要求的条款	试验方法的条款	参考标准	型式试验	出厂试验	备注
17	铭牌标志	7.1		GB/T 191		√	
18	包装	7.2		GB/T 191 GB/T 13384		√	
19	装箱文件	7.3		GB/T 13384		√	
注：符号√为需要进行的试验项目。							

参 考 文 献

[1] GBJ 65 工业与民用电力装置的接地设计规范
[2] GB 5226.1 机械电气安全 机械电气设备 第1部分:通用技术条件(IEC 60204-1:2005)
[3] GB/T 17799.2 电磁兼容 通用标准 工业环境中的抗扰度试验
[4] GB/T 17799.4 电磁兼容 通用标准 工业环境中的发射标准
[5] GB/T 19068.3 离网型风力发电机组 第3部分:风洞试验方法
[6] GB 50429 铝合金结构设计规范
[7] 桂裕宗,石红恩,耿蕾.太阳能词汇.太阳能,2003,3:35-38

ICS 27.160
F 12

中华人民共和国国家标准

GB/T 29321—2012

光伏发电站无功补偿技术规范

Technical specification for reactive power compensation of PV power station

2012-12-31 发布

2013-06-01 实施

中华人民共和国国家质量监督检验检疫总局
中国国家标准化管理委员会
发布

前　　言

本标准根据 GB/T 1.1—2009 给出的规则起草。

本标准由中国电力企业联合会提出并归口。

本标准起草单位：中国电力科学研究院、国网电力科学研究院。

本标准主要起草人：刘纯、吕宏水、迟永宁、石文辉、何国庆、陈默子、李琰、冯凯辉。

光伏发电站无功补偿技术规范

1 范围

本标准规定了光伏发电站接入电力系统无功补偿的技术要求。

本标准适用于通过35 kV及以上电压等级并网,以及通过10 kV电压等级与公共电网连接的新建、改建和扩建光伏发电站。

2 规范性引用文件

下列文件对于本文件的应用是必不可少的。凡是注日期的引用文件,仅注日期的版本适用于本文件。凡是不注日期的引用文件,其最新版本(包括所有的修改单)适用于本文件。

GB/T 19964 光伏发电站接入电力系统技术规定

DL/T 448 电能计量装置技术管理规程

3 术语和定义

下列术语和定义适用于本文件。

3.1

光伏发电站 photovoltaic(PV) power station

利用光伏电池的光生伏特效应,将太阳辐射能直接转换成电能的发电系统,一般包含变压器、逆变器和光伏方阵,以及相关辅助设施等。

3.2

并网点 point of interconnection

对于有升压站的光伏发电站,指升压站高压侧母线或节点;对于无升压站的光伏发电站,指光伏发电站的输出汇总点。

3.3

送出线路 transmission line

从光伏发电站并网点至公共连接点的输电线路。

3.4

光伏发电站动态无功响应时间 response time of PV station dynamic reactive power

光伏发电站自并网点电压异常升高或者降低达到触发设定值开始,直到光伏发电站并网点无功功率实际输出变化量(目标值与初始值之差)达到变化量目标值的90%所需的时间。

3.5

光伏发电站无功/电压控制系统响应时间 response time of PV station reactive power/voltage control system

光伏发电站无功电压控制系统自接收到电网调度机构实时下达(或预先设定)的无功功率/电压控制指令开始,直到光伏发电站并网点无功功率实际输出变化量(目标值与初始值之差)达到变化量目标值的90%所需的时间。

3.6

电压合格率 voltage eligibility rate

实际运行电压在允许电压偏差范围内累计运行时间与对应的总运行统计时间之比的百分值。

4 电压偏差

光伏发电站并网点电压偏差应符合下列要求：

a) 通过10(6)kV电压等级接入电网的光伏发电站，其并网点电压偏差为相应系统标称电压的±7%。

b) 通过35 kV～110 kV电压等级接入电网的光伏发电站，其并网点电压偏差为相应系统标称电压的－3%～＋7%；事故后恢复电压为系统标称电压的±10%。

c) 通过220 kV电压等级接入电网的光伏发电站，其并网点电压偏差为相应系统标称电压的0%～＋10%；事故后恢复电压为系统标称电压的－5%～＋10%。

d) 通过330 kV及以上电压等级接入电网的光伏发电站，正常运行方式下，其并网点最高运行电压不得超过系统标称电压的＋110%；最低运行电压不应影响电力系统同步稳定、电压稳定、站用电的正常使用及下一级电压的调节。

5 无功电源

5.1 基本要求

5.1.1 光伏发电站的无功电源包括光伏并网逆变器和光伏发电站集中无功补偿装置。

5.1.2 光伏发电站应充分利用并网逆变器的无功容量及其调节能力，当并网逆变器的无功容量不能满足系统电压与无功调节需要时，应在光伏发电站配置集中无功补偿装置，并综合考虑光伏发电站各种出力水平和接入系统后各种运行工况下的暂态、动态过程，配置足够的动态无功补偿容量。

5.2 响应时间

5.2.1 光伏发电站的无功电源应能够跟踪光伏出力的波动及系统电压控制要求并快速响应。

5.2.2 光伏发电站的无功调节需求不同，所配置的无功补偿装置不同，其响应时间应根据光伏发电站接入后电网电压的调节需求确定。光伏发电站动态无功响应时间应不大于30 ms。

6 无功容量

6.1 基本要求

6.1.1 光伏发电站的无功容量应满足分(电压)层和分(电)区基本平衡的原则，无功补偿容量应在充分考虑优化调压方式及降低线损的原则下进行配置，并满足检修备用要求。

6.1.2 光伏并网逆变器功率因数应能在超前0.95～滞后0.95范围内连续可调。

6.2 无功容量配置

6.2.1 光伏发电站的无功容量配置应满足GB/T 19964的有关规定。

6.2.2 光伏发电站配置容量范围应结合光伏发电站实际接入情况，必要时通过光伏发电站接入电力系统无功电压专题研究来确定。计算时应充分考虑无功设备检修及系统特殊运行工况等情况。

7 无功补偿装置

7.1 无功补偿装置配置

7.1.1 光伏发电站可在升压变压器低压侧配置集中无功补偿装置。无集中升压变压器光伏发电站可在汇集点安装集中无功补偿装置。

7.1.2 光伏发电站无功补偿装置配置应根据光伏发电站实际情况，如安装容量、安装型式、站内汇集线分布、送出线路长度、接入电网情况等，进行无功电压研究后确定。

7.2 运行电压适应性

7.2.1 在电网正常运行情况下，光伏发电站的无功补偿装置应适应电网各种运行方式变化和运行控制要求。

7.2.2 光伏发电站处于非发电时段，光伏发电站安装的无功补偿装置也应按照电力系统调度机构的指令运行。

7.2.3 当光伏发电站安装并联电抗器/电容器组或调压式无功补偿装置，在电网故障或异常情况下，引起光伏发电站并网点电压在高于1.2倍标称电压时，无功补偿装置容性部分应在0.2 s内退出运行，感性部分应能至少持续运行5 min。

7.2.4 当光伏发电站安装动态无功补偿装置，在电网故障或异常情况下，引起光伏发电站并网点电压高于1.2倍标称电压时，无功补偿装置可退出运行。

7.2.5 对于通过220 kV(或330 kV)光伏发电汇集系统升压至500 kV(或750 kV)电压等级接入电网的光伏发电站群中的光伏发电站，在电力系统故障引起光伏发电站并网点电压低于0.9倍标称电压时，光伏发电站的无功补偿装置应配合站内其他无功电源按照GB/T 19964中的低电压穿越无功支持的要求发出无功功率。

8 电压调节

8.1 并网逆变器控制要求

8.1.1 光伏发电站并网逆变器应具有多种控制模式，包括恒电压控制、恒功率因数控制和恒无功功率控制等，具备根据运行需要手动/自动切换模式的能力。

8.1.2 光伏发电站并网逆变器应在其无功调节范围内按光伏发电站无功电压控制系统的协调要求进行无功/电压控制。

8.2 无功补偿装置控制要求

光伏发电站无功补偿装置应具备自动控制功能，应在其无功调节范围内按光伏发电站无功电压控制系统的协调要求进行无功/电压控制。

8.3 主变及分接头控制要求

光伏发电站的主变压器应采用有载调压变压器，按照无功电压控制系统的协调要求通过调整变电站主变压器分接头控制站内电压。

8.4 调压方式

8.4.1 光伏发电站参与电网电压调节的方式包括调节光伏发电站并网逆变器的无功功率、无功补偿装置的无功功率和光伏发电站升压变压器的变比。

8.4.2 在电网特殊运行方式下，当通过调节无功和有载调压变压器不能满足电压调节要求时，应根据电网调度机构的指令通过调节有功功率进行电压控制。

9 无功电压控制系统

9.1 基本要求

光伏发电站应配置无功电压控制系统，系统应具有多种控制模式，包括恒电压控制、恒功率因数控制和恒无功功率控制等，能够按照电力系统调度机构指令，自动调节光伏发电站的无功功率，控制光伏发电站并网点电压在正常运行范围内，其调节速度和控制精度应能满足电力系统电压调节的要求。

9.2 功能和性能

9.2.1 无功电压控制系统应具备计算、自动调节、监视、闭锁、通信、启动/停止顺序控制、文件记录等功能。

9.2.2 无功电压控制系统应通过通信接口与站控和上级控制（或电力系统调度机构）保持相互传送信息和运行命令。

9.2.3 无功电压控制系统应能监控各部件的运行状态，统一协调控制并网逆变器、无功补偿装置以及升压变压器分接头。

9.2.4 无功电压控制系统响应时间应不超过 10 s，无功功率控制偏差的绝对值不超过给定值的 5%，电压调节精度在 0.005 倍标称电压内。

10 监测与考核

10.1 无功和电压考核点

光伏发电站的无功和电压考核点为光伏发电站并网点。

10.2 无功和电压计量表计

无功和电压监测应使用具有连续监测和统计功能的仪器或仪表，其配置和技术要求应符合DL/T 448。

10.3 电压合格率的计算

计算公式为：

$$\text{电压合格率} = \left(1 - \frac{\text{电压超限时间}}{\text{电压监测总时间}}\right) \times 100\%$$